U0303635

新疆师范大学黄文弼中心丛刊

丝路风云

刘衍淮 著

徐玉娟 等 整理

朱玉麒 审校

刘衍淮西北考察日记
1927－1930

商务印书馆
创于1897
The Commercial Press

图书在版编目(CIP)数据

丝路风云:刘衍淮西北考察日记:1927—1930/刘衍淮著;徐玉娟等整理. —北京:商务印书馆,2021(2021.12 重印)
ISBN 978 - 7 - 100 - 19935 - 3

Ⅰ.①丝…　Ⅱ.①刘…　②徐…　Ⅲ.①气候资料—西北地区—现代　Ⅳ.①P468.24

中国版本图书馆 CIP 数据核字(2021)第 097215 号

丝路风云

刘衍淮西北考察日记(1927—1930)

刘衍淮　著

徐玉娟　等　整理

朱玉麒　审校

商　务　印　书　馆　出　版
(北京王府井大街36号　邮政编码100710)
商　务　印　书　馆　发　行
北 京 通 州 皇 家 印 刷 厂 印 刷
ISBN 978 - 7 - 100 - 19935 - 3

2021 年 8 月第 1 版　　　　开本 880×1230　1/32
2021 年 12 月北京第 2 次印刷　印张 29　插页 5
定价:145.00 元

《丝路风云——刘衍淮西北考察日记（1927—1930）》
整理小组

主　　编　徐玉娟

整理人员　（以姓氏拼音为序）

蒋小莉　李国良　刘学堂　刘子凡　孟宪实

秦　杰　孙文杰　王　红　魏　娜　吴华峰

夏国强　徐维焱　徐玉娟　周　珊

审　　校　朱玉麒

新疆师范大学黄文弼中心丛刊

2019 年度国家社会科学基金重大项目
"中国西北科学考查团文献史料整理与研究"
（批准号：19ZDA215）阶段性成果之一

插图 1. 中国西北科学考察途中的刘衍淮（李伯冷摄于 1927 年 10 月）

插图 2. 刘衍淮西北考察日记簿

插图 3. 出发第一天的日记（1927 年 5 月 9 日）

插图 4. 1927 年 5 月 9 日，中国西北科学考查团出发前在
西直门火车站合影（前排右 3：刘衍淮）

插图 5. 1927 年 6 月 15 日，郝德指导四位中国气象生
（左起：马叶谦、郝德、刘衍淮、崔鹤峰、李宪之，李伯冷摄）

插图 6. 教育部颁发给刘衍淮的西北科学考察护照

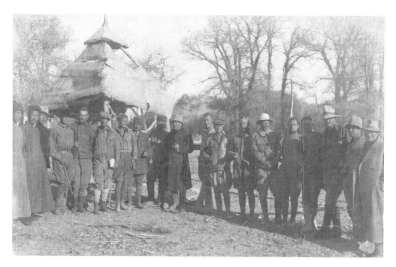

插图 7. 1927 年 11 月，在额济纳河畔葱都尔气象站集体留影（左 3：刘衍淮）

插图 8. 1928 年 8 月，在库车气象站合影（骑马者左起：华志、刘衍淮）

插图 9. 刘衍淮考察途中的画作
A：额济纳河畔的观测站（1927 年 9 月 28 日）
B：哈密城北门（1928 年 2 月 10 日）

插图 10. 1930 年 1 月，在迪化气象站合影
（左起：白万玉、龚元忠、李宪之、袁复礼、黄文弼、刘衍淮）

插图 11. 1930 年 3 月 3 日，刘衍淮与李宪之赴德留学告别迪化诸友

插图 12. 刘衍淮自新疆赴德国留学的护照

序　言

刘　元

欣悉商务印书馆将为先父出版渠英年时在西北科学考查团担任气象观测工作时的日记，书名"丝路风云"，至为感怀。

先父自1927年在北大求学时考入该考查团到内蒙古、新疆从事气象观测开始，迄1982年在台湾师范大学教授任内离世，在此漫长五十五年的岁月里，从未离开过气象科学。

他在科考团工作届期后，远赴德国留学深造气象。自柏林大学获得博士学位归国后，全力贯注春风化雨，作育英才，传授气象等有关科学门类。

气象专业在我国早期是个冷门。全国各地众多大专学府中，只有清华大学、中央大学等两三大学在地学系下设气象组，师资既缺乏，设备亦简陋，而学子仅寥寥三四人。嗣后抗日战争爆发，抗战军兴，空军急需大批气象专业人员提供资讯，以应各地天气对飞行安全的影响，遂于1939年委任适在空军官校执教的先父筹备创办"空军测候训练班"。自此先父即踏入主导该班，鞠躬尽瘁，任劳任怨，全心全力，二十年如一日，担当起为国训练培养气象专业的大任。历年间培植了近三千优秀专才，还培养了四千余民间高等学府精英，人数之众，人才之盛，永垂气象史册。

综先父一生任教生涯，历北师大、清华、空军、台师大，垂垂近五十载。他好学敬业，笔耕不辍，言传身教，桃李满门，对后学关怀照顾，深受爱戴和敬重。离世多年后，仍时有空军和高校刊物刊登门生大作，以纪念专辑的方式怀念表扬他对气象事业的辛劳与贡献，冥冥中他定当欣慰不已。

值此日记出版之际，特在此以家属身份，向整理出版该书的新疆师范大学黄文弼中心和商务印书馆致以最高的谢意与敬意。

2020 年 8 月 1 日于美国密西西比州图珀洛

大漠观风起，天山测云高
——前言

朱玉麒

1927 年春天，在北京大学三院的布告栏里，理预科二年级学生刘衍淮（1908—1982）看到一则西北科学考查团招聘气象生的告示。这个时候，新文化运动以来民主与科学的影响早已深入人心；就刘衍淮个人而言，对大西北的向往曾经形诸儿时的梦寐，梦里的他从山海关一路西行，沿着长城走到了嘉峪关外。他踊跃报名，在严格的考试之后，和他的同学崔鹤峰、马叶谦、李宪之（1904—2001）胜出侪辈，以 19 岁风华正茂的年龄，获得了西出阳关的机会，成为科考团中最年轻的成员。此后三年，他不仅梦想成真，经行大漠、天山，也从此"一去不返"，在结束气象观测工作后，继续西行，和李宪之同往德国留学，奠定了他走向中国气象学、气象教育学的人生征途。

一、刘衍淮与中国西北科学考查团

1. 刘衍淮与中国气象事业

刘衍淮，字春舫，1908 年 7 月 18 日出生于山东平阴一个世代务农的家庭，先后就读于平阴县城模范小学、济南私立育英中学。1925 年，考取国立北京大学理预科，赴京求学。1927 年，参加西北科考团，并在考察结束后，于 1930 年 4 月经由苏联到达德国，在地理学家斯文·赫定（Sven Hedin，1865—1952）、气象学家郝德（Waldemar Haude）推荐下，进入柏林大学（今柏林洪堡大学）攻读气象、地理与海洋等学科。1934 年，以德文论文 *Studien über Klima und Witterung des Südchinesischen Küstengebietes*（《中国东南沿海气候与天气之研究》）获得哲学博士学位 [①]。学成归来后，他受聘北平师范大学地理系教授及研究院研究员，兼任清华大学地学系讲师，并担任该系气象台台长一职。1936 年，由竺可桢推荐，赴杭州中央航空学校担任气象教官，兼任气象台台长，成为中国空军航空气象学的泰斗。其后播迁昆明、成都，为中国空军在抗战期间以少胜多、获得最后的胜利，谱写了气贯长虹的凯歌。1949 年 12 月，他迁往台湾，服役于冈山空军气象训练班。1960 年 7 月，受聘担任台湾师范大学史地系（后改地理系）主任兼教授，其后创立地理研究所，任创所主任兼教授。1978 年退休后，改为兼任教授，并担任台湾地区"中国地理学会"理事长，仍笔耕不辍。1982 年 10 月 5 日，病逝于台北荣民总医院，享年75 岁。

刘衍淮是我国从事西北科学考察的先行者，更是我国气象事业的开拓者、气象教育的奠基人。刘衍淮一生在相关学术领域开设过气象学、气候学、地理学、地形学、海洋学、数理地理、地图学、区域地理、地球科学、地球物理等课程，其气象和地理研究的领域也主要集中在中国的西北和台湾两个地区，这与他早年

---

① Dr. Jan Huai Liu, *Studien über Klima und Witterung des Südchinesischen Küstengebietes*, Berin, 1934. 中文本发表时作《中国之气候与天气》，《地理学报》第 3 卷第 2 期，南京，1936 年，第 285—347 页。

的西北考察和晚年在台湾从事教学科研相关[①]。从1931年发表《天山南路的雨水》开始[②]，一直到晚年，他写作了大量关于西北科学考察和科考团学术史的文章，包括去世当年发表的《斯文·赫定最后一次在我国西北的考察 1933—1935》《中国与瑞典合组之中国西北科学考查团（1927—1933）》等[③]，体现了他对自己一生气象事业开端时期的遥远怀念。

作为西北科考团的气象生，中年以后的刘衍淮和李宪之分别执教于中国台湾与大陆的高校，成为海峡两岸中国气象学和气象教育的一代宗师。

2. 中国西北科学考查团及其考察记

影响刘衍淮一生事业的起点，是加入中国西北科学考查团。

"中国西北科学考查团"又称"中瑞西北科学考查团"（The Sino-Swedish Scientific Expedition to the North-Western Provinces of China），是一个由中外科学工作者平等合作、在世界范围都享有盛誉的科学考察团体。19世纪以来，包括新疆在内的中亚腹地成为人类征服全球地理盲点最后的探险地带，世界各国的探险队蜂拥而至。在这一标志着人类认识世界的现代化进程中，中国一直

---

① 刘衍淮学术论著，参见《刘衍淮先生著作一览表》，《气象预报与分析》第92期，台北，1982年，第13—15页；《大气科学》第10期"纪念刘故教授衍淮博士特刊"，台北，1983年，第9—11页。

② 刘衍淮：《天山南路的雨水》，《女师大学术季刊》第2卷第1期，北平，1932年，第1—9页。

③ 刘衍淮：《斯文·赫定最后一次在我国西北的考察 1933—1935》，《师大学报》第27期，台北，1982年，第531—541页；《中国与瑞典合组之中国西北科学考查团（1927—1933）》，《地理学研究》第6期，台北，1982年，第9—47页。

缺席。直到 1926 年，当瑞典地理学家、探险家斯文·赫定带着汉莎航空公司（Luft Hansa）为开辟欧亚空中航线而进行气象考察的任务前来北京时，中国学术界对于无视中国主权的协议群起反对；经过激烈的谈判，一个由中外团员平等合作而共同组成的科考团终于成立，并于 1927 年 5 月 9 日首途，奔赴茫茫的大西北。

历时八年之久的考察，是世界探险史上的奇迹；组织如此庞大的考察团体，也是斯文·赫定历次个人探险史上唯一的一次。其涉及的学科众多，包括气象学、地质学、古生物学、地理学、植物学、人类学、考古学等；考察的地域也非常广泛，涵盖了内蒙古、宁夏、甘肃、新疆、青海和西藏等多个省份。在自然条件恶劣、西北政局动荡的环境下，科考团的成员们克服重重困难，以严谨的态度开展科学工作，取得了众多令人瞩目的成就。

对于中国而言，这一次史无前例的科学考察也为我们留下了协力创新、走向世界的重要经验，增进了我们自身对中国西北的人文、地理环境更为全面和科学的认识，为引进西方近代先进的科技知识与科学思想做出了贡献，也为在新旧交替的转折期的中国培养了优秀的专业人才，在中国现代科学发展史上意义深远。

九十年前，中国西北科考团的考察活动还处于"正在进行时"的状态，斯文·赫定撰写的一系列图文并茂的游记就吸引了世界的眼球。他的《长征记》《戈壁沙漠之谜》《丝绸之路》《游移的湖》《热河》和《大马逃亡记》，都根据当时的日记、书信等素材，在八年考察中不失时机地结集出版，赢得了万众瞩目。他此次考察的第一部游记是德文版的 *Auf Grosser Fahrt*（直译"长途旅行"）[①]，在 1931 年作为"中国西北科学考查团丛刊"之一在中国

---

① Sven Hedin, *Auf Grosser Fahrt*, Leipzig: F. A. Brockhaus, 1929.

翻译出版时，套用了中国古诗中"万里长征"的语境，译为《长征记》①，也引起了中国知识界的普遍关注。但不久，因为中国工农红军的"二万五千里长征"，使得该书有所忌讳。斯文·赫定后来还对八年考察做过全景式的记录，即英文版的 *History of the Expedition in Asia 1927—1935*②。它在 1990 年代被翻译为中文版的《亚洲腹地探险八年（1927—1935）》③，和其他"西域探险考察大系"的著作一起，在西北科考团的影响沉寂六十多年后，在中国再度引起了轰动。

科考团外方成员的科学考察成果，从 1937 年起，至 20 世纪 90 年代陆续成书，先后出版了 11 大类 56 卷报告——《斯文·赫定博士领导的中国西北科学考查报告集》（*Reports from the Scientific Expedition to the North-Western Provinces of China under the Leadership of Dr. Sven Hedin*），其中也包括了《亚洲腹地探险八年》。一系列的报告，充分体现了这次考察在中亚探险史上的终极成果。

参加中国西北科考团的中方团员第一批 10 人、第二批 5 人，因为随之而来的战乱，他们的成果大多未能结集出版，而是以各学科专著或论文的形式分散发表。以日记的形式对考察行程做出全景式记录的，当时只有中方团长徐炳昶（1888—1976）在考察归来不久的 1930 年，在鲁迅的敦促下，出版了《徐旭生西游日记》④。作为"西北科学考查团丛刊之一"，这部三卷本的日记记

① 斯文·赫定:《长征记》，李述礼译，西北科学考查团 1931 年版。

② Sven Hedin, *History of the Expedition in Asia 1927—1935*, Stockholm, 1943.

③ 斯文·赫定:《亚洲腹地探险八年（1927—1935）》，徐十周等译，新疆人民出版社 1992 年版。

④ 徐炳昶:《徐旭生西游日记》，中国学术团体协会西北科学考查团理事会 1930 年版。

录了他在 1927 年 5 月至 1928 年冬总计 20 个月的考察全程。

　　此后公布考察记录的，有袁复礼（1893—1987）和黄文弼（1893—1966）两位先生。中方代理团长袁复礼是杰出的地学家，也是在西北连续考察时间最长、获得采集品最多的工作者。他在归来后的 1937 年就撰写了《蒙新五年行程纪》三卷，却被杂志社将新疆考察的第二卷丢失了，只留下往返行程的记载，而正式发表的只有抗战期间刊出的第一卷，是 1927 年 5 月至 1928 年 3 月从北京前往迪化的部分①。1931 年 11 月至 1932 年 5 月的返程部分，有 1937 年的油印本，直到 2005 年才收入在《高尚者的墓志铭：首批中国科学家大西北考察实录（1927—1935）》中正式发表②。袁复礼晚年还撰写了《三十年代中瑞合作的西北科学考察 / 查团》的长文，对丢失了的新疆考察行程纪略作弥补③。

　　黄文弼先生是杰出的考古学家，他凭借坚韧不拔的毅力，在抗战前后完成了代表着新疆考古里程碑式的"三记两集"（《罗布淖尔考古记》《塔里木盆地考古记》《吐鲁番考古记》《高昌砖集》《高昌陶集》），成就了他"新疆考古第一人"的荣誉。他在西北科考团期间撰写的完整日记，历经浩劫之后，于 1990 年由其哲嗣黄烈先生整理出版④。这部日记为我们打开了一扇通向中国西北科考

---

　　① 袁复礼:《蒙新五年行程纪——西北科学考查团报告之一》卷一"十六年及十七年西行纪程"，《地学集刊》第 2 卷第 3、4 合期，1944 年，第 49—86 页。

　　② 袁复礼:《蒙新五年行程纪》卷二"二十年及二十一年东归纪程"，王忱编:《高尚者的墓志铭：首批中国科学家大西北考察实录（1927—1935）》，中国文联出版社 2005 年版，第 279—331 页。

　　③ 袁复礼:《三十年代中瑞合作的西北科学考察 / 查团》，《中国科技史料》1983 年第 3 期，第 12—25 页；1983 年第 4 期，第 53—61 页；1984 年第 1 期，第 67—72 页；1984 年第 2 期，第 54—58 页；1984 年第 3 期，第 64—69 页。

　　④ 黄文弼著，黄烈整理:《黄文弼蒙新考察日记（1927—1930）》，文物出版社 1990 年版。

团特别是西北考古筚路蓝缕时期的窗户，西北科考期间中国团员艰苦卓绝的考察情景，得以历历在目。

以上三位中方成员的行程日记，对我们了解 20 世纪前期这次重要的西北科学考察活动和进行科考团学术史的研究，都具有重要的史料价值。唯一的遗憾，是科考团中占有很大比重的北京大学气象组四人，却没有见到相关的考察实录公布。

3.《刘衍淮西北考察日记》的问世

气象观测作为西北科考团得以组建的最核心项目，也是科考团中成员最庞大的组合：德国方面派出了优秀的气象专家郝德博士主持各种气象测量，并在第一次考察中，汉莎航空公司派出了八名优秀的飞行人员协助测量，北京大学学生四人也从踊跃报名的济济百人中脱颖而出，获得了随团担任气象观测生的工作。李宪之先生回忆他们在被录取之后，中国西北科考团常务理事刘半农先生（1891—1934）几次找他们四人促膝长谈，关怀备至，寄予厚望："他嘱咐我们出去以后，要把所见所闻都要详细记录下来，有些事当时看可能没什么用处，以后却可能有大用处。"[①]——九十年后的今天，当中国西北科考团越来越体现出其在人类文明史上的重要意义时，这些经由刘半农先生殷殷嘱托的日记，无论是对于探寻西北科考团的踪迹，还是了解新文化运动以来的北大学生面貌，都将是一份珍贵的遗产，因而也让我们充满了阅读的期待。

不过，四位气象生中的崔鹤峰在内蒙古额济纳的葱都尔气象

---

① 李宪之：《回忆与前瞻》，王忱编：《高尚者的墓志铭：首批中国科学家大西北考察实录（1927—1935）》，第 399 页。

站就被派回北平，等候成立包头气象观测站，终以经费无着而未果，成为最早离开科考团的成员。1929年马叶谦在葱都尔气象站坚守18个月之后，不幸殉职。只有李宪之和刘衍淮二人完成了近三年的考察工作，在新疆结束气象观测任务后，留学德国，开始了他们的气象研究生涯，最终成为中国气象学的大家。他们的学术著作，确实为气象学和气象教学留下了重要的成果；而当年的日记能够保存下来，更有益于我们从"人才培养"的角度充分认识西北科考团的历程，丰富我们对于这支考察队伍在丝路跋涉中的认知。

李宪之先生的哲嗣李曾中先生也是一位气象学家，他告诉我，"文革"的浩劫和历次运动，他父亲的西北考察记录都已经无法追踪，连在德国出版的博士论文也没有保存下来。最后一位有望保存日记的刘衍淮先生，是科考团中方成员中唯一一位离开了中国大陆的学者。海峡分隔多年以后，刘衍淮先生也因病去世，我们还有机会获睹这一份珍贵的遗产吗？

2017年年底，"北京大学与丝绸之路——中国西北科学考查团九十周年"高峰论坛和同题展览在北京大学举行。我们得以与从海外赶来参加庆祝活动的刘衍淮先生的女儿安妮女士相遇，后来的通信，让我们知道：刘衍淮先生的子女一直有心要捐赠父亲生前的学术资料给从事中国西北科学考查团研究的机构。就在这样的机缘下，2018年4月18日，刘衍淮先生的女儿美丽、安妮姐妹代表全家专程前来北京，将这批已经转徙到大洋彼岸的珍贵文物和文献，无偿捐赠给了新疆师范大学黄文弼中心。11册完整记录近三年考察历程的日记手稿，九十年后赫然呈现在我们的眼前。

刘衍淮的西北科学考察日记书写在11册已经泛黄的空白笔记本上，有的笔记本印有纵栏线，高宽均为150×205毫米。除了第

6 册将近 100 页、第 11 册仅有 30 多页外，其余每册在 50 页上下。日记单面书写，每页用蓝黑墨水竖书 20 行左右 ①，每行 27—35 字不等。将近 600 页、35 万字的日记，记录了 1927 年 5 月 9 日从北京出发到 1930 年 4 月 19 日抵达柏林的行程。几近三年的考察岁月，无一日间断。据其日记所述，在这些工整的汉语文本之外，他还另外有作为练习外文而撰写的德语日记（参见本书 1929.2.20、4.26、4.29、5.3、7.23、7.24 记录），可惜未能保存下来。在繁忙的旅行和考察工作之外，能够如此有恒心地勤奋写作，足以见出其非凡的毅力。

二、刘衍淮西北考察日记的学术价值

笔者等受黄文弼中心的委托，从事这部日记的整理出版工作，因此获得了对这份珍贵的史料先睹为快的机会，而为其巨大的信息容量和丰富的旧闻新知所叹服。刘半农在科考团出发之前要求气象生"把所见所闻都要详细记录下来"的嘱托，被李宪之记了一辈子，现在也从刘衍淮的日记里得到了充分的印证。"有些事当时看可能没什么用处，以后却可能有大用处"的教导，确实在九十多年后得以应验。

从我们有限的识见里，至少可以概括出以下的几个方面，来一窥日记丰富内容的学术价值。

1. 气象考察的观测实录

刘衍淮承担了西北科学考察中气象观测生的角色，因此这部日记首先是一份工作日志，为我们展示了西北科学考察中气象观

---

① 每册第一页空白，有圆珠笔书写起讫年月日，疑为后来补笔。

测的方方面面。

刘衍淮5月10日到达包头，并从5月14日开始接触气压表、寒暑表，也翻出之前北大的德文讲义开始攻读德语。科考团在包头汇集并凑齐运输的骆驼后，5月20日开始了西征的长途。5月21日第二天宿营，他"就帮着郝德安置仪器，测量气象"。5月25日，开始记录沿途气候。5月29日起，中国气象生四人被安排在包头北边的呼加尔图河畔，由郝德传授观测方法、指导阅读德文气象书籍、考验实测记录本等，开始了气象测量的实战训练。他们轮流值班，每个小时要记录一次气象。他的日记本也不再"抄袭"郝德的记录，而是记下了自己参与观测到的数据。同时，每天的日记也形成了必然记录当天气象状况的程式。中国气象生的工作显然获得了郝德的好评，7月22日大部队开拔，刘衍淮被留在呼加尔图河开始了独立作业，直到8月2日结束这里的工作。

之后，刘衍淮又在天山博格达的福寿山观测点完成了一个多月的高山气象观测，最终被派驻库车建立气象站和喀拉古尔高山观测点，在那里进行了持续一年多的观测，并培养了新疆本地的气象生张广福接续他的工作。他的日记记录了每天从事气象"例事"的情况。如在库车，每天晨7时、午后2时、晚9时，是固定的观测时间；每个月末、月初，则完成月表寄往迪化和南京；外出活动，必定要在下午2时以后（如1929.1.1："二时，观测毕，吃饭。饭后同赴朱寓，阅《教育杂志》。"），外出归来，则要赶在晚9时以前（如1928.12.24："又稍坐，以九时观测故，急归。"）；有时错过观测的时间，则懊悔不已（如1928.6.29）；填错了月表，也要到邮局将信件追回（如1929.1.6）。总之，每日枯燥而寂寞的坚守，使他逐渐成为了一个合格的气象人。

刘衍淮后来发表《天山南路的雨水》《迪化与博古达山春季天

气之比较》①，不仅是他在天山博格达和库车气象工作中最重要的成果，也是他一生从事气象研究最早的一批成果。如今日记的出版，可以看到他获取这些成果的工作过程和成长为气象学家最早的训练实录。

这些西北科学考察日记跟随刘衍淮一生，也意想不到地部分弥补了西北科考气象资料丢失的遗憾。西北科考团完成气象观测任务后，所有的气象资料都由郝德带回德国整理，他只来得及发表了1931年再次来华考察的部分成果②，其他资料都在"二战"中毁于战火。刘衍淮曾经沉痛地记载："中国西北科学考查团数十人跋涉万里，辛劳累年，耗金巨万，所换来的完整气象观测成果，遭遇了空前的浩劫，从此胎死腹中，永无问世希望。"但是，他又说："所幸作者参加西北科学考查团时期所作的日记，完整无缺，其中不同西北地方的气象观测记载，可以摘录整理，公诸于世。"③因此，当1965年郝德来信，说起西北科考团成员那林（E. Norin）正在从事中亚地质图的制作而需要沿途气压观测记录、希望刘衍淮予以提供时，他整理日记中记录的气象资料，发表了《中国西北

---

① 刘衍淮：《迪化与博古达山春季天气之比较》，《气象杂志》第13卷第7期，南京，1937年，第453—464页；后改写为《迪化与天山中福寿山四月天气之比较》，《地理研究报告》第3期，台北，1977年，第105—142页。

② Waldemar Haude, *Ergebnisse der allgemeinen meteorologischen beobachtungen und der drachenau- fstiege und den beiden standlagern bei Ikengüng und am Edsen-gol 1931/32*（郝德：《1931—1932年在额济纳河葱都尔和益诚公的普通气象学和风筝探空观测成果》）, Stockholm: Bokförlags aktiebolaget Thule, 1940.

③ 刘衍淮：《西北科学考查团的气象观测结果》，《中国气象学会会刊》第7期，台北，1966年，第20—26页；上引见第26页。相关论述亦见刘衍淮《中国西北气象考查与旅途部分观测资料》，《师大学报》第11期，台北，1966年，第7页。

气象考查与旅途部分观测资料》①。

这些日记也成为他晚年继续从事西北科考研究的重要史料。如前所揭，刘衍淮在西北科考结束后，即赴德攻读气象学专业的博士学位，气象科学成为他一生的职业追求。在 1937 年前，他发表过前述《天山南路的雨水》《迪化与博古达山春李天气之比较》及《西北科学考查团之气象工作》等反映西北科考期间的研究成果 ②。之后很长一段时间，他的精力专注于中国航空气象的建设领域。1960 年，他再度回到台湾师范大学气象教育的岗位上。从那以后，在东南海域气象的研究领域之外，西北气象、西北科考团学术史的研究，也成为他重要的方面。他撰写了西北科学考察方面的论文多达 13 篇，当年日记材料在文中的使用非常频繁。1982 年，他撰写《我服膺气象学五十五年（1927—1982）》这一绝笔之作时③，将一生从事气象学的五十五年分为 11 个小节来叙述，西北科学考察占了其中 6 个小节，可见他对于奠定一生事业的最早三年科考经历的怀念。而其中任何一个节点的工作，都精确到了某年某月的某一天——这些准确的时间点，都得益于他一生持有了这份完整的考察日记，得以随时查阅。

此外，作者在天山福寿山、库车、迪化等地的逗留，每天都会写到测量之外当地"风花雪月"的日常变化，这些春夏秋冬四季的描写，在今天看来，也都是这些地区百年物候变迁绝好的对照。

---

① 刘衍淮：《中国西北气象考查与旅途部分观测资料》，《师大学报》第 11 期，台北，1966 年，第 1—12 页；资料部分见第 8—12 页。

② 刘衍淮：《西北科学考查团之气象工作》，《师大月刊》第 19 期，北平，1935 年，第 13—22 页。

③ 刘衍淮：《我服膺气象学五十五年（1927—1982）》，《气象预报与分析》第 92 期，台北，1982 年，第 1—6 页。

据其子女介绍，刘衍淮先生写日记的习惯后来持续终生。正如西北科考团开启了他人生的风云事业一样，在西北科考团期间养成的每日记事，也开启了他记录丰富人生经历的 base line——刘衍淮在考察日记中经常提到的制作路线图的基准线。

2. 流动大学的进步足迹

中国西北科学考查团曾被斯文·赫定称之为"流动的大学"（A wandering university）[1]。从刘衍淮的日记里，也确实展现了他在三年不断移动的考察时空中勤奋学习的情景，成为流动大学的精彩文本。

对于北京大学预科班的刘衍淮而言，气象学的专攻以外，科考团的中外成员中，有很多学有专长的老师。

外方团长斯文·赫定是享誉中外的著名探险家，他在中亚探险中积累的丰富知识，成为刘衍淮受惠无穷的源泉。如通过计算骆驼行走的步伐来画出当日行程路线的方式，就是斯文·赫定亲自传授的技术（1927.8.29），作者此后痴迷于此，在途中不断与赫定交换记录，从每天相差两公里，到只差几十米（1927.9.19）、10 米（1927.9.23），可见基本掌握了这一沙漠征程的测量技术。从额济纳河的葱都尔到毛目县（今甘肃鼎新镇）的路线，是刘衍淮独自作业完成的，斯文·赫定甚至夸奖他比斯坦因测量得还好（1927.11.4）。日记还记述了在寒风凛冽的日子里，他一度丧失了持续测量的信心，也是在斯文·赫定的鼓励下（1927.11.9），最终又坚持下来。这个细节，曾经被徐炳昶写入斯文·赫定《长

---

[1] Sven Hedin, *History of the Expedition in Asia 1927—1935*, II, p. 159. 中译本《亚洲腹地探险八年》将其译作"游历大学"，第 372 页。

征记》的中译本序言中。现在从日记里看到，刘衍淮在后来新疆的考察中，一直坚持了行路画图的艰苦而有意义的工作，如从库车去沙雅考察归来，还花了两天的时间修订这一次行程的路线图（1929.5.6、5.7）。在日记中，也常常可以看到他在路途上"沿河东东北走了一气"，"上路而北东西北行"（1927.11.1），"廿五分东北东又东，七点半又见水，乃折北北东绕过之东行，三十五分东北东行"（1929.9.11）的方位指示，最初我们在从事日记标点的时候，曾经在这样不合语法的句子中感到无所适从，及至明白了其行路画图的习惯后，也就恍然大悟其拐弯必定记录方向的合理性。

此外，赫定还传授他测量井水温度（1927.9.14）等技巧。而赫定坚持记录途中情形、虚心求教于他人（如1927.8.28）、病重时犹自在担架上测量路线（1927.12.13）的科学精神，也在一定程度上影响了刘衍淮的工作恒心和日记习惯。赫定的素描接受过专业训练，在其探险塔克拉玛干沙漠而丢失相机的情况下，曾通过画笔传神地记录了沿途的雄伟风光。刘衍淮也在他的启发下（1927.8.7、1927.9.21），留下了几十幅考察速写。如今我们将这些图画还原到当天的日记，确实也见出其时大漠横渡的壮阔景象。

中方团长徐炳昶，是留法归来的哲学博士。从包头到新疆的一路上，刘衍淮与他分在一组前进，因此二人谈话最多。刘衍淮曾经跟随他调查民情（1927.8.20、9.25、11.10），一起讨论民族问题（1927.9.1），在徐先生的指导下安排国庆的庆祝活动（1927.10.7），抄写给地方政府的公函（1927.10.11、1928.5.12、5.17），并跟随他学习法文（1927.9.20）。作为一位长者，徐炳昶沿途给予刘衍淮的鼓励（1927.11.9、1928.1.11），无疑都促成了青年学生刘衍淮的成长。据刘衍淮后来记载，他能够比较宽裕地完成四年留德的学业，也部分源于徐炳昶的资助。徐炳昶从新疆返程后担任女师大（并校后任北平师大）校长，聘任刘衍淮为该校研究员，并预支了两年的薪金①。

科考团员袁复礼，当时也是从美国学成归来、在中国地质调查所参与过仰韶遗址挖掘等工作的地质、考古学家。沿途在一起前进之际，刘衍淮也跟着袁复礼学习地质学方面的知识，随他寻找化石（1927.5.27）；如何将沿途的路线图缀合成经纬度下的标准地图，最初也是在袁复礼指导下进行的（1928.1.28）。在刘衍淮的德语水平还不能完全看懂气象著作的时候，是袁复礼从自己的行囊中取出英文版的《气象记录仪原理》提供给他阅读（1927.6.13）。1928年冬天开始，袁复礼担任科考团代理团长之后，更是成为了在库车独立考察的刘衍淮的直接联系人，不断通过往返通信给予他工作指导。李宪之、刘衍淮最后能够去德国留学，也多有袁复礼出谋划策、多方联系的功绩。

科考团员黄文弼是北大哲学系的毕业生，留校在国学门从事工作。从哲学到目录学到考古学的研究，黄文弼的学术生涯不断转换，其在中国传统文化方面的博学，成为刘衍淮难得的文史学习导师。如他在1927年9月11日的日记里写到："夜里和徐、黄谈，多史事，而尤以清代战事居多。"这样的帐篷卧谈，一定使刘衍淮受益良多。刘衍淮一路上阅读的大量西域历史地理书籍，也多有从黄文弼携带的、为斯文·赫定所艳羡的"六箱中国古书"中获取的②。后来刘衍淮在库车气象站的时候，那里成为科考团成员如黄文弼、丁道衡、詹蕃勋、龚元忠等在南疆考察的中转地，

---

① 刘衍淮：《我服膺气象学五十五年（1927—1982）》，第3页。

② Sven Hedin, *Auf Grosser Fahrt*, S. 71.《长征记》："考古学家黄文弼，是个博大的学者，带了六箱中国古书，在考古学上很有用的一些古书，汉朝的史书也在其中。"（第60页）

与黄文弼的过从尤其密切。黄文弼早年的哲学著作《二程子哲学方法论》也成为刘衍淮在库车读得津津有味的中国哲学入门书（1928.12.3）。

在"流动的大学"中的学习情况，还可从刘衍淮日记的读书记录中得以窥见。除了阅读中外文版的气象学专业图书之外，他也刻苦学习各种有用的工具语言，原本就有基础的英文、德文之外，他还学习法文（1927.9.20）、俄文（1929.4.27）、蒙文（1927.7.5）、维吾尔文（1928.11.7），甚至还从迪化的俄国学者那里借来回鹘文的著作"习畏兀儿及古突厥字"（1930.1.22）。在新疆师范大学黄文弼中心珍藏的刘衍淮文献中，我们还可以看到他学习蒙文和维吾尔文留下的笔记。

一些西方探险家和汉学家的西域著作，也成为他啃读的对象，如日记中提及的华尔纳《在中国漫长的古道上》（1927.10.14）、孔好古《斯文·赫定楼兰所获汉文文书和零星文物》（1927.11.22）、斯文·赫定《我的探险生涯》（1928.5.4）、勒柯克《新疆古希腊化遗迹考察记——德国第二、三次吐鲁番考察报告》（1929.5.24）、斯文·赫定《长征记》（1929.9.27）等。以上阅读，是他修习的不止一门的当时最前沿的丝绸之路综合课程，应该对他之后从事具有学科交叉性质的干旱区历史地理研究，起到了很大的作用。

此外，他也阅读专门的《摄影术纲要》（1928.8.29），向龚元忠学习摄影、洗相的技术（1927.5.26），当刘半农给他寄来了相机之后（1928.9.18），他娴熟地掌握了这门技术，为我们留下了那个时代新疆独特的风情照片。

李宪之先生晚年回忆说："到德国后，我们进入柏林大学学习……入学时我们是大学本科生，但是由于我在西北科学考查团有两年多的实际工作基础，科研工作步步深入，很快取得了成果，仅用三年时间便拿到了博士学位。"① 从一个大学本科的低年级生成长为以严格著称的德国大学的博士毕业生，其间的飞跃，李宪之先生归结为在西北科考团期间打下的科研基础。在实际的考察中学习成长，确实也是刘衍淮与之比翼齐飞而获得柏林大学博士学位的重要因素。

3. 五四青年的精神风貌

刘衍淮的西北考察日记，也是他三年中思想、认知成长的写照。许多的记录，使我们真切地感受到经过五四新文化运动洗礼的北大青年学生的新风貌。这种代表着爱国与进步、民主与科学的精神面貌，以青春的气息洋溢在西北科考的历程中，与落后而动荡的内陆社会形成鲜明的对比，让我们看到那一时期中国的希望。

比如说爱国情怀的体现，就时时流露于字里行间。在民国的国庆日来临之际，作者忍不住地思绪万千："双十节，只有七八天了，想起中华民国虽然已经有了十六岁的年纪，却仍然是脆弱不堪，内乱频仍，外患日逼，军阀作祟，帝国主义压迫，民不聊生，国将不国。先烈不能瞑目，志士仍当努力。"（1927.10.2）对于内外交困的中国命运的担忧，并不是抄自什么政治教科书，而是作者在之前两年的北京大学学习与生活中，在最敏感的政治中心和最真诚的青春岁月里最切身的感受所致。这个情绪，竟然也是全部中国成员的共同感受，因此，一个庆祝活动在额济纳河畔从未有过人烟的树林里得以呈现（1927.10.10）。这个活动，也得到外国团员的尊重和参与，最终成为增进友谊而共同奋斗的重要环节。

---

① 李宪之：《回忆与前瞻》，第 402 页。

在作者参加考察的三年时间里，也是积贫积弱的中国内忧外患加剧的时刻，作者在内陆西北不断翘首回望，往往在迟来的报刊中依旧痛心疾首于已然发生的事实。如在 1928 年 5 月 19 日，作者先后被省长杨增新和警察署长袁廷耀告知最近"济南惨案"的发生，于是有下面的记录："今日杨督告我云：山东省城及各地多为日兵占领，秩序想已不堪设想。小彤晚又告我云：据闻济南已为冯军攻下，日本出兵数万于山东云云。日兵之出，是又将藉口保护日侨，而实行其加入中国内乱、庇卫贼阀也。据云这是甘肃党部发来的电报云云。家乡糜烂，闻之痛然。"半年之后的 1928 年 12 月 9 日，作者在库车看到五月份的上海《东方杂志》："内载五月初旬日人在济南演出之空前惨杀，战委会住济之外交处长蔡公时，竟为日人所惨杀，其余之交通人员、伤兵为日人所枪毙者甚夥，触目伤心，惨不忍闻。在昔繁华热闹之商埠，今已变为森严四布日兵根据地，巍然雄壮之城郭，已为颓废圮毁之日弹牺牲物，其戮杀之惨凄，甚于虎狼，其手段之鄙劣，有过鬼蜮。迟迟至今，已逾半载，仍系悬案，发指心痛，莫此为甚！"济南是作者中学时代负笈求学之地，因此即使外侮已在半年之前，仍然为之发指心痛，爱国之情溢于言表。

又如 1929 年 5 月 9 日，作者写下了洋洋千言的日记，记录这个 1915 年袁世凯政府接受日本"二十一条"的国耻纪念日；5 月 30 日，是 1925 年"五卅惨案"纪念日，作者特别在日期后括上了"上海惨案纪念"的醒目标注。这些地方，都可以看到青年学生刘衍淮对于国家遭受压迫的沉重心情，也是他日后走科学救国之路的动力所在。

不仅如此，作者对于沿途所见中国内陆的落后面貌，也充满了批评的精神。如多次提及鸦片种植的普遍（1927.5.24、

1927.8.24、1927.12.29、1928.5.11、1928.8.16），并在听说国民政府允许内地各省种植鸦片，对刚刚北伐成功的国民政府也表示了深深的失望，慷慨而言："如此事果真，是国民政府与军阀专政下的政府无异矣。不知终日以'国民'二字作招牌者，将何以自解。中山先生有灵，九泉不瞑目矣！心思紊乱，烦恼非常……武人、政客之作恶，固无足论，而开口以民众为依归，曾受中山先生耳提面命之人，亦复行此！况以局势而论，财政并非已至山穷水尽，使国为烟国，民为烟民，非丧心病狂，能出此乎？"（1928.5.12）

作者也同情被落后习俗戕害的普通民众，如在库车听说维吾尔房东家十四五岁的幼女要嫁给年逾花甲、有了三妻四妾的阿吉，便为之愤愤不平，将这种现象归结于百姓"固守陋习"和"官府视若无睹"（1929.1.8），对政府的失职深感痛心。痛陈落后的面貌和政府的不作为，慷慨悲愤的文字，都是其爱国激情的真诚流露。

"五四青年"形象另外一个方面的表现，就是在思想文化上接受新文化洗礼后的全新面貌，这些问题也都在刘衍淮的细微记录中得以体现。如作者的日记文本，已经基本上使用了明白晓畅的白话文来书写，以及使用新式标点、在书名和人名左侧标注了专名线等等。除了这种"物理表现"外，更重要的是作者在专业之外阅读的书籍，也体现了新文化运动的深入和普及。如作者翻看的张资平《冲积期化石》是现代文学史上第一部长篇小说（1927.5.28），与向恺然的《留东新史》（1929.11.3）同为反映中国留学生生活的内容；杨振声的《玉君》反映的是青年男女对婚姻自由的追求（1927.6.8）；冰心的《寄小读者》（1928.8.8）则是五四以来最为读者所熟悉的记录海外见闻的散文集。在作者的行囊里，还备着以散文为主题的进步刊物《语丝》（1927.5.14）；而鲁迅的作品更是带了好几部,连袁复礼无书可读时,也从他这里一次借去了三种(1927.6.24)。在他西北科考团的行程中,鲁迅的《呐喊》已经不知道是第几次"重阅"(1929.8.5),《中国小说史略》则成为他重新审视自己喜好的中国古代小说的一面镜子(1928.4.19)。

作者在考察途中,也阅读传统的中国典籍。如读《三国演义》,却能说出"褒蜀贬魏,昭烈帝之死曰崩,魏文帝之死(曹丕)曰薨,一褒一贬,于此可见"的评价(1927.6.28),读《说唐》的《粉妆楼》(1928.11.23),读清代野史里的《顺治出家》《雍正夺嫡》(1929.3.2),读《济公传》(1929.6.3),但都能自省是"无聊之极,可想而知",能够评述其中"文章欠佳,而作者又发多少臭议论,野史中之下下乘也",可见其文学观念里反映出来的新文化运动的熏陶。

作者也读《古诗源》(1927.10.8),读唐诗(1928.4.2),读《燕子笺》(1928.2.11),读《今古奇观》(1929.8.15),甚至"有时读得我心酸眼涨,古诗之动人也如是",完全进入到文学的世界。因此他的日记,会随时引用起古代诗文,如1927年9月23日坐在梭梭林中:"地上又可以看见Zag树的影子摇摇摆摆,我如果作首旧诗形容当时的情景,我一定用上'俯视树影动,仰看白云飞'这一流的话。"1927年11月10日前往税关打听情形:"我们三人直奔那在住所望见的房子。有一里多路,到了,我一望就说了声'门虽设而长关'。"因为传统文化和新文学的双重影响,作者的白话文出入于传统诗文的映照,读起来也别有韵味。虽然有些叙述还体现出稚嫩的笔触,而更多的地方,则可见到流畅的笔法下吐露心声的错落有致。表情达意、叙事议论的才情,让我们感受到在新文化思潮影响下成长起来的大学生全面而健康的知识状态。

刘衍淮在 1927 年从北京出发的时候，仅仅是一个 19 岁的北京大学预科二年级生。但是从日记中反映出来的积极向上的蓬勃朝气、奋发图强的精神面貌，都可见心智成熟、具有通识的五四新青年形象。他的日记，也为我们提供了研究那一时期特殊的学制——北京大学预科教育成败得失的重要个案[①]。

4. 西北地区的世态人情

刘衍淮的日记，在科学观测的"例事"之外，更有很多的篇幅浓墨重彩地记下了那一时期的西北政局和社会风情。

中国西北科考团作为西北考察史上最大规模的科学活动，在国内政局动荡的时代出现在遥远的西北，自然引起了西北政坛的高度警惕，科考团与当地政府的往来周旋，成为考察之外的日常，因此在刘衍淮的日记中地方行政的交往材料比比皆是。从大到一省最高长官杨增新被刺杀的消息在南疆的传播（1928.7.11），小到请库车乡约安排觅驴进山（1928.9.26），罗列其身边的见闻，都成为那一时期西北政局与基层社会的鲜活史料。正是因为这些频繁的接触和描写，对于新疆现代历史的研究者来说，这是一份难得的深入基层的文献。其中记录到新疆地方官场的大大小小人物，对于复原当时当地的行政运作，都是极为凑手的资料。即使是一些官员的行政履历，也可以弥补史阙。如有关清代和民国新疆职官的史料，目前仍以《新疆职官志（1762—1949）》为最完备[②]，

---

① 晚清民国时期中国大学的预科制度，参见刘军《中国近代大学预科发展研究》，华东师范大学 2012 年博士论文。

② 胡正华主编：《新疆职官志（1762—1949）》，新疆维吾尔自治区人民政府办公厅等内部印刷，1992 年。

就县长一级而言，刘衍淮日记可补其名录者，如焉耆县知事魏耀文，库尔勒县佐卜讷（德成），轮台县知事王学道（伯平）、陈本枸，墨玉县知事吴某，沙雅县长杨庆南、张仲威（又任库车）、继子成，托克苏（今新和）县佐陈湜，皮山县长杜昭融，额敏县长师作范、王家荣，塔城县长赵乐善等，均为《新疆职官志》遗漏不载，其余不为《职官志》所载的下级官僚，更是不胜枚举。作者还写到与哈密回王沙木胡索特（1928.1.30）、土尔扈特蒙古活佛多布栋策楞车敏（1928.2.22）、库车回王满蒲思（1928.7.26）的接触与传闻，写在新疆遇到的各地新县长到任的铺陈陋习（1928.2.27、1928.9.13、1929.5.24、1930.3.25），都可资了解新疆多民族社会下的地方统治情况。

自从踏上西征的长途之后，刘衍淮也非常投入地关注考察地蒙新的历史、地理、社会、宗教，从记录下来的书名中，我们看到他阅读了诸如《大唐西域记》（1928.11.27）、《大慈恩寺三藏法师传》（1929.3.12）、《蒙古游牧记》（1927.9.29）、《元秘史考证》（1928.1.16）、《流沙访古记》（1929.3.12）、《新疆图志》（1927.10.7）、《新疆访古录》（1927.11.13）、《新疆游记》（1927.11.13）、《西行日记》（1928.2.9）等中文书籍，为了将来利用的方便，有的书甚至大段抄录。如作者最初被告知留在哈密从事气象观测（1927.10.3），就决心将《新疆图志·建置志》哈密部分抄录下来（1927.10.7）。果然，到1927年11月27日，他就完成了这一部分的抄写。从一到哈密开始，他就借阅伊斯兰教的历史书（1928.1.17），以便了解新疆的宗教社会。在库车较长的时间里，他也听毛拉谈伊斯兰天文知识（1929.5.19），听当地人介绍库车一带的"圣人墓"（1929.5.20）等风俗习惯。

作者在日记中记述沿途的社会风情，都非常真实地留下了那一时代的细节。如从绥远出发，一路上军阀割据下的所谓"护路队"（1927.8.23），河套的庄稼（1927.8.24），蒙古大漠中的商贸（1927.8.19），少数民族的猎鹰（1928.1.29），沿途的喇嘛庙（1927.8.20、9.1），天池边上的道士观（1928.4.4），乡村和城市里的天主教堂（1927.5.24、8.23，1928.5.21）、福音堂（1930.1.15）、东正教堂（1930.2.14），在迪化和库车遇见的安集延人、俄罗斯人、德国人、瑞典人、英国人、波兰人、荷兰人、比利时人，迪化东门外的无线电（1928.3.13），《天山日报》的发行（1929.5.3），将民国年间宗教影响多元、人物形形色色、新事物不断涌现、既封闭又开放的蒙新内陆地区社会生态，生动地表现了出来。

如前所述，作者在北大受到了新文化运动的影响，这一影响，还体现在他热心于各地风俗的调查和对民间歌曲的抄写。如他在到达包头的时候，就发放北大的风俗调查表给当地学生（1927.5.14），并告知北大国学门主任沈兼士（1927.5.18），可见是义务承担了为北大收集内陆民俗资料的工作。到了新疆，更是亲自承担了抄写民间曲子的工作，从在博格达山上抄写哈萨克族（1928.4.19）、回族（1928.4.20）、塔塔尔族（1928.4.22）的情歌开始，到在库车抄写和翻译维吾尔族曲子（1928.7.14、1929.1.30），并不断誊改、翻译（1929.3.10、4.13），反映了他对于通过民间歌谣从事"学术的""文艺的"民俗学事业深信不疑而且充满热情[1]。从新疆师范大学黄文弼中心受赠的一个刘衍淮新疆民歌抄本来看，其中的30多首曲子，有拉丁字母记音、有民族语言词汇的解释、有全部曲子的汉译，可知他下了相当大的功夫来从事搜集

---

[1] 新文化运动中北京大学的"歌谣活动"，参见段宝林《中国民俗学与北京大学》，《北京大学学报》1992年第5期，第21—30页。

整理。而一个人兼做新疆多个民族的歌曲记录，在那个时期还不多见，这份用歌谣反映出来的新疆文化遗产，也值得我们将来从事深入的研究。

作者还对沿途的各种淫祠、殿宇都分外关注，并详细记录，这可能也是北大风俗学会提倡的田野调查内容。如作者从哈密到迪化途中，记录车轱辘泉关帝庙中的灵验传单（1928.2.17）；从迪化赴库车，记录所经阿呼布拉克的龙神祠所贴"救荒辟谷神丹""关帝君救急灵难经文"等印刷品，门内的匾额和对联，都反映了当时当地民众的信仰世界。而像轮台知事沈永清的对联"二十年五度长征沧海横流惊此日；九千里一家再造玉关生入感尊神"，则又增加了当时当地文学表现的资料（1928.5.31）。作者记录小草湖和老风口的风神庙（1928.5.27、1930.3.16），后来还专门写到了他的《中国数地之焚风与布拉风》中①。

他还记录了见闻中的蒙古族婚姻（1927.8.20）、汉族庙会（1928.2.1）、哈萨克族少年的进步表现（1928.5.15）、柯尔克孜族在天山深处的放牧（1929.6.24），特别是朝夕相处最多的南疆维吾尔族的生活，如巴扎（1928.6.15）、节日（1929.1.25、2.6、3.14、5.21）、习俗（1928.9.23）、跳皮尔治病（1929.4.9、5.16）、建房（1929.7.25），都有特别原汁原味的描写。而民族矛盾（1928.7.2、7.12、8.15）、中苏争端（1928.7.8），更是作者特别关注的社会问题，因此也一一详细记录。

因为生活得久了，作者与当地的民众也产生了深厚的情谊。在库车雇用的维吾尔族帮手萨务被辞退，作者在日记里写下"三

---

① 刘衍淮：《中国数地之焚风与布拉风》，《空军通信》第2卷第1期，冈山，1956年，第32—34页。

月以来颇勤谨聪明"、"他恋恋不舍，心甚戚戚，余亦为之黯然"的心理活动（1929.1.1），告别库车之际，与他几乎朝夕相处的邮局局长朱菊人和其俄罗斯妻子探尼夫妇相送到托和鼐，"依依不舍，相顾而泣，多时无语。别离之伤感，初见于北平，次见于此，此二次殆皆几不堪者"（1928.8.28）。他帮助弱势的驼夫、同情无助的差人，为他们去官府里讨回公道，也在日记中多处出现。

5. 科考团队的人事细节

大量属于科考团内的工作细节，也都因为刘衍淮日记的出现，而变得丰富起来。

如关于气象站的设置和配备人员，在到达迪化以前的日记中多次提及，最后确定的葱都尔、迪化、库车、婼（若）羌四个地点以及人员情况，其实多有根据当时社会形势做出调整的结果。

如作者提及考察开始，他们需要接受打预防针以免遇到流行病的侵袭（1927.5.30、6.13），可见作为一个科考团，其卫生意识也已经非常现代。他记录从库车回到乌鲁木齐，就看到了俄国建筑设计师为科考团设计的博物院图纸以及筹款建设方案（1929.11.21），也表现了科考团当时已有了在新疆建设现代博物馆的长远计划。日记里还多次记录与南京中央研究院气象所联系的信息（1929.1.1、5.12、10.24），可见边疆地区的气象观测为国民政府所重视的情形，以及西北科考团考察资源共享的理念。

又如，作者写他们的留学德国，其实是个意外，本来的设想是回国，因为战争，通过西伯利亚回国的中长铁路暂时不能开通（1929.12.6），袁复礼、黄文弼等选择了延期考察，等候时机；而求学期间的李宪之和刘衍淮，则不得不选择西行赴德留学——因为在西北考察期间的优秀表现，斯文·赫定和郝德早就承诺做他们攻读柏林大学的热心推荐人（1928.12.16）；这一时期的中苏关系虽然恶化，新疆地区却享有特别的交流政策，他们方能经由苏联前往德国——这些大时代背景下的考察细节，都在1929年10月刘衍淮到达迪化之后的日记中得以充分展现。

科考团中外团员的关系，是后来的研究史最为关注的问题之一。如黄文弼日记开篇就提及中国团员的西北考察，负有双重使命[1]，说明考察中需要提防外国成员有损中国利益的行为；而中国团员为外人所看不起、因此在逆境中奋发，也一直是最引人关注的话题[2]。事实上，通过刘衍淮的考察记，细节真实里的中外合作却更多地充满了"命运共同体"下双方的真诚友谊与和谐交流。

在科考团的考察进程中，也确实有一些摩擦，如外人拍摄"声调鄙俗，令人肉麻"的地方戏曲（1927.6.26）、过度惩罚偷盗团队骆驼的中国驼夫（1927.9.12）、绘制违反条约的五万分之一地图（1927.10.3）等，刘衍淮总是第一个发现，并告知中方团长应该予以阻止。

刘衍淮的日记也记录了中外团员之间的陌生和距离感，如他提及摄影师李伯冷（Paul Lieberenz）："李与人寡谈笑，少接触，他不和我问讯，我也就当然不睬他。"（1927.9.28）但到后来，所有团员却互相帮助而不分彼此。如经过葱都尔双十节的庆典活动，刘衍淮的热心公益受到交口称道，李伯冷主动表示在工作照之外为刘衍淮摄下了额济纳深秋背景下的个人照片作为奖励

---

① 《黄文弼蒙新考察日记（1927—1930）》："余等职务，一者为监督外人；一者为考查科学。"（第1页）

② 如晚年李宪之回顾自己在考查团三年的生活，就概括为"刺激、奋斗"四字。参见李宪之《在"中国西北科学考查团60周年纪念会"上的讲话》，李曾中主编：《"中国西北科学考查团"八十周年大庆纪念册》，气象出版社2011年版，第189页。

（1927.10.12）。刘衍淮的日记也真诚地感谢特别提携中国学生的德国同行，如记录德国团员齐白满（Eduard Zimmermann）的"有求必应"："我和齐要点方格纸，他给了一小本，有四十多片。老齐是外国人中的最'好'的，平常我们多号以'老好子'，他之好，不仅为外人冠，在中国诸人中亦找不出，'有求必应'，有时是不求就问，我们自到包头而后，就已经领会了他的'好'了，并且我和他相处的时候甚久，对我尤好。"（1927.11.8）

刘衍淮后来与外国团员都成为相知的朋友，如与他一起在库车观测气象的搭档华志（Franz Walz），在途中病了，把刘衍淮视为知己，说了许多自己的身世和感伤之言（1928.5.29）。考察途中的气象指导老师郝德，更是成为刘衍淮学术的引路人，不仅引荐他和李宪之去了柏林大学攻读博士，从刘衍淮后来的记录中，可知他们还成为终身的师友。1969 年，晚年的刘衍淮应洪堡基金会的邀请访问德国时，还专门去访问了"四十余年前西北科学考查团德籍友人郝德博士"①。

在科考团的集体活动中，外国团员一些无形的身教，也促进了刘衍淮的心智成长。如他参加德国团员在夜间的聚会、唱歌，感叹说："看德人唱歌、唱诗，多德国关系国家问题的歌，如《德意志高于一切》《守卫莱茵》两首歌名之流，悲极壮极，那些德人唱到慨切的地方，真教人战栗恐怖，都是警告德人爱国的国歌，德国的民气可见一斑。这些在异域工作期中尚能如此，其在本国之德民气，亦可想见一斑。"（1927.7.5）又如大部队从呼加尔图河畔出发时，骆驼惊散四逸，外国团员都放下自己的工作到处寻找，中国团员却各忙其事，安之若素，刘衍淮深感不安，向徐炳昶反

① 刘衍淮：《战后西德的重建与经济发展》，《新时代》第 9 卷第 12 期，1969 年，第 1—5 页。

映，并动员黄文弼、李宪之一起出寻（1927.7.22）。

凡此种种细节，都体现了中国西北科考团团结合作、互相砥砺的主旋律。这种合作的精神，尤其是在我们今天提出"一带一路"的倡议下，更有着教科书般的参考价值。

三、刘衍淮西北考察日记与其他考察记的比较

对于考察活动的研究，任何一部亲历记录都具有其不可替代而无法复制的价值。即使之前我们已经有了斯文·赫定、徐炳昶、袁复礼、黄文弼等人的描述，这样的考察记依旧是多多益善。文字的记录因其局限而总是无法完全还原现场。即使是号称事无巨细的日记，也受到记录者主观记忆的选择，使当时活动的场景描述总是出现各自不同的侧重。

因为斯文·赫定的考察记并非逐日书写，难以一一对应，我们试举已经发表的中国团员三人的两天日记与刘衍淮日记做出对照，以见刘衍淮日记的独特意义。

表1 1927年9月2日西北考察日记

序号	作者	日 记
1	徐炳昶	二日，五点半起，六点四十分起身。地势有起伏，道右无沙，左间见沙冈。有一种小蒿名 tusier[①]，一种小灌木名 ningjier，外有 haermu，植物以此三种为最多。八点四十五分至一洼地，草甚茂盛，地上有盐碱之属。九点四十分，道右有蒙古包。十点四十分，又入半沙漠的地方，有树甚多，远望若松，近视非是，因其非针状叶，乃半形叶，且叶上间三四分即有节，即此间重要燃料的 jiagao。此树蒙古人称为树中之王，然除作燃料外，

---

① 《徐旭生西游日记》原文用民国时期的注音字母，此处为方便理解，均转为拉丁字母，下同。

序号	作者	日 记
1	徐炳昶	实无他用。不过此间沙漠有此树点缀风景，殊觉另有风趣。十一点半道右有井，前行不远，即有一所土房子，为王爷府之汉人商家在此收账者。十二点许过一歧路，前行蒙古人亦不认识，即从偏南路走，后因问始知错误，乃转回北路。此节路 haermu 极多，结实如樱桃，可食，或即北京市上所卖之山豆子。一点钟许，沙势渐尽。两点钟至一地，名 Shiniewusu，即行止宿。Shinie，意为新，大约因地有一新井，故名地为新水。地为一大平原，四望不见沙、山，远处略有冈峦，颜色苍翠，至为宜人。且蝇甚少，比"仙乡"似胜多多。地有数蒙古包，一为代州人在此作买卖者。往与谈，据言此地从来无税，自今年春始行征税，且甚重云云。今日初起身时，路向西北，后又稍转南，结果得正西稍北。行 29.029；N.85.94W.，步行五公里。今日无风，天气甚热，温度至二十六度余。（《徐旭生西游日记》第一卷，第85—86页）
2	袁复礼	9月2日，离都尔班井，那林和丁道衡一行就成为后队。蒙族什长也留下来和他们同行。午前出山口，地势平坦，是一个剥蚀平原，花岗岩仍然零星出露。到了达赖郭罗则为一宽阔盆地，才见白垩纪红砂岩和覆盖其上的玄武岩。后者的杏仁体气泡中，有鲜蓝色石髓，甚为美观。（《三十年代中瑞合作的西北科学考察团》，《中国科技史料》1983年第3期，第18—19页）
3	黄文弼	9月2日。上午4时半起，6时向西出发，经行平原。30里至哈拉格林，有商店一家，亦为土房。在商店东北，山下土质与爱克苏怀同。余拾木桶1件。复西行，经山径，为泥沙冲积而成，上布碎石块甚多，间有山岩，为红沙石者，不如石灰岩之广。山径中间，有榆树峙立。约15里，出口，行平地，约10里，至打不诺驻次。北有商店一家，旁有井二，掘土二尺即见水，水甚佳。南首井水臭，据云，为旧年所掘。商店掌柜为山西太原人，

序号	作者	日　记
3	黄文弼	颇精明。据云，此地年来贸易不佳，因皮毛不能销售，费用甚大，税款前归王爷，现归冯军，解宁夏。如商家欲建土房须纳取票费 90 两、写票费 10 两。亦不准多筑。又每年需摊派使费，如蒙兵费，及特别招待外兵费等等。此地西有到库伦汽车大道，为冯玉祥所修，由库伦运子弹至宁夏者。由此西南 20 里有萨拉在庙，为冯军屯驻之所。去年曾运来两千余驼子弹，前数日尚有汽车三辆北去。庙内前驻有兵，现已移至八音毛得。彼此尚能相安也。乃返，商家以乳皮饼赠余，味甚美。（《黄文弼蒙新考察日记（1927—1930）》，第 59—60 页）
4	刘衍淮	二日。四时起，太阳尚未出，天冷得很。吃了早饭，收拾好了东西，量了 base line，六点四十六分就动身了。老王今天不高兴给我牵骆驼了，说了几句话，教徐先生来把他大嘿一顿，今天他先牵着走过了这线，以后他才上了骆驼。 　　七点钟，我下来作观测，大队人等都也走到前边去了，我上去驼一起，替子坏了，幸得蒙人司拉大尚在后。他给我们收拾好了才走，一走王的又坏了，又收拾了多时，一共耽误了几近一点钟。走了不远，看见韩回来了，问怎么误了这样多的时间，又说教司跟着我走，韩他就又前跑了。 　　过了些山，山上有些立着石刻的藏文的，不知道是什么意思，也有好水草的地方，也有沙漠的地方，骆驼不走，终久没有赶上大队。十二点多到了个好水草的地方，看见路旁有一井，齐和何马正在这里，大概是量温度罢。司跑到那里喝水去了，我们走了。这草占地面很大，草中又有小树条，类荫柳。 　　前边又有一土房，汉商人居也。过了这一片草地，

序号	作者	日　记
4	刘衍淮	又到了沙了，小沙山，骆驼上不去了，卧下了。登上去的，看见大队了，齐他们三人还没来。不久大队到了。西北上有草无沙，好地方，还有两三个蒙古包，天热得厉害，沙又反射得厉害，热和光，人有点受不了。住的地方到了，安排了东西床铺，吃了茶，于是乎睡了有两点钟，□□夜睡不足也。 以后同齐去井测水温度及水深。以后又到了个蒙古包里去看了看，包内山西代州人也，云近年生意不好，税重，故他的大部分买卖已移去，又知自 Tukomu 而后为甘省矣。买卖人云：蓝理训一行才离去四日，住此三日，因失骆驼，寻骆驼也。又云：前去百余里，有国民军装人驻之地，近来国民军大运子弹、抓用骆驼等情。到爱金沟，尚须十六日至廿日，越往那草越不好。 归饭后，志日记，晚睡而不好。今天的地图约少四五百米达。（本书第96—97页）

1927年9月2日这一天的日记，是科考团在蒙古草原的行进途中。此时，科考团在哈纳河畔稍长时期的逗留考察之后，为行动方便和扩展工作面积，分为北、中、南三队分路西行考察。

袁复礼带领的南队在9月1日到达了老虎口西边的花岗岩丘陵地带，并且和那林、丁道衡的北队相遇。9月2日这一天，他记录了离开老虎口后出现的达赖郭罗盆地的地质面貌。袁复礼的记录因为也不是当时的实录，而是根据当时记录的总结，因此文字比较简洁。将来有机会公布他实时手记的野外考察记录簿的话，内容应该会更加丰富。

黄文弼和刘衍淮都在徐炳昶带领的中队考察，但是先后出发的时间不一致。黄文弼先行随大队进发，徐炳昶一人等候刘衍淮等考察河套的小分队，而与刘衍淮晚发一周。9月2日这一天的黄文弼已经进发到打不诺，他记录了沿途的地貌，以及访问当地晋商，了解到当地贸易情形，特别是冯玉祥在这里割据后的税收变化与军备状况。

徐炳昶与刘衍淮在9月2日这一天，才走到了黄文弼8月26日驻扎的地方。徐炳昶比较详细地记录了沿途沙漠地带的植物情况、住地名称及其含义，记录了此地为蒙古王爷领地，并从住地晋商那里了解到草地路上的沉重关税。

那一天的刘衍淮是开始学习记录路线图的第二天，因而对量基准线、行路画图描写得比较详细，同时也记录了住下后跟随德国团员学习测量井水温度和深度的技术，又记录了向住地晋商了解当地贸易和两省分界的情况。

可见，综合所有的日记，才能更广泛地了解科考团经行的范围和活动内容。这不仅因为每个人在不同的地点活动，而是即使同步行动，限于职责和视角的不同，注意到的场景也都会有所不同。

表2　1928年11月1日西北考察日记

序号	作者	日　记
1	徐炳昶	十一月一日，同赫定先生及加尔生进城，路中泥其多。见源清署长。他说：车价无问题，但机务员工价太高，可是加尔生则非每月三百五十元决不肯留。后止好商议送路费遣归，然亦尚无成议。出往见庆皆厅长。本议今日同往工艺厂观前清时所购制造火柴机器尚可用否，至则已晚，止好议定明日令加尔生一人往观。出城，到陈诸岩寓。诸岩今日为季庐钱行，我们作陪。席中闻郝默尔、安博尔及鲍寿亭等昨日已至绥来，然则今日或可到迪化。归已十一点钟，他们尚未到。（《徐旭生西游日记》第三卷，第155—156页）

序号	作者	日　记
2	袁复礼	11 月 1 日，我向东行，想追溯红层。我路过了曾经工作过的水西沟沟口，再东行到达济木萨县正南 5 公里的千佛洞，直到近天山脚下的新地，始终未再见该红层的任何踪迹，显然，在水西沟以东它就消失了，由新地东行 5 公里到泉子街，再向东北行十余公里到韭菜园，见到了中生代及二迭纪地层在此却为近南北向的大断层切断，丘陵地貌也就到此结束。往东即代之以直接出自天山的山麓、冰川终碛堆积和冲积扇了。我们一行又沿天山脚下东行四、五十公里，但只见天山的石炭纪灰岩，再未见中生代地层出露。（《三十年代中瑞合作的西北科学考察团（四）》，《中国科技史料》1984 年第 2 期，第 56 页）
3	黄文弼	11 月 1 日。上午 8 时半由克内什庄出发向西行，11 点过一庄，名爱勒克格拉，有庄户家三四，西北瞰苏巴什之破城，土墩颓垣，横绵河岸，东西对峙，白麻扎竖立山巅，若旌旗焉。转西偏南行，11 点半住苏巴什之某水利家。由克内什至此，约需时 3 小时，13362 步，合 30 里谱。 午饭后带 3 人及房东往看破城，1 点由庄出发，1 点 20 分即至北山南。山阿相接，中有一河，出自铜厂，西南流，经亮果尔庄南流入破城中间。南流分 3 河：一河东流，至克内什，北即司密司马里之南，由克内什至千佛洞必过此干河；一支南流，一支西流，入库车，所谓库车河（城上河）是也。分流处有土埂相隔，似自昔已然，现又分为 14 大渠，灌库车东部地，破城即在山边河岸。 东破城，其墙址城基均存，西有城墙，东临河岸，房基破塔，井理密稠，与吐鲁番之古交河城相似，疑此即唐龟兹国之伊逻卢城。《唐书·西域传》云："君姓白氏，居伊逻卢城，北倚阿羯田山。"按阿羯田山，即白山，此破城在白山之南，以地望之，适当然耳。

序号	作者	日　记
3	黄文弼	若于斯格提之旧城，即《魏书》所谓城有三重；《西域记》所谓荒城也。疑龟兹王自杀此城人后，即迁移于此。又此城城壁皆为土坯所砌，确为唐以后所筑，以其中瓦片证之，亦多唐代物，则唐时龟兹国都城在此可无疑义矣。 余自南北寻视一遍，多已被外人发掘，据说前20余年，有外国人在此，每日数十人发掘，凡数十日，可见外国人工作规模之巨。有高塔三，二在城内，一在城外，西北一塔与雅尔湖之塔同，而宏壮过之。其城墙中有夹道，有复室，盖为守城兵士住处。墙上无壁画，岂尽为住人之官房耶。 复渡河，河西岸有佛洞三四，墙壁上刻有古西域文字，或即龟兹国本国通行文字，《西域记》所谓文字取则印度，而略有改变者也。又绘有一人头，头上戴幞巾，类古时家仆帽，疑即《西域记》所谓巾帽，与今维民之戴六角边圆顶帽迥别。鼻高耸，类欧洲人，其绘像大可表观当时人种之姿态。又拾小铜钱若干，即《西域记》所谓货贝小铜钱者。余在库车、沙雅一带考查，拾小铜钱甚多，内方外圆，若王莽时之五铢，盖为当时所通用之货贝也。又拾银钱1枚，无孔，圆形，上钻小立人形，即《西域记》所谓货用金银钱之银币也。 西岸有破城一，或即官署所居，中亦有破房数十间，高塔1座，前后左右还有许多破房，惜均为外人发掘净尽。在此城边，有大道一条北去，据说即至伊犁大道，走铜厂亦出此途。时天已晚，乃归。 又破城中间之河名业苏巴什河，在破城北河东庄为养格尔，破城之南，位于河中者为苏巴什庄，即余等住处也。苏为水，巴什为头，犹言水之源头也。入山口往北30里即为铜厂，故又名铜厂河。有大道三：一西至拜城；一北至伊犁；一东至焉耆。白矾、石油均产此山内。铜厂西北有佛洞三，凿于半壁岩，不得上。德人莱柯克亦曾往观焉。由此往北山中，据说有一大老坝，水极清澈，冬夏不减，倘亦古时之所谓大龙池欤。

序号	作者	日　记
3	黄文弼	又闻铜厂西北之佛洞，有路直通库木土拉北之千佛洞；库木土拉之佛洞又有一小道，过大坂即为克孜尔千佛洞，是东西佛洞联成一线矣。（《黄文弼蒙新考察日记（1927—1930）》，第313—314页）
4	刘衍淮	十一月一日。十月已成过去，十一月刚才来到，在这新陈代谢之期中，就是我最忙的时期。上午结算账目，十月支出四百廿九两二钱七分。以后就完成月表，一直忙到下午四点钟，方才完事。天气烟雾稍减，而白云渐多。夕有人送古物给黄先生者来，送来泥片、半身像、破经纸、古钱、破铜等物，以黄之不在，余暂给之三两留下。时天云满，颇昏暗，此等物品皆出于通古斯巴失一带之破城中。（本书第537页）

　　1928年11月1日这一天的日记已经在新疆境内。徐炳昶作为科考团团长，正在省会迪化忙于处理与政府之间的交涉，其中主要的一项内容是陪同斯文·赫定去见交涉署长陈源清，处理为杨增新从瑞典聘请来的汽车技师的安置问题。他又去拜访实业厅长阎毓善（字庆皆），安排技师帮助处理本地火柴制造机器是否可用。晚上，则在邮局局长陈诸岩家中作陪，给潘祖焕（字季庐）赴任疏勒县长饯行。此时，跟随赫定从瑞典前来的天文学家安卜尔病倒塔城，也成为众人忧虑多时的事件，徐炳昶特别记录了席间听闻他已经病愈，由郝默尔大夫和鲍尔汉（字寿亭）陪同正在前来迪化的途中。

　　这一天的袁复礼正在北疆考察，他在之前的9—10月间，在吉木萨尔县三台南边的大龙口红色岩层中发掘了7个完整的三迭纪爬行动物的化石，成为此次考查团在古生物考察中最早的重要发现。现在，袁复礼继续东行，寻找这一红层的踪迹，最后做出了水西沟以东红层被切断的结论。这一辛苦的溯源看起来劳而无功，却正说明科学研究需要付出无数没有正面结论的排除式的考察和实验过程。

同一天，黄文弼已经在库车地区展开了对苏巴什遗址的全面调查，洋洋千字的日记详细记录了当天对于铜厂河两岸东西苏巴什遗址的观感，为第二天的发掘做好了准备。在白天的辛劳调查之后，以劳累疲乏之躯熬夜坚持记录下来的日记，也为三十年后他依旧能够完成《塔里木盆地考古记》的科学考察报告，留下了精确的记忆。

此刻的刘衍淮在库车气象站，则是一个月中最忙的时刻。虽然当天的日记甚为简短，却记录了气象观测每月初的"例事"：忙碌结算上个月的开支账目、完成10月份的气象观测月表等繁琐的工作。同时，作为科考团在南疆的大本营，黄文弼进行考古工作的消息已经在这里传开，刘衍淮的气象站也成为他征集文物的集散地。这一天，刘衍淮还代替外出的黄文弼验收征集品并支付了定金。西北科考团作为一个集体的各司其职和协同互动，在日记中得到体现。

通过以上两天日记的对照，可见对于总结一个划时代考察活动来说，任何一个亲历者的记录都具有独一无二的精彩视角。

四、结论

1929年初，当中国西北科学考查团的中外方团长先期从新疆归来，为进一步的考察活动争取支持的时候，他们通过各种公开演讲宣传西北科考团取得的成绩。天津《大公报》为此发表了《西北科学考查团之功绩与教训》的长篇社评。其中四分之三的篇幅，都是就"吾人最所满意者，此次参加该团之中国学生，皆努力工作，表现优美之成绩"发表的议论。社评认为，较之地质学、气象学、古生物学的具体功绩,考查团学生"重实习,耐劳动,屏绝世俗之嗜好,以探求真理为第二生命"的行为,更是"鞭挞国民,使知非努力科学不能救国之教训,厥功尤伟"。社评代表了当时知识界对中国青年的希望,认为西北科考团青年学生正是这样的"最新之模范"[①]。

过去关于科考团中的青年学生的评价,主要来自斯文·赫定和徐炳昶考察记的揄扬,斯文·赫定的《长征记》甚至感慨"我似乎有点可惜先前不带 8 个,只带 4 个学生走了"[②],《徐旭生西游日记》的序言里,也很开心地提及"刘春舫所试作底路线图,大得赫定博士的赞许,以后李达三、马益占等亦皆渐渐学会作路线图"[③]。当然,李宪之和刘衍淮的人生经历和最终的学术成果,也是我们可以逆推其在科考团期间杰出表现的最好说明。不过,这些终究是间接的表现。

现在,《刘衍淮西北考察日记》的出现,最直接地印证了这世间的公论。从以上分析其日记中展示的气象考察的观测实录、流动大学的进步足迹、五四青年的精神风貌、西北地区的世态人情、科考团队的人事细节诸端,确可反映出刘衍淮在西北考察期间的思想和行为,无愧于献身科学的时代楷模之赞誉。

随着时光的推移、岁月的沉淀,《刘衍淮西北考察日记》这部反映了丝绸之路上既是个人又是团队的考察记录,将愈益显示其不朽的光华。

2020 年 5 月 14 日,北大朗润园

---

① 《西北科学考查团之功绩与教训》,《大公报》1929 年 1 月 31 日第 2 版。

② Sven Hedin, *Auf Grosser Fahrt*, S. 44.;《长征记》,第 38 页。

③ 徐炳昶:《徐旭生西游日记》叙言,第 6 页。

整理凡例

1. 本日记用规范简体字录文。原文错别字、衍文等径改、径删；漏字用方括号括注；个人与时代习惯用词，据现代汉语规范，酌予改正，如以旁、以共、以同、一来、结着、结连、底确、转湾、照像、像片、计画等，径改为一旁、一共、一同、以来、接着、接连、的确、转弯、照相、相片、计划等；她作他，的、地、得不分，哪里作那里，也一律径改。不能辨识的原文，用□替代。

2. 行文中相关的西文词汇及西方人名在第一次出现时，尽可能括注中文翻译，以便理解；反之，行文中的西方人名之中文音译，亦尽量括注西文原名及其他音译。以上括注用方括号，以区别于原有的圆括号。日记后另附"日记所见中国西北科学考查团成员一览表"，以备检索。

3. 行文中的外国和少数民族语言人名、地名的汉语音译，往往不尽一致，为方便阅读，以常用音译词汇为依据做了统一处理。如 Waldemar Haude，译作郝德、豪德，今统一作郝德；又如额济纳河尾闾湖噶顺诺尔，译作嘎什诺尔、喀什诺尔，今统一作嘎什诺尔。部分地名长期存在同名异译现象，此处仍据原文保留不同写法。

4. 每篇日记除原文所标中文公历日期外，增加阿拉伯数字的年月日标注，以便检索；全部日记根据事件起讫，分卷分节，并酌加小标题以醒目；长篇日记也根据文意，适当分段；部分相关度较高的人名、地名和事件等，酌加页下注，以便理解。

5. 日记中的部分词汇，均是特定历史时期的常用语，如称维吾尔族为"缠民"，称回族为"回回"，文中并不存在贬义，为保留日记原貌，未作改动，读者鉴之。

6. 除日记外，刘衍淮身后留下不少西北科考团期间的旧影及画作，兹亦插入相关时间段中，增强文本的视觉性；这些图片今为新疆师范大学黄文弼中心藏品，不一一注明。此外，为更加丰富体现日记所反映的情形，也插入部分来自其他科考团成员和他们著作中的图片；这些图片，均在日记正文之后的图片说明中括注出处，出处缩略语如下：

《西游日记》徐炳昶：《徐旭生西游日记》，北平：中国学术团体协会西北科学考查团理事会 1930 年版。

《长征记》斯文·赫定：《长征记：和瑞典人、德国人与中国人穿越戈壁沙漠的探险队 (1927—28)》，李述礼译，北平：西北科学考查团 1931 年版。（德文原版：Sven Hedin, *Auf Grosser Fahrt: Meine Expedition mit Schweden, Deutschen und Chinesen durch die Würste Gobi, 1927—28*, Leipzig: F. A. Brockhaus, 1929.）

《亚洲腹地》斯文·赫定：《亚洲腹地探险八年（1927—1935）》，徐十周等译，乌鲁木齐：新疆人民出版社 1992 年版。（英文原版：Sven Hedin, *History of the Expedition in Asia 1927—1935*, Stockholm, 1943.）

《八十周年》李曾中主编：《"中国西北科学考查团"八十周年大庆纪念册》，北京：气象出版社 2011 年版。

袁复礼旧藏　袁复礼后人捐赠，新疆师范大学黄文弼中心藏品。

黄文弼旧藏　黄文弼后人捐赠图片及拓片，新疆师范大学黄文弼中心藏品。

《档案史料》　中国新疆维吾尔自治区档案馆、日本佛教大学尼雅遗址学术研究机构编：《中瑞西北科学考察档案史料》，乌鲁木齐：新疆美术摄影出版社2006年版。

目　录

第一卷　从北京到呼加尔图河（1927.5.9—1927.8.1）

一　前往包头汇合 ………………………………………………… 3

从北京出发　察哈尔地面的风景　包头多兵营　试骑骆驼滚鞍
落下　黄河边所见　北大的风俗调查表　忽降冰雹雨　于淑元
谈包头风俗　苛捐杂税种种

二　从包头到呼加尔图河 ……………………………………… 13

从包头出发，经过昆都仑召　沿途卫队保护　大风中住到了脑
包店　沿着山套走　随访黑教堂　开始记录气候　学了点蒙古
语　随袁先生去拣化石

三　呼加尔图河的气象训练 …………………………………… 22

逗留在白灵庙附近　放轻气球　打预防针，反应强烈　看完
了《冲积期化石》　郝德传授气象知识　值夜班，每点钟看一
次气象　一天记录三次气象　近日都在抄写德文气象书　上山
测风力　离京一月思怀　读《气象记录仪原理》　北伐消息　黄
文弼发现净州古城　翻译德文气象书　沙尘暴　德国人戏火过
节　政局不稳　外人拍唱曲子　闲读三国　一天之中天气变化
很大　北京同学来信　发了薪金和杂费　黄袁二先生吵起来
了　李伯冷为我们照相　学记热度数　德人唱歌唱诗　作白温
度表　查对六月份的湿度表　整理六月份的温度表　冯考尔回
来，行期不远了　填写六月份的气象报告　郝德要我留下做观
察　学习煮气压表

四　独立作业 …………………………………………………… 43

自己作观测、摆仪器　大部队即将出发　每个小时都做气象记

录　第一次独立作业　大部队在十几里外扎营　齐白满打了一
只黄羊　崔、马、李从大部队驻所来玩　今天湿度很高　给北
京师友写信　晚霞千奇百怪，光彩夺目　蒙古官兵来参观

第二卷　从呼加尔图河到山单庙（1927.8.2—1927.8.28）

一　追赶大部队 53

追赶大部队　住到黑利河　过了很多没水的沙河　在西利台庙拣
石器　开始画　黄、袁、丁留在海里土河考察　路遇商帮从边
境折回　住到一个有山有水的山涧里　连日观测、行路

二　前往山单庙 59

与大部队住到了一起　树生河中　遇到沙尘天气　赫定先生要我
留在噶什诺尔　米纶威教我们德语　贩卖烟土的商帮　游山单庙

三　小分队考察河套 71

出发去河套　翻越沙山到河套　杨家河子护路队和三道桥教
堂　河套的庄稼　买回来很多西瓜　回到大部队　赫定为蒙古
人画像　赫定了解河套情形，以备写书

第三卷　从山单庙到额济纳（1927.8.29—1927.9.28）

一　途中作路线图 91

开始作路线图　学测井水深度和温度　风起沙动的瀚海　参观
图克木喇嘛庙　甘肃境内石刻的藏文　我和赫定的路线图差了
五百米　赫定的帐篷吹倒了好多次　从商家打听当地情形　大
队商帮从新疆故城子来　路遇俄人从迪化来　一路驼骨遍
地　等候寻骆驼的人回来　走出山地与大队汇合

二　进入沙漠地带 105

扎营沙漠，如在梦中　偷骆驼的苦力被捉回来了　用罗盘测量
沙山角度　赫定教我量井水温度　走了几里路的沙漠　沙山落
日与篝火之夜　黄先生作诗刻在了大树上　"桃花源"里的蒙古
人　与徐黄二先生各出日记传观　跟徐先生学法文

三　梭梭树丛林 ·································· 116

　　Zag 林中的长途与宿营　看轻气球升空达五十分钟　和赫定
　　的路线图只差了 10 米　沙山里总是迷路　与徐先生去商包问
　　讯　夜宿黑城　丈量黑城遗址　到达爱金沟

第四卷　在额济纳（1927.9.29—1927.11.7）

一　额济纳的测量 ·································· 137

　　马叶谦被确定留在葱都尔　处罚偷骆驼的苦力　读《蒙古游牧
　　记》　筹备庆祝双十节　额济纳河中的测量船　生病了　躺了
　　一整天　爱金沟的树叶黄了　结冰了　抄录《新疆图志》哈密部分

二　双十节的活动 ·································· 152

　　排列庆祝活动秩序单　爱金沟畔的双十节　去毛目的计划　李
　　伯冷为我摄影

三　去毛目 ·· 161

　　去毛目买给养　坏手表影响路线图　和华尔纳对额济纳河的
　　观感不同　找不到过河的路　过河遇到的麻烦　我的骆驼死
　　了　途中遇雨　东地湾的废垒　到达毛目　毛目的戏会　新县
　　长要来了　搬住城外　正兴隆郭家招赴喜宴　购物齐备　郭家
　　留宴后返程　与黄先生考察双城子　沿原路往东北返程　天黑
　　才找到宿营地　看到了狼兴山　在河洲上宿营　安然渡河　可
　　怜的骆驼

四　额济纳最后的日子 ······························ 199

　　回到大本营　终日不得空　烤火烧着了衣服　忙着写信　为崔
　　鹤峰送行

第五卷　从额济纳到哈密（1927.11.8—1928.1.8）

一　大风屡阻行程 ·································· 211

　　出发去新疆　不想作路线图了　到莫陵沟蒙古人家买羊　经过
　　噶什诺尔附近　刮起了大风　连着两天走不成　冷得厉害　靳

士贵为我织了一付驼绒手套　关于西北交通的谈论　大风又阻
行程　骆驼断粮了　二足五指的小干虫　途中下雪　停留二日
休养骆驼　读罢《新疆游记》和丁道衡游营地西山　抄完《新
疆图志》中的哈密部分　严寒中继续前行

二　驼乏粮绝人病 …………………………………………… 232

驼乏而粮将绝　乏驼成了牺牲品　受伤的狗被打死　"三绝
汤"　先遣队留在石头下的信　数步作图　中国地图错误累
累　遇到了上千骆驼的商帮　向赫定借德文地图　很多骆驼累
坏了　赫定病了　午茶添了黄羊肉　行走在乱山重叠中　徐先
生也病了　赫定先生被抬着上路

三　赶赴前方找车 …………………………………………… 245

被派急去前方找车载赫定　早晚兼程超过了大部队　山路崎
岖　乱山环绕　风雪严寒　骆驼也避风去了　风雪阻路　急寻
失散的同伴　新疆来接应的军人　圣诞夜，赶赴庙儿沟　住小
堡　新省阻扰隐情　杨督电允雇驼买粮迎后队　在二公和下河
雇轿雇驼　询知新省吸鸦片的情形

四　留在庙儿沟 ……………………………………………… 261

马山带队接应大队　1927年最后一天　蒙古兵营中过元旦　营
长说新疆蒙古习俗　书记谈迪化市政教育情形　尧乐博士来
了　大队到了庙儿沟　大队住到大泉湾　宿营一棵树　大队到
了哈密

第六卷　在哈密（1928.1.9—1928.2.11）

一　考察中的第一个春节 …………………………………… 277

袁先生有消息了　杨督来电令在哈密休整　徐先生对我希望甚
殷　制灯谜与做新衣　我们的行动受到监视　袁先生到了　袁
先生调和中外团员关系　给马叶谦写信　准备过旧历年　在尧
乐博士的铺子里买布制衣　读伊斯兰教书籍　请龚元忠给巴音
照相　买年货　打麻将过除夕　赫定一行也到了哈密　到旅部
检验行李箱　给驼夫结账　还麻将　李营长生病要药　袁先生

指导重做路线图

二　哈密周边见闻 ·········· 294

郊外猎鹰捕兔　哈密沙亲王和刘旅长等请客　科考团回请哈密政要　与丁道衡游哈密龙王庙庙会　商议去迪化和将来工作地盘　安排运采集品回北京　第一批队伍出发了　赴多统领寿宴，电闻马叶谦将被送去兰州　元宵节感怀　行期渺茫　寻访哈密回城　西河坝画图　再逛哈密城　准备迪化的旅程

第七卷　从哈密到迪化（1928.2.12—1928.3.8）

一　从哈密到吐鲁番 ·········· 311

出发到头堡　经行二堡到三堡　过戈壁到三道岭　夜宿瞭墩　一碗泉　走山路到了鄯善县界车轱辘泉　七角井的告示　东西盐池间通宵行路　车身颠簸中做了个梦　七克塔木的废垒　多统领的故事　鄯善街景　"神灵感应"匾　轧棉机和坎儿井　与袁、黄二先生游沟南之墩

二　从吐鲁番到迪化 ·········· 330

吐鲁番旧城风貌　访问吐鲁番回城　游吐鲁番城圈　西行到坑坑　翻达坂到三个泉子　风中住到后沟　大风中翻越大达坂　达坂城地方情形　风雪中行进到柴俄堡　住到苃苃槽　到达迪化

第八卷　在迪化（1928.3.9—1928.5.21）

一　一上天山 ·········· 345

科考团员的考察安排　鲍尔汉来送杨增新请客单　去督署赴宴　樊、刘二厅长参观气象台　与韩普尔去博古达山　天山北坡哈萨克牧区　博古达山气象观测站　山上寺观和雪海（天池）　独行赶回迪化

二　迪化见闻 ·········· 360

杨增新来访　给詹蕃勋过生日　闻北京政局又变　飞行事碰

了个大钉子　读《建国方略》　进城补牙　去天津商铺买布做
衣服　伊斯兰教新年　去博达书馆买书　赴樊、刘二厅长公
筵　俄钟表匠家　黄文弼每日拓碑

三　再上天山 ··· 367

再赴博古达山　终日行路至山中气象台　开始记录高山气
象　闲暇读唐诗　一个哈萨包里住了四种人　下山到雪海边作
测量　清明到天池画图，功败垂成　博古达山不见了　瞬息
万变的云　马山迷路夜归　糖没有了　着色画"远望中之山
居"　来自迪化的消息　风雪云雾交加　辞退了懒惰的用人　读
《理论气象学》多日　听到了狼叫　福寿寺人谈福寿山　温度表
的风扇坏了

四　山中独立观测 ··· 384

新的指令，我单独留下来工作　开始独自作观测　读鲁迅《小
说史略》过半　抄写曲子　中外团员行踪新消息　又一场春
雪　何马大夫来了　连日又下大雪　雪有 1 米左右厚　大夫匆
匆赶赴迪化　抄写哈萨曲子　深夜下山　途中在七木沟和干沟
休息

五　迪化气象站 ··· 394

回到迪化　徐先生与杨增新谈气象台招新生事　袁署长招待
吃饺子　为赫定等钱行　袁署长来借《中国小说史略》　荷兰
神父和英国兽医　别京一周年　李宪之去而复返　当局开禁鸦
片　闻内地各省也满植鸦片　徐先生等去水木沟游览　翻字典
读赫定书　杨督派来了气象生　徒步郊游　韩普尔送来去库车
的钱　杨督补派三名气象生　准备赴库车　同乐公园中的"杨
公祠"　参观天主堂

第九卷　从迪化到库车（1928.5.22—1928.6.19）

一　迪化到焉耆途中 ·· 413

启程去库车　从芨芨槽到柴俄堡　夜行晓宿　车夫钉马掌，休
息一日　过达坂往小草湖　暴风中南行　托克逊一日　华志病

了　从苏巴什到阿呼布拉克　雷雨独行　库密什休整一日　夜
行榆树沟　月食夜经新井子到乌什塔拉　安酋废垒　从清水河
赶到焉耆　拜会汪道尹等地方政要　与黄、龚等赴汪道尹宴

二　渡开都河赴库车 ·· 435

渡开都河经行库尔勒　过大墩子　从库尔楚到野云沟　穿胡桐
林过策达尔　过洋霞　轮台街景　轮台的八杂　从阿瓦特到策
洛瓦特　遇到南路选拔晋省的学生　托和霭民情　到达库车,
访涂县长

第十卷　在库车·上（1928.6.20—1928.10.10）

一　初建气象站 ··· 451

迁居图尔巴克园子　瑞典女医来访　端阳节遇上了库车八
杂　园中主人家作"娘郎"舞　杨督改称杨主席　木匠制作百
叶箱架子　安置百叶箱　俄领事讲内地消息　给徐先生报告近
况　开始气象观测　会迪化友人袁小彤

二　库车见闻 ··· 458

袁小彤说北伐　请涂、袁二人吃抓饭　竖起了风袋杆　俄领事
取道沙雅被阻　修订旧日图画　园中又舞"娘郎"　朱菊人说北
疆见闻　至汉城访赵游击　甜瓜上市了　闻杨主席遇难　津商
说库车旧事　新疆学生担任迪化气象观测　迪化政变真相　拜
访房东巴拉木乡约　汉莎合约即将到期　学习照相　房东妇人
来作媒　华志访问枯木图拉千佛洞　库车回王参观气象台　给
房东妇人等照相　华志进山考察　买蒲思身世　在城隍庙追悼
杨督　园中桃子熟了　被黄蜂蜇了　华志从山中归来　华志说
山中安设气象台事　房东请客

三　华志回国 ··· 476

华志拟回德国　八杂日思家拟归　与华志看飞行场　二十岁生
日感怀　看三个月前的《顺天时报》　读《寄小读者》　华志
从沙雅游历归来　房东又来园中请客　受命在库车观测到明
年　第三次被黄蜂蜇了　金主席招募枪手　朱菊人说库车纠

纷 对鸦片寓禁于征 华志自沙雅归 叔龙北京来信 李宪之
喏羌来信 涂芝苏为黄文弼寻园子 金树仁致电南京政府 新
气象生出发了 托克苏仇杀案 龚、黄二人先后抵达 闻张作
霖被炸死事 朱菊人为华志雇车 新疆币值紊乱 与华志在八
杂买礼物 为华志饯行 送别华志

四 独立主持库车气象站 ·············· 495

黄文弼赴苦木图拉千佛洞访古 寄月表给韩普尔 刘半农寄来
胶卷 餐叙当地政局 园中果实熟了 闻迪化政变 闻河州
消息 黄文弼到托克苏考古 县署准备迎新县长 徐先生提
出新工作 读赫定书已不甚觉难 詹蕃勋到库车 为詹蕃勋治
病 丁道衡到库车 气象生张广福到库车 山水暴涨,渠沟泛
滥 韩普尔来信 接丁道衡来气象站住 张县长说民俗 丁道
衡到北山探石油矿 看报刊了解时事

五 创建喀拉古尔气象台 ·············· 507

为入山觅驴 雇好了驴子 中秋出发到两噶庄 到堪村见丁道
衡在此探矿 赶路到喀拉古尔村 在喀拉古尔建气象台 教
五迈作观测 从喀拉古尔返回库车 接徐先生电告延长考察
半年 派张广福去喀拉古尔做观测 寄月表给韩普尔 朱菊人
请客,黄、龚从沙雅赶来 英领署中国秘书告特林克莱被扣
事 在库车过双十节

第十一卷 在库车·中（1928.10.11—1929.3.31）

一 库车观测例事 ·············· 525

冯委员在农业试验场招待 抄录斯坦因地图之库车部 送丁道
衡赴喀什 黄文弼拟去和田 赫定回到迪化 请文守备带话
匣子回迪化 写信贺朱菊人生日 黄文弼处理死伤驴子事欠
妥 洗相片 送龚元忠去乌什 马益占在爱金沟的相片 天寒
叶落 孤灯悲秋 邂逅安特诺夫 走访安特诺夫了解考查团
事 眼疾不爽 丁道衡拜城来函 进城付房租 月初最忙 洗
衣妇家被盗 安装了洋炉取暖 连日烟雾消散 重读《新疆游

记》 学习维文 访安集延商人 黄文弼苏巴什考古归来 英驻印武官商伯尔克"游历"到此

二 冬季观测 ……………………………………………… 542

园中人埋柘榴树过冬 韩普尔与龚元忠来信 抄写华志账目寄韩普尔 与黄文弼赴八杂 张广福山中来函 送黄文弼赴拜城考古 访潘季鲁知悉团中情形 崔鹤峰北京来信 读小说《粉妆楼》消遣 徐先生汇来薪杂费 当局曾阻止龚往乌什 读《大唐西域记》 报载日军占领济南事 读《绿牡丹》 写信给龚元忠、黄文弼 月初忙于月表结账 天已经甚冷 读黄先生《二程哲学方法论》 两日病痢 黄先生自千佛洞归 赴朱菊人宴 黄先生再赴克斯尔千佛洞 丁仲良从阿克苏来函 半年前的济南惨案 读《新民汇编》 徐先生来说办理考察延长事 给李宪之和徐先生写回信 郝德来信谈及我与李宪之留德等事 给郝德写长信 写家信并附寄相片 龚元忠从阿克苏归 阅五月份中日交涉事宜 不良妇女被驱逐事 差人王带来华志和丁道衡来信 与朱菊人、龚元忠聚谈 徐先生来函云赴南京办理延长事 教差人王看温度表 代理团长袁复礼来电 为袁复礼拨款事往返奔波

三 新年伊始 ……………………………………………… 561

收到袁复礼来信和包裹 抄写账目寄安卜尔 写信给袁复礼说气象问题 修理风袋杆 推算喀拉古尔气象台高度 从邮局追回有误的月表 袁复礼来函来电 给南京气象台寄气象报告 郝德来信 袁复礼拨款事又未果 郝德寄来了新的气压表 黄文弼归还欠款 津商王丹儒拨款 张县长请客 龚元忠今晚回迪化 收到了量水温度表 派差役王到山中接替张广福 又下雪了 骑马出游赏雪 张与王从山中回来 巴拉特节

四 再赴山中气象台 ……………………………………… 573

赴山中气象台夜宿堪村 寒风中赶到喀拉古尔 村人多来问讯 徒步北游 踏雪西南游 拟请导游从拜城回库车 西行雪地中到喀咱其 自开银八杂到克斯尔村住宿 游克斯尔千佛洞

并过阇汝斯节　经盐水沟返回库车

五　春节前后……………………………………………**586**

乌什县长裘子亨来叙　除夕病倒邮局　春节仍在病中　黄文弼
由托克苏归　新病之余进城拜节　去税局取袁复礼汇款　乘马
访裘　带病工作　遣张、王入山观测　借阅《东方杂志》及
《小说月报》　补写洋文日记　天气渐暖　元宵节，省政府电令
黄文弼返回　下雨了　雨雪交加　黄先生沿于阗河考察仍在磋
商中　看清代野史　微雪，读《说岳全传》　赴莫斯科洛夫家
宴　最低温度表碰坏了　马益占自爱金沟来函　看望朱夫人、
裘子亨　大风吹落风袋　阅《平山冷燕》　雨大屋漏　阅《大
慈恩寺三藏法师传》《流沙访古记》　裘子亨寓所照相　开斋
节　送别裘子亨　观新年"大瓦斯"

六　新春气象……………………………………………**601**

院子里的春意　遵郝德嘱为画气象台图做丈量　县署吊张县长
母丧　黄先生南行购驼事成　读赫定书"穿沙漠至和阗河"　阅
去岁《新报》　与黄先生杯酒话别　瑞典女医谈反常天气　雨后
花开　商家禁卖哈德门烟　折花作案头清供

第十二卷　在库车·下（1929.4.1—1929.8.26）

一　沙雅考察……………………………………………**609**

游农业试验场　始见蝴蝶　袁复礼云考查团事　骑马郊行　清
明节　俄人来访气象台　阅《地学杂志》多册　观跳"皮来"
治病　袁复礼来函述科考团事　满园桃李悦目　抄哈萨克曲
子　为游沙雅访张县长　大风中赴沙雅考察　到达沙雅　塔里
木河摆渡　游沙雅县　从沙雅到托克苏　由托克苏返回库车

二　春夏之交的库车……………………………………**629**

补写各种记录　县署访张仲威　到处草木争荣　学习俄文　刮
起大风　作房屋测量图　黄刺玫花开了　柳絮飞舞，夕有蝙
蝠　迪化有《天山日报》出现　整理路线图　国耻纪念日，出
发两周年　英人满恩来访　入城看戏　郊外处处花开　骑行库

车郊区　外院又有跳皮尔治病者　北郊骑马　伊斯兰天文知识　四大圣迹　苦尔坂节　与陈星艇互访　黄仲良自于阗来函　读赖考克书　访新任库车程县长　捕蝴蝶作标本　朱局长请客　房东催讨房租，决定迁居　到邮局阅《新报》　孙总理安葬日典礼　决定移居试验场　连日读《济公传》　迪化寄来照相品　气温升高　端阳节

三　三赴山中气象台 ································· 649

动身进山　从两噶到替克买克庄　雷雨冰雹　北山采植物标本　喀拉古尔之夏　北山之行　晚霞妙不可言　自修运动场跳远　连日登临遥望　阴雨连绵，北山增雪　行路中有乐亦有苦　翻达坂夜宿克里克杂特　途经阿克他喝山中的海子　草滩漫步　归途宿于强崖宜拉克　山水大发，不能动身　回到喀拉古尔气象台　雷电交加　出发去开义八杂　夜渡木杂尔特河

四　气象站搬新址 ································· 674

回到库车寓所　袁函允我归去　访问程县长　参加杨增新周年追悼会　县署拨款　连日搬迁　采集品少了一箱　听志源成商人谈库车商贸　作成月表　暴雨骤至　闻内地称兵政变　读《行政院公报》　新气象站　志德文日记　观建新房　生日　作库车县治图　读《三国演义》

五　准备返程 ································· 685

袁函安排返程　《新报》载内地军阀混战事　遣张入山收束气象台　俄人民大林云考查团消息　在朱菊人家宴饮　朱菊人为我饯行　丁、黄喀什来电　陈宗器要来新考察　丁仲良来函说采集品运送事　筹划归程　报载学界反对特林克莱采集品外流事　请程县长代雇返程大车　与黄仲良往返电报

第十三卷　从库车回迪化（1929.8.27—1929.9.22）

一　从库车到焉者 ································· 697

告别库车　泣别朱菊人夫妇　自大浑坝至二坝台　夜宿轮台　在轮台休整一日　到洋霞镇　住野云沟张什长家　遇英人

满恩　由察尔起到大墩子　经铁门关到哈曼沟　夜宿四十里
城子来时店家　渡开都河到焉耆　逗留焉耆　雇车运送采集
品　在焉耆装箱

二　**由焉耆到迪化** ·· **713**

由焉耆出发到清水河子　从清水河到乌什塔拉　夜宿新井子腰
店　大风中行至库密什　在库密什逗留一日　住到阿呼布拉
克　托克逊中秋赏月　逆风又到小草湖　夜抵达坂城　从达坂
城赶路到柴俄堡　回到迪化道胜银行旧址寓所

第十四卷　在迪化（1929.9.23—1930.3.2）

一　**逗留迪化** ·· **729**

等候行李车辆　公安局查箱件　进城去省政府挂号　访问外交
署陈署长　省政府公函　赴裘子亨家宴　赴陈诸岩家餐叙　写
成八月份记录交郝德　白杨沟山中访袁复礼　与袁复礼阔别后
畅叙终日　翻越达坂返回迪化　刘效藜请客　为郝德饯行　黄
文弼库车来电　丁道衡喀什来电　袁复礼又发现化石　外交署
来查郝德行李　李宪之访陈源清询返程事　外交署答复俄道可
通　为郝德送行而未果　南京气象研究所来信　至裘家看小电
影　生火炉取暖　玉成祥来催款　整理路线图　同李宪之闲
叙　赴裘家晚宴　学习打字　黄文弼自南疆归　省政府公函接
管四气象台　袁复礼自柴俄堡归来

二　**连日商量归计** ·· **746**

连日必议归事　闻将有法人来此游历　归途决作西伯利亚之
行　观俄人设计的博物院图纸　又降大雪　宴请丁奋武　专员
孙国华来访　抄写库车账目　俄道之行成泡影　连赴裘家和赵
家宴会　赴吴云龙家吃涮羊肉　雪中"扒犁子"　前白俄领事迪
雅可夫来访古物

三　**决定赴德留学** ·· **753**

赴外交署询取道赴德事　习畏吾儿字　赴苏联领事馆询假道赴

欧事　张广福寄来库车十一月份气象记录　袁、黄访问金树
仁　金树仁生日，街市悬旗庆祝　为李宪之洗相片　冬至在
袁寓　黄文弼在袁家请客　团中公筵贺新年　赫定来函云拨款
事　外交署来检验采集品　靳士贵押运采集品驼队出发　刘杰
三统领会星园宴请　政府来人验查安卜尔气象器材　迪化公园
为杨增新安葬昌平举行典礼　赴苏联领事馆请往德国护照　绥
定教堂有气压自记表　刘半农来电，理事会允准大家东归　袁
复礼宴请外人　丁道衡采集品押运到省

四　迪化过春节 ⋯⋯⋯⋯⋯⋯⋯⋯⋯⋯⋯⋯⋯⋯⋯⋯⋯⋯ 767
迪化街市已见旧年景象　除夕团中宴请中外人士　处处拜年
赴约　建设厅阎厅长次子婚礼　封斋　赵玉春赴和阗建气象
台　拟再去山中一行　印名片、治装　阿尔泰哈萨贝子偕子来
访　元宵节　赴俄东正教堂观祈祷事　鹅毛大雪　黄文弼赴吐
鲁番考察　抄博古达附近之图　苏联领事馆签证已就　行期匆
匆，例事渐废　夜访俄人达非多夫　领事馆取回护照，丁道衡
喀什归来　袁子亨为饯行　各处辞行　辞行并赴阎厅长宴　辞
行并赴陈诸岩宴　开斋节

第十五卷　从迪化去柏林（1930.3.3—1930.4.19）

一　从迪化到塔城 ⋯⋯⋯⋯⋯⋯⋯⋯⋯⋯⋯⋯⋯⋯⋯⋯⋯ 783
告别迪化，夜宿昌吉　呼图壁关外住　绥来县民情　过马纳斯
河、十河子到乌兰乌苏　沿天山北麓到安集海　听塔城周县长
说边境事　经老西湖到头台官店　冰雪路上到车排子　宿小草
湖　乱山之中宿汗三台　庙儿沟观日晕　途中翻车，夜宿野
马图　住老风口，官书作平安驿　额敏县住宿　雇扒犁子北
行　住到塔城恒泰昌栈　访问塔城地方当局及俄领事馆　俄领
签发护照　雇定"六根棍"赴俄境　兑换卢布

二　从俄境赴柏林 ⋯⋯⋯⋯⋯⋯⋯⋯⋯⋯⋯⋯⋯⋯⋯⋯⋯ 798
由巴克图卡入俄境　逗留巴克图等候取款　出境卡送回塔城更
换　住阿色勒鄂　住纳瓦勒哈萨人家　经武捷县住小武捷　泥

泞中赶往布尔干哈萨庄　大风天住喀拉库尔附近　住阿义庄哈萨小学校　乱山之中到新户儿家　阿宜古斯坐火车去斜米　到斜米访中国领事馆　购买赴新西比利斯克火车票　乘坐新西比利斯克火车　在新西比利斯克德领馆办理签证　德领馆办理车票及优待证　坐火车经奥木斯克赴莫斯科　单轨铁路和沿途松林　莫斯科客栈全满　办理假道签字，游览莫斯科　由屑别日俄卡出境到拉脱维亚　经由立陶宛进入德国　到达柏林

图片说明 …………………………………………………………… 811
附录1　日记所见中国西北科学考查团成员一览表 ……………… 819
附录2　我服膺气象学五十五年（1927—1982）………… 刘衍淮 821
附录3　先父刘衍淮与西北科学考查团 ………………… 刘　元 833
附录4　家人心中的刘衍淮 ………………………………………… 838
附录5　英文目录及简介 …………………………………………… 845

校后记 ……………………………………………………… 朱玉麒 867

第一卷

从北京到呼加尔图河

（1927.5.9—1927.8.1）

一　前往包头汇合

从北京出发

1927.5.9　　五月九日

我们上午九时在第三院集合，摄影后（图1-1），国学门又备了点酒，我们各吃了一杯。时已十点半，于是分乘汽车至西直门车站（插图4）。我刚下汽车，我就看见了我的同学、同乡站在那里，他们看见了我，众鼓掌，一一握手毕，闲谈几句。车快开的时候，我的王女同乡群英又来了，握手毕，她赠我两包东西作纪念。于是时火车的汽笛响了，我就上车去了。时已十二点一刻，车开了，于是向送我者点首、摆手，忙了一气。车是包车，那车中除地质系同学同车外，都是我们考查团里的人。车初行甚慢，以后渐渐地快了。不久便到了清华园，看见了清华学校的房舍。以后又经过清河、沙河，而抵昌平县。天气起初还不错，可是到了昌平县，风就起了，其势颇凶。及至到了南口，风未息而又落了几点雨，但不久就完了。

南口周围皆是山，山下就是砂河，砂河中生有小树。南口的南部战壕纵横。以后看见了北部夹道全是山，山上有长城。在这一站，火车上加了个大车头，推着这车进行。

过去南口，又过了个东园小车站，就穿过了一条山洞，需时约两分钟，行到中间的时候，什么都看不见了，但闻火车嘟嘟之

图 1-1　出发前在北大三院合影（左 3：刘衍淮）

声，上下都没有透气的地方，所以我们在车中就得着饱尝了煤烟的气味。

一会就到了居庸关，夹道依然是山，长城仍然在夹道的山上。又经过了两个山洞，到了青龙桥，站不大，道旁有詹天佑的铜像。詹即计划建筑京绥路之人也。以后又经过一个山洞，费了四分钟的工夫，这是最大的个山洞。

前行，看见了清晰的万里长城，因为长城是在又低、距车道又近的山上，蜿蜒若长蛇然。山渐少了，发现了广大的平原。

过去康庄车站，便是怀来县站了，南边的山上仍然看得见长城。沙城站距大山远了，火车行在夹道中。过沙城便是新保安车站，此站接近长城，站北面是山，山前有稻田，山下还有一座城，可惜不知道它的名。下花园车站比较算是好的，因为它四面都包围以很美丽的山。南面山中有煤矿，已经开采了，在车站上就可以望见那采矿的标志。

辛庄子车站到了，然因为它不重要，所以车没有停。七时的时候，就到了宣化城了，车站的一旁，破墙破屋很多（不仅宣化为然），这大概是战争之遗迹罢？宣化城很大，城西也有稻田。

八时半，到了张家口，时天已黑，电光辉煌，人声噪杂，倒像个繁华热闹的地方。以后我渐渐地睡着了，十一点的时候醒了一次，然而也不知道到了什么地方。

察哈尔地面的风景

1927.5.10　十日

一点半的时候我又醒了，因为车站的灯不亮，所以又不曾看出是到了些什么站。天气渐渐地变冷了，我时睡时醒，有时也醒着坐上几十分钟，所以醒的原因，恐怕不外冷之一字。

静坐沉思的时候，有时想起了北京，想起了离别的亲友，心里有一点难过。

五点一刻的时候，到了大同了，我从梦中醒了，于是不再睡。太阳想着出，天气冷得很。我跑下车去，买了一碗挂面吃，那挂面黑而且硬，但是没有办法，不能不吃，以抵抗那严酷的天气。六点一刻的时候，车才开，它在大同足停了一个钟头。大同以北土山很多，居民所住的房舍，全是土的。

六点三十五分，到了孤山站，附近土山仍不少，可是也有石头山。有的山上有个土台，据云为墩台。有的地方大山蜿蜒，山下小河绕流。不久出了长城了，算是到了口北了。此地的长城，多已颓废。

七点二十五分，到了丰镇，此处奉军的骑兵很多，附近居民多植鸦片。八时，抵新安庄车站，前后左右都是山。八时四十分，到了红沙坝，此站较大于新安庄，人家也是稀少，全住土房，或穿土为洞而居。

以后经过官村、苏集两站，而抵平地泉，时已十点。平地泉站不小，人家也不少，且房舍不仅为土房，并且有楼房、瓦房。

过八苏木车站，便到了十八台站。站皆不大，居民住土房，院中曝牲畜之粪，盖作燃料也。

自到察哈尔地面以后[①]，我看出那些土人有一种爱穿红色衣服的习气，而犹以红背心、红腰带为多（直到包头也是如此）。房屋的样子也很奇怪，多是这种形式（如图）。

以后又经过了马盖图、卓资山、福生庄、三道营、旗下营、陶卜齐，而到了白塔，这些都是小站，无足道。惟三道营站旁堆积粮包甚多。白塔以南为大平原，望不见山，附近村庄稀少，车道几与平地平。

下午二点四十五分，到了绥远城，城颇大。车站在城西，站上停放车辆很多。此地无高大的楼房。

过去绥远城，便是台阁牧，过台阁牧，便是毕克齐、察素齐、陶思浩诸站。过陶思浩，就到了麦达召，南面有很多的山，背面是平原。

六点五分，到了萨拉齐，过萨拉齐，就是公积坂。公积坂北，山中有煤矿，车站旁边堆了不少的煤块。

镫口车站到了，过去就是包头了。镫口距黄河很近，在车上

---

① 察哈尔：1913 年，以直隶省口北道和绥远都统、察哈尔部、锡林郭勒盟设置察哈尔特别区。1928 年改置为省，1952 年撤销建置。所属区域多变，相当于今河北、山西北部和内蒙古中部地区。

就可以望得见。七时半，到了包头了，外人之在先到包头者，皆到站迎迓。大车已雇好，我们的行李等从火车上搬到大车上，就往包头城来了。城距站约里许，随行有警察护送，是早已交涉好的。等我们到了城里，天已到了夜里了。半圆之月悬在当空，天气比北京当然有点冷。

我们所住的房子，是外人月前已定下的。他们收拾得还干净，不过不便利得很。各屋里连木器都没有。晚饭后，我一封信未写完，时已十二点多了，我就睡下了。

包头多兵营

1927.5.11　　十一日

上午搬房子，因为我们前天所［住］的屋子是为袁、詹、丁等预备的 [①]。搬好了以后（图1-2），我接续写信。正写信之间，团长召集谈话 [②]，大意就是：此地猩红热病盛行，要大家小心。并说传染之法，以蝨虱之类为甚，要大家小心。下流地方，绝对不许去，违者逐出团外。夜间无论何人，除有特别事故，不得出门。

[①]　袁、詹、丁：袁复礼（1893—1987），字希渊，河北徐水人，地学家。农商部地质调查所技师、清华大学教授。1927—1932年参加西北科学考查团，从事古生物、地质学考察。1929年后代理中方团长。詹蕃勋，字省耕，安徽婺源（今属江西）人。毕业于北洋大学，任华北水利工程师。1927—1929年参加西北科学考查团，主要从事地形测量工作。丁道衡（1899—1955），字仲良，贵州织金人，地矿学家。北京大学毕业留校。1927—1930年参加西北科学考查团，从事地质、矿产调查。

[②]　团长：徐炳昶（1888—1976），字旭生，河南唐河人。古史学家、考古学家。时任北京大学教授、教务长。1927—1929年参加西北科学考查团，担任中方团长。

图1-2　包头的大本营

下午，我仍继续写信。团长发给了我们每人的五月份杂费十元。出门玩了一趟（图1-3）。包头的兵营是真多，每街上都有个十处八处的。所谓兵营者，非专为兵设，不过民房而为兵占者而已。军队全系晋军，精神没有，服装不整，真是所谓乱七八糟的队伍。

我们这些人在街上走了走，似乎引起了众人不少的注意，大概是因为我们的服装特别、我们的言语不同的缘故吧。

包头附近的匪患很厉害，黑夜戒严戒得厉害。被捕的土匪，多被斩首，所以包头近来不断地杀人，至今街上还挂着人头。可是因为我不高兴看的缘故，也没有看它。本日下午我写的信，一共有六七封。

图 1-3　包头街景

试骑骆驼滚鞍落下

1927.5.12　十二日

午前十点多钟的时候，我跑到邮局送了我十一日所写的一切的信。十一点，骑骆驼出去试行。出东北门，沿一沙河北行。未几，群骆驼竞走，我那个在最后，因为赶前面的缘故，它跳起来了，于是我就滚鞍落骆驼了。虽然受了一惊，但实际上尚未受大伤，除左手的一个手指蹴破之外。

下午可以说是无事可记。晚上因地质系同学走，所以颇热闹了一阵。

黄河边所见

1927.5.13　十三日

晨七时，因为地质系同学走，到车站去送他们。赶到我们到了车站，他们早已走了，车早已开了。于是我及崔、马、李三人到黄河岸去玩了一趟[①]。

黄河里有些方船，我们所见的，多是载羊毛来的。河岸上有些大兵。那些兵更糟糕，和包头城里的兵比较，也差得远。沿河行了有一里路，也没有发见什么好东西，便回来了。当时风很大，又是北风，所以我们回来时颇觉困难（因为黄河在包头以南）。

下午去商会后一号访一个于姓的同乡。他家现在除于淑元同恺女士外，无他人，我告诉了她她弟弟在北京养病的情形，她的思想、言论还可以。我托她替我填那张风俗调查表。

夜十二时，袁先生到包。

北大的风俗调查表

1927.5.14　　十四日

上午刷皮鞋，看那些气压表、寒暑表，学了点德文，自己又念从前的德文讲义。下午睡了片刻，五点的时候，又去访于，给她送了风俗调查表一张、《语丝》五小册。晚上我们决定了将来所在地，我在居延海[②]。

[①]　崔、马、李：崔鹤峰字皋九，河北安国人，北京大学学生，后转学北洋大学。1927年参加西北科学考查团，从事气象观测。当年押送采集品东归，最早离开考查团。马叶谦（1903—1929），字益占，直隶河间（今属河北）人，北京大学物理系二年级学生。1927年参加西北科学考查团，在额济纳葱都尔气象站从事观测，1929年4月殉职。李宪之（1904—2001），字达三，河北赵县人，北京大学物理系一年级学生。1927—1930年参加西北科学考查团，被安排在新疆婼（若）羌气象站从事观测。后与刘衍淮一道从新疆赴德留学。

[②]　居延海：中国第二大内陆河黑河的尾闾湖，在今内蒙古自治区西部。汉唐时称居延泽、居延海，清代以后分解为苏泊淖尔、嘎顺淖尔东西两个湖泊，西北科学考查团在此设立葱都尔气象站，从事观测。

忽降冰雹雨

1927.5.15　十五日

上午仍然看了一次气象，下午唐凯轩冠廷来访。唐，肥城唐家庄人，同去玩去。到了他的一处房子上，天忽降大雨，带雹，逾时二三个钟头。因包头多砂土，故回时街上尚不甚泥泞。托唐给我包头地图。致刘复信写了[①]。

于淑元谈包头风俗

1927.5.16　十六日

上午无事可纪，下午访于，看她所填的风俗调查表如何，所谈多关于包头风俗事。彼并云有意升学，目的似在青岛，而不在北京，余告以北京教育界情形。在于处遇一人，名张兴山，言语粗率，不识字，肥城人，不像什么正人君子。据于云，曾当过兵、军官、土匪，现在又当兵。六时半回。

本日，外人的箱子、东西往城外运，税局要抽税，不许出城。致起交涉。

1927.5.17　十七日

晨饭毕，唐来，言于着他给我买东西，我辞谢了。他走了以后，十时半，我去访于，送她《吴稚晖近著》一册、《世说新语》一册、《语丝》一册，北大赠她《歌谣增刊》一册、《研究所国学门概略》一册，十二时方回。下午欲游转龙藏，因风大不果。傍晚出去买了一个背包、一付布裹腿，一共花了二元二角。

---

① 刘复（1891—1934）：字半农，江苏江阴人。语言学家，北京大学教授。1927年，促成中国西北科学考查团的组建，担任常务理事，在北京负责考查团事务。

苛捐杂税种种

1927.5.18　十八日

清晨起来就收拾东西，准备往城外搬。午饭前跑到街上买了一元钱的烟卷，下午给国学门沈兼士先生写了一封信[1]，介绍于淑元君填风俗调查表事。是日塞北关之交涉方终，而统捐局又来麻烦，本日无结果。下午五六时，方搬到城外之骆驼店里。

1927.5.19　十九日

是日，一因税局之交涉未终，二因驼夫收拾不及，未克起程。上午同 Bergman 到邮局去送信[2]，一致群英，一致文青。到了邮局，就收到了群英给我来的信。到邮局是骑骆驼去的。我接到了信，送了信，又买了一元钱的邮票，就出来到淑元家去了。谈了不到一点钟的工夫，她拿出来了两包饼干给我，说是给我买的，以备路用。我告诉她我们将来走的路线，填的调查表直接寄到学校里，及我已给沈兼士先生写了信介绍她的些话。在她家当时有一个女生似的孙姓女人，保定人，云前与群英为小学同学。

下午镇守使的副官长来店，为统捐局事，云非交税不可，不交则暂缓放行。为此事，至夜深方完，终于交了一百多元的税。六七点钟的时候，跑到山上玩了一趟，就是店后面的山，见着有人在那里挖取甘草，甘草是此地的出产，价值很便宜。

---

① 沈兼士（1887—1947）：浙江吴兴（今湖州）人。语言学家。时任北京大学教授、北大研究所国学门主任。参与筹建北京大学歌谣研究会、风俗调查会，创办《歌谣周刊》，撰写《歌谣周刊缘起》，号召征集民间歌谣。

② Folke Bergman（1902—1946），中文名作贝葛满、贝格曼、贝葛曼。瑞典考古学家。1927—1934 年间参加西北科学考查团，是瑞典方面主要的考古工作者。

二　从包头到呼加尔图河

从包头出发，经过昆都仑召

1927.5.20　廿日

早三点半就醒了，起来收拾东西，可是到了八点半才收拾好，起了身，算是离了包头了。护送的军队有三十人，是晋军第五师里的，就是镇守使的队伍。出了包头往西北行，行了多时，都是平原，一路村落稀少。

到了下午一点半，到了一个地方，西边远处望见了一处白的楼台殿阁，询之蒙古人，知为昆都仑召，召，蒙古语庙之谓也。附近有条昆都仑河，不宽，水清，北面是山，远望山上像是满生着小树，其实是些丛生的小花草灌木。到了昆都仑召的正东，山之前面，我们就住了，本日就不走了。附近人家不过一二户，地名昆都仑前口子。

四点多钟的时候，团长、团员及随员、护兵约廿人，往游昆都仑召。路约七八里，过河，河上有个独木桥，缘桥彳亍而行地过去，颇有意思。中途起了大风，继落雨数滴，风大得厉害。回来时知道我们的帐篷都被吹倒了，可是不久风就息了，雨也未下得成。行了约一点钟，到了召了。此召汉名法喜寺，建于康乾之时，住持为蒙古喇嘛，有通汉语者，召的建筑颇不坏，都是对称的，大殿在中部及东部，殿门外都是满墙的神画，内亦然。殿内幽暗得很，时

图1-4　昆都仑召合影（前排右4：刘衍淮）

值喇嘛念经，那些喇嘛都是三分像人七分像鬼，面色憔悴灰黄。我想都是由于他们的那种环境、那种生活所养成的。喇嘛念经，其声嗡嗡哼哼，像些蚊子、苍蝇。殿内有佛像土木偶及壁画，屋顶垂幢幡一类的东西，路旁就是垫子，是念经时坐用的。

殿上也曾上去，上有铜的圆环及牛像，不知是什么意思。喇嘛之一，年方八岁，在那里给他照了二张相片。在下面，我们全体照了一张（图1-4）。回来时已七时余。

沿途卫队保护

1927.5.21　廿一日

晨四时余起，收拾东西，七时方动身。这一路都是山岭盘回，道路崎岖。清清的小河，在那山的中间空地下潺潺地流动着，满山都生着丛生的植物，黄的花、红的花、紫的花，煞是好看。河

图 1-5 护送队

是沙河，我们把那一条沙河穿过了四五次，过来过去，可见道路的崎岖了。过来这些山，行了约二三十里的时候，那地方叫作三坝子，近处有一片草地，青青的绿草，中间又杂生着野花，真像一幅天然的大地毡，好看极了。以后我下了骆驼，跑了有十来多里，颇有意思。

下午三点多的时候到了河南五分子住下了。到了我就帮着郝德安置仪器①，测量气象，忙了不少的时候。晋军不往前送了（图 1-5），此处已来了蒙古游击队保护。傍晚（饭后），中国团长、团员商议守夜事。

大风中住到了脑包店

1927.5.22　廿二日

晨约五时余，起来收拾，出发。这一天不好，天阴冷得很，

————————

① 郝德：即 Waldemar Haude，又译豪德。德国气象学家。1927—1930 年参加西北科学考查团，主持气象观测工作。

风又大，难受极了。中途跑了几里路，拣了几片瓦片。十二点半，到了一个地方，外人想住，而前面的仍然进行未住。两点半，到了个地方住了，风大极了，飞沙走石，暗无天日。支帐篷用了不少的力。在帐内把暖水壶碎了。这地方名叫作脑包店①，位于山之阴。是夜，我守夜，天冷得很，风未息，守夜时穿着大皮袄，还觉着有点冷。我从八点半起，到十一点才睡。下一点多的时候，又到了班了，又守到三点多，睡时已四点了。一共一夜睡了不上四点钟的觉，所以廿三精神不好。

沿着山套走

1927.5.23　廿三日

清晨约五点时起来的，回想起后半夜（廿二日）做了一场凶梦：土匪要我们给他钱，不允，各方准备开战，有时我在一家屋顶上瞭望，被匪看见了，他们用枪射我，可是我自屋上跳下，于是未中弹。土匪未解决，而又梦见一人扮老翁，来给我开玩笑。荒谬离奇！

七点，自脑包店出发，往正北，行约十里平地，就到了山套了。这山套足有卅余里之长，里边道路蜿蜒，高低不平。大多数的山都是很美丽好看的，奇形怪状的盘石，各色各样的野花。有的悬崖绝壁，万仞千尺；有的无水沙河，在山上望下去，真像万丈深渊。假设你划然长啸，那一定得山鸣谷应，使人不知是真是梦，身在何境。花木多是那丛生的蔷薇科一类的东西，这些山被这些花木野草点缀得煞是好看。山套后半部的小村落，都叫作见

---

① 脑包：蒙古语"堆子"的音译，一作"鄂博""敖包"。原为草原上用石头堆成的道路和分界的标志，后演变为蒙古族重要的祭祀载体。

竿旗沟（音）。这一天的天气始终都算很好，风不大，不甚冷。晚上住在红洼子公中，平原小村也。

随访黑教堂

1927.5.24　　廿四日

晨自红洼子公中动身。约十一点的时候，到了一个地方，有围子，围子外有教堂式的尖顶屋子，围子里面也有，知为教堂之所在地，房舍不少，且整齐。那时我步行着，大队绕围子走了，我看见 Hedin 到围子门口去了[①]，我于是也同 Z. M. 去了[②]。这围子就是有个南门出入，我们于是呼门而入，访神父。询之土人，知此地为黑教也，一名黑窑，一名黑教堂。入大门到二门，看见墙上有个邮政信柜的木牌，知此地有邮局，喜甚。土人见我们外人、中人，服装特别，形容不同，于是很多的人围观，真有空巷的样子。众人之中有着灰色衣、挎武装带者，知此地有民团。未几见神父。神父二人，一荷兰人，一比利时人，皆华服，能操华语，与赫定谈法语。神父具茶、出雪茄烟饷客。赫定询以一路情形，并述团体大致情形。神父一一致答，谈话间，齐白满摄影。我询神父以邮局事，神父答后，出信纸、信封，我于是与群英写了一封信，潦潦草草，说点路途情形而已。

二点一刻，告辞。临出又参观教堂。虽泥房，然内中陈列尚好。荷兰神父询余以好不好，余答好好。出时有服制服之学生，询神父，知此地有小学校，全村百余户，皆教民也。神父送出大

---

① Hedin：斯文·赫定（Sven Hedin，1865—1952）。瑞典地理学家、探险家。1927—1935 年组建中国西北科学考查团，担任外方团长。

② Z. M.：齐白满（Eduard Zimmermann），又译钱默满。德国飞行员。1927—1929 年参加西北科学考查团，主持葱都尔气象站观测工作。

图 1-6　黑教堂（中列四人之右 1：刘衍淮）

门，又摄一影（图 1-6）。出了黑教，过了一个山，就望见了我们大队的所在地了。在山上望着一大堆箱子，一大列帐篷，点大片地。到了我们到了，我住的帐篷已经搭好了。

未几，徐先生、黄先生[①]、崔先生又去参观天主堂，我又顺便写给了文青、筱武两封信，托徐先生带了去。赫定托徐先生捎给神父一封信，请他们吃饭。未几神父来了，随来的有六七个卫队。

卫队长姓韩，自他的谈话中，我得到了数点见闻，据云："此一带土匪多得很，黑教因有围子民团的关系，尚未受大害。土匪出没，反复无常。这一带种鸦片的很多，鸦片才收了的时候，一

[①]　黄先生：黄文弼（1893—1966），字仲良。湖北汉川人。时任北京大学国学门研究人员。1927—1930 年参加西北科学考查团，从事考古工作。

元钱可买三两。因种户受官税、兵、土匪之剥削，急卖之以付剥削者也。每亩好地年可收八十两，至春季则需二三元一两，因缺也。地之价格，水田五六百元一顷，一亩年收石余麦；次者五六十元、二三十元不等，年收一二斗、三四斗不等，每人可种二顷。每年田中一耕一种一耘即可，不若关内之费事。固阳三区之插欠尔（音）地方出水晶石，甚大，距黑教约五六十里，在红洼子公中东约三十里。"我们所住地方名白影布拉（音），此村近旁有窝尔图河。

开始记录气候

1927.5.25　廿五日

晨不到七时就起了身，过白影布拉，越小山而至一小村，名窝尔图河，距白影布拉约五六里。村东北山上有小庙二间，供龙神等，所书之木牌古怪得很，神也古怪，录之如下："供奉龙王神之神神位"、"供奉蚚蚙神神之位"、"供奉牛马王爷尊神之位"、"供奉蚜蚿/蚚蛄神神位"，庙土制的，香炉也是土制的，我偷了一个交给黄先生。

以后过苦里店素（音），到了草地了，满目荒草，瞭无人烟，地多碱，无耕种之田。十二时的时候，就住了，因有水的缘故，明日就可以到白灵庙了。蒙古兵（汉人）因村落、人马无所食，回去了。我曾在河边上洗头、脸及衬衣。我自本日起要记气候了。五点记了一次。

5月25日	5p.	T. 21℃	F. 8.8℃
Wolken	S. Cu.	10	N.W. Zu SW.
Wind	N. E.	1.bis 2.	
	7p.	T. 19.0℃	F. 10.2℃

Wolken			10
Wind	5 bis 6 meter/sec.		
	9¼r.	T. 17.9℃	F. 5.8℃
Wolken	S.Cu.(W)	A.S.（E）	10
Wind	E.N.E.	1.bis 2.	

634.3mm in Barometer

住的地方名额布该阴沟 Abgeingor，蒙古名也（音）。

学了点蒙古语

1927.5.26　二十六日

本日气候: 5a.　T. 9.6℃　F. 2.8℃　Wolken 4$^{0\text{-}1}$

起身后，余先步行，过一山，蓝理训距五百米突打死了一个狼（图1-7）[1]。又过一山，看见了蒙古包。附近一带山上牲畜很多，皆马也。住在阿木塞各拉，时不过十一点。我跑到河水里去洗澡。各拉，河也。此地属明安加沙黑少。下午出游，向蒙古人学了几句蒙古语，例如:

蒙古各拉（蒙古包）、乌苏（水）、乌拉（山）、把他拉各苏木（庙）、采乌（喝茶）、塞伯浓（你好吗）、好来一得（吃饭）、一得拉（吃了）、闹海狗哈里看（看狗）、Akedoheidoh（你兄弟几个）、温度如（高）、保达格（泉）、乃个（一）、哈一拉（二）、各罗巴（三）、都如巴（四）、他巴（五）、租如各啊（六）、刀老（七）、乃马（八）、由苏（九）、Aloba（十）、好雷（廿）、郭强（卅）、度奇（四十）、Taping（五十）、Jailung 加隆（六十）、

---

① 蓝理训: 即 Frans August Larson（1870—1957），又译拉尔生、拉散、拉孙、拉松等。瑞典在华商人。1927—1928 年参加西北科学考查团，担任驼队队长。

图 1-7 蓝理训打死的狼

Dala（七十）、乃音（八十）、ili（九十）、租（百）、北（我）、奇
（你）、他里洪（他）、他（你老）。

晚上看龚洗相片①。我守夜，一夜睡不过二时多。

随袁先生去拣化石

1927.5.27　　二十七日

本日清晨，我五点多钟就起来了，收拾行装，预备出发，可
是因为骆驼主人失马之故，未克走。上午在太阳地上差不多睡了
有两三个钟头，以晚夜未睡足也。下午写致群英的一封信。本日
德人海岱打死了一只黄羊②，晚上就把它吃了。上午曾随袁先生去
拣化石，一无所得。风不甚大，下午满天的云，下午照相。

---

① 龚：龚元忠（1906—？），字狮醒。江苏吴县人。时任北京历史博物馆
（中国历史博物馆前身）馆员。1927—1930 年参加西北科学考查团，担任专业摄
影师。

② 海岱：即 Walter Heyder，又译海德，德国飞行员。1927—1930 年参加
西北科学考查团，从事三角测量工作。

三　呼加尔图河的气象训练

逗留在白灵庙附近

1927.5.28　　二十八日

晨饭后动了身了，到了一个地方①，距阿木塞各拉不过二三里路就住了。今天风大得很，每秒钟的速率有十三四米达之多。Der Himmel ist grau, er ist ganz bedeckt mit Wolken.［天空灰蒙蒙的，乌云密布。］在此地要住个十来天，等骆驼也。晚气候如下：

7p.　　　　T. 22℃　　F. 12.4℃

S.SW. Wind　　6-7　9-11 meter/sec.　15-17 asa till 50m high

Wolken　　A.S.　$2^{0\text{-}1}$　mat send　　liode　3-5km

9p.　　　　Barometer　630.1mm　T. 19.7℃　　F.11.9℃

Wolken　　$9^{0\text{-}1}$

Wind　　　S.SW.　5-5 m/sec.

下午曾续写致英的一封信，夜看《冲积期化石》②，下一点方睡，时天落雨数滴。

---

①　据作者《我服膺气象学五十五年（1927—1982）》回忆，此地名呼加尔图河。斯文·赫定《亚洲腹地》作"胡济图河"，袁复礼《蒙新五年行程记》考证此地应作"罕纳河"或"罕纳郭罗"。后文又作"哈纳河"（1927. 8. 19）。

②　《冲积期化石》：现代作家张资平（1893—1959）的长篇小说，1922 年上海泰东书局出版，是中国现代文学史上第一部长篇小说。

放轻气球

1927.5.29　廿九日

晨五时一刻起，七点测气候，天阴不见日，上午誊写前日草成之信。一点时之测气候误了。下午外人放轻气球，竖无线电杆（图1-8）。晚九时未测气象。下午五时后落雨，至夜未止。

晚龚给我洗相片，十一时就寝。下午曾给于淑元君写了一封信。

29/5	7a.	T.15℃	F.6.9℃
Wolken	A.S.	$10^{0\text{-}1}$	W-lgo
Wind	W-W.N.W.		4-5 meter/sec.

图1-8　放轻气球（左1：刘衍淮）

打预防针，反应强烈

1927.5.30　三十日

晨雨止，然风仍不小。下午打针，为第二次，以防肠热病者。四时摄电影。夜和衣而眠，下午二时醒，乃去皮衣而寝。时闻蛙声嘰嘰，于是引得我心绪万端，反侧不宁，约半点钟。我想起了我的朋友，又加以我臂因打针之故痛得很。肉体上的痛苦，精神上的痛苦，双方齐下，两面夹攻，我这脆弱的心灵，哪禁得起如许的痛苦。我难过极了，我伤心极了，我那一滴滴的清泪，要不是我狠心忍耐，它们几乎要流出来了。我的亲爱的朋友，我的亲爱的同学，我心里的隐痛、悲哀，你们知道吗？一会，我的精神疲倦，于是乎我才朦朦胧胧地睡去。

三十日的气候：　30/5　　7a.

Temperature	T. 7.8℃	F. 6.9℃	
Wolken	(N.) S.Cu.	(S.) S.	
SSW. Wind	6-7　9-11 meter/sec.	15-17 asa till 50m high	
	2p.		
Temperature	T. 14.6℃	F. 8.9℃	
Wind	N.N.E.	6-7 m/sec.	
	9p.		
Temperature	T. 16.3℃	F. 7.4℃	

1927.5.31　三十一日

晨七时起，徐、黄、丁、龚四君赴白灵庙，同行有外人贝葛满、那林[1]。送他们走了，我就又睡了，身体上照样的难受，温度

---

[1] 那林：即 Erik Norin（1895—1982），又译纳林、那琳、那霖。瑞典地质学家。1927—1933 年参加西北科学考查团，从事地质考察工作。

高得很，浑身发热。至下一点多才起来，午饭后又睡，老是睡不着，躺在床上不爱动，吃茶后稍好，同詹谈。晚该我守夜，请崔君代理，以自己身体不爽也。夜早睡。

	31/5	7a.	
Temperature	T. 11.3℃		F. 5.1℃
	Max. (Nacht) 12.4℃		Mini(Nacht) 6.8℃
Wolken	W.N.W. 7^{0-1}		A. Cu.
	2p.		
Temperature	T. 23.2℃		F. 8.4℃
	Weisse 27.6℃		Schwarze 48.4℃
Wind	E.S.E.		7^{0-1}-10 m/sec.
Wolken	1/10		(W.)
	9p.		
Pressure	635.8 mm		
Temperature	T. 15.8℃		F. 9.8℃
	Max. 23.5℃		Min. 10.7℃
Wind			
Wolken	A.S.		6^{0-1}

看完了《冲积期化石》

1927.6.1   六月一日

看完了《冲积期化石》，结尾没有什么意思，他这本书中，著者自己的论调发表得太多。固然有的话他说得很痛快，然而小说中须着重事实才对，不应说空话太多，致碍故事，但是文章一方面，作者虽说是他的处女作，大致还可以。这一天差不多是无事纪。若非每日吃四次饭，连哪天吃了几次饭也记不得了。

1927.6.2　二日

风不小，上午看点德文，写了几封信，一致文青，一致小五，一致叔龙。文青、小五信内皆附有相片一张。下午续写，又补写了一张，填上相片，各信封好，贴足邮票。有一封为单挂号，余皆平信也。晚袁先生告以明日郝德讲东西。

郝德传授气象知识

1927.6.3　三日

晨饭后，缝破床，继看郝德放气球，放完就跟他去听说什么。他说测量要自己作，不要徒抄他的数目，时已十点了。气象数如下：

Temperature	T. 18℃	Weisse 23.5℃	Schwarze 42℃
Wind	7-9 m/sec.		
Wolken	Cu.　W-W.N.W.		

从郝德那里回来时，他给了一本德文的气象学书，回来后看了一点，生字太多。以后写了一封家信，报告我一路的情形，以安慈父之心，共写了四张纸。当吃饭后，交给了米纶威①，回来写了这三日的日记。下午又翻阅了一点德文气象学书。晚上我守夜，从下一点守到次晨五点。

值夜班，每点钟看一次气象

1927.6.4　四日

不到早一点钟的时候，就被海岱叫起来守夜。我起来就拿着德文书籍，带着笔记本、寒暑表，到吃饭的帐篷里去坐着，每点

---

①　米纶威：即 F. Mülenweg，又译米林维、米拉维、米林维西、米林为何、米林威。德国汉莎航空公司派出会计。1927—1932 年间参加西北科学考查团，担任会计，后又协助气象观测工作。

钟看一次气象。刚起来的时候，感到深夜的沉寂，一个呆坐默想。那些笑容、身影，一时再涌现在我的眼前，我明白地知道幻想的事情是假的，幻想的结果是更引起痛苦，可是可不能不幻想，心里想着幻想，它是一种自然的趋势，我又哪里能有一种伟大的力量，阻止它的发生呢？五点钟天明了，太阳出了，我于是就回帐就寝，到七点多钟又起来洗脸、吃早点，以后就无事可纪。傍晚我和达三跑到东北之脑包山上，回来我就乏了，晚睡颇早。

一天记录三次气象

1927.6.5　　　五日

早六点一刻起，预备去看气象，夜甚冷。七时记录如下：

7a.	5/6	Temperature	T. 8℃	F. 6.3℃
			8.2℃	4.9℃　(hüte)
			Max. 14.2℃	Min. 1.5℃
		Wolken	S.Cu.　1^1	W - S.E.
		Wind	N.N.W.	1-2 m/sec.

饭后给刘半农写了封信。午饭后二点的气候：

T. 18.4℃　　F. 8.4℃

Wind　　E. 0-1 m/sec.

Wolken　　Cu.　5^1 N.

下午请詹给我推头，自己又剪了剪。上午徐先生自白灵庙回来了，晚上又在我写的信加要回信。

九点气象：

Pressure　　636.1 mm.

T. 12.5℃　F. 6.1℃　Max. 19.6℃　Min. 8.9℃

Wind　　N.E.　1-2 m/sec.

Wolken.　F.Cu. S.Cu.　$1\text{-}2^{0\text{-}1}$

近日都在抄写德文气象书

1927.6.6　六日

晨七时看气象，上午徐、袁及同人等商议作皮衣事，无结果。忽然来了一人，来自库伦，瞎谈了一会才走了。下午领到了六月份薪金杂费三十元。崔又还我了拾元，所以我肥起来了。抄书（德文也）。晚九点又看气象。完了，无事可纪了。

1927.6.7　七日

天太好，无风，可惜正午热得难过。我上午曾抄了点德文气象学，下午饭后，跑到河之下流、东北脑包山下洗澡，凉爽痛快得很，回来热时，以水洗面以解热。补袜子，我由学者又变成裁缝了。晚饭后同徐、詹等五六人周山一游，我未着毛衣、外衣，亦不觉甚冷。回时明月一钩悬当空，微风拂面不寒。听徐闲谈，十二点半方入寝。

上山测风力

1927.6.8　八日

起得不早，上午看点德文，无聊了。下午同郝德上山测风力，三点、四点各一次，一次须五六分钟，五秒钟记一次。第一次遇雨于山上，然下来就干了。第二次未淋湿。一共看了五六次之多。所谓看者，记数而已。本日看完了一本《玉君》①。

---

① 《玉君》：北大新潮社作家杨振声（1890—1956）的中篇小说，北京现代社 1925 年版。

离京一月思怀

1927.6.9　九日

本日为我离了北京一月的纪念日，回想起上月的九日，我自清晨收拾起，直到八九时方送三院。约十一点时，我到了西直门车站，我那些同乡、同学、朋友都已经到了那里等候着送我，我那时心中难过极，什么话也说不出，诸同学也和我一样。

熊熊的烈日，把帐篷里蒸发得像蒸汽锅，温度到了三十五度以上。下午抄点德文，以宁心绪，果然较好。晚上大闹了一阵，继以闲谈——谈了已经两三晚上了——我守夜到下一点，作日记后就寝，已二时矣。

1927.6.10　十日

晨起甚晚，以前夜睡晚也。上午热得很，把帐篷门支起，好点了。午起大风，落下帐门。下午抄点德文，晚上闲谈、跳绳、唱闹了一气，以后看点中文气象学，就睡了。下午雨未下来，我的箱子可是抬到篷帐里了。夜雨。别无可纪。

1927.6.11　十一日

天阴。上午曾落雨。徐及詹诸位骑马去了，我未去。徐先生落马而归。下午睡二时，余昨日跳跃之故，精疲力竭，不大舒服。看气象。晚 Haude［郝德］考验记录本。晚饭后又跳绳，下雨。

1927.6.12　十二日

天气晴，温度高，午我晒衣服、皮被、皮袄。下午跑到西边二三里路的地方去洗澡，水深，洗及来回用了一个多钟头。回来以后，又同白骑马出去考古，走了十几里路，一无所得。六时余回，白又给我理发。此日因骑马，很疲倦，加以前日跳跃之疲倦未愈，故加倍疲倦，十一点就寝，除记气象外，未看书。

读《气象记录仪原理》

1927.6.13　　十三日

我该看气象了，可是疲倦，起得晚，七点钟的误了。上午在床上躺了半天。袁着詹给我送了 *The Principle of Aerograph*（Mc Adie）［麦克阿迪《气象记录仪原理》］来，我就看了它差不多一天。下午何马给我们打第三次的针①，啊！痛苦又来了，当日就痛起来了。

1927.6.14　　十四日

今日打针之余，痛楚不堪，一日反侧于床上而已矣。本日还是我看气象。

1927.6.15　　十五日

抄了一天德文的 *Anleitung*［指南］，下午同 Haude 我们五个人在 Thermometer-Hütte［温度百叶箱］之前照了一个相（插图 5），德人之摄电影者照的②。龚给照了一张云的相片。

---

①　何马：即 David Hummel（1893—1984），又译郝迈尔、何卖尔、何迈等。瑞典人。1927—1934 年参加西北科学考查团，担任团队医生，兼作生物学收集和体质人类学调查。

②　德人之摄电影者：即 Paul Lieberenz，中文名李伯冷，又译利百林、李百令。德国摄影师。1927—1928 年参加西北科学考查团，负责沿途照相和拍摄电影。

北伐消息

1927.6.16　十六日

继昨天的工作抄书，午时见着《华北明星报》[*North China Star*]，外人的——知时局有剧烈的变化，奉张要退了，国民军的势力大膨胀。下午抄书，晚跃高。

1927.6.17　十七日

上午与徐先生闲谈了二个多钟头，接着抄书。见着包头来人，据云包头已满悬党旗，军队易名国民军。下午抄书，与赫定谈话，看 Transit [经纬测量仪]，并且学了学对镜。晚又跃高，成绩约四尺（英）。晚间下半夜为我守夜，马森伯守前半夜[①]。二点时，他叫醒了我守去。我就在饭厅抄书，五点日将出，归就寝。

黄文弼发现净州古城

1927.6.18　十八日

上午抄书，睡而不着。午饭后，黄先生归，据云曾发现净州古城。拣来石器、瓦片、铜器、铜钱不少，成绩颇好。下午六时后又看 Transit、记数、对光。晚饭后跃高、角力。

1927.6.19　十九日

午饭后，突来暴风雨，后又下雹，风大极，帐篷几乎刮跑了，到三点多钟就完了。

---

①　马森伯：即 F. von Massenbach，又译马孙巴、马孙八喝、马孙巴哈、马孙巴贺，德国飞行员。1927—1928 年参加西北科学考查团，负责填绘干沟和河谷等地形方面的工作。

上午曾同团长谈气象家问题，下午起草给刘半农写信，抄书。

翻译德文气象书

1927.6.20　廿日

天阴云，未下大雨，上午的轻气球没有看，下午看来。袁送来了温度计，工作不过抄书而已，着手翻译那 *Anleitung*，先翻的《风》。下午看放轻气球。晚丁回来了。我晚睡早，盖明日看气象也。

1927.6.21　廿一日

早起看气球、气象，天阴。二点下雨，不大。可是一直下到晚，晚上渐大了。九点钟我看气象，回来淋得湿了，风也不小。

沙尘暴

1927.6.22　廿二日

清晨的气球没有看，七点钟直接去看的气象。本日风大，冷，我着棉袍。十点钟后，西北风大作，卷土携沙，所谓一种 Sand Sturm［沙尘暴］是也。二点钟跑到了山上，风更大得不了，刮得人难过，外人在山上抛帽作戏。回来看气象，山下之风已达每秒钟十八 meter［米］，山上二十四亦多矣。清晨的云的 Stratus［层云］状如白雾。因风的缘故，云行甚速。

德国人戏火过节

1927.6.23　廿三日

仍然是个风天，一直刮到下午才好点了。午饭后，掘跃远坑，跳了几下，我跳得最远。晚饭后又跳了几下。晚上瑞典、德国人过节①，在山顶上放火，以火作戏，备酒，我饮了一大杯。赫定演说，外人欢呼，中国人去者仅四人，亦欢呼。十一点多始散。近来我每日的工作仍然抄 Anleitung，这几天抄了有五分之一了。

与蒙古人谈话（外人过节时所用之蒙古人），知蒙古人过五月五日节、六月十五节、过年节，不过八月节。

1927.6.24　　廿四日

天气晴明，仍然有风，工作不外抄书、翻译而已。下午袁借去鲁迅之书三种，晚给徐先生开了个单子，要我们所需要的东西也。余无事可纪。

政局不稳

1927.6.25　　廿五日

天晴明，午颇热。下午有风，不大。昨日蒙古人之经黑教送信者回来了，带来了叔龙给我来的信，内容空虚，除套话外，就是说"北京国立学校早已提前放假，丁同乡亦已放假回家了。现纶到京，家中平安，京中平安，勿念"而已。

本日抄书，看《三国演义》，晚饭后跃远。天阴，落了几个雨点就完了，时约为晚九点钟。午饭时看见了报，知潘复组阁，是顾阁已完了，奉军已失保定等情。这几天又不知有什么变化了。叔龙的信，十六自北京邮局出，二十日到的包头邮局，他没写日期，这我看的邮局的印子而知道的。

---

① 过节：庆贺 6 月 24 日夏至节。《西游日记》："在瑞典，每年六月二十四日为夏节，前一晚，全国人到小山上燃火、饮酒、歌舞，以贺日长至。"

外人拍唱曲子

1927.6.26　廿六日

天晴，风大，有时是暴风，刮得帐篷动摇。我的工作翻译了一点，看了一本《三国演义》。夕茶后，有一起子唱曲子的，声调鄙俗，令人肉麻。外人一面听，一面摄电影。今天我的肚子有点不好，余无事可纪。近来每日起得都不早。

闲读三国

1927.6.27　廿七日

天气晴，风不大，抄了点书，看了几回《三国演义》。午饭后，跑到东边去洗澡，身上有水的时候，风一吹，冷极了。晚饭后，仍然□行跃远，闹了一会。夜间我守夜。

1927.6.28　廿八日

天晴，风不大，热得很，抄了点书，看了几回《三国演义》，褒蜀贬魏，昭烈帝之死曰崩，魏文帝之死（曹丕）曰薨，一褒一贬，于此可见。现在我正闹烟荒，外人下午忽然送来大批的烟，真又有消遣的东西也。晚饭后跃远、三足跃了多时，疲乏得很。

一天之中天气变化很大

1927.6.29　廿九日

轮到我的班看气象了（图1-9），天气前半天没有多大的变化，风也不甚大，后半天下了几次雨，都是下几点就完，晚上风大得了不得。差人往黑教堂取信去了。

图 1-9　喀纳河畔记录气象

北京同学来信

1927.6.30　卅日

仍然我看气象，下午的气球未放而自破了。晚上接到群英、文青信件各一。夜两点以后昏昏睡去。文青的信，鼓励我了两句，说了些北京同乡、同学的情形，说已经给我家去信，说明我的现状等等，云云。

发了薪金和杂费

1927.7.1　七月初一日

午饭后倒下，有时却是悠悠入梦，但大风起了，把我不自然地吓醒了，人惟有入梦好，永久地睡梦着更好，但是自然界也不许你了。六点多钟的时候，我开始作我这几天的日记。以前曾和同事们踢毽子，不幸又把手踢了，痛得很。

今天晚上我们七月份的薪金、杂费全领下来了，晚上十一点多钟就睡了。

黄袁二先生吵起来了

1927.7.2　初二日

起得不早，写了两封信，一致群英，一致叔龙。想给周佩蘅写封信，未写。下午抄了点书。晚饭后跳远，以自消遣。夜里黄、袁因要行的路线问题，大吵而特吵。睡下以后，和同住的闲谈了多时，一点多钟才睡着。

李伯冷为我们照相

1927.7.3　三日

黄、袁吵的结果，没有走了。午前郝德考查我们的成绩。下午去洗澡，天气热得厉害。茶后李伯冷〔P. Lieberenz〕给我们照相（图1-10）。工作不过抄书而已，下午写了两信，一致周佩蘅，一致

图1-10　四个气象生（左起：崔鹤峰、刘衍淮、马叶谦、李宪之）

小山。蒙古人明日往北京，晚因商议买东西的事，到二点多钟才睡。

学记热度数

1927.7.4　四日

天热，无大风，抄书，蒙古人之往北京者去了，带了我的信去了。袁走了。下午翻了点书。晚上郝德教我明日记热度数，睡得也不早。

德人唱歌唱诗

1927.7.5　五日

天气晴明，颇热，每半点钟记一次黑白温度表的度数，想着作一个表，想洗澡也无时间。下午蒙古人到篷帐里来玩，我教他给我写了些蒙古字，我注上音（图1-11）。夕詹给了我一片方格纸，我想着作表。

晚饭后跃远，以后看德人唱歌、唱诗，多德国关系国家问题的歌，如 Deutschland ueber alles［《德意志高于一切》］、Die Wacht am Rhein［《守卫莱茵》］两首歌名之流，悲极壮极，那些德人唱到慨切的地方，真教人战栗恐怖，都是警告德人爱国的国歌，德国的民气可见一斑。这些在异域工作期中尚能如此，其在本国之德民气，亦可想见一斑。我们中国真望尘也莫及，所以我想德国现在虽是战败之国，她有这样的人民，她的人民有这样精神，前途真是可怕，恐不出十年，即能恢复战前的状况。会开到下一点，散会的时候，他们排成队体操，Hemple 作指挥[1]，于此更可见德国

---

[1]　Hemple：原文如此，即 Claus Hempel，中文名作韩普尔，又译海培、韩培、韩培尔。德国飞行员。1927—1928 年参加西北科学考查团，协助郝德筹建博格达山气象观测站。赫定首次回国筹款时，短期代理主持团务。

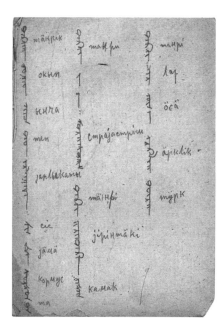

图 1-11
刘衍淮的蒙古文练习册

图 1-12　德国人唱歌唱诗
（立者左 4：刘衍淮）

之军、国民之义（图 1-12）。

夜我守夜，二点时被 Dettmann 叫醒[①]，可是我困不可支，又睡下了，晨起不早。

作白温度表

1927.7.6　六日

天晴而且热，午前 Haude 教给查 Feuchtigkeit［湿度］的表，给了一本子表，我 plot［标记］那里白温度的图线，下午 Haude 来催着作，我下午就作了有三分之一，晚上又作了有三分之一，到了十二点才停止工作，下二点还没睡着。下午曾到河里去洗澡，好凉快！

查对六月份的湿度表

1927.7.7　七日

我值日看气象，继续查表，六月份的 Feuchtigkeit 全查完了，又 plot 那里白之差的曲线。上午同 Haude 校正六月份的温度，改了许多，所以又查了一气。下午仍然工作。这两日的工作真不赖，使得我了不得。夜算总合平均，到十二点以后才睡。

整理六月份的温度表

1927.7.8　八日

看气象，下午 Haude 给我了一张表，教我填这六月份的表，先整理这 max 和 min 的温度。十一点以后，每半点钟记一

---

① Dettmann：即 Hans Dettmann，中文名狄德满。德国飞行员。1927—1929 年参加西北科学考查团，沿途测量各地经纬度。

次黑白温度表的数目，Haude 说给连记七天。上午给他看我作的 Feuchtigkeit 的表，晚早睡，但不着，给黄要了几张方格纸。

冯考尔回来，行期不远了

1927.7.9　　九日

上午给 Haude 去对正 max 和 min 的温度（六月份），以备填表，他并说给作改正（corrector）。记黑白温度表。下午阴云蔽空，曾经落了几滴雨。晚上冯考尔等回来了[①]，给他们捎东西的捎来了，我也没有托他，他当然没有给我捎。他回来，我们的行期不远了。晚上我身体好不舒服。夜雨。

1927.7.10　　十日

阴雨，填表，作图表。晚饭后，齐白满给了两张相片，一张是在黑教堂同赫定及二个神父在一块照的，一张是蓝理训第一次打死的那个狼。夜我守夜，仍然工作。

填写六月份的气象报告

1927.7.11　　十一日

天阴云而未雨，晨起晚。一天的工作就是填六月份的气象报告，晚上不舒服，早眠而失。

1927.7.12　　十二日

大致和昨天的情形差不多，工作我觉得不少——这是比较而

---

① 冯考尔：即 Bodo von Kaull。德国飞行员。1927—1928 参加西北科学考查团，负责无线电通讯，并担任李伯冷助手。

言之。晚饭后跑到北山上玩了一趟，山后有小河沟一，没有水。写致刘半农的信。

1927.7.13　十三日

晨雨。填月表，忙得很。下午洗澡，以后说闲话，引起徐先生的牢骚。

郝德要我留下做观察

1927.7.14　十四日

天还好，多半天是大风，下午以后渐渐地小了。晚九点的时候，快 calm［无风］了，表作得不少。晚上 Haude 告诉我，要把我留下测观，同齐白满、哈士纶①。大队二十日走，我们八月再走。

学习煮气压表

1927.7.15　十五日

天晴热，清晨的轻气球看到六十四分钟，上升至 13km ［公里］，尚能用 transit 看见了。作气压的表，值日，看气象颇忙。午后跑到河里去洗澡，以后又补写致刘半农的信，又给叔龙写信，说明自己的工作现状而已。晚饭后跳远。Haude 教我煮 H 气压表，看空盒气压表，以备留下我后，我好自己实地工作。夜早睡。

---

①　哈士纶（Henning Haslund-Christensen，1896—1948）又译哈士伦、哈四龙、何四龙、何司龙、赫司隆、郝司龙等。丹麦在华商人。1927—1932 年参加西北科学考查团，前期担任驼队副队长，后期参与人种学测量和民俗学调查。

1927.7.16　　十六日

晨六时半起，看轻气球记数，记至六十一分钟，上升亦 13 余 km。八时记气象、看气压表。晨饭后，睡片时，热醒，以河水洗头脸，热稍解。工作，问 Haude 问题。送信，买了一元钱的邮票。午后大雨，篷帐漏了。晚冒雨观测气象，大部的工作自己做。煮 H 气压表。早睡。洗了一张相片，不好。

1927.7.17　　十七日

天晴，早起去测观，虽然不是我值日看气象。填表——气压表的工作差不多了。Haude 给留下三本书。黄先生送了我颜色一盒，晚上煮了三个气压表，闹了一点多钟，回来不久就睡了，可是好几点钟没有着。气压高得很。

四　独立作业

自己作观测、摆仪器

1927.7.18　十八日

晨七时起，自己作观测、摆仪器。Haude 说给每礼拜一换一次自记表的纸，怎样作□表，除云状及方向以外，全完了。云因我看不清 Haude 写的字，没有填。

午后热，去河里洗澡，教王给我洗衣服、被单，自己补袜子，因为他们大队快走了，下午并且刷了刷皮鞋，没有穿袜子。晚上煮了二个气压表，第二个没煮好，水完了。自己作观测。

崔大哥今天送我了三块肥皂、十多包丹丸药类、线布一小段。晚上快睡的时候，收拾皮箱子，发现锁坏了一个，顺便看了看我近来的相片及她送我的画片，无意中在纸盒后面发现了几句话，大概是她写的，我看不大清楚什么意思。

1927.7.19　十九日

上午天不甚晴，有云。下午二时后下雨，测气象。晚上养 H 气压表照旧作。雨一直下到夜十一点才止，晚九点的雨量已达 8.5mm 了。夜早睡，其余就无事可纪了！

大部队即将出发

1927.7.20　　廿日

晨七时起，作气象的工作，雨量又有 1mm。昨日之雨共 9.5mm，可谓大矣。六月一月共下了 11mm 多，而十九日一日之雨已几与六月一月之雨相当。大队说今日走，因昨日雨之故，今天不走了！

上午睡了一觉，午饭后二时照相，全体在这里的团长、团员都有，以后我又和齐白满、马山①留在这里不走的三个人照相（图 1-13）。上午阴云，云皆极低之 Stratus。下午天晴日出了，不热。上午冷。夜我守夜。

图 1-13　留守者（左起：马山、刘衍淮、齐白满）

---

① 马山：即 Wilhelm Marschall von Bieberstein（？—1935），又译马学尔。德国飞行员。1927—1928 年参加西北科学考查团，在葱都尔和博格达山等地协助气象观测。

每个小时都做气象记录

1927.7.21　　廿一日

大队尚没有走，今天可是忙了一天，装箱子、拴骆驼、把箱子摆成行，以备明日出发。我照样地忙。昨晚虽然守夜，今日起得确也不晚，卧了一天，但总没有睡着，你要问是什么缘故，我也回答不出。天气倒还可以，风是有的。一天的气象，每点钟都有记录了。晚上 Hemple 告诉明天五点钟大队起身。夜早睡，十二点附近才着。

第一次独立作业

1927.7.22　　廿二日

天晴，风自八九点钟渐渐变大，力总在 Beaufort Skala〔蒲福风力等级表〕上 7 的左右，南风。五点钟就起来了，他们走的，都慌着收拾东西，我不走，所以不忙。有的六点多钟就走了，有的七点多还没有。不久就有人跑回来说：骆驼全惊了，都散开跑了。不久也就看见了跑回来的骆驼，于是乎全着忙了，外人都跑出去找骆驼，中国人午后也去了两个，蒙古人更不可说了。下午赫定也去了，中国人却不去。外国人吃茶的时候说闲话，中国人没有用什么的，我告诉了团长，团长却不以为意，于是乎我找黄、李去了。马、崔上午去的，累得厉害了，我是在这里看气象的，每点钟记一次，不能去的。

我的东西上午就搬到新帐篷之外了，可是到了茶后才搬进来。我这新帐篷忙得很，又我的寝室又兼大家的餐厅，又是外国人和我的书房。因为外国人的帐篷多未搭起的缘故，所以如此。我和老齐同时搬进来的，老马却还不曾。我四点钟以前睡了一会儿，因为我是过于疲倦了！我今日试风力多用风力表 Windmeter，因为在自己的手下，今日之后的看气象是独立了的了，不是随着人家看的了。老齐不比我高明，他笨得很，他的其他的事情又多，所以这整天的事情都让我做了。

风大得很，晚上我同 Kaul［冯考尔］和华志在这新帐篷里睡的 [1]。晚上煮了两个 H 气象表。Haude 找骆驼未归。

大部队在十几里外扎营

1927.7.23 廿三日

这气象台完全是我的事了，所以七点钟就起来了，自己作这一切的观测。华和冯没有走，晌午 Haude 回来了，他告诉我他昨天去找骆驼，回来没有找到这里来，同蒙古人住在离这里四五 Km 远的地方，又冷又没有吃的，罪受大了。他虽回来，气象的事他仍然不问，还是让我一个人作。下午除了我们留在这里的和华、冯、一厨子外，全走了。Haude 来了一次，在 Haude 未走以前，还放了一个轻气球。天热，风大，昨九点的工作完毕了，和外国人谈了一会天，我就睡了。大队离这里有十几里路，骆驼没有找全，箱子摔坏的不少。

齐白满打了一只黄羊

1927.7.24 廿四日

晨七点起看气象，饭后，工作当然是照常，一点钟记一次。帮着马搬家，冯、马都走了，以后何马又来了。吃了午饭，很热，

---

① 华志（Franz Walz），又译瓦尔斯，德国飞行员。1927—1928 年参加西北科学考查团，曾与刘衍淮一起在库车从事气象观测。

我就跑到河里去洗了一个澡。老齐今天打了一支黄羊，下午弄了来。它是一个母羊，腹内还有小羊呢！夕郝走了。蒙古人老门来了，说骆驼尚缺三个，箱子全了。骆驼垫子缺的很多，所以得现往贝勒庙去买，大队一半天走不了呀！夜雨。外国人待我很不错。老门说马二要来，却不曾！

1927.7.25　　廿五日

晨早起，七时当然记气象，雨量4.8mm，真不小。午狄德满来了，一同吃的午饭。二时的气压很高，636.6mm，可谓大矣，比昨天还热。有点想崔、马、李了，想写信招他们来玩。下午狄走了，信没有写，狄的马不见了，他的东西留在这里，我们以为马没有了，于是乎出去找，哪里有？晚早睡。

崔、马、李从大部队驻所来玩

1927.7.26　　廿六日

天晴热，风不甚大。老齐说今天看气象，教我出去玩来，可是他清晨没有早起，我也没有叫他，所以仍然是我作的。蒙古往大队那里去，我就写了一封信，召崔、马、李来玩。下午他们果然来了，玩了有两个钟头才回去，老齐给照了一片相，上午并且照了几张，做饭及看Hütt的时候照的。下午来了一个蒙兵和一个蒙官，又照了几片，崔来了，蒙官兵才走的。狄的马没有了，他昨天带走了。

1927.7.27　　廿七日

清晨很冷，夜风故也。早起看气象，min为十二度多！八时正看气象的时候，蒙人之去京者司拉大回来了，给他谈话，看他带来的报，于是八点钟的气象忘了记。以后大队里来了个蒙人为赫定要个箱子作书桌，于是乎收拾出来了一个给他带去了。下午天阴了，很低的 Stratus 云发现了。到了黑天，落了几滴雨，天冷得很，白天的 min 到了十二度多，其冷可知了。晚上的 H 气压表 No. 2738 似乎不正确，我于是乎煮了两个。饭后饮酒多时方睡。

今天湿度很高

1927.7.28　廿八日

天阴雨，可雨不大，是像雾一般的雨，湿度表很高，和干的数目相同。冷得厉害。晨饭到了十一点多才吃的呢。午睡，二点的观测忘了，二点四十五分才作的，以后就没大误。四点的时候，华志、狄德满、米纶威、考尔、哈士纶几个人来了，玩了二点钟，煮咖啡，吃了后，六点钟他们走了。老齐昨天出去打猎，今天又出了，清晨他起来看气象来，可是多与我的数目不和，我仍然干我的。

给北京师友写信

1927.7.29　廿九日

天气晴明，夜冷极。天气之所以好，因为风不大、晴，白天不甚热。午后睡，四点的观测误了，齐下午仍然是去打猎。马到大队那边去了，到晚才回来，带来了些信，给我捎来了六个小本、二大本、墨水五瓶、钢笔一支、笔头二十五枚，这是中国团里买的，司拉大上北京所买的来，够我用几个月的了。晚饭后，写了四封信，一致刘半农、一致张筱武、一致高文青、一致王叔龙，写到下两点才睡的，因明日差蒙古人往黑教送信故也。下午跑到河里去洗澡，曾和那个蒙古人谈了一气话，关系民俗情形的多，无关的闲话也不少。

晚霞千奇百怪，光彩夺目

1927.7.30　卅日

天阴云，状甚好看。晨六时半醒，七时的观测毕，打发蒙古人往黑教去了。八点半就开始下雨了，一直下到下午五点多才止。八点多又下了点，统计一天下了的雨量在 10mm 多。晚上的云的美，简直没法形容，金色、黄色、紫色、褐色、蓝色、白色的全有，有的像山，有的像水，有的像人，有的像物，千奇百怪，光彩夺目，真是天工不能描写，画家也作不出这样的图。蒙人之往黑教者，未回。

1927.7.31　卅一日

这月的末一天了，天晴。上午蒙人之往黑教者回来了，可是带来的没有我的信。下午那骆驼夫的亲戚送来了红萝卜。午睡，一点的观测忘了。

老齐病，我给他仁丹等药吃。下午我拾掇东西，六点半才作的观测，因六点的误了。晚煮了两个气压表。小虫多得很，上头扑面，闹个不休，灯下记事，受罪不小。

蒙古官兵来参观

1927.8.1　八月一日

夜中倒还好，黎明有了不好的现象，所以清晨起晚了。七点的观测到了，七点半多才作的。上午睡，十点的又误了！下午来了五六个蒙古兵和一个小军官，待了一两个钟头才走。当然是我当翻译，我当招待，我指导他们那些仪器。夕落了几点雨，晚头痛，早睡。本定八月起身，可是今天又不走了，明天才走。下午着手收拾的仪器、捆箱子。

第二卷

从呼加尔图河到山单庙

（1927.8.2—1927.8.28）

一 追赶大部队

追赶大部队

1927.8.2 二日

六时半起，先收拾的仪器，完全我一人做的，老齐不能动手，马收拾厨房的东西。早饭后已是八点了，接着收拾我自己的，完了，十一点才走的。动身往西、西南，有时西南走。临时又找了个苦力随行，因为人不够用的。一路山岭崎岖，仍然是满野皆草，下来走了十几里路，累了又上了骆驼了。到了五点多，住了，地名叫哥啊少（Gaschau），临近有蒙古包，在大路之北，靠住个臭水坑，因为找水到了这里，可是这水不能吃，没误了跑一二里路去寻水。晚我煮气压表，以此地比阿木塞高四五十meter。一路上我走着的时候，拣了几块东西，然而没有好的！夜到十一点多才睡的。

住的地方之北，有达格庙焉，一望白房。

住到黑利河

1927.8.3 三日

晨三点多雨，我起来盖好箱子，又睡了。七点半才起，看了气压表，吃饭，收拾东西，九点多才起身。西南行，草地仍然，山岭仍不少。蒙古用人见了蒙古包，就去问路，一路遇见的很有限，真正的人烟稀少，无水的沙河也经过了。这一路的西南，我常联想到我在济南回家的道路，方向、道路有一半点相仿呢！

二点多到了一个地方名黑利河，就住了，闻知大队今晨离去的。下午洗了个澡，在河里，河水清好、怪冷。回后同齐去玩，和齐谈国际的闲话，齐云将来中国与蒙古、俄罗斯合并。他之不明中国甚矣！外国之怀疑中国，不明中国现状，于此可见。回后煮了三个鸡，我们一人吃了一个，很饱。煮气压表后记日记、抄笔记，到十一点多才睡。听说袁离这里二里多，要明日同走。

1927.8.4　　四日

天好，晨冯访袁，与袁同来，待了一会走了。龚又来给袁找望远镜、报纸。

下午又跑到河里去洗澡，捕了一条小鱼，洗了洗小裤。六时后就跑到黑利河东小山上去拣石片，拣了一些，好的也有。回来后忙着吃了饭，有一个兵来要点药，我给他半包红丹，去了。今日未动身。

过了很多没水的沙河

1927.8.5　　五日

晨八时半动身，袁说六时来同走，但是没有。我们走了。十一点过沙河，没水，以后又过了些沙河。十一点五十五分，到了什拉其老，有民房的地方也。以后又过一个地方，名羊肠沟。以后又走，一路没有农田，皆草地。刚走出不到十里的地方，我去买一元钱的小红萝卜。一天走了八十多里，用了九点多钟，累极了。六时半，住在一个无水河岸，既无人家，又无庙宇。穿河沙得水，晚煮 H 气压表，知此地低一百多 meter，盖气压为六百四十多也。

在西利台庙拣石器

1927.8.6　六日

晨九时动身，一路无水无人烟，过了不少的沙河，仍然是没水。也曾经看见了大队的黄羊，千百成群，鱼贯而行。一路上不断地打听大队的消息，听说不远了。下午二点多住了，地在山中庙前，名西利台庙，有树木，山上有脑包。一住下，我就开始拣东西，啊！好东西真多，一会就拣了好多。

崔来了，大队离此有二三十里。听说大队的骆驼每天惊跑得落花流水，我们一路平安吉顺，真是幸极！以后黄、马也来了，吃了两杯茶就走回了。以后我又拣东西，跑到脑包上去，路上也拣些，拣得不少啊！回来后用人高拣了一个石盅，真好！晚养 H 气压表数为 648mm 呀。拣东西容易引起兴趣，我这一天跑了这么多的路，做了这么多的工作，可是还不累呢，大概是兴趣作用罢！

开始画画

1927.8.7　七日

晨雨，起来了，今天不走了，马、齐出去拣回些瓦片，有花纹。遣蒙古人上大队去送信，我写给徐了一信，说我们的住地，派人来考查。齐写给 Hedin，说此地的情形，要东西。十一点多雨大了，到十二点多才止的。此地山多火山，岩为 Lava〔火山岩〕，赤褐色，多孔，孔内含小白球。晚日老齐弄了几个石块，我没有。今日我又拣了几片石片，下午睡了一觉，六点后跑到南山去画了一张画，时间不充足，坏极。可是马、齐赞不绝口，恐怕是面子事罢。七点多钟，蒙古人回来了，带来了 Hedin 的信，说明天必须动身，不能在此地停留了。徐没有给我回信。晚煮 H 气压表后方睡的，睡前又写了些日记，记录气象的簿子。

黄、袁、丁留在海里土河考察

1927.8.8　　八日

晨起不早，收拾了东西，拣了些石片。七点半才动身，半路上又遇着了韩普尔、马森伯、那林、贝葛满，到大队的时候为一点多钟，大队的人已经走了一部分，都迎迓，一一握手毕。我就把我拣的东西给徐、黄看，大加赞赏。这次我的考古，要算我空前的成绩了。下午看着齐写记录，Haude 又教我作表，真麻烦。我一天的气象，只记了几次。晚上的气压表等，Haude 又是教我作的。袁今天来了，晚上想看我作 H 气压表，学学。可是到了我作的时候，他被瑞典人叫走了，没有得着看。大队正发掘着了，今天我看见掘出了一个破瓦罐。此地名海里土河，是考古的好地方。明天我们大队走了，黄、袁、丁不走（图2-1），龚、詹未到，外人也有一部分不走的。

图 2-1　黄文弼在海里土河挖掘

1927.8.9　九日

晨五时起。九时半自海里土河动身西行，行四十里，到一河畔，住了。下午睡了一觉，就作表，填了湿度和气压。晚早睡。地名 Hauggul Hoda。

路遇商帮从边境折回

1927.8.10　十日

晨五时起，天雨，想不走了，可是饭后雨止。八点多钟起身西行，行渐高，以晚气压数得知也。一路记气象，行约六十里，到 Gascha Tu，住了，时为四时。睡了一觉，起，茶后作 monattable［月表］，作到吃晚饭才止。饭后跑到此山上玩了玩，以后路上过去了几队商帮。十点多钟才睡的，商帮是从外蒙折回的，因为外蒙不许入境。

住到一个有山有水的山涧里

1927.8.11　十一日

晨五时多起，收拾东西，七点作观测，Haude 作轻气球的试验，七点半我就走了。一个骆驼，单独地走了一气，等到徐的骆驼赶上我的，我才拴到他们的那一队里。下午二点到了个山涧里。有水有山，好看得很，住了。地名 Mulagochigo。住下就睡了一觉，三点被叫醒了，原来是叫起来吃茶，以后我又作了点月表，睡也不着。气压表的 Correction［改正］不符，没法解决了，我就改作风云呢！晚饭后到前面山口玩了一趟。夜想着早睡。本日我拣了块云母的石头。

连日观测、行路

1927.8.12　　十二日

晨雨，五时起，收拾东西，雨下了一阵，篷帐湿了。七时半就起身了，十二点多的时候，经过了一个山涧，好看得很，可是仍然是没有树木。外国人照相的不少。三点多到了一个地方住了。四时，Haude 去看轻气球，我作观测，气压表数为 620.1，知比昨日之地高约 50meter，出海面约 1680meter 了。下午又曾经下来几次雨滴，都不成大雨。晚上的气压为 621.2mm（H）621.6mm（N/40）。

二　前往山单庙

1927.8.13　十三日

晨五时起，收拾东西，七时我看气象，作温度、气压等的观测，因为 Haude 去看轻气球，天阴云，为 Astr.［Altostratus，高层云］，风一天差不多全是 NE。七时多快到八时起身，一天走了有七十里路，到五时才住的。今日赶上大队了，大队也是今天住在这里的，地名 Haladuhogei。晚饭后同徐等五人去山上玩，谈天。回后又闲谈，十时多才睡。

与大部队住到了一起

1927.8.14　十四日

晨不到五时起来了，晚间睡得太少，白天所以就有点吃苦，一天觉着怪乏。七时的观测照旧是我作，以后就收拾东西、捆骆驼。七时多到八点的时候动了身，我步行了两个多钟头，听差王给徐找钥匙去了，所以我们都是独自一个一个骆驼单独进行，没有拴成一行。十点的时候过一个山岭，看不见了大队，错了路，误了点事。路上因为徐的箱子不合适，又误了不少的事，所以最后是我们一队了，同徐的为崔、徐、Hemple 和蒙古人一牵着箱子的骆驼。穿过了很长的山谷，两边是山，中间是沙河，路就在沙河里，河里间或有点流水，但小得很，不是什么长川大流。一路上与徐闲谈，误了十一点、十二点的风云的记录。

三点钟住了,和大队住在一起了。今天走的方向,倾向于南了,住的地方名 Orgi Hanaubau(欧儿吉黑脑包),是有山有水的地方,草可是不好。下午五时前,我把皮鞋来擦了擦油,以后睡了一觉,七时开饭才醒。饭后我跑到北山上去玩了一遭,看了看周围的群山,那清清的水流,被晚光照得来像明镜一般,盘曲弯转地从那山洞里流出。西边的山上的石头,黑得很,不知黑脑包之命名是否有关于此?徐他们四个往东山上去了,我回来时,给何马捕了个小蝗虫,以后自己去灌了一壶开水,以备明日路上之用。余也就无事可纪了。住地附近无人烟,听说后天可到山单庙,现在的所在地离山单庙还只有六七十里。

树生河中

1927.8.15　　十五日

　　晨五时起,大队一部分先行的把我嚷醒了,起来似乎急于收拾东西,所以就慢慢地做了。七时的观测,照旧是我作。到了八点开始动身了。我走到九点后才上的骆驼。今天我骑的骆驼,不是昨天那一个了,没有那个大,可是上下的时候便易。因为一嘶吼,它就跪下了。路程上仍是爬那一个连一个的山,山上也没有什么东西,一路没有遇到一个蒙古包或帐篷。十二点左近,遇见了行人,询之为从山单庙来的,说离山单庙还有四五十里。一点多钟,过了个小山,就望见先行的大队住了。路南有一棵大树,无依无靠,单单独独生长着,这是我自从这两个多月以来,见的唯一的大树。外人多惊奇赞美,多跑了去照相,这大概是因为"少见"的缘故,所以就"多怪"了。

　　二时,就到了大队之先行者住的地方了,地坦平,南北皆山,离那棵树也不过三四里路。茶点后,徐、崔、马、李都去看树、看山去了，我没有去，睡了有两个多钟头，起来想作点月表，可是郝德他用着他的日记簿哩。我不能和他的较正，当然也就作不下去了。晚饭后，南步，望见正南有三棵大树，我就一个人跑了去了。树生河中，大约十围，盘曲弯转，甚好看，长得也还茂盛，可见此地树虽少，不是不能生长，是没有人种，所以就树少了。来回费了半点多钟，大约有二里多路。树，榆也。

今天满天云，太阳出不来，不热，云多 Astr. 和 Strcul.［Strato-cumulus，层积云］。九点多钟，下了几滴雨。下午七点多钟，又落了几点。八点就下起来了。晚上徐、崔打赌，因为估计南山高度也，所赌的为西瓜。晚闲谈。住地名 Tsiaminghutuk。

遇到沙尘天气

1927.8.16　　十六日

晨雨三时止，盖夜凶梦，惊醒，故知三时雨止也。六时起床，轻气球未放。七时我也没有看气象（温度、气压）。天阴，云为 Str.，潮湿得厉害，很冷。八时多才动的身。我今天骑的骆驼换了，这个很坏，它虽然长得肥大，走了不多远，骆驼鞍子活了，我就解下箱子来，等蒙古人之拉骆驼者到了，弄好了，我又换了昨天骑的那个才走的。一路经过的山仍不少，十一时经过的地方，有两个蒙古包，住的却是内地人，我想大概是买卖人。以后我就把王拉下了。天起了大风，携沙卷土，上头扑脸地闹那不休，我的风镜在褥套里未拿出，所以就吃了不少的苦。一点的时候，到了一个山下，看见有不少的蒙古包，多是内地人之在此作生意者，这就是所谓的山单庙的买卖了。

上了山，就看见大队住了。风仍然是大，我下了骆驼，在箱子旁边躺了一会，可是不曾睡着。住的地方甚高，所以受的风也很大，看不见什么庙宇、人烟。路上曾经看到几棵树，住的地方往北看也能看见树。二点钟的时候，我的东西还没有收拾，就被 Haude 教了去了，他说给我 Hypsometer［高温计］的较正，教我今天作出来气压（七月份）的中数来。我收拾完了东西，又给他查了个湿度，风大［得］很，最高每秒高出 24meter，已是很厉害的 Sand sturm 了。

以后还落了几个雨点，不成大雨，吃了茶，我又拿了 Haude 的日记簿来作了个较正，我就开始作月表了，作了一部分。吃了晚饭，又弄了一点，睡的时候已是快十点了。风还是很有力地吹，［方］向已由 WNW 渐渐地变成了 N。晚上天也晴了，云也几乎等于零了。下午外国人有上山单庙去看庙的，回来说是有 8.5km 远，须半个钟头。我这一天却是哪里也没有去。

赫定先生要我留在噶什诺尔

1927.8.17　十七日

今天仍是住在这里，不走，所以就无须早起了。晨七时才起，上午把箱拿到帐篷里，一个当书桌作月表，把七月份的气压的平均作出来了，总平均为 631.9mm，六月为 632.4mm，又作了点温度和其他的计算，这工作占了我这一天大半的工夫。

上午徐先生病了，Hedin 又看病，顺便到我们帐篷里谈了一会，他说我要留在噶什诺尔了①，仍然是和老齐、老马，或者还留

---

①　噶什诺尔：又译喀什诺尔，今译嘎（噶）顺淖尔，黑河（下游额济纳河）尾闾湖之一。考查团原拟在此建立气象站，后因未能找到合适站址，改在额济纳河下游的葱都尔。

下生瑞恒①。大队在那里住三四个礼拜就走，他竭力夸奖噶的好，又夸奖我、奉承我。他说气象台设在海边上，最低限度要设一年呢！他又说到迪化的时候②，买汽车，他们坐汽车去看我，这不过是"说"就是了，"实行"与否，谁知道呢？说要在那里安两个蒙古包，还留下吃饭的那个帐篷，一个中国人，一个蒙古人（用人）。吃饭、吃茶的时候，他又给我上了不少的力。

一天的气象没大记。下午老马送来了三大盒烟，每人两盒乳糖，哈士纶送来了一大盒口口糖，"待遇"进化得多了。徐配钥匙，把我的拿去了。晚上马、李出去玩，迷了路，九点钟才回来。李买了双靴子，蒙古式的，我看不服。听说这些蒙古包的买卖家里边很讲究，家家都有充麻将牌，可惜我没有实际去看一看此地的情形。听说大的买卖，北京都有庄，或者联号。天气倒还好，没有多大的变化。

米纶威教我们德语

1927.8.18　十八日

天气也还好，清晨七点钟才起，起来饭后和大家闲谈了半天。十点，米纶威教德文费了一点半钟，教的东西，多是随便闲谈话，想起［什］么来说［什］么。上的时候，我有点头痛，可是我服了点药，未成问题。

上午我曾开开箱子，曝了一小会衣服。取出了我的相片来看

---

① 生瑞恒（Georg Söderbom，1904—？），又译苏德邦，瑞典人。1927—1932 年参加西北科学考查团，担任翻译和助理工作。

② 迪化：今乌鲁木齐市。乾隆二十八年（1763）扩建城池，始称迪化，设迪化州，驻乌鲁木齐都统。光绪十年（1884）新疆建省后，成为省会，设迪化府并增设迪化附郭县。1954 年，恢复使用原名乌鲁木齐。

了看。下午 Haude 又教我作这一路几个站的气压的更正，以备算高度之用。自拿了他的簿子来作起，一直到夜十一点，还未完全竣功，可谓慢了。下午马、李又去买东西，马买了块表，李买了条皮裤。我不想买，想到噶什诺尔再说。大队的一部分明天要走了，我们还有一部分留在这里，何日动身，我现在还不知道呢。

贩卖烟土的商帮

1927.8.19　十九日

不好了，清晨六点就醒了，昨夜十二时才睡的，今天又醒得这样早，所以精神有点疲惫。早饭后，继续昨日的工作，给 Haude 算那路上的几个站的气压，从七月廿四日到八月十七日的，一共有十三个站的，气压数最少的为第十九站的 608mm 了，也就是几天来经过的最高的地方了，地名为 Haladuhogei 的那里的。十点钟的时候，完了，给了 Haude 了，他又拿了月表去对正。下午我上他帐篷里的时候，他说我在哈纳河（阿木塞）的观测有几天不大可靠。十一点的时候，我觉得有点疲倦，睡了一会，直到吃午饭才起来。床坏了，于是乎缝了缝床。无聊的时候，顺便又拿出来了信来统统读了一过，以消磨时间。

今天我本打算出去玩一玩，到蒙古包里或庙里去"开开眼"，却又没有办到。下午为黄开单子，要东西留下。因为他在海里土河只留了十天的粮，现在已到期，还没有赶来，大队又要走，留下的东西，差不多够十几天用的，如黄油、牛乳糖、烟、蜡、米、面、鱼之类全有，共一箱子，先前曾给袁留下了三箱子。

五点多的时候想上庙里去玩，或者出去散散步，可是等到走了不远，骤雨来了，下了几个很大的雨点，把我吓着了，不敢去了，玩了个"半路回"。崔、马、李他三人去了，他们也就是到了山上望了望，就回来了。我未出去之前，起了一阵大黄风，卷沙携土的 Sand sturm 呀，此地何其多呢？然为时不久，老齐说："Haude 说这风是盘曲弯转地进行的。"有道理！

大队的一部分，本说是今天走，我们明天走，可是清晨跑了几个骆驼，走不成了。他们的帐篷也拆了，东西也收拾好了，都又走不成了，真是"人不留人，天留人"了！

赫定这两天不舒服，没有出来吃饭，大概有点胃病，我们可是没有去看他。Haude 在我们初向他领教的时候，他有点傲慢，现在好得多了。

晚饭的时候，来了个铜匠，给马送钥匙，马给他了五毛小银，他喜得不了。据他说：蒙古人之装饰品，用银及珊瑚很多，一付面上的首饰，有须一个骆驼的，每年这里珊瑚的入口，有几百斤，值几十万呀！

清晨有一个蒙古讨饭吃的喇嘛，闯进我住的帐篷里来了，他喝了很多的酒。马说他的酒腥气很大，我正工作着，没睬他，他又不会说"蛮子话"，我又不会说"鞑子话"，当然没有什么可说了。支他到蒙古用人那边去了。

下午厨子杀羊的那里，围着两蒙古女人，年约三十上下，赤足蔽衣，像个穷人。果然，羊杀了的时候，一个提了去羊胃，一个弄羊肠，她还用嘴吹那羊肠，其气可想而知。

下午崔给我理发，以后过去了一队商帮，那木匠说是"土客"，贩卖烟土的是也。提起"土客"来，我又想起了在 Mulagochigo 的时候，曾遇着一队甘肃凉州的土客，他们说他们从甘肃运土到归化，归化烟价每两二元五，近来税（名为罚款）重，卖的钱又是纸币，生意不好！想起了包头的公然的烟馆，纳税后就官买官卖，禁烟局就是抽烟税的机关，禁烟云乎哉！？

铜匠多山西代州（？）的，所谓木匠是庙上的包工的，镇番人。两个来玩的，似很穷，说话很谦和，他说是生意不好。

游山单庙

1927.8.20　廿日

晨七时起，拿了 Haude 的日记本来，对了对温度的最高、最低（七月），添上了最高。

清晨未起，来了个卖皮褥子的，小山羊皮褥。马买了一张，用两元。张幅小，皮不好，所以我就没买。

以后铜匠之配钥匙者来了，问了他些关系风俗的事俗。他说：此地蒙古人不大与汉人通婚，套里蒙人能与汉人通婚，大半为汉人所同化。蒙古人的交易，多是以货易货。喜用银两，而不喜银

图 2-2　山单庙全景

元，因惧洋元将来不通用了。汉人之作生意者，多欺骗蒙人，货假而价高。蒙人支物价时用物件（驼毛之流），汉商人则以狡诈手腕，用之于度量衡上以取巧，道德之不讲如斯。

十一时，同徐先生去蒙古包商人家去闲谈，东行路南两家，我们曾经去来，第一家名同心西，山西买卖也，外边有分号数家，以放账为主，杂货次之。据其店主云：利息为年利三分左近，有时却七八分也不止。蒙古人付账时，多以骆驼、驼毛、羊、羊毛、马之类顶账，给他们作的价很低。云此路才不几年，从前往甘肃、新疆多从南路走，近来以独立队之故，这路才走开，他们从前的买卖多靠庙上（山单庙），近来则路上的买卖也有点。同心西内很讲究，以毡子铺地，上又复以绒毡，来客即让坐于毡上，内有小桌凳。以小神楼供班禅像，甚讲究。其货如白糖之流，包以纸包，积靠壁之

凳上，像内地之药铺之药包，上书货名。谈一小时有余，出。

以后到同心西之北的一家，其买卖较小，大概用货多而放账少，以资本小也。年纪亦不如同心西之多。我们到时，正是店主吃鸦片时，喷云吐雾，闹个不休。此地附近三十余家买卖，烟馆占七八家之多。此家还不是专业的，所谈亦系谈此地各种情形，时间不甚大。店中有一直隶"南宫冀州"人，亦买卖人，不是此家人，来此系看朋友。此人颇擅言词，有点儿信口开河。说离此地有百余里，离大路有二三十里，有洪羊洞焉，即所传孟良、焦赞盗杨业骨处也，尚有足印遗迹，风景亦好。又云：听云我们大队到处"盗宝"，如外国人有反射镜可以知地下有何宝物。我们在离三百余里之处发现一古坟、破一石棺，取去许多宝物等等之流的无稽之谈。实则我们在清得蒙发一古坟以考古，一无所获。愚民无知，少见多怪，愈传愈谬，荒谬以至如此。

十二点半归，午饭毕，睡片刻，后同徐、崔、马、李游山单庙（图2-2），行约半时。同去苦力杨某，甘镇番人也，精蒙语。庙附近路崎岖甚，山低不平，为通行之大路，行旅甚艰。至庙，则先同杨、李、我三人去觅大喇嘛，大喇嘛居小室中，室内陈列颇好，有"磁铁"壶，门内上悬一藏文"横辟"，文大概系经卷内之词。喇嘛年约七十上下，形极枯槁瘦弱，手拿念珠，坐炕上，炕上铺垫亦颇好。杨与其交涉我们参观事，喇嘛允，出，杨去寻人开殿门，庙之大殿门皆东向，房顶皆平，有楼有屋，皆成于土块，而外涂以石灰。房屋比栉，有数百间。杨云：此庙平时喇嘛二百左右，多时千余。

先游突光殿，内皆佛像，法身大者长丈余，皆以铜作，外镀金。小者无数，亦镀金者也。同时游者有同心西之店主（？）为解释：前为巴库特神，后为Galasei，上为额度美特（Adumiedie），为数神相叠，正面为数头相叠。最前为该喇嘛（Gelama），前之巴、该二神位一神楼内，后之神位壁中，内尚有画像画于绢上者，中念经处附近之壁上，画像颇工，大而且好，值昂。据云画工多为山西应州产。念经处两旁有大铜壶（Bunba）内之水，念经之喇嘛，倾手中喝及洗头用，门内两旁有鼓、铜号（大长丈余）、小号▮、铜锣，皆念经时用者。门外有游廊，甚宽大，门皆朱油绿牙，皆风门。

据云此庙建于康熙年，以愚蒙人者。喇嘛此殿内正月十五、五月五、八月一念经，大喇嘛不念经。活佛死后火化之，灰散各家。此庙活佛死不多年，新活佛不过二十多岁。老活佛死后，其弟子去藏问班禅或达赖新活佛生于何处，告之，则去请出为此庙活佛。庙之穷者，不能去藏，则去临近之"有道行"的活佛处去问。

南为崔两殿，门前上有佛或其他神像，画的一行共二十二，手之多者为六及八，白黄红黑脸者皆有，狞凶者亦有。两旁为大的四大天王之画像，每边二，房顶及格式及上之铜铃、铜度、铜圈▩之类，皆似昆都仑召。中供亦皆铜身金镀之佛像，殿中三大法身，中为金比银神，左为大里汗，右为加母营沙图巴。金、加之间有长数尺之法身白脸佛像，名介喇嘛。左之神名光保，黑褐脸，乱发，豹头环眼，举手蹬足。右之神名申大哥卯，猪鼻，脸亦黑褐色。

出，又去看庙后白塔，庙路中遇一蒙古女人，年约三十左右，衣蓝布衣，戴红缨凉帽。马嘱杨说与蒙古女人，与她照个相，女允，立墙下南面，初瞪眼伸舌摄一影，后复出烟管吸烟摄一影。白塔高数丈（图2-3），附旁余得喇嘛小念珠一小串，遇到一番子（甘土人），似蒙古人，来此系作买卖，讲话很清楚。

到此之前曾至另一殿，时喇嘛正念经，哼哼嗡嗡，一如昆都

图 2-3　山单庙后的白塔

仑召所见。僧官年约五六十，颇肥大，余饷以乳糖，彼致谢。余
先曾以糖分喇嘛于崔两及突光殿。于此殿内又遇一小喇嘛，不过
六七岁，颇清洁可爱，我又给一糖。

后游白塔毕，往南脑包上去游，杨归。脑包上挂许多布条，
有有藏文花纹者，我上至其上，割下二方，以备异日之研究。归
后，时已七时多矣。

晚黄先生已归，时闲谈，补志日记，时已近十二时矣。

三　小分队考察河套

出发去河套

1927.8.21　　廿一日

晨六时醒，七时起。饭后志日记，未终而蓝理训来说老齐及韩派去游河套，邀我们去人，我允去。黄亦欲来，后以大队一部分明日动身赴噶什诺尔，黄欲先行，遂改马来。

同行四人，管骆驼兼引路者一人，初南行，后东南南，又东南，行山岬中，天夕，经一山下，上有蒙包，二蒙兵来问我们哪去、哪来，盖守望之蒙兵也。后行山峪中，至深夜，到一有泉水的地方，名 Dusuluan，住了，已九时余矣。附近有蒙古包，拉骆驼者至包，着蒙古人为我们做开水一锅，草草晚餐，就寝。

未到之前，有一骑马者突来，因黑暗之故，骆驼骤惊，几出险。今日路上曾作观测三次，包括温度、气压而言也。

翻越沙山到河套

1927.8.22　　廿二日

晨早起，赴泉洗面，见两壁高山环抱，"高可入云"，奇岩怪石，作万状，半中有泉水流下，击石作溅溅声，水澄清，余先盥面，后群马来饮。余归收整行装，后又同韩普尔来照相，我给他照了一张，他给我照了一张，同马又来，亦如是。后老齐又给我

图2-4 奇岩怪石，韩普尔、老齐都给我照了一张

照了一张，以后就走了（图2-4）。

　　不久，到了山上，山坡突立，一路尽是沙土，行颇艰。至山上，山上有脑包，名 Dusuluan Obo。山上暂停，作观测。我今日所骑骆驼坏得很，我下来，它躺下了，我风镜之破，大概就因为此举。以后之路，景好而沙土多，难行，小树条甚多，榆树也有点。山好看得很，岩层甚清晰，可惜我不懂地质，不能对这个有点见解、发挥。在 Dusuluan 我拣了点黑云母。一点多钟的时候，到了沙山上，山直立，险极，不过全是沙土，一迈步，则脚被沙土埋着，还不致有蹾下之虞，直到下去以后，回首上望，直觉得是有宇壤之别（图2-5）。

　　下边的路，两旁仍然是雄山环立，沙山之底，与地平处，有泉水突出，南北各一。南之水流石山，清洁，吾饮数杯，味甘美，凉澈肺，水流石动，溅溅作声，盘曲而下。北之泉水，初流出处甚清，下流则为沙土之底，故颇浑浊。吾去上衣，沐浴上身，以

图 2-5　老齐和他的骆驼在翻山途中

之解热，也倒痛快。再下流，二水相合为一，蔓流于山谷之中。此处山上黑云母亦不少。我喝水的时候，我找水壶，不见了，知是丢了。韩、齐在这里照了不少的相。我们在此作观测，以后又走。初行，路平坦，路河不分，有时就是行于水中，水不深，尚不能盖驼足，路旁绿石甚多。

　　以后又上山，山突之而路狭，石块横之，致路崎岖，难行之至！至山上，则路又直下，难走得更厉害，我不能骑了，下来牵着骆驼走，慢，盖一不留神，则将有很大的危险。自二点钟之后，走的皆名大坝头，休息处之泉，即名大坝头泉子。以后走的地方，皆然是山峡中，石多花岗岩及云母，间有石英，其余的我就不懂了！

　　盘曲弯转，用了好几个钟头，费了不少目光，看那雄壮美丽的山，听那溅溅流着的清水，所谓"峰回路转"之处，常有"小孤山"把路来分开。树吗？也有，把山点缀得教"天工"也描不出这样一幅美的图，可恨我的文字又不好，不能把这些路景来尽量地描写，所谓"词不达意"是也。

三点十分到了，路成了差不多东西的了，南边的山渐渐地没有了，北边的山也完了，原来是到了大坝头山口子了。路和山慢慢地分离开了，出来之后，回首望望这山岭，只见这乌拉岭自西南而东北，用尽了目光，也看不到山的尽处。山岭高低起伏，高的三四百米达，不算甚么出奇。山口子有一帐篷，住为一老人，询之，知其为镇番人，有四子一女，长在河套种地，余均在，住一小帐篷，贫穷不问而知。牵骆驼的老安，吃了他一两大豆饼子，老韩给他了一元钱，他当然是喜之不尽。他拿着饼子让我，可惜我不能领会这种口福，我婉言谢绝了。

以后的路，就是沙土了，难走，可是骆驼走得不见得多慢，走了二三十里的地方，名 Sannor，住了。未到 Sannor 之前经的地方，名为 Bulu Mang。住的地方，南边也有人家，北边也有，离着都有几百米达。在山口子见着西瓜了，所以到这里我们就买了一块钱的，买了十个，一见大惊，盖惊其贱也。齐未吃过，我教以如何吃，吃哪里，我们饱吃了一顿，好极了。这是我今年第一次吃瓜，以后嘱居民乔某为我们煮鸡四支，烧茶及做饭，晚给洋三元。

未吃饭前，去到他家去问河套的情形，他说的重要的几条是：河套的地是蒙古人的地，每年一顷的租价是百五十元上下，每顷每年可收七八十石粮，一石约三百斤，种的东西，除花生、山芋、棉花外，都有。小麦每石值六七元，每年秋后支地租，每顷地年交官税六七十元。今年特别多，还没有统计。这里的地，不是指着下雨的，是指着黄河的水利的，从黄河直到乌拉山下旧黄河槽开了许多的渠子，大的四丈宽、一丈深，中等的一丈宽、三尺深，小的四尺宽、二至三尺深，长皆几里、几十里不等。种地的要算山西河曲人多。

谈话之际，主人出老米饭饷客，余尝一箸而罢，米内少有砂，不甚好。所谓老米者，即我家乡之黍子也。在我们那里，没有吃这个的，种得也很少。辞归。饭后即寝。

杨家河子护路队和三道桥教堂

1927.8.23　廿三日

晨四时半起，收拾毕，七时多即动了身。这一路人家屋舍渐多，蒙古包也有，牧牲畜的也有，种地的也有。所谓蒙古人多半已为汉人同化，能汉语，而衣服也和汉人差不多。田垄相望，农家正是收获、打场之时，场内都是满积着禾稼。村人见我们异服异装，还有外国人，多来围观，像是看什么景一般。

九点多钟到了美玲庙，喇嘛庙也。围观一周，齐摄二影。天降雨几滴，我们走了，赶了多时，才赶上了大队。田垄仍然是相望，水渠纵横，农家风景，得以饱尝。十一点多，到了杨家河子了，此渠宽约四丈，水深约一丈，盖大渠也。杨横（柜）以私产开此河，故名。杨山西人，已故，现之当事者为其子矣。地多杨包出，农民多自杨手中租出。前云每顷年须百五六十元，水钱即在内。除杨家河子以外，尚有其他私人开的渠子，可是多已为水利局收买去了。水利局之势力甚大，农民云：听说杨家河子亦已为水利局所收买。水利局不如私人开的渠子。私人开的渠子，常修理。水利局则不然，不常修理。农民之灌地，用水之多寡，皆视黄河水之大小而定。黄河水大，则大渠中水满，小渠皆可放开，使水入内以浇地。黄河水小，则大渠中水不足用，农家之小渠轮流放开用水，不能随意用。

杨家河子到了，麻烦也就来了。临河住着很多的护路队，这军队全是收抚的土匪（独立队），护路队的司令是王英，他就是土匪出身，他住在五原。我们所到的杨家河子是三道桥那里，三道桥从前有桥，故名。现在桥为水冲坏，河中有渡口之船。三道桥住的护路队有一营，实数也不过二百人。河边上满是这种军队，有的穿着军装，有的不穿军装，有的穿着半身军装，一点秩序也没有，简直不像个军队样。我们是异服异装，还有外国人，容易引起一般人注意的，看着我们又是照相，又是有枪，他们于是乎团团地围着，摸这个，动那个，问那是什么枪，这是什么家具，问我们这枪卖不？子弹卖不？又是说我有一棵自来得，没有子弹，卖给我们两排罢。我一方面和他们谈话，回答他们，一方面留神我们的东西，真怕他们偷东西。他们是土匪，虽然有个什么队的名义，不能不拿歹心待他。

　　船不甚大，"瓜皮船"也。我们的骆驼大概是没有渡过河的，它到船边不上，用了不少的力，打了它不少的下子，好容易一个一个地渡过去了，又把行李渡过去（图2-6）。第一次的装我们的东西的船去，我们就跟过人去，因为那边也有很多的乱七八糟的队伍，也是护路队。他们是一事，他们（护路队）是这里的，渡河是不成问题的。渡口的船是与他们有关也未可知，不然，渡口的人能不怕他们吗？不受他们的支配吗？

　　河，大概说是南北方向的，河流自南而北，河两边埋木杆，木杆间系一绳，绳在一铁环中，环又系一绳，绳他端系船上。渡口时，则掌船者一手移环，一手握杆间之绳，于是船沿绳而过。我们过河，那些讨厌的土匪军就随着我们过去，给我们些麻烦。我们是自西而东的，东岸的麻烦情形，和前差不多。有一个人来说：我们连长说，你们几位渡口可以不给船钱了，给我们几排

"自来得"子弹罢。我说:"不成,我没有枪弹,那是他们外国人,他们的子弹,一共有几颗,他们也不给任何人的。"我们给了那渡口的两元钱,当然是不少。

又过来了一人,未着军衣,年约二十多岁,面目颇清秀,眼戴玳瑁框的眼镜,要看我们的护照,我给以齐之护照看,又给以我的。询之,知其为此队中之军需长,姓张,湖北人也。我说给他,我是北京政府的机关派出来的,外国人是中国政府请的等语,说了些大话,他们无从不信。我又给他看我那教育部的护照(插图6),我用护照,这要算第一次了。

好容易我们的东西收拾完了,起身要到陕坝去,拉骆驼的老安说这里(三道桥)也有个教堂,我们到不到这个堂里?韩欲去,于是我们就到这教堂里去。时雨,教堂颇大,外围以土墙,大门南向,门上有望楼,楼上系钟一,盖念经时所用也。入门即寻人通报神父,神父出迎。神父比人也,面清白而长须,年约三十多岁,面貌和蔼,言语流利,真不愧是传教的人,中国话说

图 2-6　三道桥杨家河子渡口

得也还好，询之，知其为罗某也。神父请客内坐。大门内两旁为教民之住堂内者，正中为神父所住之所。房高洁，窗皆玻璃的。韩、齐与之谈法语，神父精法语，流利得很，比他两个高明得很多，他二人不达意时，则问以德语，神父也能，不过是不甚好而已。尚能英语。

所谈多关河套之事，神父示以墙上之地图一一说明，所问皆能答。我又问了些关系附近的情形。据（非神父）云：三道桥距黄河尚有八十里，黄河于康熙年南迁，三道桥本有居民百余户，现今不过存六七十户，其余则以土匪骚扰之故他迁。杨家河子新河有十余年，旧河已百余年矣。杨家河子之上除三道桥外，尚有头道桥、二道桥。头道桥又名三圣公，在三道桥之南，离黄河尚有四十里，距二道桥有五十里、三道桥八十里。二道桥又名杨柜，亦在三道桥之南，距三道桥为三十里。杨家河子长百八十里。美玲庙据喇嘛传说已二百多年，现在内有喇嘛，有百三四十人。陕坝在三道桥之东，相距约四十里。

雨仍然下，神父留我们，他们二人也不愿意到陕坝去了，于是就在这里住了。神父出饭饷客，多菜、黄瓜、豆荚之类而已。饮咖啡，无糖。饭后游堂后菜园，颇宽敞，内种取白菜、山药蛋、豆荚、大葱、黄萝卜、黄瓜之类甚多。午饭神父饷客之菜，即此园所生也。与齐在园中互相摄影各一，归。神父为收拾一室以住客，颇幽洁，与神父之室相对。

下午想作点日记。不久，而护路队之军需长张来。张言语多忠实，对我们异常的客气，互问了些情形。当他来时，我们正食西瓜，他吃了一两块。他不吸烟，给他了点呵呵糖吃。他在这里谈了几个钟头，以后他的营长也来了，营长大概是姓杨，闲谈而已。初见时，我看他有点"穷人乍富"的样子，以后就较好了。

张说杨（？）是萨拉齐人。他们和神父也惯熟，以后又到神父那里去谈，直到天快黑的时候，他们才走了。

晚饭后，与神父闲谈之际，张着人送来西瓜五枚，名片一，上书几句话，很客气地说：诸位来在敝防地，不能招待，很抱歉，今送来西瓜数枚，以作诸位途中解渴之用。我们是萍水相逢，不料他却给我们上了这么大的力呀！神父亦常云张人甚好，甚有礼貌。我也就着来人给他带去了六包呵呵糖，拿去了一张名片，写上几句客气的话。

晚写信二，一致刘半农先生，一致王叔龙兄。文青之信，未终而寝，因时已十二点矣。

下午，神父、我、马、齐、韩五人曾摄一合影，以作纪念（图2-7）。

图2-7 三道桥天主教堂留影（左起：刘衍淮、马叶谦、比利时神父、齐白满、韩普尔）

河套的庄稼

晨起，洗脸时，张来了，着军衣，牵马，盖来送行也，同饭于神父的屋里。以后就收拾行装，预备回山单庙。因离黄河尚远，不去了，大致情形，也都问个不大离了，看不看没有什么关系了。以后神父又引着我们到门楼上瞭望。他们先去了，我在此期间又写了一信给文青。以后我也和张上了门楼上去了。门楼高有二丈左右，到上边一望，只见田野村落，远近历历在目，西之美玲庙，东之陕坝，都在一望之地。北边就是乌拉山，南边就是些不知道的叫些什么地方了。十点多，我们就从这天主堂里起身凯旋了。

走的时候，来了个卖东西的，我就买了他一元钱的肥皂三盒、线一束、针一裹。走的时候，张同我们到了河岸，那里些大兵仍然像昨天的麻烦，上船下船的麻烦，照样的是。张是对我们竭力表示好感的，他说：在这里，你们得要自己多多留心自己的东西，没了可不好找。他在那里对我们表示好感，大兵们想享我们的东西，他又不能阻止，阻止，自己就有危险了。在教堂里，韩给张个人照了一张相，我又教他给我们三人（我、马、张）照了一张（图2-8）。张说希望我们能给他寄一张来，我答应了他了。他送我们到河边，我们的东西、骆驼、人都过去了，他就说了句"不送了"的话走了，我们过了河已经快十二点了。

我晚上觉未睡足，所以今天白天精神不好，难过得很，真不大能走。以后天浓云突起，二点多钟的时候，暴天气来了，先下的雹子，和大蚕豆一般的大。暴雨来了，点子和铜圆一般的大，

图 2-8　三道桥天主教堂留影
（左起：马叶谦、张军需长、刘衍淮）

我急忙拿出了我的雨衣穿上，一会就全湿了。大队在前行，老齐步行于后，我就把骆驼打了几下，教他尽量地跑了一气，赶上了大队。三五分钟的时候，就雨止了。一路上不久，雨衣就干了。到了几个有居民的地方，买了六支鸡，支了三元钱，又走了。到了三闹住了，因为我也不愿走了。

前边离水还远，住在前天扎帐篷的地方的西边。住下以后说买西瓜，我就和马去了。先到了居民乔家，请他家的人为我缝了缝破履。以后同其戚高到了瓜地里吃瓜。瓜地里的小屋里，正有二人横卧炕上吃鸦片，视之皆下流社会之人也，喷云吐雾，其兴正浓。此带"洋烟"本是官种，价值或许不高，以致下流社会之人皆能吸。有人民之责，不知作何如感想也！

食瓜之际，与高闲谈，询之关于种地及收获之时期，大致如下：

小麦：二三月种，六月中旬收。

老米（米子其他俗名也，即我乡之黍子）：四月种，八月中旬收。

豆子：三四月种，七月头收。

瓜：三四月种。

高粱、谷子：皆四月种，八月收。

胡麻（用以榨油，在我乡无种者）：二三月种，七月头收。

玉蜀黍（俗名老玉米）：二三月种，六七月收。

莜麦：从清明前后到四月皆可种，六、七、八月皆可收。收之早晚，视种之早晚而定。

种地者说是依着节令而定。所谓二三月者，即清明前后之谓也。

吾与马食西瓜二，又教种者给我们送去了七个，我们给他了一元钱。马与种瓜者归，我同高去看种鸦片之种及地。据高云：此地大烟虽像官种，却是"兵官"、"民不官"，大兵之横可想而知矣！时烟已割完，时尚有残余，余因拣得较好者三株，以作纪念，更为植物标本。不幸于次日动身时，忘之于三闸矣。

归又买了鸡、鸡子、菜蔬、瓜，这都是给大队买的。晚韩请余给安洋一元，作他（安）吃饭之用，他就弄了些玉米煮了吃。又多弄了些，以备明日之用，我尝其一。

买回来很多西瓜

1927.8.25　　廿五日

晨早起，收拾东西，预备出发。因昨日所买瓜菜等物过多，我们一共只有六匹骆驼，五匹骑的，一匹驮东西，西瓜有三十多个，和菜蔬之类增加了几百斤之重，只好将我们的骑骆驼腾出了一匹，以驮东西，我们五人轮流骑四匹骆驼。一路上我也走了一点多钟，然而总是拉骆驼的老安走得多！

回来的路，不能走原来的路了，因为原来的路太难走，有一些的地方，简直是不能走。来下，回去是上，上比下难得多多，况骆驼又有重载，焉能办得到？所以我们就在大坝头山口子之南往西走了。走的路北边，有个太阳庙（汉名），蒙古之喇嘛庙也。

大队前行，我与齐去看，看时齐失他的气压表，因回，寻得。未到此之前，余曾到一蒙古包要水喝，包内有三人，二老妇，一幼童，老妇出水饷客，余饮一杯而去，妇不能汉语，见余而有惊讶之态，不知余为汉人或西藏番子，盖余衣黄也。

四五点多钟的时候，到了乌拉山另一个山口子了。山口子者，两面有山，中间为路之谓也。山中有水流出，地有砂土，故流水浑浊。前有一蒙包，包前树旗及枪头子，盖蒙兵之守望者也。逆水而上，行约十里，天已夕昏，因住焉（图2-9）。

食瓜后，安拾柴作燃，煮茶。余赴河干洗袜、沐足，盖多日未得此矣。饭后即睡。因今日行已七八十里，明日须行九十里，方能赶到大队也。未到此处之先，行于山涧之时，见两边石崖下有黑土层，疑有化石，然拣之无所得，因取黑土二块以作纪念。住地名 harg nagor。

回到大部队

1927.8.26　廿六日

晨四时半起，收拾早行，八时动身，路仍与前相似，水仍未到头。正行之际，有一蒙妇骑马走过，向余等说话，余不解其意，只好以"没得归"答之而已。一路风景很好，所谓风景者，就是

图 2-9 小分队归来宿营地

那大山壁立，河水纵流，山上间或有点树木点缀点缀。十一点到不东冒突（大树枝之意也），更好看，韩照了不少的相。

过来了不远，看见路东有个像破房子的样，我就趋驼赶至。时马在，云得瓦片几不好，因弃之。我回视一周，得很好的瓦片几块，类汉代之物，带之而行。复北，见一蒙女牧羊，盖亦汉人之所不能也。不远到了沙土山了，水而完了，完的原因，路不在泉之处，水自他而来，故完了。山上立一蒙童，年约六七岁，呕呀作蒙歌，盖亦可作文章材料也。

不久而上，附近沙山甚多，盖古并无此如许沙，后以风故，沙将山谷填满而成也。山突上而沙松，天又酷热，故行殊艰，至顶则骆驼已满身皆汗矣。山北见有商包，趋而询之，知为包头之商人也。时已一时余，前行至二时，余呼驼住，作观测，后复食瓜一枚。此地已为二十一日所住之 Dusuluan 矣，泉已在望。上驼北行，一路弯曲不少，所行已为廿一日所行之路。

至山后，有蒙妇数人，骑马过，衣洁而饰好，盖资产之家也。后又有商人过去，询之，知为来自山单庙。询以大队情形，知一部仍在，一部已去。时有一行人，见了我们，向齐问道："神父好呀？"向我说："老总打哪里来？"他以我为丘八，以齐、韩为神父，真也是途中闲趣。记得在杨家河子过河时，有些土匪问我是哪国人，我说是"中国人"，也算是有趣的一件事。

又经守望之山下，蒙兵给我要支烟，因给二支而去。一路往西北走，又过一片沙漠，天快黄昏的时候，到了个蒙古包前，安去找水喝，我们就又吃了个瓜。又行，快甚，因天将黑也。过河则不顺原路走，越山而过，至大队所住之地，已甚黑暗，又无月光，疑迷路，大声疾呼，然无应者。安上山而视，余北行找人询之，不远遇买卖人之背东西者，云大队已迁至山单庙之前，于今日下午迁的。彼询余是否从河套归？询何以知，知达三而告之矣。

因疾归寻骆驼、人等，他们正以为我失路，疾呼余，余应之，而因风之故，彼亦不能闻也。归，齐、韩遥望见东边灯光，拟迎灯光而去住，余告以大队之所在，齐犹以路难走而迟疑，韩因询安："此路是否能走？"安答："能。"于是赴大队之意决，遂行。行不多远，已至山路崎岖之处，高低上下，盘曲弯转，又无月光，又无路灯，难极了。

余先行登高望，然无所见。无何，已望见庙内灯光辉煌，因直趋来。至庙前，则群犬突出，狂吠不止，真能使懦怯者裹足。我仍前行，犬也没有"上身"。顺路南行，安云路不对。乃回而东，不远已见大队之篷帐，千辛万苦，好歹总算到了。

现在大队留者仅有中、外二团长，及崔、马山、何马、哈士纶六人，余均已西行。周旋毕，归徐先生篷，所谈多一路情形、工作等等，余又示以所拣之瓦片。茶饭毕，老王已为我收拾床毕，后又在徐先生那里食瓜，寝时已十二点矣。到大队时即已近十点，仍然我们四人住一篷内。

赫定为蒙古人画像

1927.8.27　　廿七日

晨起不早，补作观测。晨饭毕，作日记，写了几张。我们住在这，许多许多的蒙古人都来观光。何马作人种的测量，外国团长就用铅笔写蒙古人的像，最后写些女人的像，她们都不愿意，蒙人之拉驼者，乱扯乱抓，可是也没有拉过一个去。有一个愿意，而她的丈夫又不许她。以后司拉大许给她们每人一元钱，于是乎才成功，画得也不错（图2-10）。有一个蒙古人的一个小女孩，我给她几块糖吃，小孩跟着我上我帐篷里来，我又给她了点。

图 2-10　赫定在山单庙为蒙古妇女画像

图 2-11　山单庙正对面的宿营地

　　下午，仍然补日记，写了好几张，可还是没有完。吃茶毕，又吃瓜。晚上又作日记。一天蒙古人之聚者不断，这庙里的喇嘛也是不断地来讨厌，因为我们住在庙的正对面（东边），距离太近了（图 2-11）。天气一天没有多大的变化，晚落几点雨。

　　十一时睡，下马，徐给我谈崔、马事。

赫定了解河套情形，以备写书

1927.8.28　　廿八日

晨云多，八时起，时韩、马已起，七时马已作了观测，我又作了作八点的。

上午仍然是写日记。上午曾给崔闲谈，盖昨夜徐先生曾召崔、马二人说之也，责其工作之不尽力，而崔大哥与之辩驳也。崔有退意，余尽力劝导不已。日记又补了的，不好。

下午同韩、齐、马三君在赫定处，报告赫定一路情形，及所经村名地名、形势大概。赫定问一句，写一句，盖将来出书之材料也。在此期间，崔与徐先生说他要回京，而徐也未有挽留之辞。我出，遇崔，告余其事，余惊其唐突，又劝导了多时，有转机。及赫定问毕情形，我们出后，又和马劝了一番，一场风波，才告结束。

下午，写了一点日记，记录点气象。一天蒙古人之来观光者仍不少，而山单庙的喇嘛仍居多。夕余、赫、韩、齐闲谈上河套的情形，这个掉了这个，那个坏了那个。赫说水壶尚有，将来可以教蓝理训给我一个。夕我喉咙有点痛，教何马看了看说无关紧要，嘱我疗法，我也没有实行，当天就好了。

晚西藏活佛来访赫定，赫出话匣以助兴，片子中有程砚秋之张，颇可听。余晚至，见赫、徐、何、贺已均在，与喇嘛围坐，并备茶点以待喇嘛。活佛，后藏班禅之宗人也，或为其高足，来自藏，衣灰袍，黑肥而大，去北京过此（山单庙），喇嘛请佛少住，故得留。活佛之一仆带辫，耳有坠，余不知其为男女，询之蒙人，知藏人多有耳坠，此异俗也。

夜十时半，余倦归寝。晚曾收拾箱子，以备明日启行。

第三卷

从山单庙到额济纳

（1927.8.29—1927.9.28）

一　途中作路线图

开始作路线图

1927.8.29　廿九日

晨六时起，收拾东西，七时作观测，八点二十五分自山单庙启行，余作路线图（图3-1，3-2），此例为五万分之一。驼于二分钟大约行百五十米。初东行往南，一路多沙土，行不甚快，有地方是积沙成山，骑驼作图，不易得很，结果自然不能十分精确，况初作乎？

十二点，到一地，于周围沙漠之中，孤出若海岛，有水有草，住了。地名 Huoborhan nor。寝约半时，起作二点观测，吃

图 3-1　开始走基线
（驼背上的刘衍淮）

图 3-2　途中作路线图（左 1：刘衍淮）

饭。后作日记，未寝之前曾以笔描路线图，算约 14km，询之赫定，差不多。

抄点气象记录，听说这里两个水湖，大的那个碱，小的不碱，邻比之湖而如此差异，怪哉！晚九点后就睡了。

学测井水深度和温度

1927.8.30　卅日

晨五时多起，收拾东西，作观测。七时二十八分动身，往西南行，沙土仍不少，有时也有点好地方，我那路线图仍然继续着作。一路也过了几个被沙土蒙蔽的山、无水的小河。起初走的方向偏南，后来知道走得不对了。以后的方向，是西南。

二点钟，到的地方有一水井，住焉，名 Talin Gaschatu。一住后，就看见地上有石器，拣了一些。住地甚高，类山而顶平广，风不算小，总在 Beaufort Skala 上为五六之数。以后描了描路线图，计得 24km，今日之程也。

下午询之赫定，极相近，今日成绩更好。抄点气象记录，拣点石器，以后又睡了一会，茶也没有吃。七点五十分，同老齐测量井水深及温度，得：水面至地面之高度为 1.22meter，水底至地面之高度为 1.66meter，计水深为 0.44meter；水温度为 9.7℃，空气温度为 17.8℃，计差 8.1℃。

九点钟作观测了，以后要睡了。

风起沙动的瀚海

1927.8.31　卅一日

晨起得仍然是不晚，七点多动的身，路线图照常地作。今天走的路很多，老王的骆驼走得慢，又加有一个驮东西的骆驼，我骑的那个骆驼替子早坏了，所以就走得很慢，以至于被大队来落下了，越离越远，最后简直看不见大队了。

以后的风又大，路又难走，所以我怪着急！起初的方向是向西南，以后简直地往西了，过了一个脑包，过了个山岭，山岭不高，顶平，蜿蜒西北行。过来山的西面，有沙河一道，自山岬中流出，也是"蜿蜒西北行"。河内无水，路南一井，时约一点左近，路北一新帐篷，篷中蒙妇负铜瓶趋井汲水，蒙妇看见我们，说了声塞伯浓（你好）！在中国内部的妇人，这样的事情，恐怕是不多见的，因为中国本部的民人，都是讲礼教的！男女是授受不亲的！

以后走得也不快，两点钟在路上，马作了作温度的观测。以后就到了沙漠了，也没有路，走得又慢，风起沙动，刮得你睁眼不得，幸而我的风镜还在身边，虽然破了点，用橡皮膏贴上了，戴上它，那风于工作的确不大生关系了。然而除眼睛以外，**鼻子里土满了**，呼吸很困难。嘴虽然是紧闭着，唇边早已满了土，那耳朵里自然也不能幸免了。

因为"风起沙动"的缘故，路已寻不着了，大队仍然是看不见，只有我和王和三匹骆驼，慢慢地、一步一步地走在那沙漠里，想起那时的情形来，真狼狈极了！这沙漠（走着的）还是小的，大的还厉害。啊！那不是吗？走着的南边，高出地面有几十米达，高低不平，简直像是山岭，顶山都有一溜纹，那是被风吹成那样的；又像是一个海，高低不平的，像是海里的浪，"风起沙动"，又像是海里的风起水涌。高低的沙岭，就是那万状的波涛了。那高大阔广的沙漠，一望无际，"瀚海"之称，一点也不错。

好了！看见大队了，大队在那正西低处好草的地方住了。大沙漠的北面，就是广原的沃野，北面、西面，都包之以山，那沃野的中间有几道白光，看着像水，到底不确知是什么。我们看见了大队以后，又寻着路了，就直趋大队那里去了。沃野到了，沙漠完了，草长得真好，都是一大堆一大堆的，骆驼看见了好草，就没命地吃个不休。可是我们因为私利的关系，就不让它们吃，却是鞭催着它们走。

及至到了住的地方，已是下午四点多钟了，东西没有收拾完，就吃饭。吃饭以后，同齐去到水井那里，测井深及水温度，得水深25cm，水面至地面为2.65m；水温度为4.5℃，凉极了。测完了，到了附近的那个蒙古包里，看了看包内一共三人，一男一女，皆四十左右，大概夫妇也。外一幼童，约十四五，盖其子也。

归，饭后同徐先生到赫定那里去对路线图，他的为三十三起罗米达多，我比他多了两个km，盖我的骆驼太慢了，我的法子又是只用差不多二分钟为150m，当然太不可靠。他自包头出来，已作了四十七页了，他的法子差不多等于"记账"，数骆驼步，看几分钟内骆驼走多少步、走多大的距离、用多大的时间。当时的画不过是随手画的，记上某时刻的方向是多大的角度，走得快慢，以后再另作精确的图，可靠得多。谈了一会，就回来睡了。

下午看见一幼童或是女孩，不过十岁，骑驼上，以袖拂驼跑，我也骑不如此好，蒙人善骑如此。

参观图克木喇嘛庙

1927.9.1　　九月一日

晨七时二十多分动的身，base line［基线］走得仍然不好，可是以后骆驼走得很快，所以今天的图又作得短了。走了十六点一公里（16.1km）就住了，地名 Tukomu Miou，在庙的南部。路上的情形，大致仍大半是野之沃者，有好草，蒙古包也不少，是人烟稠密的地方。路上有一家搬家的，蒙古女人"拾朵子"，足见蒙古女人比汉女人工作的能力大得多了，况且又都"善骑"呢。以后又经过着一所土房，许是汉商人。树是一路不断地看见，以后更经过了成行的大树。虽然稀，为数不多，然而比较东路，我们从前过的地方，可算多得多了。

住的时候，只有十一点（上午），我作的图比赫定的少四百米，虽然差得不多，然后一共才走了十六个 km，总也不算少。我老是用时间的法子，走得快了，当然画出来就少了。

下午睡了一会，量了井水的温度。又同齐到了 Tukomu 庙里看了看，当然是喇嘛庙，小于山单多多，正殿共为三，一为旧有，一为新修，一门锁而未得看，时徐、何马、哈士纶、韩普尔、马均在。旧殿内，外国人照了几片相。新殿正修着未完，房门已竣而画工仍进行，像及陈设均未完。询之画工，知其亦为山西应州人也，云此殿须五六千两，此庙已百余年，旧殿为火焚，故又重修此新殿。

后又同徐、崔游北之脑包，得布片（有藏文）二方。回时又拣了几篇有藏文的纸，盖经也。四时，同徐先生谈蒙古事。

归晚饭。

甘肃境内石刻的藏文

1927.9.2　二日

四时起，太阳尚未出，天冷得很。吃了早饭，收拾好了东西，量了 base line，六点四十六分就动身了。老王今天不高兴给我牵骆驼了，说了几句话，教徐先生来把他大嘻一顿，今天他先牵着走过了这线，以后他才上了骆驼。

七点钟，我下来作观测，大队人等都也走到前边去了，我上去驼一起，替子坏了，幸得蒙人司拉大尚在后。他给我们收拾好了才走，一走王的又坏了，又收拾了多时，一共耽误了几近一点钟。走了不远，看见韩回来了，问怎么误了这样多的时间，又说教司跟着我走，韩他就又前跑了。

过了些山，山上有些立着石刻的藏文的（图3-3），不知道

图3-3　山上刻着藏文的石碑

是什么意思，也有好水草的地方，也有沙漠的地方，骆驼不走，终久没有赶上大队。十二点多到了个好水草的地方，看见路旁有一井，齐和何马正在这里，大概是量温度罢。司跑到那里喝水去了，我们走了。这草占地面很大，草中又有小树条，类荫柳。

前边又有一土房，汉商人居也。过了这一片草地，又到了沙了，小沙山，骆驼上不去了，卧下了。登上去的，看见大队了，齐他们三人还没来。不久大队到了。西北上有草无沙，好地方，还有两三个蒙古包，天热得厉害，沙又反射得厉害，热和光，人有点受不了。住的地方到了，安排了东西床铺，吃了茶，于是乎睡了有两点钟，□□夜睡不足也。

以后同齐去井测水温度及水深。以后又到了个蒙古包里去看了看，包内山西代州人也，云近年生意不好，税重，故他的大部分买卖已移去，又知自 Tukomu 而后为甘省矣。买卖人云：蓝理训一行才离去四日，住此三日，因失骆驼，寻骆驼也。又云：前去百余里，有国民军装人驻之地，近来国民军大运子弹、抓用骆驼等情。到爱金沟，尚须十六日至廿日，越往那草越不好。

归饭后，志日记，晚睡而不好。今天的地图约少四五百米达。

我和赫定的路线图差了五百米

1927.9.3　三日

四时多起，天仍然有点黑暗。六点二十多分动的身，一路我没作观测，教马把温度表拿去作，我先作我的路线图，经过了两次 base line，第一次计每步为 1.9m，第二次为 1.85m，因途中韩、齐量，故有此二次也。

途中无耽误，今天走得好，天阴云，不热，又没有经过着沙漠，虽然有些不生草的地方。十一点多下了几个雨点，但一阵就过去了，不成什么问题。以后又有这样的两次，衣未尽湿而天又晴。风也不怎么大，一点多钟就到了住的地方了。

描路线图，今天走的方向为西，稍偏北几度就是了。住地附近有民房一所，饭后睡而不着，作日记，写记录簿。今天行从我的图为 30km，赫定为 29.5km，差五百米达也。夕赴土房问讯，商人也，来自镇番，并有幼童一。商人作蒙古生意者也。此地地名 haAan Dei La Su，或 Lis，白芨芨（草）之意也。蓝理训一行才过去了两天。这里的井很深，有 2.38m，温度高为 12.9℃。

晚八时余，即寝。(此地草不好。)

赫定的帐篷吹倒了好多次

1927.9.4　　四日

晨四时起，照样收拾行李。五点五十七分动了身，因为 base line 没量好，又误了两分钟，六点算是才走开。方向仍然是西，一路的情形也和前天差不多，很多的地方是平坦的，满铺着小石块，草也不生。有的有点草，也早已被那无情的大风吹死了。

十点钟，就到了住的地方了，地名 EksuHuei，无人家，只有水井而已，走了 16.8km（赫），我的为不到 17.0km，相差不多，又算是进一步的了。

云没有，风大，下午更厉害了，成了 Sturm 了。赫定的帐篷吹倒了好多次，我们的用大木钉定着了，没有吹倒。我的工作照样地描一描路线图，记点日记，抄点记录而已。

气象我近几天不大作了，虽然七点、两点、九点也有时看一看，因为我的工作太大了，马、崔作，就可以的了。

从商家打听当地情形

1927.9.5　　五日

晨不及四时起，六时动身西行，一路常看见大榆树。八九点的时候，路过同庚乌苏，此地有土房、蒙古包各一，水井等，土房汉商人也。过去遇见大队之蒙古人，云大队之驼，死二，数病不行，留此以待，无草食不足以致此也。过后还要有二三百里之间无草，是更难矣！与大队离不远，不过三五十里而已。

十一点半，至所住地方，名 Argning，有买卖人之土房一，树多，而北面山颇壮大。今天的路线图画得有点少了，我的为21.8km，赫定的为22.4km，差600m 多。

下午睡了一觉，吃茶毕，到商家问讯，时赫、哈都在，后徐、马又至，谈之，结果如下：冬不甚冷，较热于张家口，冷于北京。风之 Sand sturm 甚多，多来自 SW，十天有五天是风。冬日之冰约50cm 厚，雨量甚少，雪也不多，全年不过尺许。雹霰之类也甚少。过此约二十里，旧有国民军之汽车路，现已无兵驻，汽车也不常过，前几天来了大批学生，男女均有，来自俄国。外蒙之税关等，为俄所管，说冯军运输亦须交税。此地之货物来自王爷府（定远营）[①]，木料亦如是，此地之榆树不许动，属王爷也。

见买卖家有铜壶（或瓶）二，汲水具也。讯之，来自王爷府，价格每斤需五六钱银子，约七八毛钱，以重量之大小定价之高低。

---

① 王爷府（定远营）：阿拉善和硕特旗蒙古王府所在地，清政府在此建有军事重镇定远营，今为内蒙古自治区阿拉善盟巴彦浩特镇。民国前期，和硕亲王王位由阿拉善第九任旗王塔旺布理甲拉（1870—1931）继承。其时定远营也是西北军冯玉祥部通过蒙古获取苏联军事援助、支持北伐战争的重要交接地。

出，同齐量井，后见附近之山，为 lava，因取几块，以作标本纪念。

大队商帮从新疆故城子来

1927.9.6　六日

晨早起如故，六时起行。骆驼因几日草食不足，有不支之势，行甚慢，每分钟只行三十四至三十七步。一路树不少，仍然是大榆树；像是沙河的很多，不过无定得很，实在是没有河身，有水时则泛滥而已。

西行，山也过了些，平原也有点。九点二十多分，到了一个地方，名 Danbululu，有商家一，土房而顶以蒙古包，外以石灰涂之，很好的房子也（图 3-4）。下驼入内，谈片刻，询以当地附近

图 3-4　土房而顶以蒙古包

情形而已。云离汽车路已不远，前日大队之人，曾乘自库伦来之汽车，周游照相，汽车非国民军的，外人的也。

后出，又行十数里，十一时至住所，面山，而附近有一蒙古包，山黑红色，地名 Wulan TaulaHei，即红山头之意也。下午至蒙古包问讯，包内镇番商人也。主人不在，只有幼童一及生人一，那人云往外蒙者，作生意。讯以西路情形、爱金沟之远近，二人皆不能答。后又来一人，"受苦"者也，问了几个地名及其意义。此地用物多来自王爷府，余无所得。

夕茶毕，外国［人］开箱子，要得哈德门抄本十、画两卷，盖将用以作地图也。

我的箱子坏了，我开开拿出地质笔记、英字典、气象学（英）各一本。晚饭后，过去了大队商帮，有驼百余。讯之，云来自故城子，六月十九动身，迄今抵此，货多羊绒。乘人甚多，盖商人之外尚有搭行之"手艺人"等也，驼上有驼轿，一驼二，二人乘于两边，此为余初次见此。云至爱金沟尚有十二"栈"，每栈为五六七八十里不等也；西行四日至沙地，三日行沙中，无草，过此则好矣。后之一帮，云来自哈密，皆往归化、包头者也。彼过蓝理训一行于五六十里外。

今日我们行16.6km（赫），我的几多1km，盖今日驼行不均也。自哈密来之驼，据云每驼雇费为四十两银子。住地之西，有自北来之路，即国民军之汽车路，未修制而通行。南至离此三四十里一地，则汽车不复能南行，盖南为沙漠也，易驼，通宁夏。

路遇俄人从迪化来

1927.9.7　七日

西北行，山不少，山谷之穿行亦不少。经一地，离昨日住地不及二十里，有蒙古包一，盖商人也，名Harmugtei，水井一，齐、马测之。西北行即山谷，将出谷，见有大队驼，疑大队之先行者，至则非也。

出谷不远即住，时为十一点，名 Schala Hulos，"竹竿？"之意也。下午同徐先生至赫定帐篷，对路线图，余为 19.5km，彼为 22.2 多 km，相差过多，然方向尚不大差，他说给一些的作法、算法。以后他们谈话，我听了一会，就回了。以后看气象学（英），风一节看完。

夕有四驼，一俄、三中人过此，俄人同哈看赫定，中人来喝茶，我讯之，知来自新疆迪化，费时约月，可谓快矣。云过蓝理训一行于八九十里外之 Halazago，此去草不好，直到 Ha. 才有水，亦不好。

住地名……①

一路驼骨遍地

1927.9.8　　八日

今天我数骆驼步用双步法了，量的 base line 150m，恰恰地走了 160 步，我就用这数得出来的数计算起来了。

风大，于工作甚有碍，我的三个钉坏了两个，今天那末一个又坏了。走了不到十里路的时候，骆驼快跑了几步，蹶了一脚，卧下了，把我来摔下来了，幸［不］甚伤，不过吓了一跳而已。路景和从前差不多，不过多了些高低的曲折而已，黑沙子也有。

以后过了下坡，又到了上坡了，一直往上，西边就是高得很

---

① 　地名原缺。据《西游日记》，系"shalahuoerwosi"，即上文所云"Schala Hulos"。

多，"往上"的路有几十里，一路驼骨遍路，其中还有新死的一个，视之，知为"蓝理训一行"之中的骆驼也。盖因一路草不好，食不足，乏力而又上此长山坡，需用很大的力气，乏驼焉得而不死乎？

山上黑沙也很多，石之破碎者也，山多火山遗迹，以岩浆而知之也。山过而为沙河（水泛滥之河）。顺此而西北行，风越起越大，卷砂携土，扑面 pa pa 作声，阴云而不雨，盖风云非雨云也。

二时一刻，至住所，即 Halazago 也，小山之中，黑白砂土、石块围着。此地有土房一所，仍然为商人。井水苦碱，我们早已备好水，故不用这个。支帐篷的时候，那风沙教人真有点受不了，小石块打得脸痛。

茶时，与赫定谈路线图，今日虽然走得多，而我们相差得很少，比较得算好，我为 35km，他为 34.5 还多点，差仅几百米而已。

下午与齐闲谈国际事，未寝，有点乏，描图算是工作。

等候寻骆驼的人回来

1927.9.9　　九日

原定我们今天是和赫定十一点动身，大队下午一点动身，可是昨晚一个放驼的掉了一个骆驼，他出去找，没有回来，不知道他是迷了路，教狼吃了，或者是跑了。大批的蒙古人和他的人出去找，而驼回来了，他没有。一个人关系重大，所以说他今天回不来，今天就不走了。直到下午吃茶时，哈把他寻回了，于是又就走了。

五点廿一分才动的身，走了不远，看见了我们的一个骆驼跑出来，王送回去了，徐先生给我牵了一会，因为我画图的缘故。

不远，王来了，徐先生走了。不多时就黑了天了。中间走了一段，很快的，一分钟骆驼走百步，而以后黑了，走不快了，一分只走七十多步，乱七八糟，数也没法数了。黑得连路也看不清了，虽然有月光，图自然是画不成了。以后我也下驼寻路，走了一会，看见了一个火亮，近则明也，云不知赫之所在。前行号呼，有应声，趋之见火以明，赫及蒙人门德在焉，盖弄火为预定计划也。

时已为八点五十分，赫到时为八点，他为13.2km，我的后部没有画上，当然不能定数目。大队到时已十点多了。十二时饭毕，寝。天气总大部算好，下午六七点时的风颇大，于工作大不利。

住地名 WuDouHuei。

走出山地与大队汇合

1927.9.10　　十日

晨晚起，盖下午才动身也。下午二点廿分，起身西北行，一路的山，大半为沙土蔽着，走了不到廿里，就遇黄先生在路旁考古，谈知大队（蓝理训）离此仅十数里。以后就到了沙地了，一望无际，高低不平，如丘陵作起伏状，行殊难，沙丘中平地上间有草生，地亦微湿，沙尽端为山，也是半为沙蒙。

行数里，到大队住所，在沙漠之中，掘地得水，留此已二日矣。见达三，三赤足出迎，盖行沙甚艰，着鞋则其中满沙矣，故多赤足。见郝德，周旋毕，盛称三能工作之情形。晚饭后，黄出一路所拣石器，甚多，大致很好。

我到时为七点五十多分，及后队到时已九点多了，赫定云其图约为17km，我的为18km，差一，路不同也。与蓝理训要水壶一。夜与徐、黄谈，十二点睡。

住地名 Kulung DuGure。

二 进入沙漠地带

扎营沙漠，如在梦中

1927.9.11　　十一日

晨早醒，盖蓝理训一行走，把余吵醒了。郝德与考尔、狄德满留与赫定同行。厨房的［一］个苦力，窃了二匹好骆驼［跑］了，内一为赫定骑的。蒙人、哈士纶等，四面去寻，无得。直到下午，哈及蒙人回来了几个，说是连踪迹也没有。今天走不成了，天气热，又加沙漠一反射，自然更厉害。下午睡醒的时候，实在难过，就跑到下边平地掘出水的坑旁，洗了洗身体，到底痛快多了。

我们的帐篷是在沙漠之中，厨房及骆驼人的帐篷，安在了一边的平地上，相距有二百米的样子，来回吃饭，是穿行沙漠之中，一走一陷，特别的有意味（图3-5）。在那荒凉广大的沙漠之中，扎了三五帐篷，听那呼啸的风声，看那起伏的沙浪，是何等的壮大，我真不知是真是梦！

午郝德给我 *Anleitung* 第二，此书内容多讲自记的器具及云及其他种种的气象问题。下午天夕的时候，阴云密合，像有什么大雨似的。吃晚饭的时候，滴了几个雨点，可是以后就完了，没有什么出息。风倒近一步了，刮得可观，沙土像下霰子般地连连不断地落，床上满了。晚上睡的，甚觉出身下有点东西。

图 3-5　沙漠旁扎营

今晨我又给郝德要了我七月份的月表，因为没完，三作了一点，错了，要来就校正了校正。夜里和徐、黄谈，多史事，而尤以清代战事居多。下午看了点书。

偷骆驼的苦力被捉回来了

1927.9.12　十二日

晨三点，落雨数滴，风又大作，把我从梦中惊醒。不多的时候，闹了三次，帐篷的大木钉子拔出了好几回，盖风大土松，木钉虽大，亦不行也。八时起。气象这几天仍然没有记，所以起得晚。吃了饭十点时，我也用 Transit 看轻气球，不到几分钟就找不到了。

我收拾仪器的时候，有点人声号杂的样子，我一看，原来是蒙人史老大和门太把那偷骆驼的人捉回来了，用小麻绳捆着他的手和脑袋，前呼后拥，好像擒着什么要犯似的，两只手向后束着，头也束着，真不雅观（图 3-6）。外国人们多拿他们的照相器来摄影，把他来拴在了箱子上，自下午起，就轮流守着他，第一班就

图 3-6 偷骆驼的
苦力被捉回来了

是我。我一去就看见剃头的那小子正给他拴手铐。我看见心里就很气愤，外国人为什么在中国能给中国人罪受？去寻大家商议，除少数人外，似乎都不大关心。主事已有了成见，咱们这种见解，哪里能来？我也没有能得到和人家商议什么，看着那掌上物的可怜虫。我的对他的政策，只有"安慰劝导"四个字，虽然他是被俘虏的偷犯。我守了三点钟实不过二点多，而其中又大部分的时间是在蒙古人的帐篷里呆着玩。吃茶后我就走了，马山的班了。我才到的时候，就叫剃头的把他的手铐去了，因为他可以躺下，跑不了！晚上他们把手铐给他去了，换上了脚镣。

上午风大，篷帐倒了两次呢。下午风到晚饭时小了。夜静，明月当空，望沙地，似银河万里，波涛起伏。以后微风，稍寒。

用罗盘测量沙山角度

1927.9.13　十三日

晨八时起，想看轻气球。三看，我去吃饭，后我看，找不到了。作月表算我的大工作，七月一月的雨量为 40.8mm，四倍于六月的。午饭后韩、齐去赶蓝理训，因为此队粮不足也。

夕没有事可纪，唯茶后同徐等测沙之倾斜角，徐云赫定说没有过去35°的，果然最大处为35°，用Compass［罗盘］测的，这是我用这器具测角度（倾斜）的第一次。跑到沙山上玩了玩。以后与三因"留噶什诺尔"及帐篷，颇争执，三好任性，我又自恃，故出此也。与哈士纶要纸烟，得一大盒。晚帮外人整治无线电。

赫定教我量井水温度

1927.9.14　十四日

晨不及四时起，收拾东西，六时出发。西行，一路多沙漠，山也不少，路被沙蒙，简直看不出来，幸而雇的那个引路的熟谙路径，故不致于迷途。行慢，盖与大队同行也。路线图仍然作来。

十一点到了住的地方了，有水井一，水甘，较前昨几日所食之水好得多（Kulung DuGnio 前水碱）。我们先到，我的帐篷未来，于是我就露天睡了一会儿。赫定说今天走了 17.25km，我比他多几 1km。

一点多后边的到了，搭起帐篷。三今日迁来住了。赫定教我量井，下午我就给郝德要了温度表，六点量了量。下午 Haude 又谈"留"处，无结果。晚同黄、马、李到了沙土岗上玩了玩。月未出，星光灼灼，风习习，望帐篷灯火三五，远山近漠，都映在我的眼里。

夜守夜，不过我睡的时间不少。

住地名 WukorHaDung。

走了几里路的沙漠

1927.9.15　十五日

晨五时起，收拾东西，六时量井温，七时动身西北行。晨与哈为帐篷事谈得不大好，到底因为没有骆驼，仍然让后队带着。

一路沙土不少，人家、买卖全没有，山虽然望着，可是没有穿过，就是走了几里路的沙漠。

十二点后，到了有草及小树的地方，那地方也有芦苇，枯死的木尤多，地有的地方有小沙土岗，有的地方是黑碱土。这地方也有几里路，出来的时候已二时多，路旁有井，见先到者已住，住下。又露天睡了一小会。

五时半，饭毕。六时量井水，水深，味甘不碱。

住地名 Ding Gei Hu Dung，指住地之井而言也。本日行 31 km 多。

沙山落日与篝火之夜

1927.9.16　　十六日

四时起，六时半动身。西行一路芦苇，小树丛（即此地名之"加沟"）甚多[①]，沙漠路上有点，不过不大，沙漠的山都在路的南面。十一点半到住所，大树林也，树为白杨，有数百株之多，高皆数丈，无小者。此地水不甚好，可是不碱。帐篷早来了，所以得到在帐篷里睡一会。地上的芦苇多，所以帐篷里自然也少不了。睡的时候有风，风吹树鸣，如大水涌，我所以要加以"树鸣水涛"四字形容他。

下午饭毕，和徐等谈了几个钟头，茶后已六时，游南沙山，和徐、黄、马三君，一路树丛野草，狼藉横生。走了几二三里路，到了一个小沙山上，我就不欲南行了。日正落，晚霞与远山含结，成不可描写的一幅的大画。徐、马南行，去南高山，我与黄留，黄写日记，我出日记簿用铅笔作远景图二幅（图 3-7，3-8），后继以闲谈。

候徐、马二人久不至，因焚火山上，取干枝作燃，登时火光

---

① 加沟：下文多写作 Zag、Zago，"梭梭树"的蒙古语音译。

冲天，黑暗的沙漠中，居然一明，加以四围景物模糊，作天外人想。后又引吭高呼，然无应者。时住所火光亦起，盖下午曾堆大枯树于一垒，备晚火也。多时徐、马到，徐云行时"鬼搭墙"，几迷路，并说路之难走，山之雄高。谈多时，归。路中又焚火数起，兴致勃勃。去时路上之硬者又为水所冲刷，余比之为山河，及归，又加之以"曾日月之几何，而江山不可复识矣"一语，都赞同。

至住所（图3-9，3-10），见火犹焚，中外人围火静坐，戏匣作乐，情致另是一种滋味。回首南望，见余所点之火，犹曳摇作

图3-7　林中住所

图3-8　沙山落日

图 3-9　树林中的赫定博士　　　图 3-10　作观测的崔大

光，远山近景，犹是模模糊糊。坐地上，狄德满告余以适才过去之大队，为自爱金沟来者，四匪劫之，数十人莫敢御，至失千余元。此队过时，余在沙山上已闻骆驼铃声矣。

何马取饼干来，又坐水壶于火上作茶，因此得茶点。这时候的情节，实在难以描写，辽阔荒凉的沙漠中的树林里的晚上，一群人坐在地上，微微的风吹着，吸香烟，饮甘茶。看呀！看那远的山光、火光，近的小树大树、野草芦苇，又加以身旁的火。听呀！听那风声、树声以及最近的洋戏声、火光爆裂声，是何等的伟大！是何等的优美！可惜我不是个文学家，我不能用诗或是其他的文字，把这样的事迹记出来！可恨我不是个艺术家，我不能用我手里的笔作一幅美妙的图画，把这样的情景描画出！唉！

未几，片西瓜式的月儿，很慢很慢地自树林的那边出来。起初我以为是远处的人，也有和我们的似的兴趣，焚了一把大火。

等到她慢慢地升了上来，把地面慢慢地照得明亮了，我才知道原来不是什么火，是月，把黑暗的宇宙照成明亮的月。天气渐渐地冷了，明月渐渐地高升了，时间也渐渐地变成深夜了，我的日记还没作，觉也要睡了，所以就不能再贪恋这种情景了，于是乎退席作日记。

听啊，风声又响了，树涛又鸣起来了，人们多已入了梦中了，我还能写下去吗？（Ourung Taulrei）

本日行 18km 多（赫），我的 19km 还多呢，差得很不少。此地井水不好，污秽不洁。

黄先生作诗刻在了大树上

1927.9.17　十七日

昨夜睡得晚，今天起不早，八时才离床，九时量井水。大风起，沙土飞，树响得更厉害。

上午黄君作诗，我们又大谈了一气，看我的画，道有意思。其诗内有"南登沙山看落日，东望月光出树端"一诗，其得意作也。

午饭后，三时动身，西行。一路经过的地方，多像存积过水的水坑，丛生芦苇，或长或短，间有土堆生他种小树墩子。路线图仍然作着。

六时多到一地，见赫定已住，因住焉。见北有白布幔，趋视之，则韩、齐二人也，询知彼已到此三日，时赫定、徐先生亦在坐。近旁一脑包，知其一边有泉一，因同徐寻之，得焉。在脑包之下东边，人垒土墙一，泉位其中，水墙合一，类池。东边小洞，水流出，如小河，水清味甘，甚有意思。

登脑包，取上之布及木块，黄及外人亦多到。何马见余取物，彼云"不好，蒙古不悦，此物无用"等语，郝德同词，余无以自解。脑包上之物，非仅蒙人供献，尚多有汉人者，皆"有求必应"一类之词，龛内供马王神等木牌。

晚仍余、马、齐、韩四人同居。今日行 13km。住地名 ArHia Nanbau。

黄先生似乎也有很大的兴趣，在那大树林的时候，他把他那得意之作的诗句，临走的时候写在了那大树的一棵上。

"桃花源"里的蒙古人

1927.9.18　十八日

四时多起，六时半动的身。一路芦苇土岗，小树丛仍然很多。七时多经过的地方，有水，大概是水坑一类的东西。附近有三个蒙古包，苇子及其他的草，特别的茂盛，有的地方很好，成深苍色，以后也还好。

又经过了二个蒙古包，北边就是土山，山上有小树，前面是芦苇草。我在此地下了骆驼，看了一看，蒙古话不会说，所以蒙古包里也不敢去。草好，当然也就牧的牲畜多，这几天经过的地方，是好水草的所在，人烟稠密，常常地看见蒙古人骑着小驴沿处跑，他们似乎都是很坦然，没有什么忧虑，好像是些"桃花源"里的人一般。以后我走的时候，一个蒙古青年骑着小驴跟了我半路，我也不知道他是往哪里去，说话又不懂。

下午二时，到了个地方，草不如前边经过的好的地方好，可是有一个泉水流出，成小河流。时我在前行，就下来尝了尝水，还好。以后大队到了，就住了。今天走的路不少，依赫定的为28km，我的27km，少1km，方向差不多正西。

安排好了，洗了洗，就睡了。明日说是夜十二点半起，二时动身，因为骆驼吃草的缘故。我与徐先生及赫定天明了再走，所以明天的 base line，今天就量了。晚与达三易居，我与徐先生同住。晚饭后谈译赫定书事。

住地名 Bolungbor。

与徐黄二先生各出日记传观

1927.9.19　十九日

晨五时半起，大队已于三时启行，所余仅我、赫、徐、郝德、狄德满、考尔及王、明、蒙人及韩（苦力）而已。八时十七分起行，盖迄赫行而余始行也。初驼行慢，后王牵之而行，甚速。一路芦苇仍多，也有小水坑，蒙古包也看见了两个。中途赶上了赫、徐两先生，我憩了一会才走的。憩着的时候，看见南边一个蒙古包，趋而视之，无人。以后路边的草不好。路左边是大沙漠，右边是芦苇。

三时半到了个地方，看见了 H 字的骆驼，知是大队住在前边了，果然就看见离路有七八百 meter 的地方，扎有蓝布白包角的帐篷三五个，知是大队，趋之。到后即饭，饭后与徐、黄二先生谈文，各出日记传观，他们还说我的好呢！

路线图没描完，又到了晚茶时了。忽然南边火起，询知为韩普尔为 Haude 等所设，盖彼三人尚未到也。未几，彼三人到。后同徐、马、李、崔四君看火，闲谈。柴干而多，故火大而亮。北边又有二火起，却不知为何，或为人们一时的高兴也未可知。住地在 Zago 树林中，干树狼藉，到处皆有，故燃火之物，取之不竭。睡时，犹闻火声嘟嘟。

本日行28km，我的路线图和赫定的仅差几十米达，特别的好。方向起初为西稍北，以后为西北。住地 Argrung。

跟徐先生学法文

1927.9.20　　廿日

天气甚好，午热得很。晨八时才起，盖今日因留此不行，故起晚。以后要走两天沙漠，故须憩天再走。上午画了两片画，一片是黄先生的帐篷（图3-11），一片是无线电，以前曾帮着外人安置的无线电。画画和作文章一样，用它来描写当时情形，以作纪念耳，好不好不成问题。

下午跟徐先生学法文，学了些字母拼音及普通的几个单字，我想着以后每天学几个字，将来法国语虽然说不好，普通常识中总算添了点东西，看见个法国字，不认得念什么，也要知道它是个法国字。

黄先生今天曾出去了一趟，说附近有盐池，据他说这拐子湖，就是长宁湖，这是从书上得出来的："长宁湖亦名长草湖，出盐。"此湖有长草又有盐池，故疑其为长宁湖也。

晚有点冷，齐到我们的帐篷里，闲谈了一会，说是明天为立秋了，因为明天是九月廿一了，九月廿一是他们那里立秋的日子。

图3-11　黄文弨先生的帐篷

三　梭梭树丛林

Zag 林中的长途与宿营

1927.9.21　　廿一日

黄先生的摄影器坏了，昨天他和我说了，我就说给齐，给他看看，昨天天晚了，所以改在了今天。晨饭后同齐就到黄先生那里去整治，弄了半天，齐说镜头里有沙土，须取开看看，可是他弄不了，以后叫考尔修理好了。这一件事，把我上半天的工作大部都耽误过去了，以后我就回去睡了一会。

午饭后，就收拾东西，预备出发，因为赫定先走，未完，就又去量 base line。两点十七分才动行，走的方向，大部是西西北。前半部的路程，是穿行在那沙土地的 Zago 林中，有 10km 之长，满地都是生着那 Zago。畸岖的身子、尖长的叶子的 Zag，而枯死了的也实不在少数。树的底下，就是小沙丘，我思此地之沙为外来者，沙至此，因树多、枝叶密、风小之故，留积于此，成沙丘。

时徐先生同行，云俄之某海沙漠中，现遍种 Zag，盖用以防沙之到处飞扬也。行在这林中之时，我因为看见林木纵横，几乎把地面来掩遮煞，就联想到古之所谓栈道，虽然我没有见过。南北远处，望着尽是高大雄伟的沙土之山，重叠起伏，一片白茫茫雪似的色，尽端与天相连，不知其有几许里远。这样雄伟的路程，教我这初出茅庐的旅客看起来，心里有点忐忑不宁的悸动，谓之为有点怯也可。谓徐先生曰：像那样沙丘重叠，我看来真不能走。

话犹未了，Zag 林完了，前边路景的光线已渐渐反射在我的眼里，嗳呦，那是什么？白茫茫的，高低起伏，像是海水的波涛，又像是蜿蜒的山脉，挡着了我的去路。像前边的路已经寻不着了，只有几个骆驼的足印，深深地印入的足印，隐显在那山岭的稍为平坦的地方。其他的地方则是剖面般的平整，那剖面的上面有一绺一绺的小斜纹，万分地像水面波动的斜纹。这是什么？不是那可怕的瀚海是什么？

沿着这足印走去，忽高忽低，盘曲弯转，一会儿是走在那稍平的洼处，一会儿那丘岭又挡着前途。不到半点钟的工夫，那驮着重载的骆驼，人比之为瀚海之船的骆驼，已是累得喘汗不休。虽然是夕阳将落的秋天，不甚热的日子，走得比较慢了，路又多曲折，所以我的路线图作着是很麻烦，很不易正确。

六点钟到了，沙漠渐渐地小点了，前面一个 Zag 林的影子又出现在眼里了。那 Zag 林中，隐显地飘荡着一面小旗子，蓝布中间有个黄十字的小旗子，知是赫定已经住在这里了。前面过来看见的那个足印，就是他们一行过来时留下的遗迹。

住下和他闲谈了一会，对了对路线图。徐先生又告诉他我画画来，他要看，我就给他看了看，他又出他的给我看，他画得很好。我的路线图，今天为 15.1km，他以后算出来说是 14.2km。以后出，我又作画二幅，一是赫定的骆驼，一是北望 Zag 林沙山（图 3-12，3-13）。八时多，大队才到。我在画画时，听见有人来，询之，附近商人也。询之知到黑城只有四程。一路 Zag 林中，积木甚多，盖以指示路也。

图 3-12
赫定的骆驼

图 3-13
北望 Zag 林沙山

晚饭后，颇倦，卧床上，昏昏欲睡，时夜正黑，帐篷里只有我一人，对着一支光芒四射的蜡，一切似乎都是沉静的，时有雁一类的鸟，沙沙地从天空飞过，它们发出来的声音，以及现在所有的环境，皆足以引起我那紊乱的心绪。俄而又听见德人考尔唱歌，俯仰高低，悲悲戚戚，更增加了我的深长的忧虑、幻想。嗳呀，我不敢往下想了，睡吧！

住地名 Schala Zago，黄 Zago 之意也。

看轻气球升空达五十分钟

1927.9.22　　廿二日

晨八时起，看轻气球至五十分，为旷古我看的长时间，可是郝德直至一点多钟才罢。

饭后写日记，描地图。十二点半午饭，继以收拾东西，一点四十分起身西行。一路完全是沙漠，Zago 之林，过一个又一个，一个一个之间，就是那壁立的沙丘，把路来弄得回折的沙丘，一走一陷，忽高忽低，费力不小。

四点多钟，路旁一井，地名叫 Dalei Hupung，"海井"之意。Zago 林过了有三五个，中间的纯沙路程也有个三五段，天就渐渐的晚了。商帮过去了一队，从古城子来的，那时正是六点，徐先生的坐骑坏了，收拾了多时，因此又耽误了半个钟头，又蜗行了多时，七点算到了目的地（图3-14）。

本日行程中，我曾经走了一段，不到半点钟，再也不能支持了，理由简单，难走而已。多半天的天气是很热的，热时总在25℃之上，六七点的时候，却又有点冷。到的（住的）地方名

图 3-14
Zag 树林中宿营

Schaubornnor，因附近有三四里许，有一水坑（Nor）夹于二土山中，故名也。同赫定谈，对路图，彼为18.3km，我为18.25km，差得很少，又是旷古的成绩。以后我和衣而眠了一会。大队十一点才到，饭后写了这些东西就睡了。睡时风声萧萧，引路之火犹灼灼作光。除去这两种声光之外，一切都是沉静的、黑暗的。

和赫定的路线图只差了10米

1927.9.23　　二十三日

八时半起，饭后有的人往那 Nor 去了，我可是不高兴动，所以虽然有人邀我，我始终没有去看着。以后我就独自一个人，跑到住的地方的南边的一个较高的沙山上，离帐篷也很不远，画了一幅写实的图，是驻扎的情形（图3-15）。画的时候，我是坐在一个 Zag 树荫底下，完了，我就随便地躺倒地上了，舒服得很，微微的风拂着，那阴影的地上，未受强烈的日光，不像他处的热不支的情形，很凉爽。那时我有神秘的幻思联想，又有诗意，因为仰着看见那 Ci 云，很快地从西往东行。地上又可以看见 Zag 树

住地之一瞥　　23. 9. 1927.　Schauborn-Nor

图 3-15
住地之一瞥

的影子摇摇摆摆，我如果作首旧诗形容当时的情景，我一定用上"俯视树影，仰看白云飞"这一流的话。

以后我回去收拾东西，预备启行，十二点多就吃了午饭。以后我又到树底去躺着，可总没有睡着，这样的情景不容易使我这样的人睡着。说是早走，可是直到两点半才动身，一路才上来是往西南走，以后就往西北或西西北走。出了头一个 Zag 林，沙就少极了，一片平地，地硬得很，路上叠木仍多，因为路不易认的关系。这地上也有点枯木黄草，不多就是了。过了这段平原，就又到了 Zag 林，沙土也是渐多，最后更大起来。

七点，到了沙中有 Zag 的地方，看见先行的赫定先生住了，我们因此也就住。见地平，掘之以寻水，可是终结是给了个失望。同赫定谈，知我之地图比他多仅 10m，比昨日更进一步，我为 16.6km，他为 16.59km。

他带来了饭，我和徐先生就吃了点。以后过了个商帮，从故城子来，往归化去的，询知离无沙土之地已不远，离 Boulrzungging 仅廿余里。司拉大在看商帮有驼百余，货为毛绒之类，商人云故城子比哈密的买卖还好、还大。

以后哈密来了[①]，大概是渴极了，我给它点水喝，它喝完了，又把盆子咶个不休，盖犹未足，又给它了点，终久也未足它的量。三塔来，也想喝点，给它点，哈密与它争，哈密把它咬了一口，三塔跑了。住地无水，大队从前站带水来。晚饭时，他们就说水不多，明日大家不要洗脸了，留着喝茶罢！

本日下午一点多钟的时候，那 Acur lenti〔Altocumulus len-

---

① 哈密：此处"哈密"和"三塔"，指外国考查团员喂养的狗名。

ticularis，ACSL，荚状高积云］，因为靠近太阳的缘故，被她一影，那云儿就生一个五彩的不圆的环，把周围来包起，内里仍然是透白长圆体，这种云发现这种现象，不多见得很。附近的云，一连有几块这样的。地名 Suging Zag。

沙山里总是迷路

1927.9.24　　廿四日

八时起，画又作了一幅（图 3-16）。

下午二点动了身，起初沙仍然不少，路当然仍然难走，Zag 树也不少。以后沙少了点，渐渐成了很平坦的地。正西走去，不到三四里路，却沙又到了，难走地方又到了。好容易过一个沙丘，绕了一个大堆，慢慢地、一步一步地走出了这可怕的沙漠。

四点多钟，才算给沙漠脱离了关系，走上了平坦的大路，沿着大路望去，南北有些沙之山，东边当然不成问题，西边却是广大的平原，远处也有不是沙的山，地上却大都是很硬的皮子的地，地上满生着白霜似的 Soda，或是其他的盐类。

歧途到了，难问题来了，一向西北，一向西，取［哪］一条好呢？我们只有三人，没有引路的，不知哪条对，欲寻赫定一行的骆驼足印，两条路上都满印着乱七八糟一个一个的足印，把你来搅乱得说不清走哪一条好。徘徊了足有半个钟头，我也就下了骆驼寻了一气。最后果决了，走北边的那条，因为北边那条似乎有几个新足印。临走，我又弄了一个烟包压在木上，以作标志，教后到的人好知道我们顺这条路走去了。

当时后边 Haude、Hemple、Kauel 三人来了，可是我们没打招呼，他们三人顺着南边的路走去了。不远又有歧路了，又费了点踌躇，好在看见前边有骆驼，又像有帐篷，简直直趋去了，也不管什么路不路了，到了一看，原来是蒙人司拉大、门德，云赫定的帐篷扎在北边，山的附近，我们又一直往北去了。走了有 1km，才到。

地在林中，树不密，附近有砂土石的山三个，一高位西，二低一西北、一东，风景绝佳。更加时天已暮，晚霞成橙色，加上远地上天然的景物，真是一幅美图，欲画而不能，有什么办法（图 3-17）？晚与赫对地图，他为 14.0km，我为 14.7km，路不同，故多。依彼路，我的也就是 14.2km。

图 3-16　再画住地之一瞥

图 3-17　砂土石的山，风景绝佳，欲画而不能

住地名 Baurchangging 或 Borzungging。司拉大云：蓝理训一行已抵黑城（KalaHoTu）[①]，到爱金沟尚有百二十里，黑城约七十里。此地井水好，附近有商人。

与徐先生去商包问讯

1927.9.25　廿五日

晨精神不足，所以就多躺了一会，徐先生五六点钟就起来往山上看日出去了，我到吃饭才起。饭后一个人走到邻近的东山上下看了一遭，一无所得，归作日记。徐先生问谁去商包问讯，我应了，讯之别人，都不去，归结还是我二人去了。

有一条蚰蜒小路，顺着它东北向走了有五六里路，还未寻到，一路上路不是沙土就是坚硬的碱土。草枯的有，黄了叶子的也有。有的些树，也有一些黄叶子和青叶子混着，我说这些黄叶子好像是树上结的果实，徐先生又说黄叶子非在野中不好看。

又过了些土冈子，生着野草的土冈子，才看到了有个人在前边，接着就看到了个蒙古包，见是商人。此家有包二，一大一小，主人请客入大包内坐，谈了多时。知商人为山西汾州的，长走王爷府的，因此他们说是"衙门上的买卖"。到黑城只须两日，再一日可到爱金沟，再三日可到噶什诺尔。nor 水深碱，附近无人烟，自爱金沟到噶一路多红柳、梧桐。

后又到那边商家去看，有帐篷二，北之家为二家生意，南之家为一家，此两帐篷的三家买卖都是包头，到此都不久，谈的情形，无非与前大致相同。且此三家的人，对前途都不大晓得。辞

---

① 黑城：又称黑水城，蒙古语音译作"哈喇浩特"，西夏王朝设置的西部要塞黑山威福军司所在地，元代沿用，设置有亦集乃路总管府。遗址在今内蒙古自治区额济纳旗达来呼布镇东南。

归，时已十二点半。

至归，见赫定已行，于是我们也就急着吃了饭，王已将东西收拾好，不久也就动了身，时为两点。一路西北行，路多系硬碱地，草有点，并不远看见了一个。以后又看见了树，过去又有山，沙土想变成石（砂岩？）的山。过去山，树林、草地，接着又山，过去又树林、草地，过去又山，山后又是草地，树林没有了。走第一树林时，就望见了前行的赫定，我们休了一会，他又走远了。这时看见他已经住了，趋而住焉。

地名 Su Huei Hu Dung。住地井二，一好一坏，南好北坏，南深北浅。所谓坏者，嗅而已矣，这个晚上我才知道，因为我刚住下，就南行了，上南边的土山考古去了。穿行那硬极、不平极的碱草地，乘兴而去，败兴而归，徒劳往返，一无所得的事。

晚与赫定对地图，彼为 13.9km，我为 13.6km，他的方向为 N52.1°W。晚饭时，知大队夜行二十里而住，我们仍是明日走，到那里，再往黑城（二十里）去看。

夜宿黑城

1927.9.26　　廿六日

晨早因为大队走，醒，以后同徐先生谈多时，又睡。六时起，八点多分才动身。路上情形，大致与昨天相同，过那没有大石的岭，走那草树的野。树大的少，红柳不少。不到十点钟，行在草（苇）地，无正经路，忽而又看见前面有帐篷，知是自己的，趋至，询知夜大队到时，领路的迷了路，故住此，此地名[①]。

水臭，不好吃，然而除此外已无所有，住下吃饭。后，知队

[①]　此处地名原缺。据《黄文弼蒙新考察日记（1927—1930）》作"萨拉胡略"。

住此，欲往黑城者，白云：时外人除赫定、哈士纶、马、齐、何马之外，都去了，徐、黄、马、李中国先生们也去了。我因为赫定先说十二点半去，画图关系，同他去，故暂停。

一会赫定又说不去了，明天路过的时候，在那里住两点钟就够了。两点钟，我和何马走了，他步行着，我骑行着作路线图，夫狗子给我牵着骆驼，一路走得不忙。不到一二里，就找着了路，顺着北北西行，一路戈壁（大砂砾），地硬，走着倒很痛快。间或有点洼地，有土，生着草和树，方向差十几度不到正北。

走了三个钟头，到了黑城。未到之前，离着有五六 km 就望见了城和塔（图 3-18）。到时，先到的，都在破塔里跳出来，向我们要水，都说是渴得不了，幸而来时，大夫用饼干筒子装了两筒水，以后就用这个煮咖啡吃。

城土制，面积不到一方里，城外就是砂砾的戈壁，城角也都有破土塔，宗教式的土塔，像喇嘛庙里的玩意儿。城墙间，不远一个一个的凸出的炮台。西边有个门，我从这门里进去，看了一周，破房子、塔寺的遗迹，仍昭然可见。盖（据云）为元后破的，破瓦片、瓷器满地皆是。此城近俄人柯斯罗福所发见[1]，他在此发掘的痕迹，仍看得出。一个破塔的附近，满地的泥像泥，宗教式的玩意，我无以名之。△这样的玩意，我拣了几个。中间遇 Haude，也问"水有无"。街道则模糊不清，更加雨水冲刷，更混扰。我看了一遍，就回去了。累得且躺在了那破土塔中，城外西南角的，睡可是也睡不着。以后跑出去作了一幅城墙及此破塔的画（图 3-19），以后就喝咖啡，臭水现在喝着也没味了，非渴而何？

---

① 柯斯罗福：即 Peter kuzmick Kozlov（1863—1935），又译科兹洛夫、可斯罗夫。俄罗斯探险家、考古学家。1907 年在中国西北考察，发现西夏黑水城遗址。

图3-18 黑城旧照

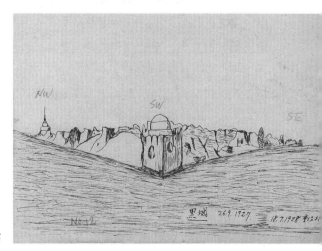

图3-19 黑城速写

马（山）、齐、崔来了，带来了几个骆驼，驼着 Haude 等的仪器、行李。我来的时［候］，我及徐、黄两先生的带来了。晚又是吃咖啡及面包、饭，接着就睡去了。黄住帐篷，徐先生的帐篷没带，所以我们就露天宿，空气之新鲜，那不用提。起初也不大凉，大家谈了一气天。以后，我一人又步了步城南北墙（西面）的距离，得四百八十七步，计约 400meter。走到尽北端的时候，望不见南边的灯火，听不见人声。一个人往北行，看见有些塔、树一流的东西，像动［物］、像人，怕点，胆怯。回来的时候，就急着走。回去和徐先生又谈，说些人怕黑暗，因此而生出明亮是好、黑暗不好等等人的观念，多时才睡着。以后渐渐的凉，醒了好几回，都是因此之故。我的床未带来，睡是在地上。

丈量黑城遗址

1927.9.27　廿七日

早起，吃茶，写日记，抄地图。日记未完，进城作城图，在城内南部量 base line。以后用指南针定方向角度，作三角形，交点。及成，甚坏，不方，角度差得太多，只好另干。自城上东南角量起城的方向，至西南角的距离为 425meter，方向北端差东五度，西边差南五度，归绕是 90° 的角度。西南角望西墙北端的方向是正北，到城西北角的距离为 367meter，西北角望北墙东边的方向为正东，用此作了个墙圈图。

量的时候，赫定、哈士纶来了，大队已过去。王来，教他给我帮忙。赫画了两幅自然画就走了，我给他量了个 base line。徐先生也走了，都走了，只剩下了我、黄、王和夫狗子。进城量了气破房子作图。（时得了赫遗下的大钢尺。）不久，我头晕了，天热得很，所以致此，且地大繁复，不易量完，自己时间短，无吃喝，工作自然困难，且自己第一次作这个，仪器更不完全，怎办？教黄、王量，我憩了会，以他们得的结果，画在图上。到四点多钟，还没弄出点眉目来，只好作罢，出城，收拾东西，装骆驼，走。

仍然是夫狗子拉骆驼，黄先生骑王的骆驼。路上情形仍是砂砾高低不平，土冈、树丛（红柳、Zag），后又有点沙漠。过去就看着了大队住在北边，我又望见了个破城（？），告黄先生，他去了，我直奔大队。

统计自出发至住所，仅一时余，行约 5km。住地无水，所用仍系带来的臭水！饭后蒙人弄水，盖赫定之暗示也。我作图一幅（图 3-20）。住地平，有 Zag 树，远处有土冈，西边 1km 多就是那破城。他们去的人不少，我哪里能去？

今日黄先生在黑城得壁画一片及泥佛像一小个。我昨日之所拣，又从"所拣"之中拣了两三个带来了。王拾了些铜片、宋钱一小串。晚又见徐先生有泥像，半截身子、没头的，及一个面壳的泥像。

自黑城至此的方向约是北西北，晚觉水缺，早备了点。夜仍

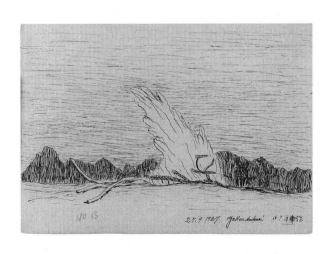

图 3-20
营地篝火

睡地。睡下了以后，听见远处隐隐有骆驼铃声，多时也没来到跟前，可是我不久就入了梦了。

到达爱金沟 ①

1927.9.28　　廿八日

早两点多钟忽然醒了，觉着鼻子里发凉，接着就有东西流出来，知道是血，急着把头伸到铺的外面，怕滴在被褥上了，一面叫醒了徐先生点上了灯。我用纸擦了擦，又用水洗了洗，不大流了。徐先生问我别处有不舒服的地方没？我说没有。他又给我如意油擦了擦，血不流了。地上一共有三处血滴，都比蚕虫还大，被子上也滴上了两滴。弄好以后，渐渐地又睡过去了。

晨五六时醒起，收拾东西。时赫定而起，早饭，我也喝了两杯茶，吃了个面包，量了 base line，打发赫定先走了。我们收拾完了，也就走了。时为七点四十五分。路砂砾之地仍占大半，间有一片片的土草掺和着，也有些土堆生着 Zag、红柳一流的东西。

不到二三里路，看见路旁有两个破泥塔，徐先生去看去了，我作着路线图，不好去。过去不远，又有几个，我仍然没去看。拐了个弯，又一个。天有风（虽然不大），所以有点冷，更加云把太阳遮着，加甚。我单裤、单衣，虽然穿着毛衣上身，有点"受它不了"。路越走越远，走了有 8km 多，就到了树木林，土冈子长 Zag、红柳的地方了。路的回转多，以后又是沙土，足印看不清，所以难进行。我下来找了一气，听见北边有骆驼叫声，跑到土冈高处一望，原来不是自己的人，是个骑驼走路的蒙古人。说了声

---

① 爱金沟：即额济纳河，西夏语"亦集乃"的音变，意为"黑水、黑河"。黑河下游进入今阿拉善盟额济纳旗后，习称"额济纳河"。

"塞"就完了。回到站的地方，就看见了蒙人巴头来了，他说水到了，来迎我们的。果然望见了水，不远处就到了河畔。河小水浅，巴给牵着骆驼，不久就过去了。

河两边树很多，风景自然很可观，这边又有很多的野草。几步又到了第二个河，这个就大了，水也宽、流也急了，中间还有几处高出水面的土滩，像小海岛。河那里，树林深处，那扎了很多的帐篷，还有个绿色的，高树着一面蓝布黄十字旗，知道是大队和（蓝理训）住在那里了。费了七八分钟，那骆驼才把旅客及他们的东西渡过了这条混着沙土的浊流。

又过来绕了个弯，南东南，走到了。两旁的景无非土冈子、树丛，穿过大树中间的时候，看见树生于两旁，上边的枝叶可是接触着，好像作成的辕门欢迎我们的一般，叶子深绿的有、淡绿的也有，黄的也有，身子都是围着一条一条的皮。外国人说是枫，我想未必。

临河而居，树林、河流点缀得难以描写，徐先生说压赛江南，黄先生说他家临汉水，树尚不如这里多。我说我对于这片景物，无以形容之，只好加以"好"字！我四学生又照前样住在一帐篷里，地方太靠前，树影不着，不好。与蓝理训队的人见了，除李伯冷之外都周旋过了。李与人寡谈笑，少接触，他不和我问讯，我也就当然不睬他。

晨茶吃了，画了两幅画（图 3-21，3-22），睡了一觉。午饭吃了，有点热，跑到北边河里洗了洗，以后又一个人在白沙上、烈日下，Zag、红柳树丛中，赤裸裸地卧了一会，实行"日光浴"，痛快舒服，那就不能说了。一会，一个小黑虫子，它偷偷地跑到我身上，咬了一口，我一把把它打跑了。又躺了一会，才收拾穿衣，归。

图 3-21　爱金河畔之一幕

图 3-22　爱金河畔

外国人也多跑到河里去闹，马山拽着他的第客，老齐又弄哈密，还有其他的人，大家都赤裸裸地玩，好像一起子小孩儿。赫定在岸上，和他们笑谈。此时我又画了一片画（插图 9a）。天夕，无线电支起来了，Hütt 也安上了，知道要久住。昨饭后，徐先生说，大队久住此，气象台事，去人寻索果诺尔①，或噶什诺尔一带的地基。这河自然是唯一的爱金沟。

今天走了 10 个 km，按我的路线图说。黄昏、钩月、丝云、树影、河流，又成了一幅美景。外人话匣作乐。以后风大作，树呼呼鸣，如虎啸狮吼。（河自西南往东北流。）

---

① 索果诺尔：今译苏泊淖尔，黑河尾闾湖之一。

第四卷

在额济纳

（1927.9.29—1927.11.7）

一　额济纳的测量

马叶谦被确定留在葱都尔

1927.9.29　　廿九日

　　风一夜未息，直到清晨，依然"喔喔"地刮个不止。醒了觉得很不舒服，大概是因为睡地"板的上"罢！收拾了收拾东西，就吃饭，以后整清誊了誊月表，抄了点气象。外国人收拾箱子，拿出了很多的吃食的东西，大概是为留在这里气象台上的人用的罢。蒙古人来观光的有两起，一个蒙古青年进了我的帐篷，我给他支烟吃，问他这里的地名，他说这里叫村杜，或为坤都尔[①]。

　　以后徐先生请了马去了，原来是说给他，要他留在这里气象台上。我以后又到了徐先生那里，和他谈了一气，他说马要留在这里，我跟大队走，崔要运东西回北京。几天我要上毛目[②]，办理交涉邮电、买办等事宜。以后又同黄先生谈了一气。茶罢，又同谈了多时，多蒙古事，间有同情。

　　以后徐先生邀游北土山，去，几步就到了。我看见了个纯沙无红柳、荆棘的地方，峭（Ziau）得很，我说从这里上去，

---

　　① 村杜、坤都尔：或作松杜尔、葱都尔、逊都勒，下文又作 Sandal、Santal、村渡者，蒙古语"大沙丘"的音译。

　　② 毛目：民国时期县级行政区名称，1929 年更名鼎新。今甘肃金塔县属鼎新镇。

他们说不能，可是我跑上去了。难走的上半截，我就跑。将到绝顶的时候，有些沙子，被风一吹，好似滚木、礌石的打下来。好在我一鼓作气，不管他三七廿一，直跑到了绝顶。这山虽然不高，因为峭的关系，更加我用力跑，累得我喘个不休，上气不接下气。

我坐了一小会，又去寻徐、黄二先生，这时他们已从北边较平坦处上来了。上边还有高出的［一］个山峰。又上了它的顶，疾目四瞭，那树，河，Zag、红柳一类树条，野草，土冈子，平坦的，远远近近的一切景物，都历历地印映在我的眼里，我想与天际相连的远处，不只有几十里。附近的沙山无出此者，只有"唯它独高"。

景物之中的最好处，要算这最近的树、河，因为那树叶子半青半黄，一棵挨一棵地生着，上边互相连结，成了个林（图4-1）。那河自西南往东北流，蜿蜒回折，中间生出无数的沙滩。水虽然不深，被风一吹，却起了些微浪。夕光斜照在那水面上，那水面就变成了个高低不平的明镜。附近的树林很多，看不见像黑城附近那样的沙砾之地、不生草木之地。

我们坐地谈了一气，后多谈佛学事。我是门外汉，当然不能插嘴，我又想画幅风景图，所以只得退去下边寻个地方作图，走回原路第一个沙山之顶，坐在这里，取了树林中的帐篷及河及隔河的林木作了我的材料，画得可是真糟，不好看（图4-2）！

他们两人一会也下来了。我完了的时候，吃饭的铃声响了，乃同归。饭罢，散步住地之前。以后蒙古人运了些木材，积在那里，知道又要焚火。果然一会火起了，很多的人围着闲谈，中外团长也在内。我玩了不少的时间，中间以和华志谈话的时间为多。以后因为想起作日记，只好回到帐篷里去了。

图 4-1
爱金沟宿营地
旧照

图 4-2
爱金沟风景画

　　我清晨觉得睡地不舒服得很，就缝了缝我的床，重整床铺，
不再受地上苦了。风刮了多半天，晚上我发现了满床、满箱子的
土。我睡了，外边的火仍然熊熊地燃烧着，钩月早已下沉了，几
个星，也不亮，宇宙间的一切，都是模模糊糊。

　　午饭后，从黄先生那里拿来了一本子《蒙古游牧记》卷十三①，当时我就看了有半本，内讲土尔扈特部的历史，阿玉奇的曾孙从俄罗斯率领着他部的三十万众回中国的情形。此土尔扈特是住新疆的土尔扈特，不是这额济纳土尔扈特（甘）。

处罚偷骆驼的苦力

1927.9.30　　卅日

夜间西、西北风大作，感觉得怪冷。清晨起的时候，那风还未息，冷自然还是免不了。起来穿上衣服，出去一看，空间满布着雾一般的沙土，地上堆积着不少的落叶，原来那些黄叶早已失掉了生机，很容易从枝干上脱落下来，又焉禁得起那大风吹呢？同时从那落叶里发出了一种温柔凄凉的声息，好似一个人告诉我说："秋深了！天凉了！自己保重罢！"我有了这种的印象，受了这种的暗示，就急着开开箱子，取出了我那呢绒的大氅，罩在了我的身上。果然，那无情的西北风霎时就和我断绝了关系了。

清晨吃饭的时候，听见外国人讲论绑起那偷骆驼的人来，照电影。我觉得很不适当，因为"体面有关"，就去寻徐、黄两先生。先见了黄先生，黄先生颇愤慨，和我同去寻徐先生，而徐先生却说是没多大的关系。那外人却于这期间，就教那偷东西的人，演了幕中国人显脸的戏：绳子捆着，蒙古人牵着，其余的围着看。好！中国人真显脸！？真体面！？这样的刺激，我心里实在没法子忍受，恨不得立刻和洋鬼子决裂了。然而可能吗？主事者觉得没关系，自己一个人是人微力薄，除了说几句"大不满"的

---

① 《蒙古游牧记》：清代地理学家张穆（1805—1849）所著，凡16卷，卷十三至十六为额鲁特蒙古即西部蒙古部分，记载有土尔扈特蒙古部落东归历史。额济纳旧土尔扈特蒙古历史在卷十六中。有同治六年（1867）初刊本。

话外，还有什么办法？

徐先生听了我说的话，似乎面子上有点过不去，说："如果大家觉得很不妥当，等袁先生来了后，大家商议商议再说。或者不让他们出这种片子。"然而事过再说，究不如事先弄好的好。再说以后之"商议"，又在哪里？把贼又带上来了，虽然没捆着，两位团长站在正面，赫定教那人跪下，李伯冷的摄电影仍然进行着，这里就大开审办（图4-3）。洋团长先发言，接着就是徐先生的翻译，说道："你偷东西偷不了去，赫定先生在西藏，十六个人偷了他的马匹、什物，四下跑去，他还能一一地把踪迹寻出，把东西弄回。赫定先生对偷东西的人也就轻易地放了，你焉能偷了去呢？以后不再干这个了，作点工，就有饭吃……"等等的话（冗长不录）。赫定之仁德宽洪，智略过人，于此可见一斑！贼叩首，唯唯称"是"。

一会法庭闭幕了，偷犯放了走了，围观的人渐渐地也都回了，这幕中国人的"戏剧"就告一段落了！我因为这个偷犯，费了不少的口舌，用了不少的笔墨，生了不少的气愤，想了不少的办法，

图4-3　处罚偷骆驼的苦力

终究人家自有人家的办法，不大离的事都是无大关系，我“所为何来”，许是神经过敏罢！？

以后计算了月表里的几个数，算我的工作。

下午同徐、黄两先生谈了一气，又同出去散步，沿河西南行，有二里路。又西折，穿过那大树林，找了个土冈上，坐谈了一气。周围的景物，仍旧是树，SuHut（红柳），还有点野草，很密很密地生着。夕阳坠的时候才回来，一路仍然是穿行于红柳、树林之中。红柳的小叶，有的淡红，有的黄绿，有的深绿，好像开的些小花，诚然可观。路是羊肠小路，穿来穿去，我们老是在红柳之下躜，树林的叶子青、黄，好看照旧，地上的落叶积了一层。树枯死、没皮的很多，有的横卧在地上的枯干，好像是匹马或羊，我们却都有这同样之感。路走着走着，往往就不通了，因为红柳的丛条挡着了去路，我们也只好回头另寻走路。

回到住地的时候，看见用的蒙古人，用一大木身来作独木舟，将来一个人泛舟于爱金河内，游荡两诺尔，却也是件有意思的事。我哪里有这样的福？我们上毛目的时候，说是还要找木匠作一个小船哩。

铃声响了，人们都上一块儿聚，知道吃饭的时刻到了。饭毕，天黑，我卧床上呆了一会，听蒙古弄笛，心思不定。以看起燃烛，读《蒙古游牧记》几页，续作日记。

读《蒙古游牧记》

1927.10.1　　**十月一日**

夜冷，晨八时余起。本来早已醒了，贪懒多躺了一会，所以到吃饭的铃声响的时候才起。风十分小了，冷比昨天差得多，外氅尚且没有用。午请崔大给我推了推头，午饭毕，给 Kuel 要了块皮子，叫牵骆驼的老杨给我缝那“上黄河”破了的皮鞋。出去转了一趟，画了一幅风景图（图4-4）。

因崔大回京事，费了许多的口舌，终究他自己是钻木头疙瘩。看了几篇《蒙古游牧记》，一面看它，一面对着地图，颇得要领。上边讲额济纳土尔扈特一段，知道居延城在居延海（噶什诺尔）之西南，相距也不甚远，为汉强弩都尉路博德所筑，汉武帝"元狩二年夏，霍去病、公孙敖出北地二千余里，过居延，斩首虏三万余级。太初三年夏，强弩都尉路博德筑居延。天汉二年夏，骑都尉李陵将步兵五千人，出居延北，与匈奴战"。《汉书·武帝纪》：居延为酒泉要路，筑塞其上以扼其来，名遮虏，居延塞即遮虏障。

吃晚饭前，同徐先生及郝德谈。郝谈话中希望我留哈密，他将来到察尔克利克后[①]，再回哈密久住，我们共事。晚马洗相片，我不能看，听见蒙古乐声，趋至，则是堆木焚火，赫定、徐先生

图4-4　爱金沟风景图

① 察尔克利克：新疆若羌县民族语文地名 Qakilik 称谓的音译，又作卡克里克。西北科学考查团进疆后，郝德率李宪之与狄德满在那里建气象观测站。

等围坐，蒙人作乐助兴，我也听了一会，给何马写了几个信皮。赫定说要看看我画的黑城图，我说明天给他。以后回来了，看了点郝德的算高度的书。

筹备庆祝双十节

1927.10.2　二日

双十节，只有七八天了，想起中华民国虽然已经有了十六岁的年纪，却仍然是脆弱不堪，内乱频仍，外患日逼，军阀作祟，帝国主义压迫，民不聊生，国将不国。先烈不能瞑目，志士仍当努力。

每年的十月十号，都照例举行庆祝。今年我们来在这个地方，处得这样的情形，尤不能不有点表示，以壮观瞻。况在大部队的民众，都已经有了新的觉悟，知道真共和的幸福不是能坐享的，不是能梦得的，必须除掉一切的孽物。所以都联合起来，站在一条线上，与恶魔相奋斗。

好了，民众的势力渐渐地膨胀，恶魔渐渐地减少了。我们处在这样的环境，既不能实地去奋斗，以帮助革命的人员，又不能（或者说是没地方没机会）从旁鼓吹，以促进其他的人的觉悟。只好尽力之所能，作一点庆祝的举动，碰见这个节。

上午因此和徐、黄二先生谈了多时，计划筹备，决定就近买点东西，作个国旗，临时再布置会场，加其他的东西来点缀。中国人届时都到，向国旗行礼，演说，余兴，等等。蒙古人也是中国人，当然也在内，也叫了蒙古人来商议，叫他们也弄点玩意。

下午说是我出去到商家去看看买点东西，可是风大得很，下午骆驼又远处放去了，路远（到商家），我没去了。午饭前到郝德那里去填上了 Aspirator［吸气器］，他弄了弄，教我们看。

我上毛目因为双十节也，就延了期了。黄先生明日出去考古，教我给他开了个饭单，要东西，也费了点时间。向他要了几张纸，为将来的路线图、双十节。晚上我拿出了我的皮箱子，把我的以往的事迹，差不多回忆了一遍，想那离别之苦，也不能从前之甚了。以后，听见外边洋戏声，出去看，火，众人围着，洋戏助兴，狄德满作了一段滑稽舞。我呆了多时，等都散了，我才回来。

上午我曾把黑城图给了赫定。

额济纳河中的测量船

1927.10.3　三日

今天晨饭后，因为国庆节的缘故，要买东西，我就和蒙人门多罗塔骑着骆驼去寻买卖家。西南沿河走了三四里路，有两个蒙古包、一个帐篷，到跟前一看，却不是什么买卖家，是蒙古人住家。蒙妇取牛乳，问了问，买卖还在西南边。又西南，约五六里，到焉，有帐篷一，买卖家也。入询，知为包头商人，什么货都没有。又问知到毛目方有买卖，三百余里，须五六天。北边只有一家买卖，约四十里，恐怕我们所要买的东西，也都买不到。

归，路过蒙人住宅，入，则一老翁，一中年妇，一女孩，一婴，外之一翁，先过时无此人，余均见之矣。时蒙妇弄火，上坐锅及笼一流的东西，后一管伸出，下置一瓶，黑液由管出滴瓶中，询知为作乳子酒者也。妇出银碗乳子茶饷余，我没喝她的。小女孩吃纸烟，我给她了点，小婴（男）肥洁，一手伸哑哑向余，一手握乳饼，时向余，时缩回，颇活泼。余先告门以雇马走毛目，至是妇答以掌柜的不在家，不能做主。未几归。午饭，告徐先生情形。徐云，此地既如此，届时只好尽己力之所能而已，无须远去。于是急赴毛目之议罢。

船成了功了，徐先生同赫定游河中，徐坐，赫立，手执木篙，考尔、蒙人宫保亦在上支船。船为二独木舟（图4-5），中以木板连成，在水中漂漂摇摇，时而搁浅，时而急行，搁浅之时又下去人给他推船，颇饶兴趣。

黄先生下午要走，可是骆驼太坏，未成功，徒麻烦了一次，黄先生颇气愤。谈话之际，知瑞典人那林所绘地图为五万分之一的，违反条约，事关重大，然而徐先生一口应承，别人又好怎说？

晚和郝德谈话，他问皇帝好、共和好？我说共和好。然而他说

图4-5 制作测量船

皇帝好，因为德国自成共和国后，他们没吃的。又宣布其皇威廉二世之德，这般德国人为旧党，真迹更彰。其来此之目的、之野心，更不可测。他说将来要我和考尔留哈密，他到罗布泊，再回来。

我作国旗（青天白日），未完。

生病了

1927.10.4　　四日

昨天他们三人就说我值日了，我答应了。清晨六时半就起来，七时上 Haude 那里去作观测。两月以来，不大干的事情，又重新整理了，作 Hütt 里的温度、水温度、气压、风云，架子上、地面上的 min 都记录了。

以后又同他上北边的沙土山，去看温度及收温度表。沙山就是我们曾经登过的那个高沙山，一步一步地走上去，就把我累得喘个不休，很不舒服，我体质之衰弱以至于此，可叹哉！山突，下着容易，像有东西牵引着似的，煞时就到了地。沙山上有两个 min 温度表，一放地面上，一置出地 8cm 的架子上。山下后面亦有二 min 温度表，安置一如上。

饭后我又一个人安 Transit 看轻气球，看了十五六分就没了。以后十点、十二点，下午二点、四点、六点都作了观测。我的胃早就是消化不良，不过我不［在］乎它，由它去，不高兴吃饭时，就少吃点，也没有怎样地为患。今天有点特别，饭时都是不咽，直到六点晚饭，更不行，吃了点汤，就不能再吃别的了。腹子里只觉得饱，有点发胀，以后就一个人躺了一会。

末几，Haude 来叫我，意叫我去沙山放温度表，我告他我的病，他颇惊讶，叫我同他寻 Dettman，狄说用个带子束上腰，早睡，喝杯热茶掺点酒，发发热，就可以好了。Haude 试了试我的脉说每分 78 次，很好。

我回来睡，Haude 同时去找马山给我要酒，我还没有睡下，徐先生、赫定、Haude、马山几个人来了，马给我美国黑酒，徐、赫诸位无非问病体如何而已。Haude 又给我了六个药片，说教我今晚服一。以后老王送来了大□，我一一如他们所说的办了。酒力大，我只喝了一点，睡下不多时，浑身是汗，许久还是干不了，然而腹胀如故，加以喝了点水，更不舒服。我每有不舒服的事，就好一个人流泪，有这一点不舒服，也就照样的难过，说话时有哽咽之势，小孩子气何其盛哉。我自己也不明白我自己的心理，心绪紊乱，一点头绪没有，终究任它不高兴难过的时候就好了。不久昏昏入梦，夜上衣坠地，又觉冷。

今日我曾画了三个国旗，一中一瑞一德，德未完。

躺了一整天

1927.10.5　　五日

一早衣服坠地，有点冷，肚子有点发胀。清晨九点多才起，起来饭是不能吃的，而且我早已下了决心不吃了。喝了点茶，写了点日记，仍然是躺着，躺了一整天。虽然不吃东西，我确一点也不饿，下午茶时，我教王给煮了点粥，吃了一盘。

以后仍然是躺着，烟一天也没吃，想时以糖代之，晚又喝了杯茶。火弄着了，徐先生、赫定及其他的人多围着谈，我也就到了那里，他们都问讯，我告之以 better 而已。同徐先生坐谈了多时，有倦意，归问马山要了杯啤酒吃了吃，睡下了。今天我把大氅放在箱子里了，把我的一件厚被子取出，盖在身上，上边又有皮袄，所以睡觉着很暖和。不过夜里皮袄掉下去，有点冷，醒了多时睡不着。

爱金沟的树叶黄了

1927.10.6　　六日

今天好了点了，我清晨起来就吃了点粥、饼干，大半天的工夫，仍然是躺在床上耽误过去了。午饭也吃了点，以后就写了几个字，用色笔写的，以备双十节之用。字无非"共和、平等、自由、大同、互助、努力、奋斗、博爱"，及中山先生说的"知难行易，有志竟成"而已。茶没有吃，晚饭吃了点，以后就沿河散了散步，微风稍寒，半圆之月悬在正南，光映在水面上，那河里的微波，就成了金黄色。对面显出了很长的一溜。

来在这爱金沟的村杜，已经是八九天了，眼所看得清变化，最厉害的莫过于那跟前的树叶子了。才来到的时候，叶的十分之七八都是青葱一色，黄的都不过是十分之二三，或还少些。到现在，"曾日月之几何"？而黄叶已经变成占十分之七八了。从前之黄叶，现在早已变成了枯叶、落叶，脱离了那生长它的枝干，去和那大地接近，风起时就离开地飞舞，三三五五，互相追逐，风息时仍然是落在地上，地上的落叶，是愈落愈多。再过几天，现在之所谓黄叶，又要变成了落叶。到那时，地上更不知要增加多少哩！人又何尝不和"叶"一样呢？

看见叶子变化得快，就联想到时光过得快。我离开了北京，已将五月，其间的北京，又不知道变化成什么样了？我的一切的朋友、同学及其他的和我有相当关系的人，他们的情形，又不知道变化到了个什么样？病后的我，不敢多想了，睡吧！

结冰了

1927.10.7　　七日

夜里冷极了，清晨起来，我一出来，就看见了洗脸盆子里结的冰，像一个盆的盖子，有三四个 mm 厚。我一见大惊，慌忙告诉给他人。然而他们已经有早已知道了的，继而听我今夜地面的 min 温度为 –2.1℃，Hütt 里的温度为 +1.4℃。

白天渐渐地又热起来，棉衣照常去了。今天的饭每次都吃过了，外人之讯我病状者，我一一答之以 "All right"。上午徐先生来商双十节饭事，又教我作个秩序单。饭事，我找厨子吴商议，他说只有点粉条、黄酱，定了届时熟肉、蒸包子。秩序单无从入手，未成。又商议了些其他的关于双十节的事情。

下午缝了半天破衣服，以后就天夕了。到徐先生帐篷里看了威理贤书中的几片画[1]，从前在 Haude 那里已经看见过的了。又翻看了点《新疆图志》[2]。晚饭后，又焚火，我拿本《新疆图志》坐在火边看，卷一讲设置。此书辑于清末，迄今已十几年矣。看了些迪化、吐鲁番、哈密的记载。我要留哈密，自然此地与我有关，所以要看，我还想有了工夫，把哈密一节抄出。

归时已九点，出大便，蹲林中。南边枝上有类鸥鹃之鸟，"古古鲁鲁"地叫了几声，我不是公冶长，当然就不知道它叫的什么意思，我却当时表现出相当的荒凉。时明月悬当空，大地白，树影摇动似人，东边河涛仍晰晰声在耳。

抄录《新疆图志》哈密部分

1927.10.8　八日

晨饭后，我开始抄《新疆图志》关于哈密的事情记载，抄了

---

[1]　威理贤（Richard Wilhelm，1873—1930），又译卫礼贤，德国在华传教士、汉学家。《徐旭生西游日记》记其途中曾阅卫礼贤著《中国的灵魂》（*Die Seele Chinas*），当即刘衍淮所翻阅者。

[2]　《新疆图志》：王树枏（1851—1936）等修纂之新疆省通志，凡 116 卷。有 1912 年新疆通志局初印本。

有［一］章多（图4-6）。徐先生又来商议双十节事。教蒙人门来商议，他说大多数的人都不在这里，到那时教他们来须先和蓝理训说。即时他去和蓝理训说了，以后就教蒙古去买二只羊及乳子酒，到那天蒙人摔跤及赛bung子，以后还奖第一。

秩序单又没排出。我以后仍然抄写《新疆图志》，有时也和他们合唱点曲子歌儿，自己也唱点，练习练习，以备双十节余兴时献丑。Kaul下午分给块糖及糖稀，因为他嫌前吃得不得法，破费了。以后自己吃自己分的这个。

今天也曾经找出《古诗源》读了几篇，读到与自己现在情形有相关的相仿的诗，心不禁为之动，悲慨生焉。晚夜冷不甚，晨无冰。今天夕阳落时云现色，月早出，为云蔽，不甚明。

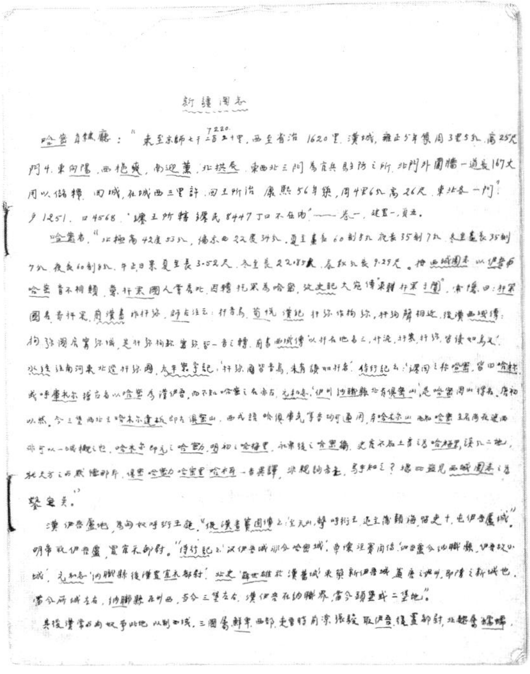

图4-6　抄录《新疆图志》哈密建置部分

二　双十节的活动

排列庆祝活动秩序单

1927.10.9　九日

清晨抄了点《新疆图志》。徐先生来说弄国庆日的事情，于是乎量地以备赛百米，开秩序单以备进行的次序。外国人也特别高兴帮忙，把秩序单又翻成德文的。秩序单如下：（一）开会主席致辞，（二）向国旗行三鞠躬礼，（三）静默二分钟，（四）唱国歌，（五）欢呼，（六）演说，（七）来宾演说，（八）余兴（详另单），（九）散会。这是总单，用硬纸画上方块，类匾额，周以花（菊）鸟，用色作的，还不甚丑。

余兴分二部：（α）A.蒙乐合奏，B.古文朗诵，C.合唱之一（苏武牧羊），D.洞箫独奏，E.独诵，F.独唱，G.蒙曲，H.合唱之二（军歌及古从军），I.幻术，J.诵古诗。墨写，边画胡琴一。（β）1.百公尺赛跑，2.拳技，3.摔跤，4.单足跃远，5.三级跃远，6.抛石，7.水中赛跳，8.跳毡子，9.袋中跳，10.三足竞走，11.捧水竞走，12.跨杖对打，13.毡上跳，14.障物竞走，15.拔河。此单亦墨写，画跑人于其下。皆出于我一人之手。β单中之游戏自6后为外人所加。明日之赛跑还有奖，第一罐头，第二联珠烟二，第三一盒。我的七盒烟变了奖品，罐头是徐先生的。

下午曾写了几个"真理""正义""中华民国万岁""日新""猛进"等等标语，夕弄开会地址，老齐很帮忙，埋三树干作树，以壮观。明天吃中国式饭，所以饭单也作了一个，老齐译为德文。今天有风，有云，冷得特别，受不了，我虽然忙得厉害，冷却时时感到。晚给厨房吴商议饭菜事，我给他开了个饭单。

爱金沟畔的双十节

1927.10.10　　十日

今天是双十节，清晨一早就起来了，布置会场，收拾一切，忙得饭已吃不得。德人齐也来帮忙，林中会场又埋了三个大树枝子作假树，把三个旗子位置到适当的位置，中国的青天白日旗悬在正中高处，瑞、德二国的旗子挂在了两旁假树干上，比中国的低些，三树成三角形，两旁的中间埋小枝，作圆弧形。

三树中放一箱子作桌子，上及周围绕以白花毡子，正面悬以中华民国万岁的纸条，字红纸白，周以红柳枝叶及花，前左边树团旗，左假树与旗杆中系以红绳，中贴标语条，右假树与真树之间，亦有同一的布置，以对称之，绳之最外端之标语即"知难行易、有志竟成"。

晨饭草草吃过，平一掘运动场，布置游艺场，十点钟振铃开会。徐先生着中服，长袍马褂，我亦然，外人多新衣礼服，蒙人亦多易服。大家闻铃即到，会场前面，即团聚了很多很多的人，中外团员、服役人等都齐，外边蒙人之看热闹者亦有之（图4-7）。开会之后，接着徐先生说了开会的主旨，就是行礼（外人也行了）、静默，就是我们合唱国歌"卿云烂兮……"，歌罢高呼"中华民国万岁万岁万万岁"，声彻云霄。

图 4-7 双十节庆典开幕式（左起第一戴帽者刘衍淮）

　　演说第一是徐先生，大意说了些中华民国革命的事迹，又说了些现在的政局，并解说三民主义，最后说到瑞、德帮我们作此次的考察，结尾是致谢赫定诸先生，以后又用法文译说了一遍。接着赫定先生演说，也无非关于中国国庆的话，用法文，我不懂，他又和德人为中国欢呼。以后是齐白满代表德人演说，先用德文，后译以法，我也不大懂，无非赞仰之词耳。他完了，Haude 说了几句，我先作的德文，教三译成中文拼音，他所以说时用的中文，他本不会中文，所以引起了大家的惊笑，说中话难说，中国文化很好，更希望中国多多进步一类的话，几句完了。我又说了几句，词详另本《十六年双十节演说词》。时间仓促，未及译成英文。

　　这以后就到了余兴了（图 4-8）。蒙乐奏过了，徐先生读了篇《岳阳楼》，我们合唱了《苏武牧羊歌》，我一人吹箫《梅花三弄》一曲之一段，益占读的《赤壁赋》，三唱《中华歌》，蒙曲奏

图 4-8 双十节余兴节目

着乐唱的。此际徐先生就说给我预备幻术，预备好了，回去，蒙曲已过，合唱的《军歌》已完，第二的《古从军》已开始，我和了。完了是我的幻术。这游艺场已不是开会的会场，是在下边平地上，周围放了∏这样的些毡子，赫定在内圈正面椅子上，我们在南边内圈的毡子上。我的幻术第一是变洋火，教赫定放上支洋火，包上教他碎之，我再教周围的人摸摸，以后到赫定面前去变新的，少显马脚，不知赫定看着了没有。第二是变水，用二杯，一会儿达三脸上显了一点墨我就跑了，他也没追，大家哈哈大笑。这个完了，徐先生又诵了一首蒙古人的诗，三两句完了。凡徐先生的东西，都用法文译之并说明。我吹箫时曾用英语说了几句伍子胥吹箫的故事。

这一部分完了，就散了一会，大家喝了点茶，徐先生出罐联珠烟、西瓜糖、□枣，厨房做了点蛋糕，大家点了点心，蒙古人等也去吃了点饭，就开始运动。第一是百米赛，中外人及蒙人、服役人都有，共十余人，分四队预赛，我预赛没跑过华志，就没参加决赛的权了。决赛华志的第一，蒙人宫保、门多罗塔次之，时间十三秒半。打拳的是厨夫张及益占，完了就摔跤。蒙古人之摔跤真厉害，老将史尔吉一连数赢，后输给了门多罗塔及宫保，门已胜宫，故门一，宫二，史三。

跳远到了，我跳不动了，所以没弄上，华志及 Haude 被一二拿去了。三级跃到了，我得法，德人不大行，所以一跳惊人，继而考尔一跃过之，以后都没有这样的成绩，考尔跳 9meter，我为8.86，相差不多。这个完了，就是水中赛，我腿痛没去，中国团员只益占一人，外人有华、马、齐，厨子有张、魏，无蒙人。令发，都跳在水里跑去了，水或深或浅，贪忙者往往倒跟头，益占先到彼岸，绕树而归，以后为华志过之，及到岸上，华一、占二、魏三，冷且累的决赛者，多是面黄、气喘，每人都喝了点酒，火已生起，都去围了一会。闹过这一阵去，就吃饭了。

李伯冷的电影摄了一天，自开会到吃饭都有。桌移饭厅外，齐出漆布蒙之，他并将三国旗及团旗、标语一部分，都安置在正面饭厅的门口，桌上又放红柳叶充作缀品，为"旷古"盛举。饭为中国饭，先酒，酒二种，一为马山用酒精掺的，一为我们买的蒙酒，我喝不得蒙酒。菜有炖肉（甚烂好），粉条肉丝，炸苹果皮及冷鱼，大家觥筹起错，"干杯""干杯"之声不止，胜极乐极。有趣的事，大家饭中而吃法西，独马山、考尔寻得筷子，用筷子，并云在德国常同中国朋友到中国饭馆去吃饭，狄德满吃酒过多，醉话谈不休，然多亲近无他意之辞，只有恨英、法等国之词耳。

华志以运动过多，又下水，不舒服，未能来吃饭。饭是包子（羊肉的）及饭两样，菜仍旧多一余丸子汤而已。中国饭是好，没有一个人不说好。粉条之名更著，我去毛目时还要买呢！点心用蛋粉做的，上涂有"民国万岁"字样。咖啡我没有得到喝，以后吃了点茶。饭罢，已五时余矣。此饭所用之洋面及糖，取自老齐留噶什诺尔之一部分中，齐人之好，可想而知矣。

黄昏散奖，今日之奖特别多，有徐先生之罐头二、杏仁脯一、带子二，团中（徐先生拿出。外人所出，徐先生固辞去了）出大洋七元，我的联烟七盒。小闹表一，大约为齐的。丝气枕一，为韩的。李伯冷照相一片，小刀数把，司令烟一大盒，呵呵糖及乳糖并不少。分奖计划变了几次，终看人而分，表、刀、钱之类多为蒙人、厨役得去，枕为马得，罐头为 Haude 等得去，带子归了考尔，我得的是二包糖及李伯冷的照一相，李云为我摄一大影。

晚开大火，洋戏助兴，程艳秋的《赚文娟》也唱过了，我们又合唱《黄族》《军歌》等，以后又拔河、袋中跳、四足跑，又闹了一气，都奖以呵呵糖，韩云："白日狄与齐摔角，狄胜未得奖。"

徐先生给呵呵糖一包，他们笑得了不得，外人之虚荣心可见矣。蒙人拔河胜德人，德人三又与崔、李、马赛，德人胜。我因太累，腿酸，立不着，不能与赛，跳绳就摔了几个跟头，以后又李、马、崔、我、门多罗塔学大兵开步走，唱《军歌》，闹了一气，到十点多钟才散会。

狄告我以彼曾乘飞机至英国十次摔炸弹，听说华志为德国著名运动者，立大战功，得大奖。考尔亦不赖。知团中德人多为飞行家。

这一天闹了一整天，五花八门，花样翻新，中外人等无一人不高兴，无一人不痛快，由此增进中外感情不少，并且天气晴暖，无风，更是不可多得。

下午我穿上了棉裤，冷差点，夜凉无晚，最低近二三日皆为 -8℃，冰自然结得厉害了，河里可是尚未。

去毛目的计划

1927.10.11　　十一日

九时多起，早饭已过，到厨房那里吃了点昨日余剩的包子，Haude 教我翻 Anleitung 第二之二段，我因为没时间，且第一段很难，作了一点就散了。同时徐先生又教我抄写那封给甘肃省政府的信，字多难写，大半天的工作又埋在里边了，且昨闹了怎样的一天，睡了这一夜，起来就觉得腿痛腰酸，站立不稳。上毛目的日期又迫在眉梢，诸事待等，虽然是这样的难过，也不能不勉为其难。

信写未几，午饭已到。饭时徐先生与赫定谈我们几人的事、团里的事。以后又商上毛目的事，我向他们要求了十八天的期限，因为走路要十四天，住四天，决定带一个拉骆驼的，七个骆驼，拉骆驼的我要的是老高，跟我在阿木塞的老高，其为人也寡言笑，事人勤谨，故我要之，而不要骄傲、野而无礼、懒而自矜的门多罗塔一流的蒙古人。届时马山、益占同行，回时所买之物品，雇骆驼载回，路线图还须作。

上午我和韩普尔要了不少的上黄河的照片，分给益占了几张。下午把信写完了，教徐先生对证对证。茶后，我开箱子取出呢衣大氅来，备明日穿照相。午饭时，蓝理训曾声明明天我们走不成，因为骆驼在远处放，今天去人寻，明日到此，后天再动身。夕余告以带马山之帐篷，教齐来与李、崔暂住。

茶后，赫定要我们唱的歌译出来，我念着，徐先生译为法文，赫定写。所译有《苏武牧羊》《军歌》《黄族》三歌，费时又不少。晚饭后，火起，我虽觉很冷，然不能去，因为我国庆日的日记还没有作，忍寒而书，笔中墨水有冰意，不痛快地出，一气写到九点多钟才罢。十号的有了，当日的还没有，可是我再也不能写下去了，忍不着了，到火那里去时，人已散，还有一二人在，我到不久，也就走完了。月已近午，风没而冷却不减。呆坐多时，才着棉袜归寝。

李伯冷为我摄影

1927.10.12　十二日

清晨怕冷，照常晚起，余倦未消，疲乏仍甚。晨起着新蓝呢衣，饭后罩外氅，李伯冷为我摄影一，盖国庆日李所捐以为奖品者也。在树林里照的，后边远处的河也许可以照上（插图1）。

译了一节 *Anleitung*，又写了点昨天的日记，和徐先生商谈了多时上毛目的事，开买东西的单子，我并说给他我须一尺，因为作图的关系。他说要说给赫定找一个。以后因为致甘肃省政府的公函，有不适处，我另写了一片，疲倦尤甚。

自己天夕又收拾了收拾东西，拿出了大皮被，把厚棉被放起来。托买东西的，托带信的，事情不少。高来云：走的路有二，一南，一西南。南者先过河，在此过河，知水深浅，当然方便。我又告之马山，马亦无成见，询以徐先生，他也无主张，同去问赫定，赫则云：取于你们方便者而已。

我欲正南之路，于此差不多算一定了。同时告赫定尺事，赫允设法。与马山谈食品事，知自己须带自己的糖，食品仅足至毛目，到毛目另买。晚火起，众人皆围之，我也到那里，和众人相谈的，也就无非是到毛目的事。

今日下午何马、哈士纶回来了，到了噶什诺尔及索果诺尔而回，说索诺水也不甚好吃，水不深（近岸处），底为松泥。索诺附近无大树，皆红柳。晚围火之际，齐照了二片相（图4-9）。后谈食品，赫定、何马皆云不喜黑蛋（即松花），而马山则云甚好。将近九点，人已走了些，我才回来写日记，睡觉。

晚曾从郝德那里拿来了要问的气象问题。

图4-9　围火

三 去毛目

去毛目买给养

　十月十三日

　　清晨八点多钟起来，收拾东西，预备出发。忙了自己的，又忙人家的。捎东西的，送钱的，送信的。徐先生给我了他的信件，团里又办许多事，打电报，送信，买棉，买纸。徐先生还要买皮袄、皮桶，他给了我四十块钱带着。我自己带了三十多块钱以备用，此外还有厨房者老王他们的十二元买东西，送信、买邮票。事冗杂麻烦，一直忙了一清晨。把厚棉被放起来，带着皮被及一薄棉被、大皮袄、中服一套、大氅、毛褂和一黄洋服裤。身穿新蓝呢衣，把皮裹腿打上，所以后半天受它的罪不少。齐的尺子一早没找到，我借用了韩普尔的钢尺。

　　十点钟左右，河那岸来了一队，一些人都到那里去看，我也去。走近了，知道是带坏骆驼的马太一行来了。涉水之际，忽然有个深的地方，骆驼鼻绳断了，不走。马太骑马上，水深马矮，他的腿就湿了，以后骆驼不走，他简直下马跑到水里去牵去了，水及其胸。

　　以后我们虽吃了早点，然以出发晚之故，不能不再吃点，所以就教厨房给预备了点饭吃了，一些外国人的信还没完，又等了多时。赫定又写信件，所［以］到下一点，才都完了。——辞别周旋毕，动了身，base line 早已量好，高给牵着出发，本来说先过河，以后又都说后过河的那条路好走。起初无大路，蹀行于那树红柳、芨芨草之中，有时走着走着，树枝把衣服挂一下子。这样的事情，屡见不鲜，骑着骆驼，非时时留心不可。路多回转，有时变成了绝路。直至十数里后，才到正路。我的表一路净捣乱，走着走着停了，晃晃又走了。一路看不见河的时候不多，总离河边不远。四点钟看见了三个蒙古女人，一个男人，骑着马从林中走出，穿戴都很整齐，女人从旁过去了，男人过来和我们问讯了问讯。

天夕了，我也倦了，前边林中草好，我要住，询之二马，皆赞成。路本为往西南，现折东南走了。五分钟到了河边，有个高平冈，住了。收拾好了东西，帮着他们拣柴，描路线图，饭已中，乃食，所食为汤鱼、黄油、面包干而已。饭际，蒙人三：一中年男、一幼童、一老妇来观光，又来真牧羊者毛目人一，蒙人要空盒，无以给之，不久去。茶后，弄大木，点大火，不久就成了功，登显火光冲天。天本来就不冷，这就更热了，路为 13.8km，住地名，毛人呼为 ZubulengZeng，蒙人呼为 Auborging，意为羊圈（图 4-10）。

图 4-10
出发去毛目的
第一天宿营地

坏手表影响路线图

1927.10.14　　十四日

晨七点多起，收拾东西，早饭。昨日来观光之蒙童牵一老者至，老者病目，询以能否为彼疗之，我们告以不能，并告以大队中有大夫，并大队离此之距离。

九时动身，西行出林至路，量 base line，一路西南行，间或南西南，表坏透了，走一会停了，晃晃又走，一会又停了，真气人。同行的益占也是有一个坏表，马山的又不好意思问他借，只好把坏表拿在手里看着，几时停，几时晃，十点多钟校好了，不放在口袋里不停。驼行较昨日为慢。中途见二蒙包，遣高去问前途情形，高回云包内仅二妇，不知，前有商人，可往询之。乃前行，遥望一木杆，疑为商人居，至则非也，仅砂砾之地上，树一高杆，上一横板，刻藏文，不知为何物。又前行，见商人之帐篷，询之亦不得要领，路离河总不远，沿河树木仍甚多，夕四时，想住，见前边有树，趋至则树在岛上，河隔不能过。又前行，至有树之处，住焉，风景尚好（图 4-11）。

图 4-11
Adakchahan
宿营地

晚有蒙人寻马过此，询知住地地名为 Adakchahan。住下以后，弄了些枯枝弄火，晚描图，又看马山的 Longdon Warner 的 *The Long Old Road of China*①，讲毛目，仅买卖三家，在黑城，瓦纳弄了去些像一类的东西。晚上高煮了些面片，我吃了些，除了面"牙沈"外，没有别的不好处。今日行 30.8km（约）。

和华尔纳对额济纳河的观感不同

1927.10.15　　十五日

晨七点多起，九点多才动身，一路多是往南西南，蒙古包也路过了些，毛人之放驼者亦有之，离河仍然很近，树木间断间连，草也是一淫好，一淫坏，沙砾之路仍多。表今天搅乱不厉害。二马驼坏，走慢，因为等他们之故，耽误了不少的光阴。四点二十多分住了，前有毛人之放骆驼者，询知地名 Dasulun Taulei。但以后毛人之另两个来玩。他们说是此地名 Tuaugru chahan，到毛目尚须四五日，毛目北三十里之双城子，为古破城，离路三五里。"毛城"买卖仅三四家，居民也不过二三十户，城周说是有二三里，买卖少，货自然缺！自此到肃州须七八日至十日，毛目到肃州三站，前行在此近处过河好，过去河就有路。

住地临河边，河自西南而东北，上流中有一土滩，上生草树，大岛也。这河中这样的东西可是不缺。帐篷对面，紧靠河边，有几棵树，风景也还可，和昨天一流的样子。树少柴缺，火弄得不甚大。吃了饭，高又煮了点面片吃，天气和昨天差不多的暖和，

---

① Longdon Warner（1881—1955）：中文译名兰登·华尔纳，下文又译作瓦纳，美国考古学家。1923 年前来中国西北盗取文物，曾从兰州出发到黑城、敦煌一路考察，经行毛目等地。所著 *The Long Old Road of China*（《在中国漫长的古道上》）即此次考察的记录，有 1926 年纽约初版本。

春日般的暖和，夜二犬对河而唁，远处有回声。流水湍急，澎湃作声。想起昨天看的书，瓦纳说爱金沟很丑，我却和他的见解不同，我觉得他或她还不坏，一切的景物，都能点缀得很好。今日行 30.0km。晚食多，睡不安。

找不到过河的路

1927.10.16　　十六日

清晨九点半钟才动身，西南行，不到十里路，路没有了，到了河边了。此处河中一滩，把河分为二，上边生长着些红柳、草、小树，没有正路，只好在河边的红柳树丛里边蹳，沿着河边往前走，曲折多，因为树丛的关系，作图自然困难，量好了这一段的，刚要画路，又不知拐了几个弯，西西南走了一气，穿了一个树林子，这近个有几个河的小支，极小极小的支，七转八弯的小支，有点水也不多。林中走的弯也不少，遇见了一个毛人，问他情形，他说大路在西边六七里许的地方。过河须到狼兴山（前二天已经望见了，昨天也听说过的狼兴山）。出林西行了不远，益占说西行不好，南边的山许是，因折而南西南走了一气，没有路，砂砾的地，间或有点草长着，南边有几个骆驼，我说前边那骆驼，或者有人或住家，我们奔那里去罢，或者有机会问问路。到了却大失所望，没有什么，也望不见什么人家，虽然有些交叉的小路。

蒙古人的住宅，都是深藏在草木的深处，比桃花源还难寻，瞭不见你怎么会寻？没有办法，只好仍然入在那林木中蹳，树丛把路夹得狭处，那些小枝枝小条条常常地给"过不去"，不是挂一下，就是打一下，总不教你舒舒服服地过去。走了一会，把二马拉下了，等着他们，高出去望望有人没，一会仍然是失望而归。走来走去，有了一条小路，沿着它走，南边的山早已在望，跟前又过去些土冈子，看见些牛马吃草，我又疑为"有人在此"，遣高去看，随后我也下去了。到东边绕了一圈，仍然是一无所得。正在失望之际，忽然北边来了一个骑马的，呼高趋而询之，近而视之，则妇也。云此处坏驼不能过，想过河非狼兴属近莫办，前面之尖山是也。前边有蒙人住家，询之即知矣。彼之二白马失迷，询高见之否，高云未。

归路前行，五里许，见有木支小房一，外拴数驼，然房中无人，周围是草树。又前行，又遇一蒙妇，又问了几句，云路在其包前，然只闻犬声不远，究不知包之所在。东南有个破土墙，像破房子，询之知为古旧破物。住驼，与二马趋视之，在草树丛中蹚了不远，忽然一条大河拦着了去路。那大破房原来是在河那岸。大马照了片相，我和他说了声 shade，只好乘兴而来，败兴而归。上驼前行，蹚了不远，在两个蒙古包前边过去，包高与 delies（芨芨）差不多，外围还有些树、红柳丛，又不靠大路，除非蹚行到近前，无论如何看不到呢。看见这个，我又想起了那中国南部苗瑶及其他不大开化的民族，住在山里、洞里，人也是不易寻到，与这个恰是一样。仍然是缺乏正路，那末，也只好照前样的蔓行，蹚。

又走了七八里路，天夕了，太阳想落，前边有个树林，我就说给高要住了。仍然住得紧靠河边，周围的树木比前两天住的地方多得多，隔河有个帐篷，有人出来汲水的时候，教高遥问了问她（蒙妇）地名，那人也不知道，他们是过此者。后来了个蒙人，有二三十岁，问他了些事，知地名为 Tselr taulrei，高说给他要雇个人导着我们过河。临河而居，自然照常地把帐篷门向河，夜里水有一点微光，月未出之前，除去河，一切都是黑暗模糊。天仍然是很暖和，一直到夜里，都是很平和的，没有风的天气，除去了水声之外，一切都沉静寂寞，树多林木多，晚上虽然不冷，却又弄了大火。按路线图说今天走了29.8km。

过河遇到的麻烦

1927.10.17　十七日

照样八点半起，饭后收拾东西，九点半才动身。正路仍然是没有，base line量得回曲弯转，正确自然不易得到！一路红柳、大树林、丛科、芨芨草很不少，间或有一片砂砾之地，牧着的牲畜也不少，蒙古包却一个也没见。走着走着到了河边了，河那岸就是山，高低不齐的石头山，知道南西南有脑包的是狼兴山，听说那里能过，所以就照那一方向走。河那岸又有一个破土墩子，隔河虽近，也不能看去。又走了几步，就望见前边有一队骆驼过河，我们眼望着人家安安稳稳地渡过去，以为这可是"天凑其巧"，这一来直单奔那里走去，上了一个大当。

发生了一件很大很不幸的事情：人家的骆驼是好骆驼，自然在这里过不要紧，像这些坏骆驼哪里成？这河底的沙有点陷，我们走到水里几步，我的坐骑就卧下了，我的鞋当时就湿了一只，吵、呼、哄，怎么它也不起。我没有办法，只好把裤子往上挽了挽，穿着鞋袜下了水了。水凉自然不舒服，他们把我带来的三的手杖给我，我就打它几下，手杖变成了碎屑了，而那骆驼，仍然长卧不起，打一下，叫一声，以后简直就不大叫了。二马及高也都下了水了，我一身新呢衣，沾了些浊水，自然觉得可惜，只好把外套、裤裆全脱下，索性把毛衣也去了，只穿着里边的衬衣和裤，破鞋破袜站在水里。十月里的天气，自然冷是意中事，然而一会打骆驼，来回地跑，冷也不大觉了。

益占下水以后，把他的骆驼掮在水里了，其他驮东西的骆驼也就站在前边水浅处。我这个弄了半天弄不起来，我就说给他们先把其他的那些骆驼弄过去吧，不要逗留在这水里很长了，就沙把它们再陷着，耽误得都过不去了！于是乎，就丢下我这个来弄其他的。益占的因为卧的时候久了，拉打、弄了半天，也起不来了。起初我就说给他不教他把他的骆驼掐下，他不听我的话，致有此失！弄不起来，只好再顾别的，拉着其他的先过去。走了几步，沙松得厉害，驮吃食东西箱子及马山的铺盖卷的弱骆驼也挣断了鼻绳，卧在水里，打拉，照样地起不来，只好教马山教其他的骆驼拉过去，我们几个人留在河里弄这个。益占过去了一趟，遇见了个放驼的毛人，教他给我来帮忙，钱一定给他们，同时他又叫来了他的一个伙计，带着铁铣来弄。

在这期间，我和高就把驮东西的骆驼身上的东西卸下来，把铺盖卷放在箱子上，把箱子放在沙滩（河中很多的沙滩）上，把帐篷杆放在箱子底下。卸下东西，骆驼仍然是起不来。因为沙把腿陷着了，等拿铁铣的来了，把驼腿附来的沙掘了掘，把腿给它抬出来，抬的时候很费劲，一面掘着沙，抬着腿，一面再摇晃它的身子，好容易才把它弄起来。第一先弄的益占的，弄起这个来，两个毛人之中的一个就想走，因为怕我们不给他钱，我说了他几句，并许他谁〔也〕不少给钱，他们这才安心给作事，接着又弄起来驮东西的那个。弄起一个来，拉过一个去。这几个都安安稳稳地渡过去了，同时借用了毛人之骆驼来把箱子、东西驮过去。

以后又去弄我那个骆驼，等我们到那里一看，它正抖抖地打战，把腿也给它弄出了，把身子也给它摇了，打、拉、哄，手术都用到了，而它仍然是卧着，动也不动。扳它的腿，也不动。放下去，是直的，就直伸着；是曲的，它就曲蜷着，立也不立，动也不动。实在是因为时间过长了，水、天气太冷了，把它来冻坏了。费了多半天的事，终究是"白费事"。没法，只好由它卧一会罢。等它憩一憩，或者好弄些。后半段的工作，又来了两个毛人，与先来的那二人是一事，一家买卖家的放骆驼的。

人在水里呆长了，也不好，只好也就过这岸来憩休憩休。水一路或深或浅，沙或硬或松，一步一步地都"亲历其境"，深处把我的裤子也弄湿了。快到岸处，水又深，流又急，我几乎站立不稳。岸到了，冰凉的水和我脱离了关系了，现在所接近的就是沙漠，被太阳光晒得温热的沙漠，一冷一热，滋味自不同。上了岸，我把我的裤子水拧了拧，把湿袜、湿鞋都去了，让那肉体自然的脚和那温和的沙漠来接近，坐在毡子上休息了一会，舒服极了。箱子因为放下的缘故，里边的东西湿了的不少，受影响最大的就是那Westminister〔威斯敏斯特〕和HataMen〔哈德门〕烟，与瑞中洋行的安全火柴，一件一件地都拿出来晒。这正是一点多钟的时候，好在太阳虽不毒，而光热还有点。这时期益占就和我商议给那给我们帮忙的毛人的钱的事。他说当不能在十元之下，我也没有成见。

一会大家又都下水去了，弄那留在水里两点多钟的骆驼，我这几天骑着画路线图的骆驼！起当然它不能！只好把它拉在了那岸，因为留在水里，长了淹不死也冻死了。我一个留在这岸（南岸）守望着东西，自己也休息休息。大马先已照了不少的相，这他又下去照，小马也摄了片，弄到那岸就完了，让它在地上休息罢。拉抬的时候，它连叫也不叫了，半死的程度了。众人都回来了，我们三人（二马、我）商议给毛人钱事，益占说十元，马山嫌多，说六元就可以。我无成见，询之毛人，毛人亦不说，因为他们也说不清说多少好。我接着问他们：你们四人，一人一元好不？他们连声应好。于是六元、十元之议皆作废，教马山出四元给之，开发出去了。

又说给那些毛人，给我们做点饼，用他们的面，我给他们黄油，给他们一元钱。我同时也就到他们帐篷那里去看，他们给我们和着面做饼的时候，我就向他们问讯了些毛目城市的各种情形，又发现了他们有驼绒线做的鞋袜、围襟，我就买了一个围襟和一双鞋，给他了两元钱，又给他们了几盒纸烟。他们把饼做得很好，他们有菜，我临走又拿了他们一个大萝卜、几棵葱，回来教马山给他们二元钱作报酬，因为用人是难的，我们又处处用人，多给他们点钱，以后好给我们再帮忙。

饭后询毛人以前边（东）的土墩子，毛人云秦始皇所修，这不过是传说而已，我于是邀二马同游。二里许到，仅土墩一，为雨水所冲刷，坍塌不堪复识，并听说这个这一路很多。除土墩外，一无所有，瓦片未有，其余的东西也没有。马山照了两片相，我临走又写了一片画，取土墩作的材料（图4-12）。归，喝了点茶，又画了三片画，一是河景（图4-13），一是狼兴山之东部，一是狼兴山之西部，脑包就包含在内了。

晚马山煮玉米乳汤吃了吃，又去那毛人帐篷里去闲谈，因为离着太近了，几步就到。问他们的买卖，他们说在毛城东门内，号名正兴隆，他们这骆驼是从哈密才回来，要往包头一带运东西。说要雇他们的两个骆驼，他们以主人不在故，不敢应。到毛目尚有二百余里，须四日，毛城内鲜果、菜蔬可以买一些。快到九点才回来。写日记，睡觉。

抬在隔岸的我那个骆驼，待了这半天，有时也抬抬头，许多的乌鸦去钻它，马山曾经打了一枪以惊鸟。高下午骑着骆驼过去看了一趟，打、拉，又弄了一气，那骆驼仍然不能起，有时也叫一声，回来说是驼身上被鸟啄了一个孔。黄昏，益占又催高过去看，我因为骆驼（高骑的）太累了，一旦有失，岂不更是糟糕？不大赞成他的主张。一会过去了，弄半天，那骆驼仍是不起，回来的时候，高骑的骆驼也叫个不休。因为渡河（一二百米宽的急

图 4-12　宿营地附近的
河口烽墩

图 4-13　毛目途中之
河口风景

流河）不是件易事！我在河岸鸹立了半天，好容易眼巴巴望着高
骑着他的骆驼安安稳稳地过来，这才心落了地。因为黄昏水凉、
流急、驼乏，危险不算意外事。住地名河口 Hokuo，距昨日所住
地仅 6.2km。河口，汉名也。

我的骆驼死了

1927.10.18　十八日

清晨八点才起床，出来往北一瞭，我咋日的坐骑，跌在水里
的骆驼，围了一周黑鸟，乱啄乱吃，让你怎样地弄，它动也不动，
叫也不叫，头也不转了，简直就是放在地上了。一会又去了几个

狗，或者也是去吃它。一到，那些鸟都飞了，连那很大的大鹰也飞了，怕那四条腿的狗。不久它们让和了，鸟仍旧落下吃，狗也像吃的样子，它们合作起来，都不相怕了。益占连口说是这骆驼死了，我也觉不出他说的无理。一会过来一些人，穷人，在东大庙上"受米的"，一个个都是自己肩着破行李卷一步一步地涉过水来，我问他们那骆驼是死了未了？他们说他们也没有细看，大概是死了罢？

收拾好了东西，量了 base line，十点钟才动了身。益占先走下去了，他一个人跑到狼兴山脑包上去了。往南走了走，以后差不多都是往西南。一路完全是沙砾之地，黑石块居多，正是 Warner 所说的 Old long road，我还要加上个 black。狼兴大高山上一个脑包，下边路边还有一个脑包，破土墩子（或者是遮虏障）不远一个，不远一个，有的在山上，有的在地上，然都是离河不远。

因为少一个骆驼的缘故，我画图当然非骑不可，大马又不好向他说和益占轮流着骑，只好益占和高一路上轮流着骑。每一个土墩子，二马都去看了，我画图，去怕耽误工夫，所以只远观而未近视（晚益占说有的土墩子附近有瓦片）。一路没有耽误，走得也很快，黑长的路，有草、有树、临河的地方（这岸）很少，所以没有适宜的地点来住。直到下午五点，太阳又沉没了，才到了一个有树、细沙的地方。此地已来了些毛人住了，我们住在他们的南边，草不好，等于没，所以骆驼大受其苦。

一毛目少年，询知为高小生也，河下游有他们的骆驼要寻去。并问知毛目县长为刘炎甲，高小校长为杜德，号润芝。云高小仅学生十数人，教员倒有五六个。他问我说："大人们有什么公事？"我说我们不是大人，没有公事，仅有点私事到毛目。晚饭后我说他们有个西瓜，我说教他们拿来，给他们了四盒哈德门烟作报酬。

于是拿来吃了，小，有点酸。以后又谈了些买东西，他们两个人，一长一幼，他们说的物价有点靠不住。以后益占又询以围巾，他（少年）把他们红围巾要卖给［我们］，长的说要三元，我说我昨天买的那个一元，少年就说给一元再给一盒烟罢，余笑而应之，益占买了他的。马山说到：他到毛目还要买几个呢。夜，长一点的毛人又拿皮袄来问买不？我说买新的，不买旧的，他去了。

九点左右刮了一霎大北风，天阴云（这一天都有很多的云），落了几滴极小极小的雨，不久风也完了，雨也没有了。住地名 Seiron，我的路线图告诉我说今天走了 32.6km。

途中遇雨

1927.10.19　　十九日

住地草不好，说是今天早起早走，到好草的地方就住。七点多钟起来了，住在一个地方的毛人们早已走了。我们吃了饭，收拾了东西，量了 base line，才要走。驮伙食箱子的骆驼，就是破背的骆驼，上上了东西，把它的鼻子拉得出了血，屁股上不知打了多少下，它老是不起。没办法，只好另把马山这几天骑的骆驼换上驮东西，把它的鞍子等件，放在那"乏骆驼"上。

九点一刻才走开。一路走得很快，沙砾还和昨天一样，沿河的树渐渐地少了，土墩子一共看见了两三个，因为没树、少草的缘故，长长的不知道河的所在。天气午前后颇热，云都是多半天，沙砾因为反射太阳光的缘故，远里望着那反射的光，白茫茫的好像水流。前望对面及隔河的山岭，回顾昨日经过的狼兴，都是下半截埋在这样的水里，只显着点头，似水的光，波动得厉害，山头也就模模糊糊。远望着路旁指路的石堆，常常地疑为人或树。又黑又长的路，走起来没完，样子是清一色。骆驼今天又等于少了一个，那末只好他三人轮流骑一个了。

　　天越阴越厚，不久 CuNi［cumulonimbus，积雨云］布满了我们的头顶上的天。二点一分，东北上显了一点虹，云变黑了，风也息了，人只觉得阴沉沉的冷，我说雨快来了。果然两点二十分，就开始掉点，起初很小，以后，急的来了，比豆子还大的雨滴，珠联地打起来了，一会小些，一会大些，连着闹了几次，于我工作自然是不方便，于我的衣服、什物自然是不好，但是"行路的事"，有什么办法？由它去罢！不多时衣服湿得不轻了，骤雨还是一阵一阵地下，高说："看看前边的草好，我们就住罢。"益占拉着骆驼，他去了，这时走的路，离河已很近，一会高在河边上摆手，知道是有草的地方到了。住下了，解东西的时［候］，急雨又来了，又教它把我们淋了一阵。于是急着搭帐篷，及至搭好了帐篷，收拾好了东西，雨都没有了。你说它（天气）是不是给我们开玩笑？

　　住的地方临河边，满地都是沙砾、小石块，除却河边的几棵蒿子，长物一无所有，弄火就甚困难，况且今天走得不多，只有 24.7km，好在未雨之前，路遇了一队商帮，毛城的，走包头驮羊毛绒去的商帮。我问他们说到毛目还有多远了，他们说只有五六十里路，我们明天可以赶到。弄了点蒿子，烧开了一壶茶，我们的粮，还只有五个面包，我只吃了一个，喝了点汤，吃了点鱼就算了。

　　北边不到二里路有个土墩子，我饭后邀马三去看去了，先围着土墩绕了一圈，一无所得，又上到顶上往附近瞭了瞭，只注意的是南边，好像是隔河，有个土房子，似乎是古物（？）。其东的山，有两个脑包。土墩子前有个破垣墙的遗迹，我定了定方向，差不多时正南北东西，步量得南北墙为 40 步，约合 32m 多，东西的恰为其半。南边和西边都有个口子，好像其初的门。我作了一个略图于画本上，比例为1/500。

归，高作的片儿汤已好，又吃了两盘。夕渴，自己弄火煮水，弄了半天，费了半匣洋火，把眼烟得流泪，把腿蹲得发酸，终久还是没开。以后许多人帮忙，才把它弄开。原因自然是柴湿和烧火的地方不好，以及我的本事太差。茶开心喜，饮多半壶。时已及夜，日记作罢，九点钟睡下了。

东地湾的废垒

1927.10.20　廿日

一早高没有做饭，我们的粮已绝。及至八点起来，给他说了，把那湿柴弄着，做好了片儿汤，吃了，收拾好了东西，已是十点多钟。骆驼寻草，走出去了好几里路，高去寻的时候，我就和马量 base line。当时来了两个喇嘛，从西宁来的，问他到毛目有多远，他说百余里，他们自毛目到此，已步行了三天。要吃的，我们没有。我说没有，他不大信，以后高来了，给他们了点面走了。

十点多动了身，才上来路方向是南西南，有时是西南。不到十里路，就到了昨所望见的破房子。二马步行早到，我教高在路旁等候，我策驼而至，离路有三四里，西面临河，最外东边有一道南北沙砾冈，有几十米，我疑为外墙。高平台般的正房，在内院的东边，土做的，西南北三面都是有破泥墙围着，房门西向，墙房已冲刷不堪。土墙甚厚，地上瓦片甚多，我疑为汉代物（？），拣了许多。马山照了几片相，益占也照了两片（图4-14）。我没有工夫去测量，只好在哈德门小本上，画了两幅自然图以表示之（图4-15）。

图 4-14　东地湾的废垒旧照

图 4-15　东地湾的废垒速写

　　十二点多，才回路寻高，走，时已近一时矣。一路望不大见河，土墩子也有几个，凡看到的都画在我的路线图上了。沙漠之小堆，也有几个，山岭、路的两旁，东近，西隔河远极。西南走了一气，又往西西南、正西，沙砾断处，间或有点草。以后又望见隔河有两所大破房子，或者是古代城堡，也未可知。以后还有一个。

　　路长，天晚，越走越黑。天夕了，太阳落了，路看不大清了，指南针、表用不大好了。又到了河水了，然而没有烧的，就没有吃的，不能住，只好再走。时而东南，路弯曲多，天晚，针、表看不清，图还有法作吗？只好记几个约摸不十分可靠的数目，以备后补。拐弯了多时，又到了水，有一棵树，住了。实在我早已愿住了，宁愿没吃的住下。

攀折树枝，弄火做饭，忙了一气，吃了点 supper［汤］，高的点饼，不大离了。高以后又作了疙瘩汤，我又饶了两盘，腹果矣。喝茶、吃烟，这个不说，以后作图，志日记，十一点多才睡。七点多才住下的。计今日行 33.2km，计自大队出，已行 201.1km。毛目不用提，双城子还不知道在哪里。住下以后，听见了犬吠驴鸣，看见了南边有火光，知道离人家不远。近前的水，不是大河水，是小渠一般的水，不知道是河水泛滥所致呢？还是农家浇地的小渠？

到达毛目

1927.10.21　　廿一日

清晨益占骑驼渡河（渠）去问，回来说此地即名双城子。我往西南一带一望，前面树木之中，已满了住家的房子，高低不齐，西南还有个庙。以后来了个"老汉"，我问了他几句，他话也说不明白，只听懂了几句，此地即名双城子。帐篷所在地，因有一棵树，又名一棵树。

十点钟走了，先绕水走了不远，就到村，人家散居，水渠纵横，和河套差不多。村人见我们异服异装，还有"洋鬼子"，自然都出来围观、惊叹。房子都是土的，住宅之外，就是种的地，现在地中可是已无禾稼。大土墙，城堡般的大土墙，或者说是围子，很多。第一个，我们觉着奇怪，去看了一看，中却是住宅。询知墙旧宅新，那人也不知道这墙是什么年代修的。

一路水渠多，路又曲折多，自然难走得很，我常很郑重地告诉高说"小心"，终没免却祸。双城子万年渠都走出了，在来子号

（土人读如乳子黄）经过的时候，过了一条小桥，几乎出险。我又告诉高"小心慢走"，拐了个弯，话犹未了，又是水渠，一小半截路埋在水中，高那时是步行着来，路边有点高出水处，高不想沾他的靴子（蒙古靴），想在高处过去。却不知他往高处上走，骆驼因为他牵着的关系，也往那里走了。土湿路滑，骆驼往那里一走，前边的两个，一个是驮马山鞍子、枪支的，一个是驮我、占行李、帐篷、我的包（徐先生的包）的，一齐蹶倒了。

驮鞍子的骆驼还不要紧，驮东西的那个太靠边了，路边就是水渠，东西掉在渠里，载重把骆驼坠得"四足登天"，动也不得，渠中满水，掉在水中的东西，湿那自然是一定的了。马山那个，打了几下起来了。又赶紧把驮东西的那个骆驼身上的东西解了。一解，我的包又丢在水里了，包有口，水很自然地流入。他们哄起了骆驼，我提出了我的包，把东西一一取出来，把水倒出来。衣服都湿了，信件——厨房及黄先生的都湿了点，因为我曾以布包着的关系，还不大要紧，最幸是团里的几封公函，给理事会的、给杨增新的、给甘肃省政府的、赫定给刘复的，都没有湿。我的衣服湿了，我的皮夹在口袋中放着，教育部的护照在皮夹中放着，衣湿而皮夹却没有湿，也算是不幸中之幸。因为湿了东西的缘故，我一一都取出来曝。行李我的却没大湿。

一会，骆驼蹓了蹓（因为摔的缘故），又要上垛子走了。所以我湿了的东西没干，就又忙着收拾起来走了。一路水渠仍多，路埋在水里还有，我已成了"惊弓之鸟"，过一个水，我就把"心"来提在了半虚空中。驮东西的骆驼，也有点"痛定思痛"，见水就有点裹足不前之势。然而由它吗？不走，打着、拉着也得走。好则自此以后，大家都小心了。

一路自双城子以后，路两旁都是散居着人家，树木多得很，白杨、榆是主要的。其余的我也没留心看出。一路问"到城多远"？大半都是回答一二十里或二三十里，没有确实的数目。牛车很多见，奇怪得很，两个大轮子，中间轴上有一长平板，连接车辕，后边是以席或条子编的三面车当，乘车者就坐在其中。女人也看见了几个，衣服装饰和包头的差不多，脚都是缠得一点点三寸金莲，国民军所在的地方，尚有这种情形，坏习尚，真是可惜！歧路甚多，没断了问，终有一次问了个小孩，告我们了个歧路，走到不通的地方，走到住家的门前，那末只有折回原路再寻正路而已。过路的人们，不是骑马、骑驴的，就是坐车的，很少的人步行着。在一个桥上，驮箱子的骆驼又蹶了一脚，可是幸未出险，只另整鞍载，费了点时间而已。

四点钟左右，望见了城。真笑话毛目一个县城，还不及一个我乡大家的住宅。城东北有一寺院，土人云为关爷庙，树木很多，城内亦有。城有二门，东及南是也。门上皆有城楼，至东门，下驼入，门甚低，第一门向南，入第一门内有小马王庙及小戏台一，地积甚小。此门内之第二门向东，上有小楼，入此门即大街，楼向西之门上有"明耻楼"字样。街两旁为住家及商人，路南第一家买卖即正兴隆，对门为一庙，文庙是也。以后又看见路南有中山俱乐部，此处亦为通俗图书馆，前行路北有两级小学。民空巷观，询以邮政局，不久折南路东是也。时主人不在，告以西北科学考查团之信件，一小孩登时取出大批信件。我说暂时无安身处，不要。

人告以找处须见县长定夺，应出刺寻县长。南行折西，至，署门三层，外有影壁，满墙布告而已。第三门为大堂，有匾额，有钟鼓，案上置有笔架、朱笔、签筒，筒内竹签，上只露县长二字，不知下边有没有？一切布置，完全古式，如戏中、小说中玩意儿。入此门，两旁有办公室、中山俱乐部，第一科、第二科在其前，止此。

刺五，二为中外团长的，三为我们三人的。未几，仪门大开，蓝短衣、礼帽者出，行礼，还之。请入，分宾主坐下后，周旋，此时我尚不知县长何在。继而见蓝短衣上有一黄布黑"县"字，始悟此即县长也（图4-16）。其人黄面长脸，语极客气，呼人冠以"翁"字，如"春翁""益翁"是也。询及马山，告以德人，以后凡呼马山，皆云马博士。未几，出其刺给我、益占各一，未给马山，盖以其知马之不识汉字也。其名为刘炎甲，号冠乙，甘伏羌人也。茶不好，我喝了一点，又出热水为我辈洗脸之用。不久，留饭。惊人处，所食仅面页、小菜，后又做了点饼，胡麻油烙的。我很奇怪，为什么吃得这样坏，思之而得，盖国民军之人全如此

图4-16 毛目县署合影（左起：马叶谦、刘衍淮、县长刘炎甲、马山）

也。留住此，四人同住一室，马山一人一床，我和益占一炕，彼则处东里间里。

晚看我的信，计有筱山、文青、筱武、叔龙、佩蘅、同恺各一。筱山的信，告我以校改组，觉得张、刘之可恨可骂。文青的是六月的，附有我家书，"家"的观念我没大有，想我在京那可怜的情形，家中不管不问，我真恨呢！而我兄信写得文很好，有奇气，可喜可喜。筱武豪笔，一挥数张，把同学状况、他的情形，告我无遗。虽六月之旧作，我读着却仍是津津有味。叔龙了了数言，不痛不痒，虽与我往来，想早已烦我到底。佩蘅能很忠实地给我来信，也还好。同恺文言文章，也带点白话神气，还好。并述及其兄秀冬，数年不见之育中同学，也算意外的事情。

县长言多语烦，学识也不佳，"江湖"得很，常请星命。拆衰先生之报，看了几片，时局糟糕，不堪设想。学校之改组，已成事实，陈宝泉、陈任中、谢中之流，大出风头，我气得荒。夜胡思乱想，多时不着。

毛目的戏会

1927.10.22　　廿二日

上午到了买卖家看了些东西，一无所需。正兴隆郭姓买卖家，代我们办了些东西，面、山药蛋、果瓜等等，皮袄什么的也许了。听说河那岸距城三五里有戏，归署饭后，县长为备牛车一辆，夫二，警察二，我与二马乃赴戏会，县长送出城门（南门）外。西南行，不久至河干，乃与二马登车，牛拖行水中，夫去裤下水，驱车而行，警察亦下水推车，坐此样牛车为第一次。

行里许，至会所，时戏已开，外边牛车甚多，戏台前，红男绿女，围坐静听，女人皆小足，如昨日所述，见余等到，多围观，警察喝道，威武有加。警察问是否坐听，应之。至台前，有案坐甚好，盖为县长所设也。余等坐，时戏有花脸、须生等等角色，询之警察，彼亦不知。未几，戏台老板至，破服、黄瘦脸，堪憎，询以是否为"加官"，应之。我又询以现在为何剧，彼云《忠烈会》。演员服粗音劣，不堪入耳，调如梆子，一切锣鼓音乐，皆类"抽洋片"者，"班子"金塔的。

　　未几，一人穿红袍、戴假面具出，手眼身法步，一如吾乡，执红布，大概是"连升三级"之流也。我出洋一元赏之，老板问我等姓，我告谢赏时只云某某先生而已，而终台上高呼"谢马老爷赏，再谢马老爷赏，再谢刘老爷赏"。未几，老板又持戏单至，请点戏，问之马山，彼不知。余亦无成见，益占告以随意唱可也。来时之一幕为《忠烈会》，什么王演达的故事。接着演的是《二进宫》，又名《升官图》，盖为余等所演，徐延昭打朝是也。角色仍就是前面的几个人。娘娘大嘴高嗓，如叫驴，面目也不强。延昭大个声劈，侍郎皱面声低，好撇嘴。我给马要大洋一，赏之。给钱之后我们就走了，台上人噪"谢赏、谢赏"，余不之顾。继而台上人高呼"谢某某老爷赏"如故。

　　离座北行，见有卖梨及果子者，尝之颇可，因令送衙千数。台坐南朝北，对关帝庙。入之有小杂货摊，益占买了针线之流的东西。先游东厢，神多怪形，手自眼出，土老在侧，云为十帝阁君。至正殿，正坐幕内，为关帝，前有四员站将，两旁有四配神，马神之流也。出，归，至河干又上车，如前渡过。赏车夫及警察二元。入城后上城墙，马照了点相，我乏极，不高兴动，和占找了找裁缝，不成，归署。和买卖家人纠缠了一气。

　　晚上开始写信，先写给筱山的，后写的给佩蘅的，对自己吹嘘，对时局发牢骚，又少露了点我从前苦恼的原因，纸虽用得不多，字却写得不少。国庆节的情形，又告诉了他们。这二信已把我弄得下两点后才睡下。

新县长要来了

1927.10.23　廿三日

八点钟还不到，醒了，起来写信，续写昨日之信。饭前又被正兴隆的人找去了，麻烦了多时。信回去后又接着写。正兴隆给做的面包很好，吃了点。信，给文青、叔龙、同恺、章兄各写了一，贴上了邮票，待发。

下午邮差自肃州来，我想着他带电报，他带来的信件多为公署的，又有袁先生的两件。邮差这一来，刘县长的命运就决定了：新县长要来了。他的陪坐谈天的事少了，老是忙于收整公事，批理案件，准备交代。吃晚饭却又是同桌，他不高谈大论了，只是无精打采地敷衍。宦场的得失，如此关系重大。谈及电报问题，云可托邮差捎着。邮差又想走，我乃于食中书一函给肃州电报局，内附电报稿并洋四元给邮差，令其到肃州，不必将此信交邮局，直交信与钱于电报局，外给差烟二盒作酬。彼一一称是，贴好了邮票的信也都给他拿走了。

饭后，县长忙如故，我们甚觉不便不安，乃有出城之意。晚谋于正兴隆郭，彼云我们可居其家，余只云出城搭帐篷，未应住其家。正兴隆之买卖人，益占谓其"愚而诈"，一点不错。知识不充足，要价忽天忽地，三言两语，冠之以奸商之名，正合适。小手炉非三元不卖，迁摸多时，归署就寝。未到正兴隆之前，曾到邮局送信。无邮票，我所带来之信，只给洋一元耳。我的信，教他转哈密。局东河南孟津人也，全家在此。

搬住城外

1927.10.24　廿四日

迁居之议已定，故起后即着高收拾东西，准备走。正兴隆又去了，过面、山药蛋，讲糖价，看皮衣服，看西瓜，又缠了多时，语多事繁，令人不堪。乘间我到天庆和号买了纸六刀四元，笔一支廿枚，灰布五尺半一元。一早高曾给我为厨房买了三丈三，正六元。又归正兴隆，时大事已毕，面已好，同称为面，食一二枚。面按每百斤十元支的，山药百斤四元，皮袄裤价大未成。西瓜九，要三元，给以二元，亦未成。

归饭。老高买的大皮袄，我为徐先生买下了，支了十一元，还可以。饭后询知县长亦吃一点烟卷，给以哈德门一大盒，司令的三小盒。又给以大洋十元，着分赏听差，固辞不受。固请，受三元，余又益以三元，赏三人（听差），三人一一致谢。问了县长的通讯处，他云为肃州镇守使裴转，我们的也说给了他，收拾好了东西就走了。县长送出大门，时门内停二车，一车上陈列铺盖、枪支，初以为新县长至，及问讯之后，知为毛目往肃州送粮者归。未几，一少年至，长袍马褂，外套大氅。向鞠躬，问我贵姓，我告之。县长介绍云为其管（或冠）狱员王。出署，县长及其弟一一向我们鞠躬作别归。

东为南北街，折北为东西大街，城大不及北大之第三院，走着自不费力，煞时什么两级小学，买卖住家，教育局（附带着通俗讲演所、通俗书报社、中山俱乐部）都过去了，正兴隆字号也过来了，东门底下的《国民日报》《醒边周报》、国民军布告、冯玉祥讲演都看过了，马神庙，回头看东门上的"金汤永固"，前边门上的"建康分治"都见过了。这现在眼里的景物，是树、土房、故庙、水渠、小桥、野草、路上来往上下城的人。关帝庙前迟疑了多时不决，因为要住，西南上的土墩高得可观，终久前行了。走了不远，一块平坦的地上，大路的北边，住了，临近有个墩。回顾城垣，那土作的城垣，被雨水冲刷得罅缝残缺不堪，虽然是离着有二三里路，却是清清楚楚。那城上露着两个城楼，几棵树，倒有点美（图4-17）。

图 4-17
毛目城旧照

我们住下之后，观光的，卖东西的，登时门庭若市。以先定的东西，也都渐次送来了，梨290枚，鸡子也找了卅个，支了四元多。先是二马进了城，我一人在此，有几个土老来玩，我给每人一枚烟吃，问了他些气象问题，我一一都记录出来。此地多年未雨，今年有雨，雪除去年外无。气候以十一月为最冷，六月为最热，河水二三四月没有水，五六月最大，十一月至正月中全结冰，自然是夏历。

正兴隆郭家招赴喜宴

在这一气烦乱之中，又增加一层的，就是正兴隆的东家郭，家中有喜事，他家差了人来，非请我们人去不可。我推辞了多时，然而那人非教我们去不可，不全去也得有一人到。未几，二马自城中归，询之马山，云可。我乃与彼同来。我骑着来人骑的骡子，马坐着送面的大车，走得快，路拐拐弯弯，四五里路才到。我先到，郭家宅大树多，颇好，门南向，贴喜联。时门内人很多，我到了以后，就见着了他的大掌柜的（即给我们讲买卖的）。人多，皆不识。一老而肥者拖长辫，介绍云为其父；一稍年轻（约五十上下），无发辫者为其叔，即农会长也。余告以外人马尚在后，因候马至，同入。先入东房客厅，厅中桌座陈列颇讲究，南墙一炕，上有小桌，亦甚好。稍茶，又请入，乃入后院。中庭设桌椅，询为拜天地之所，桌椅上皆铺花红垫子。入正堂，堂中悬灯结彩，贺联满墙。余让马上坐，余陪之，先茶，后食“馓子”，条面又炸于油中，如吾乡之香油果子、麻花之流，又名“油炸鬼”。大者二盘，小者（如佛手）四盘，同坐八人，揖让而食。先食“大馓子”，硬，油腻，不甚可口，后小者，亦不佳。我食大小各一，大家停食后，撤去。未几，菜饭上，共九样，许为八碗一大件（？）。丸子、大肉、粉条、豆腐、白菜等等而已，盐味不足。

米饭、馒头，我食不多。食时，我询其铺中之"掌柜的"，问此地之风俗礼节，云大礼已过，来客没有什么，不过仅少有点钱的礼物而已。及我们饭后，又入东客厅，我与马山要大洋四，给主人作礼物。主人坚不收，余固请，仅收一元。余等归，主人以轿车相送，我因食徽子之故，有点头痛，归又乘车，故有加剧之势。车送至住所帐篷，主人辞入城。入，有凉茶，饮数杯，时已及夜。

今天下午，我曾给买了一条毡子，一双毡鞋，毡子二元，鞋支一元。在郭家曾定准了七个骆驼，每驼五元，明日早来。

购物齐备

1927.10.25　　廿五日

清晨一早就有小孩来，我怕他们拿东西，就叫了老高留心，时高已经起来了。有一人拿来了四支鸡，一元钱买了他的了，以后又送，不要了。棉花找来了四斤多，给他了二元。我进城，占也去，我画城图（自然）（图4-18），他先行，进了趟城，一无买，

图4-18　毛目城速写

除备了团里的萝卜、白菜。买支烟袋没有，锁也没有。回去，不久菜送到，萝卜三百余，支一元；白菜百棵，支一元；西瓜三枚，也支了三元。等到十二点多，郭家的骆驼方到，用了八个，把东西驮走了。主人说，今天就住在他家附近，明日同他们打肃州回来的骆驼一气走，允之。

我又作路线图。自住所至郭家约 3km，合五里多，方向差不多正东，至则驼入大门，载却庭中。他家的老者，又把我们让在家中，先茶，又徽子，以为大餐将至，不料徽子后又隔了有两个钟头，才吃面条和菜，都很可口。主人又留我们哩，说："明天这里有大宴，县长也来，诸位'大人'远客，请也请不到的客，千万莫走，吃过饭再走。我们用轿车送去，驼可先行。"我推辞了半天，无结果。询之二马，亦无主张，因允之。帐篷主人也不让我们搭了，请我们住他的客厅的炕上。

郭家老者四人，行二去世，行三不在此。农会长行四也，有幼子一，年九岁，颇伶俐，我给以空铣筒二作玩意。晚上在炕上又和他变戏法等等的玩。郭家的闺秀，也曾经看见了几个（或已全见着），面貌、束装不用说都还可以，不过都是深受了那旧而且惨无人道的俗习缠足之害，把自然的脚束得来不及三寸，是何等的惨凄！是何等的痛苦！郭家四兄弟有子侄十人，女眷则不知之。夜睡客厅炕，炕下生火，颇热。底铺栽绒毡子，每人上盖棉被一条，中夜颇冷，夜睡既晚且不足。

郭家留宴后返程

1927.10.26　廿六日

晨四五时即醒，七时起得算早，天冷，找出了大氅披上。晨饭一过，则烦扰不堪。客（郭家的）纷纷至，厅为之满，有的乡绅一流的人物（？），不知我辈为何许人，倨坐不恭，怪讨厌。大半的人都是商议"渠"的事，言多语杂，不堪其扰。吾三人皆有倦意，出入于其客厅，实觉无意思，出大门玩了几趟，大门图也描了一张，马山也给郭家人照了片相（图4-19），说以后给他们捎来。骆驼多时还没有走，收拾东西，自然我没动手，可是早已

图4-19 毛目东渠
Se Fen（三分）郭宅
速写与旧照

好了。郭家还来极力给我们表示好感，是日又送给我们了些红萝卜、白菜，以后煮了几斤肉，也是坚不受钱，说是送给我们吃的。

十二点后，或是将近一点左右，县长来了，跟着几个警察，同行尚有管狱员王、警察所长赵，三人皆便服，县长的近视眼镜仍然是挎着，骑马来的。时我在门首，见面周旋毕，同入。厅中之议事者，见"县老爷"来，皆鸟鹊散去。同时之在客厅者，除我三人、县长三人，外只主人一二人陪坐闲谈耳。未几，茶、徽子如仪，毕，八碟四小碗上来了，喝五加皮，酒甘可口，外尚有绍酒，性较烈。座次：马山首（因为县长谓其为远客），我次之，县长与益占对坐，王、赵相对，主人及杜某二人则坐前边。王曾留北京，颇有小常识，酒过数巡，又兴令，划拳相饮，并常与马山"干杯"。王说要闹房，主人不许，云新人来拜。未几，几人扶新人至，艳装小足，袅袅下拜，叩首。县长出了多少钱，我可不知道。我们可是出了三元，主人嫌过多，推辞再三，始受。新人又来叩首谢。酒罢，饭上，与前日同，八大碗、一大件而已，米饭、馒头。我吃了碗饭就完了。后稍茶，县长一行辞归，我们五点半也动了身。

风甚大，尘土漫天，树呼呼作响。我三人乘骆驼，同行尚有郭家少年随我们去者，骑马。后又来一骑驴者，亦系伊家用人。风大，尘多，天昏地暗，太阳早已没，越走越黑，越晚越冷。又闻前之骆驼驻四五十里处，余颇怒。五人行，又分为二队，因马山及骑驴者行慢，我三人在前，后少年又失向，向南行，余知其不对，止之，高呼多时，始马山二人至，应。彼二人走的正路，因顺正路行，至帐篷所在地，已十时余矣。天晚，图未作。

与黄先生考察双城子

1927.10.27　　廿七日

　　晨八时醒，起。饭时，大队之驼夫杨至，询知为随黄先生出至此，住双城子附近，闻知我等住此，趋来。未几，我、二马随杨访黄先生，水渠多，路甚难走，狭者跃过，宽者绕行，费时几一点才到。黄先生不善使人，杨一路怨言颇深。至时，黄、庄皆在双城子①，候多时，始至。周旋毕，他拆开他家信看了看，有一个北大书记李给他的信，写北大情形甚清，分科事：一院文科，胡仁源为学长；二院理科，秦汾长之；三院法科，林修竹长之；研究所国学门几为取消，清流学者，多去。该书记黄君月贴以五元，现在甚窘，黄京内又无钱，向余商月由我留京之卅元，月拨十元给他，黄在此交我，我应之以五元。又商议了些徐先生事，想往南方去想法，无结果。黄告以一路曾涉河数次，观墩台，河西破城中得竹简数段，得意之甚，露于形表。余同餐，油饼、萝卜、白菜作菜，后又面页，甚好。初余辈曾拟其有余烟，至则知其烟已绝数日，现吸驼夫烟，是已窘于余矣。粮食彼亦不多。商议定，明日同行，直趋大队。彼驼不足，我代他再向郭家雇三个。

　　饭后，二马、余同黄君至双城子，画了一张不可靠的图。因为黄先生已把距离量好，然而不对，数差甚远，而我定四墙方向皆正，故其数不对，其图不可靠也。余取其二墙（不同方向的）作标准，作成长方形之墙图，罢，归，时已五时半。水渠多，绕路自然仍多，黄先生初欲同余来，至中途，以天黑路远难走，故归。

---

　　① 庄：庄永成，西北科学考查团所聘三位中国采集员之一。

余一人行甚速，连跃渠十数条，至村东，已暮，不辨路，水又多，涉行其中，时已微冰，冷甚。然余心急，觉不怎的。初下水，几滑倒，衣为之湿，天黑暗不见路，水又是汪洋不见边，路有时软，陷。余一人，时东时西，时南时北，呼无人应，寻究不见，火光终亦无有，只好往东，意东至沙砾之上，自可有路。除我一人外，只水鸟时常地沙沙飞过，时落水中。大地上的一切，都是黑暗的，沉寂的，只有水面反射出微微的光。有时我竟把远处水面反射的星光，疑为灯光。趋到，则一无所有。水过一处又一处，不知道走了多少片，只知道走了半点多钟，鞋袜湿而天又冷，罪受得真不轻，好在我心壮气勇，有不达目的地不止之势，一点也不难过，一点也不悲观。

好容易才走出了水，到了硬碱地，硬碱地又走了多时，还不断地见水，随走随呼，终不见应。沙砾之地到了，走了一会，也找着了大路，然终以不知住所的所在，不知道往哪方向走好。西南呢？还是东北呢？迟疑了多时，才决定往西南走，走了一会，回头望见北边有火光，又转向火光而行。不久那火光又没有了，只好再回原路往西南行，以为即寻不见住所的帐篷，由此路亦可走到村的附近去，到那时看见住家，就给他个"叩门而入""借宿一夜"，明天再作道理。走了一会，听见北边有车声，意必有人，呼而不应，趋至，牛见我至，想惊了。高呼问车上人前边骆驼帐篷所在地，而彼等置若罔闻。多时，始云顺此路行里许即至。余乃走去，车上人哈哈大笑不止，盖以余受骗也。不久路没至水，余知受骗，乃仍折由原路，西南行，时呼，终无应者。数里，始见前面有光，趋而呼，有人应，是住所也。至帐篷以后，教高弄火燎鞋袜烤足，鞋袜甚难脱，盖已结冰矣。

余路行时，意不得住所，不到人家，夜中处此沙碛之上，不为冷天气所冻死，亦为狼所食。今既得住所，恍如苏生。时已近八时矣。

沿原路往东北返程

1927.10.28　　廿八日

晨八时起，收拾东西，预备出发。终以驼夫不听说，并且郭家的正朝（随行的少主人）昨日上双城子未归故，一迟再迟，十一点才才来，给黄先生送了去了三个骆驼。十二点半，我们才动了身。高给我牵着我的骆驼走，我画图，驮东西的骆驼随后，郭家的"把什"（此地呼用的驼夫）拉着。马连井路过了，破房子也经过了，破城也望见了，方向差不多走的是东北。

四点多钟，路过一个地方，也〔有〕牧驼的人，草虽不好，却有，我想住。时马山在侧，询之，彼云前面有草，因又前行。日落，五时多才住在个河滩里，沙土窝里，因为靠水、有草，驼夫都不高兴，皆云此地临近，非陷即湿，驼不能卧，欲前行。因先以天晚不能作图故停此，现不能再走了，只好住焉。

未几，郭正朝来，云黄队在后，不久即至，说了些与黄、庄口角的话，我慰之而已。煮汤吃面包，饭后黄至。闲谈多时，又吃片儿汤，十时多就寝。本日行 25.0km，住地名上地湾。

天黑才找到宿营地

1927.10.29　　廿九日

八时起，与黄先生合餐，粥、菜，为几日来之新食品。十点半动了身，先沿着河滩走了一会，以后又上了岸走，草不少，还好，沙土冈一个接一个。黄、庄早往昨日过来之破城去了，郭则留与未行他队同走，故先行者只有我们几人和十几个骆驼。东地湾的破城（我曾拣瓦片的破城）过来了，十日前遇雨而宿的场所也过来了。路的方向，东北而偏北的时候多，沙碛之外的细沙，间或还是有点。夕，路遇了一队蒙古人，男的、女的，大人、孩子，还有些"蛮子人"，都骑着骆驼，有的武装，带着枪。一队儿十个人，骆驼上插着些小黄旗，什么"甘宁镇守使保护"一流的话，还有藏文的。我往东北去，他们往西南，到哪里去，我们可不知道。

天渐渐的晚了，好草有树的地方，仍没找到，直到黑了，云把星儿也遮煞了，一点光明也没有。六点多的时候，才得到 Sei Van 附近的有树草的地方住了。弄柴燃火，柴湿火难着，费事不小。饭时计行程，今日得 34.7km。清晨有风，还不小，冷得厉害，中日不怎的，夕后又风，冷，夜风已息，黑云亦渐渐减少。十点左近，钩月已落，繁星闪烁，我倦了，睡。

十二点以后，一阵人声嘈杂，把我从梦中惊醒。仔细一听，却原来是黄先生来到了，接着夫狗子"庄先生，呕噎……"怪叫个不休。不一会，那睡魔又把我导入了黑甜乡了。住地名 ZoFuWan。

看到了狼兴山

1927.10.30　　卅日

清晨一早，就听见了黄先生因为昨天到得晚没有看见火烦言不休，益占先以柴湿难弄，且曾经弄了一气的话，他老先生却只认自己的门，一个劲地说别人置后边的人于不顾。这种话真不耐听，我有心和他分辩几句，又有点不好意思，只好由他去罢。他又想分队走，我无主张，分也好，不分也好，无大关系。而那骆驼主人郭可就说不能分了，宁不驮垛子，也不能分。此地草不好，骆驼寻草走出了好几里路，多时才抓回来。

十一点半才动了身，一路的风景，无非无边无沿的沙碛，又黑又长的路，慢慢地狼兴脑包、狼兴山的景象愈看愈清，沿河的树也渐渐的多起来，土墩子看见了，何只三五个？五点三刻，在树林河边有草有沙的地方住了，计走了27.9km，此地离狼兴山已不远。

住下，高弄了些干柴，不久我就点起了大火。六点半，后边的垛子来到了。晚吃鸡汤面片，西瓜。整天的天气很好，没大风，暖和，云也不多，也是十点多睡下的。住地名Zagordei。

在河洲上宿营

1927.10.31　卅一日

十点半动了身。动身之前，来了三个蒙古人，二长一幼，喇嘛也，甚阔气，一能"蛮子话"，我问知"狼兴山"蒙古名Bayenbougtu。他要个西瓜，我和二马都未应他，给幼童一笔盒，欢跃而去。

沙砾一路，照样如前，狼兴山，高耸云表的狼兴山，越来越近。山下的小脑包，西北边的山，山上的未全坏的墩，破房子式的墩，都过来了。夹河的树草，一路都是很清晰地看见。不久就到了河口附近，我的骆驼曾死于此地的河口，到这时我不禁联想到它死的时候的一幕惨剧。一则路离那里远；二则我也没有那种勇气，或者说是不忍去看它一看。墩台看见了，不只五六个。拐了个弯，走了二三十里的时候，看见了一个破土圈，小古城般的破土圈。这就是我十六日发现的那个破土圈，叫着二马去看却不防为河拦着了去路的破土圈。时马山已先到，我到了那里看了看，很高，步了步，每面足约18meter长，拣了几片瓦，耽误了半点钟走了。附近芨芨草、红柳树丛多，蹿进来又蹿出去，回曲弯转，路又是高低不平。我现在骑的个骆驼曾经蹶了一脚，好在我也没有摔下来，它也没有蹶坏，接着爬起来走了。以后的路，细沙土很多，方向却不和前一样，前为向东北走，以后是往东东北走。

六点多，走近了河边，望见马山在河中来回地走，我住驼去寻他住，他说河没水好走，可住那边。我起初怕河底不好走，犹豫不决，及至随他在河中走了一遭，果然好走。大队不久亦到，于是都过河而宿。河因为毛目的人把闸打起了，把水都导入了田中，我自毛目动身以前就听说了，于今已数日，故近来河水等于没有。洼处有些清水，故吃喝不成问题。柴多，火大，晚上很痛快。夜与黄君围火谈了多时。

下午三点四十分的时候，起了阵大西北沙土风，多半天布了云，CuN. 也很有一片，于是乎随了几个雨点，可是不到十分钟，雨住风停，只觉一点微寒而已。上半天热得我头痛，下半天又这样，头自然不痛了。本日行 32.1km，住地名 DaSulun Taulei。十五日我们也是住此附近。

安然渡河

1927.11.1　十一月一日

晨起得不晚，可是动身的时候，已经是十一点了。拉骆驼的人说那边还有河汊，住的地方是个河岛，大河岛，河狭水深，不易，到前边郭家的小场去过罢。于是过河行。一天阴云，风渐渐的大，长长地看见旋风卷沙土。沿河东东北走了一气，看见了一个小破墩，墩后又发现了个小破城，步了步，每边约为 42m。东边、西边之破墩一流的东西，每边为 6.5m。城圈正方，门东西。

拣了几片瓦，站了一刻钟走了。此地附近，西、北二方都是细沙，故半为埋没。东北为沙碛，望东北走了。风渐大，我画图拿板子很费力，累得指节痛。

未几，到了郭家放小场的帐篷，附近有个墩，名 Chahan Zuanping，先看了以后，才到他们帐篷里去坐。我常听见放骆驼的人说什么大场、什么小场，我莫名其妙，有时揣想或者是以骆驼的多少不同，故定名有大场、小场之异。我今天在这帐篷里高兴问了，那同行骑驴的老汉告诉我说，"大场"者，牧驼角之壮骆驼者也；"小场"者，牧怀犊之牝驼者也。至是余始恍然悟。

郭家驼夫易人，其余的人也分拉骆驼过河。风大，未几，来河边，郭家人拉空驼先试行，安然过。我是惊弓之鸟，心志忐忑不宁，终能安然渡过，算万幸。黄的骆驼系我驼后，断了，落水中。夫狗子驼至，为黄驼故，陷水中，卧于半水半泥之中，起不来。黄安出，陷水之时只呼用人照顾，不自哄驼，大有倒了油瓶不扶之势。夫驼陷水，马山奔去牵驼，外人精神可佩服。大家安然过，夫狗驼也弄出来了。上路而北东西北行，一路沙碛、草树如前。

六时至河边住，木多火大，很好。行 25.7km。地名 Eikeng Chahan。今日见之破城名 Ikengdeilabanging。杨及夫狗子以自己苦状，将来难办事，向余诉苦，求办法，我慰之而已。十一时多才睡，计行 25.6km。

可怜的骆驼

1927.11.2   二日

清晨因为杨上乌兰残景，我给黄出了些主意，说了些话，把老杨安抚得高高兴兴走了。我们十二点才走开，一路无事可述，一切的路景，照样沙碛有草，离河不远，树一段一段地成林，山越走越望不大清（回头），最后简直没有了。

　　天黑六点多，住在了个河边，枯树、水是不缺，可怜走了一天驮着重载的骆驼，一点吃也没有，草只有根上部的茬子，没有什么叶、梢。弄了大火。大队约又隔了一点钟到，骆驼没有草可吃，那末只好拣些河边树下的落叶，已经枯干得易燃的落叶，去作它们的唯一的充饥的食品。

　　本日计行 29.8km，住地名 Wulan Suhuei，红柳之意也。

四　额济纳最后的日子

回到大本营

1927.11.3　　三日

晚夜起了大风，一直刮到天明，越来劲越大，人真有点受不了，吃饭刮得满盘土，洗脸弄了一盆泥，箱子上立着的瓶子、筒子、盘子等等的什物，因为比重小的缘故，都纷纷地被这大风吹下去。

十一点算走开了，我早已把风镜挎上，眼自然少受沙土的气，不过那画图板子在手里拿着，常常被风吹得乱舞，净想给我脱离关系。不过我老是牢牢地拿着，它终究还没扯过我。即如此，那图自然画不大好，指南针乱晃，老是不稳，铅笔划不知道生了几个叉，起初还不甚冷，以后简直有点"受它不了"。最感觉痛苦的是我一双戴着破手套的手和穿着毛袜皮鞋的脚。

只来去的时候，头一天，大半路没有寻着正道，回来是走的正路，有时觉得奇怪，常想是走错了路。终究一点不错走到了大队的住所。虽然走了不过十几天，回来却是沧桑变，附近西南边的蒙古包，已迁移了地方。树已秃得干干净净，叶子地上却不多，大概是早已被那无情的暴风吹到宇宙之外去了，使它们（落叶）和生它们的枝干脱离，永不相见！

离住所不远的时候，迎着洗衣匠魏骑小驴来，问讯毕，他问我："袁先生来了没有？"我颇惊异，盖因袁尚未到也。到所，甚觉荒凉，远不如从前之热闹，更加天冷，没一人在外，帐篷数目和前差不多，另外又增加了两个蒙古包，一个上插着蓝布黄十字旗，知是外国团长赫定博士的住所。见丁君，握手问讯毕，他问我作图事，我告以五万分之一的路线图而已。至白帐篷，土坑子上边的白帐篷，生瑞恒住所的白帐篷，外人全在。——握手毕，问讯毕，和赫定谈了几句。时马山已先到，徐、崔诸君亦至，——如仪，坐谈吃饭。

讯知袁先生尚未到，无音信，大家烦躁，引起了种种的惝想，什么人病、骆驼乏之类。丁、那林一行，已到十余日。多时不见郝德、三、韩、冯、狄得满等几人，询知已西行四日矣，穿沙碛，简骑从，直趋哈密。早已望见外边的席蓬搭的 hütt，高出云表的竿子上的黄色风袋，感觉到另一种风味。郝德走后，观测已归皋九及老齐办理。同大家我又报告了我们路上的些情形，对死伤的骆驼，蓝理训亦不大惊异，笑释以乏而已。

晚冷甚，同徐、黄、丁诸君谈多时，又分给信件，拆阅袁君报。徐先生退意不甚坚，然仍等到哈密再说，并谈及甘新铁路及筹办大学诸大计划。徐先生告以傅孟真约他到广大。十一时睡床上，冷极，脚凉至腿肘，夜后被堕地，更厉害，醒数回，恨不得天赶快明了，起来活动活动，不至受这冰凉的苦。

终日不得空

1927.11.4　　四日

风止了，天气可是冷得要命，一早凉醒，太阳一出就起了床，跑到火边去烤着洗脸。我经了这几日的长途旅行，昨夜又没睡好，精神疲倦得要命，但是我有工夫昼寝吗？一切的事情，交付郭家的骆驼钱，交代自己给人家办的事，还须告诉人自己经过的情形，赫定还要看我的地图——路线图，还得时和郭家的来人正朝打交代，生瑞恒他还要托郭买东西，诸如此类，累得我终日不得空，睡？可不是我所能的哩！一切的事，好在一天忙了个不大离。

赫定下午也把我的地图看过了，同时又见到英人 Stein 的地图[①]，河口附近的狼兴山，蒙名 Bayenboktu 的狼兴山，本是附近三支，而 Stein 却只画了一道，我觉得对。当天和晚上赫定就说我的路线图比 Stein 的好得多（？）。赫定老先生本来就是老滑头，时常地拿出几句话奖励人，这回又拿这种话对待我。

白日之冷，似乎不甚，然一入夜则受它（天气）不了，火——大火——晚上弄起了，然而我却没有拿整工夫去烤火，因为徐、黄、丁诸先生，因为将来工作分配地盘事，纷纷议论，经久不决。我好听人家说长道短，所以这件事也占去了些光阴。大火时李伯冷照了片相。我双十节的相四片，双十节会场一张，下午他早给我了。这个给不给可是不知道。同大夫谈了会天，他告诉我海岱来的时候，过河骆驼卧在水里，损失不轻！我又告诉了他些我们的情形，谈了多时，才说了声 good night，各睡去了。我和益占住一个帐篷了，大个早已移到蒙古包里去，晚上弄了一盆火，放在帐篷里，又加以烤火之余，一点也不冷，很安稳地睡下了。

我此地要补充一笔的，就是我们在毛目的时候，亲眼看见毛目人现在还拿着小钱——带孔的"通宝"使用。再就是听说毛目

---

① Stein：Marc Aurel Stein（1862—1943），斯坦因。英籍匈牙利考古学家、探险家。曾四次来中国西部考察。他在第三次考察期间，于 1914 年从敦煌前往黑城挖掘，对额济纳河地区有所测量。

有两个铁匠，山东泰安人，姓吴（或伍，或武），一个发财回了家，一个在毛目乡里，我都没见着。这事情当时忘了记，此地补一笔。好在是"新回之余"。

烤火烧着了衣服

1927.11.5　　五日

清晨因打发郭正朝走，留这里的生瑞恒又买东西，找米纶威买钱，找马山要送郭家的礼物，他们对这一件事情，似乎都不大注意。米和李伯冷争和一个蒙古女人打交代，一见令人生厌，而几个女人整天在这里胡揽，生瑞恒指一个说，这个不是个好人，这几天挣去了五十块钱也多。我莫名其妙，不知道是怎么一回事。钱给了郭百五十元，礼物是一小闹钟，二大盒 Westminister 烟，到吃午饭才弄完这件事情。午饭前后，我又写了一封信给郭子嘉，正兴隆的掌柜的，毛目农会长，正朝的父亲（毛人称伯叔亦曰父，冠以几父几父而已，风俗如此），告以一路情形，送彼礼物，给正朝了多少钱，马山照的相到哈密寄给他等等的情形。签了我和二马的名。完了，徐先生等又写家信，托郭带到毛目等等事毕，他走了。

上午我给徐先生办交代，把我与毛目的账目报清。皋九七号就要回京了，他这两天忙得不了，送我和达三、益占了三本书，我无物给之，只好给以李伯冷给我照的相，上题：

> 皋九，你要走了！走，也好。我对你没有要求——奋望的要求，我只希望你要时时刻刻地记着，千万不要忘却，你有一个四弟，中国学术团体协会西北科学考查团内同衣同食、同住同工作的异姓的四弟，并希望你同样地记念着"老二"、

"老三"，因为他们三人——最低额也有我一人——都是时刻难忘他们的"大哥"或是"崔大哥"。我们是要分工的，包头的气象事业同别处一样的重要，或者还过于其他的，希望你"努力"。你送给我一些的礼物，而我呢，却是什么也没有，除却这一张近影——热闹的双十节之后的纪念影——之外。你走罢！我要说的话想不出来了，祝你　努力进步，一路平安。　十六年十一月五日，爱金沟畔。

皋九之走，和我离别，我好像同我的一切的北京的朋友离别一样，同样地感到一种"离别之感"。我觉着很对不起他，因为我从前相处的时候，常和他吵嘴，和他闹，以后再也不能了。唉！离别之苦，何为与我这样的亲近，这样的不断地发生！

晚上冷得了不得，大火一天黑就弄起了，我去围。八点前后，大家是吃茶的时候。徐和赫定两团长问外人的履历，从前已问过几个了，今天晚上又问了马山、海岱、米纶威、蓝理训几个人，一个人问几句就是了。我和崔、丁、马的谈话时间多。木头不多一会就往火里加一回，加一回就打发火块四进，灰片纷落。

加了一次木头之后，不多时我觉得身上有点发热，越来越厉害，一会右肘下简直觉有切肤之痛，赶紧回头看，肘下有火，用手一挥，而火成亮，危极大骇。众人多聚，我紧着脱衣，丁、米纶威为我用手扑火，脱下一看，时身上火已熄，马褂、大褂、棉袍，都烧了拳大个窟窿，小白衬衣也焦毁了一片，所以觉有"切肤痛"，幸不甚，未致大伤。事毕，余觉好笑，衣孔大，手可入，好像个口袋，我示人以新口袋，归坐闲谈如故。

因马褂破，要崔大哥的马褂给我，他多时不决。后允。他的衣服大半早已为丁君取去，我又拣他的。徐先生与皋九商包头处置事，皋九啰啰嗦嗦，没有主意，我给他建了不少的议。结云：皋九在包头作气象时，住孙牧师家，除他应得六十元外，加二十元饭钱。

十一时就寝，夜冷如前。今天领到八月份薪金杂费三十元。

忙着写信

1927.11.6　六日

清晨给崔大哥要马褂，他给我了他的纱的，另外又给了一个花丝葛大夹袄，和丝绸的一身裤褂。他交给我给他的朋友——住哈密的朋友——李作桢的信，并且存团百元，将来购买东西。箱子也留下了一个，里边的东西，说任我们用之余，给李作桢。本来说买东西事亦托李，我给他建议见了李，知道了李的情形再说，不能冒昧从事。大家都忙着写信，托皋九带，所以我也就想给郭敖山写封信，一则我想我的好玩的同学，二则他给丁仲良的信内，提说要我给他信。我很想买个照相的家伙，所以我就乘此机会，托九给刘半农先生带封信，买办，将来或购得寄来，或托新生到时捎来。赫定把我作的黑城的图给了徐先生，徐先生又交给了我。将来新生之来，赫定已允出千二百元的治装旅费，这事已不成问题。

晌午，来了个蒙装的俄国人，同我们在一起吃饭，操德语甚好。听说是外蒙库伦博物院派出来采集动物标本的，然而我总想他是个赤俄外蒙的侦探，耸动内蒙、套蒙王公独立的人。还听说这人曾从柯斯罗福游。饭后，采集员靳——我的老乡——给我理了理发[①]。俄人走，外国人——我们团里的——送他了些烟。

---

① 靳：靳士贵（1889—？），山东平阴人。西北科学考查团所聘三位中国采集员之一。

我和大家瞎聊的时间不少，天夕就开始写信。皋九队的骆驼过了河，因为明日一早冷，他本人仍住此一夜。我先写个敖山的，述近状、情感，要他的回信。又给刘半农写了封我要买东西的信。一直到夜里才完。又写了个片子介绍皋九于包头于秀冬，都交给皋九了。

烤了多时的火，大家聊了多时的天，徐、黄、丁诸君商考古奖金事，计每发现一地，给二元，拣每百石器，一元起。三采集员每人约给六七十元，其余的人以老王为最多，十九元哩。此金以下人为算，正式的团员不及。十二点前，才散了聊会。

昨天我烧了衣服，今天清晨我脚上的毡鞋，踏了几个火炭，烧了几个窟窿，真倒霉！

为崔鹤峰送行

1927.11.7　七日

八点多钟才醒，想起了皋九，紧着起来，他却还未走，早饭后大家在一起照了张全影，这是我昨日要求的结果。皋九不走，我也是什么事做不成，总是和大家闲谈。上午我和益占住的帐篷，被蓝理训拿去，我和他费了不少的口舌，归结，益占到蒙古包里去住，而我呢，说是同丁仲良去同居。

老高讲起了他买皮袄的事，马山说他支了三个的钱，加以我和高支的，总须有六个皮袄才对，但是现在只有五个的数，就短了老高的。虽然司拉大穿的是，而马山的又何在？和外国人在一起办事，他们又不会中国话，一切的事，都是我们经的手，错了怎好和他更正，我只能教他查查账。

几个外国人穿着大毡靴照了一幕电影，我正看之际，这个刚完，河那边来了两个人，都骑着骆驼，慢慢地过河。我看出有一个是昨日来过的那个俄国人，益占说那个是他（俄人）的妻子，果然那一个是个女人，亦蒙装。过河之际，李伯冷摄影，及至他们二人上了岸，下骆驼之际，我们许多人都跑了去（李仍摄影），一一握手，说了声 good morning。我先和女人握的，女人戴小皮帽，着蓝布皮袍，蒙古小皮鞋，碧眼金发，面红白色，约廿上下，口有微须（不大显），蓝理训导入赫定包内。

十二点前后皋九收拾好了，吃了点东西，和大家一一告别后，上驼渡河。我们几个人一直送他到南边河边，末后老齐还照了几片相（图4-20）。

午饭，那二俄人也和我们同食。所食肉、山药蛋、白菜、萝卜、豌豆、米饭而已。该女人只能俄语（听说尚能蒙语），同赫定谈话居多。我不习俄文，不解。我收拾了收拾箱子，床铺露出了

图4-20　为崔鹤峰送行

半天，下午才搬到丁帐篷里，不用床了，睡地。

马山的帐查了，是支了三个的帐，皮袄计少了一个。没有办法，马山是外国人，高是穷人，跟我们办事，只好我邀马益占分担，他少些、我多些就是了，倒霉倒霉！！！马还不大高兴。

晚饭后着大皮袄，烤火。茶后仍然聊，中以和生瑞恒辩论占时间最多。我讲中国人愤英国人的道理，他偏说归化城国民军收没和记洋行的不当、法庭的不公。我说外人的商业是经济的侵略，他偏认局部的买卖两方多赚钱。他一点学识也没有，三句话不离本行，和记洋行的买卖，收没，还有他讲商业就讲他灌羊肠，好笑得很。他个人的私德又差些，老齐不大信任他，其余的自然更甚。

齐和马商议着留下司拉大，向徐先生及赫定要求，而何马不许，无结果。要求老高，亦不成，盖蓝理训又不许也。约十二时后，写日记，用得笔欲堕。夜冷，烤火之际，大家欢饮酒，盖为此地末日也。赫定演说甚长，多关于留人留意事项、著作材料的话，欢呼。

第五卷

从额济纳到哈密

（1927.11.8—1928.1.8）

一　大风屡阻行程

出发去新疆

1927.11.8　八日

九点前后才起来，早饭后和老齐谈了多时，我告他以毛目所得气象问题，他抄了一些后段，说工夫不及，找益占代办好也。黄先生昨天教我和老齐商借床，齐已允，我与齐二人抬着给黄送了去。我和齐要点方格纸，他给了一小本，有四十多片。老齐是外国人中的最"好"的，平常我们多号以"老好子"，他之好，不仅为外人冠，在中国诸人中亦找不出，"有求必应"，有时是不求就问，我们自到包头而后，就已经领会了他的"好"了，并且我和他相处的时候甚久，对我尤好。从前他给我照了不少的相，可是直到现在还未洗出，他说给我寄到哈密去，并要我和他常常地通信，然而可能吗（图5-1）？

今天要走，箱子的秩序，早已安排好，骆驼替子也忙着背，众人都忙着收拾东西，天很好，没多云，日光放热，我穿着呢上身、羊皮中国式棉裤、皮鞋，棉裤的腿上，又裹了裹腿，有时还觉热。十二点午饭一过，来了个蒙古人，着红花缎子、皮袍，年约三十上下，有点阔气。徐、黄见了，和他相对行了个礼，云此

图 5-1　葱都尔个人留影

即额济纳皇储也[①]。盖二君早识之矣。导之入饭厅，缘帐篷前坐（今此篷已归老齐住），赫定、蓝理训亦到相陪。茶际，皇储出二哈达，一赠徐先生，一赠赫定先生，盖来送行也。李伯冷的电影自然照了一幕，多时才走了。

　　我又到了作图的时候了，量了 base line，王给我和徐先生拉着骆驼，和留台三人，和贝葛满、那林、马山三人（他们三人另成一队，将走北路往哈密），都一一握手作别，老齐又摄了几片影。上驼走，益占又跑过来云：握最后的一次手，一二年内不可能的握手。我心戚然，彼亦不甚畅（图 5-2）。正行之际，老齐又过来握第二次手作别，可惜我数驼步，不能和他谈上了两句话，只一

---

　　① 额济纳皇储：康熙年间，迁徙至伏尔加河流域的蒙古土尔扈特部落阿拉布珠尔东归定居，其后人被安置在额济纳河流域，乾隆年间始称额济纳旧土尔扈特旗，授札萨克印。民国初年札萨克郡王为达什（1858—1930），其子图布沁巴雅尔（1883—1938）即其时之皇储，1932 年即位。

图 5-2　留在爱金沟的马叶谦

面握手、一面数着步走了。

　　时大队已先行，不远就又望见了，我的箱子归大队驮着了，我只有一铺盖卷，和黄的帐篷称起坐着，驼壮载轻，行甚快。沿河西南行，树甚多，常想挂我的头脸，我幸有画图板子作盾，不然早已受伤了。这还时常地挂我的行李、衣服。走了约二里路，经过那蒙古包和帐篷的前边，那里的骆驼看见这些骆驼走，都一齐哭一般地长鸣，声哀极、戚极，它们叫得我心里都有点难过，当时就想，骆驼之所以哀鸣，是因为它们的伴侣走的缘故，它们不能跟着一起走，惜别，所以就哀鸣。人何尝不是如此呢？当他们或是她们离别之时，都是很难过的，有的是以哭掩之的，接着又联想到我自己，我何其命运多乖，处处遇着这种情势，我的心不是铁打的、铜铸的，是脆弱不堪的，怎能禁得起这样多的楚戚。想到这里，我的多日不见的清泪，几乎从我那久经风尘的眼中流出，嗳呀！不好！不再想了！

出了树林，就是旷野，地面上微微的沙碛，丛生着小堆的植物，弯曲不算甚多。这就是我来回毛目的旧路，离河也不甚远。野尽就穿树林，停站，费了几分钟，曲折多，图就不大可靠，计下午两点钟走的，四点钟住了，计走了二个钟头，差不多9.25km的样子。自己卷帐篷，收置东西，自然闹一阵。住地离河不远，树木也还多，一天黑，就弄起了大火，饭就是围着火吃的。赫定问我多远，我回差不多9.5km，他说他有8.2km多，差得这样乎！画图这次人很多，同行的赫定、海岱、丁、我都画，数目以赫、海二人的为相近。此行无向导，此地又无居民，不知何名。早睡，夜甚暖。

不想作路线图了

1927.11.9　　九日

清晨六七点钟，就被人家叫醒了。起来，晚间的盆火，余烬犹燃。洗脸、吃饭、收拾东西，自然要忙一顿。八点三刻走开，风虽不甚大，而冷得却有点要命，手冻得拿不着东西，脚冻得像履冰一般。对襟的外衣，风能长趋直入，直接去和我的皮肤接洽，"透心凉"，一点也不错。大队早已走了，后边只有我和徐先生的一队，和黄、丁二君的一队，走得既慢，且时常停，和大队越离越远，有时简直望不见大队之所在，好则沙碛上的路，很显明的先西偏南，后西偏北，一个歧路也没遇着。沙碛之中，也间或地有点草，丛生的小植物，树。

歧路虽没有，路却曲折得厉害，作图的人自然麻烦，更加高低不平，走的速率也不等。有时我灰心了，天这样的冷，路这样的难走，并且老王的骆驼座很高，挡得我一点路也看不见，他并且还拉着好几个骆驼，时停时走，画图？怎能有好的结果。我竟想着自明日起就不作了，把纸给老丁罢！让他一个人作，我再也不受这样的罪了。一个人披上皮袄，骑上一个骆驼，高兴快，就快走，高兴慢，就慢走，是何等的舒服！何等的随便！

走到快到一点的时候，是经过的有树有草的地方，虽然树草有，然而人烟和水，却是除本队的人员外和自己带的水外，连个人毛、水滴也没有。大队住了，我们也就赶到住下。人家早到，已吃饭，我们也就下驼去吃饭。赫定问我多远，告以 15.2km，赫云彼为 15.4km 多，他的方向是西到北 8 度多，我却有 20 度呢！我告以我将不作图了，彼不之许，云无论如何要作下去。徐先生亦替我出主意，我意又活动。饭后，头晕痛，睡了有两点钟，好了。饭罢，围大火，赫定学说中国话，颇饶兴趣。与老丁闲谈，十一时才睡下。

到莫陵沟蒙古人家买羊

1927.11.10　　十日

六点半起了床，八点钟动了身，西北、西西北走了一气，沙碛，间或有点草、树丛，和从前一模一样。不多一会，走进了树、红柳树丛、草的深处，水鸟，灰白的鸟，长长的一队一队地飞过，它们发出来的声音，是沙沙的，令人感觉到另一种意味，知道离噶什诺尔海不远，这鸟大概就是那里来的。天，太阳被薄云遮着，放不出热，幸而风还不大，并且我今天又特别地预备了一套毛手套，长长地戴着，棉袜毡鞋穿着，用小绳捆着。昨日虽然想不画图了，然而我究竟没有勇气干那令人笑的事情，所以今天仍然是作下去。没水的河，过了，知道这河就是人们常说的莫陵沟 Molinggol（图 5-3）。紧靠着河的西岸，就已作了我们今日的住所，到的时候才是十一点四十多分的样子。大队早已到，树木多，火又已弄起来了，我计算走了 14.7 多 km，饭，赫定云他的是 14.0km，而丁仲良的所得结果，和我相同，角度也是一样，我们都是 N55°W 多，而赫定却为 60° 多。

徐先生来说，附近有个税关，想去看看，打听点情形。我们三人（徐、丁、我）直奔那在住所望见的房子。有［一］里

图 5-3 莫陵沟

多路，到了，我一望就说了声"门虽设而长关"，盖知该处之无人也。又往西走了走，望见西北来了两个骑骆驼的人，近了一看，却是自己队里的蒙古人。我问他们附近有住家蒙古没有，他们说西南二三里处有一家。我们三人就又往西走了。看见了一群羊，在红柳丛中乱跑，一个汉人小孩骑着个小驴，一个蒙古老头骑着骆驼，赶那些羊，所以它们乱跑。小孩云为天仓人，问其他的话，却是十问九不应（或谓其不能应），老头还能凑乎几句蛮子话，问我们买羊不。我说我们的蒙古人拉骆驼的来买，我们不管。

他让我们到他家去坐，不远，又过了条无水河，穿过红柳深处，望见了他的家，共三包。时队中蒙古人等数人在，盖买羊者也。入其南之一包，内有一老妪，戏一小娃，娃缚木板上，询知娃一岁。娃肥而有精神，不高兴时则妪摇木板就好了。询以前途情形，老头等皆不知之。北之二包，为其（老头）二子之居，皆三四十矣，皆甚阔绰，盖富有之家也。小女孩一，约三四岁，精□可爱，然而见生人有点"眼生"，好跑。自己跑来跑去，捉羊抱羊，以手握干羊粪蛋撒羊头上作戏，天真烂漫，可爱！可爱！一汉人之拉骆驼者云，据云此行有数路，郝德一行取的南路，华志取的北路，北路为新路，戈壁之无水程数较短，故前行以此路为宜。

买了七只大肥羊归，拉骆驼的人又云：此老翁为佐领一流的蒙古官。归时老翁送出来，询其年，云已七十四矣，然而尤矍铄，不像怎样老。蒙翁长子送羊来，随行带着一匹马，我借骑了一趟，到后我给以纸烟一包作酬。

饭时已届，吃了就烤火，看了点《新疆图志》道路、邮电之二卷，浏览一过而已。十点睡下，地名 Toulrbunch。

经过噶什诺尔附近

1927.11.11　　十一日

八点钟走开，起初走得很快，以后渐渐的慢了，北和西北的山渐渐都在我眼里生了印象。满路是红柳、小树，没水的河，大的过了一条，这条离住地不远，就是昨天上蒙古人家去时穿过的那条，水鸟，比雀儿大、鹊儿小。灰头白肚的水鸟，又是一队一队地从头上飞过。树、红柳越走越少，沙碛之地渐渐开始了。方向多半走的是西北，有时是北北西，有时是正北，最后又成了西北西了。

下午两点钟，到了个林边，住了。地是沙砾的，不过像是经过水冲的，有点白碱，住地有水。今天队里多了一个新蒙古人，听说是昨天新雇的，只能到这里，前途他不知道了。住地之北及西北都能望见山，总在百里内外，海（噶什诺尔）恐怕不远了。因为近几天走的方向太偏北了，大约还有三四十里就到诺尔了。据我的图说，今天走了 26km 多，赫定却只有 24.7km。住地名 Schalahuluo，黄芦之意也。住地之东，有条南北路（小），也许是从噶什诺尔到毛目的，路边有木杆子，不远一对一对的，有的杆子上还有横板。饭后同徐先生去看了一趟，横板上有两个黑手印对着，不知道是什么意思？表示的什么？睡了一会。

晚饭后，大家（徐、黄、丁、我四人）闲谈了一气，十点多才睡下。今天微风仍吹，冷的程度，比较前两天还厉害！海岱说清晨的 min 温度 −14.2℃，高出地面约 1m 的还是 −12℃ 多呢!

刮起了大风

1927.11.12　　十二日

大队七点多钟走开了，我们到了八点十分才动了身，今天的方向不大偏北了，大队可以说是西北西。沙、细沙、块沙，一仍如前。水鸟还是一队一队地沙沙地飞过，草没大有，树木更少。今天太阳虽没有被云儿遮煞，可是风真了不得。起初还不觉怎样，以后简直有点受不了，鼻涕一滴一滴地往下落，手早已冻得失了知觉，钢笔、米达尺、木板子几乎拿不住，图哪能画得成？只好由它去罢！隔多时看路有大弯曲、方向有大变更的时候，就看它一次，记上个数。等到住下有机会的时候，好填在图里。风越起越大，越刮越厉害，我衣服穿得又不足，还弄着路线图，又不能下来走，受不了的时候，叫苦不迭，心里难过得话也说不出！图，又想明天起不作了，怎么弄嗳？！

一点钟前后，看见路旁有骆驼、人，好似是有水的地方到了。果然，一会看到大队住了，水住地是有的，然而木材可就缺了，做饭的人只能弄到点枯小植物堆子烧，大火那还不是妄想吗？饭后躺了一会，总也没有睡着。过来了大队商帮，有人往井边去驮水，我和丁也就到那里去。路遇海岱，问其曾否量水温，答已，为 +12℃多。买卖人归化城的，他们也同我们一样，第一次走这条路，前途的情形一点也不知道。回来弄了些柴，预备晚上弄火，把丁的锤也打坏了。

晚饭际，赫定说自明天起，百八十里没水，自己个人都预备好，前边还有个百卅里没水呢。又说此地名吵狼尝之（ChoulangchanZe）。大氅自夕起，已经被披在我身上了，因为天太冷了（？），这或者是我身上无衣怨天寒罢！夜里帐篷里火起，四个人又闲谈了多时，才各人睡了各人的觉。风仍然是刮得一点也不泄气，帐篷被吹得"呜呜"地响，我真有点怕出门！

连着两天走不成

风一夜未息，帐篷钉子也被拔出了，细沙满处里落，可是我在被窝中，不能出来顾它。那末，只好由它去罢，五点钟醒了，以后再也睡不着。直等到六点多钟，才忙着起床，收拾东西，预备走。可是东西也收拾好了，外国人却是一点动静也没有，听厨房的人说今天风大，不走了，白忙了一顿。既然不走，我就又陈设了我的铺盖，又钻进被窝去了。

风越来劲越大，吹得帐篷乱摇晃，虽然躺下，怎能睡得着？晨饭一过，大家聚谈了多时。午饭以后，我开箱子取出我的《新疆游记》（皋九赠给我和达三的）①、《建国方略》（同上）②，看了点游记，在徐先生那里也曾看了点王树枏著的《新疆访古录》③，差不多全本都被我阅历了一过。帐篷钉子上半天不断地被拔出，我用土把帐篷四周埋了埋才好了。晚饭后仍是瞎扯，后及于鬼的故事。

风一天未息，风力我想总在 Beaufort Skala 之五以上，最大时恐已及八。沙土飞扬，日月无光，直到我八点钟睡觉时，还是不懈劲地刮。风向是西北西 WNW。

---

① 《新疆游记》：1916年，北洋政府财政部特派员谢彬（1887—1948）奉命考察新疆，历时15月，撰成《新疆游记》，有上海中华书局1923年初版本。

② 《建国方略》：孙中山（1866—1925）关于政治、经济、哲学思想的重要著作，由《孙文学说》《实业计划》和《民权初步》组成，阐述其心理建设、物质建设、社会建设的三大建国学说，有上海中华书局1917年初版。

③ 《新疆访古录》：王树枏据所撰《新疆图志·金石志》扩充而成的新疆文物专著，有1919年上海聚珍仿宋印书局初印本。

1927.11.14　　十四日

风由夜直刮到天明，又由天明刮到天黑，有时比昨天还带劲。飞沙走石，打帐篷，像是暴雨带雹子，自然还是走不成。这一天除了闲谈，就是看谢彬著的《新疆游记》，一共看了几十页。今天清晨的温度很奇怪，询之海岱，知今晨 min 地面为 0.0℃，高处一米达多的为 +1.5℃，昨天是西西北风，今天是西风。

冷得厉害

1927.11.15　　十五日

六时起床，风夜已息，收拾东西，准备走。晨 min 温度地面为 -7℃多，虽没风，却冷得亦"可观"，易皮鞋，预备今天走一走，以取温，图也不像从前的画了，记数补作。二蒙人来，知是那林、马山、贝葛满一行亦至，盖昨夕风中来了的。八时动身，行未几，遇那林，彼告余袁先生一行至。后询马山，则云仅是听一个蒙古人说。后又询采集员靳，则又云蒙古人谎传在拐子湖一带，是袁来之说，太不可靠了。山走来走去渐渐的近了，靠路的却无大山，是小山，或者说是碎石堆。方向正北居大半，有时差个十度、廿度，到西，却有时有稍东偏，为时不甚长。

走到下午三点四十分，在一块戈壁上住了。住地一块，沙石都被大风吹跑了，只是一块红土平地，硬得很，四周都看着山了。计行 31.6km（我的），我自己用腿走了约有 20km 之数，所以很乏。住地无水，早已知之，水是从前站带了来的。天虽晚，茶饭却又弄成了两次。晚饭罢，又谈天，近十时方睡。路行时风虽不大，却是冷得厉害。盖时节已至，且此地又太北，故有此朔朔寒风。晚后静，阴冷。没有木柴，没有火可弄。

1927.11.16　　十六日

一夜未憩好，盖因昨日走路过多之故。六时起，收拾东西，七点多（7：48）动了身。天晴无风，路往正北，有时往东西差几度，然不甚，终是以正北时居多。黑沙碛，间或有小山，黑小石堆山，或红土山。午暖如春，悔未照从前式作地图。下午一点下了个大埝子，道旁常见有干蒿子，骆驼想吃，我终没有许它去。两点四十分住，地名不知，无水，所用仍系前日带来的。计走了30.1km（我的），赫定为29.01km。一路没停，没自己走，夜睡仍早。

靳士贵为我织了一付驼绒手套

1927.11.17　　十七日

八时启行，向北，不久行于小山夹中。一路 Zag 渐多，往西拐了拐，又正北走了。风渐起渐大，冷几不可耐。十点半前后，驮东西的骆驼丢下来了东西，我驼惊走，把我摔下来了，有备无伤，不久请人抓着又上去了。

十一点到了个有水坑的地方住了。风更大，以土埋帐篷周遭下边，方不觉大苦，然而冷得仍是厉害。午茶为带来之水，晚饮此地之水，苦碱不可耐，多加糖，仍难下咽。饭后又闲谈多时，多将来实业（新甘）计划问题。夜冷，森森可怖，风已息，手脚腿，受冷的气最厉害。

八点睡下，睡不多时，尚未着，同乡采集员靳给我送来了一付手套，缘于从毛目回来见他织手套、袜子，于是乎我就"有一搭无一搭"地问他给做付手套，后来他说线不甚够，我说没指也成。此次行程相遇后，又催他一回，所以今晚给我送来了此付无指短手套，倒还好，驼绒做成，很暖和。明日他们那队又要和大队分离，故他今晚赶做出送来。

关于西北交通的谈论

晨八时动身，按规矩作路图线，驼坏，行缓，风不大，不甚冷。不久见路旁有一井，盖今晨所用之水即取于此者也，好水。方向走的是北，有时西北或北偏点西，Zag 林有的，然无大者，盖沙碛中不能长大 Zag 也。留意中看出 Zag 是种无皮白树，叶针类松，杈多，不成材。质坚硬，只就是燃料的好东西。那林一行迈砂碛西去了，不顺路走的。

十二点我们住了，下午要了点纸烟吃，从前的已完。距离赫定为 14.7km，我们是 15km 多点。曾作住地之一幕小图一幅（图 5-4），后阅《游记》。晚焚 Zag，大家围火。饭后两团长谈新甘铁路、新包线、汽车、飞机等等的事，听海岱云，每 km 铁路建筑须十万马克，包头到迪化直线为 2500km，约须二百五十兆马克，已在万万元之上矣。此路沙多不成，兰州至内地火车尚未通，将来只迪兰路成，必不能多利，外人亦不愿投资，除非将新疆煤油开采权也

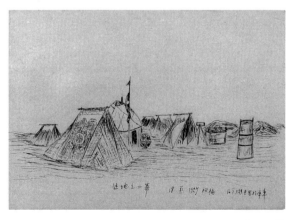

图 5-4　住地之一幕

许给外人，愿他们大事经营，这个关系国权甚大，哪能成呢？飞机之值小者约六万马克，大者七八或十万马克，小者能载 600kg，自迪化至北京计 22（二十二）小时可达。以邮件论，即课以现今新疆至中国内部信价，亦能赚钱。开办一切，八九十万元足矣。

《游记》看得不大少，谢彬抄书，弄文，有点讨厌。八时多归幕，志记罢，睡了。天气白天温和，风不大，云不少，夜浓云，西北风又作，飞沙走石。

大风又阻行程

1927.11.19　　十九日

清晨一早，帐篷门就被无情的大西北暴风吹开了，虽然它（门）是东南向的。一会王和夫狗子来把门钉上，帐篷周围用土

图 5-5　远处的山和最近的地都铺了些白东西

埋了。我知风大走不成，所以直到吃饭才起，那已是八点多了，八点五十分到九点半下了点霰子，雪般小粒的霰子，虽然不大，不久那远处的山和最近的地，都铺了些一片一片白东西（图5-5）。可惜下的时候不长，风又大，不久，刮得那些白东西若有若无了。

风大天冷，能干什么？闲谈吧，所以大半天的工夫，都用在讲有趣的故事，和些无聊的批评里边了。其余的时间，我就看《游记》，看了有百十页。风之最大时，恐怕已经到了十（Beaufort Skala）。细的沙子，都纷纷地透过帐篷布，往里边的人、什物上落，所以我的铺盖、衣服等东西，莫不是蒙着一层细沙，整理，也无从下手了！在外边人几乎立不着，逆风呼吸就很困难，那，哪里无事还轻易出门呢？冷得更要命，手脚失其所以，帐篷里没火，和外边差不多，夕风渐小，而冷愈甚。夜觉铺盖轻，这可不是身上无衣怨天寒。此地无水，今天又往昨天路过的那个井那里驮水去了。

骆驼断粮了

1927.11.20　廿日

一早风止，六点起，准备走，徐先生的望远镜不见了，费了多时的工夫，我问，归结夫狗子告我以有人拣去了，不知是谁的，今此即团长的，是有主，当告以送还方罢。

八点四十分起身，西稍北走了一气，不久行山岬中，慢得很，时北时西时西北时西南，峡行约十个km。大队早走了，我们在最后，途见蒙古人用驼驮·青野羊，未几又见蓝理训来，知是他打的。丁在后行，等他误了几半点钟。以后，丁的骆驼惊了，我的也被了累，人和东西都丢下来了，收拾又费了一点钟，自此起身时已是下一点九分，又西稍北行。

一路驼鼻绳数断，盖近几天住的地方草都没有，骆驼早已受不了了。今天刚出来的时候，就见已经有一个骆驼长卧不起了，这些虽尚未如彼，而也已是够受的了。行慢且常停，误时甚多，又久不见大队之所在，同行三人（我、丁、王）都甚着急，然而有什么办法？路旁的山，渐渐地往远处去了，满目都是黑沙碛，生着很少很小的 Zag 小树。太阳要落了，望见前边有一个人牵着一个骆驼，近而知是等着我们的个蒙古喇嘛。

又西行了多时，已黄昏，始抵大队住所，时已五点多了。焚枯 Zag，茶毕，不久又吃了顿饭。距离我的是 26.35km，赫定的是 26.24km，相差仅 10meter[①]。此地有水，而草仍等于没，骆驼怎么受呢？住地低，周围是山。九时睡，一天的风不大，温和，晚风渐起。

二足五指的小干虫

1927.11.21　　廿一日

六时起，七点半动身，路上看见了两个井，过了点沙窝，一行行沙碛中，方向西稍北。我先步行，约 10km，后骑骆驼，后又行六七个 km，先是黑沙碛，以后是片石沟中，Zag 少而不好，下午二点过点住了。我的图上为 27.7km，赫定的是 26.45km。周围是山，有点 Zag，没有水。夕登近处之山，得一小干虫，二足五指，黑白花纹，甚怪，给何马了。晚焚 Zag，饭后议事。天气甚好，风不大，温和得很。

---

①　10meter：原文如此，疑数据记录或计算有误。

途中下雪

1927.11.22   廿二日

五点多起，七点动身，西或西稍南行，两旁多山，路上是沙碛、Zag。八点多，看见大队住了，至住所时才是八点半。余未骑骆驼，至此仅 6.8km（我的）。今天随行的为一汉人，易前日之蒙人。天阴无风（不大而已），十二点茶后，风大，然不成暴，天越阴越浓，下午天上布了九分 Astr. 的云。四点半到五点，随风飘下了些雪，山和地铺了白。时西方山上落日，为云遮蔽，成金黄色，加以白雪飘荡，很好看。因为此地有水的缘故，所以今天走得这样近。下午画了两幅小画（图 5-6），睡而不着。晚饭于徐先

图 5-6
下午画了两幅小画

生帐篷，后闲谈，观 Hedin 以前在罗布淖尔附近得的关系楼兰国的东西的书，那书为德人 Conrady 所著①。其人甚通汉学，该书之作，取的中国旧书中的材料甚多，其后都为照片，为 Hedin 得的纸片、木简、钱等的东西。纸片及木简上多见"楼兰"二字。八时后睡。水碱。

1927.11.23　廿三日

五点多起，七点半行。先步行 6.5km，后骑，后又行 7.5km，方向先有点向西稍南，后稍北，结果仍是偏北，路旁多山，渐行渐高，天气温和没风。两点多住，计行 26.35km（我的），赫定为 25.8km。丁全步行，四时方到。住地没有水，烧 Zag 作火。晚王将我们的瓶中冷水倾去！我很不高兴。八点睡。用昨日住地之碱水。

停留二日休养骆驼

1927.11.24　廿四日

七点半启行，西稍北，升降山坡，曲折甚多，路一高一低，费力得很。与徐先生谈中国地图须改造事。十二点至一山下，像一河蜿蜒，红土好地，有清水、茇茇草、红柳、树，住。两次步行计约十一二 km，全程仅 17.5km（我），赫定的为 17.2km。住地田畦纵横，没有人烟，有人云为昔曾有人植鸦片于此，是否待证。水甘，夕风起，吹红柳和草树，"呼呼"作响。此行十数日，无好水草处，今得此，故定留此二日，以休养骆驼。今日又有一个骆驼被弃于

---

①　Conrady：August Conrady（1864—1925），孔好古，又作孔拉迪。德国莱比锡大学汉学教授。此处所著即 *Die chinesischen Handschriften- und Sonstigen Kleinfunde Sven Hedins in Lou-lan*（《斯文·赫定楼兰所获汉文文书和零星文物》），Stockholm, 1920。

途。此处虽无居人，然有老马一，悠游于此，想系前行商队所弃下者。晚饭后围火闲谈，劝黄以改法作图，他竟不高兴，其人之固执如此，可为一叹。昨日饮碱水，今天泻。夜十时睡着，凶梦一场。

读罢《新疆游记》

1927.11.25　廿五日

八时起，风大，草树呼呼响，尘土飞扬，本想出去玩玩，这样风大，哪能办得到？晨饭一过，看《新疆游记》，竟卷而罢，无什可述。午饭后看了点《德文轨范》，说米纶威今天要先行前去买料、食品去了，计日行 40km，事好回迎大队。下午三时走了。

和丁道衡游营地西山

1927.11.26　廿六日

天淡阴，日无光，风不大，实际夜很冷，晨 min 温度地面为 -22.2℃，可想而知矣！午饭时，随米纶威去的个蒙古人回来了，带来了封信，赫定读了，告诉说前途水草不好，离此 12km 处有"小心强盗"字样，是随米去者仅一汉人耳。

下午二点一刻，同丁去游西山，过小溪一，满生芦苇，清水淙淙流，一路满是红柳、野草、带刺的枯植物、芦苇、树，行半小时至山脚下，有干沙河一条绕流，山为碎石山，又颇突立，难上。余摄衣登，上一个山头又一个山头，到了个很高的上边，就坐下往四下里望。北边是山，西边是此山的本干，其他的山头，挡着了我的视线，南边远处也是山，地上是沙碛，生着点 Zag 一流小丛，东边远处也是山、沙碛。惟住地附近是好水草、红柳、树木的所在，此一带成 X 形，远处的山有的完全像云，因为看着淡极啦！上山以前，早已把丁丢下了，因为他要数步画图，上着难，使得我喘汗不休，在上边坐了一会，吸了支烟，却又觉得寒风割面，受不了。天又要晚了，怕晚归迷路，于是乎急着回来。下，走得快了。途遇丁，他要上，而直接地回来了。路过水溪，投木走过，到大队时已四点半了。晚饭际丁归。

后围火谈了多时，蓝理训说明天又不走了，骆驼在此多休养一天，后天走。夜取《新疆图志》来。九时睡。晚八时温度已为 –17.0℃（上面），地面已为 –19.5℃矣。

抄完《新疆图志》中的哈密部分

1927.11.27　廿七日

清晨的 min 温度地面为 [–] 23.0℃，上边为 [–] 19.4℃。天仍然是淡阴，太阳放不出一点热来。八点钟起来，饭罢抄《新疆图志》，不久《建置》一节里的哈密完了，送了去，找以下的，没有找到。

很简单的午饭（每人三片面包，今午多加一盘汤）吃过了，看了点《德文轨范》，躺了一会，也没有睡着。晚饭罢，不到八点睡了。

下午问赫定要张中国地图，他允于异日开箱子的时候，找一份给我。夜冷如故。

严寒中继续前行

1927.11.28　廿八日

五点多起，七点半动身，冷得受不得，清晨 min 温度仍为 –23℃左右。西南行，约 2km，出了红树、草土地，到了沙碛上，像从前生着小 Zag 的沙碛，同大夫量 base line 于此。后步行，与大夫闲谈，步行约 16km 后，骑了三个多 km，脚冷如刀割，更加寒风吹面，不可耐，于是乎又下来走。

　　所走方向，西南稍偏西。骆驼之乏够不能走，被弃于途者，我看见了三个。看见一个毛缺几片，盖因蒙人懒，每天住下以后不把骆驼身上的毡子脱下，以致日久驼身腐，生此现象。我骑着的时候，看见道旁砂地上有除砂作成的字样，正中是"献""同心自佑"，下边是些人名字号，末尾什么"魁顺永"，南边是请看民国十六年八月廿一日，北边是说此路小径乏人行，关税过重，以致重登。盖避税出此途者作也。米纶威给赫定的信上说 12km 处有"小心强盗"的字样，许即此之误罢！

　　步行过多，累得了不得。两点多到了个较稍好的草的地方住了，无水、无木，用水为带来的。晚无大火，拣小枯树丛枝焚于自己的帐篷中。行程计为 26.2km（我的），赫定为 25.65km，我步行了 22km 多。上午十点左右，天晴无风，太阳放了些微的热，以前以后全是"麻阴"，Str. Cu［Stratocumulus，层积云］多半天遮着日光，并且寒风灼灼，骆驼眼下、唇边，多是悬着一串长圆锥形的冰，终日没有化了。乏甚，早眠。

二 驼乏粮绝人病

驼乏而粮将绝

1927.11.29　廿九日

七时半动身，天甚冷，因近日骆驼多乏之故，除二团长外均须步行。西南行山谷中，路曲折甚多，时西南，时南，时东南，走得很慢，两山壁立，有数一百余米者，山附近有时见有小丛，不多得很。路上满是沙石，走着费力，加以昨日行过多，乏甚，后骑约 2km，复步行。以后走的方向偏西，山渐行渐远，然远亦不过是几百 meter 而已。路行见有稍少草处，然无水。十二点钟至一处，有条干沙河自东北而西南，岸有芨芨草小丛，河底为流沙，有井一，因住焉。计行 15.45km。睡片刻。茶罢，拣柴备弄火之用，步行约 13km。

近日粮将绝，每日一饭尚不得很饱（晨一片面包，午茶面包一片，晚饭），加以骆驼日有力竭不能行弃之于途者（今日无），有点恐慌。海岱日出猎以作膳，加以天气变冷（今日我的胡须上结了些冰），怎么办？！路上（山中）有一片一片的雪，不知是几时下的。

乏驼成了牺牲品

1927.11.30　卅日

夜风渐起，然不甚大。一早就听见蓝理训来告诉徐先生说：

"今天风大，不走了。"七点多起来，八点多吃饭，清晨就在帐篷里弄火，直到吃饭才出去。出帐篷一看，天虽然很晴，然而地面上却有些微的一层雪般的碎冰块，加以西北风吹得刀一样的厉害，觉得幸而未走，要走怎么受？

晨饭后，卧倒看了点《德文轨范》，渐渐地朦朦胧胧地睡过去了，直到十二点才被老丁叫醒。不久又开午茶，赫定上午和徐先生讲些有人吃粥用黄油等等不当的事情，午茶徐向大家讲起。这真有点粮少恨食多了，并说"有两个骆驼不吃草了，将要杀以作膳"。想那骆驼给人驮那样重的东西，走那样没水草的大沙碛，终结是被食肉寝皮，这是多么不人道的事情？而主事者事前不能从事筹备，听信忠言，致此不幸之事发生，大家受困苦，牲畜遭屠杀，人道，在哪里？现在如此，到哈密还有二十多站，以后怎样办呢？

下午又弄了柴燃火，看几篇《德文轨范》。快到四点钟的时候，听见骆驼叫声，继而又听见枪声，想是那劳而驯的生物，为饿鬼们牺牲了。我没有勇气跑去看看那忠良的牺牲者，因为我实在不忍目睹这样惨事呀！可怜的牺牲者啊！

晚饭加了冬笋鸡肉汤，这是丁、黄二人的私有物，特别生了一些味，这两种东西在这蒙古沙漠地带，真要算是凤毛麟角了。

受伤的狗被打死

1927.12.1　十二月一号

五点多起来，风停了，冷得要命。min 为 $-24.5\,^\circ\mathrm{C}$（地面），一米半的地方还是 $-20\,^\circ\mathrm{C}$ 多呢。七点半动身，今天我的驼被人家换去了，弄了个坏的，空驮东西尚且起不来，那我要骑上更不成了，好在我也没打算骑。base line 没得到用，途中我的表及仲良（丁）

的都停了，我颇急，图之一段，是度断画的。

一路西稍北行，两旁多山，时近时远，小树丛也有些，路直。末后累得有点头痛，好在午时天气晴朗，温和点，我骑了有将近一点钟的庄的骆驼，以后又步行。二点三刻，至住所，无水，乏甚。大夫告诉说喀拉侯头（狗名）与外狗打仗，腿为伤，重，不能走，叫海岱打死了。此次打死的狗有四个了，三个恐怕是出于大夫之手，这个又是出于他的主意。人之性情、习俗不同，这样的事情我真不敢赞同！据云赫定结果为 26.5km，我的却也差不多，虽然是度断画了一部分（后半表又走了），徐先生途中并云能借我一表用。

茶罢闲谈史事，后弄柴点火。晚饭又有冬笋、鸡肉，无他肉矣。

"三绝汤"

1927.12.2　　二日

雪是夜间不知道几点钟的时候下的，五点多钟起来的时候还下着。天阴得很好，那路两旁的山虽然不过是二三个 km 或近在一个 km 多，却都是看着模模糊糊，白茫茫的像云，地上面若没那丛生着小树一流的植物，一定看着是一张大白板了。错落着的石块，大沙碛上的石块，早已为雪掩没了。

七点半动了身，西稍北行，雪仍然纷霏地下着，天忽稍明，忽又暗。冷虽不如昨天之甚，但也是很不舒服，手指、脸都是很难过，衣帽上满是雪，须眉也变了白，刀般的西北［风］还是不断地吹。虽然不舒服，我心里却是觉得很壮，因为有这样美丽的景，伟大的举动。十点钟后天渐渐的晴了，雪渐渐地不下了，路也就渐渐的曲折成西稍南了，人也就慢慢地走向山里去了。路忽高忽低，就是因为上下丘陵的缘故。途中我借的丁仲良的表也坏了，不断地停，于是乎我就借用了徐先生的手表用，以前那个只好度撰画上而已。并且我的尺子今晨又找不着了，所以这一路只好记几个数，以备补作。

十一点刚过了大山口，就看见大队住了，原来是这地方的草好些，所谓草者，不过是些如前的枯 Zag 一流的小层树，有点叶——针叶——罢了。水却仍然是没有，前日带的水少，又用完了，所以只好弄雪做水以用。厨房听差人等都忙于去扫雪，我们自己也弄了点煮鸡肉冬笋汤吃，茶后就吃了。据说赫定全天的距离为 13.25km，我大概不过 12.3km 的样子。以后弄雪煮水备晚用，所食之鸡肉冬笋汤，我戏呼之为"三绝汤"，实在笋、鸡、雪，三样东西太好了，雪凉水甘，特别有味。要是同样过路的商旅，未必像我们这样的快活罢！这也可以算是绝粮途中的乐事。骆驼昨天坏了一个，今天又坏了一个，都要作途畔的长眠者了。

晚饭只是吃了个半饱，以后闲谈，黄仲良突如其来发了牢骚，继而说出了"取媚外人"的话，不知道他是对我们三人（我、丁、徐）哪一个发的。接着和徐先生嚷起来了，扭缠了多时，间有对骂的话，其声动人，劝者自劝，而嚷者自嚷，直到六点钟的时候，一场风波，始告一段落。

先遣队留在石头下的信

1927.12.3　　三日

五点醒，七点动身，西稍南，行山谷中。沿途有点小树积雪，天气晴朗，冷不如前甚，却也可以，一早 min 温度只有 -18℃（地面），上边 -13℃。风不大，须及围巾上满是冰珠。九点到一处，路北二山相对成谷，有干小河蜿蜒自谷出，向南，河岸有些树、红柳、Zag，河中有井一，大队饮骆驼于此。据云于此得有米纶威之信件于石下。彼廿七日到此，云到大石头——有买卖一家，他去买料的地方——尚须五日。十点后西稍北行，以后向北得很厉害。

十一点向北到西 15° 的方向走，绕了个弯，见大队住了。至住所时，为十一点半。按之我的图，约为 12.4km，完全步行。住地为山谷，山列于东西二旁。无水，草也不好，闻再一天就可到 Schalahulus 了。午食饼干，茶罢闲谈，照样拣柴弄火。

数步作图

1927.12.4　　四日

七点廿分起身，北稍西行，路旁夹山，曲折甚多，望不见了前边的骆驼，只好数步而作图，方向间有向北稍东时。十一点至一地，四面皆山，中有小河曲折自西南而东北，红柳、芦苇、树株很多，见大队已住。河水结冰甚厚，我在冰上过的河，此地盖即所说的 Schalahulus 是也。

天微风，颇冷，然晨 min 只有 –16.9℃云。木多，有大火，然自己也弄了点小枯枝，在自己帐篷里烧起来。晚上又吃徐先生的笋鸡汤，闲谈至夜十点后方睡。闻在此要住几天（二或三），因此地水草好，也或许等米纶威回来时再走。今日步行 11.5km，赫定图上为 11.1km。

中国地图错误累累

1927.12.5　　五日

不走，起得晚。饭后看了一气徐先生的地图（赫定送他的），到哈密直线尚有三百七八十 km 之多。后到北边山口、河之下流去玩看了趟，出口处路向北去了，以后看不清楚。南边这一段是向北稍东，河之水并不长，到北不远就没有了。口北边倒像个平原，远山都在几十km之外呢。近来经过的山，多片麻岩，此地亦然。

下午我找出了童世亨的小地图①，第一幅的比例尺就错了，其他的也是错误累累，经纬度之不对，异图同地之名不同等等，举不胜举。以后和徐先生的谈话，多是这一种材料，将来怎样校正它。晚又取出庄的大地图看，错处更多了。至十时方睡。中夜远闻骆驼铃声，并且犬吠得厉害。先以为是米纶威回来了，继闻声在南方，知是过路的商帮，一会又朦胧地睡着了。以后醒时，唯觉冷。

遇到了上千骆驼的商帮

1927.12.6　　十二月六日

晚夜来的商帮就住在了我们前边，清晨饭后，我就去问些前途的情形。大家去的人很多，问他们，他们却是一味推却，因为怕我们跑到他们头里，教骆驼把草先吃了的缘故。然而其中也得到了点眉目，到大石头还须十余日（我们走）；此地不是schalahulus（？），本处还在前途。往哈密走前面往西的那条路，不是往北的那个。袁先生仍然是没有消息，爱金沟气象台上的人也没见着，只于拐子湖附近的打赖胡途克遇见了皋九一行，他们的情形很好。

这是个大队，共有千数骆驼，九十余人，惟尚有三百余骆驼未到。进了他们的几个帐篷，有几个里的人睡着（因为他们是夜

---

① 童世亨（1883—1975）：字季通，江苏嘉定（今属上海）人，舆地学家、实业家。民国初年在上海设立中外舆图局，著有《中华民国新区域图》《七省沿海形胜图》《中华民国分道新图》《世界形势一览图》等。此处所云"小地图"当即《袖珍中华新舆图》，上海商务印书馆1920年版。

里走路的缘故）未坐谈，有两个得到谈了一会，第一个我并且尝着了炒米及炒面，那是他们敬客的礼物。他们一路骆驼未喂料而走得很好，没有使坏了的，实在他们是夜走，白天放骆驼的缘故，我们适得其反呢。

归，黄先生拿来了个皋九的名片，上写几句平安到打赖胡图克的几句话，是给益占的，他们（商帮）捎到这里来了。我们队里的人并且在他们那里买到了点面粉，约百十斤。昨天 Heyder 打了个黄羊，今天李伯冷又打了一个，吃饭不大恐慌了。

下午量参谋部五十万分之一的地图，按该图上的沙拉胡鲁松到大石坎（想系大石头之误）为 244km。从那里到塔勒纳沁城（Taschblak）尚有 58km，方向则将要往西稍南了。晚上和大夫的德国图比，大致相同，以后并示及两团长于赫定蒙古包里。

下午商帮走了，大夫买了八条毡子，花了二十四块钱，晚上付钱的时候，请我当译者。

向赫定借德文地图

1927.12.7　　七日

七点西北行，后又转西西北。一路多山，步行。十二时至一山峡地方，小河自南山峡流出，两旁多树，黄芦横生，住，盖即昨日商帮所说的 Schalahulus 是也，计步行 17.6km，乏甚。

河岸黄芦之大部分为无聊之过路人烧毁，致成一大片黑灰地。河西即山，南部则两岸皆山，北东岸上有一小山，上有破房基，不知道修于何年，毁于何代，然系近物，一望而知。未几，余步河岸，行灰中，灰上有雪，知非一二日内毁者。河水清，淙淙而流，树、红柳、黄芦丛生两旁，山石古怪，缀成一幅好景，我归后画了三幅图（图 5-7）。先到之商帮尚住此，下午来玩的不少。

图 5-7　Schalahulus 河岸丛
生的树和红柳、黄芦

问了些前途情形，据云过此三站（约二百里）没水，古城子（奇台）生意繁华，不亚归化，该处生活程度甚低。归化到古城子，每驼贷角价约五十两，人倍之。

今天又有人打死了黄羊。白天天晴，微风稍寒；夜月明将圆，星稀，不大见光了。不久又到前边住的两家商帮里去问询，马森伯给我了十盒 Fatima［法蒂玛］烟带着去给商人作酬，问了些前途情形，成一小地图。自此走五六十里出山谷，八十里有一芨芨湖，得水与否不定。再四十里，红柳下一井，有无水亦不定。离此二百十里准有水，山谷出来的泉水。过此八十里又一泉，再过百六十里一泉，再百六十里至二架梧桐，又有泉，有无商人住家不定。再廿里小石头，再廿里即大石头。先往西南，第一个百六十里完了，就是往西北，总计自大石头尚六百六十里。

七点三刻归，在何马（大夫）帐篷里谈了一会，他又仿作了一图。又同至赫定处谈了多时。赫定给我了一张内部中国地图，德文的。从前我向他要时，忘了说全部，蒙古、新疆全要，所以他只给了一部分的图。又给他说了，他允给我。九点多寝。

很多骆驼累坏了

1927.12.8　　八日

四点多起，六时大队启行，我于六点半动身。环曲行山谷中，清流、黄芦、枯树、怪石满目，黄芦一大片，有数十亩，如禾稼。往东南行约 2km，折南，又渐折西南，或西西南，后又西南。道两旁夹山，路在河底上，行流沙中，一路多草，蒿子一流的东西，不像前几天的枯树一流枝子。天满布 Astr. 和 Strc. 云（先晴），微风，手僵痛不可耐，驼乏不能行者四。

下午一点半至住所，计行 21.075km，疲倦得很。大家驼坏过多，颇忧之，将有弃舍东西之患。

晚饭后又煮鸡笋汤吃。以后，昨日遇见的那个商帮来了，有两个人进我的帐篷谈，一个是骆驼先生，一个是把什。这两个人我昨天都见过，那骆驼先生就是我问路向的那个人，大概我们可以在他们那里找几个骆驼雇。把什每月挣二两五钱银子，先生挣八两多，自己还可以带点货。

住地无水，两旁仍是山，离井尚二十余里、芨芨湖四十余里。夜静，明月已圆，有点晕，然光辉不减。

赫定病了

1927.12.9　　九日

七点多行，向西南，后南西南。两旁仍然是多山，大山没了，接着就是小山。天阴风寒，冷得不堪。路还算直，六七 km 处有红柳丛，听说附近有井，我没见。草到处都不甚坏，十数 km 处至商队住所，进去玩了一会，吃了他们两碗面条。问以雇骆驼的事，他们要二十八元（后落廿五元），一个从这里到大石头，我给以十元不成。一点多从那里动身，又走了二个多 km，到了住的地方了，红柳、草、芨芨都好，且有水，并可以饮驼，给大家说了骆驼事，都嫌多，不雇了。

赫定昨夜商帮过时出来看，受了凉，吐，不能吃东西，来到就睡了。本日计行 14.55km。北边商帮住地一片光平，据说就是那个 nor。下午商帮过去了，也没人来说雇骆驼的事。晚饭后同丁、黄去探赫定的病，说了几句话就回来了，因为他躺着，说话多了，我们恐怕于他不利，所以就回来了。

早睡，明天不走，因赫定病也。夜有一骆驼队自南来，出视之，则蒙人之驮"口粮"者也，来自安西，去外蒙，盖外蒙人也。后知该队未遇米纶威，遇那林一行，并拾得米纶威信于途。今天马森伯打了四只黄羊，海岱打了一个。

午茶添了黄羊肉

1927.12.10　十日

晨八时后起，早饭后同徐、丁二君闲谈，午后继焉。天阴，风静，冷不甚，看了点《德文轨范》，对了气地图，算干的正经事。老王今天缝徐先生的帐篷，盖内加以毡子而已。今日午茶添了黄羊肉。

夜早睡，后又闻来一商队，自安西来者，往外蒙去的。问其面售否，云一元三斤则售，一笑置之而已。

行走在乱山重叠中

1927.12.11　十一日

晨三时起，早饭后大队五时行，我与丁因画图故，非俟天明不能成行。乃围火候至七点才动身。西南行，有时西西南，乱山重叠，不见正脉，草大致都好，红柳也有些。行约13km时，赫定因新病未痊故，乏甚，卧途旁。门德弄火，大夫给他品脉，以后要打针。我也憩了一会，才走开。

下午二时到大队住所，大平地，有些乱山绕于北，大山亘于南，Zag生得好，惜无水耳。乏甚，茶后睡多时，烧Zag于帐中。近两天很暖和，虽然全是阴，昨天下午温度为+1℃，今夜地面为-12.4℃。上边为-11.0℃云。风声大作，天又不甚冷，舒服。南望大山，下半模糊似海。

本日计行21.225km。派人去寻水。寻那林代赫定画图。

徐先生也病了

1927.12.12　十二日

四时起，饭毕，因徐先生病故，迟迟其行，后又睡了半点多钟，六点多了正式收拾好。八点廿分启行，向西南，约六七 km。南山西端渐近，西边又有些乱山。Zag、沙碛是路景，至山峡则湿泥地也，有红柳丛，很茂盛，小乱山上有垒木，盖指路者也。出峡仍是西南行，离山渐远，路却很直，仍是 Zag、沙碛，有时先沙碛而无 Zag。

十二点五十分至住所，沙碛中，无水，南望见远山，西边的模糊，闻系遇那林于此，故住焉。计行 18.227km，于山峡红柳丛处曾经骑了约 1km，那林系来替赫定画图的。徐先生的病渐渐的好了，到泉处还有 25km。

明日大队要赶到，赫定约须二日方达，盖病中不能过疲也。晚闻马山之黄羊失迷了，那林走的一路很好，水草好，也有居民，曾买到羊吃，并且较我们的路还近。大夫晚试徐先生温度，得36.8℃，说是好。大夫、那林、海岱、马森伯四人议抬着赫定走，他今天比昨天厉害，吐，路上又憩了一大会。夜燃 Zag，近来帐篷因火故，烟得黄黑不堪了。今天上午十一点前晴无风，后风大，冷几不能受。夜，初风，以后小得不大显了。到泉后将要分队进行。

赫定先生被抬着上路

1927.12.13　十三日

大队四时多走，徐、丁、我到七点四十才起身。西南行，渐入乱山中，路难走，高低上下，千回百折，过了一层乱山，行约十三四 km，我就上了骆驼。以后又入了一层乱山，于涧山看见过去一队拉空骆驼、背枪的蒙古人，疑为蒙匪。出乱山又向南，渐低，一望低处乱山层叠，模模糊糊，平地黑红，间有白道，成一幅绝妙大图，天工不能描写。南见有红柳丛、黄芦、骆驼、冰，知泉已到。大队住此，那林一队亦住此。住下即刻到马山那里吃饭，下午睡了一会，不着而罢。

　　一早，他们外国人等就收拾一个床，两头捆上木杆，以备抬赫定之用。他们试了试，成，以后他们就把赫定抬了来了，四人一班，五分钟一换，下午马山、贝葛满等都去抬去了（图 5-8）。听说赫定于此时尚计作图，令那林记方向，他看表记速度、时间，其勇敢做事精神，真为一般人所不逮！入视而谈多时，十点才睡。天一天都尚不大坏，不过有点冷就是了。行 22.8km。

图 5-8　赫定先生被抬着上路

三　赶赴前方找车

被派急去前方找车载赫定

1927.12.14　十四日

八点后起，天阴冷，徐先生上午云，要我和马山急上大石头或青城去找车来载[①]。每日须于早三四时动身，日行40km，大队明日也走，唯徐先生与丁君于七点后才动身耳，赫定、那林等住此。如此，我的图不能继续作下去了，回来？还耐烦吗？

下午和马山谈了谈，云带二人七驼，再带着我和丁现在住的帐篷。听蒙古人说此地名 Neiliseviste Bluk。晚同丁、黄探赫定病，云已渐痊，饭亦能吃。夜与丁谈多时，后徐先生又为我借了大夫的鞍子，又谈多时，十时方睡着。是夜丁移同徐居，我与王同居。

早晚兼程超过了大部队

1927.12.15　十五日

二时半醒，看表尚早，又昏昏睡了一会，三点半起，收拾东西。五点廿分起行，大队已走，我们的七驼也走了。余走错路，向东南去，几步遇厨子明，彼云未见大队过此，并云黄也顺这路

---

① 青城：即沁城，1927 年 12 月 6 日所记之塔勒纳沁城之简称，今哈密市伊州区所属之沁城乡。

走了，询之不答去的。时半圆之月灿烂正午，宇宙充满光辉，明继云闻西有人声，乃折西行，且行且呼，渐有应者，至则我们的那队也。余告庄以黄之去向，着他去赶，庄不去，且责黄之故非。余无法，乃急顺路西南行，赶大队，未几，及，急遣夫狗子去，庄尚告以寻数里不得即归之词，余不之顾，惟急其去而已。

渐行渐明，越数小丘陵，路崎岖难行，路旁多 Zag，间有少许红柳。来行无水湖中，地白平如镜面，行其上，足迹不显，若不详察，几不得路。赶上了蓝理训、海岱、马森伯、李伯冷几人，同行了一气，后来他们又落后了。

初吾队行甚快，每时约 5km，后稍缓，又遇无水 nor 路时低下去，方向断成西。十一时半，至白碱低处，折南至泉，结成大冰，盖即所谓 Neimiliwulan Bluk 也。商队谓为至昨日住之泉八十里，实不过 30km 耳。附近草不好，少，驼有饮者。稍住复行，渐高，遥望大队如蚁，尚蠕蠕进行，盖已落后十数里矣。未几，见其住。我们走到十二点半住，无水，草较泉附近好点。

午茶一小壶，大面包三，黄油而已。后检诸所带物品，只面包八、黄油三、大鱼三、牛肉三、几包汤粉、二罐玉米、一筒饼干、几盒 coco 茶、四盒烟卷斗，外有点面粉、黄羊肉。睡约二时，晚食黄羊肉一盘而罢，带二帐篷，余与马山居一，靳与蒙人阿陀亨居一，烧火于内。晚饭后肚内不大舒服，饮茶很多，余二人一壶。商队云至前站之泉百六十里，而蒙人七十里，究不知孰是，而所带之水，又仅足明晨之用。

山路崎岖

1927.12.16　　十六日

三时起，一切东西，多自己收拾，而马山又迟迟其起，致五时四十分方成行。半月之明渐减，而山岭之路又甚崎岖，先西南而后西，又或西南。风初不甚大，后渐剧，寒不可耐，大氅失其效，毛衣不中用了。多步行，十一点后所经路旁多白碎石，以为此是 chaganchielu（白石），水将至，孰知曲折盘绕，终不出山。天阴沉黑暗，寒风紧迫，余心颇急。至下午三点仍不知水之所在。余深信七十里之误，恨蒙人之不为备。幸路旁多雪，并见有商队过迹遗冰，因寻山峡背风处住焉。约计行有 43km，步行在三十外，听有骆驼铃声隐隐，疑有商队自西来，至道旁候多时无，而铃声又渐远无，始悟乃西去之商队，而非来者也。疲惫不堪，八时睡下。

乱山环绕

1927.12.17 　　十七日

三时为靳叫醒，因困甚，又睡着，五点方醒，闻靳辈吃饭声，急起。早饭吃饼干，因面包已没了。六点半行，月生环，夜微雪，地皮也盖不然。西行，天渐明亮，惟仍阴沉，不见日光，寒风紧迫，不亚昨天。乱山难出，走了多时，乱山如故，Zag 一流的东西，间有好者，积雪亦有厚处。行则疲惫不堪，骑则冷得难过，是以皆不得法。黑云十分，高不及乱山峰，是 Str. Ni［Nimbostratus，雨层云］一流的东西也。

一点多，见商队之二篷帐扎于洼处，至则知非后二，乃先五之二也，因在那边"饮不出来"，故留后。入询，知水不远，约二三里而已。东家出茶、饼饷我，我尝了点，西家以茶、炒面饷我，我也尝了点，西家少年一，颇明通，询系中学生，归化人也。

三点归至住地，微湿，多红柳，盖泉之所在也。今日计有30km，至二架梧桐尚百四十里，中无水。远处高山在望，山巅

积雪。昨日带水不足，今天吃的雪水（晨）。此地水微苦碱。与
Neimiliwulan Bluk 之水同，此地盖是 Chaganchielu 也。

风雪严寒

1927.12.18　　十八日

五点起，天阴，半月无光，霜雪满地，风仍吹，寒更甚，七
点启行，时已明亮。西行，山岭重叠，草一路还不坏，步行二小
时，风渐大，不能行，乃披裘上驼，因冷故，时上时下。霜雪仍
然落，骆驼及人身上，满蒙着白茫茫的一层，坚冰不仅在须了，
口边的帽子、围巾满是冰块。十二点住山背后，风渐大，计行有
二十二三 km，明日不知何时方至二架梧桐也。

骆驼也避风去了

1927.12.19　　十九日

风虎啸般地从夜直刮到天明，夜间不住，那白天还能住吗？
雪仍然纷靡地落，地面上的洼处都堆积得不少，因为受风力小的
缘故，其余沙碛平面上的，就被风吹得像海面上的烟雾卷滚了。
宇宙间充满了白茫茫的东西，天山都是昏暗色，不过还有点轻重
的分别，人尚能看出它们的界线。

六点多钟才起来，早饭一过，打算等风息了，或者小一会就
走。叫拉骆驼的人把骆驼放去吃点草，谁知那些可怜的动物饱受
了这一夜的风雪，动了不动，费了多时的工夫，等了多时，它们
才渐渐地去了，以后听说是也不大正经吃，多去避风的地方憩息。
西西南风老是不停，大家又怕麻烦，又决定不走了，所以就在这
里混混沌沌地过了一天，这其中的消遣，要算是在靳、赵帐篷里
和靳谈些无聊的话。片儿汤是这一天主要的食品。晚上风还是不

小，冷自然不用说了，七时睡下。

今天和马山闲谈，知他是 Freiburg［弗莱堡］人，他的家世，父丧母存，二弟一妹，妹已嫁人。

风雪阻路

1927.12.20　　廿日

风仍大，雪仍下，百步外看不清楚，我醒了，也懒惰起。直到八点钟，靳说饭好了的时候，才正式与床铺脱离关系。风比昨天更大，雪常常地从帐篷孔里、门缝钻到里边来，贴落在什物、东西上。因为里边有火，暖一点的缘故，先落上的融解了，后落上的贴着了，所以人要想着去掉它（雪）是件不大容易的事情。

上午看了点《德文轨范》，从 Verb［动词］一章看起，一气看了个几十页。又间或和老马谈些无聊的话，以后就跑到靳们那里去了，后半天的工夫都消磨去了。晚上西风仍然是刮，虽然有时天晴一晴，几个星星射出点光来，不过一会又是浓云四布了。今天就没打算走，因为实际上不可能。明天如何，那又谁知道呢？好在吃的东西还够三两天用的，暂时还不大恐慌。

1927.12.21　　廿一日

风雪如故，晨饭时，靳说粮已尽，今日不行，明日虽风雪，势必行。下午二点半正式起来，吃了顿饭，什么正事也没有，八点又睡下了。夜风雪甚剧。

急寻失散的同伴

1927.12.22　　廿二日

一早风雪仍如前，然粮尽非行不可，乃于上午十点冒风雪而行。一路甚难过，冷得厉害。西北行，逾崇山峻岭，路旁多 Zag，黑沙碛如故，远望见的山岭，西南、东北的山岭，渐行渐近，风雪亦渐止。望见山前有骆驼、帐篷，知为商帮的，急趋驼至其帐篷询焉。未几，马山亦至，问他们买一元的面，允给几斤，彼粮亦不足。云此山口即二架梧桐，离水不过二三里了，到大石头尚五六十里，自大石头上哈密走青城不顺，走土葫芦好。那里也可以雇车，有兴州的买卖二家，缠民几十户①。上土葫芦自大石头往西北七十里次梅花泉，再百里红泉，再三十里即到了。

时我们的骆驼已过去了，我喊给靳、赵不远就住。我们谈了一会，马山先去了，我继出，时已四时。自前日住地至此山口约25km，入山口曲折行，积雪甚厚，有盈尺者，余先请马将我的骆驼带走了，我此时披裘步行，颇乏。未几见树，所谓梧桐是也。不见住所，又北行至水处，见驼印，而不知何往，望见马山骑我驼步西方，呼之不应，未几又看不见他了。天渐黑暗，又不见住所，随行随呼，终无应者。未几见西方有小火光，继闻枪声，意马山在焉，直趋之。横过积雪无数，有没胫者，竟至矣。呼仍无应者，徘徊多时，声力俱疲，未几闻枪声，乃向东行，又闻西有枪声，又折西，越小岭，穿积雪，且行且呼，仍无应声，心甚焦怒，盖靳、赵之不听命也。

多时闻西有人声，走了一会，见火光，趋之则靳、赵住处也，询余以驼，我告以马山先牵来，询之马尚未至，又急赵弄大火于高点的山岭上。我问他们为什么住这里，这我到时也六点，云未听见我的话，至树、水处尚早，故赶至此。余一肚皮牢骚，

---

① 缠民：清代维吾尔族普遍信仰伊斯兰教，男子在公共场合常戴有用白布绕成的帽子，故称。作者写作考察期间，尚未更名维吾尔族，故维持原貌。

也没处发去了。七点马山亦至，情形和我差不多，他路上放了两手枪，赵于此放了三大枪。茶毕，吃汤饼，弄小火于帐篷，自记罢，快到十点的时候，睡了。小口住二商队，因见其二帐篷，二队骆驼，二伙人也。夕风渐止，晚有点，饭际静，以后有又渐起了。

新疆来接应的军人

1927.12.23　廿三日

晨起甚晚，十一点际，正在收拾东西，西北来了三人，骑着马，一个背着枪，枪上有个叉子，直到我们面前。一个红长胡子、衣服整齐的人向我们说是他们是迎接我们的缠兵，又说听说我们的驼乏粮缺，故来探望。他们是奉了尧大人的命①，公式早已到了新疆，故生此效。又云我们今天可以住到大石头，他们的尧大人明天或许能来，尧在次梅花泉则能来，不然别人也来。十二点，我们走了，他们先骑马回了。

我今天看着天气好，就又作了图，步行着，后来被骆驼拉下了，只好数步而行。向西北，有时又折北，乱山重叠，一路不断，沟处积雪没胫，走着很费力。后来鞋上的雪因为天气暖化了，所以就觉得冷得难过。四点多钟，行山谷中，见泉水结冰，土草狼藉，东有小房一所，知大石头到了。进房询知他们住在东边，拐了个弯，到了。即刻同马山到商家去烤火、喝茶、易鞋、谈天吃饭。商家云：此地不能办事，因为是戈壁滩的缘故，他们的粮也不多了，他们的是来自小堡——西方山下百余里处的缠回庄子。

---

　　①　尧大人：即尧乐博斯（1889—1971），一作尧乐娃子、尧乐博士，经名马木提·乌守尔。新疆巴楚县维吾尔族商人。时任哈密王府长史、营长、哈密官车局佐办等。

晚上我问了几个缠头话句儿，问好之流的话句子，见着了新财政所出的四百红钱的票子，上有回子字，印于北京财政部印刷局。商店人云：先每四百文一票，顶银一两，现在三两票银才合大洋一元。买了他才杀的一只羊，几斤面，以备用，因为我们的粮完了。此地木缺，从商家弄了点做饭，帐内无火。并得七鸡子，到哈密尚须七、八站，巴里坤须十二三站。西之大山，天山头也。夜九点归寝，夜风冷。商人黄姓，陕西安人，吃大烟。

圣诞夜，赶赴庙儿沟

1927.12.24　廿四日

天气好，晨饭后，蒙、缠长官来，云自次梅花泉，皆骑马。二缠连长，缠人名之曰"毛蹄子"，二蒙古排长，随缠、蒙兵数人。结果彼等云此地是戈壁，无人烟，不好办事，我们须到庙儿沟方成，那里有几个营长驻扎，他们可以给我们想法子。此二毛蹄子，一老，一四十上下。四十上下的那就是昨天迎着我们的撒利毛蹄子。同我们说一会话，他们就去密议一回，我稍有点疑，因为马山接到米纶威的信，上云新人觉 Expedition［考查团］之可怕，结果云明日他们找二马来，我同马山骑马急去庙儿沟办事——离大石头云有百四五十里——撒利毛蹄子和一蒙排长、二兵同行，一兵引我们的驼队。靳、赵慢赴庙儿沟，二三日可达。缠官不喝、不吃我们的东西，只吸点纸烟，蒙官则反斯，什么也可以，对我们都很客气，敬礼，马山照了两片相。

多时他们走了，我们在商家买了五盒烟。算了账，一共支了廿一元。收拾东西，三点钟的时候，有一缠兵带路走了。今天打算走一廿里，明天马来。先北后西北，行约 10km，仍未出山谷。黄昏时住，缠兵去了，约明日早来。今晚为圣诞节的晚上，同马山饮威斯克〔whisky，今译威士忌〕，吸雪茄及德国出的好烟卷，畅谈至十二点方睡下。

今天听蒙排长说米纶威走错了路，遇军队，带往星星峡，途中疑兵为匪，夜弃驼遁三昼夜，无饮食，至庙儿沟，以后到哈密去了，已有驼送还他。今天我写给徐先生一信，马山写致海岱一信，都留在大石头的商家了。郝德一行早已到哈密，那里房子已修理好了。今日途中缠兵问我："冯玉祥是中原人，还是洋鬼子？"可发一笑，他又问冯来不来？我就说不知道。夜口渴甚，起来喝了碗凉茶才又睡下。

住小堡

1927.12.25　廿五日

晨早醒，冷甚。饭际，蒙排长、缠毛蹄子及其兵弁数人到，带着两匹空马以备我们用，我骑的褐色白杂毛，马山骑的纯褐黑色，我带了点零用东西、皮袄，背上大夫的鞍子，嘱托了靳、赵一套，十点同马山、缠毛蹄子、弁兵、那排长、蒙弁兵六人走了。天先阴，十点后渐晴，马一路没断了跑，方向先西、西北，后西西南，西南，又西稍北，一路满是崇山峻岭，深谷大渊，上下达坂，冲破积雪，走着很费力，疲倦，加以昨夜睡得不足，更加难受。靳、赵给他们留下了个缠兵引路，说的是随后就走，今天到不了小堡，明天准到。我们今天住在小堡，因为庙儿沟太远，一天赶不到，明天可以到庙儿沟。

这小堡据说是离此八十里的个缠回庄子，也就是撒利毛蹄子家之所在。直走到下午四点三刻，过了个大山岭才到。下山即是一条小河，清流淙淙，自东而西，夹岸多白杨一流的树株。时日已西沉，云住毛蹄子家，纵马涉河，过，上山坡，路旁多土房，幼童几个，在房子前玩。上坡不远至一宅前，门前立数人。缠兵下马，一红冠红裙者也，立在门前，一望知为缠女人，此户即毛蹄子的家也。下马入，门甚低，数房相连，总一大门。东向入后一屋，内一大炕，上有洋炉，墙东边有上下二龛，一放置碗子等器具者，一为火烟，作饭处也。脱鞋上炕坐，蒙排长亦留此。未几，茶，凉馒头，烤的馒头，吃喝了一气。

同蒙排长闲谈，知其为塔城附近的人，先驻迪化，后来此。蒙兵月饷六两三票，合二元一角，排长四十两，营长百两，缠兵则无饷，纯义务，征的。新省现已有兵数万人，马日官草十斤，料五斤。

今日行约50km。明日到庙儿沟，尚有七八十里，在青城南，此小堡河通之。小堡地临天山，回名Wolra。户住有四十，皆缠。种地、牧畜为生。有礼拜寺一，有阿浑一，名莫儿拉（morla）。

天两点后，西方浊云上，西风紧逼，雪花纷飞，路又难走，不知后之驼队何如也。毛蹄子家人甚多，有弟一，妻一，子一，女三，雇缠工人一。女修饰，手戴戒指，冠则顶钮作装饰，面涂胭粉，腕有镯，耳环长大，洁秀可爱，较蒙女之垢粗，高明多矣。毛蹄子有地约二亩。后主以面条、胳膊鸡饷客，味丰美，我饱餐了一顿。来的闲谈的人，一个问我说："大人打哪里来？"我就回答从北京来，继续又谈了些我们的情形。夜，缠女为整铺盖，多人睡一炕上。中夜冷醒，多时才又睡着。

新省阻扰隐情

1927.12.26　　廿六日

晨早醒，天亮了，缠妇进来作饭，我们就起来了。吃茶，洗脸，一会来了些缠男女之观光的。一老者，询知为毛蹄子之伯；

一少年，询知为毛蹄子之婿，青城附近的人。晨饭仍然是面条，内有羊肉、洋葱，菜则为黄萝卜炒胳臁鸡，味甚好。饭罢，毛蹄子说不能同我们去庙儿沟了，因为他要往哈密去送粮，他的事情有个挡子——信——给他的尧大人，他另派人送我们去。

十点半起行，同行共五人，皆乘马，天气晴明，一路积雪甚厚，沿河行，河边之树，树边之山遍为雪掩，互相映对，成一幅绝美的图画，加以远山为雪雾蒙遮，下半模糊，更是妙不可言，此为余空前所见之美景。廿里下河，小河横流，花树丛生，多为雪掩，河有木桥，纵马过。行至此时，趣遗倍加，大有山林之意。以后多见一种飞鸟，圆身红尾，头若鸡，鸣声如喜鹊，询之为胳臁鸡也。时无雾，风又起，全身满是雪，又觉着有点冷，下河驻有蒙骑兵一营，营长色格赛，四十里二公，亦住骑兵一营，营长布音。下河、二公汉村也，二公有一废垒，见一家有猪，故知为汉村也。

雾更甚，百步外不可辨，一路多向西南，有时南，行人车马不断，车大于毛目所见者，其他形式全相同。先路是高低不平，曲折甚多，后来离河远了，行沙碛上，平坦且直，向西南。至下午四时，闻有号声，知庙儿沟之将到。未几，见土房三、五散落，树木丛生，见了些人，知皆是兵，虽无军装，无秩序，乱七八糟，可与河套之护路队匹美，天下的东西原来都是无独有偶的！住西南蒙骑兵营那排长包内，时有黑皮氅、皮帽之军官，询知为色格赛营长也，大石头遇之尔载台排长即是他营里的人。

茶、馒头，吃喝了一点，有人说大人们有请，就在后边上房里。至则三五人在一房内。陈设大致还可以，炕、桌、洋炉，坐着些人，有的类无赖、商人、土老，然实则营长大人们也。二汉人，一姓李，一姓陈，陈为青城守备，言语烦杂，俗不可耐。一为色格赛，一人后至，此营营长巴成祥也。谈话之结果，知道他们屁事也要电询杨督。我们前边来的人都因此耽误了不少的日期，我与马山此行又要如此，电杨候复。

晚饭于那包，巴图那生来，谈话之际，我说我们干的事情，细细和他谈，又知道了些隐情，我们原来来电说来此地考查，设立气象台等事，就引起了新省回、蒙王公、愚人等们的怀疑，上公式给杨[1]，请挡驾。及杨电到京时，我们已在途中，杨无法，以后只好就添派军警稽查，布置要隘。及我们到了爱金河上，又有侦探传说，我们重要人外，带有二百打手等等的话，杨更疑，布置更密，传檄各军队，集中于东路的卡子，对于来新中外人等严行稽查，非其允准，不许入境。瓦尔斯——华志——之来，困于次梅花泉者数日，郝德等之来，更困难。外人态度强硬，杨无法，收其武装入境。米纶威之来，途误至牛毛泉，遇卡子兵，带往星星峡，致米纶威之遁，受数日夜之饥寒困苦，丧数驼，失皮鞍、摄影器，丢洋三百五十元。我们此来，又被诱至此处，电杨请示，将来大队后队，他们此技如故。杨昧于世势潮流，不明学术新理，脑筋顽固，听信谣言，兴无谓之师，致我们受极巨之害，实堪痛心，至取侮国际，贻笑外人，更其他事！

大石头遇之蒙、缠长官，皆云欢迎，却事事密议。时米纶威之信已见，彼云新人觉我们 Expedition 之可怕。时余已不无疑义，同行缠兵又询余冯玉祥之来否，余更心悸。然事关中国人的面子，我绝未一语及马山，只告他以受欢迎而已。后与那闲谈，知杨惧冯来，近年急极添兵调将，即是为此。杨之军队糟糕如此，冯不

---

[1] 杨：杨增新（1864—1928），字鼎臣。云南蒙自人。其时任新疆督军、省长，后改省主席。1928 年 7 月 7 日为政敌刺杀身亡。

来无事，来，杨作战，嗳，危矣！

那北土尔扈特人，与其谈土尔扈特部自俄罗斯逃还事，他赞不绝口，深服读书人之多知，并云时有千余人留俄，现皆俄化，然言语尚通。蒙古之俄化，云即系百数俄土尔扈特人所勾结、怂动。

夜胡思乱想，多时不着。决明日候其电□，不来则自己强行买点东西，打发马山回去——我不回去了。

杨督电允雇驼买粮迎后队

1927.12.27　　廿七日

上午未得回电，余对人言：今日不来，明日我就去青城，买办东西，不管他了。十二点同马山到东南山上玩了一会（图5-9），上有一缠头阿浑墓，形式如寺。山颇难走，因为雪消路滑也。后有二驻兵随，一汉直隶籍人，一新省汉回。回人开门导入，过庭入正厅，内墙上贴有朝汗带来之圣地图数幅，有回文解释，我不

图5-9　庙儿沟南山北望中之天山雪峰

懂。马山尚知一点，因其曾到土耳其也。后屋中地上有凸出之大东西，上覆以大白小花布，以阿浑葬身处也。

二时归，与巴、赛二人谈。夕，巴、赛留酒饭，煮肉、面条而已。昨杨电报来，云雇驼买粮事，速办速备，迎接后之队。未几，靳、赵亦率七驼至，麻烦了一阵。夜米纶威又自哈密来，带十数驼——史尔□、张二人，另有二驼夫带粮迎大队，云哈密形势更坏，官府不得见，催众人速往迪化走。又出华志自迪来电，上云不得归，大队须到迪化，信件都送往北京，想不知又有何变动。明日去下河住，因二公有驼轿，在那一带还可雇驼买东西。主意已定，赵、马山、骆驼都走。

在二公和下河雇轿雇驼

1927.12.28　　廿八日

晨写信一封致徐先生，托米纶威带，上述新省人众对我们考查团误会情形，请其急往哈、迪去解释，我此地事毕，即赴哈密等语。

十二点半，同赛及其护兵骑着马走了，马山一行与米纶威乘驼而行。途间，米对我说，我不能往哈密，此地人之误会不在蒙、回王公，而在疑我们中国人与政潮有关等，赫定来了再说等等。言词傲慢，声色俱厉，我也不和他较量分辩，并且这人的根性如此，又何苦？

我和赛急马到二公，至一曹姓家，途中遇其子送轿往庙儿沟，二小驴子驮着，教他回去看。候多时，其子方归。候时坐其炕上，一男一妇数娃，炕陈烟具，盖烟客也，秽垢不堪。曹金塔天仓人，天仓，双城子附近之村也。询以种地情形，彼云每斛地年可得六七石粮，地价七八百两不等。七八百两，合二三百元而已。曹煮茶待客，及其子归，见该轿子为一驼驮二之轿子，短小甚，若以长木夹之，门前木上再编以绳，人始可卧下。未几，马山到，彼亦云短小，然无他物。赛又云可得长木于其营中，于是询价，以七元买了，用驼驮上。我和赛又策马走了。不远，来了一伙队伍，大有截路之势，询哪里来的、哪里去，赛一一告之，走了。途中，赛下马欲射一胳膊鸡，来回走了多时，鸡都飞了，他一枪也未得放，放，也未必射中呀。

走了一个钟头多点，到了下河一家百姓的门前，有些驼，入其家，询知为徐姓商人家也。入其正厅内之东室，坐炕上，亦有洋炉，颇讲究。谈次出茶、馒头，我们说是要雇他家的骆驼，始则东推西委，惧为官差，不给钱，终则云请与他家凑服。经余多方开导，赛又愿作保证，而他们疑团终是不释。赛又云：雇，不去，则强拉了。并找乡约——此地之管公式者——未几，至，帮同我们说，允了。议价，询其往别处之价。云：至古城子的十二站，每驼廿一两五票银。于是议定我们按日按驼支钱，每日二驼，行时一元，好天不走，因我们欲住，每日四驼一元；天气不好停，不支钱，来回一样。徐家始终犹豫不决，并云其家长未在家，不能做主，赛给以卅两定钱。

归时已入夜，好在雪白路黑，且雾淡钩月有辉。走了一会，到了营盘，食大米饭、菜。饭际，马山到，同饭，闲谈多时。又到外边看他们，米们扎了帐房，同张谈话，张云遇兵后带往星星峡，米和蒙人皆疑兵为匪。一夜，彼二人乘二驼遁，共有四驼，余二驼张牵着。遁前，米几将随行排长击毙，幸为阻下，大祸未生。所失之二驼、东西、钱，皆不干张事，为其二人失于遁之途中。说际，米厉声言曰：张于行时，好对外人说话，对不识之外人说话，易起错误等，请余告之、诫之。余告张，张云：米是变羞成怒。是言真不错。

夜同马山睡于赛营中东屋南间炕上，北间住书记陆某，安徽寿县人也。夜冷，睡得不好。

询知新省吸鸦片的情形

1927.12.29　廿九日

一早，徐家来人，送来了定钱，说没有骆驼一流的话。赛云：已差人往小堡找缠头的骆驼去了。以后我又写了一封信给徐先生，告以我不往哈密之原因，并取消前之建议，仍托米带。十点多米们走了。小堡来了两个人，一老者，是小堡的大耳瓜——营长（管公式者）。一约三四十岁，皆早已见之矣。按昨日之价定了廿五、六个骆驼，明日走。找了二长杉木杆，教木匠弄了弄，买了两只羊（十四元），三百廿三斤面（五元合），廿斤糖，此合十二元，一同算了四十四元，给赛了。小堡驼定银五十元，又拿走了。赛送给了些盐，因为盐出于二三站路之干湖中，不值钱——质不纯洁。木杆好了，捆上轿子试了试，很好，于是马山定明日行。

此宅本为民房，后为兵住一部分，赛全家都在此。晚看陆书记喷云吐雾，询知汉人之在新省官场者，什九吸鸦片。南部缠民亦有吃者，蒙人吸者少，哈萨人之吸者更少。今晨闻大队到大石头。

四　留在庙儿沟

马山带队接应大队

1927.12.30　卅日

早起，教赵收拾东西，马山也收拾他自己的东西。吃了饭，十点半钟往小堡走了。我同一蒙兵骑马先行，我骑之马性大，不好驾御，可是真快。一点钟的工夫，就到了小堡，先访大耳瓜，未在家。后至那年约三四十岁、昨天往下河去的那个人家，见着了，坐茶，吃了点馒头，我就嘱其预备骆驼，彼应之。一点钟后马山到，骆驼也来了。茶际，我们出二元，买了十七个胳膛鸡，带给赫定的。来前，我给赛的护兵二少年了二元，因为他们二人都很聪驯，并且服事我们很好，还支了一元的草钱，我另外和马山要了七元，预备后来给那排长。

一会，缠妇炒菜出馒头饷我们。饭际来了一人，胖大多须，有点阔气。询知哈密洋行中老板阿洪伯义也，虽系缠人，然能俄语，给马山谈了几句，马山的俄文也不好，几句之后，就不能答了。下午三点多钟，马山们走了，同行新驼十五，到大石头时，还可得十数，够用的了。去的人三个，带着一个蒙古包，预定今日住中途之平石头，明日到大石头。我等着马山们走过了小堡南边的河、山，我才回到缠家烤了烤火。

三点三刻，走了，回下河。天雾，同于上午，身上见雪。马行疾，一点钟到了下河营中。饭毕，又吃糖包子，看陆书记喷吐了多时，又知其先为政务厅科员，曾到和阗，其滚烟炮之玉，和阗产也。玉以紫玉为最贵，和阗河中产之，现今出产不多。河中有路，路下之玉上有红线尤贵。室内之皮椅、毡子、军官作衣之大布，皆出于和阗，此外尚有和阗绸，故和阗为富庶之区，列于南回八县之中。

1927 年最后一天

1927.12.31　　卅一日

早饭后，十二点半自下河动身回庙儿沟了。我骑一马，随兵骑一骆驼。天气晴热，行未几，衣为汗湿，以后行渐慢，头微晕眩。路已甚好，四点到营中。饭后，同巴子巴音达赖到靳那里去，靳在山上找了点瓦片，他现在吃的有，马山临行给他留了四元。吃花都有，暂时无虑了，不久归寝。

十六年告罄了，马山今天或能赶到大石头同大队的人去过年，我现今对于年觉得也没有什么，不过徒增一岁耳。回想去年的新年，同班开会于二院宴会所，景山同学会开幕，那是有数的盛会，不可多得的盛会。今年的新年，我都一个人处在大戈壁上蒙营中，寂寞无聊地处着。人之命运，原来是变化不可测的个东西，去年如彼，今年如此，明年又不知如何？！到现在我离了北京已经是七八个月了，现在我京内的同学朋友，亦及我那不堪回忆的人儿，或者有的仍然留在那京内，有的或者早已天一方了。有的或者正在那里想到我呀！我出来了这几个月的工夫，无非是整天价走路作工，疲乏饥寒，栉风沐雨，披霜带露，在自己却尚不觉怎样苦，因为"既来之，则安之"，在他人则不知已生几许酸痛惋惜耶？！事出意外，未知将来，茫茫前程，教我如何地着想啊？

蒙古兵营中过元旦

1928.1.1　　十七年一月一日

连日劳苦，在下河夜睡得不足，且冷，以致觉得很不舒服，咳嗽不止，吐痰特多，清晨九点多钟才起来。天气很好，对了对表，饭罢，去同巴营长谈话多时。在坐的一不识的人，肥大雄威，询知为住二公之蒙古骑兵营之布营长也。巴、布皆精于汉语，所谈多关系新疆蒙古情形。知土尔扈特在此分五部，曰东、西、南、北、中，出兵十一营，杨给饷，多统领率之[①]，巴、布皆为北部之二营。时巴营书记在侧，烟客也，着厚底花棉鞋，颇特异，询之孙姓，迪化人也。夕闻有骆驼铃声，知有商队过，出问袁先生消息。及出，则商队已去远。归途到靳处，教他给我补手套，又在他那里吃了两个鸡子，两碗面片。八点三刻方归，看蒙兵撒骨节为戏多时。十一点睡。

营长说新疆蒙古习俗

1928.1.2　　二日

雪，本来打算到外面去玩一趟，因为雪的缘故，也就作为罢论了。晨饭一过，听说大队到了小堡，以为今明就可到这里，晚又听说今日大队住小堡了，因为驼乏过甚，并要到青城去雇驼接后边的人，并要取道青城走哈密。此地营长会议，请大队到此再往哈密去。与那谈，知乌苏一带汉、蒙杂居，通婚姻。此地蒙人之识字者多，女人之识字者间亦有之。夕，商队过，出问袁先生

---

① 多统领：多布栋策楞车敏（1887—1932），传为藏传佛教森勤活佛五世转世灵童，焉耆土尔扈特渥巴锡汗第八世孙，俗称"多活佛"（下文称"多呼图克图"）。时任蒙古骑兵旅统领，驻扎哈密。

消息，无。夜学几句蒙古话。

书记谈迪化市政教育情形

1928.1.3　　三日

晨起，巴营长的书记孙某来谈多时，所谈多迪化市政、教育，此二项为新疆之特拙。又闻迪化无审判厅，不大离的官司，警察厅就办理了。又云迪化街道一到二三月冰消雪化，则泥泞极形不堪。前官府曾提出狱中犯人运石子铺街，后以街上人"打锤"——新人呼斗殴曰打锤——以石击毙人，因此以石修街之事作废。又前有一督署副官长王某，于冰消季戎服步出，有炭车旁过，主呼止不止，车轮碰泥，尽秽王衣，王大怒，归遣役将车夫抓至，鞭至数千，几毙之。教育以清末杜提学使时为最盛，有清政学堂、实业学堂、高等学堂、武备学堂等等，以后渐废。军兴，学校又多变为兵营，毁弃无遗，今只有高小、初级师范而已。近年杨督又新添一蒙、哈学校，着蒙、回王公派遣学生入学。

孙先从军伊犁，膺军需，后复经商于绥来，今又来此。据云在商店管账，月薪多不过廿两，此地书记虽名为廿四两，然加之营长津贴，实已收七十两，赛营陆某实收百两。此所以书记皆有鸦片钱也！营长月薪现二百两，粮草皆有点扣头，且此营名为百人，实仅七十人，是又有三十名之空头饷，故今票价低落，尚足以支持也。

饭后一人出游，南行出大泉口，溪水自北而南，蜿蜒行峡中，水草丰美，牧马甚夥。出口则一望戈壁，口附近则树草丛生，流水冰结，雪覆其上，可踏行。沿山麓东行，意游大佛寺，时已望见东方山下树木众多，位回阿浑墓之阳（图5-10），离大泉口约

图 5-10　庙儿沟南山马杂

2km 半，行廿五分钟至。老杨参天，渠水淙淙流，庙亦高大，门
画神像。入正殿，内供大佛，高约五尺，无他偶，壁皆画，顶匾
额不少。于殿内遇一人，彼识我，询之青城商人也，云曾见余同
赛赴下河。又一人亦识我，询余何日自下河归，讯知巴营号目也。
寺住二道士，衲破身垢，类丐，让余西房烤。入，询其家里，则
甘高台人也，询其生度所自，云寺有地一斛，年可收六石余，石
值三十两。烹茶饷余，我以纸烟酬之。寺后二小庙，云供观音菩
萨者也。尽其一杯茶去。东南行，有住民一家，再东南有驼甚夥，
是大路之所在，路住商帮之驼也。归取道于回回墓东山坡之盘道，
颇平坦。

　　至营，则营兵作"锅块"——锅饼也——我吃了一大块。后
到靳处谈了几句，为叫归饭，后看蒙兵戏纸牌，大小类吾乡之纸
牌，数少，上涂黑红点，又类骨牌，中有画，粗劣不堪入目，外
涂一层油，二人或三人戏之。九时睡，夜宽衣。

四　留在庙儿沟　*265*

尧乐博士来了

天气晴明，九点多起，饭后同那到外边散步，意在望大队之来，可是等了一大会，在个高高的冈子上瞭望了多时，终是连个影儿也没有。听说这里有缠户一家，想到那缠家去看看，又听说那家的人除了一个老汉之外都走了，兴扫作罢。路过缠户家——现住缠兵——见一些人围着看，我也过去看，原来是缠人之烤面包的，焚火井内，面包贴在内侧，烤得很好。

听说缠营长尧乐博士新自哈密来，想去问他问我们人的情形，那不愿意去，也就罢了。归与巴闲谈，彼云我们在哈密的人已去迪化，汇来票银一万几千两，银元二千，他们雇车走的，廿天的工夫可到。未几同饭，先肉，用刀削着吃，后面条。以后有人报告说我们的大队今日住二公。巴又云此地已挡下来自哈密之驼四十余，供贵团用。

夕来了一人，高大魁梧，面部多须，着黑明光缎的军衣，意为尧乐博士（图5-11），果然。巴介绍毕，他给我了一个名片，我也还他了一个，先闲谈，后谈我们团体情形。他说新人不明气象台为何物，现在人民不愿意，杨督军也没法等等的话。我告诉他什么是个气象台，它有何用何利，总似乎我的话不大入他的耳。他又说新省人以缠民为最多，蒙次之，汉人很少。接着我的话没完，他就告辞走了。

以后我和巴又谈了一会，才归包。同那谈，多问他些他乡蒙、哈风俗。蒙人婚姻，早者十五六岁时，迟者廿上下，夫妇年龄多是男比女大个一二岁，间有同年者，女长于男者无。夫死，妻多嫁其夫之兄弟，弟多兄少，有子女者多不能嫁，夫妇不和，则找

媒人说可离异，婚姻多定于父母，倩冰人说合之，男家向女家拿聘礼，多寡不等，视女家之贫富而定。兄弟皆有妻室，不能同居一室——或蒙包——平常弟妇在兄面前就不能脱靴子。遗产长子所得恒优异，承继法一如汉人。蒙人无与哈萨人结姻眷者，汉人有娶哈人者。哈人不知稼穑，不食猪肉，不知食菜蔬，无礼拜寺，叩头多在野中，男女衣服同。

大队到了庙儿沟

1928.1.5　五日

天气晴明，饭后住二公之布营之排长来，知大队之将至。后同巴去闲谈，十二点半出，见大队已到，乃急至，与徐、黄、丁三先生握手周旋毕，营长们拜贺的片子也到了，请我们四人到尧那里去。门外陈旗伞，李、尧、巴、陈等候于门，让入，分宾主坐炕上，茶、葡萄干、杏干、烟，寒暄毕，又谈途中情形。未几，请我去请外国团员同来茶、饭。未几，海岱、马森伯、李伯冷、米纶威四人到。茶未几，饭，先按蒙古法吃肉，后吃抓饭，饭为大米和油做成，极好吃。

尧说哈密我们的钱已到银票一万二千余两，[银]元二千，合之六千余元之数也。郝德一行用去千数，尚有四千余。我们所需之驼，不在往哈密，而在去离二架梧桐还有两三站的地方去迎蓝理训，因途遇风雪，驼倒毙甚多，故空人带驼行，东西都留下了。此地挡下之驼，只能随我们到哈密去，接蓝理训得另想法。未几，色营长后至，云下河一带可得驼去迎。饭后谈多时，结果云：外人之枪械照前法办理，束为一束，驮到哈密去。摄电而散。

余到团长处谈，未几，几个营长来拜，新来一少年，询知蒙营长老栋也。后他们又去海岱处，因其代表赫定者也，我当翻译。继就谈束枪械事，外人只三人有枪弹，于是一人的束为一捆，后又同置于一口袋中，尧用绳缝了，枪主每人写了个清单给尧，留有底子，尧签名于其上，存于蒙古人的帐篷，缠兵守之。又谈骆驼问题，我们说上哈密要三十个，给洋卅元，他们允去，先付洋十元。

黄昏，巴着那牵一羊至，送礼，辞不获，受了。以后我给那一元，作为送礼的赏钱。以后巴、色又请我，乃谈雇驼往蓝理训那里去事，结果彼云：准能找着骆驼去，后天走，我们留下个人同去。我告以价目照前马山行时所雇者，去商之团长及外人马森伯、米纶威等，成了，留下蒙人 Salengoli，明日巴营给他个骑的骆驼往下河，留洋五十元给作驼定钱，事成交之。先是打算不成，则往哈密打电报，后以色等之言甚坚确，打电之议作废。

事毕，同徐、丁、黄三先生闲谈。未几归，与巴、色、孙谈，多谈亦剧。后询之关于土尔扈特自俄逃还中国事之书，巴云无印者，有亦系传抄的，蒙古王爷有之，彼无。十一点半归那包，给那十元作住几日之酬，护兵赏一元。先余只得马山七元，现垫支四元。定明日九时走。

大队住到大泉湾

1928.1.6　六日

早起，写日记，收拾东西，忙碌不堪。与巴、色谈驼事，此地可得廿五，下河可得廿五，足矣。请余交定钱给巴，撒棱格里给之五十元，意此巴、色之驼也。落靳住的帐房，我用，背那林的鞍子，那早嘱人做饭，我吃，饭罢，写给马山一函，留巴室，告以大队到去日期，我付那钱项等情，英文的。十点走开，巴之子未得照相。

西稍北行，十里过乱山，三十里见一泉，以后路与自青城来之路合，有电报杆一行，并有一小屋。余多步行，与徐先生闲谈，知蓝理训留于 Wulan Bluk 的这边。大队尚未到 Chaganchielu 即困于风雪。困于风雪之日，粮绝，蒙人、驼夫无食，大家计为之杀驼，而蒙人不欲，宁忍饥而不杀不食。徐严主，卒杀三，尚饥二、三日，至二架梧桐买得羊、面，好了。到小堡后，大家才吃得饱。现在几个外国青年粗俗万分，对于徐先生不尊崇，过下河、二公、色、布皆送羊一只。

行入夜，月圆风清，步行倦甚，住大泉湾，时已十一矣，计行约 50km 余。外人态度近来更加可恶，今天一早，尧、李、老都往哈密来了，而色到午才走，随我们行的缠兵、蒙兵、汉兵共有十几人，夜多去住黄芦冈。大泉湾有坎井之村也，住缠民数户，多杨，草好，有沟渠。七日二时饭，三时睡，地不平甚，余不堪其苦。

宿营一棵树

1928.1.7   七日

饭吃得不好，大家几个人都怨愤洋鬼。十二点多动身，因昨日步行过多，夜睡又不好，不能再走了，只得骑骆驼。一路多黄芦，住户不断地见，树木也很多，随行仍有马队兵。十余里，过黄芦冈，于此路与明水、星星峡大路合，有街一道，观者满焉。两旁为买卖，驻兵民。至街中，有人持片至，乃稍停驼。持片者至，给我一，云："大人今日住一棵树，尧营长已备好行辕，明日行时，其排长以三十兵护送。"视片，排长刘某也。

天晴，微风，又行十余里，到一棵树，时有一队驼塞途，稍缓，入村中，见尧乐博士，导入路南一家住户中。门前人甚多，竖立五色旗，入一室，炕与地平，甚讲究，铺花毡，栽绒毡，墙龛橱，放铺盖者、弄火者也。室内又有洋炉，暖甚，坐炕上小桌周围。先茶，后饭，羊肉用手撕着吃，接着又是面条。吃饱了，尧说这是此村大耳瓜的房，备我们宿。外人告以帐篷不在此，明日早行，辞，时米纶威不在。稍茶，辞出，主人送至门外。

先未出时与尧谈，知此地所用《可兰经》多来自麦加，共三十卷，彼呼之《天经》三十卷，出来时日已西落矣。西行至村外，遇蒙人公保，知先来之驼放于此。不久至住所。晚又稍茶，以一小盒烟换了一抱柴，难燃。夜帐内冷，住地为荒野，多黄芦、刺草。北望天山横亘，山顶积雪，高插云霄，据云峰之高者，出海面4480meter，出地面已足三千余米矣。自庙儿沟迤西，路上积雪渐少，以至于没有。一棵树住缠户四十，汉户十，尧云缠王辖兵万余，今不过三千，而用公家饷者，仅尧一营耳。到哈密还需检验。

大队到了哈密

1928.1.8　八日

晨六时起，七时稍饭，三刻行。后来了缠、蒙骑兵各数十人，尧、老二人亦在其中，前行者撑着五色旗和红布绿边的旗。马快驼慢，军队常等候道旁。十余里到了个村中，树木丛生，人民散居，与毛目附近居民村落相仿，而建筑形式亦似，名王家新庄子，即《新疆图志》所谓之东新庄也。询知到哈密城尚且约有廿里，此而后所经路旁，皆是住户和回渠，汉、缠杂居。我们一来，观者甚多。缠民类西洋人之话真不错，男女皆革靴，和西洋人穿的革靴一样，不似蒙人之革靴。男虽童亦衣外氅，女虽幼亦衣裙，男秃女辫，幼女数辫，须眉面睛似乎都很特别。十里折了一弯，道旁夹柳，皆有抱余，左文襄时代的遗物也。

时已望见城垣，大类于毛目，也是土做的。一道小河上边架着个木桥，过了就到了城根。军队前导，李伯冷摄电影。入东门，东门为小郭，弧形，城门曰"向阳"，门洞砖作，门铁，似甚坚固。折南又西，见一所大庙。一门上悬额"德配天地"，另门"道贯古今"，知为孔庙。路旁观者甚多。路西一署，前军警森立，驼队入焉，旅部是也。入门军警喝举枪，又入二门，路东门前站人甚多，尧、李等都在其内，大家下驼，被让入。门前停洋马车一，见一长个黄脸，驻哈旅长刘希曾也；又一矮胖子，蒙统领多呼图克图也。相见一一握手寒暄，入其招待室。内二大圆桌，徐先生首坐，海岱及我们众人次之，刘、多陪坐。又一人，少年戴近视镜，能英语，邮局长陈安林也。茶、烟，桌上尚有糖、葡萄干等，相语多套话、闲谈，而外人却怀鬼胎，尚问所谈为何？我一一告之。

刘言新省戒严已近二载，诸位先生之来，本不当检验，但为公式起见，不得不。乃将我们的行装一一取至堂前验，徐先生着米纶威、丁君招呼着，我们仍在闲谈。未几，完了，一人来向刘低声说没有什么，刘称是。后来一大胖子，哈密县长朱烈也。后彼坐另一桌前，与诸营长为伍。刘谈时局，云张作霖又占了河南，阎锡山失败，唐生智下野，要赴日本。蒋介石后起。又谈南方不成事体，举数周公、孔子为罪人，兄妹母子就能结婚种种的事情。

辞归，步出，刘等送到大门外，军警又行举枪礼。到大街折西——实西北，我看作北——见北有县署，左文襄、伯锡尔之祠，南有定襄王祠、两湖会馆。时有二兵前导，出西门名"挹爽"，为买卖大街，商店林立。又折西，商店前站老缠头甚多，皆以白布缠头，类印度人。商店房为二层，缠商洋行也，至路西店门前，数兵站岗于门，上插五色旗，结红布，即我们的住所也。入，军人行礼，上房门有额为"车马大店"，入见桌椅齐全，火炉生暖，全房用纸糊过，又有些画，闻知出于狄德满、米纶威之手笔，二里间东间书有 Dr. Hedin，知为赫定设者，西间为 Speiseraum〔餐厅〕，是非为徐先生设者。

未几，一县衙"壮兵"持朱烈片至，云请我们去吃饭，于是至一回回馆，县长不在，询之役，云县长不来，只请我们随意吃点便饭。未几，吃起，四碗菜、烤饼，后又吃面条，米纶威后至，大家吃饱了，回来了。未几，役来，取名片消差，另给银一两赏之。

我们几人皆愤外人分配房子不当，而徐先生也就不管它，硬坐在了他们的游艺室，与赫定房为邻了。外人住东配房，我同丁、黄三人住在西配房之一屋内。夕来一兵，持刘旅长片，云取护照看看，明日送还，我们几人的护照都拿走了。店主车来，在正房谈了一会，吴姓汉回也。吴客气得很，呼我们为"大人"，询以此地有无澡堂，我和他要了点木器，正房中间又添了一桌二椅，备吃饭之用。晚上旅长差人来，持外人在庙儿沟写的关于枪械的条子，云无人识德文，我为译之，去。

第六卷

在哈密

（1928.1.9—1928.2.11）

一　考察中的第一个春节

袁先生有消息了

1928.1.9　　九日

阴，雪。饭时尧来，接问我们用五千票子够不够，大家以为他要不全给那四千多块钱，外人坚持要去要，徐先生主张慢慢地想办法，在赫定未到之前，不可与回王冲突。因为这个，马森伯和徐先生起了辩论，马的态度很不好，徐先生说得也很厉害。四个德国人因为此事商议了多时，归结徐先生云先去拜回王，一面再陈述款非全用不可之衷，冀可全得。时县长差人来，拿杨增新名片一，牵羊一，云奉杨电，命来送礼，赏来人一元，完了。

未几，徐先生同海岱乘轿车去拜回王，丁去访尧，送致杨增新之电报。朱武之县长来，说昨日诸位新到，诸不就序，所以差人领诸位去吃点便饭，算不了什么请客、敬意。又说我们前边来的人，往往因为不明市价，多花了很多的钱，请诸位留心，有事可问邮局陈先生等等。时我与马森伯陪着他，留他吃便饭，他不，告辞走了。

午饭后，我和黄、丁二君去访邮局长，在他们办公的地方会的，出茶、好烟、迪化新来的点心等款待我们，后又吃哈密瓜。长圆两头尖，花皮，黄里外青的瓜，甘美清香，凉脾肺，很可口。陈浙宁波人，来新已三年余，甚畅快，闲聊多时才辞出。

西行折北，黄君买了点布作衬裤，看了点皮货，一身小长毛白皮裘要四十两，黑羔裘——俗呼为紫羔——要百廿两，未买，归。未几，李营长又亲送二瓜来，每个重约有二斤。一会走了，大家又切开吃了一气。

夕，外人以军队上的人不送枪来，心急，差公保去问。晚饭后接益占自肃州来之冬电——一月一日，云甘肃不让留蒙，他到肃交涉，尚未见，速设法请汇三百元等语。大家又惊甘肃之有变，徐先生说了声"一波未平，一波又起"。我们几个人就想理事会设法，不久就起了稿，外人亦电京无量大人胡同住之外人，去理事会询办法。中外人交换看了电稿，皆无异议，明日预备拍发。未几，又接袁先生自肃州来之英文电，云廿三到 Sandal，三十日离去，无事等语，袁电月份不明，袁先生是有了消息。

杨督来电令在哈密休整

1928.1.10　十日

天气晴明。清晨找来了个理发匠理发，笨得很，先给徐先生理的，很糟糕。以后我就往电报局送电报去了，带着两个门岗上的兵，一蒙一汉，他们还不知道电局在那里，我闻说在旅部附近，就一直走到了城中，旅部对门就是。至电报室，一人正在打电，一人尚未起。等那人起来，数了数我们给理事会的电的字数，算了六两七钱五五银子，给了我个收据，上书六元几角，实该电字四十一。近来新票跌价，而电局仍照旧计算，故甚便宜。出，归，途中买抄本，问了几家都没有适意者，买了一两银子票的食品，计得葡萄干一斤（三钱票合），杏干十二两（四钱一斤合），瓜干一斤（四两合），瓜干为切成片之哈密瓜干，积条成脟，味甚甘。

到寓，黄先生正理发，完了我找厨夫任给我理，用匠人的推子，后来匠人给我刮胡须，完了我银三两去。徐先生出去拜客去了。午饭后尧送来了一万二千两的票，皆破烂票子。时已接袁先生自沁城来电，云已到二公，请送百廿元去。尧来时，色亦来，徐先生托他给袁先生捎钱，他应了。回王爷送来了礼，羊二只、茶二瓶、米一斗，听说赏来人了六两。

下午出去买皮袄，借了黄君十元，看了几家，除一家外皆无好的，归结在那家买了身"秋尖"毛的皮袄，价十一元，加领一，一两，找了九尺芝麻呢，价去九元，尚未付。买织贡呢作边，商家要九钱五一尺，缝衣匠云只值八钱，不问，其余这些东西都包给匠人了，允给彼十两，当付一元，归。

晚旅部差人送来杨督来电，致徐先生的，意谓贵团此次来新，道远天寒，驼乏粮缺，赫定博士又因病滞途，台端拟稍事休息，再来省垣，自当照办等等。是我们不必急于行矣。夜七时，同老王、二兵赴文盛店访色，送银四百，托捎给袁先生，时已夜静，街无人。至则色赴县算粮未归，候半时方至，谈一会，归。作日记。

徐先生对我希望甚殷

1928.1.11　　十一日

天气晴明，晨起晚，饭罢，候得钱付布价，多时不得，乃与徐先生谈竟日。徐先生多鼓励启发语，对我希望甚殷。陈局长来回拜徐先生，谈了一会走了。后来差人送来了二只羊羔（已杀了的），几个胳膊鸡，马森伯收去了。

下午李伯冷去尧家，大概拿来了千五百元，晚米纶威还了徐先生三百八十元，还我了四元，因为我在庙儿沟支十一元的缘故。大家的名片，有用完的了，哈密没有印刷局，只好自己写，我今天就给米纶威写了一个。因咳嗽故，我买了二两银子票的梨糖，同徐先生煮着吃，徐先生又买了点贝母加上。

制灯谜与做新衣

1928.1.12　　十二日

天气晴明，晨饭后同徐先生、丁君想灯谜，预备旧年用，我想了一两个，太容易猜了。以后同徐先生讲要钱事，于是米纶威拿出了一个千七百廿二两给徐先生，三两半合一元，合共四百九十二元。我就拿到了百〇五两，十之八九是破坏不堪的老龙红钱票，共合是我那二十元的薪金，十元的杂费，于是乎就出去支了三十一两五的皮袄面钱，到南街上买了卅一尺青蓝布，合十五两五，作棉小袄裤，二两的棉花和线，先已支了一两的皮领子钱，大袄上的。回来又买了一件黑皮——紫羔——的马褂，合五十五两，又向徐先生要出廿元——合七十两——崔皋九的钱，我买了九尺织贡呢作马褂表，合九两，十二尺的白土布作小裤褂，合七两二。仍找作皮袄的缝衣匠作，马褂要四两呢！以后又买了十六尺黑白线洋布作大褂，合八两八；又买了一斤葡萄干，共给商人了九两。

前米纶威带迎大队之骆驼十数，大石头后就是蒙人巴头带着迎蓝理训去了，今天巴头们来了，带来了十几个箱子，没一个是我们的。天夕，旅部来人贴上了封条，晚饭有巴里坤羊羔肉，陈局长送的，味甚美，有点像鸡肉呢。以后又想灯谜，然一个也未得，奖品要捐一点。

我们的行动受到监视

1928.1.13　　十三日

天气晴明，晨饭后谈了会灯谜，我就出去看我的皮袄，一出门就有一个兵向我道："上街吗？"我就不太高兴说："上街。"他又说："你们上街，我们得向协统报告。"我说："谁不让你去报告来？"他们是真要监视我们哪（图6-1）！又成衣局皮袄尚未做成，于是我就等了一大气，缝衣匠又说昨天我买的大褂皮布不够，还须买些，于是我就又去买了两当子——缠度也，每当子合二尺——支了二两，回来给匠人了十一两，拿了我的大皮袄回来了，当日就穿在了身上。

午饭前来了旅部的三个人，就检查外人昨天到的箱子，外人推无钥匙，不让检查，徐先生答应了检查的人检查了，因为这个徐先生和马森伯辩论了一气，态度都不好，两下里的感情欲坏，大有考查团破裂之势。午饭中外人分开吃了，不在一气了。

下午旅部的人找铜匠将箱子上扣钮的轴投出，检验了四个，有一个是一小箱子子弹，子弹箱又贴上封条，等同枪一齐交还，其余不关重要的都给他们了。四个不能取开，检查的人只好重新贴上封条，派兵看守，云不检验毕不能动。外人于检查时睬也不

图6-1　监视的卫兵

眯，什么问题，都俟赫定到后再说。

晚又闲谈，多史料灯谜。

袁先生到了

1928.1.14　十四日

天晴。上午跑到南边缝衣匠那里拿了棉裤来，当时给他了三两银子。旅部的人来检查，把箱子扣子上的轴弄出，开开验的。

听说袁先生们到了一棵树，下午同黄、丁、两个兵到东门外去看看来到了没，也就算迎他们。同入了挹爽门，到了定湘王庙里看了看，庙中有戏楼，还算讲究，西墙有小门，与两湖会馆通，后过左文襄、伯锡尔等的祠，皆以内住兵故，没有进去看。出向阳门，东望杨柳丛生，雪山入云，风景甚佳。过小桥东北行，又折南，望见前大桥，黄、丁不前去了，我同一兵又东行，到大桥上观了一气流水。河两旁老柳甚夥，又东行，闻水声嘟嘟，类高山瀑布，循声前行，至一房前，有水自底流出，嘟嘟作声，水花四溅，问之从兵，水磨是也。至前面，欲入房观，门扃不得。门前有小溪蜿蜒入房中，下流突低，故水流湍急，作巨声也。又顺街东行，至住民之宅前，极目四望，久不见来者之所在。

呆了一会，转回了，至黄、丁处，则二人已不在。于是入东门，直西，经一营，至南北街，出南门折西，过江鲁豫会馆，新修者。大壁之旁有南北二门，皆东向。入其北门，有剧台，修于民国八年。对台正厅、配房，正厅供孔子、朱子、岳武穆王三人。台厅之中则四畦纵横，小杨环生。临出，遇守馆之二人，一直隶人，一豫人，询知此馆建于民国三年，以款不足，屡兴屡辍，直至八年始成近观。原三省在哈者，乏富商大贾、名宦巨吏也。出北行，过山西会馆、甘肃会馆，甘肃会馆很阔气。至东西大街，直西行，归。

晚饭后，袁、詹、龚三人到，先见后之二人，后见袁，时彼正与马森伯闲谈，袁君盖欲作调人也。夜间谈至二时，知袁君等三人取道南至镇番考古，得数古城，并掘得瓦器。在镇无阻，并受县长款待。后取道沙漠中，十日沙窝途，难走之情态不可喻，丧数驼，大家闹得也不和气。在河上气象台处留数日，托人往肃州打到这里来了个电，上之到 Santal，即村渡之转也。后雇驼来，途中袁、詹二君打了一架，因为的事很稀松。途遇商帮及过路的俄人，到二公留数日，未接到色营长带去的四百银子。预备住西邻店房，一墙之隔，我们已与店主说好了，将来把墙打倒就不隔了。二时睡。

袁先生调和中外团员关系

1928.1.15　十五日

天阴，后微雪。袁先生今天实行作调人，不过外人强顽，自己不认一点错，单说别人错，所以是终结还是不成事。

上午十二点，先到哈密的我们四人做东，给袁、詹、龚三人接风，在西边一家回回馆子里吃了半斤烧酒，叫了五个菜，酒保呼作"堂倌"，此地是特别点。划拳、行令、飞花，很热闹痛快，以后吃面条炸酱，一共才花了七两六钱五。回来我们四人摊公账，每人二两二钱五，以后买梨吃，一两买十个。

先我拿来了我的皮马褂、大褂，给裁缝了十两银子，完了账，夕又同龚跑到南街拿了小棉袄来，支了二两银子的工钱。晚饭后，外人收到了份电报，给赫定的。不知是打哪里来的。今天因为两个驼夫的事情，麻烦得不轻，缘因外人不大讲理。

给马叶谦写信

1928.1.16   十六日

清晨一早，裁缝给我送来了裤褂，于是乎我此而后变成一身新了。上午送袁先生们来的个毛目的人回去，我就顺便给益占写了封信，告诉他我们前前后后、里里外外的详情，考查团的前途，正在不可测之际。他早到肃州去了，这封信是要送到河上去的，但不知他能否见到？这样的信，邮局里就走不成，因为检查得太厉害了，在我们或者觉得没什么，在人家不知道又要生多少谣传误解呢！

下午阅《元秘史考证》[①]，是书原文译自蒙文，与元太祖同时，为蒙古很古很有价值之史料。人名烦复，不易记忆，而我也不过走马观灯，浏览一过而已。

准备过旧历年

1928.1.17   十七日

天气很好，来到了哈密多日，每天清晨一早七点钟的时、上午十二点的时候和下午五六点钟的时，很清晰地听见一个喊叫一过，起初我以为是叫卖东西的，以后听说是回教的个阿浑一流的人物，在个小楼上念经（？），或者祈祷、高呼，说的什么，那我就不知道了。

午饭后同大家商议过旧历年的事，作个灯，贴门对。以后我就出去买了四张红纸，共合一两；一笔一墨，一两；千头大鞭——洛阳来的——一合一两；小鞭十合一两；香一包一两。又

---

① 《元秘史考证》：原名《蒙古秘史》，关于蒙古族最早的历史著作，成书于 13 世纪中叶。现存明初的汉字音译本。此处所指或即晚清丁谦所著《元秘史地理考证》一书。

到一家买卖，买了三盒兄弟烟，二盒佛手烟——二钱合一两，点心一斤——一两。

回来找房东找砚、大笔、《四书》、回教汉文书看看，一会他拿来了一本《天方性理》——马福祥题字，刘某译自回文，中华书局承印的，店东吴云购于古城子，价八元；《天方历史》一册，北京牛街清真图书馆出的，万全书局印的。我都看了一点。

晚饭后大家出猜灯谜，以后闲谈，至夜中一时方睡。

在尧乐博士的铺子里买布制衣

1928.1.18　十八日

晨起不早，天气很好。上午同一些人在龚那里闲谈了多时。午饭后，同丁到电报局去送二电，一团长致益占的，一团长家电，共费七两银子，又找给了几十个"马钱"——带孔的铜钱。归途丁买了九尺芝麻呢——在尧乐博士的铺子里买的，时尧在——合四当子半，每当子四两五，我早买的二元一当，上当多了。十六尺里子黑布，共算了卅二两五。后又在一家缠商家买了斤半棉花——九钱一斤——作棉袍用那！途中多见驻庙儿沟蒙巴营兵，并曾遇其司记生，询知住店中。

归途，过文盛店，见巴营教练在，询知巴图那生营长住对门之东店中，进东店，见那，至上房与巴谈多时，知其营要移鄯善，另一蒙营长阿某去住庙儿沟，我们后队人还没有消息。此地共有二街，买卖好。此街——巴住店所在，我前叫它南街——为镇番街，我们住所所在之街曰得胜街。辞归，巴云明日来我们这里拜望。

夕，尧着人持片至，云多算了丁先生的钱了，送还四两五。后谈丁、袁、黄先往迪化事，夜又谈谜至九时，十时睡下。近日炮声渐多。

读伊斯兰教书籍

1928.1.19　十九日

天气晴明。上午他们有的出门玩去了，我在家看《天方大化历史》——回教的历史，满是神话，始祖阿丹，传到五十世为默罕默德。

午饭时陈邮局长来回拜袁先生，一会走了，差人送来四个哈密瓜，几个胳膝鸡。

下午又乱七八糟地看了些《天方历史》《天方性理》《四书》——江希张"神童"的白话注——《四书》用以作灯谜也。

店东来，谈了一会，据他说朝汗的人须在四十上之家富，一次总计约费四千两票，今年此地又有四十人去了。以后店东送来了砚、笔、《天方大化历史》下册。

晚上写对联，大家都写了写，中以丁仲良写的为最佳。

请龚元忠给巴音照相

1928.1.20　廿日

天气晴明，温和如春日。晨饭后同詹出去买了三大盒佛手烟，南洋兄弟公司出的，每大盒有五百支烟，合价七两银票。

午饭刚完，巴音达赖来了，我找小龚给巴照了片相，在院中和他玩了一会，踢了一气毽子。他走了，我在龚那里玩了一会，一些人在那里谈话。回来又是晚饭的时间了。

晚饭后闲谈，至十点多才睡。今天商议给听差、厨房赏钱的事，决定我和小龚少出，其余的人多出，为一与二之比。今天已是阴历腊月廿八了。

买年货

1928.1.21　　廿一日

晨八时起，饭后商议过旧年事，决定每人出五两银子，团中再补助十元，此事推詹、黄二君负责筹备，大家再协助他们。

午饭后，米纶威又给了十月份一个月的钱，我领了三十元，合百〇五两，还崔皋九的廿元——七十两，支了赏银廿三两五，年节费五两。今天店东送来了一盘百合、二包东西，受其百合、一包东西。

下午同龚出去买东西，计得：白菜十五株，一钱合；韭黄五斤，五钱合；葱五斤，一钱合；豆腐半斤，四两五合；木耳半斤，三两五合；大料四两，三两五合；花椒四两、茴香四两、干姜二两五,六两五合；一共花了十八两。

晚付了赏钱，商议过年的东西玩意儿，刘希曾绳三旅长送礼来，计黄羊一只，四盘，二鸡、二鱼，受其二鸡、二盘，赏来人四两。上午龚借来了麻将，将来定有一番大战也。卖菜的，山东长清县人也，我的老乡。夜观，助战，到下一点方睡。

打麻将过除夕

1928.1.22　　廿二日

清晨卖菜的送来了萝卜，四分一个；红辣椒，八钱一斤；青辣椒，三分一个；菠菜，一钱一束，约有一斤；蒜一瓣，价一两五。晨饭后分配着人买鱼、肉、水果、葡萄干、杏干、胡桃、鸡、鸡子。

给刘绳三还礼，兼送灯谜会条，送去鸡二、羊肉一片、四盘，他受了羊肉一片、二盘而已，送礼的听差也得了四两银子的赏钱。

灯谜会订于旧历初二、三两天晚七至九点，二点钟的工夫，他留下了信之外，又留了两个条子，不知为何。

事毕，出去买了双毡鞋，费一两五。归，同徐、黄、丁诸君战于西邻店中正房中，午饭后继焉，茶后又继焉。八周毕，余负九两，徐负十八两，黄赢五两，丁廿二两。晚饭于该室，酒四盘，菜四碗，食油炸馍片，火锅一，后上羊肉片，欲作 Saluon 锅，不过皆已饱，且水不甚沸，散了。

夜又战四周，余赢六两，徐负八，黄赢二两，丁无胜负。后又观庄等战，二时归寝。

听说赫定等明日可到，徐先生移与袁同居。晚有玩灯者一人，戴假面具，二人撑假虎，戏多时，赏银二两走了。

赫定一行也到了哈密

1928.1.23　　廿三日（正月初一日）

上午陈来贺年，留他打牌、吃饺子，不打不吃，谈了一会走了，我们就打起来了。以后缠王来拜年，未下车子（挡驾）走了。朱县长来拜年，谈了一会走了，据他说我们的灯谜要失败，因为会的人太少。打牌结果，我出了现银六两，下午赢回了四两。夜与庄、白[①]、詹战十二周，直至廿四日六时半方停寝。

夕，赫定等到（图6-2），他们到司令部去了，车先进来卸了东西。以后我想同袁先生到旅部去看看，中途遇赫定、马山、贝葛满、何马，周旋毕，同归。蓝理训、那林入夜方到，驼上的东西都留在了司令部中，只有几个行李来，其余的待廿四日（明日）检验毕，方能来。

---

① 白：白万玉（1899—1970），西北科学考查团所聘三位中国采集员之一。

夜徐先生、海岱、马森伯、赫定等对话，历说以前的误会事实，赫定作好人，调和而已（图6-3）。后战，负现金九两。

图6-2 赫定的
驼队进哈密城

图6-3 科考团全体到哈密合影（左1：刘衍淮）

到旅部检验行李箱

1928.1.24　廿四日

十二点起床，洗毕，大夫来说赫定病了，请我同他到旅部去取药，徐先生并备一函。箱子据说上午不检验了。

午饭毕，外人先去了，我后到，彼等到旅部之门，我也到了，副官、参谋等让外人等入部，稍话叙。我说之，外人不理，直至西之骆驼停处。门首军警森立，如临大敌，入，见了用的驼夫人等。不久，刘旅长、陈局长和一些小官官们都来了。寒暄毕，刘就开始责外人以失约，因上午备检验，外人不来，去人催，又迟至现在等语，并言米纶威将一人打伤，没有礼貌一流的话。外人则云上午曾来此，有人来云上午不检验了，故归。刘云无人言此，不承认这回事，以后只以误会解之而已。箱子一一打开验了，验完的就上书以"验讫"二字。于马山包内又找出了两个手枪，几颗子弹。

夕觉稍冷，大半事情又将完毕，我回来了。即暮，箱子都来齐了，我取出我的皮箱子来。驼夫向余云要钱，我告之米纶威，米云无钱可付等语，我也没法，给驼夫说明天再说。晚上一些人到西店中打灯谜，然一夕打了去了一两个，哈密的人士的程度太低了。驼钱事诉之徐先生，何马来，他也知道了，云去与赫定商议，未几来云可付，惟现洋无几耳，我去付之以纸币可也。夜十二点归，又读旧札多时方睡。

给驼夫结账

1928.1.25　廿五日

晨饭后，巴营长之司书及二驼夫拿着巴、色名片各一来，催钱而已。余慢应之，他们去了，我就去赫定处说，时徐先生亦在坐。赫唤米纶威来说了，我算了算，记五十驼，共应付廿日之钱，合五百元，除庙儿沟支之五十元，尚欠四百五十元，合一千五百七十五两。后同米去访巴，算了算回来，来人把钱拿去了。巴子头疮，找大夫看，巴也来了，给他了一瓶药，说给他治法，走了。先，一缠和儿马抱一娃来看眼病，讲了半天，大夫说明天给他药，走了。

午饭是陈邮局长送的大餐，甚讲究，据云厨夫为杨督故人。陈未来，只其差役招呼而已，先食甜百合、点心，后酒，菜盘碗共卅余，山珍海错，盛极一时，干杯、干杯之声不绝于耳，因此我饮酒颇多。饭罢已是三四点钟的时候了。

睡了一会，晚未吃饭，看打灯谜的。一会旅部来了一人，请袁先生的，把来打谜的轰跑了，说怕那些人搅乱我们，结果也只有一个什么王统领的师爷（？），打了去了两个。以后竹战四周，余负六两。一点寝。袁先去旅部，因米打人事，带赫定信去道歉，并商其他问题。

还麻将

1928.1.26　廿六日（初四日）

一早巴音达赖来了，要相片，余惊醒。云今日离去，发往鄫善，小龚不洗，我有什么法子呢？说以后给他邮寄，走了。上午收拾东西，午饭于西店袁室，袁去电局、县署。下午收起麻将，作一结束，找人送还陈局长去了。袁先去县署，因遣散之蒙人回归化所雇之驼为官家抓了官差，去交涉。

下午天夕，我写蒙人名单，计蒙人廿名，回去的厨夫三人。

上午旅部之马教练、任参谋、叶某几个人来拜年，并送来外

图 6-4
在哈密过春节（龚元忠摄）

人的枪弹，同詹在旅部数好了的。夜与赫定谈话多时，我今天找小龚给照了一片相（图6-4）。

李营长生病要药

1928.1.27　　廿七日（初五日）

上午李营长着人持片来贺年，来云李有病，请给他药，我给大夫说了，我先给那人点牛黄解毒丸去了，以后大夫又送来了两盒药。

上午徐、赫二团长去拜客，直至黄昏方归，我上午看了点《理论气象学》，下午睡着了。

晚与袁君等闲谈多时，徐先生云刘旅长、沙亲王[①]、朱县长三人定旧历初八请客。天气很好。

袁先生指导重做路线图

1928.1.28　廿八日

清晨有人送来了请客的单子，上书定于本月之卅日请客，主人为沙亲王、刘旅长、多统领、朱县长四人，我们团内的团长、团员都在被请之列，座设在尧楼，我们都要去了。白于帖上亦有名，我给他写了个"代谢"字样，这是团长说的这样办，因为他不是团员，是个采集员。

上午朱县长派人车子来接大夫去给他治病，起初说教我去作翻译，以后因为他找了陈局长来了，我就不去了。

下午我就开始想重作一个路上的路线图，把英美烟公司出的广告美人图裁去边就当了画图纸，先定经纬度，多承袁先生的指导，因为我实在从未作过。事情不大，确甚麻烦，一直作到吃晚饭，还没有把经纬线画好。吃了些饭，白菜、羊肉，以后就是大家闲谈起来了。

上午因为黄君作了篇文章，欲急于发表，因此引起了大家会议，因为若干的关系，徐先生劝他不发表，发表的以风景生活为限，他老大的不高兴。

晚上小龚给洗出了相片，后边还有老丁的个小影。晚上老丁曾去找陈局长代我们开请客的单子；朱县长今日来，也答应了代排一个。

---

① 沙亲王：沙木胡索特（1857—1930），汉名沙西屏，清第九代哈密札萨克和硕亲王，俗称哈密回王。光绪七年（1881）袭爵。

二　哈密周边见闻

郊外猎鹰捕兔

1928.1.29　廿九日

清晨饭后，来了几个人，架着几个鹰，原来是昨天说好了的，请我们跟到郊外去看打猎。公保出去了一趟，回来说是马雇不到。以后丁君访尧去了，请尧给借九匹马，回来说尧首肯了。十二点后，马才来到，于是乎大家都急着走，有人已经嫌晚不去了，只去了徐先生、我、丁、龚、大夫、海岱、马山，还有个苦力老丁八个人，同行的尧派送马来的两个缠头人。

西行，未几过小河，河上有桥，河水清淙，行人不断。过桥不远，则见三缠头之架鹰者已候于此（图6-5），于是三人亦上马而行。至郊外，一望旷野，满地败芦、枯草。西望则天山绵亘，一望无际，山巅积雪，峰为之白，视若在目前，实则距近处亦近百里矣。南望则树株渐没，电杆行立，根根相联，其间之线，已不可辨。东望则哈密城廓、居民房宅、宗教建筑历历在目，树株丛生，加以上有天山点缀，风景绝佳。北则仍为天山高耸，直迫云霄，山色青苍，模糊若大海波纹。渐行渐远，旷野如故。然时望见有以车载薪者，有牧羊者。间有旋风成柱，盘转入云，然其径不大，其势不凶，骤从前过，目为一迷而已。

猎者时行时作怪声，概警兔也。行约出村十余里，一兔乍惊，

图 6-5　架鹰者

仓皇四遁，猎者则示之给鹰，鹰遂急飞向兔，将及则落地一扑，兔亦狡怪，鹰扑其前，则后缩转遁，鹰扑其后，则前纵急遁，是以鹰时扑空，观者、猎者于是皆纵马急奔，进随鹰、兔之后。未几见鹰落地不起，并不见兔遁，且"吱吱"作声，知兔已被擒，无可复遁。及至，则见鹰之利爪深入兔之脑壳，以锐嘴啄之。俟其食一会，则猎强鹰下，束其足于马鞍上，使其不能自由行动，乃以刀割兔，出其五脏，束之马上。更解鹰架之腕上，另寻他兔。未几，如是者三次，捕兔共三。更前行，又捕一。

　　猎者于下马取兔际，询知鹰有大小二种，大者可捕狐狸，小者只能捕兔。鹰出于山林，秋后人以网小鸟诱捕之，捕后教之，不令其睡。教法先以手将肉距鹰步许，"哈哈"做声，鹰饥则向肉而飞，如是日以为常，渐离渐远，可十五六日后，则鹰已熟练不畏人，以后即可以之捕兔。捕着必须纵之食鲜肉数口，又不可使其食饱，不得食或饱，则鹰皆不复捕矣。夏则纵之飞去，变为野鹰，不然则鹰不能换毛。秋后更诱捕之。

第四兔被捕后，大家皆认为已经满意，且先海岱、大夫、小龚已都照了几片相，再看也就是一样的了，于是作归计。猎者云鹰尚未饱，再稍捕几个方能归，于是我们同缠头之跟马者归。

马行甚急，小龚、大夫之马不久已不见踪影了，顺路径，渐到民居之处，犬皆狂吠。过一营盘，徐先生云此李营长之营所也。过营到河干，合原路，见邮局差役乘红马来，云寻大夫，云其小姐为犬所伤。告以大夫已归，彼乃折回。及至大街，又遇陈局长来，仓惶问大夫，告以已归，于是彼又向店而来，遇大夫于途，彼乃同去。归赏缠头之跟马者廿两。

饭毕，到袁先生处去作图，纬线才完，刘旅长就来拜客了。刘官味十足，谈滔滔不断，惜其学识太差耳。晚刘辞去。未几晚饭，饭毕同赫定谈片刻，食瓜、杏仁一点。乏甚，归寝，时尚不及八时云。

哈密沙亲王和刘旅长等请客

1928.1.30　　卅日

天气晴明，晨饭后写日记、画地图。下午一点同徐、袁、丁、黄、龚赴沙亲王、刘旅长等之宴，时赫定已先乘轿车去，其他外人随之。步行至尧乐博士门前，见军警森布，车马云集，鼓乐喧天，观者塞途。入大门，见其楼立已有多人。入二门，则尧等在焉，相揖导上楼，至楼上见刘、朱等，又相对而揖。李伯冷摄电影。

图 6-6　哈密政要在尧乐博士家宴请科考团

　　入其正楼，见沙亲王相对而揖。亲王短身，长白须，脸红胖，
所着衣服完全汉式，其年已七十有二矣，坐在西边椅子上。茶、
烟、瓜子、糖。此室为五间，顶涂以白石灰（或系白纸），悬数挂
灯，皆古西式之煤油灯。南北二头皆炕，桌二，更有条几，陈钟
表、插瓶假花等物。南壁则悬四幅画、二喜联，联为尧之子娶亲
时马麒送的，北壁如之。正中陈三大圆桌，上则杯箸等物。时室
内人颇多，除我们团内的人外，有刘旅部的人、县署的人及各汉
蒙营长，据云多统领有病未能到。

　　未几，刘着各营长到外边坐，我们入席。赫定居中席首座，
沙亲王主之；徐先生居北席首，刘旅长主座，我亦在北席；海岱
居南席首，朱县长主座。宴回式，为汉回厨所做，主先捧杯请客
坐，客皆一一还揖入座。缠王不饮酒，然据云让酒甚殷。先点心、
酒十六盅，后鱼翅等十数大碗。白石盅肃州产，颇美观，据刘云

和阗所出过之。临饭，回王稍退片刻，据云去作"乃妈子"①——礼拜也。未几，李伯冷起照相，回王不欲，稍退。室内黑暗，照者焚电光粉，电粉一爆，刘大惊失色，徐先生笑释之。酒席无味，不大好吃。

席终散归，时已五时半矣。临出军警喝行礼，鼓乐齐鸣，主人备轿车送赫定归。归途，街水结冰，一失足，几滑倒。归同徐、袁等闲谈。未几，公保云蓝理训请余。至饭室，则知系遣回之蒙人所雇驼户拿约来，共须洋二千二百余元，主云全用，现无钱给之，请余看看约，并告之待数日后再说，等杨给钱耳。

先四厨子来，云无鱼翅，计少此明日宴上添鱼及山药二菜，共四桌，每桌价四十五两，下人所用一桌十二两，此明日还席之事也。未几，赫定又来袁室闲谈，系为驼钱事。徐君许代设法，并谈及席上回王问他已娶否，他告以未，回王云到迪可娶俄女，因白俄三百余处迪，贫甚，娶后可生子息等语。又闲谈多时，余以烛导赫归。回来又谈多时，十一时睡。

科考团回请哈密政要

1928.1.31   卅一日

上午写日记、画图。

将及一时，同徐、袁、丁及赫定、那林、贝葛满、马山、蓝理训、海岱赴尧楼作主，大夫后至。未几，客纷纷来，门前车马拥挤，惟少军警站岗耳。未几，多统领乘洋马车来，沙亲［王］所乘亦系洋马车，刘、朱等则旧式轿车。揖让周旋，烦麻不堪，幸尧宅人多，招呼殷勤，且我们系远方贵客，招呼不好，客也很

---

① 乃妈子，又作"奶马子""乃马子"，波斯语 Namaz 的音译，意为礼拜、祷告，伊斯兰教五项基本功课之一。

原谅。亲王侍卫皆老者，有腰挂红刀者。未几走席，徐先生同几外人陪刘旅长，赫定、袁等陪沙亲王，丁同蓝理训等陪多统领，我同马山在南楼陪陈电局长等。席照昨式，只少鱼翅，添鱼、山药。酒中多干杯，我不饮，马山最多，间大夫、贝等亦来助欢，前更有洋戏作乐。

马山饮百余大杯，以致酩酊大醉，眼直视，言语乱，坐立不宁，时欲作呕，眼泪交流，席未终，余急扶之出。时沙王等已作归计，大家也都散了。遇差役张，余命之扶马下楼归，途次雇车载马归。未几，余亦同数人归，视马于米室，彼坐炕上，精神仍系错乱，歌笑言语，不得其当。余归，视袁、丁，皆因酒多卧，袁并曾呕。

余同詹谈一会，又同赫定、徐先生、大夫谈了一大会。据云徐、赫、丁、何四人定下月三日起程，其余的人未定。九点半睡。

与丁道衡游哈密龙王庙庙会

1928.2.1　十七年二月一日

上午画了点图，十二个营长今天联盟请客，我决意不去了。十二点半同丁雇一轿车，往游龙王庙庙会。北东北行半小时到，树木参天，沟渠纵横，观者不少。下车登庙基，游览各庙，间有清哈密办事大臣的祠，里边有一张画像、几个牌位。后之庙内供玉皇大帝。南边有汉、缠少年多人，投钱为赌。出至戏台前，时剧已开，鼓锣之声，一如毛目所见者，知所演为什么东西。观者颇多，然女人无有。北部全是赌场，有抛色子者，有撒骨节者（缠）。剧台东则小河纵流，有木桥通之。桥旁河中有泉，水泡上冒。桥东有亭一，名"养元"，为清朝一驻哈办事大臣所建，名，余已忘之矣。旋归，观时计自庙至店中共费半小时，约有 3km 之远。陈局长邀我们去坐席，辞了，他同大夫走了。

饭罢，假寝。晚为大夫闹醒，以后写致周佩蘅女士一函，托回北京的人带着，未完，晚饭，饭罢继焉。信颇长，述情形甚详，计约二千字。后同黄稍谈，十二点睡。

天气晴明。上午多统领来访。

商议去迪化和将来工作地盘

1928.2.2　二日

上午画了点图，多派巴、老二营长来，云多欲得带望远镜之枪，送来熊皮二张，一张送徐先生，一张送赫定。今天听说走的事情分三队走，后日赫、徐、丁、何、李、那、贝、海八人先行，二三日后走第二队，蓝理训、米纶威同余为第三队。余不欲同第三队行，于是改同第二队走。

下午，徐、袁、丁、黄等商议将来工作地盘事，多时议不成。

晚同何马到旅部去给任参谋去治病。以前尧来商议了些事情，并向大夫要去了些药。晚食抓饭，缠人多食之，不过名为"抓饭"，实则饭而不抓。以后又到袁室闲谈，至十二点方睡。

安排运采集品回北京

1928.2.3　三日

天气微阴，又听说大家除米、蓝二人外，明日都走，于是忙着给叔龙写了封信，就开始整理东西。木匠修理了修理箱子，我带二箱，一我的，一崔皋九的，我的坏箱子不要了。车来了八辆，皆破大车也。午际又闻仍系明日八人先行，第二队稍迟几日。

午饭后来了起山西人之闹春灯会者，耍了一气，花船、花鼓、赃官是也，赏银四两去了。这起玩意儿鄙俚不堪。

夜议运十二箱采集品上北京事。由此至张家口由蒙人司拉大负责，以后至北京由厨夫杜金贵、鲁子明负责。因不明理事会情形故，袁坚持将其采集品存清华学校，徐不允。

今日徐先生云本月十九日为赫定生日。我的往北京的信托鲁子明带去面交。今日两团长到处去辞行，写回的人的护照。

第一批队伍出发了

1928.2.4　　四日

晨，徐先生接到刘半农先生自京来电，云甘、新事正设法疏通，徐先生个人薪金亦已办到，不成问题，北京平安等语，众大慰。多布栋策楞车敏统领，今日是其寿辰，昨晚赫定已说定要送他点东西，于是今天买了十八尺红库缎，合钱五十四两，红纸上用胶水写上"寿"字及上下款，用金粉撒了送去。接着来了谢帖及请帖。

走的人一早就忙着收拾东西、上车，十一点吃了午饭，朱县长、沙亲王都来送行。刘旅长送了点礼来。二时许，与袁、龚到尧楼给多去拜寿，骑马去。至见院中、楼上都满了。上寿的玩意儿，我们送的，已挂在了南部西壁上。见多作了几个揖，稍茶辞归。八车两个有车篷，一为赫、何所乘，一为徐、丁所乘，做成每篷价六十余两啊！下午四时，走的人才收拾毕，一一握手，走了。

晚同马森伯、袁谈多时。今日复电刘半农，夜同黄闲谈。

赴多统领寿宴，电闻马叶谦将被送去兰州

1928.2.5　　五日

闻蓝理训收到韩普尔自迪致赫定电，云接马电，云将被送兰州。饭后在袁处闲谈，又接益占自凉州来电，云被送赴兰，请速设法，是益占更作难矣，颇踌躇。袁又改致刘半农电。十四两银，雇一人骑马送电报及徐先生的帐杆去，赶至三堡，交徐先生去。

午同袁、黄、龚、马山、蓝理训、米纶威赴多统领寿宴。多时，王爷到，刘旅长因病未到。席同前式，未终，蓝、米归。我们到席罢方归，时已暮矣。静卧多时，心绪颇多，起赴庄、白处，听其闲谈。至六日早二时半方归寝。

元宵节感怀

1928.2.6　六日

因睡不足，精神甚形疲倦。今日为元宵节，天气晴明，温和非常，盖时已入春矣。上午抄写日记，午饭后假寝，夕醒起，到袁处闲谈，夜同黄谈。月明千里，风静云消，时闻爆声。我此地既无美满的家庭，又无良好的伴侣，在一起庆贺假期，畅谈开怀，良宵于我何有哉？"月明风静"，徒增起远客愁思耳！八时睡倒，九时睡着，十时醒，月光从窗入，室内玲珑。二时又醒，时月已西，室内稍暗，余又朦胧睡下。

行期渺茫

1928.2.7　七日

天气晴明温和，第一队走后，已过二日，而车尚未来，心颇焦急。于是着听差丁持余名片寻尧，问以何日方克起程。未几丁归，云尧谓二日可矣。未几，袁先生又云适尧来访，云四日后，大家同行，钱亦来到。一迟再迟，行期渺茫，烦不堪耐，抄写日记。今日袁君作书马麟——号玉卿——请其为爱金沟气象台为力，并连张广建之介绍赫定函件一并付邮。盖袁前在甘曾与马有一面之识也。袁自邮局归，云陈局长请其慎重，张函曾语及"张雨帅"，甘局在异帜之下，想其于两方不利也。于是送信意打消。晚食煮鸡，味稍辣。后闲谈，十一时后方睡。

寻访哈密回城

1928.2.8　八日

天淡阴，打算着出去玩玩，画几张小图。一早就找我从前画图的哈德门小本，各处都找到了，终久是没有寻着。一路成绩，丢于一旦，惜哉！颇烦恼。以后只好拿了个新的出去玩去了。南行过小河，见一土城，树木甚多，知为回城。绕垣西行，过西门，废冢累累。正西望见绿砖的宗教式的东西，东南边还有两三个大阁子，知是回王的陵（图 6-7），于是一直走去了。自北面绕到西南，又到南边，又到东面，才找到了门。进去就是大阁子，又走了走，进了个门，到了那绿花砖东西的跟前。下方上圆，顶有小楼，高丈余。西边有个门，门锁着，从隙内视，见两旁有两个石碑，上刻回文，再往里就看不清了。这陵的四围，都是住着缠户。出东门，过了一条无水的渠，在废冢里站了一会，想画一幅陵图，终以景物复杂，未下手。

东望回城之西门楼，倒也有意思。下半墙为树所遮，于是乎随手画了一幅小图（图 6-8）。归途，进回城之靖远门，门内就是王第。顺着街往前走了走，以为没有第二个门，又折回出来了，其实还有个东门。从来的路的西北过河，走了五条独木桥，过完了，河两旁满是大柳树。路过一家水磨之前，我忽然被一群狗包围了，一个厉害的把我的大衫扯了个三角窟窿，我似乎也不大注意。一直回到店中，正是吃午饭的时候，以后自己把窟窿缝好了。

西河坝画图

1928.2.9　九日

天气晴明，上午阅《新疆游记》第七册数篇。最末一篇《西

图 6-7 回王陵

图 6-8 回城西门

征日记》为游新疆之记①，计自迪化到北京只三十二三日的工夫。下午阅陈万里《西行日记》②，浏览一过而已，哪有工夫去全看它？

---

① 《西征日记》：江南制造局翻译馆员汪振声（1844—？）于光绪三年（1877）跟随总办冯焌光（1830—1878）远赴西北寻冯父遗骨，途中撰写日记。有光绪二十六年（1900）刻本。

② 陈万里（1892—1969）：江苏吴县人。早年从医，曾任北京大学校医。1925年华尔纳来华考察，陈万里受北京大学研究所国学门委派陪同前往敦煌，沿途记录所见所闻，为《西行日记》。有北京朴社1926年初版本。

图 6-9　哈密西河坝

图 6-10　西河坝速写

　　夕步出，至那天看鹰猎所经过的河边，看着那个桥，画了一幅小画（图6-9，6-10）。画际来了一人，和我谈天，道新省政情甚详。询之，军界直静海人也，同余到我们店里来谈天。晚上在我们这里吃了点饭，以后又闲谈，长得见识不少，八点半他才走了。下午尧子来找袁给他照相，晚闻十二日可行。

　　夜，一棵树所放的百十个骆驼全来了，院为之满，出入大形不便。近来因为打发蒙古人回去，手内没有现洋，于是乎就市面购买。

前几天差不多的价目，每元合票三两五，现在居然出了三两七，还没有买到多少。最后并且卖者说破票子不要，新的哪里有啊？

夜读《西行日记》和《新疆游记》，至十二时方睡。黄君今日下午去考古，捡了点瓦片回来。

再逛哈密城

1928.2.10　　十日

天微阴，微风，下午晴。晨六时起，见着了驼夫老高，谈了一会话。饭后他还在毛目借的我的钱，受其卅两作罢，票破不堪。当时就给小龚廿二两，因他垫支的车篷钱。车篷颇宽大，足容二人，以木及树条为之，内贴以毡，外裹以席，前有门。行路有此，一定安适。

十二时出门，东行过观音寺，见寺内人颇多，进寺而观之，则皆赌场、卖零吃处也。庙中正偏之殿门皆锁着，未得入观。出东行折南，至东北城角，见树林荫翳，城堞参差，因作北门小图一（插图9B）。时风稍寒，西行，经江豫鲁会馆南，过护城河，沿城根行。至西北角又折南，望西门，亦颇好，又作一小图。至西门，则路为墙阻，河两旁皆不能过。见南西角有路通，于是下河——无水——穿行桥下至西南角入大街，归时已近一点半。

饭罢，西院的骆驼和驼夫们都走了。我们这店里的留哈密，未走。二时，养水温气压表，得697.1mm，时室外空气温2.3℃。来人云官府不放走的骆驼走，要检查，请袁去说。未几，袁同旅部马、叶、刘等小官到，闲谈了一会走了。

三点一刻，一人又出游，西行，又顺夹道折北，稍东至荒野，沙土成堆，冢墓累累。北望天山，为风云所遮，一点也看不见。东行，坟更多了，见一树，院前后有二塔，至则仍是墓冢累累。东南之三级浮屠，上题"白骨塔"三字，睹此心中不甚舒服。塔中空，内为烟火熏黑，或是焚化纸钱之处欤？顺原路归，西望新城上有回教祈祷高呼之小亭及庙宇颇好，又画了一幅小图（图6-11）。而西、南、东三面之小高亭甚多。归途稍与前异，经一回寺，门上有回文对联，内则宇舍整齐，前有小亭，未入，归。黄先生亦于是时考古归，又弄了些瓦片子。

夕，昨天那人又来谈天，出片，其名王家声书斋也，并出一石，形稍似虾蟆，中空，上有孔，内有石子一，石髓的东西也，出于火山。云系一驼夫得自于二公，本完整，稍摇内作响，因击开一孔，内则是五色（？）水，五石子。人把水倾出，今石子亦只存其一了。饭后又闲谈，据云过七角井，东、西盐池之水不好，行时以带水为要。吐鲁番可直越天山赴古城子——奇台——程四站。南疆各县，店内即寓有汉装或否的娼妓，迪化"马班子"不少，而幺魔行子（街名）则娼妓甚多，拉客街上。哈密亦有暗娼。据云某官尚有一干妹妹云，余笑谓之曰："与李达三夫人之'亲哥哥'，可为佳对。"——昨日此人谈及李达三之函件甚多。一其表弟某，上书"考查团内有三百打手"字样。一其夫人责三之行不辞，最后并呼三为

图6-11
远望中之新城

"亲哥哥"——（笑话）。以后彼云想领教关于地图，他本数学不会，哪里成？我和他解释了一会，他似乎莫名其妙地走了，时已八时矣。在给周、王的信上，补了"不要发表"字样，怪！

准备迪化的旅程

1928.2.11　十一日

天气晴明，晨七时起。午车来了，明天可以走了。收拾东西，下午二时后煮水温气压表，得 703.9mm，院中温度二度七（+2.7℃）。后取下窗上玻璃，镶在车篷门上，用我在塔林格沙图拣的石器割的。以后收拾东西、装箱子、钉箱子，晚上买了一两银子的面包（十个），一两银子的葡萄干（三斤），以备途用。车十一辆，中外人全走，回去的人也于明日起程。今日阅《新疆游记》数篇，《燕子笺》十二出[①]。

午时袁、黄二人出去辞行，我不高兴去，托他们带了几张名片去代替了。闻每车由此至迪化价三百两票子云。车底载千斤，人二三个，我们的车都不过六七百多斤。

补昨日：自到新疆以后，与人士谈起话来，习闻"吐鲁番的葡萄，哈密的瓜，库车的'养个子'——缠语谓妇女——一朵花"一语。库车是真美人之乡欤？多谓库车"养个"是"真好"。余到哈以后，瓜、葡萄——哈密之葡萄干多来自吐鲁番——都领教过了，独库车"养个"——或作"央哥"——未之见也[②]。而负盛名之缠女跳舞"偎郎"[③]，亦未之见。

---

① 《燕子笺》：明末剧作家阮大铖（1587—1648）描写唐代士人婚恋故事的传奇作品。

② 养个子、央哥：维吾尔语的音译，下又有作"央哥子""秧冈子"者，指妇女、媳妇。

③ 偎郎：维吾尔语的音译，指节庆之际女子或男子双双对舞。

第七卷

从哈密到迪化

（1928.2.12—1928.3.8）

一 从哈密到吐鲁番

出发到头堡

1928.2.12　十二日

一早车夫来叫起，收拾东西。车夫走了，直到上午催了几遍才到，装车。十一点吃了午饭，以后因为无事走不了，看小龚们"骂着玩"多时。有些人都送片子来送行，我和袁在一个车上，上有篷，中铺铺盖，我又把一张画来挂在里头。

三点五分才套上了马。因为驾辕的白马性子火，弄了半点多钟的工夫才好。前头还有三匹红马，共四马。三点十分走。门岗上的兵，因为那边的没走，不放行，我们两个大发脾气。袁先生下去把一个兵来打了一顿，开开门，车出，走了。那边的车也渐次出来，惟马森伯以装不得法，稍迟。由得胜街而镇番街，入西门，出南门，上下厓坡，越过桥梁，震动得厉害。行走之间，见路旁有个忠爱小学堂，不知何人何时所立。时过去一个很漂亮的央哥子。

到回城西门外"官车局"前，停了多时，因为车夫上粮食。四点半离开了那里。不远就出了村居之地，到了大旷野。稍见几个驼、牛，在路旁吃枯草。天慢慢的黑暗了，路景也就看不清了，身上觉得冷些，只好盖上皮衣睡。然颠动得厉害，如何容易入梦。□了也能稍睡着一点。明月渐渐地出来了，虽然她是个半体，宇宙间着实光辉了不少。以后又渐渐地入梦。

十三日早二时，从梦中醒。车已经不走了，知是到了头堡。下来一看，并且已住在了店中。同马山睡在房内，其余的或睡车，或睡帐房。哈密到此六十里。

经行二堡到三堡

1928.2.13　　十三日

早三点钟睡下以后，头晕口渴，如觉天翻地覆，而一滴之水、一粒之米又未得到口。睡不着的时候，心中十二分难过，洒了几滴伤心泪，颇愤悔，不久入梦。

八点钟起，早饭后洗漱，到门外去了一趟。见头堡的街不长，我们住在路北之一店，龚、詹等住偏对门之南一家。在街遇一人，谈知他系长清人，在哈密菜园里的，现要往古城子。西行见有废垣、废冢，南侧水冰显白，树林荫翳，住户之居也。回煮一气压表，得 700.7mm，时室内温度 -0.8℃。

十点半走，向西稍北，车动头晕，十分难过。二十里，二堡，下来走了一气。二堡的人家也都是散落着住的，树木很多，还看见有果子树园。后段过的是条街，拐了个弯，又有个小街，有店及杂货铺，此而后为戈壁式的旷野。途中骑了一会一个蒙古兵的马，回头给他几支烟。天夕颇冷，头晕如故。车夫（缠头）有意思，一路和他讲了些无聊的语。四点多过白杨沟，接着就是民村，又走了一气才到了一条街上。时已黄昏，住。

街颇长，观者甚多，此即三堡也。询之凉州商人，知三堡缠名"驼货其"。自头堡至此六十里，三堡到四堡二十里，四堡到五堡十五里。我们明日不走四、五二堡了，直走三道岭，七十里，一路无村居。此地气候与哈密差不多，春二三月多西北风，无日无之。晚得茶并稍饭于庄等处，夜十时寝。

二堡有关帝庙，三堡有白骨塔二，三堡住汉户十家、回五六家、缠头三十余家，买卖三家，皆杂货店也。

过戈壁到三道岭

1928.2.14　十四日

天气晴明，八点钟煮气压表得705.7mm，温度为 -2.8℃。九点启行，余先步行，自路北土冈上绕到泉边，到西边的大路上。西稍北行，十里柳树泉，村树散落，如数庄，据闻共有缠户卅余家。看见了在戈壁上淘井的，掘了许多的井，地硬石多，难得很。过此，一望全是戈壁，一直到尽端还望不到什么村树。北则天山高耸，积雪没顶，雄美可观。车行沙碛上，咯咯作声。时离三堡已约有十五里。上车，走了一会，震动得头晕目眩，难过万分。大北风又起，只好闭门而睡，有时也曾稍稍入梦。我的车今天走得特别快，下午四点半就到了三道岭，住在路南之一店中。出门看了看，见有缠户二家、店六家。有个关帝庙，树木、泉水都还可观，唯户儿少。附近有山岭，住汉人三家，回子一家，店中有无聊过客题的无聊诗句。自三堡到此七十里，实不过30km，而到新疆里小。

夜风止。后煮气压表，未得结果，因水酒不燃。学了几个缠头话句子。

夜宿瞭墩

1928.2.15　十五日

上午八时动身，向北西北，后西北。余先步行，行沙碛上，北西北风微吹。十五里鸭子泉，缠户二，隔路相望。余过时，西犬狂吠，以石投之又去。此地有几棵树，水草都还好。至十一点半，余憩道旁，候车至十二点半方至。行至二点半，至梯子泉，自鸭子泉至此三十五里，下车。有数株破房，有土地庙一，住汉户一，泉水很旺。过此坡不远，又有破房、树，泉水亦旺，惟无人烟。十里沙墩子，时余骑一蒙兵之马，去看了看，近代物也。墩西、北泉水皆旺，皆有破房。询知（店家）该泉为某守备开之坎井。五堡的众缠头到时来种地收获，无事时不在这里，故房空也。时近四时，西稍北行，间或见有泉水、芨芨草，曾见一队骆驼，余则纯为沙碛、戈壁。我步行得很乏倦，自梯子泉至沙墩子一段路上下坂，很难走，路不平得很，沙墩而后好了。渐行渐入暮，我疲倦、饥饿得难过，于是乎不得不等车、上车了。上车之后已是黑得四围的景物全看不清了。

多时，见行入一有树有水——已结冰——的地方。车过冰，顶动极厉害。未几入店中，因人多故，住对门之二店，余住南者，知瞭墩之已到，时已七时半矣。店家为烧开水，店家主人原籍四川，此为民店，对门之店为官店。余向之要柴弄火，彼询以是否烧官柴，余莫名其妙，继云，烧官柴则官店给柴，不然他给。余复向之云烧他的柴，于是他给我送了柴。

瞭墩无农民户家，有官店一、民店四，统税局一，邮局一，驻汛兵二名，有破墩一个，关帝庙、土地庙各一所。自三道岭至此共计九十里。

一碗泉

1928.2.16　十六日

晨饭，去看了看墩子和关帝庙，八点半走开，向正西行，一路全是清一色的戈壁。这几天走得离天山渐渐的近了。上下砂冈，难得很，石块又多，路又难走，一路马不断地停。看见路旁电杆，七歪八斜，瓷壶多没有了，并且线有的几乎和地接触着，新疆电报之不修，于此可见一斑！蒙古兵和车夫的鞭子，常常地打得电线当当响。

今天的天气晴明，风也不大，然而路难走，不得不慢。下午五时三刻，到一碗泉，树木没有，破屋几间，有家官店，住了，计行约七十里。晚议改道故城子事。有人在瞭墩曾接到信件。

走山路到了鄯善县界车轱辘泉

1928.2.17　　十七日

上午八时半发一碗泉，向西步行，乱山重叠，碎石满路，难走甚于昨天路上。乱山的顶，因为行路的关系，往往被穿凿，并且一些的乱山，车不能直过，须绕弯而行的。二十里，见一石碣，上刻"鄯善县 / 哈密厅地界"，知哈密、鄯善于此分界。以后所走为鄯善属地了。又走了五六里，绕过了个山头，见一个沟里有坑子三个，像井，北边住着一伙过路的骆驼商帮，沟西岸上，有个破房基。渐渐地又走到山里，路更难走！遥望见西西南有极高大之峰，余峰无有能与抗者，盖亦为天山之一峰，现色青葱，不知在几百里外也！爬山越岭，于下午二时走到了车轱辘泉，住了。

地在山峡中，山石好看，多孔，一小石上恒有红绿白等不同的色粒。官店一，私店三，无居民商家。于一店中有邮差住所。北山不甚突，上有大小数庙，据云一庙为关帝庙云。茶后开箱子，拿出皮鞋来以备走路。听说七角井走古城子一路，大石头附近雪大得很，车不能行，是改道古城子无望矣。于庙中发现了两种很有意思、耐人寻味的传单，其一是七角井县佐锡钧（旗人）所发，词如下：

燕山信士锡钧叩求湖南周必达家供奉

九天东厨司命府君保佑。自求之后，果蒙

佑护，诸事如意，身体平安。特印扬名单一千张，用酬

神庥，而告世人遵奉也。

民国十五年精阳月吉日敬送。

其一为《关圣帝君亲降济世救急灵验经文》，民十六范务本敬送。词长不录，观其题目，其妙即可见一斑矣！

七角井的告示

1928.2.18　　十八日

晨八时一刻发车辘轳泉，西北约十里，出了山峡，路甚平坦，一望大戈壁。远处有些高山，像大海里的岛屿。路旁有住的骆驼帮，以后全是下坡。途中见车辘轳泉官店之幼童骑小驴往七角井，询知其原籍山东馆陶人，彼生于新，父母皆已故去，车泉西店为其房，同一表兄支持数年，今将自房租出，开官店，并代跑邮政，月赚四十两。我途中骑了一会他的小驴，给他了三钱银子。后戈壁完，土地现，微有碱，枯草"梧桐"甚多，而真正成为全树者确少，上半无有，只有腐根者多。

下午一点三刻，到七角井，住官店中，店主为一缠妇。此地有县佐衙门一，县衙并代办邮政；电报房一，电局为一湘人李□南。下午三时，袁、蓝理训去访县佐锡钧，未几，同锡来，谈片刻走了。古城子一路本可以走，不过因为那路的店里没有预备草料的关系，就不能走了。刚到的时节，看见屋子秽垢得很，于是叫缠"洋冈子"给打扫了一遍，仍然不甚干净！此地官店四、私店一、杂货铺一。到此除看见锡钧的"酬神庥"扬名单、范务本

敬送的关帝灵验经文之外，又看见了信妇锡任月华的酬东厨司命府君的传单，大致与锡君的相同。惟于湖南周必达之中又加了几个地名的字。我住的房子门上有锡县佐的布告一纸，如左：

> 为出简告，示行路人：宿店喂马，自家留神；须用脚绊，恐脱缰绳；时常查看，有不拦门；马若跑丢，无处追寻；特告之后，即各禀遵！

街上并有省长劝缠头不要朝汗的布告，因为时局不静，且恐有新旧教之争。言词恳切，于爱国保民之深，可见一斑。

马山今日发一电，贺伊母生日。本日行据云为六十里，或七十里，实则仅约有 25km 而已。此地水苦碱，坎井已坏，无农民。先之农民，因地碱太多，种不出，都移去。

东西盐池间通宵行路

1928.2.19　十九日

天气晴明，暖和甚。八点一刻走开，白一早在附近拣着了石器，颇好。里许，见一小庙，庙后二路歧出，一向西稍南，一向西北。庙前有一碑，上刻字二行，曰："右至小南路，左至梧桐窝。"庙内供玉皇大帝、关帝、岳夫子、马王、孙真人、定湘王、山神等，分三牌位祀焉。门前有木联，不记得是什么言语了。知后之二路为一通大石头，合北路，往奇台；一通东盐池、鄯善、吐鲁番，为南路。

顺南路行，于五里外我也拣了点石器。所行为平坦大戈壁，南为黄土稍碱之荒地，远处有小梧桐树。行约 12km，至东盐池——名为四十里——有官盐分运局、荒店、破房、缠头墓，缠墓前为房子，顶有大羊角，门前有中文匾额，后为墓之所在。形式如普通回墓，顶有瓷葫芦。北有清泉一，清水味不碱。住车茶饭，时才十一点半。下午四时起身，南稍西行，路上我又拣着了好石器。未几，上车，一路和袁君闲谈。

至约九时后，昏昏睡去。路已觉入山，上下坡，碎石满途，顶动不堪，然困极亦能入寐！夜无月，黑暗之极，醒了亦看不清四围的景物。路上遇骆驼帮甚多，有行者，有住。

车身颠簸中做了个梦

1928.2.20　　廿日

早三时多醒，以后不能入梦。六点一刻到西盐池，天阴云，日无强光，茶。龚、黄之车后至，因马乏甚、不支故也。饭后门外散步，得石器一件。见地处山峡之中，南山上有小庙，北东则荒地，上有芨芨。十点睡到十二点，起，闻我车之白驾辕好马病死了，惨哉！饭，车夫云马乏不能行，而蓝理训坚持走，而马则多僵卧闭目，不食不立，以之走百余里长路，如何能行？外人不讲情理如是！我那车夫因为死了个马的缘故，脸上现出哭沉沉的样子，我看得有点可怜。虽然那死的是官车局的官马，然而死在他御车的时际，他是负有责任的，轻则受顿责斥，重许受些打罚那！

下午五点步行起身，在店前找了几片花瓷。虽知年代不多，确有些特别，还拣到了二片铜片。未几折西，走在山峡中了多时，上了个大达坂，那时才黄昏，休息等车。等到车来到，黄昏已变成了昏黑了。上车行，震动得厉害，虽困不能入梦。刚过了这个大达坂，又到了第二个大达坂，顶得人好难过。袁先生忽然问我：“仰着睡，还是侧着睡？”接着说，仰着睡恐怕震坏了心脏，我于是乎以后多侧着睡。

车外黑暗，什么也看不出。忽然觉得身在一所临河靠路的房子里。那时是明月当空，房子里点得很多的灯、烛，知道今夜是中国朋友们宴会的日期。大家一个个早已坐着轮船去了。我也急着去，于是就熄灭了一些灯烛，只留了一二个。回头又想起大家要在这里开饭，觉得熄的烛过多。在房子里停留了一会，心里又感到有点怕——小孩子的心理，无所谓惊惶——于是急着出来了，看见河中的金波——月光映的金波。树照在水里的影子都在那里微微地颤动。一个个的小轮船，都黑烟四冒地在水里向前进行，觉得有无限的美妙。忽然听得有车声咯咯地响，回头一看，有些车在房前过，那车声越响越近，越近越大，真有点聒耳。霎忽又看见明月也没有了，周身三面是黑暗阴森的，只有面前现出了一点光明。

那车声仍然是咯咯地响！啊，刚才的明月、大河原是梦中的幻景，车声咯咯是警醒我的导线。现在的黑暗中的车声才是真正的情景。一会车停了，坐起望一望，不见前边有什么店房车。知是自己的车落后，而今天换上的新青马，不如前白马之有力。而又经几日疲乏的赶程，所以就停住了。又看那车夫，原来他也是久经疲乏，如今在车前横卧了。一手拉起了车夫，教他"哄车"，那车夫从梦中激灵举起身，喊了几声"吁尔吁"，马才慢慢地走去。而车夫又渐渐地睡下，我如是拉他者两三次，以后他才不大睡了，车不大停了。碎石塞道，上下不平，震得我骨痛筋酸，脑袋乱晃，觉？哪里再睡得成！慢慢地，天空发出了少许的光辉，我也觉得震动得轻了些。有个时期又合了合眼。天慢慢地明了，我虽然没有看表为几点钟，的确相信已经是廿一日之晨了！

七克塔木的废垒

1928.2.21　　廿一日

早六点四十分钟，到了个有土墩子、住房一所的地方，前边是大漠，路生出了两条。车住了，知道要在这里吃早饭，喂马，我就睡了一会。不久被袁先生上车惊醒了，以后再也睡不着，起来下去，看一看表，已是八点钟了。头有些晕，站立得不甚稳，知是睡不足之所致。吃了早饭，问知此地即土墩子，想在店家睡一会，可惜有人说话，搅得睡不成，跑到车上去睡了。那时已是八点半多了。

十点一刻，车忽然一动，又把我惊醒，原来是已经出发了。以后再也不睡了，坐起和袁闲谈。一路常望见远处有树木，知是有人家的所在。约廿里，入荒地中，有黄芦、黄土，已非戈壁。下午二时，到七克塔（腾）木住。最后几里，尘埃蔽目，扑面塞鼻，苦不堪，曾闭门以绝之。

七克塔木仅有店一家，昔三，今二倒闭了。有废垒、树株，居民回二十余户，汉四五，缠亦有几家。附近坎井甚多，缠民百余户，汉人亦有廿余家。废垒筑于同治年间之安集延酋王，光绪安败逃去，后遂废。店东为缠人。

多统领的故事

1928.2.22　　廿二日

天气晴明，七点动身，西行，临行际，龚想照店主秧冈子的相，而她不愿意，捣了一伙乱，结果照了。途中，我步行际，听多秘书赵某谈多家事甚详。云：多云其前身为藏某寺大喇嘛，曾传经于英人。英人献真珠，为小僧盗去，卖焉，为达赖所知。

以喇嘛传经外人，违犯教规，以革裹之，沉诸江。尸逆流上，达念经祷祝，方沉，转生于土尔扈特。多并云彼前曾在寺中画大小虎三只，俗人不识，即彼生土尔扈（虎同）特之兆也。云伊父死后多年，生其兄（前汗王），清帝赐名天慈。又多年，生多……伊兄为汗王时，宠甘人林某，委为心腹，授以大爵禄，无时或离，他人嫉之。一日，王派林赴省公干，为王下人（多等）截杀于途店中。王得讯，大悲愤，杨亦不让，要凶手。下人以将死之人二塞焉。王自是类成疯疾，终日痛饮、怒骂，肆杀其不如意之人。人置毒酒中，将其毒死。小王立，其福晋摄政，多又迫嫂通，于旧年日，晨起以布缢死其嫂焉，后多代摄行王政。杨曾赐额多，大书"吉祥如意"，后注云："如了人意，不如我意；如了我意，不如人意。人意我意，都非天意；如了天意，吉祥如意。"多甚得高兴，悬之中堂！多不识字，好作小匠工作。

后行际，拣得石器一件。十五里，银子树，有泉水、树木、人居。后又骑马片刻，至塔斯，有破墩，亦名六十里墩子。稍茶，乘车行，时已十二时矣。又二十余里，到三十里大墩，尘埃蔽目，有碍呼吸。此地有人居、树木、水，一路路旁不断地看见居民、坎井、树木。过此已夕。又骑马，同一蒙兵先行，途中不断问路。

昏黑，入有人民之村中，至一很好之店中住。大队到得很晚，住二店，失向，以东作南。十时睡。前曾听见缠人以大弦子唱歌，颇可听！店非官店，缠主人。天夕快到鄯善城的时候，曾经看见一个老缠头在屋顶上很虔诚地做礼拜，向着圆顶的坟一流的东西跪拜叩首。

鄯善街景

天气晴明，上午到街上看了看，北门外的买卖很可以，惜只一街（图 7-1），不甚长。家数不多，而繁华殷实，不亚哈密。城内南北大街两旁亦全系商店。到一蒙达瓦营长处，送给巴音达赖照的相，请其转交。归途游七圣庙，内供文武财神、定湘王、马王、火神、观音、送子娘娘、痘疹娘娘等。后又游城隍庙，城隍之外，尚供风雨神、刘猛将军等。守庙为一湖南老者，思乡甚，问我们回去时可带他否？余无以答之。有人想买缠头小帽碗，太贵，买不成。

下午同詹去玩，到郊外，见南沙山绵亘，不知多长，峰顶参差，阳光反映，白茫茫的一色。入城东门，过县衙，直西折北，绕城而行。末又出北门归。据车夫云，明日尚不一定能动身，因为马乏车坏，须待休息、修理。下午有人来，听他说明了一气新疆土话，"白坎儿"源于挖坎井一事很难，时运好者，费几千金

图 7-1　鄯善街上的巴扎

即可成功，不好则费万余也往往有不得水者。那挖不出水来的坎井，就叫作"白坎儿"。今以之喻人，谓人之碌碌无能者曰"白坎儿"。晚有两个人来闲聊，多时不走，乏味。余睡，辞去之，后与黄闲谈。

"神灵感应"匾

1928.2.24　廿四日

天气晴明，修理车，不能启行。听说七圣庙内有吐鲁番出土之匾，跑了去看，见匾悬偏北正殿廊上，中为"神灵感应"四字之小匾，字体颇有些特别，四周又镶以木，使其面积稍大，上有刘谟题字，云匾出吐鲁番土中，见字体类唐物，悬于此庙，一流意思的话。出，遇黄于途，去拓，我以人多拓不方便告之，彼不顾而去（图7-2）。同庄、白往东、往北、往西、往南转了一周，看见的无非是房舍、树木、坟茔、田渠、缠民及南之沙山而已矣！

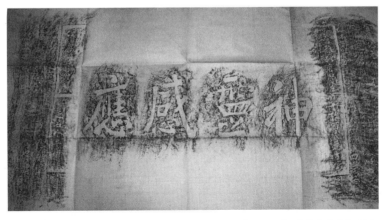

图7-2　黄文弼所拓"神灵感应"匾额

归旁观打 bridge[桥牌]的。夕,出去买点小东西,回来看见一个人拿发掘出来的经来卖,询之直天津人也,业商于此。经出连木沁附近——南约廿里之土峪沟(?)中,有一经卷,半残缺,外之已成碎片,大小不等。翻阅多时,多汉文的,间有蒙、藏及其他字的,还有少许破绢画、布画,皆成碎屑,不能得其要领。还有有字木牌一,共成一大包,要五百两。袁以百六十两购得之。黄嫌贵,他家尚有二瓦罐,云曾卖去二本经,得千二百两云!后又拿玛瑙、琥珀来看,袁没有买。以后一缠头子来唱歌,袁抄焉。听差丁整理那些破经。下午我曾开箱取制服,预备明天换,因为近来有时热得难过!并且中服不方便。

轧棉机和坎儿井

1928.2.25　　廿五日

早五时起,六时半启行,北折西行,路屈折甚多,而房舍亦甚栉比,渠沟纵横,树木参天,景致良佳。车行甚,余先步行。五里许,出村舍之区,入大戈壁。多秘书赵后至,乃同行。路南是山,北亦是山,南者稍近,北者稍远,山,土山多。二十里过山岭,又十里许,望见西方、北方村树,方向仍向西。渐行渐近村,沟渠断路,于其狭处跃过之。遇人辄问连木沁之所在。入有人居之村内,穿行于其中。

至下午一点一刻,到连木沁街上预住之店,地在洼处,人烟稠密。街东西,买卖几家,店主回回,购食其炸饼四,费二钱。后同赵北行,见水磨,水激轮转,因而磨转,出面甚细。磨北则清流如织,小柳直上,密类竹林,甚可观。又南顺街而西,渐行渐低,街端路为流断,树木一如前者。归,又南西行,常见泉处稍高,接以木,水下成小瀑布,缠女汲水,置器瀑布下,稍下流则合于一浊流。

绕行一周，车已到，时二点三刻矣。闻昨日买破经事，厨张先向庄等云百两，后得袁百六十两，气急，寻袁与之理论，而事主则以无法办之。我还有什么法？夕饭后参观水轧棉花机去，见房中积棉甚多。东北隅一小楼，楼上置机轧花，北则渠水下激轮，轮轮有齿连而转，因而上之机动，袁云为英国机，不甚好。在前几年新疆与关内交通时，鄯善、吐鲁番之棉花运往天津者甚多，运俄国者极少。近以关内多乱，时局飘摇，杨督因而闭关，不准商旅来往于新、内地之间。盛时棉百斤值银六七十两，今百斤只值二三十两，益以票价低落，长此以往，前途不堪设想。近俄商鉴于有机可乘，因而肆行收买，然买卖既系不公，而俄人又不出重价，新民损失无算。

今日所走之路上，连木沁附近——东——坎井甚多。坎井缠名 kars。法：于高处掘井及于水，再于附近三四步内掘井口，口口相连，下沟通之。使水渐流于洼处能灌地而。井灌几十、几百亩不定，视水之旺否而定，有长十余里者，诚巨工也！鄯善银元一元只抵票银三两。鄯善昔名辟展，今呼辟展仍多。连木沁住缠户约六十，回三十，汉十余家，皆生意人。地为鲁克沁回王产，店四，官店一。

与袁、黄二先生游沟南之墩

1928.2.26　廿六日

晨五时起，六时饭毕，雇马三，备游沟南之墩。鄯善而后，抓用马匹，鄯善者送一站到连木沁，回去了。此地得向乡约要抓马送胜金口，而又不易，故虽早起，到七点半还走不了。乃同袁、黄、一蒙兵、一引道之西宁回回顺河南行。纵马驶，穿行树林，涉于沟水，过处土尘甚大。顺流行数里，过一土洞，人于廿年前开的，如城门，行旅便之。不久见一大石卧于道上，上刻佛像，然脑袋已无，盖为好事之人所毁云！上有字云："康熙六十年七月初口"。时已入峡中，两壁土岩高耸，层次甚显。其色或红或绿或紫或白或黑或黄，如花斜纹布，因受地震大故，倾斜得很厉害。或土或石，不一而足，多是已半变为石。

十五里出山口，见炭层，有挖的坑子，出炭颇多，然不需要，故开采者甚少。出口即一村，名爱尔来斯，有分水渠，居民颇多。稍前赛里齐堡，即墩所在之村也。墩方，每边长约二三米，高十余米，从顶到底，每面都有很多的龛，中之佛偶头皆无矣！墩上即颓圮不堪，寻缠人找一梯，扶梯升，上有洞前通，并盘旋上升。下层顶有红字数，多模糊不清，只看出"真俗姓曹""贞元四年（？）""大德"几个字。至绝顶，远近景物历历在目，然以高险故，不敢多看。下，缠人有随上者，下后给梯主缠头一钱作赏。袁照相，询墩毁于何年，外国人来了几次，拿了什么东西去，无一能答者。十点西行戈壁上，中途尘风大作，不久息。

十二点，到土峪沟（图7-3），计自赛里齐堡至此约三十里，地形如赛堡，处山口中，居民颇多，房多以坯作方孔，盖避暑者也。居民不植五谷，一切生计，全凭养葡萄，故葡萄园甚多，现葡萄根为土埋，以避冷天。引道回后至，至村中山口内，下马询佛洞所在。乃同数人往，而小孩之随行者，亦数十计。稍北，见河两旁峭壁上，穿洞甚多，门甚整齐，然多空空如也，壁画也多没有也。稍北，见东之洞内，因高险故，尚有残余之一半画。土崖多坍塌，故前之洞寺，今只有一半隐峭壁中，又北见有数洞，颇可观，乃攀登游，有点有画，然头皆无了。高处顶上有一半个

图 7-3　土峪沟的峡谷

有头的，洞有的低、有［的］高（图 7-4）。一缠头云前几年有一英人来，掘去像经壁画颇多，掘时，他就是个当什长（工头）的，是 Stein 罢！有小孩找到了碎经字，余乃收买之，拣一握者给红钱一文，分钱的时候很好看，把我困在了核心，一个个都伸着手要钱，嚷闹得厉害，费数钱银子。

自河西行了一会，有一石，上有刻的东西，乃佛之莲花座是也。归马所在处，给引道回了二两走了。到一缠头"毛拉"苏赖蛮家，茶点吃葡萄，买了一片有汉和蒙文的经，花了一两多。二点五十分行，临行给苏了二两作酬。沿河北行，折多路险，景致如前，发现绿草、蚊虫，此地之温暖可见。忽上忽下，一高一低，

图 7-4　土峪沟千佛洞

马有点乏，非打走不快。四点出峡，望见广大平野，村树比连。折西稍北，是大路。逢人问路，策马疾行。每时约在廿里上！时日已西，不得不然耳。

入山峡，会大路，近电杆，遇见回连木沁的车夫和马，知大队已住胜金口店，入峡后约十五里，见有破房佛洞，日已暮，不能流连了！未几，到店中，时六点矣！自土峪沟至此胜金口有二路，南路走三堡，近些。我们走的北路，远了！胜金口在山峡中，河水如爱尔来斯、土峪沟所有，特山不如那两处的美耳！官店一，私店三，卡子二，缠居八，汉居二，有树木，无种田者。夜九时睡小楼上，同外人。

二　从吐鲁番到迪化

吐鲁番旧城风貌

1928.2.27　　廿七日

五时起，天阴云。七时启行，西或西北行戈壁上。八点大风起，车篷被吹"呜呜"作声，刮来尘土甚多。因昨日骑马故，乏甚，坐车上，不步行。午后一点，天仍阴，惟风已小。至有人居之所，早望见一高塔，下车步行稍后，西行过数小渠，树木颇多，见破房，有门洞，或为古代佛寺。过一桥，渐入街中，有商店、民居、回寺。至中折北，住路西店中。店狭小卑秽，都不喜欢，想找好的，又没有！时门前有一老穷男缠说书——回经上的——以博得钱或食品，人甚多。店门上有小楼，为饭馆，同袁、黄食其中，计面一盘一钱，炒羊肉一盘一钱，三个人花了一两银子的票，便宜极了！

闻吐鲁番有二城，此地为旧城东关，新城距此四五里，为回城，买卖好。县长正在"新陈代谢"时期，新尹为杨督郎舅云。后出游，入东门，题"朝阳门"。城内买卖不多，房舍整齐，有关内风。县署悬旗结彩，盖以迎新者也。城中心——隅首——有房顶，若大亭，中悬"青天"县长的匾三，二给王的，为回汉二族所悬，其一忘之矣。西行过两等小学、四川会馆——即文昌宫、官电分局，出西城门，西望街市无几，人居荒凉，远处有农民房舍、树木、水田而已。顺城而南，折东，合大街，中至折北，回店中。

所见东西二门中，都有"稽查局"，东之门联为"柳营试马，虎帐谈兵"！这是多么高雅威风！可惜贴的次序——上下联——错了，不美。每个门上都是悬着四五个"虎头牌"，上写着"稽查匪类""驱逐游勇""严拿窃盗""盘诘奸宄"，用红笔圈了的黑字。在隈首看见了实业厅劝人改用新法以造纸、种田等等的一张布告，白话文的，有一些布告都是汉、回二种文字合璧的。这个不自此地始，哈密及一路所过的地方，看见的多了。门口卖的瓜，一两票可买四个之多。有缠童上我们店里来玩，一个个都携着回文书籍，洋装粉连纸印的。

下午一进有人居的地方，不远就过一寺旁，额"真一不二"，旁有高塔数丈，砖作，有花，上有小楼，甚美观，此即在远处望见之塔也。车夫呼之曰"地球"。马乏了，明天不走，后天再说。晚饭后，看打洋牌的。店中有矮人，年三十余，头大，身不过50cm，本地人，询知和阗一带所出之小人亦如此，此盖即所谓侏儒云！现佣服店中，月薪三四两。本日行约30km，人云八十里云！

访问吐鲁番回城

1928.2.28　　廿八日

早阴，后晴。

上午，白给我理发，买了条毛巾，花了五钱银子。后为詹、白、庄等所邀，到澡堂去洗澡。

回，午饭后，打 bridge，未几散，同袁进城，访旧县长王，见于纺织工厂。王，云南人，来新十余年矣，云马八匹已备，为我们的车用。告辞出，访新知事于县署，见署仍是悬旗结彩，贴新门联。阍者持片入，多时出云新县长不在，为转达。出过隈首，雇轿车出西城门，沿街西行，过农林试验场，西式建筑，颇可观。街旁买卖尚不甚多，隙地亦不少。至新城，计行约四里，商店比栉，街道宽广长大，买卖以缠、回人为多。下车，给车夫二钱票，官价也。袁买了五顶"秧冈子"帽，颇美，费廿两。余买白骨刀一把，链子一，费三两六。袁雇车归，余步行归。

晚饭于小楼。十点睡。

游吐鲁番城圈

1928.2.29　　廿九日

天气晴明，晨饭后写日记。午饭找不到袁，以后同詹乘轿车去逛城圈，入东门，出南门，折回想去逛北门，可惜车夫说北门无门。到隅首就又折到有"清水池塘"的街上去了！车是詹包的，一天二两银子。

到饭馆去吃饭，五菜四饭，喝药酒，我花了五两。归已近五时矣。买苹果四十，付票一两。明日早行。

西行到坑坑

1928.3.1　　三月初一日

晨六时起，收拾东西。八点，步行动身西行，进东门。稍茶于一天津商店前，后同白步出西门，经大街至新城，费一两买梨十八，梨黄小，既甜且脆，好极。出新城而西，天气颇热，尘土甚讨厌。村树、渠水十余里不断。

十一点到雅尔河，先过黑流沙，甚长，颇难走。雅尔河甚低，两岸壁立，高数十丈，对岸废房垒甚多，盖安集延乱之遗迹也。河中碎石流水，住有缠农，树株颇多。时梨已食尽，过河行土峡，峡有洞，然内空空。休息候车，至下午一点半，尚不见踪迹影子，心颇焦急，进退难矣。询知此路不错，然前后皆无车，究竟哪里去了。一骑马者过，云南有车路，我们的车或许取了南之路，于是前行。又有迎面来者云遇车，于是前行之意更决。河而后，系戈壁、碎石、细砂，走着费力。仍是向西，过无水深沟，遇一驼帮迎面来，询知前坑坑店中只有一车，前边并无十二车。

三点三刻到坑坑，有河水、树株，住缠户三，店一，颇宽大。时有一车至，随行有蒙兵，闻系蒙兵第三营营长之夫人云。随我们之蒙兵亦住此店中。一兵云袁亦为我们失路，遣其追寻，彼此不相见，故来此。蒙兵——营长夫人随行者——抓户儿家之马，缠人不服，向其要"公事"，几起殴辱。关内百姓，不敢行此于大兵也！缠人作"奶妈子"，跪拜叩首，嗷呜祈祷，极其虔诚。计自吐鲁番至此有二十三四 km，这是我们走直线距离的数目。

大队五点一刻到，时日已西，另一妇人车同到，云系多统领的秘书的太太也。晚食庄等饭。坑坑缠名肯地克。

翻达坂到三个泉子

1928.3.2　二日

早七点动身西北行，一路是戈壁，细砂、碎石，费力得很。二十里盐山沟，有腰店一家，购食其二鸡子。上车，渐渐睡去，风紧吹，颇冷。一点半，到头道河，计有廿五里，有泉水下流。店一、回寺一、回墓一。下车步行，十里上达坂，达坂颇长，砂石碍行，而鞋又已破，难得很。过泉水河一，过达坂即到三个泉子。地处山中，有泉水、荒草，无树木，终年多风，而春尤甚。住。

本日行约六十里，三十余 km 也。店三，因风多故，土人祀风神，故有风神庙，店南房多破坏，闻系风所吹。此地气候较寒于吐鲁番，盖高也。无雪，六月际间或下点雨。三个泉子缠名"靠乌尔 ga"。

风中住到后沟

1928.3.3　三日

天阴沉，Str.Cu. 十分（7a.）。七点动身，西北行，风不大，上下小山坡，戈壁、碎石、细砂如故。过了两三个山坡，我步行。四十里白杨河，有石碑一，泉水、树木都有，一店、一饭馆，种的地一斗。同二马、米在馆中喝了点茶，吃了点馒头，馒头一钱银子一个。候一点钟，至十二点半，车到，上。转弯凿土沟，过无水河，戈壁如故。渐向西西北，入梦。

下午三点半到一大山后（北东），见有树木、河水，山巅稍有雪，颇高，知后沟之将到，时天已又阴了，风又吹起来。树梢有现红色的，有现黄绿色的，有现紫色的，仿佛要生芽，教人知道是春到了！下车徒步，河流颇大，河身亦宽。又三五里，在一拐弯树木中，隐现地发现了停的车，知是已到店。前曾见那边有吃草的牲畜，房一所，几步，果然到了店。后沟缠名"后沟来"，只此一家店，门前有一车，上插着"回省委员建"的旗子，其人着洋服，闻系蒙古人。夜风又大起，吹得房子"呜呜"地响，又加上马铃"叮叮当当"地响，月无光，使人感觉到有些阴森可怕！

大风中翻越大达坂

1928.3.4　四日

晨五时起，大风如故，吹得山屋树"呼呼"的，天阴成十分。七点四十分动身，北又西北步行。沿河穿树，顽石塞途，脚有点不安，冷得厉害，我的衣帽又不好，所以大受苦。约四里，路分为二，一仍沿河行，一北上山坡。取北路，上山坡，流砂软松，费力。风无定向，皆是从山顶滚下来的，一阵阵地紧的，几乎把我推翻了。东北行，又北西北行约八里到山巅。山洼处和草、小树的根处，有一片片的积雪，雾般的云，高不过其他山峰。山巅风更厉害，吹得气都喘不上来，手痛脸痛，如刀割。高出海面已千二百六十米矣——袁说的——下坡约三里，有废房一所，见蒙兵到者正弄火，余亦入，房前为腰店子，器物仍有在者，然人已"杳如黄鹤"了。地名 gotkentze。后外人等亦到，又渐渐地来了些人、车。吃了气东西，十一点多才走开。

西北几步，上大达坂（图7-5），突得要命，行时流砂下溜，不舒服，然不甚长。至山顶，风迎面吹，大甚，较前有加无已。一车用八马拉上，然山顶较前却低六十米云。下际，一阵风把帽

图7-5 翻越大达坂

子吹跑了，幸而被枯草挂着了，急着拾来戴上，以巾束之。五里，下坡尽，现出了大平原，尽处皆山，上半为云遮，模糊了。原上黄草、树木、房舍、河流，历历在目，近前有缠户一家，入。白、丁、张先到，正喝乳子茶，我尝了点，不对味，散了。见一碗大的圆饼古石，中有孔，知是石器，连他们喝的茶，我给了一两，买了那块石器了。询知此地名九台，此器出北七十里之大西沟。该处有缠户一家，石器尚多。此地北四十里东沟出炭。车取西路赴城，余等出，西北行，风仍大，过砂河，行冰上，跃狭流，寻桥过宽者，合大路，登车。时路东旁树木、房舍，废垒已多。西北行，车门玻璃窗各坏其一。十五里，到达坂城，路旁树屋更多，田地亦成片，街市类三堡，然房之整齐过之。风仍大，住。天阴森，大风虎啸，稍有雪花飞，不知道是天上新下的，还是山上吹下来的积雪呢？

达坂城地方情形

1928.3.5 五日

天阴如昨，小雪纷飞，大风仍吹，马未备齐，仍住达坂城。房中生火以取暖，易中服，仍觉冷，与吐鲁番相比，虽即差三四日，尚有如夏似冬之别。有人打牌，约我，我绝焉。

下午天仍不晴，冷，我易皮衣。街上看了看，同一个直隶商人谈了谈，知此地之城，毁于回乱，现驻守备一，有税卡，归迪化。昨日过来之山下，曾见一税卡，归吐鲁番，商家六七，店十余，无官店。居民有八十户，附近有农户四百余，皆回回，汉人之种地者不过三五家，缠民几户，多无恒产，为人作苦力，共有地百九十六斛，意岁共赚百九十六斛粮也。终岁罕雨雪，以见雨雪为凶年，风为吉兆。风多，而尤以春之三月为甚，风向为西或东，无南北风。盖南北皆高山，风不能过，故少也。

晚风稍息，看了几出《燕子笺》，夜同袁闲谈至十二点。

风雪中行进到柴俄堡

1928.3.6　六日

天阴，风如昨，时见飞雪。上午八点动身西行，坐车，未步行，迤西榆树成林，黄草丛生，五里，林方尽。渐渐入梦，只知所行为戈壁耳。有时车震动得厉害，有时好些，天也有时稍显一显太阳，然不久仍阴如故。路旁积雪甚多，山几全白。过小河，也过了有人居住的地方，然以风大，不敢启门外视，终不知路景详情。后又入梦二次。天冷得很。

下午六点到柴俄堡，住，计行约 40km，合七十余里耳。街上积雪甚厚，有居民十余户，店四，树木、田地，"铜罢"——回回——最多。坐车终日，下后晕眩得厉害。晚风息。

住到芨芨槽

1928.3.7　七日

早八时廿分，从柴俄堡动身西行，路甚平坦，多土冈，南山麓下有小死湖，周约五里。天气渐晴明，温和，余先步行，绕过小林，廿里上车。后过有房子的地方，积雪渐加多。入梦，又冷醒，时出柴俄堡已四十里。下步行三四里，天气晴明，雪消，路泥泞，风微吹。袁说前过之南山麓三海子，在古代为一河，因山口之石为雨水冲下，填其间，有的未填着，故成此数海子。五十里渐入山中，山上有雪，至芨芨槽住。无树木，处乱山中，有店二，一饭馆，一回墓。地上多雪，闻系前二日曾连雪三天故也。此地不雪，则刮东风云。晚月明当空，光耀如昼！

到达迪化

1928.3.8　　八日

早四时廿分，发芨芨槽，天未及晨，明月西斜，颇冷，路多积雪。西稍南约八里，折北入乱山中，路崎岖不堪，盖即所谓羊肠沟也。十里出沟，有废垒——颓垣而已。北稍西不远，渐有人居、树木。折东北，遇户儿家的住宅，望见正北上三杆插霄，知为无线电杆。又北，进南北大街中，街旁房舍颇多，道上泥泞不堪，因积雪消解，和泥成糊，故不堪也。冰未消处，则高低不平，脚很难过。过陆军营盘，进一小南门。街中因车行故，成二车沟，深尺余，中满泥浆（图7-6）。

到住所，在路东，前为道胜银行故址，中有破房（图7-7，7-8）。见了外人华志、海岱、韩普尔、考尔、狄德满和达三，知郝德同哈萨通事乘汽车往博古达山上观测气象去了[1]，去已二旬。山高出海面二千七百米云。

本日计行约卅里，车十点多到，时余已吃过早饭了，好房都被外人占去，我们只好五人——除袁，有达三——住一个外间大房子，无木器，不便甚。见徐先生、丁，收拾下了行李，去到徐先生处闲谈。接到群英来的信，问说的心得和订什么报，一见我心中就有点儿惭愧，从前对不起人，而她却仍说未给我信，请原谅的话。

午见赫定，谈几句，去看大夫，大夫病了，然谈仍甚欢。午饭后同达三去访招待我们的招待员俄缠鲍尔汉[2]，请其代为找房住。

---

① 博古达山：又作博格达、博克达，蒙古语"神山"的音译。天山山脉东段最高峰。

② 鲍尔汉（1894—1989）：字寿亭，维吾尔族学者、社会活动家。新疆温宿人，出生于俄罗斯。1912年回到新疆经商，1920起在民国新疆省政府工作。时任新疆汽车公司委员监修公路、兼司机学校校长。新中国成立后，改名"包尔汉"，曾任新疆维吾尔自治区人民政府主席、全国政协副主席。

图 7-6　迪化南北大街上的泥泞道路

图 7-7　道胜银行故址大门前

图 7-8　道胜银行故址内的破房

图 7-9　道胜银行北赫定等住处

二次皆未得见，以其往衙门去了。赫定、徐先生等住距银行北一
里处一缠人家，两房皆洋式，光线、卫生都好（图 7-9）。同北房
缠东去找房，达三买呢布作夹衣二身。芝麻呢才三两银子一当子。
找了几家房子，都不外赁，只一家四房洋式颇好，月要二百两，
太贵了！回与徐、袁二君商，俟见了鲍、吴——皆招待员也——
再说。

　　晚，鲍和警察署长袁来 [①]，谈至夜十点后方去。鲍云明日早八
点，杨督接见袁先生，其余容缓。袁署长长于甘，曾卒业于北京
高等警官学校。十一时归寝。

---

　　① 警察署长袁：袁廷耀字小彤，一作晓彤。安徽人。时任新疆警察署署长，
后调任阿克苏县知事，与刘衍淮再次见面于库车。

第八卷

在迪化

（1928.3.9—1928.5.21）

一 一上天山

科考团员的考察安排

1928.3.9　九日

天气早阴，后晴。晨饭后同达三乘车访吴于乾和制革厂，见，谈甚欢。得到佩蘅来的信，讲同学情形甚详。信封已被拆破，是不知已被多少人看过了！辞出，达三步去电报局，余乘车归，给车夫一两。同徐先生闲谈多时，归午饭，饮波兰地。后吴来访，未几去了。到徐先生处去闲谈，买油鞋一双，支票七两五。

那林天夕带着十六个驴子、一匹马往婼羌出发了，先到吐鲁番安置东西。贝葛满、哈士纶不日也就赶赴吐，韩普尔同袁不日赴博古达山。郝德同袁归，韩留那里作观测。晚饭后，写复群英的信，十一时睡。

鲍尔汉来送杨增新请客单

1928.3.10　十日（星期六）

上午到徐先生那里去闲谈，鲍和俄人入了中国籍的葛米尔克来，拿来了杨督请客的单子。除我们新来之九中外团员外，有刘厅长和樊特派员作陪[①]。明日上午十二时，我们都一一"敬知"了。

[①] 刘厅长：刘文龙（1869—1950），字铭三，湖南岳阳人。时任新疆省教

图 8-1
迪化财神楼

给叔龙打电报。下午丁来云大兴县不妥，须注明，今日打不成了。夕草致佩蘅的信，并誊清昨日、今日之二函。

去督署赴宴

1928.3.11　十一日

天阴，小雪纷霏。十一点三十五分，乘轿车北行，赴杨督筵。街上泥泞特甚，十五分过财神楼（图 8-1），五分入南关。街中泥浆埋车轮约半尺，马行"砰砰"作声。有骤马过者，则马蹄起处黑泥四迸，秽垢不堪！七分入南门，又八分到督署。车直入，三门皆有卫队站岗，见我等来，举枪敬礼。兵着赭衣，老弱不堪。署甚陋小，不及关内阔绰。督署三门下车，樊、刘二厅长，及鲍、葛、吴、李四招待员迎入。见一胖大白须翁，指曰"此即大帅也"，知为杨督（图 8-2）。

（接上页）育厅厅长。樊特派员：樊耀南（1879—1928），字旱襄，湖北公安人。时任新疆省军务厅厅长、交涉署署长。1928 年 7 月 7 日，刺杀杨增新，被抓获击毙。

图 8-2　杨增新

　　让入东厢，房狭小，陈列简单。中一长桌，上已陈好西式盘杯等件。主客相见，一一握手寒暄。入坐，酒饭渐上，中食西式，又有面包。督劝酒甚殷。席间以袁说话为多，多不当处。黄想说，因受暗示止。杨督说关内军阀之战争不当，痛滴淋漓，足见其学识卓越，关内军阀不足与同日语也。

　　饭后有点心，毕，招待陪客等导观石碑，皆镶于墙，出于吐鲁番。一在厅前，一在花园（图 8-3，8-4）[①]。时雪尤纷霏，路稍泥泞。花园建筑西式，有杨督题之"补过斋"，后有高楼，斋旁一亭，即他碑之所在地也。观毕归坐，稍茶，辞归。

　　途中赴邮局送信，至则知星期休息，停止办公。归途在南关外一"邮务信柜"送了二信。先我的电报也发了，邮票上有"限

────────────

　　① 石碑：即碑亭之魏氏高昌延昌十五年（575）两面刻《宁朔将军魏斌造寺碑》和督署大厅之唐刻《金刚般若波罗蜜经残石》，今均不存，有拓片传世。王树枏《新疆访古录》、黄文弼《吐鲁番考古记》均有记载。

图 8-3 督署厅前唐碑

图 8-4 督署花园内魏碑

新省通用"字样，经西伯利亚往北京之平常信十分票，二十分支了三钱银子，电报花了三两八钱五分。归在徐先生之处闲谈。夜归，看英文报纸，至次日早二时方睡，知道了不少的事情。

樊、刘二厅长参观气象台

1928.3.12　十二日

晨起不早，因睡晚也。饭毕看《燕子笺》几出。小龚来云樊、刘二厅长来拜，在那边，请都去。我去见屋中多人，座不够，坐在窗上，所谈无非俗套而已。多时，来这边参观气象台，余、三为之解释，都认为满意（图8-5）。又看狄德满之画，谈至一时半，方才走了。后徐先生云德人之飞艇计划不成，将全去之势。我说不成，中国之福也。徐先生稍愁团体前途。

饭后读《燕子笺》，吴云龙招待员来，闲谈至夕方去。袁明

图 8-5　刘衍淮和李宪之
为樊、刘二厅长介绍气象台

日不同韩普尔往博古达山去了。我决意去，外国人喜欢，徐先生
也没有什么不赞成。杨明日下午一时请徐先生吃饭，谈重大问题。
得到黄君寄来相片几张。今日赫定对樊说要拜访俄领事。夜，德
人去同赫定议事。十一点归寝。

与韩普尔去博古达山

1928.3.13　　十三日

早起收拾东西，雇马五、牛一，同韩普尔往博古达山。天气
晴明，风不大。十点动身，顺大街北行，甚泥泞。折东北，泥泞
如故。十点四十分过校场，北即无线电台之所在，三杆插霄，电
线如织接连（图 8-6）。东稍北行，博古达山历历在目。路上下高
低，雪消路滑，行甚慢，而牛驮过重，分载于一马，以坏马易余
之坐骑去，坏马时卧地不起。临行借得丁的气压表、袁的温度表。

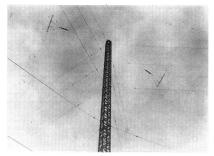

图 8-6　迪化东门外的电线杆

下午一时过一小河，见东里许处有家住户。气压为 682.2mm。过无数山岭，又见着了一所破房。后三点四十分，下一大坡，到一村名"石人子"，住汉人二家，回回七家。随行之一什长、一兵想住这里，因其未备食品草料。余二人主行，于是又上马行约三里，到西堤，住一汉回家。此地仅此一家，山坡有小庙一，树木。回家羊很多，给兵二两买东西。缠厨夫晚饭做的米不好。气压 687.0mm。今日计行约 23km，而费时却不少。六十两银子雇的马如此。

天山北坡哈萨克牧区

1928.3.14　十四日

早三时，马夫喂马，把我来吵醒了，到快明才睡去。六点钟又醒了，起，房主煮好二鸡，吃了一个，外加了点面包，就算把早饭敷衍过去了。七点，气压 686.6mm，T.3.1℃，C00。七点四十分动身，沿山岬河沟东行，树林荫翳，假设是夏天在里头走，一定很美观。积雪仍多，以早故，不甚泥泞。八点三刻，上第一达坂，气压 673.0mm。路甚崎岖，宽不及尺，山又突立，行时不敢下视。下后，九点十五分，上了第二个山坡。气压数 660.0mm。下时路已渐泥泞，拣雪处行。至一村，有土房和哈萨包，多树，小河南北流。沿沟南行，此村名马仍，气压 666.1mm。过此，又过一地，有哈包一，哈寺一，乌苏子（干沟）。过此，遇一队哈萨人之移居，以牛马驮包和什物，驱着一群羊。又折东，时已十点廿分，山岬小于前，无树。一点三刻，至一地，见山坡上有哈萨包上，地之气压为 652.8mm。哈包四，山洞一。休息多时，余不解哈萨话，他们又不会说我们的话，所以无从攀谈。队到，问知地名非狄乃一子。

前行里许，有河水、树株，路分为二，一南一东，引路者南行稍近，东行几十里可到其家。牛乏马疲，他要回家换马，并云离不远有哈人之包，可休息喝茶、喂马，因取东路。未几，到哈人包中，喝茶，吃面包、鸡。包内有老者，盲，一老妪、三子，大子出，媳在。他二子年甚幼，哈人包中较蒙古人清洁得多，服装类缠头，女以白布缠头。地名地骚克。三点四十分，又动身，给哈妇二两，韩照了些相，哈媪扶余上马。过小达坂，东，顺雪地行。四点三刻，过一有哈包处，地名哈新巴义。气压 642.6mm。五点二十五分，上了个大达坂，难走得很，牛不能行，把东西全解了，才过来。达坂上的气压为 627.9mm。望见东之高山上多松树，清苍之色一片片地现于雪峰中，煞是美观。下坂，北山坡又有一哈萨包，过。行雪水中。树木有，松树也有了，山岬有时甚狭。

六点半，到山岬宽处，中是雪水河流，树多。靠北有哈包五，住，支帐。地名七木沟。气压 646.4mm，夜稍冷。本日行约26km。

图 8-7
博古达峰

博古达山气象观测站

1928.3.15　　十五日

夜里哈萨克的牛往帐房上走了好几次，把帐房的钉都拔出了两个。牛脚就踏在了我的头上，把我从梦中痛醒。起来把帐房弄好，才又睡了。早七点多起，听说这里五个哈萨包住的人是一家，老汉有四子，各居其一故也。这地方的风景真不坏，地处深山中，东南有河流，树多。望见南山上还有不少的雪，出现在白雪里。韩照了一些相（图8-6）。这一家哈萨也都被照了。

八点半，气压645.4mm。九点十分动身，东折南东南，行山沟里，路过了几家哈萨的包，可是一个人也没看见。约五里，榆树渐少，松树渐多。韩照相，我画了两片小图，记形而已。过来过去，就是那一条河，清流见底，圆石碍行。山上山下，满生着青松。人行其中，不见太阳。地上的雪仍多，树上也有些，因受

图 8-8
上山途中

了点太阳热的缘故，不时往地上落。过狭峡，行水中，韩又照了些相（图 8-8）。天然的美景，谁肯舍呢？中间停着耽误了的时间，实不在少数！一见我就有些留连之意。一些死松、枯松，有的已横卧着，被那洁白的雪埋成了长冢！

十一点后，树渐渐的少些了，河流也小了，山上的松也不像前之多了。我们的路也改了，要东上达坂了，气压为 626.0mm。十一点廿五分上，绕行山坡上，山多土，下冰上泥，时滑马蹄。以后又顺山沟，有雪无流——除却雪消之小水——少树多石子的山沟上，吃力得很。过废房基一，人已杳矣。再上，渐多松，而坂加突，马走得喘汗交加。在一松林稍息，时正一点，气压 583.0mm。吃了点面包和鸡，又东北上了。坡加突，骑不能上，几成直立之势，下，牵马行，一步数喘，在无雪处休息了多时，时行时休，折西北行，上了个山坡，骑上走。时已两点半，一上一下，积雪及马腹，北望见山下松林很大，北边有一平白地，类海

图 8-9
福寿山的气象
观测站

子，盖即所谓雪海是也。海旁林中见庙房六所，散布其中。东北之山，皆极高大。

西山上见有哈萨包一（图 8-9），山顶有木杆几根，包稍下，石上立几人。一人手中小旗乱晃，近而视之，则郝德也。盖引路之哈青年上山看见了包，呼，故郝德知我们之来了。见面，下马，握手，稍谈，韩亦到。在包中吃了点茶。三点了，气压 554.0mm。茶点毕，余一人登山顶，积雪厚，山突，路难行，攀援而上。绝顶一望，目为之阔。时四点廿分，气压 551.5mm。袋中温度卅度，西之山皆低小，无敢与此相抗者。E30°S 之山峰为第一高者，S10°E、E10°N、S30°E 者次之。这是以眼看的为标准，这山低得不少，极远处的山，一多半看不出，看出的也不过是青糊糊，像些青 Cu. 云而已。西方约二三十米处，数大石嵯峨，很好看。打了两块石头，下，行雪中，尚蹾了几下子。

休息郝包中，学缠语。六点 −1.3℃，郝德的 −0.7℃，气压 553.4mm，七点 554.0mm，八点十分 554.4mm，九点十分 −0.3℃（郝），554.0mm。本日行约 20km，天气，全天晴明，暖和，无风，远处的一点云儿在山顶看着像是和地接吻。

山上寺观和雪海（天池）

1928.3.16　十六日

八点廿分下山访寺，山突雪厚，摔了不少的倒。十五分，过松林中，到东岳庙，庙新重修，原建于光绪十一年。气压567.6mm。庙住四川刘某道士。八点五十五分出，顺有足迹之雪上小路，环曲西北行，穿松林，上下达坂，侧行山坡。过有小塔之山坡。十点，到福寿寺（图 8-10），入，会见了住持王老道至朝，甚客气，让入客室，陈列颇清雅。后移坐西配殿廊下，以有

图 8-10　福寿寺

阳光也。茶点，余鞋湿透，彼出鞋请余易，与易之。游览庙中，前殿名三清，供老子、佛、孔子之偶，后之殿颇高出，供玉皇大帝、玄天上帝、关帝，西配殿供吕祖、黑虎财神、文昌等，东配殿供长春真人（邱祖）、太阴、太阳、火神。寺之楼上供王灵官与韦陀。寺先修于光绪年间，此地雪水过多，房舍易坏，迄今已重修几次，现仍在重修中。附近尚有前伊犁将军杨某修之亭，不时彼来闲居。海西有龙王庙，建于光绪七年，今已半圮。海北山坡上有观音洞和菩萨二寺，全属福寿寺之王老道管。王有弟子三十人，寺产田六十石，牛百余，马四十余。先余来时，郝德云道士待他甚好，并送他一羊，彼无物可送，只一自来水笔，墨水一瓶，送道士。余带了来，并告他以用法，道士不收，余解释再三，始收下。

余同一直隶人道士游雪海[1]，出寺下坡，见龙王庙。到海边，见海水结冰，上覆以雪，有路可渡，余乃自西而东行。西岸有小船一，颇可观，计行 1109.7meter，步 1370。到东岸，岸南海尚有角，自西岸海角约千五百米。南之博古达三峰，冰雪厚积，西南山上郝德所住之包，皆在目。满山满谷，南西及北西，都密密地生着松树。海南北约长有五千米，观音洞等半颓圮，未览而归。同王道士饭，素菜四，大米饭。

饭罢，辞归，时已二时，天大雾，十步外者不清，道士遣其蒙童——牧畜者——以马送余，并出皮袄衣余。蒙童送余至东岳庙，路上雪稍消，滑得厉害，不消处雪深，吃力得很。马喘汗不堪，数步一息。蒙童曳马步行，多上坡，亦是汗流满面，余心颇

———————————

[1] 雪海：今天山天池，在博格达峰北坡山腰，海拔 1910 米，距乌鲁木齐 97 公里。

不忍。伊并云全家为寺牧畜，月仅赚面八十斤，银八两，苦极！及至东岳庙，余见山顶郝德一行已出发，急遣蒙童归，出余所有之银尽与之，然数尚不足二两。在余以为太少，而彼则欢喜非常了。急爬行山腰，路滑步不稳，摔倒之次数逾前。因愈急愈易倒也。至巅，则郝德已不知去向，同韩又说了几句话，他还给我三两银子。

下，时已四时，马不敢行，非力策不可，骑着不行，下急曳而行。未几，又骑上，马鞍自胫而降，余随落地，幸雪软未致伤。曳马行，下坡走得很快，倒得可也不少。操了几块石块，顺来的路行，一路没有望见郝德一行的影。入松林，穿河中，马行颇快，天渐黑暗。流水击石，其声呼呼。加以天有微风，松枝吹动，也发出了一种声音。一个单骑的旅客，遇着这种情景，心里觉得凄惨，悲壮！天渐渐黑暗得厉害了，景物渐渐的模糊了，马也渐渐地走得慢了，然而路还不至于走错，因为走过一遭。流水松涛和马蹄击石的声音，却加倍响亮，心里不无少许悸怖。面前见有火亮，以为是郝德住了弄的火，及至，则一人也无，火却自己慢慢地燃烧，是"自焚"也欤！白昼的天气暖，冰雪自然消得多，路也就自然难走。假设不格外留神，很容易发生危机。天黑得什么都看不清楚了，正走着，我腿上忽然受了一种打击，觉得有些痛，仔细去看，原来是我的马走得靠树太近了，我的腿和树接触了一次。此而后更格外留心。

七点到七木沟，住哈萨房中，见引路之哈萨少年，闻郝德等于另途走了。他来牵昨日遗下之牛，牛不行，他另找人送迪化去。他夜里还去追郝德一行，我以无行李、食物等，且不知郝德等宿在哪里，追不上不方便得很，所以决意住在那里。明日独行，原路已知。住在哈萨家，他们不大会我们的话，我不会他们的话。

所以多数的时间，都是很沉寂地过去了。九点半钟，他们做了点黄米饭和肉，既脏，且不可口，我稍尝了点就散了。后一哈妇漱骨，口嚼骨"嘎嘎"作声。无处买草料以饲马，明日又须行，于是雇一哈萨，夜里往山上去放。十点多睡，十一点才睡着。疲倦尽管疲倦，睡不成却仍是睡不成。包里的小羊和外面的大羊不住地哀鸣。哈萨的男女都是咻咻地说话，颇□的环境，加以多思的我，哪能睡得成呢？

独行赶回迪化

1928.3.17　　十七日

早三时，哈萨早饭把我惊醒了。哈萨人的宗教习惯和缠回一样，现在正在封斋过年期中，白昼不食不饮，夜里行之。到快明才又矇矇睡去。六点起，放马者归，又稍吃了点粥，六点三刻走了。西行，过达坂，非来时之达坂，乃东之一达坂，艰险甚于前者，跌了几次，弄得满身是雪，变成了个"雪中人"！天渐暖热，过达坂，过一哈包，主人邀入茶，时八点四十五分。动身西行，行山沟中，见一红翅黑斑之蝴蝶，飞来飞去，似乎是无所归宿、无所托依，孤单得可怜！九点廿分，过前日喝茶之哈萨包，主妇见余，说了些话，我虽不懂，然知其系问好，让休茶之意，我示以走，一直地走了。十点十五分，过一达坂，气压632.4mm，路渐泥泞，到南北沟，折北。十一点四十五分，马仍，西过达坂，雪消下流，卷土带沙，浊甚。下达坂，在林中路上，马倒，我又跌下来，身上贴了不少的泥垢，马嘴都摔得流血。

缓行，一点四十分到西堤，直入前住之回家，主人饷余以茶，并煮鸡子六，并给喂马。临行，余以最后之一两给之。二点半动身，西南过达坂，浊流很多，过一条又一条，路泥泞得厉害。来

时之泥泞者却多已为干土，前之积雪，差不多都成了泥水了。沟中洼处，浊有显黑色者，狂奔怒号，声闻甚远，过此即彼。天又渐暮，马疲人倦，急促无补！过山坡无数，过一泥洼，过无线电台。时已六点三刻，泥流加巨加多，路又不易辨别。西方则灯火明亮，人声呼号，犬吠鸡鸣，军乐张，炮响，盖定更也！渐失原途，顺一大路入东门，出南关（图 8-11），街中泥水更甚，马行"澎澎"作声，浊浆四迸，余鞋为之透。

七点半，到所住之道胜银行故迹，见郝德，知其已于四时半抵此。饭，疲惫得坐立不稳，言语失常，如醉如痴。知杨督今日曾筵中国团长及团员，言谈甚欢，态度至为明显。本日余行约50km，九点半睡。

二　迪化见闻

杨增新来访

1928.3.18　　十八日

早七点半起，饭后，给袁送石去，把我的箱子自那边雇车拉来。洗澡，易衣，身体一爽。补前二日之日记。自袁手得回哈密之车篷银廿三两。

午后一时，闻杨督来访，于是到那边去。见门外军队有几个，门内停轿车一，客厅门站高团长（图 8-12）。入内见杨上座，赫、徐二君陪，众人皆在，握手闲谈。我和大夫坐在一块，谈话颇多。未几，杨辞归，时已二时。

图 8-12　杨将军来访

归午饭，补日记。晚上袁署长来，谈了些我们团里用的人等不名誉的事，外人亦在胡闹中。十一时才睡。

给詹蕃勋过生日

1928.3.19　　十九日

早八时起，看了点儿《实用气象学》，以后跑到北边去，大家闲谈。徐先生曾把下人召集训了一顿话。詹寿，大家每人出一两买苹果、梨子、酒、糖、花生给他庆贺。写了些风花雪月的诗句，挨次抽之，数第几字落在第几人身上，那人就喝酒。而一句数风花雪月者，则有数字喝酒。有些春字的诗句，因为犯了我的讳的缘故，我就喝酒。别人的也强拉了点关系喝。一点半午饭的时候了，才散。午饭毕，昼寝。四时茶毕，计算我花的钱，已花了百〇九元，可谓不少！

闻北京政局又变

1928.3.20　　廿日

到北边的房子上，接到筱武九月的信，那时他在党部任事。

上午赫定要徐先生去访樊署长，为飞行事。詹请吃饺子，我借了袁的赫定作的南疆的图二份抄。回来一直抄到夜里。警袁来闲谈，云外人曾访俄领，并道注意某招待员等话。北京政局又变，张出关，蒋、冯、阎已到京，是京局一新欤！

晚大风骤作，如大水汹涌，如烈火熊熊，虎啸狮吼，神鬼皆惊。夜如故。

飞行事碰了个大钉子

1928.3.21　廿一日

晨风吹如故，以后渐小。听说昨天赫定碰了个大钉子，故赫定有云，碰这样大的个大钉子。天又刮这样大的大风，又听到了这样大的个大消息！原昨日赫定访樊，说出了飞行的事情，樊云，曾经请示将军，将军云碍难照准云！夕雪纷霏下，先霰子，后雪，天浓阴，晚上地上的雪已有三四 cm 厚。

读《建国方略》

1928.3.22　廿二日

天气晴明了些，雪稍稍地融化，很觉得有些冷！画了点图，往北边的房子上跑了两次，始终未见着人，因为都去访人了。读《建国方略》。

进城补牙

1928.3.23　廿三日

上午天阴雪，冰不消，为郝德所邀，他们去补牙，给他作苦力翻译。狄德满亦同行，步出南关外，访什满尔夫人，适她同何马同出，乃五人进城，到一补牙馆中。主山东济南人，然离家已数十年矣。先什满尔夫人补，大夫多所主张下手，馆主不堪其烦，几不作了。夫人俄人，前曾寡居，后嫁德人什满尔，今迪化 Faust Co.［顺发洋行］的老板，能稍德语。后郝德补。旋为华志所邀，陪他去买东西，买了八瓶白油。我也买了一个松香烟嘴，花了一两票子。归，寻郝德等，已去。华去访什满尔，油我带回。

归途过徐先生等处，入，知徐先生有归京募款意。外人之去否，尚不定。午饭后，睡到四点多，填图。夕，袁署长招饮，同席黄、詹、龚、李而已。灵芝酒，六盘菜，薄饼，味美。饭后观其藏帖，龚唱二簧两段。归，时已九时矣！外人云，据俄领消息，北京政局尚未变，徐先生谓樊云北京不知如何，但报上已有的是张家口在晋军手中，石家庄在冯军手里。

去天津商铺买布做衣服

1928.3.24　廿四日

上午抄了点图，下午拿到了十六年十一月、十二月的薪金、杂费六十元，折合得到百五两，较哈密的少六十两云。原外人从杨督手每元按二两三钱八收到，给我们团中以二两四。而徐先生发出又按二两五给我们，外面市价则约为每元三两，或多点。我们虽稍吃些亏，而外人方面给中国团体方面都更吃亏！

四时，一人进城，到一俄人家修理表，人未在，罢！到城中大街上一天津商人店中买了七尺织贡呢，六尺半斜纹缎，六尺丝绳，一个茶杯，一条丝围巾，一个皮夹，共支了十八两七。归，来去全系步行，沿街边小心迟行，一不慎则鞋衣为之秽矣。买的布在店中，接着就找缝衣匠去作了。

伊斯兰教新年

1928.3.25　廿五日

缠回都过新年了，按风俗也是恭贺新禧，鲍尔汉是个"老盖衣"缠头[①]，在新疆官场很有些道路，所以大家也不免和他应酬应酬。十一点，我同黄、李三人到他家去，可巧他未在家，被他父亲让到屋里坐了一会。案上满陈着是点心糖果，他不能汉语，我

---

① 老盖衣：下文又作闹盖衣、闹噶衣，今称塔塔尔族。

们也没有什么话说，留下名片走了。奔北边去，遇徐、袁、丁、詹、龚，他们也是去访鲍。等他们回来，丁、詹们下起围棋来。未几，俄联领事来访，徐先生等陪说话去了。

郝德约进城，余以未午饭对。在北边午饭毕，袁说本日星期，补牙馆停止营业。进城意又打消了。赫定给我了张《新疆地图》，为1909年出版，错误累累，噶什诺尔都没有。向他要了几次，所得如此！可为一叹！

晚，外人宴葛米尔肯及其夫人，什满尔及其夫人，还有俄国人某等人于道胜银行故墟中。九点后始饭，葛米尔肯及其夫人、鲍尔汉皆未到。后三客之夫人和考尔、米、小马等轮流相挟跳舞，十二点半方散。

去博达书馆买书

1928.3.26　　廿六日

上午跑到城中，买了七尺象皮呢，七尺黄噶机布，七尺黄布，又三尺白土布，二元，作裤子二和帽子二，共支了十四两，这是同詹来的。出去又买了角质梳子一个，五钱，烟盒一，上有三模达尔，八钱。到博达书馆，位督署西，路南，买了二本俄文，一部《唐诗读本》，日历、黄历各一件，花了五两二。书价，中文书多按定价银元合，每元合三两六。世界书局的三两四，外国文的书籍则按定价，每元合四两。归途，詹去洗澡了，我一人又在一家商店买了一罐联珠烟，花了二两银子。

归午饭际，袁署长差人送一信至，系请我给他译蓝理训的历履。饭后送去，见了就闲谈起，一直到四点多钟。袁、丁二人又来了，续焉。晚饭于警察署。八时三刻归。道胜行长俄人某有回国消息，前存款商人群上禀帖，请袁不准其行。

赴樊、刘二厅长公筵

1928.3.27　廿七日

天阴，上午十一点半，自北房同外人步出，赴樊、刘二厅长公筵。入南门，折东，又北，又东，又北，到交涉署。以人多故，我们几人先到了餐厅去谈，徐、袁、丁后至。席西式，同席除狄德满外，本国人员皆到。陪客有袁署长、赵科员①、鲍、葛、李三招待员，什满尔和德国神父。侍者为三数俄妇，"干杯""干杯"之声不绝于耳。交涉署房舍甚为合适，西式，窗明几净，空气、光线都很好。

饭后又归前室，茶点、闲谈，马山邀我同他去博古达山，我以日期急促，谓其能待我几日则可。赫定也同我讲，饭后他们又同我讲，并诉之于徐先生。我持原议。晚六时同赵步归，途间取出马褂、送去钟表，又遇达三同行。赵精俄语，同住银行中，彼询北京小学情形，盖其有子弟欲入学也。

俄钟表匠家

1928.3.28　廿八日

上午跑到城中去拿衣服，而缝衣匠却还未裁，气死人！说了他几句，限他明早做好。花了二两银子，买了一条皮鞭子，途中雇了个车坐了坐。快到北边房子的时候，因为颠得难过，给车夫了四钱，下来步行而归。下午在家抄图，归途曾到俄钟表匠米子根家去看表。一全壳表须七十五两，未买。夜，袁署长来问化学法试验白纸字，谈到一点，送他点药，走了。

---

① 赵科员：赵得寿，字次彭、次蓬，一字仲卿，新疆交涉署科员。后接任警察署署长。

黄文弼每日拓碑

1928.3.29　　廿九日

天气晴明，上午跑到城里拿到了两条裤子、二顶帽子、手工钮子等，一共花了十三两。归，过顺发洋行——什满尔开的——花了二两二银子一个小剪子，归。抄图，下午继焉。

夕，收拾东西，预备明早启行，赴博古达山。闻袁等亦将于日内出发。晚给袁去送图，据赫定云，自此通塔城之电线坏了。晚黄买梨吃，大家欢谈。近来黄每日进城到江浙会馆（图8-13）等处拓碑[①]。黄、龚要走一路，丁、詹一路，袁独。

图8-13　迪化江浙会馆

[①]　到江浙会馆等处拓碑：据《黄文弼蒙新考察日记（1927—1930）》，其在迪化除拓前引（1928.3.11）督署二碑外，又在政务厅拓《土都木萨里修寺碑》、在江浙会馆拓《张怀寂墓志》。前者今不存，后者今藏新疆维吾尔自治区博物馆。

三 再上天山

再赴博古达山

1928.3.30　卅日

七时起，收拾东西。早饭后，将我的行李载好于一马，我骑一马，到北边房子上去寻马山，他还没有收拾完。多时，徐先生等才起床，去同他们闲谈、话别。据徐先生云，《新疆图志》上载有博古达山中人可到处，有汉壁画，请我留心访问。

十点半，马收拾完，动身，出后门东南行。天阴霾，过墓冢，折东东南，有村树、居民，路已不甚泥泞。到山脚，折北行，过有村居处二，北合前次所经之大路。此次所行者远，余颇以是责引路之缠头。渐入泥泞之处，前之浊流却不多见了，盖雪已将消尽，无大水矣。稍有雪处，滑泞如前。北风紧吹，颇觉寒冷。现虽已入夏历后二月中，寒冷却仍不减吾乡三九。三点半，过石人子，渐又过西堤山坡，经小庙旁，穿林过河，上达坂。后段泥泞过于前次，因背阴高寒，雪消迟也。一失足，则立至深渊底，马几滑到。五点半过马仍。

六点到干沟，天不见日，前行又知近处无人居，思住，询哈萨寺旁之一妇。妇云其夫出外，不敢留客。前一哈萨包之哈萨人至，邀至其家住。夜煮鸡而食。闻前之少妇——住寺之一土房——系哈萨毛拉之夫人。毛拉入山为寺向民众收敛去了。哈萨、缠回每日都是作五次乃马子。同行二缠马夫，共七马。本日计行约 30km。夜犬吠，山鸣谷应。

终日行路至山中气象台

1928.3.31　卅一日

天气晴明，微风，八点五十分动身。马给了哈萨主人三两银子，因其为贫户也。谷中之树尚无青意，不日将届中历清明节，而此地之春景却只如是。草芽之生者尚不及寸，多数未生。谷中碎石碍行，八点半折东。二缠头马夫不知路，全凭余指挥而行。过一蒙古包，再东过达坂，经前之有四包之非地乃一子，而哈萨包人已不知何处去了，只有遗迹而已。到山沟，仍循旧路行，过地骚克之哈包，逾小岭，仍东。回迪化日饮茶之哈萨包亦已移去。又过达坂，十二点到七木沟，五包已变为四包。马夫托以马乏，欲住，余促其行。

于是南沿沟行，碎石多于前，渐入松林，穿行河水不下十余次。冰雪消得多了，因为林中阳光不足的缘故，又加以有点风，稍感寒。折东，上达坂，又东折东北，顺砂沟行，于达坂中间、人民故址发现了一个松枝垒成的房子，外面曝着很多的一种植物的根，盖山中采药者也。剖根嗅，有异味。衣服、什物都有，就是没有人。上，步行，喘汗不堪。穿松林，行雪地，地滑路狭。终及巅，骑数步，以又上小坡故，马失足倒地，余亦因之蹎下。又过一小峰，望见韩普尔所住之包，并望见东北之海子、松林、庙、一块块的 Str. Cu 云，还高不过博古达之峰！望见韩出，摆手。未几到，寒暄，入包茶饭。路上昨夜仅食了点大饼、无味之硬鸡，今晨仅无他味之饼，于此得肉、菜、茶，到了天堂了！哈萨喝茶好加盐和胡椒，昨夜之茶，我告以不要加盐，而胡椒直到今晨的茶里还有。地不平，夜睡床上。

开始记录高山气象

1928.4.1　　四月一日

自七点起就记录气象。上午十点八分，韩普尔走了。下午读俄文，誊写自北京到这里的账目，定名曰《西行消费一览》（图8-

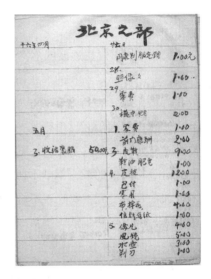

图8-14　《西行消费
一览》封面及首页

14）。自离京时制装起，纯制装之费，我在京只花了二百五十二元三，在包头花了十二元，毛目花了九元，哈密花了二十五元和百六十四两五，鄯善一两，吐鲁番十八两三，迪化到现在已是八十两五了。夜睡地上，时已十时余矣。整天无风，几全无云，稍雾。晨有小霜，气压表者在 547.9mm。

闲暇读唐诗

1928.4.2　二日

天气晴明，气压逐渐低落。十点煮气压表，读《理论气象学》几篇，改了改赫定给我的那张旧图，以后就读起了唐诗。有时读得我心酸眼胀，古诗之动人也如是！博古达峰整天价云围雾绕，上边的冰雪把太阳光反射得光芒耀目，其外东北的重山，也都是被雾笼罩着。近的看着青，远的渐渐淡，最后莫能辨其所以。山上的厨子每天做的饭，不中不西，的确是他们缠头式。昨日的大米饭加葡萄、牛乳，我吃着不合口味！今天缠头厨夫和那个哈萨用人——俄国哈萨、俄国缠头——下山去了，一会回来，每人采集了些松香，原来这松林里生产这个东西。

一个哈萨包里住了四种人

1928.4.3　三日

天阴，自十二点起，开始下雪，到天夕方止。然而下得太小了，连地皮也盖不煞！读唐诗罢，读气象学。

晚上与马山闲谈我去年在北京的历史，以后又谈到清明节。去年清明的前一日，我们同年级开会欢迎白渊等出狱。清明之日，同张小五、康遗尘去游陶然亭。晚上我一个人跑到全聚德吃饭。过后四日，我们七八个人去游中央公园，周小姐也去来。如此等等的事，一时都涌现在我的面前。九点半睡下，多时睡不着。今天的天气也特别冷些。因为下雪的缘故，湿、干两温度表的数差不多。同是住在这山上的一个哈萨包里的四个人，都还是四种人。我是汉人，而马山是日耳曼人，厨子是个"老盖衣"缠头，弄柴听差的是个北雅尔——俄国与塔城衔接的地方——的哈萨克。

下山到雪海边作测量

1928.4.4　四日

天半阴半晴，煮罢 H 气压表，午饭后，一点半，带弄柴之哈萨下山去了。直趋福寿寺。一路积雪仍厚，摔了不少的倒，幸而有马山之手杖扶我，然是满面的汗珠，不住地一滴一滴地往下落。而脚下则因雪水浸入之故，凉得不堪。稍息东岳庙门口，又缓缓前行，见松树之皮内，不少的树油儿的结晶附着着，从前那缠头、哈萨弄的松香，盖即此也。死树已不少，一个个地横卧在地上，半为雪埋。行山坡，山坡之雪已将消尽，故尚易行。过数达坂，到福寿寺，直入院中，院中寂寞无人。寻觅之下，发见一道人仰卧于前轩，呼呼作声。唤醒询之，知其当家的王至朝和直隶王某道人于前数日晋省，为收房租及东岳庙工程事。询余做饭吃，我止之，于是急去烹茶，出点心饷余，时已三时矣。

先是余来时，带来测水温度表及方格纸——以备作海子图之用——于是告以来意。道人乃荷一铁斧，同余及余之哈萨用人到海上去斫冰。因雪消故，刚斫了两个小坑，水就满了。再斫则雪水四进，溅满人身，故曾斫三坑，下冰廿余 cm，皆未成功。而天又将晚，不能再弄，于是余决意留此，明日继续工作。

归庙，作书马山，遣哈萨归，并嘱其明日早来，并带点纸烟来。云渐多，夕阳亦渐落，余以湿脚出庙门，在门前作小图二幅。一为龙王庙，一为庙前之左侧。有一黑衣人——类内地工厂工人——过，入庙中。余归，道人正往各殿插香，入其厨房，因有火暖也。时黑衣人亦在，经人介绍，乃送郝德来之秦永基差官也。询道人以山上或山中有无故寺、故址、汉代壁画。云无壁画，距此寺二三里，有一故寺之址，前为喇嘛庙，有喇嘛住守，去今仅七八十年。传说此地为达摩祖师得道处，后山有达摩之洞。达摩为焉耆蒙古王子，后山之四工河坝亦有废寺之迹，有古钟存焉。时间不及，余不能去实地看看，憾事，距此有七八十里。

晚饭，大米饭及粉条黄花木耳菜，豆酱味颇大。同桌除二道人、秦外，尚有二小工。道人吃斋，故无酒肉之味。饭罢闲谈，八时，同道人睡一西南之房中。寺周围附近多松，夜微风，松涛有声，加以我心思紊乱，多时不着。先是上午走来之前，我曾经到了房子前边画了一张房子和山坡的小图。以后又一个人跑到山顶，望了望远处的迪化——乌鲁木齐，是在山顶的 W20°S 的方向上。山西面的山谷和松树，而东北边的海子、庙宇，满山满谷的松树，更看得清楚。及至走到东岳庙下边，则一个寺也看不见了，因为都被松林遮蔽埋没了。博古达的三峰，虽然是秃秃的，高出，然而却也是不易见。因为它是常常地为云雾密锁着。

清明到天池画图，功败垂成

1928.4.5　　四月五日（清明节）

晨一早四点钟，道士就起，去打钟、击磬、勒鼓。鼓声响的时间最大，先缓后急，愈迫愈紧，如万马奔腾，洪水暴涌，令人闻之股栗，又渐渐低下，如泣如诉，如怨如慕，忽然又高，忽然又低，渐渐又寂而无声了。我多时没有睡着，隔了有两点钟的工夫，才又朦朦入梦。七点多钟，道士来叫我起，吃饭，我才又醒了，渐渐地起来，到厨房中去吃饭。

饭后就同道士和秦到雪海上去打冰。打了七十多 cm，水就出来了，虽然那冰仍未打到底，再也不能打了，就用一个有铁尖的杆子，往下捅，水一会就溢深了坑子，那冰约厚 80 多 cm 云。量水温度，得 -0.2℃，对不对的有了结果了。时为九点廿七分。哈萨用人来了，拿来了马山名片一，上书：Good success, Here all right. I send you 2 packages cigarettes. Happy spring feast!〔祝你成功。这里一切都好。我带给你两盒烟。春日快乐！〕哈萨交给我两盒纸烟，盖昨天我写的信上说要来了。

后一人绕海边，先从西北角往南行，绕了几个弯，在方格纸上画了点图儿，渐渐地入了雪深之境了，一走一陷，下还有水，我有点儿怕，回头来了。又从原定之点往东北东东南南行，绕弯甚多，夹海之山上多松树，秃死之树亦不少。过观音洞，下入大湾，又转回，山角有小亭，旁树也多。又南行，数步画图，冰上雪消过多，水皆成洼，不敢直过，再南又转了几个弯，一大湾之山上有采药者，不知所采何药，只知其此地出二三十种药而已。雪水浸入鞋中，渐渐觉冷，愈冷愈甚。而天又阴云四合，太阳为蔽，风又作，吹得松枝呼呼作声，山鸣谷应。极目四望，不见一人，除平阔的白海、巍峨的高山、荫森的松林和半点丛生的野草外，了无所有。太阳不出，连我的影儿都和我分离了，那冰又不时发出一些声息。我心里充满了恐怖和疑惧，由恐怕疑惧渐变为消极，几次的奋勇前进，归结仍闹了个半途而废、功败垂成，回头走了。那时已是十二点半，我一人行在海的中央，离西北岸已是 3km 之遥了，中间厚处颇多，我走着觉得很费力，头上的汗珠，不住地一滴滴豆般大地往下落，衣服大半亦已为汗渍湿，而脚上则觉得像有刀割般的冰冷，因为鞋袜早已透了多时了！

一路走着，觉得后边像有怪物追逐一样，头也不敢回，恨不能生出两翅，一举飞到岸上。好容易回头快走了半点钟，才到了有游艇之岸，脱离了这苦海——或者叫它个孽海——到了陆地上。急回庙中去烤火、烘鞋。知道那个哈萨巴郎子已经带着我带来的手杖和水温度表先回山去了。道士又出茶点，接着就又吃饭。

饭罢两点半，我就告辞回山。雪又慢慢地下起来了。我从前就想到清明节此地下些雪才有意思，果然如愿以偿，我满意得不得了。唐诗有"清明时节雨纷纷"之句，在这里我却要改它作"清明时节雪纷纷"。从前的我过清明时，多是同几个人出去"踏青"，今年的我却一个人单独地在这里"踏白"，越想越有味。虽然走着路，知道汗珠不住地往下落，气喘得也很迫促，却不觉得怎样的乏。心思静了一会，才觉得一步也走不动了，幸而面前有一块很平很平的石头，似乎是给我预备的座位，我于是就毫不客气地坐在了上面，休息休息。那雪渐渐地又止了，天仍然阴着。正面对的就是高山大林，高山的最高峰就是我们山居所在，半中的东岳庙却看不出在哪里，因为松树把它遮蔽煞了。看得有些意味，就又在小本上画了幅"远望中之山居"小图。休息二十分，就又继续往上走，穿松林，上山坡，愈走愈险，愈险愈难，回头一顾，头目晕眩，欲下堕。走到东岳庙，又休息了几分钟，才又上山坡。及至到山洼之顶，气再也喘不上了，腿再也抬不起了，不知不觉地就又坐在了一块草地上，细细看那些草，有的根子里现了点青，有的仍是枯草，发青的部分亦尚不及寸。清明节之景啊，你原来就是如此！再起再走，雪又纷纷地下起。直奔住所，一气而到。到了的时候，又觉得喘得厉害了！去汗衣，脱湿履，洗脚、易袜，更易衬衣，忙了一气。

马山问我的成绩，我告以失败的原因，相与嗟叹。门外挂着一个新杀了的羊，五个哈萨包的七木沟的个哈萨男人也在这里，知道他是送羊来的。马山并说明天着他上迪化去送信，我们要些吃食用的东西。我于是也就打算给徐先生写封信，着他带去。夜补日记。写致徐先生之书，述我的情形颇详，并告以无壁画事，长约千字，可谓不少矣。九点一过，就睡下了。

博古达山不见了

1928.4.6　六日

天阴云，博古达山不见了。下午一点起，渐渐下雪，越下越大，百尺之外，不辨景物。云，自然不知道是什么了，因为天空中充了雪，看着一片灰。雪下得东北之山峰、寺院、松林、大海，都没有了，人似乎存在在虚无缥缈中。我读《古诗源》《理论气象学》以作消遣。雪下得大了，住的房子坏，因为房子里的温度高的缘故，雪水不住地一滴滴地往我身上、床铺上落，让它落罢！我实在也没有什么法子防范！至夜，则雪已是下得地上四五cm深了。夜继焉。风吹山松鸣，雪乘势自房顶隙入，落炉上，吱吱作声——因炉热也。

瞬息万变的云

1928.4.7　七日

清晨天气晴明，稍有些云。昨天的雪下了共有8—10cm深。上午看了点书，与马闲谈中国诗的故事。午后云渐上正上，因为高低不同的缘故，生了两种相反的云向。山上、树上，浑是白雪，煞有些好看。

午饭后，不知不觉地睡着了。起来时两点钟的观测已经过了时了。以后就用色涂了一幅博古达山居的画，仿小本上的。下午

图 8-15　云雾交加的天山雪景

六点，云上来把山居景物全笼罩煞了，百尺外的景物，一概看不清。极碎小的霜雾，不住地一点点地落，然一会就成了过去了。眼前现出了光明，云雾跑到山谷里去了。有些是像附着在山谷地面上，有些是围在山的上半中。回曲弯转的山谷，深深的是。一会就看见山上半个和下半个，中间为白云遮着，瞬息万变，美不可言（图 8-15）。

马山迷路夜归

1928.4.8　八日

天气晴明，气压渐渐低落。温度在零上二三度间，上午十时，煮 H 气压表。下午一时，马山下山去了。他到山谷海旁寺院去照相。缠头、哈萨也下山去了，山上就剩了我一人。读《理论气象学》。下午五时后，想到山上望一望，穿着大毡鞋上的，雪消山突、而鞋又大，雪不住地往鞋里跑，我脱下倒雪的时候，不料那鞋在雪上滚下来了，一直滚到住地的包后方止。我没有法子，于是那赤赤脚从山半中下来拾鞋，急着跑回房子去烤火，因为袜子湿了。以后又到东南走了几步，瞭望瞭望，因为无聊得厉害。

六时，哈、缠二用人归，而马山却无消息，直到八点钟吃晚饭，而马尚未归。天已深黑，明月未升，余意马已宿寺中矣。九点之观测作罢，睡了。心思天天紊乱，躺下立时睡不着，自然也就天天如此，而今天却更加甚，直到十点多才朦胧睡去。

不大一会，闻有人声，睁眼一看，房子里点着灯，原来老马回来了。满脚满腿是雪，看他站立有些不稳，说话的神气，似乎已是颠倒。厨子、听差，弄火的弄火，做饭的做饭。我问他的情形，他说在山下失路，雪深得很，后以夜深故，又不好向寺中去投宿，一路走着，又乏又饿，几乎回不来了。雪水浸湿鞋袜，冷得难堪。他一面说着，一面就脱去湿了的衣服等，面色似乎是苍白，我深怕他得了病。时已十一点半矣。据马云未去寺中，他脱了外边的湿衣，烤着火，就开始吃喝。到了十二点后，方整铺睡下。而我又睡不着了，起初我听着马也是睡不着，以后听见他的鼻息响起来，知他已睡熟。那用的两个人早已入梦，只有我翻来覆去，终难合眼，而明月已渐升上，从房隙射进来了光线，更使我难寝。几度狠狠地不想紊乱的事迹，然而身不由主，你不想它，它自己出现，我也没有法子，只好让它发现罢！不知到了何时才睡着。本日为耶稣复还节，马山出德国香烟，午饮葡萄酒。

糖没有了

1928.4.9　九日

天气晴明，然丝层云占了十分之七八的天，温度总在六度、十一度之间，加以房中有炉火之故，午时热不堪，室内达三十余度云。

午来了个哈萨送牛乳的，他来了已不只一次了。上午派哈萨用人到东岳庙去买糖或借糖，没有得到。下午又派他到福寿寺去寻，因为我们没有用的了，上迪化的还没有回来。夕，哈萨回来，拿来了一包糖，没有收钱，封面红纸上书"福寿寺住持奉赠刘大人"等语。住持不在，为薛某道人代封。

晚天阴云，然温度仍甚高，饭后读《建国方略》。上午曾读《理论气象学》，有一节颇难，且我倦甚欲睡，故作罢。午饭后睡了一会，读熟了《古诗源》上的诗。

着色画"远望中之山居"

1928.4.10　　十日

天气晴热。下午着哈萨用人给薛道士送去纸烟五包，Fatima是也。读《建国方略》"民权初步"一节。下午仿小本上之"远望中之山居"，用色画了一幅。上午又曾读熟了几首古诗。

来自迪化的消息

1928.4.11　　十一日

天气晴明，颇热。上午读毕《建国方略》。午饭毕，哈萨之往迪化送信、取物者归，大家喜出望外。我收到徐先生的复函，略云：接到来函，喜甚，飞机不成，德人有回国之希望，丁、黄、袁三五日出发，新学生一星期后自北京动身。马山收到杂志颇多，我也浏览一过。马接韩普尔函云：至迟到廿日，我们回迪化。狄德满函云：韩归云时间他的比我们的早四十分，而他的却与迪化天文钟同时，是我们的错等语，并带来对日之圆弧木板以校之。

安而对之，我们的和真正时间只差二分钟，盖韩先早四十分，及其行时改其表与我们的真正时间同，而归忘之，故云我们的比他的尚迟四十分也。

四人皆欲早归，而来却只云至迟廿日，尚八、九日之久，大家都不高兴，而老盖衣厨夫则长啸短叹，声声不绝。以后我读《德文轨范》。天气渐热，而虫之出蛰者亦渐多，故近日于床铺上、衣服，发现的蜘蛛类的小虫不少。近来雪消得也厉害了，自包上山顶，无雪处也能相连成路，此背面也，至阳面则早已干了。晚九时睡下，十时后睡着。送信之人，这一次要去十三两票子，他拿回了鸡子、糖、盐、牛舌等物。送信人未去，住山上。

风雪云雾交加

1928.4.12　十二日

早一点半，大风骤作，吹得房舍摇动，草木凄鸣，把我从梦中惊醒，猛然想起外边对时刻的圆板，深怕它被一阵风吹跑了，于是就起来拿着个电灯出去拿那木板去。风一阵阵紧吹，满天都是云，只有东方云之薄处，透出了一线月之光，云都像跑马般地狂飞，高的笼罩着山巅，低的填满了山谷。暗淡之中现出了一种可怕的色彩。我赶快到了木板的所在处，看见它还未被吹去，拿着就急回包内来了。躺在地铺上，细细地听那风声，声音复杂，其趣不一。总而言之，据我听着有点像一伙人哭，其声虽不同，其泣哀一也。两点钟后，风声渐小渐小，而我也已受了催眠，曚曚地睡着了。

清晨一早五点多就醒了，听着房上"煞煞"地响，知道雪又下起来了。用人已经起来，炉火已经烧起，雪之落在炉子上的，另外还有种声息。雪水自房而下，把我的皮袄、被子一一浸湿了一大片。一会用的两个人又打房上的雪，盖雪下已久，自风息后就开始，至今三四时之久，致房顶积雪不少也。以后我再也睡不着，直到六点半钟起床、七点作观测时，雪已是下得小了。深谷的是白雾云，山上都是黑浓的，地上的新雪已有 1 到 2cm 之厚。一 min 温度表不知何时自架上落地下，幸未损，而温度就不可靠也。以后住地入了云雾境，满目灰暗，小雪纷霏。九点时，纷霏的小雪一变而为雨点，不久又变成雪，又不久就什么也没有了，满天的云。直到夜里，云还不少。

上午看了点《德文轨范》，下午就是什么也没干。

辞退了懒惰的用人

1928.4.13　十三日

天上总有些云，温度不甚高。房子里青草渐生渐长，小虫子也不时地发现。天空中不时有鸟飞过，随飞随鸣，似乎是告诉人们说：春日到了。房周围的雪消后，只剩下薄薄的一层，向阳处早已有一些地方全干了。读《理论气象学》。我们用的那个哈萨孩子懒得要命，并且说话无礼貌得很。下午天夕的时候，我教他给我倒茶，他长卧不动，我说他了几句，他就说出了些不中听的话。于是乎我就照他头上轻轻拂了一下，说：你这样不行，因为你是为人佣工的。他看我接触着他的头了，就急忙起来，想和我决斗。我并不动气，说：你干什么？两手一扶他，他倒在地上了。他起来就急忙收拾他的东西，一件件地往门外掷。老盖衣厨子就鞠躬说要走的话——我猜想，因为我不懂他说的俄国话。马山也痴了，莫名所以。继而我告诉他了情由，方才明白。他说打得他很对，因为大家都嫌他懒，上次韩走，就说过这话了。他收拾出去他的东西，就往山上去了。我们两人都不理他。一会往迪化送信的那个哈萨来了。决定了那孩子走，他留在这里，工价照样每日三两。晚上仍没有走，说明天走，教马给他写封信，马就照办。夜里有些云，后渐少，西北有些火光，远望着似星。野火欤？非欤？不得而知也。九时半睡。

读《理论气象学》多日

1928.4.14　　十四日

一早那个懒孩子走了，归结是他的东西也没有带走。他走时我们还都在梦中。六点半起来，天气可算好，天上有几分丝云，温度也还热得够劲儿。气压慢慢地低落。

我这一天除了看了几篇《理论气象学》外，可算是什么事也没有做。该书错字累累，而作者文笔又不甚清楚，有一些地方费解得很。夕，一个大鸟，鹰般大的鸟，鸣声"啊啦啊啦"，在正上盘转了多时。到晚九点，气压已降到545.1mm。

听到了狼叫

1928.4.15　　十五日

早七点的气压已降成542.3mm了。天气又变欤？抑非欤？天上有些 Ci. Str. 云［Cirrostratus，卷层云］，温度也不甚高。外边的雪——来时深尚没胫，今已是剩了薄薄的一层，刚把地皮儿一片片地护煞，有的地方，全没有雪了。望望山下的寺院，松林旷地，那些地方的雪也剩了有限的一点了。"雪海"的雪，早已都没了，从前雪下的坚冰，现在也要消开了。气压不住地低降，云儿渐来渐多。我读《理论气象学》。

近午跑到山顶上去了一趟，路上没有雪了，我走到顶的时候，喘得厉害，身体虚弱，一何至此！天地间有薄薄的一层雾，目标在迪化，可惜除了看着远处是一片乌烟瘴气外，什么也没有。兴尽就回来了。

下午三点，气压低降到541.3mm，云儿已成了十分，又廿分钟的工夫，雾云来到，雪就下起来了，其势甚凶。白雪片铜钱般大，然而地面的温度高，雪一接触着就化了，故终久没积了多厚的雪，周围的景物模模糊糊。四点后渐小。五点廿五分加大，五点四十分又极小了，五十五分住，六点五分又下，亦极细小。

七点钟吃晚饭的时候，听着东南有个怪物，骆驼吼般地叫，用的哈萨克人说："狼！狼！"我就急着跑到门外去望，望了半天，虽然还不住地听见鸣声，终没有看出它或是它们的所在，并且天已经很昏暗了。吃完了饭七点半的时候，又听见有声"呕呕"然。知道是种鸟叫，其声战动，颇有哀思，据说是种大鸟鸣，德文为Auerhahn［松鸡］，不知中国的名儿叫［什］么？直到八点多钟，这鸟的鸣声还未止。房子外的东西，全是深黑，除了天的几颗星和北西北的野火外。

福寿寺人谈福寿山

1928.4.16　　十六日

天阴。快到七点才起来，刚没有误了观测。八点下雪，小。八点半就又成了过去了，气压渐升高。下午一点多钟，寺中住的秦姓差官同着一个河间商人来闲谈，知住地之山名"福寿山"，原名为清帝之赐。因此连东南之二小山巅，人号之为福禄寿云。南东南之乱石山名马牙山。山中狐、狼、鹿等兽颇多。夏时人可到博古达山近处，东之大山上，上之雪海边。海上之冰消去已多，冰上现有水约10cm深。近两天我们这山上下的是雪，山下福寿寺那里下的却是雨，山上山下，相差如此。又闻寺中有革命之举，缘于王住持因账目为寺众所不满，故有此变。日前薛姓道人之赴迪化，即与此事有关。寺中当家的为众人选举出者，王连此任已是三任当家了！四点钟他们两个人走了。五点钟，博古达峰边有些 Astr. Str. lenticularis 云［荚状云］，把山峰遮煞，如帽然，色微黑，奇妙！

晨哈萨用人云南有狼迹。出看，果见南边下头雪上有几行痕迹，近山坂处雪没了，看不出踪迹之有无，是狼君之曾光顾我们的贵寓与否，不得而知也。鸟之高翔而鸣者，今日也有几个。近来盼来人甚急，以烟酒之见缺，茶等之不多，而雪消得也厉害，虽然没断了下新的，几天又要起水荒了。晚又闻山中之大鸟鸣。天晴星多，野火明灭！秦又说甘肃有土司民族，系羌族遗种，近多为汉人同化，然与汉人接触少之土司，尚存其原来之一种言语文字。狄道之土司（酉）某为国民军所解除其权。盖前时土司之民对官家政府不担赋税，只交田赋与其土司也。

温度表的风扇坏了

1928.4.17　　十七日

天气还好，有些 Cirren［Cirrus 的复数，卷云］和 Cirrostratus 云［卷层云］。下午一时后，昏昏睡了一觉，醒时已是两点也。小风扇干湿温度表之风扇坏了，马山弄开收拾，原来转轴儿尖端没有了，此地又没有其他轴换上，所以就作废了。四点的温度也没有测，自六点起就用了一个水银旋转温度表代之。

我跑到外边想画点小图，找了半天，没找到个适宜的景，画了个博古达峰，完全不像东西。晚大鸟又鸣。天见出长来了，从前下午不到七点钟就昏黑，今天到了八点，却还不十分黑暗。

四　山中独立观测

新的指令，我单独留下来工作

1928.4.18　十八日

天气晴明。盼来人心急，颇烦闷。读《德文轨范》聊以解闷。下午三时多，来了个哈萨，就是第一次给我们引路的哈萨青年，他是自迪化来，给马捎了来了一信，郝德的，说十八日或十九日就有人来，马回迪，我留此到下月一号再走，到那，此地之气象台就不要了，把东西都带走。我听着这个消息，真有点儿难过，因为我实在不愿意再留此了。此事已经赫定与徐先生商定，我心如彼而事实如此，眼泪几乎流出来。违心之事，真不好过。

天夕将近六时，来了四匹马，知道是来迎马了。来了一个新俄国回子厨子，他们带来个哈萨，以之弄木头，我不要，仍留原来之哈萨，因其已在此数日，并且也还罢了。厨子带来点吃的东西和烟。我心中郁郁不快，晚上写了一封长信给徐先生，报告我这里的情形，交马带回。九点多钟，昏昏地睡了，多时不着！

开始独自作观测

1928.4.19　十九日

上午八点马走了。走前给我留下了他的几本书、电灯和七十两票子。因为吃的东西不够，我又教他开了个单子，回到迪化，着人送来。八点钟他们走的时候，我真有点难以为情，眼看着人家走，自己困在这里，一个独自作观测。

新厨子带来了哈萨弦子，同那个哈萨用人弹的弹，唱的唱。下午，我把那个哈萨唱的曲子来抄了三个，并译出来。《德文轨范》结束了，下午就读起鲁迅《小说史略》。

下午天渐阴煞，浓云布满。五点四十分飞雪花，小粒的雪球，白雾满谷。六点半以后雪就没有了，天仍阴着。晚九点时，天上晴了一部分，显出了几颗星。东山鸟鸣，北方野火明灭。

读鲁迅《小说史略》过半

1928.4.20　廿日

天气没有什么大变化，气压在 547.0 左右。清晨有点霜，山谷和博古达峰照例有雾。读《小说史略》过半。厨夫和哈萨苦力不住地弹弦子、唱曲子，他们唱的我不大爱听。那回回厨子弹的弦子我却爱听——抑扬顿挫，回曲婉转，使人入神，使我忘忧。音乐之感人也如是！下午又抄了三个哈萨曲子，和三个回回汉曲。

抄写曲子

1928.4.21　廿一日

天气没有什么大变动，不过云多，天上的太阳不亮而已。上午来了个送羊乳的，以后哈萨用人的老兄又给我送了鸡子来。三十五个鸡子，共花了五两票子云！下午又抄了几个哈萨曲子、回回曲子，有趣味得很！《小说史略》上午就结束了。下午曾重读古诗。

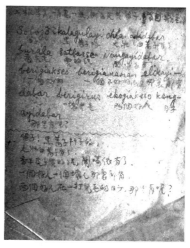

图 8-16　抄哈萨克族民歌　　　　图 8-17　抄塔塔尔族（老盖衣）民歌

1928.4.22　廿二日

天气晴明，读《古诗源》。十时查 H 气压表。天夕抄了两个哈萨曲子（图 8-16，8-17），两个老盖衣曲子。气压也不甚低。所抄之曲子多情歌。

中外团员行踪新消息

1928.4.23　廿三日

一早天气还好，以后就慢慢地来了些云。下午两点以后就全阴煞，除去最近的福寿峰之外，全入了云雾中了。三点时就飞小雪花。十二点前哈萨用［人］的父自迪化来，给我带来了三、马之信各三。知黄、袁、丁三君早已出发。李伯冷、冯考尔、蓝理训皆由俄道走了，而德人还有一批要走。给我送来了肉、油、米、面、糖、点心、梨、盐、胡椒等物。马信除说袁等已走外，说大夫不久要来等语。我给老汉了十二两作酬劳资。

三点二十分小雪变为细雨，云雾把我们笼罩煞了！四点以[后]雨点渐少渐无，变成了纯粹的雪球，或名霰子，其势甚急，打得我的穹庐发出了一种凄惨的声息——不久地面上就盖了一层白，云雾甚浓，可辨之景物只在五十步之内。天灰暗一色，风却也不怎么大，霰子以后又变成小雪花。到晚九点积的新雪已是七个多 cm 了。以后雪是渐小渐小，以至于无。至于何时止的，我可就不知道了，因为我入了梦了。

又一场春雪

1928.4.24　廿四日

一早起来，到外边看天气。天上的云，仍几有十分，那云，黑的、灰的、白的，因为高低不同的缘故，各高度之间之风向亦异，以致这些云儿交错着飞舞。有不少的云沉沦到山谷里了，因为量多的缘故，几乎连成了一片，一高一低，像大海的波涛。这一层的上边，还有的些碎云，聚集在山的中腰，还有一些，笼罩着山顶，所以一个山被这些云儿们弄得似乎是断成了几节，看得见的山的部分，就看出已是积了不少的雪。

那时太阳已经升上了地平，并且高过了博古达山，可惜云儿太厚了，他或她所发出来的光线，都被那厚云吸收遮没了！反映得西北上的云，发出红色、黑色、橙色、褐色，颜色鲜明，层次可辨，煞是美观。从前的马牙是黑的，现在的马牙，变成了白的了！昨日的福寿，是灰褐色，今天的福寿，更现出它的福寿，头已经白了，仍能与其余的山相抗衡，并且不少的山，还不能和它争雄。山谷的东岳庙、福寿寺、杨某亭一带，地上都铺了白，厚度我虽不得而知，白却是一毫不错，唯有那龙王庙和附近的个新庙，海那边的观音洞等处，地上都仍是黑褐一色，是该处未下雪欤？抑所下的非雪乃雨欤？不得而知也，地面上及雪面上的最低温度表，都被雪来埋煞了，架子上的亦是上面盖了一层雪，周围贴了一层冰，七点的温度还是零下两度啊！

以后太阳变变地出来了，云雾也渐渐地变少，显出了北、西北和东北上的 Cu 云，像排列的些馒头。山谷的云雾，不时地移居，一会儿这里乌烟瘴气，一会儿那里又变成了虚无缥缈。雪之力量真大，以致长青的松柏都白了头！天愈晴愈明，西北上的低山大野——百余里的大野，都能看得清晰，知道这大力的雪，仅是局部的，不但在龙王庙附近未发生效力，西北一带的"低山大野"，也是旧观未改，看不出白色来！

天慢慢地晴了，气压逐渐低落，天气颇冷。下午又抄了两哈萨曲子，读完了《古诗源》。有一个鸟在东南山坡上鸣，厨夫说，那是个大白鸟，雪鸡是也，以距远故，看不清楚。

何马大夫来了

1928.4.25　廿五日

清晨的云儿就不少，十点以后就全阴煞了。一个哈萨来送乳，说大夫一行已于昨日住七木沟。云雾渐甚，十二点后所能见到的不过三五十步内的东西罢了。抄了个哈萨曲子。

两点廿八分开始下雪，三点钟大夫们的马来到了。随后其俄人助手亦到，云大夫雇一哈萨直趋山路步行而来。候久不至，助手乃同我之哈萨用人顺路去寻。五点卅分，雪不下了，大夫到。周旋毕，他说受郝德之嘱，寻道士商住庙中作观测事。余告以住持之不在，无法进行等语，乃止。他出徐先生给我的信，信内亦说气象台事，并云要收回自办等语。于是我给徐先生写信，大夫给郝德写信，告以不能进行原委。找马夫带回，我并教马大带回那个破风扇温度表去。大夫一行要在这里住五、六天，同我一块回去。

晚，我、大夫、俄助手、厨夫四人住包内，哈萨用人住大夫携来之帐房。

晚八点稍晴，以后又阴煞了。

连日又下大雪

1928.4.26　廿六日

清晨一早云就几是十分，山谷里还有不少的雾。七点卅五分，就开始下雪，满天地间都成了白灰色，三五十步外，不辨所以，人在外望上一会儿，就觉得有些头晕眼花。以后雪渐下渐大。十点煮气压表，气压渐渐低落。

下午我又看了一些《新疆游记》，我抄了那个俄国少年的一个缠曲。六点四十分，雪忽止，又五分钟，雾也远走了，只剩了满天的云。门外一望，高山皆白，寺海亦遍有雪，加以日光临暮，晚霞美丽，大有可观。天气颇冷，晚八时后，天气稍晴，钩月出现，天际白云南东南飞。

1928.4.27　廿七日

天多云，不久就全阴煞了。九点四十分，就开始下雪，满天云雾，温度甚低。下午两点就是零下五度一，晚九点已是零下十度五了。雪一直到九点未止，风又大作，因房子周围回风及有阻力的缘故，门外堆了不少的雪。风雪一直延长到夜里。

下午六点的雪深（连昨日的）20cm，气压早甚低，为541.0mm，后渐多，九点545.0cm。俄少年同哈萨用人到七木沟去了。

雪有1米左右厚

1928.4.28　　廿八日

夜间颇冷，中夜又醒，所以清晨醒起的时候已是差十分不到七点了。急起，到外边测温度，得零下十一度四焉。又微风，冷不堪。房子四周，绕的雪有70—100cm厚，气压高于昨日，云有九分，后渐少，风不大。教用人开雪辟道，去寻那些最低温度表，那一米多高的杆子，只剩了个上半截。自房子到那里不过廿米远，开路就费了几半点钟。昨天晚上我曾插了一个小木杆临近那些最低表，那木杆却不知埋在哪里了。掘了半天雪，好容易发现了那木杆，继而一一个寻着了那三个温度表。在雪里的温度比外边的高。

天渐渐地晴，日光亦渐出现，天仍是冷得厉害，温度总在 –10℃左右。下午上七木沟的两个人回来了，满身是雪，下半衣服全湿了。据说昨日六时左右，距此 1km 的西边就是雨。他们一直到七木沟都是雨。此地完全是雪。送大夫来的马夫尚住七木沟。七木沟下的雪约有 35cm 厚。

我除了每时作观测外，无事可做，就躺在床上，然总没有睡着过。夜冷得厉害。

大夫匆匆赶赴迪化

1928.4.29　　廿九日（礼拜日）

上午云渐少。十二点，同大夫到山顶上去照相，雪多路滑，颇吃力，幸有木杆助行。山顶积雪及膝，在雪中照了两片相，我就因为十二点观测的缘故回来了。以后将到一点钟的时候，来了四马、二人，都以为接我来了，及至则二哈萨，一为用人之父，时大夫亦归。哈萨至，出给大夫信一，赫定的，据云华志病，要大夫归。且柏林来电，请赫定去柏林会议。赫定已定于下星［期］六起程回柏林，海岱、马山、马森伯、米纶威将偕行。

于是吃了饭，大夫就急忙收拾。信之背面，有达三题给我的几个字，云不日动身，明日来马接我——廿八日——不知所云动身为何也。大夫留下他的箱子、行李，等我走时给他带归。他只同俄用人空骑，昼夜赶赴迪化。四点钟他们走了，他临行又教我给他们照了一片相。晚云甚多，天气冷森森可怖。九点风雪又至，夜继焉。

抄写哈萨曲子

1928.4.30　卅日

晨量新雪，厚已三十五公分，而森林中之树上，犹显得雪多！除一米二的最低表外，全埋没雪中。天气晴明，云少风小。下午四点，丝云高而且多，日光掩映得现出了极繁杂的日光色圈。六点钟，博古达正上有些 A. Cu. lenticularis［Altocumulus lenticularis，荚状高积云］盖在山峰上，好像个小帽子。

下午候马，未有至，心中郁郁。晚抄二哈萨曲子。夜，片瓜式的月的附近，虽然看不出有云，然而有一个小绿色圈，是殆空气中水气所致欤？西北上的野火，望着似在云中。九点半睡倒。

深夜下山

1928.5.1　五月一日

天气晴明，只稍有一点丝云，温度亦较高于前几日。观测照作，以候来人不至，心中甚形郁郁，又无计较，想写几封信着人上迪化去，而意又不决。下午三时后，忽闻哈萨用人嚷他达达来了，果然看见他的父来了，拿着两匹马，知有好音，及至，询之，知街上送来四马四驴来迎我，未及中途，而驴马都乏得不能走了，于是找了两个哈萨带了五头牛来，并带有信。云一早自伊家七木沟出发，山中雪过深，致路难行甚，故至今方到此间。未几，二哈萨带五牛至，出达三给我的信，云气象台决定者三：一迪化，韩普尔留任；二库车，我与华志担任；三婼羌，达三与狄德满担任。不日就要出发等语。

四点后，我就收拾仪器、东西。六点饭。及至晚八点半方收拾装载毕，动身下山，时已入夜。几圆之月，高悬天空，照耀得天地间显出许多惨淡的景物。下附近山头，一牛心急，失足蹶倒。整治东西，又费去了有廿多分钟。我与厨夫各乘一马，余人步行。风虽无而脚冷颇剧。山上雪自 50cm 至一米达不等。未到下大达坂之时，又收拾了一个牛上的东西，误去的时间不小。那牛性大，好跑，故其载多歪也。渐近马牙山，突出之黑石——牙！根际白——狞狰可怖。加以松树微动，似伏兵四起，死木横枕，如战场之尸，愈看愈疑。若一人独行，真能吓死。山突雪深，路甚难行，渐下渐好。吾骑马上，时时倍加小心，幸未罹险。而哈萨用人之父，年约七旬，当此月夜，历此山险，一手持杖，跳跃而行，如行平川，我不禁愧然。

雪渐少渐少，达坂中已是凤毛麟角，除了坑坑或背阴处外，几无。而达坂下更少，河里的冰全没有了，只有那滔滔不绝的清流。松林深处，稍有雪，而前此有雪之地，现在已多变成了碎石地了。行颇缓，而途中又多耽误，穿行河中，老者与厨夫共乘一马，厨夫奏乐，老者时歌，兴味很浓，殆所谓人老心不老者欤！过石峡水深处，湿过马腹，余极缩腿，脚幸未甚湿。山下温度较高，夜虽深而并不觉冷。时月已西斜，山峡拐弯处无月光，颇感黑暗。我疲困交甚，如醉如痴，耳鸣如闻蝉声。于沉寂暗淡之中，时闻鸟鸣，稍惊行人。

途中在七木沟和干沟休息

1928.5.2　二日

穿树林，横河流，行砂石，策坐马，终是早一点半中到七木沟之前沟口有六哈萨包的所在。询系哈萨用人之新居，盖余来者尚未迁此也。计余自昨日八点半（晚）上马，到此并未下，马鞍——哈萨的——虽破，骑时虽甚难堪，而下大山，上小坡，历时虽久，而并未活动，未罹滚鞍之灾，亦云幸矣。用人之母、妻、嫂辈，皆从梦中惊醒，起来弄火烧茶，及至二点半，吃了点茶点、鸡子，三点半才支床包上睡上。时月已无，天微明亮。

六点半醒了，天已大明，并在穹庐就看见了日光，人声噪杂，原来我醒的原因就是这两种东西的效力。再也睡不着，起来，微进茶点，找哈萨添一牛，易一较好之鞍子。十一点半动身，一路绿草如茵，间有小花，山野皆青，大有春日景象。行前行沟之南之一沟中，一点半会前路，不远又折南。树木绿草，地颇平坦，而人居亦有之。二点半到一达坂下，草颇好，牛主说人休息休息，牛放放。于是停下，我卧草地上，不久入梦。三点半为人唤醒，起走了。上下达坂，方向西南。四点半过有人居房舍、庙舍、树木、农田之干沟。折南，五点到那哈萨牛主房舍附近住。地名亦系干沟，西亦有房舍及包。哈房因雨漏，移居包内。见一哈萨及一回回，云街上来的马驴主也。我也没大理会他们。支帐草地，进晚饭后时已八点，明月当空。九点睡下。

五　迪化气象站

回到迪化

1928.5.3　三日

　　早五时起。牛主妇于晨际送乳皮一碗，想要那个玻璃窗子，我不能应，给银一两作酬。因作饭、煮茶之故，又给她一两。七点动身，时驴、马亦在此，起身回街上。南行山峡，绿草、黄花更茂，飞鸟、小虫，鸣声呢喃唧唧。十一点过芦草沟，哈萨包及土房皆有，流水潺潺，上小土坂，又上较大之黑红石土坂，路颇宽大平坦。过坂稍休，余采黄花不少，湿润而置之壶中。过村居，逾小溪，越小邱，行平野。两点廿分，过无线电台，城郭早已在望。四点半，到银行之寓。见着了众人，知道不日我往库车。

　　茶际，徐、赫二君以来，闻杨督今日又曾请客，余两次未遇，徐君说我的食运不好。收拾了东西，闻雇的牛、马的钱须向韩普尔要。我告以原价，而韩君坚持太贵，只每畜给十两，因为我已应人家十一二两，我们两人几乎吵起来。归结那些畜主照韩说的价钱拿走了。而此地所雇驴马主又来麻烦，他说他们前转雇之驴马主把五十两拿去了，虽未驮载而归，仍须要全价。余先法治人，说他非连前之五十两追回不可等语，他鉴于无法强赖，走了。

　　晚饭于北宅。闻众人走了时，留迪的全移南居，那个房子不赁了。韩君向余表示歉意，握手和好，并向赫定说明原委。以后向赫定要书，要地图，他都应了。袁署长来，在徐先生那里，请我闲谈，到十点多，同步行归。

徐先生与杨增新谈气象台招新生事

1928.5.4   四日

天气晴明。一早寻米交账，不遇。一人进城，到督署前挹清池去理发。街上的泥泞轻得多了，土多已干。飞尘与臭气令人有些不舒服。理发付一两，归途拿来修理的表，费三两。支米账，要回了我多花的十五两。

下午同庄采集员闲谈，又助徐先生贴公文案卷。得到了北京摄影社给我寄来的胶片、三足架。我前给刘半农写信要照相家具全套，而所得仅此，不解其故，草电致刘，询其何故，而电本日未发。

今日徐先生访杨，谈新生事，杨允帮助，北京学生毋须来等语。晚徐先生、赫定、郝德三人又商议了一气这个事。晚饭后，有荷兰神父来访，姓非德满，能德、英、中语。今日曾翻阅文信甚多。读益占来函，知甘事难办。夜十点多归，收到赫定之书一——*Mein Leben Als Entdecker*［《我的探险生涯》］（图 8-18）——今日上午打了第一次防病针。

袁署长招待吃饺子

1928.5.5   五日

上午洗澡，补志日记。下午因夫役斗殴事访袁署长，谈数小时，并约晚食饺子。送我来的哈萨的牛，因误入某统领的菜园，为豪奴捉去，求余营救。晚去袁署长那里吃饭时，告以原委，袁着其警兵持片去说，得出。晚饭很好，闲谈颇畅，同席有徐先生和李君。将近十时方归。天气晴和。

图 8-18 斯文·赫定
《我的探险生涯》德文本书影

为赫定等饯行

1928.5.6　六日

天气亦好。晨起颇晚。教我的厨夫买东西，写给佩蘅学友的信，未完，庄来闲话。十二点赫定、海岱、马山、马森伯、米纶威动身回柏林。我到北房去，时房内有汽车二，众人正准备上车启行，一一稍谈，就上汽车去同乐公园赴范、刘二厅长饯行之宴①，余亦登车去，路坏，车行颠得厉害，头想往车顶撞。绕城一周，至

---

① 同乐公园：今乌鲁木齐人民公园，俗称"西公园"。其中有晚清流放官员张荫桓捐修"鉴湖亭"，民国时期杨增新在此修建"阅微草堂"以纪念纪晓岚，后增建丹凤朝阳阁、置像亭等，命名为"同乐公园"。盛世才统治时期改称"迪化公园"，后更名"中山公园"。新疆和平解放后，更今名。

图 8-19　范、刘二厅长为赫定等饯行（座中右 1：刘衍淮）

城西之同乐公园，时车水马龙，颇极一时之盛。主人及徐先生诸招
待早已到。茶点、酒而已，临别酬酢，一一如式（图 8-19）。余与
马山君相处颇久，亦甚相得，我不免和他说的话多些。多统领亦在
座。一点后赫定一行上汽车走了，鲍尔汉开那个车，徐先生同葛米
尔肯同乘汽车去远送。

　　及众人一一作别，我同大夫、邮局之陈策君及其夫人游园。
园不大，楼阁皆旧式，花草与野郊无异，园内陈君夫妇同蒙古幼
王同摄一影。路上蒙兵戏马，怒马狂奔，而骑者上下左右乱跳，
骑术之精可知。出园东南门，陈夫人乘马车，余三人步行，过草
地，行沙石，越流水，到有水磨及人居之附近。马车已先疾去，
后又来迎我们，余三人同乘一车到直新公司，大夫独归，余同二
陈入与主人谈。主人安氏弟兄，天津人也！房洋式，室中陈列亦

极幽雅清洁。茶点稍进，闲谈约半小时，辞归。饭已三时矣。归遇陈君夫妇乘车买物。

归，继写致周函。未几，陈来，同茶话。陈去后，闻华志云，我们要同行，期约在一星期后。将来带着那话匣子，余转机唱了一两片。后归写信，周之罢。写给豪卿、畹九之一，述余之经过情形。韩普尔君给我了份地图。晚接到叔龙函。

袁署长来借《中国小说史略》

1928.5.7　七日

今天厨子仍在忙买东西。我写信，一致小山，一致叔龙，一致小五，皆系述我的现状。本打算托庄捎，后又决定不。下午袁署长来，闲谈，云其已奉令交代署长职，后任为赵次彭君云。拿去我《中国小说史略》一册。晚读《贡献》。夜十点自徐先生处归，街上房上的打更的，梆子连响，其声叮嗒叮嗒，颇有意思。今天得到了一个马鞍子，坏的找人修理去了。并曾抄了一张仪器改正表。

荷兰神父和英国兽医

1928.5.8　八日

天气晴明，热。郝德要我山中成绩，我给他抄了一点，头晕眼花，散了。郝、狄和三明日动身，上午去督署及樊、刘二厅长处辞行，我和韩普尔在家作观测。下午韩等都到直新公司赴宴去了，我以作观测故未去。收拾箱子。非神父来，谈了一会。晚饭有神父及英兽医爱济。我饮稍多。夜抄团中公函底稿，及致刘半农信，述照相器事。十一点半方归。

别京一周年

1928.5.9　　九日

去年的今日是我离开甜蜜热闹的北京的那一天，去年的今日的印象，若有若无地涌现在我的脑海里。我现在的确麻木得多了，涌现也罢，不涌现也罢，在我却是觉得没有多么大的关系。

达三一行走所用的车，车夫捣乱，今日未成行。下午接到益占自兰来鱼电，云甘之交涉已清，并发给护照，定七日回爱金沟去。是甘事不成问题了。此事大概是蔡先生去电解释之效也。晚打第二次防病针于胸部，颇不好过。早睡。

李宪之去而复返

1928.5.10　　十日

达三一行，今天忙着走。到了晌午末后，一车方才来到。我于一点钟同徐先生、大夫三人策马作试验场郊宴。东门内访潘季如①，邀其同往。在潘处得阅三月六七日之《益世报》，知吾乡尚在张贼之手。潘同往，试验场中无海棠花，只白李花谢，而房舍亦早就颓圮，花草布置，又无次绪。正中一房中住蒙古人，不知何为者，门外有帐房一，又系蒙人居住。稍游，择得霞照楼之后边阴影处，李树下，草地上，就开始大吃大嚼。有羊肉、鸡子、面包、酒等物。惜带茶无多，着园丁代煮，而以浊水有盐进，不能入咽，颇不高兴。罢，乃踞卧闲扯，大夫呼呼入梦。来了几个人和潘谈，病人之欲寻大夫疗治者也。

五点十分，自场动身回。天灰云自南而北，占了天空不少的

---

①　潘季如：潘祖焕（1893—？），字季鲁，一作季如、季庐，安徽当涂人。曾任迪化华俄道胜银行汉文秘书。其时先后任职阿克苏县知事、疏勒县县长。

面积。潘回家，大夫进城，我同徐先生自城外归。归则达三一行已去了。我把行李移到内房去。达三匆匆来云："那两个人是共产党！"我急问其何为，他不答而去。临行复告我云："快到徐先生那里去，袁小彤也在徐先生处。"余急去。至则徐先生、袁、李皆在。细询，知达三等所带之二用人，一塔塔尔，一老盖衣为俄籍，袁云彼无护照不能通行，皆二人为俄领侦探，并不能得有护照焉。徐先生乃草函狄、郝，袁着其警兵二，追二人归。袁并云彼先不知，今日送达三，见二人于途，二人仓皇失色，故急追之归云。

晚达三及二警兵追他们到芨芨槽去了。余同韩晚八时访鲍尔汉，询以用人事，鲍亦无甚主张，请其代寻用人二。

当局开禁鸦片

1928.5.11　十一日

天气还好。早晨郝德一行用的那两个人回来了。那个塔塔尔有点儿眼泪汪汪。我们这里就急忙中给他们找新用人。有一人执鲍尔汉片来，韩认为满意，要他帮助郝德等，厨子则我用的那个马五迈荐他的父亲来，也说定了。助手月六十两，厨夫四十。我十二点钟骑马进城，代龚去寻玻璃板片之 13×18 者，得于同仁医院中之照相馆，只一达，价廿五两。于此遇大夫，盖其来治病者也。馆主孙国华，稍能英语。同大夫出，稍西到邮局，送了我连日写的几封信。买三两之邮票，得二元，归。

饭后大夫疗治我的沙眼，我的眼一轻一重，我教他给我擦了擦，另外给我了些硫酸锌水和吸管、净棉等物。来找他的病人很多，新疆无良医之铁证也。下午仍然是为新用人而麻烦。

晚八时访袁署长，谈话结果，云新用无国籍之闹噶衣萨发阿里可先行，一面再请徐先生给樊写个公函，请发极简之护照。小彤谓杨向他云六月一日就动身赴任，七月或八月一日接任，而知何县事，尚不得而知也。

此地当局已明令鸦片开禁，着农民种烟，以增税收，而挽利权。在提议者未尝不有半分歪理，而流毒将不堪设想矣。农田变为烟田，民无所食，烟多而贱，人人皆可吸之，更普而及之，举国若是，民皆烟民，国为烟国，这是绝好的灭种亡国的政策。举国皆烟鬼，手无缚鸡之力，将来任人宰割，那时只好忍受。黄帝子孙，无出息如此，可胜叹哉！我还记得我们刚到哈密的时候，曾看见街上满壁的标语"禁种鸦片，如违枪毙"，那时候就有人讲笑话，说这是禁种不禁吸，不禁贩卖。而我却看的是有点神圣的标语，尊严的标语。曾几何时，而种也不禁了，并且这种话出自长官口里，将使新疆之大，兼容并包，种、吃、贩，无不具备，而杨督禁种廿年之成绩，废于一旦。出乎尔，返乎尔，窃为鼎臣将军惜也。并闻日前督署会议，某署长后至，反对甚力，而反对者自反对，实行者自实行。开禁一项，已无问题，将来粟花道上，云雾乡里，必有一番盛况，余欲拭目以观之！！！

吃小彤之凉面，甚好。九点多归。因为两个新用人事，弄到十二点多才睡，找车不到，未走成。

闻内地各省也满植鸦片

1928.5.12 十二日

天气好。一早两个新用人走了。我九点多才起来，洗澡。上午代韩普尔写致多统领书，因将买其一马也。午饭后，在徐先生处，草致樊署长请发用人护照书。后一人骑马进城，先余已知北京摄影社寄来之物，非胶片乃卷九，柯达克 9×12 者也，到南关及城中寻摄影器不得，拿来了给龚找的玻璃板。

下午头晕、眼花，几不见物，百法疗治，无效。未饭。九时睡，喝姜水，汗亦未出。

今日闻徐先生云，阅《津报》，知内地各省满植鸦片，北京附近特多，而国民政府隶下之江浙亦有，并载有"拒毒会"骂国民政府之函件。如此事果真，是国民政府与军阀专政下的政府无异矣。不知终日以"国民"二字作招牌者，将何以自解。中山先生有灵，九泉不瞑目矣！心思紊乱，烦恼非常，觉得现在的中国，无一人可靠，无一团体可靠，无一政党可靠，人人都是先戴着假面具，一霎时就要横行逆施，无所不为。武人、政客之作恶，固无足论，而开口以民众为依归，曾受中山先生耳提面命之人，亦复行此！况以局势而论，财政并非已至山穷水尽，使国为烟国，民为烟民，非丧心病狂，能出此乎？

徐先生等去水木沟游览

1928.5.13　十三日

晨起颇不晚。徐先生着人来云将作水木沟之游[1]，问我去不去？如去，八点在潘季如处会齐出发。余以昨日病甚，今则初愈，一旦过疲，病若复发，苦将不堪，辞而未往。

午后袁小彤署长着警兵来请，去见，一匠人刘某先在，据云刘某有病，将请大夫医治，请余代为介绍翻译云云。余告以大夫之往水木沟，彼支诸异日，余允之。后同袁闲谈，六点忽饭，余以连日吃他的饭，不过意。他强我吃了些。赵次彭来，谈了一会，同出散步。循署垣而南而东，大树数围，枝叶皆绿，地上则青草覆盖，渠水淙淙。远处则村舍树木，农田麦苗，再后则天山诸峰，

---

[1]　水木沟：又作水磨沟，乌鲁木齐东郊风景区，在城东北 5 公里。

下青上白，都历历在望。加以晚光倒映，额外美观。绕行一周，自鲍尔汉宅过。西行，会大街归。在余室稍谈，彼归，余睡。

翻字典读赫定书

1928.5.14　十四日

翻字典看了点赫定的《我的探险生活》。午后在徐先生处发现了我的有一路的风景略图的哈德门小本，真有点喜出望外。哈密失之，迪化得之，乐何如之！韩普尔计划于院中开渠浇地，种花草树木，今天就动了工。一天，就从街上一直到院中出现了一条蜿蜒的渠沟，水可是还没有进来。

晚七点半饭罢，同徐先生到街外散步，且行且谈。晚景模糊，很有可观。据云水木沟之景颇佳，亭榭温泉，自然之景，稍加人工点缀，地方又大，风景宜人，游者颇多云（图8-20）。走得虽并不远，时间却去不少，归时已甚形黑暗矣。十点多睡，下午云多。洗衣支银二两。

图8-20　水木沟景色

杨督派来了气象生

1928.5.15　　十五日

晨饭后，有二穷俄妇来刷洗房屋，一直到黑天，外之大屋才洗完，窗子未。午饭后，吴孟龙来，持杨督公函，率来新生四名，备气象台之用。看罢公函及询问来者，知新生非学生，乃各厅道中之雇员、书记，由当局考试挑选而来者也。据云考试时，只每人作了一篇文章。询之科学程度，则茫然无知，以之作气象记录者，何足以当任？且诸人皆面黄肌瘦，烟客大概有之。徐先生解释半天气象工作，说一定要知道他们的数学程度，先打发他们回去，听候定夺。吴稍谈了一会，也就走了。

夕，前为警兵追回之俄哈纳河买提导一中国哈萨少年来，云系蒙哈学校五年级生，思想清楚，爱国思想颇甚，并有大志，欲往内地读书。询其家世，知其哈萨王之弟，多时方去。此地他有买卖，并欲邀我去其家喝马奶子，余支诸异日。晚同袁小彤谈，知少年乃哈王之弟，伊之一兄为沙湾知事焉。一早天阴，下了不少时的细雨，不到正午就止了。

徒步郊游

1928.5.16　　十六日

上午，一俄妇给我刷洗地板，一则擦洗玻璃窗，未午而工竣。韩、华去多统领处看马上戏去了。我一人作观测。午饭际，鲍尔汉来，说爱金沟取东西事缓办。下午汽车来，愿往水磨沟可乘去，未几走了。徐先生因新生事，进城访樊去了。

下午到 Faust 去买了一个手中电灯，花了六两银子。后一人南行而西，不远就有两支小河，自南而北，水磨三座，水激轮转，其声颇巨。树木葱茂，居宅尽，则是大平戈壁。过小桥二，到戈壁上，碎石累累。四周一望，东则为南北大街，树木森阴，成一直线，北而西北，西而西南而南，绿树相连，背后为山，绿树把戈壁夹成个半圆。西北山上之庙，庙东南之同乐公园，则皆历历在目。及南一郭，亦能望见房舍。前行至另一溪畔，沿溪而北，见有一马车载石子者，或为去戈壁之石子以为田者。不久到了昨天晚上到的河之西岸，有数小孩，且嬉且行，颇具乐态。河宽不可跃，男孩则行水中而过，或挟女孩而过。有一小孩坐岸大哭，盖不得渡者也。因又沿河而北，至一稍狭处，中又有一石，我于是一跃到了石上，再跃上了岸。折南会上街路，而东，会大街。

去北房吃饭，徐先生处有用人萨某的护照，交给韩付寄。晚八时风颇不小，有六七的样子。天满布以云。归际觉得下了几滴小雨。夜致函达三。

韩普尔送来去库车的钱

1928.5.17　十七日

上午天有些云，不甚热。下午抄写徐先生致杨督之公函。后潘季如来谈。以后大夫就往这里搬家。晚饭后同徐先生散步河岸，绕俄领馆一周而归。八点一刻，同华志去访鲍尔汉，谈车事及华志之枪械事。九点半韩普尔到，送了钱来，并有转给他的电报，韩送他的相片等物。庄等之走，韩因其带行李过多，不出汽车费，着鲍往塔城去电向他三人讨。又闻塔城大水，城中三分之一为泽国。赫定等一行曾在水中逗留二日，因汽车不能行也。十点方归寝。

杨督补派三名气象生

1928.5.18　十八日

匆匆地过了一天。下午访袁小彤不遇。杨督又派吴兆熊带来学生三名。公函云,据云有三不合适,故补送三名云云。徐先生意留此辈试用。下午为退北房事,致函格米尔肯。书毕送去,忘记日期。韩忙于搬家,我作两点钟的观测。

准备赴库车

1928.5.19　十九日

上午新疆之三电报学生来,我给他们讲了些风云等等的气象上的东西。

十一点,同华志骑马访鲍尔汉。走前鲍所介绍之车户店家已来。雇好二大车,一车价二百四十两,到库车要二十六天,中在托克逊、焉耆要住两天,车价四百八十两,此地支二百八十两,焉耆支六十,余百四十两到库车后支付。访鲍尔汉不遇。直去督署,华志要枪及辞行。先到邮局,见着了陈策君,有在和阗一带之德人之 Expedition 的人给赫定之函。到督署,鲍已先到。入见,杨督精神不甚佳,谈话无多。华志领到了他的枪支,我又向主人说了几句感谢照顾的话,就告辞。出东便门,候有十几分,鲍亦出。

同去外交署,见樊早襄署长,谈不久。据云彼将致函库车知事涂某,代为介绍。时在座有一交卸知事汤某。辞出,访潘季如,不获。又到教育厅访陈策于其寓。时陈尚未归,与其夫人谈片刻。更去访潘季如,到候片刻,季如归,谈亦不久。阅了点二月前之报,出。到大观图书馆买了五个抄本、四本便笺、五十小封,费了六两票子。归。

饭后，同新学生讲了点东西，试了试他们的程度，小数的加减乘除都不大明白，并且有一个他根本就不明白算术，教我真没有办法。为库车气象台医药问题，同大夫、华三人都费了两三点钟的工夫。此事完，打发学生去了。七点去吃晚饭。徐先生告我云，已给每生十两买书学习，余告以不知算术之人之事，他着我明天向那人要回那十两银子来，不要他了，太差得远。

饭后访袁小彤。上午已知其将任阿克苏知事，彼以前任系杨督族侄及道尹朱凤楼都难应付，颇作难。他将于本月廿八动身云云。我们要于廿二日星期二动身。以彼赴赵次彭之约，同归银行，故赵亦居银行中也。

今日杨督告我云：山东省城及各地多为日兵占领，秩序想已不堪设想。小彤晚又告我云，据闻济南已为冯军攻下，日本出兵数万于山东云云。日兵之出，是又将藉口保护日侨，而实行其加入中国内乱、庇卫贼阀也。据云这是甘肃党部发来的电报云云。家乡糜烂，闻之痛然。

同乐公园中的"杨公祠"

1928.5.20　　廿日

天气晴明。受徐先生意，清晨就打发回去了那个不会乘法的学生。临去烦烦有辞，恋栈之色十足，余不能顾焉。后一学生进来为他讲情，我说他不会数学，教我根本没有办法。不久他也出去了。走的学生交回四两银票、几本子高小理科教科书、字典一本。教给其余两个学生不少的东西，风云、温度、气压之流。看他二人的样子，将来练习练习，或者可以。

下午二点后，苏维新——本名苏旦——来，谈不久，他以与一某巴依有约作西大桥附近之庙会游，约余，余辞焉。我送他《歌谣周刊》一和一张北京地图。

下午五时游兴大发，乃一人出游。由直新公司而西北，经行菜园中，污浊不堪，掩鼻而过。过独木桥，逾溪水，行戈壁碎石中。六点多才到了同乐公园。游人不多，瞻"杨公祠"，所塑杨君肖像，金面金身，不类本人，面东而立于亭上。亭下部，四周皆是歌功颂德者的大作。亭后为大楼三厦相连，名纪念楼。中国式旧楼，四周有小墙，东为洋式门，楼西则有中式小门。建筑之美否，自有定评，然在新省亦算伟大之工矣（图 8-21）。出，游园一周，见附近有阜民纺织公司，入观焉。再由园中穿行，归途在园中见有剪发女子三人，为入新以来所罕见。乘轿车归，费五钱。

晚饭后同袁小彤在徐先生处谈。鲍寿亭后至。十一点方散。

图 8-21　同乐公园之"杨公祠"及纪念楼

参观天主堂

1928.5.21　　廿一日

天气晴明。上午樊署长来送行，我收拾东西，二学生自己看书。午饭后樊着人送来致库车知事之训令，请其将来给我们帮助一切。三点钟想进城，忽又来了几个找大夫的病人，请我作翻译。耽误到四点半钟才走了。

在城内理发，又去买黄噶机布，没有买到。归途遇袁小肜及天主堂之非神父，非力邀余去游天主堂，乃随往。天阴森，遇雨，到天主堂，谈了一会，就导游花园、小学、礼拜室等处。地基狭小，房舍卑拙，无甚可观。闻新省共有天主堂八处。辞出，时虽不晚，天却黑暗，以云多也。雨落几滴，衣未全湿，到北房时雨已住，时为七点十分。天又渐晴，红虹可观。

归，放下马，就赴小肜之约，去吃便饭。随吃随谈，到廿二日早一点方归寝。

据云，徐先生曾接到无名氏之信，然书新疆公民，骂徐、袁二君帮杨替德人办理飞机事，如果不止，则以逍遥自在丸见赏之流的话。又云邮局曾检查出有袁先生令尊的一信，云马某将来此为督，请其为财长，令袁静候等语。事出离奇，唇齿不对。余意度此事非实，似有心得。他并可以猜出是谁捏造的。以事似重大，彼不便告诉我。今日又曾闻某君获土客，收土为己有，现由某烟馆出售。

第九卷

从迪化到库车

（1928.5.22—1928.6.19）

一　迪化到焉耆途中

启程去库车

1928.5.22　　廿二日

上午晴，下午云多，色黑可怖。收拾东西。小彤来，送他了一盒茶叶、一盒肥皂、一个暖水壶。下午四时，写信给群英，报告我之离去。到徐先生那里，一面辞行，一面拿龚君的玻璃板和我的薪水。得三百两，此乃一、二、三、四，四月之薪也。

下午七点，落了几点雨，廿分车上载装毕，动身。过第六警察署，一署员以换了新署长为辞，要我们的名片，我们都说没有带着，就罢了。出街，东南行，过一大水坑，路不类来时，车行甚缓，不时又停，雨衣稍湿，后渐冷。入山中，道路亦颇宽广，亦常见电线。云渐少，钩月西斜，渐渐也沉下去了，天地间只有模模糊糊的些东西。我以昨夜睡得不好故，乏甚，如醉如痴，虽骑马上，而亦不时入梦，梦亦不久，片刻惊醒，几乎从马上摔下来者好几次焉。后人既乏，而天更冷，几不堪耐。有水处蛙声"咛咛"，类蝼蛄焉。

从茇茇槽到柴俄堡

1928.5.23　　廿三日

早一点到茇茇槽，行约 18km，房门已闭，叫了半天，店伙方从梦中醒来，开门纳客。收拾好了东西，睡了。八点半起，吃了些晨饭，收拾东西，催车夫走。车夫以天热为辞，上午不走，说下午四五点钟方成。他认真不走，我们也没有什么办法。十点多钟又睡了一气，约有一点多钟的工夫。天云本多，后渐少，出去到南山上玩了玩。

归，两点午饭，四点半动身。东南行，时或向东东南。苿苿弥望，南北之山对夹，地如槽形，苿苿槽之名盖由此也。六点下马步行，地平草多，有破房，羊驼食草，有人牧焉。以后哈萨包不断入望，位道两旁。七点又上马，以后又有破房。八点下马步，因衣单，感冷也。南有小湖。九点后，南山下，于黑暗中望见白光一片，知又是一湖。十点半过一小林之北，林小树少，黑像微动，令人疑惧。渐入沙窝，车行不响，路较平地时亦稍低。路旁土冈，垒垒如茔冢，上有青草。

渐入村中，知为柴俄堡，犬吠鸡鸣，与车声、铃声相和，惊破空中沉寞。扣店门，时已十一点矣。住。钩月将沉下西方地平，又为云遮，几无半点光明。稍茶点。廿四日早一时安眠。今日计行约 25km，步行约 15、16 个 km。

夜行晓宿

1928.5.24　廿四日

八点半醒起。晨饭后，十二点附近，出店闲步，至草地上，望见南之湖，欲往观焉。遇一哈萨包，包南羊马不少。行渐近湖岸，望见清波荡映，日光反射，白光逼人。近湖地上多水，地亦微松，不能前进。

归。午饭后，三点半动身。东东南，有时东行，不沿大路。苿苿草很好，飞虫颇多，天气又热，马几不前。四点十分，过路之两旁有破房二所，树木二三株，南湖岸有有人居之房一。过此则全是戈壁弥望，草几等于零。到南边有些草的土地上去走，那像是古代河底或是湖底。五点半又到一湖之不远处，有四哈萨包，二妇正筑房，盖新迁来的也。附近地湿草好，马莲花甚多，颇有可观。马、羊、牛之畜，亦不在少数。时离车已远。据闻湖水皆碱。六点下马，憩草地，一面放马，一面候车。六点廿五分，车到正北大路上，乃骑行赶车，不久及焉。七点下马步行，拴马车后。路上行人、车马、小驴子很好，我们遇见了好多队。

八点半腰店子，名破井子。骑上，光明之钩月，时悬正上，不甚黑暗。南边湖中，金波万点，湖后黑山模糊，甚有可观。九点半下马步，过有居民、渠水之地。夜犬狂吠，寂无人声。十一点十分又骑马行。因天已渐冷，加又疲倦，又下马行，时十一点半也。牵马行，困几倒者数次。如醉如痴，合眼即梦，乍开则疑景满目，民舍林立，详辨之后，则田垅也！路旁多土丘，方向仍是东东南或东行。渐见大片黑影，知系树林。时月已没，这望见了树林，心中似乎觉得有了希望，好像哥伦布航海探险，望见了飞鸟、水萍之概。抖擞精神，奋勇前进。路旁渐渐有了树木，时已不是廿四日了，廿五日的一早了。

车夫钉马掌，休息一日

1928.5.25　廿五日

早一点廿分过一小渠，入林中。沙土飞扬，虽然看不清楚，眼里总觉得添了不少的东西。过数小渠，穿了大半的林，渐有房舍，犬有吠者。入街中，到店时已两点矣，天已微明。店为前次自哈密来时所住之店，炕仍是我那回睡的那个炕。前事恍惚，不知是真是梦。三点洗漱、茶点毕，天已甚明，大类北京之五点钟的早晨，此地明早。三点一刻睡了。今昨二日自柴俄堡至此之程40km，步行可20km。

十点钟醒起。饭罢，又睡了睡。外边曾经逛了一周。今日不走，因车夫给马钉掌也。明早方动身。同店住有蒋师长之副官某，曾住库车一年。我问了他些此去一路的站口情形。据云，托克逊热极，库车不热，库车七日有一个八扎儿[①]，集会买卖也。

过达坂往小草湖

1928.5.26　廿六日

早四点半钟起。六点半动身。东东南后东南行。满野青葱，树木田垅，北则博古达三峰高耸云霄，顶覆白雪，加以云雾半锁，若有若无，妙不可言。七点半，在山坂处，一水磨附近，华照相际，马忽疾奔而回，幸而后边车上的人看见了，追了来，因此耽误了半点钟的工夫。过税卡，顺河而东南，河水清淙，潺潺作声，两岸垂柳，杂有他树。过废垒。八点廿五过河，河水深可没胫。河东一石碑，文长未阅，大概是界碑罢？

顺山岬而东南行，车行河水砂石或水中，我们骑马的行河东岸上经人修理过的一路上。路半就颓圮，车不可行。此殆即潘效苏抚新时之遗迹云。日前闻杨督与鲍寿亭云迪化、吐鲁番之间，将开驶汽车，并云将出此途，不逾达坂，而此路既坏，河中石块又多。勿论何路，总皆非修治不可。河中树木颇多，水势亦不甚小，我们走的方向，有时向南，有时向东南，总是随着谷的方向变就是也。迎面来了几辆车，车上铺垫得还好，后边又有几辆，

[①]　八扎儿：维吾尔语中波斯语借词 bazaar 的汉语音译，又作巴扎、八杂，指集市、农贸市场。

车上插着小旗大书"莎车口口府，蒋"等字样。这种样式在新疆却是屡见不罕的，何况师长之子，莎车游击乎。在水中过来过去，走了不知道有多少趟，后又东行。十点十分，合经达坂往达坂城之路。十点半到后沟，下马憩焉。车十一点方到。

原此地通达坂城有二路，一逾达坂，路稍短而难行，三月我们去迪化就出的那路；一就是山谷里这个道，路稍长而不逾达坂，河中砂石极碍车行，且只夏季可行也，即今日我们所取之路。热得很，店房无窗，既黑且热，如在地狱。午睡，一点十分醒。

饭后，三点五十分自后沟动身东行。沟中于上午就看见了不少的像玫瑰的一种小树，花白瓣五，颇美，后沟近处亦有之。东行不远，就成了大毛之戈壁。风，云黑几满天空。车时停。五点落了几点雨，以后风渐大，而天渐晴。七点五分，到歧路，一走吐鲁番，向东；一走新疆南路，向南。车南，不见华志，用人疑其向东去了。王因骑我马，东去追他。我上车行。不远又看见了沟中的树木、绿草。南东南入山峡，行沟中。七点半，望见华志牵马候道旁。至面前，我告以王去找他的事，他不大高兴，又怕王迷了路，于是他又候王于道旁。车仍前进，车行砂石中，路又高低不平，颠得难过。小树又多，车和小树时生冲突。又过了几回水，明月当空，风加厉，车篷"呼呼"响，细砂常飞入目，余因以巾遮面。后睡魔作祟，忽忽入梦。十点醒，已到戈壁中，河不知道哪里去了，山谷也快完了。十点一刻，恍忽中看见路旁有了破房，意小草湖之将到。

拐了个弯，路旁又有了房舍。车停了，车夫叩门，原来店又到了。时为十点半也。风势甚凶，吹得店房"呜呜"号鸣，碎砂飞舞，目不敢睁。天上明月亦暗淡无色。未几，王来，询以华之所在，云不知之。原王到白杨河不见华，即由直路逾山而来，余责其不顺原路来，致华空候，急遣其寻华。十一点华、王同来。据华云，候王一点钟不到，即归至白杨河，询知他已取便道归，故彼亦由此路归。饭后睡时，已不是廿六日了。自达坂城至此约有 45km 云。

暴风中南行

1928.5.27　廿七日

九点后风微息，十点后又渐渐大作。小草湖南为无涯之戈壁，北为山口，山口与此地之间满是绿草，有几棵小树，皆南倾，半就于死，因北风厉害也。破房乃废官店，官店自光绪卅二年就倒闭了。其西有一小破庙，风神庙也，风神肆威，毁人亦复自毁，破其房舍，损其体躯，殆亦有以身作则之意欤？！今只此一店和一小饭馆，别无民居。有田一两石，小溪流水，亦微可观。风以春夏秋为期，冬则少焉。十、十一、十二、正，四月风之少，几等于无。气候较达坂城一带微热，冬日无风则已，风则常冻死人畜焉。风类暴风，天地昏暗，白日无色。到门外散步，几为吹倒者数。绕店一周，拾了两块石头，归时已近下午二时矣。

午饭后，风加厉。三点五十分，自小草湖动身，向南东南行。戈壁一望无涯，大小石块，令人难于下步，风又极大，大于 Beaufout scale 的 9 ——暴风之大者。余牵马行，几为风吹倒者数次。幸风向为北西北，而我们向南东南，正是顺风而行。假设逆风，则步步难进了。行至五点，因微倦，故上车。五点五十分时，向正南，那时已路过了几个土丘，路周围的景物，除了不毛的黑色戈壁和很远外的山外，一无所有。天仍然昏昏沉沉。七点三十分，腰店子，于戈壁之中，孤孤单单地生出了这一所小破土房，向南四分之一东南，车以顺风，故行颇快。一点钟总约有 5 个 km 的样子。风渐稍小，九点向南东南。时我的马系车后，十点后渐渐入梦。十二点十五分醒，见马离车甚远，心知绳断，急跳下车去，时马仍随车行，并不跑，我乃牵之而行。时已到沙土路与戈壁分界之点，路旁有些土丘，上生丛草，路旁之树林，亦可看出。意离托克逊已不远，月已没。

托克逊一日

1928.5.28 廿八日

步行了半点钟，风已甚小，路尘扑鼻，乃上马行。早一点，过废垒，短墙一道而已，有树株，不见居人。一点廿分，又经过了一道长墙。天渐明，而路旁之地绿草亦多，远近树林亦入目，并时闻犬声，殆已有居人房舍矣。小溪亦过了几条。两点三刻，至村舍之附近，天已甚明，路有行人。过二大渠，入街中。居民之早起者，已不少，然铺店房门仍多关闭。街颇长，中多天篷，盖夏日此地热甚，故多以此避日光之强热也。由东南街又折而向南到一店，车夫叩门而内。至内，则又知此店已满，无闲室。时已三时，因又出寻对门之一店，住焉。天渐大明，四点多茶毕，近五时方睡。

天既渐热，而蝇虫又多，苦不堪。七点多醒了，后又忽忽睡到八点多才起来。风又大作，故室内尚不极热。十一点多，到外边散了散步，见商家业已开门，街上行人亦多，买卖林立，然似无富商大贾。街道颇长，类鄯善，然华丽则逊之。闻黄君等已过去了，丁、詹等离此不远。风甚大，飞尘、粪土漫天飞舞，目不敢睁。下午风稍小，又同华到外边散步。街南，不远就成了田舍、树木，麦苗吐穗，杨柳成行，渠水亦多。东南大垣，询系守备衙门。游关帝庙，内有柳叶桃几株，花虽将谢，美色犹存。近处一望，满是树木、田舍，北稍西之博古达三雪峰亦可入目。时天阴

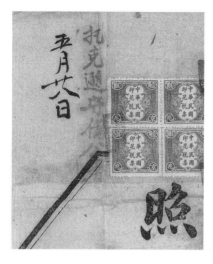

图 9-1 作者护照上的
托克逊守备公署图章

霾，晚霞倒映。归，北而又一小巷东行，沿大渠行，渠水不甚清
净，沿渠住户皆系汉装回。至东又折北，满眼仍是麦田、树木、
房舍，东去吐鲁番之路在望，东倒西斜之电杆亦可以看得见。到
一缠人居前，缠人以其子病耳向余等询医，余等无以应之。

　　归，晚饭后，九点半就寝。今日支蚊帐而睡，少吃蝇虫气不
少。夕此地稽查局人来，拿去了我们的护照，不久送来，上边盖
了个"托克逊守备公署"字样的图章（图 9-1）。小草湖到托克逊
约 50km，步行仅 7km 云。

华志病了

1928.5.29　　廿九日

　　风天，云多。八点起，车夫以明日为作乃马子期，想多留此
一日，余未之许。饭后到外边去散步，遇一直籍缠装人，据云，
在吐鲁番一带做牙行生意，告我以丁、詹一行在此西廿里之柳树
泉，其一坠马折腕，不能行，今尚滞留该处。余闻警急欲去找他

们看看，邀那人同去。在店中候了他找马，多时不来，差人寻之，又云：闻他们已经走了。致未成行。

午一回人之卖菜的来，我问了些此地情形。据云此地农人以缠户为最多，回回只四五十家，汉人惟一拉湖一带有二十余家。东南隅之城内为县佐公署，守备公署，并农民三两户，余地为田。现任县佐王姓，守备哈为哈统领之公子。有兵廿余人焉。此分县属吐鲁番，买卖只城外这一行街，汉人买卖五、六家，回回之做大小买卖和居家于街之附近的有三百余家。此地以渠水灌田，水来自达坂城之沟，可灌地二百余斛。一拉湖一带浇地以坎井。城后身之初级小学因无学生故，已废，今校内有居民焉。有邮政代办所及税卡稽查局。气候，夏极热，同吐鲁番，冬微冷于吐鲁番，春秋多西风，立夏后至夏末及冬日则绝少。终年不见雨雪，有则不利于农田。风之大而拔树倾房者，间年亦有之，不常见耳。菜园亦有，果树缺焉，因风大不生。

下午三点五十分动身。西南行约一里许。四点十分，向南行了行，又往南东南，房舍、树木寥寥。散步，颇有可观。不久入沙窝，车行甚缓。五点十五分，到一有人居、坎井、树木之处，下马憩候车。至此约 5 个 km。华病害冷，卧沙地上。五点三刻车方到，稍停。五十五分向南西南行。坎井底之渠水将及地平，从口处可以看见清极之水，淙淙而流。砂石仍然厉害，车行极缓，每点钟不过 2 个多 km。马数步一休，傍有电杆之路走了一气，又由直路从南走了，车行另途。天 Ci.Str. 和 Ci.［Cirrus，卷云］颇多，风渐息，马行亦不缓不疾。九点半已到山脚，入。四十分下一土坡，底为河底，盖山水暴涨时之故道也，形势甚险。

九点五十分，到苏巴什店。此店处山谷东边，附近有泉水，无树株，无居民，只此荒店一家。此地无柴，店家以粪作燃。正房门闭，店主导余看他家，余要正房，亦甚尚清洁也。与华各占一室，枕鞍而睡焉。十二点半车到，人声噪杂，把我从梦中惊醒，只听厨夫马五买说："这房子不好！车夫说这房子不好！"我就问："为什么不好？"他答道："不好，不好。"店家就说："有鬼。"我笑曰："我不怕，我就在这房子里睡。"于是他们似乎也振起了精神，胆子似乎已大了些，有的反嘴就说："怕什么？！"华病颇剧，先冷后热，体温骤至 39.6 ℃。他有惧色，向我说出了些很悲哀的话，又谈起了身世。我以他病，不便多谈，劝他睡了。

今日计行约——自托克逊至此—— 22km。

从苏巴什到阿呼布拉克

1928.5.30　　卅日

一早车夫就来催起，说今天路难走，要早走。于是我就起来，华亦勉强支持。十点三刻动身，南行土沟中，曲折颇多。十一点五分，过处东土壁上有刻的字迹，未去详看。南渐小浊流，流车辙中。马拼命地喝那浊水。不久又看见蜻蜓飞舞，捕食小虫。蚊蚋之流的小飞虫成群结党，蚀啮人马，苦不堪言。持手绢，手不停挥，尤有时为小虫所啮几口。十一点三刻后，破房之址，接连不断。土沟已变为山沟，满路多是碎砂小石。沟西壁之山为沙土所漫遮。十二点后，所经水流渐大。十二点三十分，过处沙上有小树几棵，山高路曲，目光甚为狭小。一对鸳鸯，双双飞过，耐人寻味。十二点三刻，到一处，前稍阔朗，地亦平坦，兽屎层地，有息人，有流水之出处，成小坑。一息人告余曰：此休息喂马处也，再前无水，无腰站。余与华乃下马憩焉。两点廿分车到，解车喂马。厨夫拾干粪以作燃。我吃了一个"馕"，喝了些茶就完了。华自昨晚起，什么也不吃。自苏巴什至此约 10km。

下午五点四十七分动身，南东南行，谷水已无，满沙石，山峡高耸而已。天云多，无风，虫苦倍前。五点五十五分，合有电杆之路。杆自沟顶下降，或在平地，或在岩石上。有高不满尺者，颇有趣味。路多曲折。六点廿分向西，廿四分向南，五十五分地稍开朗，沟歧为四，山亦稍低，人感不甚闷。仍向南，太阳早已不见，月又为云遮，颇暗淡。七点十分向西南，十八分向西，廿五分又向南，路景仍如前。八点卅分过一泉，泉水自山壁下流，滴滴有声，泉东南一店，前停车马数。闻前尚有店数家。华病弱，休息廿分，至八点五十，又动行。路皆向上，大石垒垒，互相覆裸，嶙峋峥嵘，狼藉道旁，亦有突出悬崖，势欲下坠者。经行其下，心为之惧。向上转了几个弯，路湿，水流车辙中，大石仍多。

至一地，稍开朗，路旁有数房舍，无树木。知站之已到，至路东之一店，时为九点一刻，寥无人声，喊了半天，亦不见应。乃向南行有一门，近看则庙也。庙房之旁亦有一门，与店相连，意或店主居此，乃又叩焉。叩了半天，一妇应出，门未启而言曰，则店小柴无，请至对门店中住去罢。乃同华往，叩了半天对门那个店，亦无应者。路上数犬，吠声可怖，计又无所出，仍归路东之店。时店主已起，据云伊夫到托克逊作周年乃妈子去了，只伊一人。余乃请其导视各室，并给煮了点开水。喝下，我就归寝了。此地甚高，故觉颇冷。周围皆山，只此一径。自苏巴什至此约27km。此地名阿呼布拉克，谷泉也。

雷雨独行

1928.5.31　卅一日

早一点钟，车到惊醒。起，颇冷，茶点后，两点半方又就寝。睡到将到十点钟时方起。天云，多微风，此地车店二，马店一，龙王庙一，无树林，无农民、农田。游龙神祠，门多贴"救荒辟谷神丹""关帝君救急灵难经文"一流的印刷品。门内即一殿，额"拯济群生"，光绪乙巳仲秋月出于署吐鲁番厅事方鋆之手，额下有二联木屏，为"二十年五度长征沧海横流惊此日；九千里一家再造玉关生入感尊神"语，出于己酉轮台知事湘乡沈永清手，题云"己酉夏，之官轮台，行次苏巴什驿，仆夫请晚发，予固不许，无何，山水骤至，百里成河，竟免于难。盖先祷于王莫非神灵之默佑也。书此志感。"余壁满是胡涂乱画，有的是见景生情，有的是骂人出愤，多数是文理不通，诗哪里还有可观呢。我自入新疆以来，所过各站各店，无壁无之，何来此诗人之多耶？！殿门扃，不可入。自隙内视，则唯见正中一额"永庆安澜"，出于己巳巡抚使者潘效苏之手。其他木匾、布匾尚多，无偶，只一木牌上有"□镇阿呼布拉克龙神之位"字样，钟磬、木鼓，亦皆有之。归。出外作写景小图二。此地多西风，其余风向亦有之。夏日多雨，雨常连阴，致山水暴涨，沟满成灾，行旅困之。冬日风几无，夏日亦少，天气较托克逊、焉耆皆冷，冬日有冰颇厚。雪间年亦有之，唯不多见耳。阿呼布拉克，缠语"谷泉"之意也。天多云，华病稍愈。

午后二时饭。三点五十分，自阿呼布拉克动身，步向西西南又折南，曲折甚多。高山松沙，河中无水。四点一刻向东，有破房之基，又渐向东南，南东南。四点三十四分，上马行，以后方向仍为东南，南。四点一刻，落雨几滴，四点三十七，又落几点雨，五点，又有之。四点五十六分，山峡稍大，而方向亦渐向西南，或南，或南西南。六点下午，徒步，方向又渐向南东南，忽又折西南，南西南，南，路向上。七点半，又上马行。时路旁之山已甚矮小，天黑云甚多，路景模糊。七点一刻后，就全是下坡路了。七点四十分后，西南电光闪闪，天又微寒。余披雨衣，而马忽惊，鞍子稍动，余乃下马整鞍。此而后与华分开。路颇平坦，马怜华马，时欲去，余力挽之，且挽且整，费力误时。八点后山又渐高，八点十二分，正上打了个闪，天忽一明，并隐隐有雷声。八点十二分，又下了一阵雨，一人一马，向西南行，路既曲折，山又巍峨，颇怯疑。马又不时高声哀鸣，伤其失群，倍增烦恼。过破房迹，不知何地。九时，有二人三马迎面来，询知到库密什尚有四十里，心稍慰。又遇数车马。九点十五分向西，十点又向西南。月明不时隐现，黑云漫天，疑景在在，身处此地，如在梦中。迎面又有数车过，飞尘扑面，车夫似在梦中，寥无人声。十点十分，又下了一阵雨，既倦且冷，欲避不得，欲停不能。马时不前，我又惧狼来，可怜的我的心里恐怖、忧闷、懊丧、愤恨，打成了一片。这个，只好我一人知道了！十一点，山又渐远渐小，闻有犬吠声，疑店房之不远，至则非也，乃行人之憩于途者。询之又云到库密什尚有四十里，两点钟又似乎白费了。又整鞍而行。十一点四十分后，山没有了，路向着平戈壁中去了。既冷且疲，十二点过了个无水沟，仍不见村舍、树木之所在，十分，乃下马步行。

库密什休整一日

1928.6.1　六月一日

步行着，不断地合眼成梦，然过一两分或几十秒，就又陡然一醒，比到达坂城之日也不如。有一回梦着脚落在车辙中去了。是一醒却非常的有力，常想着往前走走，再找到店站，就坐地休息一气。然仍总是不肯找不到再往前走，总以为大约是不远了。天云渐少，极星亦亮，明月渐斜渐沉渐没。西方之山则亦渐近渐近。总以为山下定有人居，抖擞精神，鼓起气力，仍然一步一步的向着西西南，原自昨十二点后就是向西西南。月即没而天渐现微光，由微光而渐明，西方路上发见了几个黑景，渐近渐疑为店房之门，而心中又增了不少的高兴。及至走得再近，又看出不是什么店门，乃是几树，树的后边就像是草野，不像是不毛的戈壁。又听见两声高唱的晨鸡，小山岭上又看见了一个小寺或者是墓，回回式的建筑。不久到街上，街东西两旁铺店、房舍，足然成行，树株亦还不少。居民之早起者已起来了，房门亦有已开放者。到一店中，知华不在，乃又到一大破店中，寻着他了。时为三点三十五分矣。天已甚明，渐渐归寝。

车五点半到，三刻余醒，梳洗整装，就寝。十二点方醒起，自阿呼布拉克到此，计行约53km云。步行约26km，或正一半。库密什居民十五家，二家汉回，一为我们所住之店之主，一做小生意。无汉人。大店二，小店五，官店已废。原民国十五年，官店房上之木料为托克逊哈统领——缠头——拆去，修其私店。今二大店中之另一，即其店也。农户二，一缠，一即店主回。回店主并种有菜园。地二户共二石，泉水灌焉。北小山上有龙王庙。南有废兵营，光绪中驻兵于此，民国撤去，故营废焉。有树株，多杨，无果园。春夏秋多风，风以西风多，冬日少，间旬或间月亦有雨，冬不降雪，冰厚可五寸，约合十四五cm，天气较冷于托克逊，热于焉耆。故托克逊之麦早已出了穗，此地至今尚未也。车夫本来说今日走，火急催促，及至我吃饭的时候，又说今日不走了，因为天晚了，明日不住榆树沟，亦无水故，直至新井子。说了半天，无效，彼坚持不走，那也就只好散了。

下午散步郊外，又北至小土山上，见南为山，北为小土山，小土山后为戈壁。东西皆为戈壁，库密什处其中，山上有一缠寺，下有乱冢，遥望见东南上有树株、白土墙。询之缠人，则云该处为一小村，有缠户一，地名克利极斯塔木，哈萨墙之意也。云此白墙为哈萨人所修筑，地距此十里，有路通焉。果见来路之南有一路焉，并闻此道通罗布淖尔。东南四十里小尔布拉克，有水草，无居人，南百五十里甘草湖，有住户缠人，南六十里破城子有居民，南七十里石泉，有水草，无居民，西南百廿里心得，有水草，有居民，南百廿里营盘，有水草，无居民，再行则入山矣。过山即铁克里克，去罗之大路。此路只驼马、小驴可行，车不可通，因沙窝大也。库密什缠语银也，以此地之土山上多小白石，故名，以白石类银也。泉出北之小山下，上有小庙，游览一周归。又闻昨夜九点经过之破房，为桑树园废驿，缠名玉密丹，废已廿余年矣。天热，云不甚少。下午四点半，东东南风颇不小，后又渐息。夜静，月明昭昭，大地呈银灰色，南山为轻雾所罩，暗淡空蒙。

夜行榆树沟

1928.6.2　二日

八点后起。天晴无风。房中并不甚热，闻知自此至罗布淖尔之路中尚有一歧路。自此至破城子，同昨日所述，自破城子东南六十里铅厂，再南六十里阿兹干布拉克，再西行百廿里，即营盘，合前路，至铁克里克。

下午二时动身。天极热。向西，出库密什村，即大平戈壁，南北远处皆有山。戈壁上常见卷风柱，高耸云霄，飞尘旋转上升，约三五百米后，即消失其能力，尘散如 Ci 云，日光为淡。戈壁上只有些带刺的草。五点下马步行，五点三刻渐近南山，路北有曾经潴水之处，类小干湖底，中有破房一，靠路亦有破房之迹，并有车马休息之处。余及华皆渴甚，华疑附近有水，因到破房去寻，未几，归云：较远之房内有井，深甚，以石坠之，多时石方到底，闻石声又知无水。

七点廿分到山口，入，曲折向南。七点半道旁有榆一株，时既渴且乏，心脏跳动得厉害，天又渐渐暗了。月还没有出到山上，向南西南。七点卅五向西西南，四十五分又向南西南，五十分向南，五十五分向南东南。八点，倦不可支，又渴甚，遂上马行。月渐上升至山上。八点廿分，又见榆树二，后渐多，向南西南。八点半向西西南，道旁榆甚多，路亦颇宽展平坦，地上多碎砂。八点三十五向西西北，八点五十向西四分之一的西南，榆树不断。

九点到一房前，闻有犬吠声，知店房之已到。入，唤醒店伙，寻水解渴。先喝了些凉水，又叫他给煮了点茶喝。店系官店，以水不多故，生意凋零，店主去，焉耆知事不让，饬店主非开不可，因只留其一伙于此以敷衍官面。去店约三里有井一，为去年新淘的，水不汪。店院颇大，然房多卑陋不堪，加又污垢，行人之宿此者少，良有以也。自库密什至此约32km。步行15km云。

茶后十点，华先走了。余归车店中，稍饮马，又给马了些草吃。十一点半车到，稍停，十一点四十分车又走开。余上马，向西西南，仍行山峡中，路亦如前。十二点后渐渐入梦。

月食夜经新井子到乌什塔拉

1928.6.3　　三日

早一点五分醒，山沟已出完，只剩下路北有些小丘岭，面前现出了大戈壁。天稍寒，不能入梦，然多时后又稍合眼，朦胧一会儿。两点一刻，闻车夫与王嚷，细听，乃知王不欲骑马，以我在其车上，彼欲同厨夫同乘一车，而车夫不允，致成争执。余既不能入梦，又觉甚冷，乃下车牵马步，让车给王。向西行，北边有山，天尚早，虽有月明，而亦感森暗。有步行人迎面来，马惊奔，余力曳之乃止。

三点廿五分后，月渐不明，又圆月而成下半圆，又渐成小钩月，忽又由小钩月变为半圆之月，全圆之月，又成上半圆之月，又由上半圆变为向下钩之月，钩变成一金曲线，由金色曲线，渐淡渐淡，以至于无。时三点三十六分了，天大明，转首四望，东方、西方、北方皆有树株，戈壁上生有小植物。四点廿分，向西西南，北山渐离渐远，而路南又渐近山，然南山之近而尚不若北山远之近。四点过一破房，南山根亦有树入目，房西有一歧路向西西南，大道则向西四分之一的西北。四点十五分上马，以马行甚缓，而又不时哀鸣思群，曳之费力太甚也。骑而策之，仍行不甚快，几不若步行时。四点半过破房二，位路两旁。日已出，倦甚。路北树林看得清晰。

五点五分向西，望见路旁有房一，知店也。五点三刻到店，店内人已皆来了。华正在梦中，余拴下马，找了间房子躺了一会。六点十七分车到了。自库密什至此新井子约共58km。步行仅25km焉。店颇狭小，才成九年，有井一，水含泥质，深甚。此地多风，终年无雨雪。一早所过破房几所，乃新井子旧站也，废已有年。那条歧路，亦系通乌什塔拉者，入山中有水，驼队多出该途。废站有井深四十丈，现已填塞。天多灰色云，风不甚大。

五点三刻车走开了，我们五点五十二分动身，西行戈壁中。北边之山高于南边的，路平坦且直。八点多钟，过路南有土山数。月已上升，然以云多故，不甚明亮。南白光一片，余疑为湖。马行忽疾，跳跃踢跑，初莫明其妙，后知为蚊虫咬啮故也。后行稍缓，则觉蚊虫极多，时啮人面，快时则无此苦。

九点后，渐见西方黑影，细审为树，知乌什塔拉之将到。十点三十分到乌镇街东口，有门，门上有额"乌石塔镇"。进街，住官店中，时十点三十五分也。店门上有额"乌石塔镇官店"。店主甘回也。前此为官家废地，此主领得允许，出私资二千余两，新修此店。院既宽大，房又清洁，室有洋炉，炕有花毡，为离迪后之第一好店。惜新制之房门，已遭识字者之胡涂。此镇居民共约五十余家，内有农民三十余户。回民最多，缠民次之，汉人则仅买卖一家。官店一，私店六。春秋多东风，终岁罕雨雪，有地百斛，以山水灌焉。地多水少，颇不敷用。自新井子至此名为七十里，以余所计，实不过 26km 而已。地距博斯腾海——俗名南海，可五十里，海中有岛，岛上有沙山名海心山，以距海近，蚊虫苍蝇极多。稍茶，睡下。

安酋废垒

1928.6.4　四日

早一点车到，乃装铺支蚊帐，更进茶点。三点半后方行睡下。十点起，饭后出游。见东门内上亦有字为"博腾衍庆"。西行街，买卖与达坂城相比，不相上下，而整齐且过之。街道之宽大，则逊焉。过街中"溥泽桥"，上有门楼，出西门，门内为"珠勒钟灵"，外亦为"乌石塔镇"字样。门、桥、官店等皆民国十四年焉耆知事王汝翼所倡修。出西门而南，有无水砂河。绕行农田中，居民家多果树，郊外青葱一色，颇有可观。又自小巷折至大街，归店中。据闻此地田中原有大玉一，系清初晋贡而未达都，止于途之石。于民国六、七年间，村人遵杨督命，以四套大车载诣迪化，现存农林试验场中。镇有果园，桃杏颇夥，而桃极佳。

下午六点动身西行，十分过安酋废垒。光绪中，曾于此垒中置为驿舍，并修"马王庙"于正中。今皆颓圮。垒甚小，庙基颇高，破房二三，位于东墙下。天阴云，日为闭，落了几滴雨。六点廿分向西西北，戈壁平坦，多碎砂顽石。六点半下马步行，南望平原无垠，有小树，烟雾缭绕，疑为南海之所在。七点六分又落雨数滴，一刻向西四分之一的西北，七点半上马行，七点五十五分又雨数滴，雨虽三次，皆不及湿衣。天黑暗，有蚊虫，马常快跑。八点四十分过树林，草亦渐多，不类前之不毛。九点五分曲惠庄，民居散处，几不成街。一刻又过了几家人家，向西行了。

曲惠庄，居民缠十数家，回七八家，有地五六十斛，有渠水、树株。行戈壁中，马行疾，因苦蚊啮也。三刻过树林，又行戈壁中。十点一刻过渠一，廿分林，廿五分居民房舍，不断入望，附近之处，亦闻有犬声，知是塔哈齐。闻地多蒙人，夏耕冬牧，或租地给人，或为人佣工，住人颇不少云。此而后树木茂草，继连不断，路旁芨芨尤多，树有极大者。向西西北行。十一点后，渐入沙窝，马时惊跳疾驰，三十五分过无水沙河一，十一点五十过清水河，水流甚微，河底为砂石。过河西，即街市之所在。住店中，稍茶，而与华闲谈。

从清水河赶到焉耆

1928.6.5　　五日

一点一刻睡。五点醒，十分车到。整铺，吃东西，忙了一气。自乌石塔拉至此约36km。步行约5km。饭后又睡了一点多钟。十二点见店门外有驮箱子之小驴过，疑乃黄或丁之队。出，果黄、龚二人之队也。二人骑马，询知今日发自曲惠庄，要住离此四十里的村中。同入店，稍谈，知他们曾找到了古城。不久，二君以驴已先行了，于是急辞去，约会于焉耆店中。

饭后游街外，无可观，唯草树山野而已。闻店主云，此清水河住民十五户，汉回缠比例数几等。田地属诸蒙古人，蒙人耕牧兼施，外人亦有向其租种者。官店一，车店三，驴店一，其余为小生意。河水除经大雨后，皆甚微，源出北山，而入博斯腾海。气候则与焉耆同，冷热皆不甚，罕雨雪，四季多风，以离海近，夏多蚊虫。以车夫云焉耆门夜不开，本拟早行，又拟晚行。继闻店主云，城东南角之栅门可能叫开，又决定同车同时出发。

六点十五分动身，南行，茇茇漫野，北西、西南皆有山，南东南东等向为平原。远处有树，折西南行，二十五分向西西南又稍西。地湿路平，草极茂盛，多蒙人住居庐。七点向西南，路多拐弯，时而西南，时而西。七点三刻后，马渐跑，蚊虫极多。九点渐入湿境，望见湖水，十分绕湖角西北行，时行泥水中。湖水平明，天空黑暗，两相对比，颇有无限情绪。又折回西南，过小桥几个。月亦渐渐上升，较前渐为光明。由西南又向南，又向东南，不久又是向西南行。十点渐入村舍之境，地名六十户。渠大树茂，绿野芃芃，小桥极多。守夜之犬，每有人过其门，必恶声相向。马跑颇急。此而后皆系村舍、田渠、树林之境。向南，又渐向西南。

十二点五分，望见城垣，十分过东门，外有额曰"新华门"。绕城东南行，又东南角折西，入南关。城甚小，又南关寻至后街。住致和店，房狭皆秽，以偌大之哈拉沙尔市中，店房竟不若乌石塔镇之店。并闻此尚为好的，真可为一叹！稍茶。计行约36km。

拜会汪道尹等地方政要

1928.6.6　六日
茶后就寝，时已早一点半。早四点三刻车到。茶饭后，八点多又睡了。十一点多，同华要去拜访汪道尹[1]，而黄、龚二君来，闻已住南隔数家之店中。稍谈即去访汪。见，道署设于店中，因新设才三年也。汪君年已七旬，目近视而体复弱，然人甚和蔼，谈颇欢。华出潘季如介绍信。据云二年未接季如之函矣。邀明日早九时饭，以我们说下午走也。汪君，李、郝、狄三人未去拜访，渠云来拜，并云挡驾。拜县长、邮局、电局而不访道尹，事出离奇，显系出于误会，深以为憾。托买马事，立刻就有牵马去的，告以下午五时试骑。届时汪君亦来回拜。

午三时同黄、龚二君食鱼。鱼出开都河中，刺少、味美，价亦复廉。据云此地鱼少，库尔勒则极多。四时，黄、龚去访汪道尹。五时，汪来访，告以又决定后日早动身，因其又改席于下午五时，并邀代其宝眷摄影。

六时半，同黄、龚二君乘轿车进城访县长。穿行街中，街市无甚可观，房舍亦多不华丽。进南门，城中街上稍有买卖数家。十字街折西，至衙署，县署房舍，尚属整齐，然形式、壁画，绝类庙宇。刺入，则被请入。时县长正有堂讯，原告或被告跪向北，而县长南面坐。我们被导入客厅。未几，县长事毕，来闲谈一会，并告以行期，允于行日派人招呼过河。辞出，访邮局局长陶君。黄君家信，已由省转来多日。辞归，给龚了照相机玻璃板。晚洋戏解闷，颇不烦恼。

与黄、龚等赴汪道尹宴

1928.6.7　七日

七时起，给黄君理发。午饭后取出中服，备赴汪君筵。上午

---

① 汪道尹：汪步端（1858—？），江苏淮阴人。时任焉耆道尹。

陶邮局长、魏县长皆来回拜，谈多时方去。魏君多问国内政形，而余都一年来几全不知，不能答焉。后又谈科学事业、国外情形。饭后又把洋戏玩了一会，观者如堵。今日病腹，时痛剧，而我都也不大注意。

四时，赴汪君筵，黄、龚二君后至。陪客有陶邮局长、熊电报局长、王商总。龚、黄皆照了几片相，并代其宝眷摄影。观者颇多。稍茶，入席。华带去戏匣，汪君并备土乐——汉人——佐筋。中饭西式，种类繁多。汪君酒量极豪，劝饮亦殷。酒令骤兴，猜枚、斗指、传花、数牌，五花八门，极一时之盛。

据汪君云，渠前几遍游国内，外交海关上都曾做过事，来新已三十七年，曾作参赞、知府等缺。识外人颇多，故外人习俗，亦皆明通。洋友多，时时在念，以外人心实故，喜欢外国人远胜于本国人。曾几度欲到外国去，终皆失败，不胜遗憾之至。辄与华君对饮，亦量皆豪故，特别高兴。酒多饭好，入暮时散。而汪君似尚未尽兴，时与龚君和唱，饮则以身作则，精神远过少年。归已八时余矣。

开都河鱼，鳞小而身细长，类吾乡之鲗，刺少味美，昨已述之矣。焉耆买卖只在前街、后街，新街则商店尚少，比诸吐鲁番尚觉稍逊。气候夏冷于吐，冬热于吐，田肥水多，耕牧皆宜，惜荒尚夥耳。各店中都有娼，牛鬼蛇神，不堪入目。

二　渡开都河赴库车

渡开都河经行库尔勒

1928.6.8、6.9　　八日　九日

五时起，收拾行装。后去同黄君又谈了一会。汪道尹步端之四公子又来送行，临归又云派人送渡河。

八点廿分动身，稍南折东，车行甚缓，行约 1km 至一河边，乃骤马涉过，水及马腹，时八点三刻。至一草滩上，面前又现出大河，河水清清，名开都，自西而东。四周一望，则两岸上村舍树木，甚有可观。并知河自上流分歧为二，下复相合，中出此滩。魏光耀县长曾允派人招呼，然不见差人何在。大河宽约百米，而上流及下流皆过之，中有官渡三五，以济行人车马。余连日病腹，稍弱，因坐草地休息。车卸马，以人力倒推至船舱。每船有二舱，可以客车马，三船方把我们的车马人等载过。华脱衣下水，先扶船行，后游泳。流不甚急，据云亦不甚凉。九点四十分方下完了船，五十五分动身西南，赏船夫三两，兵二两。

河南有街颇长，似无甚生意，出街西南有桥，下水流颇大，渐到郊野，地湿且肥，绿草极茂。十一点十五分向南西南，四十分向西南。一路多红柳与芨芨，以膏腴之田，任其荒芜，良可惜也。树木渐多，五十分过有住户、回寺、树林之地，未询其为何名。向南又向南西南。十二点廿五分到四十里城子。街颇长，树木亦多，街端有门，上题"四十里城市"。寻至一湖南人开的店中，脱马鞍就寝，时已一点。二点车到，自焉耆至此约13km云。附近住户三百余，街上亦有百十家。店三，无官店，缠名当齐。

下午七点十分，自四十里城子动身，西南行。八点向西，二十五分向西西南，三十五向西南，多红柳与沙窝。九点十五分出了沙窝，路平坦宽大。向南西南，廿分过紫泥泉。住户几家，树木不多，仍西南行。十点过土坡，路旁多土冈和土岭。天甚黑暗，三刻渐入山峡。过此，小山又渐远，向西。

九日早廿分，于迷梦中闻水声浩荡砰訇，骤视则路南一河，自西蜿曲东流。十二点半过一小房，渐入大山峡。三刻过有居民店共三两家的地方，名哈曼沟。傍河而行，河流湍急，声势颇大，河岸多老树，于黑暗中不辨其何为。沿峡曲折行，两山壁立，突兀可怖。半月渐升，地上稍明。由西而西北，而西，而西南而南，绕了个大弯。上下小坡，乏倦不堪。折东将出峡，过铁门关。关上题古铁门关，南为高山，北为河水，小路中通，形势极险，所谓一夫当关、万夫莫过者，此地可以当之。关门已锁，有守关者。叩关而入，东行折南，上了个山坡，不久出了山峡，河水不知哪里去了。两点半西南又南西南行。三点，路歧为二，左趋库尔勒，右直趋大墩。走西路南路，三点三十五分南西南入有树木居民之境，意库尔勒之已将到，路既平且宽，类北京之马路，穿一小街，过数桥，至回城之繁华街中。住路西乡约店，有楼房，惟肮甚，居其私室中，尚好。时已四点矣，天大明。喝了点凉水，睡了。

八点车到，自四十里城子至此约45km云。整铺，茶饭，写了店簿，店主送了一篮杏。余以腹病，不敢染指。十点又多睡了一会，忽于梦中为人唤醒，原来是县佐缠人卜讷德成来访。睡服见客。卜，尉犁人，今年三月来此，对团体情形，稍为明了。谈了一会，闻此地有千余户，候较热于库车。华托其买马，卜并问是否要人护送，余辞焉。去。时已近十二时，午矣。

午饭后，又睡了约一小时，四点半，同华乘轿车访县长。顺街而南，过一新礼拜寺，颇华丽。约里许折东，到。衙署颇可观，见，谈知此地街市虽类焉耆，而买卖稍少焉。汉户七八家，余为缠、回。华告以买马事，卜出其私马示华，试后，华爱之，以索千两太多，故未成。辞归。地雨雪不多，多东风。

华费六百五十两买得一马，高大，走得不见得很好耳。税则先要抽5%，终则3%。八点廿分动身北行，回原路过桥而北，渐向北西北。华骑新马，我骑华马，我的马空随行，以其慢故，误时不少。出有村舍之境，西南行戈壁中。由西南而西西南，而西而西西北而西北，又近渠水、树木之境。西行或西西南，或西西北，路南村舍、渠水、树木不断，路北戈壁，亦有几家居民小店。以本日未睡好故，乏甚，不断入梦。蚊虫仍多，我骑的华马，不时乱跳。过地名"上户地"。

过大墩子

1928.6.10　　十日

西行至早一点五十分，路南村舍、树木仍未断。路北有一店，乃叩门，店伙出。询知此地即大墩子，缠名七木。自库尔勒至此约30km云。稍茶，三时睡了。车五时到，整铺更寝，十一点半方醒起。蝇多，天热，又风，飞尘漫空，精神不爽。饭后又睡了一睡。大墩，以街西首南边有一土墩得名，墩已毁坏殆尽。街市不长，房多破废，居民廿余家，回民二家，无汉人，余皆缠。附近农户亦有廿余户，有地数百斛云。北十数里即山，西行出街即大戈壁，无复所谓树木、村舍了。官店一，私店三。所住为私店，尚好。

下午六点十分动身，西行，有时稍向西西南。七点四十分向西西北，五十五分向西，后复向西西北。戈壁弥望，东与东南之树株、村舍，渐离渐远。马行颇快，十点渐入沙窝，多土冈，上生红柳，树株亦不可。不久沙窝过完，而树株仍不断。廿五分阳达克腰店子，有树株与居民、腰店。自大墩子至此约29km。过此树株不断，路复好走，渐无大树，只有丛科，长途竞走，并不乏倦，以白日睡足故也。

从库尔楚到野云沟

1928.6.11   十一日

早一刻后渐见树株，廿五分过一房，又过一渠，中有水。半点到街中之官店，住。房坏，几不可居。地名车起，住民约卅家，回一家，即官店店东。无汉人，余皆缠。缠农十几户，田多水少，大半荒芜，渠水来自北山。官店一，私店四，小店三。有果园、菜园。气候热于焉耆，终岁罕雨雪，夏多西风，地北临山，南为平原。自大墩子至此约共42km。稍茶，二时寝，五时醒，五分车到。早饭后，重新睡下，天渐热，而蝇又极多，苦不堪。十时起焉，两次睡不足五时。此地亦名库尔楚，村西多古冢。十一点后到村西北渠水中洗澡，凉爽得很！三点半饭。

六点廿分动身西行，过渠水，稍饮马。更西多红柳，渐入胡桐林，有刺之野草亦多。七点十分出林，马行颇快，向西西北，南方远处，白线如河水，树木颇多。十五分日渐没云后，没前黄如蛋黄，甚美。空中多尘，天地暗淡。又向西，路北有林，地膏，多芦苇，得水不难为美田。三十五分路南胡桐渐多。向西四分之一的西北，西入胡桐林。向西西南或西。八点四十五分向西北，五十分过呼鲁爱西买（Huluaihimei）腰店子，有小店。过此树渐少，五十五分向西西北，林完。自车起至此腰店约有20km。九点十五分向西，又西西北，廿分又林，廿五分过无水河，林完。九点卅五分南有林，行颇慢，向西或西西北。十点廿五分，路南又有胡桐林。由西西北折西北而行。十一点半，渐入村中，入闸门。四十分店，地名野云沟。

策起至此共约36km。缠名爱西买（或米）。居民可六十家，中农有四十户，地多水少，水来自北山。回二。汉人住家一，为张什长家，代办邮政。官店一，私店三，小店二。回、汉而外皆缠。有果园，很多。风不多，有则以东风为多，雨雪亦有之，惟不多耳。冷热类库车，热于焉耆，地属轮台县治。街东西颇长。

穿胡桐林过策达尔

1928.6.12　十二日

早一时一刻睡。四点半车到，整铺又睡。九点半醒起。天气晴明，颇热。店南为果园，多杏、桃、桑椹。椹大且肥，味美，西南有"浑坝"，中储浊水，小儿数，游戏其中。下午卧园中树下，颇凉爽。

六点廿分动身，出村西南行，又渐向西西南与正西，大野之中间有胡桐树株与红柳。渐入红柳林，荫深茂密，枝多红花。正西入胡桐林，马疾奔。七点五分林完，又渐行于一林之北。七点三十五分向西缓行，红柳极多。七点卅八分向西南，四十分胡桐林，四十五分向西西南，林完。红柳又多，间有胡桐。地上芦草丛生。八点南西南，十五分渐入村舍树株之境，沟渠纵横。到街中，人居无多。廿分休息，欲饮马，而马不饮。八点半西行，大柳夹道，颇感黑暗。

五十分到策达尔买卖街中，商店似尚不少，缠名策底。自野云沟至此约18km，名为四十里云。据闻附近居民农户约二百家，全系缠头。买卖几家，大店二，小店二。九点十五分到街外，天已甚黑，云满天，星不见，风吹草树，萧洒而鸣，其景凄凉，其情可怖。又过农户数家，方成纯粹大野，阜树仍甚茂密。十点又过一林，向西西北，又西西南，十一点又过一林，向正西。十二点一刻过渠水，有小桥，意洋沙尔之将到，向西西南。

过洋霞

1928.6.13　十三日

过渠后，向西南，又一渠，又向西北，村舍、树木，不断入望。地名喀拉卡齐，大柳夹道。五十分向西南，过此又系大野，一点过大桥，河深且广，桥两端有门。向西西南，一点半涉行数河汉中，水流颇广，大树夹道，宽展且平，唯黑夜行其中，不见咫尺耳。居民渐多，入街之闸门，知洋霞之已到（缠名洋沙尔）。一点五十分到西端车夫指定之店，询知无房，房为卸任轮台知事黄某所住。因东北行寻店，至一店，知亦为该知事之从人占居。无法，于二点半方找到一店，住。为店房事，与华颇有辩论。稍茶而寝。

车六点三刻到。我又睡至十一点半方起。洋霞街市颇长，商店林立，惟多关门，询似现非八杂之期，届期缠商方行交易。关门者缠商商店也。街中高卷天篷，夏热可想而知。据一天津商人云，此地附近有农户约千五百家，街市居民可二百家，买卖六七十家。汉人只五六家，共不过廿人，回回共只不过五家，余皆缠。树木、河水、农户、商民，皆甚可观。谈话中该津商送我《玉历至宝钞》一册。闻轮台有同善社焉。野云沟至洋霞据云为百十里，我计约为 49km 或 50km 云。喀拉卡齐，黑发之意也，原前有一缠女创下的"迈杂"[①]——坟——至今缠民信士尚多到那里去作礼拜云。下午一点半和两点五十分落了几滴雨，天多云。

六点卅分动身西行，大柳夹道，田舍不断，麦多已将熟。华新马跛，彼牵之行很慢。五十分走了不过 1km，又折南西南，又向西南，田舍、树木，不断入望。七点半又向南西南，五十五分村舍渐远，行于大旷野中，红柳不大，然颇密。向南四分之三的西南。八点十分南四分之一的西南，或南西南，多红柳，蚊虫厉害得很。廿分向西四分之三的西南，因华马，故停十分。九点十分向西南，十点七分过小河一，向西南。十点廿分下马步，三十五分又过一河，地湿有碱，似湖底，方向误甚，幸有北极星与指南针之助，尚未致出误途。向西，又西西南，或西四分之三的西南，即乏且困，心中极不高兴。九点半起，天就甚黑暗，东北、西北皆见闪光。十一点半又过一小河，西南上闪电之光亦烈，并隐隐闻雷声。向西西南行，四十里城子以来，路旁多见百灵鸟。

轮台街景

1928.6.14　　十四日

早一点十分后西南电光极烈，黑云弥漫，光出其上，故每现则一片明。仍行大野中，地上草也少，路外除常见黑影直立的电

---

　　①　迈杂：又作"马杂"，今多作"麻札"，维吾尔语中阿拉伯语借词 Mazar 的音译，多指伊斯兰教圣裔或贤者陵墓。

杆而外，一无所有。两点十分过河水，向西西南，廿分落雨数滴，廿五分树木房舍，渐渐入望，心为之喜。微微之晨光已渐渐出现，天亦稍霁，犬吠鸡鸣，惊破了沉寂的黑夜。两点半过大小桥二，大桥有门，河水很低，如喀拉卡齐之所见。过小桥西南，行大空地中。天渐晴，一钩之月已自东方上升，因云雾之遮掩，现紫灰色。过渠水数，小桥数，宽大之路夹以老柳，倒也可观。三点十分到轮台东关街之东门，门掩未锁，推门而入。街旁房舍比栉，以时过早，皆未开门。到一店，因无房，又另寻一店焉。时早起高呼之缠回已实行工作。将近四时方睡。

天阴霾，十一点三十五分落了几滴雨。自洋霞至此，见居民多大项——项下生大肉瘤——闻系饮水北山所致。下午三时，访王学道伯平县长，晤谈多时。王君新来月余，在省识徐、黄、丁等君。据云附城九村——洋霞、野云沟无与——缠民共两万余。城市汉人不过二十余家，回回亦只不过此数。缠商多来自喀什。此地老盖衣商亦少，买卖只在东大街与东关。归已四时余矣。伯平着人送来鸡二，蛋数十。

下午六时后，顺街西行，东关与东大街间有河一，水流颇大，含流沙，有桥贯通二街，名乐善桥。杨柳参天，民家多柳叶桃一花。街之南北，皆系居民、田舍、园圃，青葱一色，景象升平。北方远处为山，桥前有一礼拜寺，一缠在门高呼，寺中跪拜之人颇多。轮台无城，只有街市而已。车夫以马乏故，请缓一日，故留此。并云此地每七日一八杂集会也，明日即为八杂之期。晚电光灼灼，并隐隐有雷声。八点廿分落了几次滴雨，后云渐少。轮台缠名布根（Buger），天气热于焉耆，与库车几同，风亦不多，有雨雪，然极稀少。十一点睡。据伯平云，今早我们所过多水处为草湖，洋霞至此名为九十里，实不过 38km 而已。

轮台的八杂

1928.6.15　　十五日

今日为此地八杂之期，晨饭后，将近十一点同华进城游览。东大街人不甚多，而县正街则热闹非常，杂货摊、商店，问卜的、行医的，男男女女，人山人海，肩摩踵接。忽遇王伯平县长来访，乃同步归。谈多时方去。后又同华进城游八杂，由县正街而入小学，学内亦有买卖交易。更西而至孔庙街，人更多，万首攒动，拥挤非常。华摄数影（图9-2）。至街西折回原路而归。此地之盐，来自库车，粒白透明，似冰糖碎颗，产山中，味颇好。据伯平云，阿克苏附近有盐山口者，满山是盐，或粉红或淡绿，其色不一。新省北部有官盐局，盐归官卖，于中抽税。南路无之，以遍地皆盐故，不易举办，盐税附征于地亩税中。

下午四点五分动身，乘车西西南行，会东大街西南，又由县正街而西西北，过县署，又由县正街而至接孔庙街而西北。十七分出一门，仍向西北行，又西西北出一门，路边房舍不断，行人众多。北西北，又北，老柳夹道，满目都是田舍、树木，居民之往来于途者，皆呕哑作歌——不独此地为然。过渠水数，路多曲折，总是向西北偏北，渐见北山，高峰积雪，又为云雾所深锁，颇可观。五点廿分西北行，野多红柳，绿草如茵，牛羊极多。四十分又向北西北，田舍仍不断入望。六点向西，路旁多桑柳。又向西西南，野多红柳。又向西，人之自八杂归者甚多，或骑马，或乘驴，有的谈笑自若，有的得意洋洋，且行且歌。七点三分过河汊数，水流颇浊，来自北山中。过河西南行，野中牛羊仍多，树木、田舍，围绕成圆，红柳亦不少。卅五分西南折西折西南，五十分西西南，五十五西。八点，穷巴克庄。街市不

图 9-2 轮台的人茶

长，有数店，路北有官立第一汉语学校。庄多老柳。西行二刻向西西北，二十三分西北，廿五分又西西北。过小流至戈壁中，向西北行三刻向西。天渐黑暗，面前唯黑暗之平滩而已。北山也渐渐地看不清了，入梦。十一点向西，又向西西南。后又渐渐入梦。

从阿瓦特到策洛瓦特

1928.6.16　十六日

早一点五十五分向西西南。天颇冷，余衣颇单，甚苦之。梦迷模糊，不辨所以。三点半南行到一村，戈壁已出，房舍、树木，渐至面前。知阿瓦特站之已到。四十分到店中，自轮台至此约46km云，名为百十里。华已早到。又睡至十点方休。阿瓦特又名大浑坝。居民约六十家，街市颇长，本地缠农十六户，买卖店家之人多来自和阗、喀什，无汉人，无回回，皆缠。官店一、私店七，小店亦有七、八个。地近山，有泉水，山中有雪，地亦较高，故天气稍冷于轮台、库车。天常有微风，夏有雨，冬有雪，唯不甚多耳。

下午六点三刻骑马动身，西西南行，渐入戈壁中，地势南高北低，南为平原，北之远处有高山，上有雪。七点十分过无水河底，盖天雨后所冲刷者也，面有红泥一层。廿二分向西四分之一的西南。五十分向西西南——西四分之一西南。八点四十分向西。天颇晴明，晚景好看。马跑了几次。九点卅五分向西西北，又渐向西。十点廿分路旁多大土冈，上生红柳，渐入沙窝，马行颇慢。闻犬声，又见树影，知村之将至。十一点到策洛瓦特，又名二坝台。住官店对门之私店中。店家为煮茶解渴。阿瓦特至此约25km，据云为七十里。

遇到南路选拔晋省的学生

1928.6.17　十七日

早一时睡，两点十分车到，整装又睡。八点多起，店中后来数车，颇形人满。一车装南路晋省之学生，闻系奉杨督命各县拔选送省者。前在轮台闻杨督命各县选派五生晋省，入其纺纱厂学习。今又闻将以学生组学生队，两说并存，不知孰是。策洛瓦特街市不大，有树株、泉水，住户八家，皆缠。官店一，私店三，小店一。饭后到村南之渠中洗澡，水不甚清。

六点三刻发，向西，行沙窝中，颇慢。七点三十五过渠，沙窝完。路在大戈壁里，蚊虫颇多。八点半向西西南，三刻后破房渐多，地亦渐低，类湖底，或经过水泛滥的冲刷的地。九点十分后路旁多土冈，十点十分向西西南，三刻向西。十一点十分，路旁渐见树株，入有人居之境。过渠西西南行，又西南行。过一大桥，入栅门，托和㷆街。十一点四十分到车夫指定之店，门不开，寻官店住焉。地名托和㷆（TuoHuoai），缠人呼为亚噶（Yaga），策洛瓦特至此约25km。

托和㷆民情

1928.6.18　十八日

早一点后睡，车两点一刻到，我又睡至十时方起。天气晴明，颇热，顺着街走了一趟，街市不甚长，以天气热故，街中天篷高搭。街市居民商官约三十家，汉人四，无回回——通刚，余皆缠。有税卡，电报巡房。官店一、私店四、小店六、当铺二。附近居民农户约二百余。杨柳参天，沟渠纵横，满目是青葱田野。一缠人告我本地当铺之剥削缠民。据云当息八分，以八杂——七日——计，每八杂一天罢（合廿五个红钱）扣红钱一枚，当东西要先扣下利息，六个月为期，过期则将当品县市发卖等情。官店内院上房，院小，中有高杨二，位路左右，墙半红，类庙宇，壁多涂鸦，有云上房有"鬼"句。我睡了一夜，却不见鬼在哪里。

下午七点动身，西四分之一的西北行，五十二分过一无水河，村落不断，树木颇多。西行出村，行戈壁中，南方、西方皆有树株，北则大戈壁以至于山。八点卅二分又村，出村又是戈壁，地势忽高。三刻过河水，流颇湍急，潺潺呼呼作声。入村，过渠水数，树株亦多。向西西南，戈壁上水流颇多，又向西，九点廿分过无水河。十点五分村树，过此又是戈壁，多流水，自北而南。西西南，十点十分下马徒步。过河，向西四分之一的西南，十一点河、树。上马行，水树多，有居民。过此又入戈壁中。向西，十一点三十分又有流水、树株入望。过河汉数，向西四分之一的西南，又向西。

到达库车，访涂县长

1928.6.19　十九日

早半点树株又入望，过了好多的河汉，入村中。三十五分入街中西行，街旁房舍林立，路甚宽展平坦，两边杨树成行。早一点向西西南，不久又折西，房舍渐少，渐行房舍又渐多。一刻过一桥，颇大，房舍、树木更多。西南行，街市有大河横流，居房门前皆有桥通。入，商店林立，房舍高大之街，有闸门。仍西，过一大桥，时一点三刻也。桥端有二门，皆有"安澜"字样，桥木制。下桥折南，五十分到店。店主缠人，对门为俄商比利洋行。稍茶，三点后睡，四点半车到，直睡至十点后方起。以后给老王买鞍子，耽误了不少的时候。

五点同华乘马访邮局局长朱①。稍谈，辞出。入汉城访涂贡球县长②。汉城买卖不甚大。见于后花园客厅，出示樊署长训令，托其寻房花果园，以作气象台址。他立刻即派人寻觅，知其已收到与回复了汪道尹电。附近之山，有二十里、四十里以至百里不等。汪电未述我们来，而训令又在我们手中，涂君不知我们之来也。园中树株茂密，果实累累，亭榭池沼，池中生莲。厅洋式，一切布置皆尚雅致。辞出，随县中人去找房。先至店邻比之一房中，房洋式，然院小，又无园以安气象台，且房多失修。出，又至市南二三里许之乡约之果园中，途经行河滩中。房舍虽不甚好，而园中果物甚佳，且有空地以安台。询主索价几何？而苦于面子，不说，只云有无、多少都可。乃托县中人代询，亦不得要领，然云县长可以办理，房事即完，乃定明日搬家。

回店，天已晚。托和萧至此约 37km，名九十里。

<hr />

① 邮局局长朱：朱菊人，库车邮局局长，与俄罗斯妻子探尼均为刘衍淮在库车最密切的友人。

② 涂贡球：字芝孙，一作芷孙，江西人。时任库车县知事。

第十卷

在库车·上

（1928.6.20—1928.10.10）

一 初建气象站

迁居图尔巴克园子

1928.6.20 廿日

不到四点就醒了，再也睡不着，乃起。闻每早街有小市，乃出游市中。时方五时左右，日才出，人颇多，皆小生意，吃食的东西、兑换银钱等等。县衙派来三人帮助我们搬家。将午朱邮局长回拜，云已给我们找厨子等语，多时去。车夫之一不知去处，迟迟至十二点半方动身搬家。收到汪道尹转来电报二。车一点到新居。又买了些家器。房已清理，唯以房少故，置箱件于外边。打发车夫走了。

品茶凉亭，话匣作乐。亭周皆果树花草，前有小池，甚安适。不久，涂县长来访，谈多时方去，并云明日宴请，辞不获，定午后六时。未几，人来云，县长已与房主商议，我们月支十二两于房主即可，并可得房中各室。余以其太少却之。华骑出，晚，候其归，议月给房主四五十两。晚睡亭中。

夕曾写给黄君函。住地名图尔巴克园子。

瑞典女医来访

1928.6.21 廿一日

上午写致徐先生之函。下午五时同华策马进街市中，先到邮局，华欲去访一瑞典女人①。未几而瑞典女人来，盖朱局长已告之矣。女人已近七旬，据云已将卅年未回国，先从事于天主堂，后行医。

届六时，亦赴县长宴，乃别。彼亦到县署去。到署，军乐张，军举枪，门警鸣炮三响。同席有冯委员、鲁绳伯、邮电局长、守备某、鲁之公子、县长及其婿。鲁曾毕业于北大预科，时尚在清季。中菜西式，颇极一时之盛。房子事又谈了谈，九点半方散归。

十一时睡。

端阳节遇上了库车八杂

1928.6.22　　廿二日

本日为星期五，中历之端阳节。在孤零的我，佳节于我，似乎也没有什么。并为库车八杂之期，同华于十点后步入街中，买了几件东西。天颇热，人拥挤不堪，胜于轮台之所见。

夕，邮局长朱来访，谈至晚方去。

今日气象台虽尚未安好，而风云、温度、气压的观测，我已开始作。

园中主人家作"娲郎"舞

1928.6.23　　廿三日

院中住家之男女宾客甚多，来自山中。据云北山距此四十里，一日可达。午际，数男宾坐亭隅，弹"Bunbra"，二人和唱，一老叟，白鬓红面，头戴鲜花，作"娲郎"舞，颇有趣。后则一少年

---

① 瑞典女人：诺维莎·恩瓦尔（Lovisa Engvall，1865—1935），1900年来到新疆喀什，后在库车、沙雅一带传教、行医，1935年回国途中病逝于莫斯科西郊。

舞，后移歌舞于亭中，直到下午五六点后方散去。

余病腹。晚洗了洗澡。

池中之蛙，每夜鸣，声特异，叮叮咕咕，极类蝼蛄。

1928.6.24　廿四日

以房及木匠事，差人叫来了县中人，告之去找木匠。房东之母移居他房，余居其房，颇宽大。

夕，朱局长来，谈至吃了晚饭方回。据云某蒙古统领将在库车招兵万人，恐应者不踊跃耳。英教士痕太耳已到此[①]。袁小彤已过焉耆，四五日后可到此。喀什俄领亦将到，各县县长须随行保护。

晚睡房中。

杨督改称杨主席

1928.6.25　廿五日

在家记气象。夕六时后，一人策马进城访涂县长。途遇朱菊人局长，告我以据电局长云："适有自省去喀什之电，杨督已易衔省政府主席。"此地即变，内地不知变成什么样子了。见涂知事，彼亦告我此事。又谈木器、木匠事，彼云明送二桌备用。木匠铺靠路，请余回时顺便去看一看。又告我喀什俄领之来，沿途调查军事、商业、风俗、民情、户口，并迫已入华籍俄民复籍等情。归途同通事到了木匠铺，主不在，据匠人云，现正在工作我们的木架中。又驱马访朱菊人，谈十分钟而归。

---

①　痕太耳：George Hunter（1861—1946），又译乔治·亨特，中文名胡进洁。英国内地会传教士。1906年到乌鲁木齐传教，1946年被盛世才当局驱逐出新疆，病逝于甘肃张掖。

木匠制作百叶箱架子

1928.6.26　　廿六日

天混浊，日月无光，以轻尘满空也。上午涂知事派人送二桌来。下午木匠带木料器具来，至晚就做成了架子。夕，菊人来访，送来《东方杂志》二十四卷二十三号，尚为去年的遗作。七时后方去。空中是清尘或是高雾，或是 Astr，颇成问题。

安置百叶箱

1928.6.27　　廿七日

天气如昨。下午铁匠来安气象台的小木房于架子上，用人掘坑以埋之。

县署差人送来俄领颇斯特尼可夫［Postnikov］及其翻译吕同仑的名片，云明日九时来访。

俄领事讲内地消息

1928.6.28　　廿八日

上午候俄领来访，至九点、十点都未到。心颇不耐。至十一点方来。寒暄之后，据俄领云，英、法语能听，说不好。据云他接到莫斯科电，北京已为南军所占领，张作霖已遁。占领者何人，逃走的去向，皆尚不知。又云其在喀时，德人特林克莱曾托其绕道俄国 ①，运其采集品归国。彼请示莫斯科，未得回电。并云现彼

---

① 特林克莱：Emil Trinkler（1896—1931），又译特林克来，德国探险家。1927—1928 年到新疆考察，被地方当局明令禁止。归国后著有《未完成的探险》（ *Im Land der Stürme*, Leipzig, 1930，直译"在风暴席卷的区域"），记载考察过程。

要强带其采集品出道印度回德，不信中国官吏能扣留其采集品。俄领行程将往罗布诺尔，不去迪化。十二点半去。据其翻译云，将来他们不一定同去，因吕昆生——皖滁州人——欲到"口内"上学也。

下午涂县长送片来请陪俄领吃饭，定午后七时。我们两人都不愿去，你推我却。归结决定我去，华托病留。夕，坑子挖好，就树起了小房子。

七点一刻，同用人王去衙赴筵。俄领及其武官、翻译后到。仪式如前，升炮迎客。主席、我而外，无他客。与俄人同床异梦，无甚投机语。告知主席及客华君病状，请其原谅。入座，中饭菜西式吃法。俄领欲取道沙雅，由塔里木河乘筏浮于海——罗布诺尔。询诸缠人，能行，随议定。稍谈了些科学问题，知他们亦有温度表、气压表，每日记录，法不甚对，风云则不甚懂也。询之在何处得到关于北京消息，云于阿克苏接到电报，又接到一信，又夹俄报一篇。云六月三日南军完全占领北京，现战事在东三省，山东日兵甚多，胶济路已为日兵强硬接收。内地无论南北，排日抵货风潮甚急。他又问了些我们团内的情形。沙雅之行，涂县长将随行同往焉。

十点半散，十一点回到寓中，告华一切情形，华有去沙雅意。

给徐先生报告近况

1928.6.29　　廿九日

库车八杂之期。华一人去回拜俄领事，回时老王给我带来了群英的来信，附来名片十张，我真要喜出望外。写信给徐先生报告此地情形及俄领行踪。清晨八点多才起来，七点的观测误了！心甚懊悔。

开始气象观测

1928.6.30　　卅日

　　上午就开始安置温度表等于小房中。下午两点就从那里开始观测。下午又安置自记表于其中。空时即写复群英之信。黄昏又安置雨量器及最低表于外边，稍显忙碌。下午风颇大，最大时到强度七。晚饭后浴于自己的住房。早睡。

会迪化友人袁小彤

1928.7.1　　七月一日

　　上午、下午天阴云多。王自街市归，云曾见袁小彤于店中，并告王，彼将来访。余候多时无有消息。下午五点，涂县长遣其洋马车及差人等来接余，云袁已候署中。余又往。车甚好，有顶盖，门窗皆闭，惜少闷耳（图10-1）。至，则袁、涂正谈于花园

图 10-1　涂县长的洋马车

客厅。谈知其早四时到此。涂君又云下午一点同俄领去沙雅，途次廿里闻袁来，乃派十人随俄领去了，彼归。今日又接到杨主席电令，换青天白日旗。据袁云，彼未离省前已闻之矣，并云途遇黄君于四十里城子。彼离省时，徐先生曾乘汽车送至南郊中有湖之处。先并徐先生拟给一名誉团员，在阿克苏调查风俗人情。

六时余出，寻高处记风云，袁、涂随焉。先至花园，后房顶，以低且为树遮故，出园至北门，以楼门锁故，在外城之顶，瞭望了一气。附近村郭，远近诸山，都历历在目。未几，城上楼门已开，又登焉。楼二层，中多题画，无可取，顶以有栏杆故，不便瞭望。

归，又谈。未几，同吃便饭于园中。池中莲已开二朵，客厅名"莲房"，盖本此意也。西角小亭，成于马绍武任中。马现任喀什道尹。

饭后八时，同小彤乘一车归，过其店——即我们前住之店——入坐不及五分钟，见其二少公子。以九点钟测观故，急归。仍车，河滩砂多，马不前。时离住已不远，余乃下车，欲步归，而差人力请易骑导者之马，乃上，八点五十分到寓，九点事毕，十点寝。

涂县长送给江西茶一瓶。小彤家人以长途辛苦故，妇孺多病，余请其明日来取药医治。

二　库车见闻

袁小彤说北伐

1928.7.2　　二日

上午十一时小彤来，谈知在省已闻南军于五月三日占领济南，九日占领天津，同时晋军亦逾过涿州，进攻北京。张贼遁不及遁，后仓皇出奔，路又遇刺，受重伤。俄领事来时亦云张受伤事。又云焉耆魏知事为老国民党，受黄克强等之委托，来新办党，以当局之力之故，不能进行。谈多时，他睡了，我整制门帘。

下午两点半同饭。天云少日烈，颇热。饭际，瑞典女医来访华。饭后，于是我们移于房内闲谈。据女医云，现在缠民妇女之盖面巾者较前已多，每八杂期，常有人持鞭行市中，遇不盖面巾之妇女，辄策之。前曾有是类人欲策伊，伊强硬不屈，免于纠纷。宗教势力使人不得自由，而官厅又不能禁止，余不胜叹惜。

六时，涂芷苏遣其马车来接，于是同乘赴县署宴。至河滩沙窝，车不前，耽误廿余分钟，易马方过。至未几而宴开始，时已七点半矣。余以九时不能归故，乃函致华，请其代作观测。宴完全中国式，唯有波兰地、香品、酒而已。同席另有朱菊人、周电报局长、守备某、商总二。九点廿分席散。归，同袁乘轿车，过其店，入，谈数十分。归已十一时矣。赏车夫差役二两。

芷苏约明日同小彤来"浪园子"，同吃抓饭。

请涂、袁二人吃抓饭

1928.7.3　三日

一早就有人打扫庭园，门皆悬红布，后渐又移很多之花红毡毯来铺置亭中，又移床桌等物于其中，备筵小彤者也。十二点朱菊人来，彼亦在被邀之列。二时而主客皆不来。半，乃同吃便饭。四时，芷荪、小彤方到。茶未几，先参观我们的气象台。后入座，先吃烤羊肉，桌上置两大盘，随割随吃。肉皮焦而内不甚熟，不合吾味，食无多。

稍停而谈，小彤谈及英人马古洛（Macolorn）之可恶[1]，在樊署长筵俄领席间，骂中国人及官厅为赤俄走狗，并实行表演，惹及众愤，诘责之。而彼又向众人挥拳相对，事后并不认错。乃由外交署上呈政府，请撤其邮务长职，保荐浙人哈某继任。部准，而以特别故，未行。马闻耗，乃藉题革去哈之会计长职，而查办之。职由陈策代理，哈因此回籍。闻者皆愤愤不平。同席除主客菊人、华志而外，尚有二缠人：一前曾充众议院议员，十四年回新，现任统税局局长；一为羊税委员。

未几，又上煮羊肉二大盘，为羊肉与黄萝卜煮水中，再加酸梅、杏子等果实、作料，肉烂，味亦尚可。又停了一会，食烧包子，又停食抓饭。饭中肉油极多，味微甘，米粒甚硬。据芷荪云：缠人做抓饭，无论其有米若干——至数石——皆能作熟，而汉人之做此者多不熟，盖不得法也。据云缠人宴，必有抓饭，故有俗语云："没有（不吃）抓饭，不算。"不算，言宴犹不算完也。芷荪曾请瑞典女医作其家庭教师，授其子女英语。以无书故，请余书真草字母，余书而予之，并给彼小字典一部，同听差王之《英语

---

[1]　马古洛（Macolorn）：又作马克洛，英国人，新疆邮务长。

初阶》一书。

下午天阴云，风颇大。小彤以车夫请，留此一日，明日行。七点半宴终，皆散去。华接大夫电，询路可否行汽车。

竖起了风袋杆

1928.7.4　四日

天阴云，风颇不小。下午四时骑马到店中去看小彤。至则店中已空，不知何时已经走了。再走马访芷苏于县署，又值其有堂讯，未入。而去邮局访菊人，谈一小时余。菊人送我，偕手步至门首，他回去了。

归而六点，风未稍息。上午用人挖好了坑子，六时就竖起了风袋之杆。今日上午睡了一会，而"乏"仍甚，有不支势！闻俄领事被阻于沙雅，已回至库车。

俄领事取道沙雅被阻

1928.7.5　五日

天多烟雾，日无强光，而燥热非常。上午九时，循华请，去电局代其送电。骑马带着新用的安集延缠依根伯特。电局在汉城中，邻游击衙门。在电局见杨主席为波领事事致沿途电，云彼取道塔里木，事系有意避免监视，碍难照准。翻译吕同仑既欲回喀，以后由省派常某同行，并禁人民与俄领接谈。声色俱厉，对此极为重视。

归途访芷苏，给他的少公子了个电灯，原其少公子欲要华之电灯而不得。小彤乃出其灯皮，余出电池一，合而为之以予之。以修理故，迟至今日方送去。在县署遇吕君，据云伊将由此回喀，而俄领昨日接到信件，亦有由此回喀意。芷苏云，小彤于三日夜发。省政府改组后，道尹已变名行政长矣。

十一时归，天颇热。下午有缠人名泥萨莫金者应华召，来。因大夫电中述鲍尔汉荐此人，知由此至巴楚路。巴楚又名马拉巴什。据云马行约廿日可至拉利克——巴楚南——此季以水多故，汽车不可行，秋后可等情。并允明日细想此途何处好，何处不好。写之成文，送来备考。后一人名土尔底持小彤刺来，云彼系小彤听差，以来迟不及见小彤故，路费绝，乞助，并云在焉遇黄、龚二君，彼等现在来此途中。余以四两予之去。晚园中多水泥，余不知，九时作观测，致迷鞋泥中。

修订旧日图画

1928.7.6　六日

天晴，热得厉害。上午华到八杂去了。午后二时为三十七度四。夕一人骑行，过天桥下左行回大街，入回城，出东门又回到大街。八杂上人已不多，故未碍骑行。过河沿东岸小街中归。晚浴于池旁。今日曾食小红桃和瓜。做旧作，涂了几幅图。

园中又舞"娓郎"

1928.7.7　七日

天气热得厉害。下午渐阴云，热稍减。房东及其妻来，随来一少妇，一弹弦，一击鼓，和声而唱，并备饭园中。下午循妇请，出洋戏助乐。未几，他们饭后，余要妇"娓郎"，止洋戏。一妇弄东不拉，二男击二鼓——用手，鼓圆小，内铁环甚多——妇男和唱，着白衣之妇起舞，二手摇招，柳腰轻转，随乐急缓，秀步着移，远胜于吐鲁番之所见。渐舞于房主之母前，母起立致谢，随置红钱数十于盘遗妇，妇更舞，终以羞故，不肯舞向我们面前来。

我、华二人以三两给之。厨夫欲以之置妇帽下，妇不肯，罢，谢。缠俗观众给舞妇女之钱票，例置帽下，戴诸头上而舞，以示荣也。

夕舞毕，人渐散去。余亦于七时骑出，南行入沙河中，河无水，两岸树株、居舍，一望无际。沙□马蹄，未几回来了。满天云，黑得早。九时尚为三十一度四，可谓热矣。

朱菊人说北疆见闻

1928.7.8　八日

早菊人来，带来给我的新厨夫。谈知菊人在济木乃时，因俄人争中国水流，曾冲突多次。时驻济连长梁天佑，河南人，智谋虽不甚多，而"血性"尚有，以六七十众与俄人机关枪队数百人血战两次，终夺回水流。俄人嫉之，力请杨督调任该连长。去年交涉又大兴，据云结果系将中国领水让给俄人一半云。前该连长在济时，因冲突之故，杨督调阿道外交局长办交涉。至下午一时方去。

天阴云，不甚热。新厨子果然好，午饭就是他做的。四点后睡至六时。风甚大，不能出门，颇无聊。

至汉城访赵游击

1928.7.9　九日

天气晴明，热不甚剧。房东夫妇又来"浪园子"，唯随来之妇女并未歌唱"嬲郎"。

夕六时骑马出，北经大桥下而左而右，渐至汉城北门外，为去喀什大道。四十五分到一大桥，乃归。入汉城，访赵游击。赵，古城子旗人，哈密、吐鲁番途中所遇之赵某——多统领之翻译——即其戚也。游击已五十八，烟瘾似乎很大，而体质又弱不堪，新病初愈，谈话似甚诚实。谈半时，辞归。途人多笑我之马镫，以其皮包前面也。

甜瓜上市了

1928.7.10　十日

云少天晴，不甚热。下午六时后一人骑出。过大桥下，说书及赌博人不少。折左而又右，顺河滩行，两岸满是树木、房舍，似乎以及于山。纵马狂奔，兴味颇浓。河滩阔大，北行数里过小林，折归。向东岸，会大街，东行过一桥，稍东北。路人多误我为俄罗斯人。至来时所过之大河顺流，居民门外多以桥通街处。折归。访朱菊人，不遇，归。房主母有客，给我们送了盘子"抓饭"，很好吃。近几日杏子已成过去，瓜又见大"上市"。

闻杨主席遇难

1928.7.11　十一日

天阴，云满。十一点半，闻一惊人消息：樊早襄署长于七日在某学校内将杨主席击毙，樊当时即被捕，省务现由政务厅长金树仁代理①。通电已到，严守秘密，泄者军法从事等情。杨居官数十年，一旦遭难，殊觉可惜。

午房东之妇又来，看了一气我的照片。六时骑马出，北街经大桥下，左右又顺河行。桥北不远有积水涝坝，不能过，故须东行折北再回河身也。再东行，穿行小街，会旷地之路，路旁小麦已黄，多已割倒，有的已载场中去了。会大街，西稍南行，过桥

---

① 金树仁（1879—1941）：字德庵，甘肃永靖人。时任新疆省政务厅（民政厅）长，杨增新遇刺后，接任新疆省主席。

多之处，又过桥，进有闸门之街，到邮局访菊人。见其夫人——俄人——知朱刚出去。余稍候，而菊人归，时已七时矣。

七点雨点渐滴，然少极，殆地面温度过高，雨不及之欤？八点归，天仍雨如前。九点稍紧一阵，以后又是半天一滴一滴，下到夜里。

津商说库车旧事

1928.7.12　十二日

早一点一刻醒，出去了一趟，雨仍滴。回来多时睡不着。三点多又因特别缘故醒了。雨稍急，至四点一刻方息。又是多时睡不着。六点三刻醒起。天云渐少渐少，日渐出显，天地间晴明了许多。

下午有一津商来"浪园子"，谈知此地住居之汉族可百余户，人千余口。民国七年陈宗器任知事时①，有一次回变，原于缠民中搜出旗帜标语，据识者云为"杀汉灭回"。哈喇湖逃回之回马福图向陈知事告奋勇，愿率回众，拨其枪械，平定大难。以廿人为前队，四十人为中队，六十人为末队，天津商人虽无枪械，以杂入队中以张声势，预备剿乱。是时缠众百余人欲往某乡去杀汉人——该村住汉商七家——关帝显圣，使缠众出误途，数人直至库车北门，至，则城门已闭，防守之回汉已得报，齐集城上，预备厮杀。缠众攻城，以煤油焚城门，火起，城上枪开，二缠毙，百余缠皆惧，弃甲曳兵而逃，遁诸山。回众与津商后追之，杀无

---

① 陈宗器：寄绮闓，民国年间新疆地方官员，曾任孚远、库车、焉耆、绥来、叶城等地知事／县长，和阗地方法院院长等职。与西北科学考查团第二批团员同名异人。

算，活捉五人。缠败后，即有数缠财东及有势力之人，跪陈知事面，欲告奋勇，前往山中助捉乱党。陈知事知其为与若辈同谋者，不之许，并告以汉商及回众足以定乱。诸人固请，叩头如捣米，陈应之，诸人乃去。及至，见五人被捉，即割五人首以绝口舌，又助汉回众逐了一气缠乱民，归。一场大乱方算平定。事后陈给马送德政匾以酬之。缠乱党在去沙雅之大路的抗拿斯。

此地津商半有缠妇，因缠妇即可以助理事务，当作通事，又可以消愁，归者多弃妇，子女予妇，分家私十分之一二于妇以去，鲜有带妇归者。又云此地县缺甚者，年可得十万两票，不甚者七八万。阿克苏、温宿一带亦相若，而和阗、墨玉则可得如此银数之白镪。谈了多时去。

六时朱菊人来，谈至夕。八时天满浓云，十几分钟，后渐小。雷电交加，唯不极强，地面有水，稍泥泞。饭罢，八点三刻，菊人归。九点雨量为 2.6mm 云。后云渐少，远电仍不断。上午赵游击着持片来谢步。

新疆学生担任迪化气象观测

1928.7.13　十三日

上午云多，下午渐少，不甚热。下午六时，策马访芷荪，谈及杨被害事，不胜惋惜。又云省上秩序尚好，此地亦为历来多难之境，暂时不能不守十数日缄默，以维治安。余深然其说，并劝以以后出一安民布告等语。又闻事发于俄文法政学校内，以该校学生行毕业礼也。未几，前电政监督、现赴墨玉任之吴某来访涂，见面谈了几句，我就告辞回来了。

今日华接到大夫七月二日来函，系询路事，并云七月一日迪化开庆祝会，满悬青天白日旗帜，杨宴宾于督署，署悬中山先生像，极一时之盛云。徐先生及韩普尔现在博古达山中，迪化观测由新省三学生担任，并闻将来有一个来此云。北京变更，张胡匪受伤，消息同于俄领事之所报告。

迪化政变真相

1928.7.14　十四日

天气晴明，热亦平常。下午房东夫妇来，华给妇照了片相，徇其请也。我抄了一个缠曲。七时骑马出，过桥而北，未几，闻迪化商会来电述迪变情形甚详。事发于俄文法专，当场毙者，杨外有杜旅长，高、王及某三副官，严厅长及电政监督受重伤。下午一两点时，樊等占督署。下午七时，金等之兵方破署，擒获樊等。又云正凶授首，天理报应，果然矣。

读《教育杂志》，见高仁山遗书，乃致其妻者，述其志在教育事业，而都为党案所累等语。八点后归，九点四十分落雨数滴。十一点雷声闪光，不绝入耳目，后大风又作，园树呼呼作响，而果实又不知几许将为吹落矣！心多杞忧，难于入梦。将近十二时，矇眬睡去。

早菊人着人送枕头，余赏来人一两。手工殆出于其夫人之手。

1928.7.15　十五日

天晴热如常。下午七时骑马出。归，闻今日芷荪宴赴墨玉任之吴。又闻芷荪已接省政府来电，云变肇于俄文学校，樊作一网打尽之计，其卫兵等皆带盒子枪，宴中樊以擦火柴为号，枪声四起，杨及杜旅长，高团长，王、张等三副官殉命，严厅长中二伤，电政监督亦受伤。当日下午，捕获樊、何、刘等于督署，已按军法办理。十日，停杨尸于天王庙，由省政府拨二万两治丧。省政府当选金为主席及总司令，外交为陈继善①，等等。

夜，下人云街人言冯玉祥刺杨之谣，余力辟之，并给用人训话，警告慎言。

拜访房东巴拉木乡约

1928.7.16　　十六日

天晴热。下午作蒸馏水，费二小时，得尚不及一酒瓶。七点后骑马出，在城中访房主巴拉木乡约于其家。房舍宽敞，清雅光明，是财主也。谈华将入山雇马事，约于次日再谈。伊妇置冰糖太多于我杯，茶不能入咽。又以八时观测，故急归。夕写致达三函。

汉莎合约即将到期

1928.7.17　　十七日

九时后又补作蒸馏水，费二小时多的工夫。后朱菊人来，谈一时半去。房东夫妻及几个其他女人来逛园子，一直热闹到下午八时方罢。华接韩普尔电，云彼等与 Luft Hansa［L. H.，汉莎航空］之合同将于本年九月卅日截止。而赫定欲与 L. H. 重订合同，大致同前，然不可靠，征华意见。该电错字累累。新疆电局人员，多仅知字母，而不通英文，故多错误也。园中杏只一棵树上有，桃尖有红者了。

天晴，热至三十五度八云。送了致达三函。华云据友人函，德人现发明火药用之于飞屋——飞机之一种，将与星球交通，试

---

① 陈继善：字源清。甘肃河州人。民国时期新疆政府官员，曾任迪化、吐鲁番县知事，金树仁执政时，接任外交署长，与西北科学考查团多有接触。

之于汽车，八秒钟行了二百余 km，以此推二、三小时后即可出了大气圈。

学习照相

1928.7.18　　十八日

天晴热于昨日。下午在书中寻出名片数张（图 10-2）。习照相。夕六时半骑出北行，七时半归。访菊人，不获。

图 10-2　刘衍淮在西北科考团期间的名片

房东妇人来作媒

1928.7.19　　十九日

天晴无风，热至三十七度七。作月表之一部，读赫定书一节。午房妇又来，麻烦得不了。她问我是否有意于妇人，更欲异日请余至其家，并请妇女数辈，余以不懂却之。夕热，未骑出。晚早睡。

1928.7.20　　廿日

天晴，空有轻尘，热与昨日几同。下午浴。看洗相片，并洗了我前在红洼子工中照的两张。朱菊人夕来，致未得骑出。八时菊人去。华定明日作千佛洞之游。

华志访问枯木图拉千佛洞

1928.7.21　　廿一日

天阴云，热不甚剧，华于早六时同安集延缠到枯木图拉千佛洞去了①。下午睡了一会。房东之女来，为此地王爷之媳，颇不坏。女去后，伊母来，取相片也。七时后华亦归。云自此到千佛洞，骑费三时余，洞附近河流分而为渠者甚多，颇难行，亦有些危险。

库车回王参观气象台

1928.7.22　　廿二日

天阴云。九点七分至十八分落疏雨数滴。后渐晴，热不甚。

---

① 枯木图拉：又作苦木图拉，今多译作库木吐喇，维吾尔语"沙漠中的烽火台"。有佛教石窟，在库车县城西南约30公里渭干河出山口东岸崖壁。

图 10-3　买蒲斯来访

下午"高等"缠人十数辈耍于邻园，来玩，参观气象台，洋戏作乐。未几，县署通事同缠王买蒲斯来访[①]，盖亦在邻园被请者也。参观气象台。后一人要求照相，照了（图 10-3）。缠又曾代理乌什协台，伊弟房东巴拉木之婿也。未几皆走了。六点半骑出访菊人，闻廿七日此地将追悼老杨！八点廿分归。

给房东妇人等照相

1928.7.23　廿三日

天气先晴，后云渐多，日光环现。房主夫妇来，并另有老妇

---

①　买蒲思（？—1941）：库车回部第十一代郡王。1923 年即位。

数辈，皆要求照相，给房妇等照了后，其余的则一概推而却之。华备明日走山中。下午骑马出，访芷荪不遇，归。夜华以上山故，交我二百两备用。今日进城见官厅布告，系宣布樊之罪状者，内有云：樊曾任外交署长兼军务厅长等职。

华志进山考察

1928.7.24　廿四日

天阴云。八时，华同三缠入山去了，预备到往伊犁之冰达坂途中之山上去。一早就落了几滴疏雨，九点后又落了几滴。朱菊人来谈，云接友人函，樊耀南及同谋之杨庆南等死于乱刀之下。下午房主妇又来。三点后菊人去。以夜未睡好故，颇感痛苦。六时骑马访芷荪，时值彼宴鲁绳伯，以其奉调入省也。鲁与金系至友，又系同乡，曾充金之帮审，大概到省去任民政厅长。县署外车马兵丁，甚形拥挤。余至与芷荪谈了几句话，告以华之去，未入而辞归。天又曾经落了几回雨滴。夜早睡。

1928.7.25　廿五日

天阴云，八点半后落雨滴数次，后稍晴。下午三时后，睡至四时后，从梦中为人唤醒，视之乃朱菊人也。询知其今日购得猪肉，请余去同吃。予乃起着大衣同往，乘彼坐来之轿车，颠动得厉害，苦不堪。至，闲谈多时。饭罢，八时归。菊人同来，十时菊人归去。余就寝。落雨数滴。

买蒲思身世

1928.7.26　廿六日

天阴云，七时后就落雨滴，直到十一点多才完。然而一共下

图 10-4　房东一家及前之歌舞妇等人来照相

的雨有限，地皮儿都没有湿好。房东夫妇及其子女及前之歌舞妇
及其他之数妇人来。下午要求照相，终于给他们照了（图 10-4），
她们吃麻烟，法以烟置葫芦上，中有水，燃烟吸之，理同水烟。
惟置麻烟极多，吸时火往外燃。据闻第一次吸者必为醉倒，醉后
怕见水，见水则头晕，如入梦境，常显出已往的景象事物。弹
唱"媌孃"，余费一两，随缠俗也。缠妇见生客，星散。谈多气象
问题。

　　又闻买蒲斯乃前缠王买卖提明之婿，买卖提明曾作乌什协台，
死后买蒲斯代理数日。买蒲斯本为台吉，欲袭王爵，请于杨，而
买卖提明之弟任库尔勒警长者告发之。买卖提明之妾有幼子，该
袭爵，而买蒲斯谋之死。而是妾亦告买蒲斯。买蒲斯欲送买卖提
明之马车于杨，以鬻爵。买卖提明之妾即又告买蒲斯盗其车以鬻

爵。车到，杨坚不受。买蒲斯四出运动，凡有能劝杨受斯车者，赏三千两。后运动得杨之十几岁之小儿，劝杨要那个车，杨无论如何不要。买蒲斯无法，运车归，售诸涂芷荪。现芷荪之洋式阔马车，即买得于买蒲斯者也。经道尹断决，提买卖提明之家私之小部分归其妾。而买蒲斯挥霍过甚，现已日渐贫迫矣。

未几，浪园子者七点半后方散去。八时后又落雨数滴，天的云已少得多了。九时事毕。入寝，是日告终。

在城隍庙追悼杨督

1928.7.27　廿七日

天气晴明，因连日阴雨之故，此地虽无大雨，而山水暴涨，河水骤多，其水甚浊，浩浩荡荡，流入塔里木去。本日为八杂之期，十时同五迈到八杂去，由桥东而入城，人颇多。至帽子八杂，又折回出东门，南会大街，过大桥而归，时已十一时卅五分矣。

下午五时，朱菊人来云，今日在城隍庙追悼杨督，芷荪请其喝礼，"跪，叩首，再叩首，三叩首，兴"而已矣。芷荪祭文中有"感恩知己，没齿难忘"句。又云黎宋卿已于六月一日病逝，此地有其讣闻故也。又闻东三省已改组省政府，是东省已无问题矣。九时半菊人去。

园中桃子熟了

1928.7.28　廿八日

一早颇冷，多云，后渐少，热。下午一两点钟时，西北隐隐雷声，云骤多，几布满天空。三点五分雨，此后或大或小，或疏或密，变化颇多。四点四十分方止。闪电皆曾入耳目。房主们来，临晚方去。园中之桃已多熟，果不大而核亦小，皮有毛，盖吾乡所谓之"毛桃"或"秋桃"是也。肉多浆，甜中微酸，亦颇可口。雨量0.9mm。

被黄蜂蜇了

1928.7.29　廿九日

天先阴后晴。下午又阴，夜又晴。上午在园中读书，一黄蜂嗡嗡从颈部飞舞，余恐其刺吾颈，乃以手挥之，意逐其去。不料蜂骤落挥之之右手指缝中，余急收手，而蜂着实地往我右手的中指上刺了一下子才飞走了，并留下了二根毒毛在刺痕中，作为进见之礼。我手指骤然感到了可怕的痛疼，急以左手挤出那二毛，摄出了点黄水。跑到房里，用水洗了洗，擦了点花露水，而被刺处渐渐肿起，痛得还可以。然而除了某某时期外，我也不大注意。朱菊人下午来谈，夕方去。晚手上连带部分，次第膨胀，予颇有所感触。九时半睡了。

华志从山中归来

1928.7.30　卅日

天晴而不十分明，风虽不大而树枝动摇、出声。六点醒，觉得手的体积增加了不少。起后，乃擦之以酒精，悬手项下，殆亦无效，肿渐甚。七点作观测际，朱菊人来。换自记表纸，犹足以增加手的肿胀，有点儿苦，心中不十分高兴。下午两点后，菊人去。未几，着人送"雄黄酒"来。余曚眬睡去。五点醒起，涂雄黄酒于手上。天晴。夜九点多就睡了。十点，华归自山中。稍谈了几句，我又睡了。

华志说山中安设气象台事

1928.7.31　三十一日

天阴，六点五十六分雨，后闪雷交加，浓云飞上。八点五分，急雨至十点半方稍小。五十分止，渐晴。与华谈，知其曾到往伊犁之冰达坂路之库尔，该地有海子二，一大一小。小者高出，松柏遍野，风景极佳。惟是带无村舍居民，将来如于是带安气象台，食品、用品等的供给，确成问题。且将来此途是否能走，亦难断言。故气象台事，从长计议。云一路自列噶而后，废垒颇多，证诸谢彬之游记，则皆云系安酋遗迹，并云河干有较大之垒，而两河相会，夹于其旁，高山壁之，上有瞭楼，当此孔道，极占形势。又云曾过二大达坂，其一高可三千米，第二则不过二千六七百米云。天雨路滑，难走甚，步行过达坂云。房主定明日宴宾。下午运来的毡毯颇夥，次第安置园中。予手略好于昨。七点多菊人来，看完九时观测方去。

房东请客

1928.8.1　八月一日

天气晴好。房东请客，我与华亦在被请之列，同席有缠台吉买蒲斯、统税局长贾某等数十人，颇极一时之盛。先吃"馕"——大饼——与汤，后肉。食毕，一人先呼缠众作"乃马子"，于是众人乃齐集，立，向西，致敬，喔呢颂经，跪，叩首，以头着地，如是者数。华照了几片相。散，坐谈多时，又吃"抓饭"，众人以手抓而食，我们用勺子。毕，已六时余。散去。

三　华志回国

华志拟回德国

1928.8.2　二日

一早落了点雨。晨饭后，又一小阵一小阵地落了几次疏雨。后渐晴。华接韩普尔转来 Luft Hansa 函，云其合同于九月底截止，彼欲归，可绕道塔什干由俄回德。该信发于赫定离德之后。迄今两阅月，未得赫定只字。韩亦云此前途未可知。华有去意，然未定。如彼去，余拟因彼去留，拟日内电函徐先生候复定度。下午四时骑出，赴菊人宴于其家。所食猪肉、鸡、鸭等而已。同席尚有瑞典女医。七时后方归。

八杂日思家拟归

1928.8.3　三日

八杂期，天晴。上午到八杂去照了三片相：一在城中小八杂，一在"帽子八杂"，一在汉城南关"靴子八杂"。到电局去送电报：一系华致韩普尔，请其办护照者；一系我致徐先生者。余请同华行，由塔什干回京也。顺便到县署访芷荪，以其未起故，不获。回作月表。写致徐先生函，告以华山中之行。彼去，余亦愿同行，作帕米尔之游，并云我无兴趣在此工作，气象台可交菊人一部分，或新生来维持，余思家等情。信颇长，可一千余字。四时毕，送

图 10-5 给朱菊人
全家照了片相

去邮局中，挂号。

上午我曾给朱菊人夫妇照了片相（图 10-5），再去城给涂芝荪去照相，不获。归途见宣布杨庆南——曾任沙雅县及督署科长，在三堂问事；吕某，上海人，无线电台台长，后充工程师；张纯熙，俄文法专教务主任，湖北人，樊之死党等三人罪状。归，闻迪化事变之日，哈密刘绳三及缠王沙木胡索特即电金致贺，并请正法樊等。

与华志看飞行场

1928.8.4　四日

天阴云。上午八点廿分后，至下午一点，中间落了几次雨点儿。山中又发下来了水，其色红浊甚。下午六时同华骑出，云看飞行场。西北曲折行小巷中，廿分出有园舍之境，至沙窝中，戈壁平阔，高山巍峨，小岭低矮。西北瞭见有树株，沙窝戈壁之中有小河二，皆无水。第二河与小岭中间一望平阔的戈壁，即华所寻得之飞行场也。东北峰之高者积雪，其色白显。

往北行，尚未至往喀什大道即折东，由小巷曲折至汉城北门。入，过县署，由大街归，时七点廿分矣。天六时后云本甚少，至七点后又渐多。八点西方山中电光闪烁，以至于夜。华今日接韩来信，云接赫定自 Stockholm［斯德哥尔摩］来电，将同二机师、四汽车于八月底回迪化。

二十岁生日感怀

1928.8.5　　五日

星期日，天气晴明。按诸旧历为六月廿日，廿年前的我诞生的日子。以前每年旧历的这一天，都在马马虎虎、不知不觉中混过去了。今年的今日，我却一天没有忘记。没有忘记，又待怎样？不过仍是马马虎虎地鬼混过这一天去，同"不知不觉"的是一个样。佛家说："人生就是苦恼的。"我觉于我是很"切题"的，以后的我，固在不知，而以前廿年中的我，的确没有过什么快乐之可言，无论是在家在外。在我苦恼得心要碎的时候，或者还是有人看得我是快乐得不得。

写致徐先生之第二函，仍述去事。商务印书馆寄省耕之天文书，余代为收存。下午自己对好了光，叫马五迈给我照了片相（图10-6），以备纪念也。夜洗相片。

图 10-6 马五迈给
我照了片相

看三个月前的《顺天时报》

1928.8.6　六日

天气晴明。上午一早菊人送来黄先生的碑帖、照相器具等。余拆阅得见四月一日、廿一日，五月二日《顺天时报》三张。该时贼方败绩，四月廿一曲阜已入南军之手，张、孙二贼退守泰安。五月二日报则二贼已于四月卅退出济南，扼守河北。虽三月前之历史，读来亦颇有味。下午 Cist 与 CaNi 云上，闻雷声，时三点廿四分，北风骤作，力可至六七。三十五分落了几滴雨。入夜左腿又中了黄蜂的一刺，痛剧，烦恼不可忍。心绪紊乱，多时方睡去。

1928.8.7　　七日

天晴热。腿痛，渐肿。午饭后菊人偕电局周局长、县署派之邮件检查员杨某来访。上午，曾洗出相片数片，示诸三人。未几菊人去购皮料，周、杨候多时而不来，电局之差又来寻其局长，以沙雅县长之将到也。四时菊人来，购得羔皮十数件，毛小而绒在底，冬毛也。有白者，有黑者，白者只价四十七八两省票，黑者（名同紫羔皮）之袍则百四十八两。较诸余在哈密所购者，高出不知其几倍矣。受菊约，赴其家，谈至七点后又同归。腿肿甚。九点半，菊人去后，余就寝。

读《寄小读者》

1928.8.8　　八日

天先晴后尘或高烟雾渐上，致天成黄灰色。上午五时，华同安集延缠骑马到沙雅看塔里木河去了。腿肿，痛而外，时作痒，无心看书。读《寄小读者》百余页以作消遣①。

1928.8.9　　九日

天阴云，微冷。九点卅五分后，即开始降雨滴，时作时辍。十二点后下了一阵雨，比较的算是大些，至二时十分止了。两点钟的雨量为 1.6mm。稍晴，五时后又阴煞。七点见南方电光闪，黑云密布，廿五分雷闪交加，五十分风雨大作，八时后雨滴颇大且稍急。余乏，附几睡梦，不知雨止于何时。九点醒，去作观测，

---

①《寄小读者》：现代文学作家冰心（谢婉莹，1900—1999）在 1923—1926 年留学美国期间撰写并发表在《晨报》副刊"儿童世界"上的系列散文。有 1926 年北新书局结集初版本。

路潮湿难行，黑暗甚。又落雨数滴，雨量 1.1mm。冷。东方之闪电以至于夜。

华志从沙雅游历归来

1928.8.10　　**十日**

天晴明，风。自迪转来华之报章，我看了一些，内多赫定之消息，并其经过情形。又载俄人可斯罗夫今明年内就又要游历蒙古、新疆以至杨子泉（青海）等语。下午华归自沙雅，云到沙雅之日即被阻，次日方得县署中人之允许，并由署派人同华到塔里木河去。行数小时，导者导入沙窝无路之境，且土湿泥松，陷马蹄，不得已归。盖余已知之矣。据菊人云，华到沙雅之日即被阻，

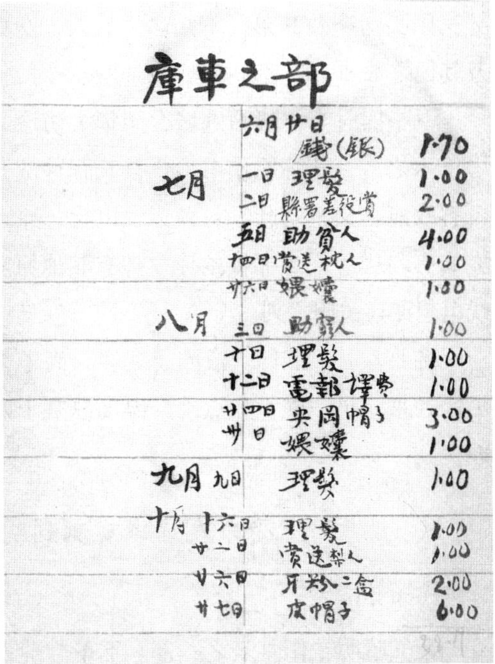
庫車之部

	六月廿日	錢(銀)	1.70
七月	一日	理髮	1.00
	二日	縣署差役賞	2.00
	五日	助貧人	4.00
	十四日	賞送枕人	1.00
	廿六日	娛孃	1.00
八月	三日	助窮人	1.00
	十日	理髮	1.00
	十二日	電報譯費	1.00
	廿四日	央岡帽子	3.00
	卅日	娛孃	1.00
九月	九日	理髮	1.00
十月	十六日	理髮	1.00
	廿二日	賞送帮人	1.00
	廿六日	牙粉二盒	2.00
	廿七日	皮帽子	6.00

图 10-7　库车的消费册

县中人即来此送信给沙雅县长张仲威请示，张复函，允其去观等语。华今日遇张于途中。沿途村舍、田畴不断。多水，是难行，全程（自库车到沙雅）可八十余 km 云。华意异日将重游塔里木焉。

今日寄华之一书名《廿八年年纪》（或《廿八年报告》）者，纯讲远东问题，而中国内状尤详。夜十时睡，十二点忽醒，两脚上痒甚，起，擦以酒精。巡视帐中，得一黑蝇，杀之。此地黑蝇啮人甚剧，一啮之下，即觉奇痛，继以怪痒。杀蝇后，安然睡去。今日理发费一两（图10-7）。

房东又来园中请客

1928.8.11　八月十一日

天气晴明，房东巴拉木乡约在园中请客。所请分男女二部，男宾则买蒲斯及其弟及不知名之数人，女宾则有买之妻及其弟妇及其他之数辈，唱者、媵郎者，颇极一时之盛。

下午四时半，策马进城，同华去访涂芝荪。见，华询以重作塔里木之游，芝荪愿作书沙雅县长张仲威介绍华君。又谈知日前由省政府名义电喀什，封锁无线电台，原因是否因迪化工程师吕宝如有与樊等同谋罪被枪毙，抑有其他原因，不得而知。迪化无线电想亦在关门之列。

将及六时，辞归。浪园子之客，尚未去，抓饭吃毕，才都走了。近来一早一晚都有点冷，温度总是十四五度的样子。九时后即寝。

受命在库车观测到明年

1928.8.12　十二日

天气晴明，作月表之一部。下午赴菊人寓吃便饭，同座有电局周局长及喀什局长周某之弟。闻日前库车通焉耆、阿克苏之电皆不通，今日已复原。并闻有我的一电，着人去取，未几，电生送来，费译及脚费一两。悉为徐先生真电，云新生预备出发，俟明年同归。是予同华帕米尔之游不成矣！甘肃电报，迄今未通。盍甘省电政之废弛也？新生虽云预备出发，而日期未定，令人闷闷。七时后归，风，沙土飞扬。

第三次被黄蜂蜇了

1928.8.13　十三日

天晴热，下午写致大夫函，晚又被黄蜂钻到衣服里，把腿之极上部狠狠地刺了一刺，痛如前。噫！黄蜂何恨我之甚也？！

金主席招募枪手

1928.8.14　十四日

天晴热。被蜂刺处肿。上午华接到一德女士六月中自井陉煤矿来函，云晋军进攻沈阳去了。午后闻金德庵主席通电，库车招募猎夫枪手四十名，阿克苏十名，阿瓦特（县佐地方）二十名，哈密四十名，带省备用。并闻将来之带是兵者，为此地缠台吉买蒲斯云。

四时后稍睡，近六时，照了两片相，我、华，用人三，马三，在一片上的照片（图10-8，插图8）。华定明日重作塔里木之游。

朱菊人说库车纠纷

1928.8.15　十五日

一早天云多，热不甚。在我未起之前，华就动身到沙雅去了。未几，朱菊人夫妇及其亲属来，十一时去了，菊人独留。下午一

图 10-8　在库车气象站合影（前排中立二人，左起华志、刘衍淮）

点廿分，西北西风骤大作，继以雨滴数，然不久风消雨止。两点一刻，又落了几个雨滴，以后渐渐晴了。

　　四时，同去邮局。到未几，而守备文偕一张某亦到。谈知涂芝荪接友人电，涂将调省，库车新知事为沙雅现任之张仲威云。文等去，余同朱君寻金匠，欲作衣钮。以该匠无善金故罢。吃便饭于邮局。八时后方归。

　　据菊人云，前墨玉县知事李过库车时，住津商周某家。值暑际，厨夫以绳系猪肉，置诸渠水中，绳忽解，致肉顺流流于街渠。时周某过其旁，见而惊，不知哪一家汉人所做之事。而街市缠民家多，恐肇缠回反感，乃自水取肉出，以包包之，且扬言于众回，不知谁做此事，无礼甚，余取之饲诸犬。时库车缠土豪尔力木阿吉在其旁，见周执猪肉，大怒。一呼之下，众聚千百人，欲殴毙周。周遁诸县署，缠众逐之，及于署，乃围署。时张得善任库车县，张请周暂住署中，而倩人款说。罚周数百金，周并到其礼拜寺谢罪方罢。周冤甚，然亦无法，事毕，即关门离库他去。

此地牲税为土豪斯拉木及尔力木阿吉所包办，鱼肉黎民，无所不至。人多因势而佑之，致有呼冤之百姓，而反受大害。去冬，菊人遣其仆买羊，以税事为斯、尔之爪牙所殴。归而诉诸菊人，菊人怒，驰奔至税局，询知殴人之徒，痛击之，且骂曰：“尔等无恶不作，鱼肉百姓，官府惧尔等之势而袒汝，但余不惧也。”骂并及于斯、尔，斯等亦在侧，忍无可忍，亦厉声相向曰：“请君食余之肉，余穷死不愿受辱。”菊人更骂之曰：“贼尔肉腥，余羞食焉。”打毕，菊人即又赴县，斯等亦去。诉诸涂芝荪，涂慰朱曰：“请君勿怒，余终能为君转脸。”乃托统税局长贾拉、前税局长李念中等四人说帖（李未到），为斯赔罪。菊人一再不见，斯等亲来，菊人亦不见，请饭亦不到。时杨委之学务委员麻和浦居斯家，为斯向杨诉菊人之无礼，而菊人亦函杨事实原尾及斯等之恶状。故杨置此事于不理，该委员之控，遂归无效。自此斯等恨菊人入骨，而又无可如何。年节及平常皆特别礼遇菊人，亦以威震之之故也。

寻金匠途中见一布告，系哈密刘希曾、缠王沙木胡索特、伊犁牛镇守使、喀什马绍武、旅长鄂英、阿克苏朱凤楼、焉耆汪步端等官之通电，吊杨而贺金。汪、朱之二电颇简。

对鸦片寓禁于征

1928.8.16　十六日

早不甚阴，午云满天空。二时风作，细雨十六分钟。

下午五时骑马出，过大桥下而北西北行，折至汉城北城门入。

出南门，经靴子、帽子八杂而至虎洞八杂①。出回城到大街，东过大桥、邮局以及于水顺街流之区，方折归。曾见回城之门上有布告，大意云：此次种鸦片者，每亩收罚款省票十二两。较之内地之每亩征在廿元以上者，已为不多，此实寓禁于征之意。今年各区报称，以种晚之故，烟苗旱死，民无力交捐，所有今年鸦片罚款着即免收。如有头目人等再勒索此款者，即准控告严办等语。自明。

华志自沙雅归

1928.8.17　　　十七日

天极晴明，八杂期。到了帽子八杂的西边和粮食八杂，照了两片相。先在回城门内，已经照了一张，不过事后知未开暗门，坏了。到电局访周，闻教育厅长刘铭三已回到迪化，以有其私人电报发自迪化，故知之也。金近来又更动大批知事，南疆计有八九处之多。

十一时访朱菊人，知其妻产儿，晚日一夜未睡。十二时归，曾吃西瓜，拿来《东方杂志》六册备阅。

下午四时，华归自沙雅。此次曾到塔里木，游泳其中，较之前次，高兴多多。据云自此至沙雅，过桥廿余，有一大河，中有船。此次遇时，船已沉没水底了。

叔龙北京来信

1928.8.18　　　十八日

天气晴明，热至三十三度七。读《东方杂志》，接到仲良

---

① 虎洞八杂：今库车老城区东部、团结新桥附近的龟兹古渡巴扎。"虎洞"疑为"古渡"音讹。

（黄）及叔龙之函各一。仲良已抵轮台，并云丁、詹已过焉者，堕马者为丁君。二三日内彼即首途库车，托余代寻园子住所。叔龙函云，北京已挂了青天白日旗帜，张胡退出关外，阎百川维持京师治安，叔龙任京汉路局警备司令部参谋。家乡年景不好，丁（允亮）尚在朝大云。下午，华接韩普尔电，云已备好中国护照付寄，并已奉函等语。华走的可能更大了。晚，蚊虫啮人剧甚。

1928.8.19　十九日

天气晴，无云而有烟雾。一早吃葡萄，盖熟者已多矣。写了两封信，一致徐先生，一致叔龙。下午五时骑马出，送信至邮局，七时后方归。天热到三十五度多，夕，蚊子仍是厉害得很。

李宪之婼羌来信

1928.8.20　廿日

天先晴，后云渐多。热。接到达三自婼羌来函，云彼等一行于六月廿日到婼羌，住所有小园、水磨等，并设气象台于婼羌南七十里之屈莽山之小山上，高仅千七百六十米云。又云狄德满接其父二电，促其返国，现彼已决定回去，整装待发。郝德是决不走的，气球放定，又要回迪化或来库车。那林在罗布泊附近之山中，贝葛满、哈士纶在且末一带，成绩亦不见甚佳云。婼羌风多雨少，曾热至四十二度六，三曾作二次山中之行，近来又将作第三次山居。郝德要我博古达山中之成绩云。

涂芝荪为黄文弼寻园子

1928.8.21　廿一日

天多云。十一点廿一分，落了几滴雨，后渐晴。

一点半，涂芝荪来访。因黄先生在轮台曾致函芝荪，请其代寻园子，并备一知山路而善驱驴子者。云已备好。余初意请他们来后同住，华嫌房少，不符分配。通事云可商北邻之园。闻北京已易名北平，直隶易名河北云。谈近一时去。

朱君来，把我写成的给达三的信交他带去。

金树仁致电南京政府

1928.8.22　廿二日

昨夜颇冷，天晴无云。作月表、洗相片，余摄之片颇不坏。下午，闻今日有由迪化省党部（？）发出之电二份，一系由喀什无线电致印度，由印度转南京张凤九；一系由西伯利亚转张的。张为新疆人，以北京新省议员之疏通，曾任杨之驻京代表，又曾任报馆主笔，现在南京党部中。电之大意云，省变后，众人公推金君为主席，现电政府已月余，迄无复电，甚属盼望。望同志无论如何疏通一切，速复电由西伯利亚转云云。

夕出步河西，回时曾照相。

新气象生出发了

1928.8.23　廿三日

天晴明，热。下午四时，同菊人步出，遇哈统领之园子，现为麻烟馆，树木茂翳，大渠淙淙，颇有可观。惟闻强占公家之河滩地，霸夺他人之水流以成此。损人利己，又以有势力之故，平民衔冤无处去申，行为如此，盖已卑甚，君子耻焉！

到汉城之南门楼上眺望了一气，顺便到学校中去参观。房舍颇可观，类衙署，然门虽设而常关，寂无人声。高小中见有学生数人，皆非童子。到电局访周，不遇，去。到邮局吃西瓜，七时归。

华接韩普尔电，新生张已离迪来库。

托克苏仇杀案

1928.8.24　廿四日

天晴而有飞尘，热得不顶厉害。八杂期，上午同华到八杂去。进城至电局，华送电一致韩者。归自帽子八杂，我买了一个小金花黑帽，费三两，华买三个。归已下午一时矣。

此地缠民仇杀，丛出不叠，菊人到库之后，此种风潮又风起云拥，哄动一时。汉人人人自危，皆以为大难之将临。未几，托克苏案果出 [①]，一缠以手杀十一人，四人当时毙命。事出之后，凶手当即被获，时在张得善任中，严讯之下，又供出同谋者五人，一一就获。张以不欲多事株连故为词，欲惩此一人以示戒，而鲁绳伯——（承审）则谓受祸者如是之多，杀一人既不足以平汉愤，又不能使缠威。乃呈报之下，杨即答以枪毙六人，于是将凶犯等枪毙。缠民既无合群力，又威汝度。六人伏法之后，一场仇汉风潮乃冰消瓦解于无形。后闻津商云，所枪杀之数缠皆系疯癫无赖之乞丐云。

1928.8.25　廿五日

天多白云，若丝若雾。上午给人们照了几片相，下午睡了一气，马马虎虎地过了一天。

---

①　托克苏：维吾尔语"丰水"之音译。即今新和县。1922 年以库车县西乡辖地新设托克苏县佐，1930 年设立托克苏县。1941 年更名新和县，沿用至今。

龚、黄二人先后抵达

天上白云仍多，一早有人送了一封来，系黄先生的，云已抵托和萧，龚乘车已来库车，见面时留着他等语，并询园子事。晨饭际，龚来，形容枯槁。彼告我以与黄先生意见不合，又加以病，故先乘车来库养休。未几，他走了，他住店中。华接到韩信，并俄国护照，预备下星期五走。

午饭时，黄先生来，余已备一室以住他们。谈知他在焉耆曾见丁、詹二君，省变后，彼等甚为焦急，连电徐先生，又无复，倍加忧闷。多时方接徐先生电及所汇之款项，并接到信一，云彼拟赫定先生到日即回京一走，一去筹款，得则回来，不则只请理事会另任人来云云。彼等在焉耆商议了一气，又函徐先生以要走大家都走语。下午四时，同黄先生乘马去店中寻龚。去访涂芝荪，并代华要车，以其请客故不获。归。

晚阅徐先生致黄先生函，述京事、迪化事颇详。阅包东西之报，四月廿八日，袁世凯、袁乃宽之家产被抄，亦不快中见快事也。县署现已悬起缠民商等颂芝荪之德之匾，红板上之金字为"公正廉明"。

闻张作霖被炸死事

天晴明。上午十一时，涂芝荪之人送名片来，代步，以其应酬忙甚也。菊人来云，昨日涂宴新疆南疆知事陈宗器、汤有先等。又闻奉天现由张学良任主席兼总司令，张作霖、吴俊升等在奉天为炸弹轰死。吾望消息之果确！

下午六时，将欲同黄先生去访朱，彼头忽又撞在门上，流血甚多，洗浣敷药，不能出门。余乃一人乘马出，遇龚于河滩，乃同往。请菊人代华觅车，七时归。夜月明将圆，辉光如水。

朱菊人为华志雇车

1928.8.28　廿八日

天晴，城隍出巡，龚去照相。下午菊人来，云车已雇好，自此至喀什所须之四套大车，一辆价二百十两省票，廿六日可达。此地交百五十两，拜城、阿克苏、巴楚再共支六十两。华以此地支钱过多，惧车夫生麻烦故，请菊人明日偕车户车头（乡约）再来商议。闲谈至六时，菊人方去（图10-9）。

1928.8.29　廿九日

上午，菊人偕车夫来议事。定九月一日车到此，二日自此动

图10-9　气象台园中夏秋之际景象
（左图刘衍淮（左）与朱菊人，右图房东夫妇）

身。拜城不住，阿克苏、巴楚各留一日，是廿四日可达。华允其多给几两。天多白云，飞尘满空，读《摄影术纲要》一书。

新疆币值紊乱

1928.8.30　　**卅日**

天多轻尘。混混沌沌地又是一天。华换喀什票子，计得五百八十两，明日尚有。每两值迪化票子三两二钱，而喀什票子换白银，尚须加水三成许，白银每两价值省票三两六之数云。币制之紊乱，莫过于此。杨才死后，市面省票忽形动摇，蹴价，近数日来又渐将复原。房主妇带来不妙妇女数辈，歌舞，余看了一会儿，一两票子做了代价。

与华志在八杂买礼物

1928.8.31　　**卅一日**

八月的最末一天，天气稍有白云，热得平常。上午同华去游八杂，买绸子（类花丝葛）六当子十四寸（每当子等于十六寸），每当子值省票三两五，合廿四两六分云。又到帽子八杂买小帽一顶，此皆系送菊人之礼，以其妻产儿将及月矣，俗礼本满月时送，以华急走故，不及待。

下午，商人又送喀什票子来，计共收了千五百，合省票四千八百两，而商人又讨去“鞋钱”五两，忙作月表。菊人定明日请饭，饯华而迎黄、龚也。

为华志饯行

1928.9.1　　**九月一日**

天多灰云，作月表。上午涂芝荪派人来云，芝荪病已数日，作烧，手腿尤剧，问药，余给以阿司皮林、金鸡纳、奈唐三药。问以华欲去辞行事，未几，差人又来，云芝荪病不能离床，辞行一事，可以不必，并祝华君旅安等语。下午四时，同华骑马赴菊人宴，华访瑞典女医不遇，以其在菊人宅故也。同席尚有周电局长、涂芝荪账房项某，近七时方归。

上午，文守备访黄，亦到我房中来。其哨长赵鸿胜山东郓城人也，于光绪三十三年随长庚来新，原系第三镇老兵云。哨长月薪仅廿两，内有三成红钱，亦云苦矣！晚给华饯行，饮一瓶后，黄先生又加入，又喝了一瓶，致酩酊大醉，头晕目眩，急归寝，时已十时矣。夜口渴甚，醒三次。

送别华志

1928.9.2　　二日

车昨日已到，华忙着装车，收拾东西。午，瑞典女医及菊人皆来给华送行，同吃午饭。华交给我账，除彼开销之外，并带五千两，余二千四百五十八两一钱四分交余。除其私人之物件、仪器、书籍并其路需之公家物品外，余皆交余。据瑞典女医所云，此地仇杀之事层出不迭，据彼所知，汉人此地之所为，尤厚于缠民之自为。即以统税而论，前在汉人手中，许多物品皆不抽税，而今局长贾某缠头，则无物不抽税，街市斤米之交易，亦须抽税。

下午二时后，车已备出发，我照了两片相（图10-10）。三时华走，我骑着送他，一刻到一店门前，车停数分，装载粮草。经大街往北，到城外，北行至四点半，官厅，四点五十分，渐至园林人居尽处，戈壁一望，风稍觉大，尘满空，高山即不可见，低丘亦在若有若无中。大路一条，出村直向北方，与电杆并进，直至缈冥之境，出乎视线之外。华请余止，余望前尚有房舍二三，

图 10-10　与华志道别

乃答以至房之尽处为止。五时，到最后之一房，无顶，颓墙而已，皆下马，交换着吃了支纸烟，谈了些话。五时一刻，车行已远，风又不息，余乃请华走，于是又说了些离别的话，握手者再，上马分途，余亦归。

华志君此次走喀什去，带有听差王及缠人一根白特，四套车一、车夫一！华与一根白特骑马，王坐车上，以其勤俭诚实，故以车上事付之也。归途马带脱纽，致余坠马，随人重装之下，又进。进北门，穿大街而归，时已六时余矣。

天本晴明，只以风故，轻尘满天，昨夜既吃醉，今晨又早醒，精神疲惫，时欲作呕。九时事毕，急行就寝。今日送华至村外戈壁上之破房处，离气象台址约八公里（km）。

四 独立主持库车气象站

黄文弼赴苦木图拉千佛洞访古

1928.9.3　三日

天晴有微风，云。上午打扫华所住房子与气象仪器室，我移来住，外空作书房。下午黄君借银二百，出发赴苦木图拉千佛洞访古。余摄影一，发致韩普尔电。月表已完，备明日寄迪。晚洗相片，坏甚。

寄月表给韩普尔

1928.9.4　四日

天有风有云，不甚热。上午写致韩普尔信，并附之以八月气象月表。三时印相片，更坏，以纸不好也。四时后走马访朱菊人，并送致韩信，买邮票二元，六时半归。曾托菊人函喀什葛邮局长介绍华志君。

刘半农寄来胶卷

1928.9.5　五日

上午云少。收到刘半农先生寄给我的胶卷廿达，匣子没有，仍是枉然。尚有给黄先生胶片，得阅其中报纸，北大有并为中华大学之议，北平政分会李石曾被任为委员长，未到以前，由阎锡山代，河北省政府委员会以商震为主席，蒋、冯、李等巨头，将在北京开连席会议，在北京的人正在忙着祭中山先生的灵。张作霖、吴俊升确已死了，张学良、杨宇霆、张作相、汤玉麟等尚盘踞关东，国军对其和战尚不一定。财政界将发三万万公债，作裁兵、屯垦建设之费用。山东情形尚不明了，光怪奇离，刘志陆曾经独立，并亦有人拥刘石庵之孙刘大棠为独立政府总统者，荒诞无稽，不值一笑。日兵迄六月卅日尚未完全撤退，恋栈虽甚，而余欲问日人日政府所收之代价，除引起华人激烈之反感外，更复何有？台湾出生韩人刺日本殿下事，日报（《顺天时报》）载称为"不敬事件"，先前并禁止登载，事类滑稽，颇属有味。

偶一不慎，腿解桌木，受伤，甚感痛苦。二时，朱菊人来云，据来库之阿克苏张邮局长云，袁小彤善事朱道尹，善哉！善哉！下午黑云渐多，风亦加剧，五点半后，雷闪交加。六点六分，骤雨约半小时，后雨滴仍不时滴降，然寥寥。九时后朱方去。

1928.9.6　六日

夜颇冷，天云少，可算是晴明。一早，朱菊人着人送还余之雨衣、帽，盖其昨日穿去者也。为张之公子乞药医眼，余以八宝通明散予之。写致刘半农先生函，内附之以相片二张，述余无摄影器、只有胶卷之事。腿伤不时作痛。

餐叙当地政局

1928.9.7　七日

上午十一时后，又洗了几张相片。二时菊人偕张来访，述张之公子眼病已渐愈，并道谢词。发到刘半农之函，出酒饷客，余饮几醉。四时后同他们去邮局吃便饭，闻阿克苏之悼杨大会，除

以杨督侄自称之杨应宽前知事披麻戴孝、泣血顿首外，余皆行三
鞠躬。杨应宽君即不善事朱道尹而又倍征民粮，及其交卸后，商
民控之，致其在逃。前潘季如任阿克苏时，为朱道尹所诟骂，潘
致痛哭，后任为杨，而杨则又善制朱，说者谓为报应云。又闻此
地赵游击（俗呼统领）忠顺将被调遣，而文守备金亭亦有去职消
息。文在库车多年，由千统而升至守备，几度变乱，皆由其身先
士卒，躬亲弹压，得免糜烂。故本地商民闻讯之后，即积极设法
挽留，将来能否收效，尚难预料。涂芝荪君亦曾许密电金主席，
请留文。六时半，归。落叶满途，秋味渐明。

园中果实熟了

1928.9.8　　八日

天儿一早不晴，后来晴了。除照例之事做完外，更无所事事。
仿旧作成小图一幅。午五迈云马病不食，心颇焦急。三时，五迈
又云马生牙鼻孔边，眼又生瘤，非割不可。于是彼牵马去寻兽医
去割。近来园中人忙着收果，葡萄已罄，胡桃没有了，梨已去其
大半，只有柘榴尚未经人摧残。

闻迪化政变

1928.9.9　　九日

星期。天气晴，午云骤多，后又渐少，气压低落甚多。菊来
云，新任沙雅旗人某已到此，据彼云，省变樊等被捕后，其卫队
长何某供，樊等作乱，系受冯之电令公文，所以出此。吕、张之
被牵，亦系何供出该辈为同谋等情。文交卸之电令已到，后任李
某，甘人也。阿克苏来之张邮局长，为伊妻泼妇所苦，故其请假
回省，并有意离婚，识之者亦皆劝张离婚云。读赫定的《探险生

活》一书之二节。

闻河州消息

1928.9.10　十日

天可以算是晴。一早朱来，作试验，八时换自记表纸。据云，甘肃刘郁芬近来尽洗河州回，新省当局已派兵三营去婼羌，挡河州回之窜新云。此系秘密消息，严禁外传，殆恐此地回众之响应而酿成大变乱焉。电局周局长自交卸后，以负债故，不能动身。此地统税，至本年十二月中贾拉所包之期已满，周与金等私交尚属不坏，已致函徐谦（财长）、陈继善（外长）、张得善（警长）等，并有函致金，由新任库车之张仲威转去，陈述不离库之理由并呈请包办统税云。

黄文弼到托克苏考古

1928.9.11　十一日

天本晴好。照例工作之外，作了点月表，免月终苦多也。

下午三时后，天际忽充满尘，三四里外不见一物。五时，渐移向南方去，看见了西北和北之山峰。六时后风大起了一阵，瞬息就了。

八时，已是黑暗，忽闻人声出现于厨房后，就而视之，则夫狗子也。知其来自黄先生处，带来采集品二箱，请余代为收存。余乃告之置于他们存东西的房子里。收到黄函，内云其自库出发后，即赴苦木图拉千佛洞，留三日，此二箱即该地采集品也。信发自托克苏，殆其已至该处。又云拟赴通古斯巴失一带考古城，尚须十数日后方能归。所带之款已罄，如有款尚未拨到，请再借给贰百。八时后，余写复他的信。

县署准备迎新县长

1928.9.12　十二日

天多浮云。七时后，夫狗子走，我给他了信一封，银二百，胶片十达，报纸一束，着带给黄先生。

下午天晴，唯有轻尘。四时，骑马出，经小巷至邮局门口，闻缠妇云朱已到电报局去了。乃骤马进城，经帽子、靴子二八杂，过电局，而至县署前。见署门贴新红对联，门门结彩，前有类牌楼而非之物，美哉！

昨日房东之妻来，告人云：沙雅之张仲威君将来接事，皂役向汉缠商民征红毡百廿张，以备铺满大、二、三堂，房东已将其私有之四十张送去了，其余之数尚在向商民催征中。五时半归。

徐先生提出新工作

1928.9.13　十三日

天仍多轻尘。上午接到徐先生来函，内只讲安卜尔测量地心吸力一事[1]，并节录有袁先生之函，述工作之程序，并云此系一种极有趣味的工作。据袁先生意见，增加动植物之采集，并增加一二学生帮助学习，徐先生问我愿意做不愿意做。在我这寂寞无生气的生活中，忽然发生这样的机会，当然高兴，于是，马上就写复信，表示愿意。不过，个人程度问题是否相当，尚须请他斟酌。

午后一时，珠联炮响，闻系县太爷驾临，各界人士除一二人外，都郊迎去了。新县长到后，今明日就要接事。同菊人到邮局

---

[1]　安卜尔：Nils Ambolt（1900—1969），又作安博尔、安博特，瑞典天文学家。1928—1933 年参加西北科学考查团，代理斯文赫定为外方团长，主要从事天文定点、大地测量、地磁学观测。

去，吃便饭。有电报生某在座，言近来电报之迟早发出，碰送报人之时运而定，时运好者，则其电可于较短或甚短之时期发出，不好者，一电常非数日、十数日不为功。原因即是电杆时倒、电瓶多坏、机器已老而皆不修理也。而电局人员薪金又嫌太少，本来薪金数目为若干元，然按每元发省票七钱五分，致人不能维持生活。官家不谋救济之法，任其废弛等语。又闻明早祭孔，此地之官员及各其他汉人数辈，除喝礼者外，又要去行四叩首、十二拜去。六时半归。

读赫定书已不甚觉难

1928.9.14　十四日

晨颇觉凉，近来每日平均温度只不过十四度许，其较冷之程度已可知之。给华写了封信，不过闲扯而已。本日为八杂之期，本拟出去玩玩，终究还是没有如愿。近来读赫定之书，已不甚觉难，生字亦已渐少。午后同院中人投核桃为戏，占去了不少的工夫。炮声仍不绝于耳。

詹蕃勋到库车

1928.9.15　十五日

天晴多轻尘。上午接到徐先生给我们之公函，多关气象台事。言新生张广福于八月廿号动身，已交其三月薪、四月饭费二百卅两于财厅拨来。黄、丁二队之款，亦已交财厅拨汇来。郝德仍主设山上气象台，赫定似已于上月一号左右动身离欧，彼请延长考查之期半年，此来天文家安卜尔随行。徐先生或一人到和阗、婼羌去作考查，或同赫定转一圈，尚未定。问我是愿帮他去考查，或留台作观测，或去习天文，或今冬帮他去考查，明年学天文。

在未决定之前，请我斟酌致函，以备取择，并问气象台预算何如。又云接示函，七月廿四五号石曾先生尚未到，圣章、润章、曙青诸先生正在忙着接收学校。德华银行已续付京款，袁先生队预算已不宽裕，守和先生曾在德华兑来五百元，不知系其私款，抑与清华款有关等情。

下午，画对表之图二，朱菊人来，云詹省耕已到，住阿和店。余以为丁、詹同来，乃写笺去招。未几，而又一人来，持詹君名片，上书：丁先生尚须一二日来到，彼以牙耳痛，拟回迪，故先来。又未几，詹同送笺人来。相别五月，今忽相逢，自然要有些话说。谈知其托克逊—拉湖途中，丁君堕马，伤甚重，青筋暴露，骨节错环，经人对好，养休十数日方去。焉耆而后，穿行山中，在玉尔都斯曾遇多统领，彼并派一人随行。詹君病火，一日脸半肿，而牙耳痛剧，故告丁以先来此，预备回迪。余初疑其与丁君意见不合，故不同来，询讯之下，知其决非。彼并声明，丁君做事，彼极佩服，彼实惧其病重，不能做事，致有耽误，故欲归而就医也。余出其信、书及余与黄之报纸看了一气，十时彼方归店。夜睡得不好。

为詹蕃勋治病

1928.9.16　十六日

天多尘。照例的事情弄完，又画了两幅日规图。午，詹之用人赵送来丁给我及黄的信各一，无甚重要，并云詹耳痛又剧。余乃决下马去，给彼医治。下午三时后，骑马去大桥北阿和店访詹，适其外出。遣赵去寻，不久来云晨耳痛剧，找此地中医又须费"持见礼"二两四两不等，将来效验与否，尚不得知，故未寻。现又觉较佳，不剧，余乃出药医之。用棉少许塞之，后约其访朱，至时冯委员、周、张皆在，冯见余等至，他走了。吃便饭，六时乃与辞出，与詹分手各归。

丁道衡到库车

1928.9.17　十七日

早朱来，云冯善八卦，所相诸人皆验。又省政府有公文来云，报载国民政府以金此次戡乱有功，将任其为主席兼总司令。八时，换自记表纸。二时后，詹之用人赵来，云丁君已到，要信。无彼之信，余乃同赵去招，未几，同来园中谈。风自昨夜刮到现在还未息，有时却更变本加厉。四时后，落雨数滴，不久完了事，风亦息。夜黑甚，留丁住焉。

气象生张广福到库车 ①

1928.9.18　十八日

天气可是算是晴明。十时同老丁照了两片相。午后一时半，朱菊人来谈，三时后新生张来，着取其行李东西来。收到徐先生的来函，并带来的东西，一一拆阅。得刘半农寄来的大小闹钟四、照相器一，并徐先生捎给气象台的东西。钟表以不适用故，托菊人售去。将近六时，同菊去邮局吃便饭，致函黄先生，托托克苏马差带去。七时方归，时已黑甚。

1928.9.19　十九日

一早就阴雨，天气甚凉，温度渐渐低下。八时，雨稍停，后又继焉，直至下午一时三十五分止。雨量晨七时为半糎，下午二

---

① 张广福（？—1931）：新疆气象生。随刘衍淮在库车作气象观测，并接续至1931年，因地方变乱，殉职。

图 10-11　气象生张广福

时为六小数点七糎云。今日写了四封信：一致徐先生，一致华志，一致刘半农，一致马益占，报告此地情形。风云之观测，由学生张广福君（图 10-11）记录。

下午渐渐天晴，然西北山上黑云仍多。六时闻院中小童云，河水暴发，乃披氅出，以天冷也。至河干，见浊流浩汤，携泥卷沙，自北南流。

入夜又阴。八时后，西南电光不绝，至九时后，又曾闻雷声，不知何时雨又降。深夜颇寒。

山水暴涨，渠沟泛滥

1928.9.20　廿日

天气晴明。山上昨天下了雪，北山顶上望着是一片白，河中浊流仍大，街市亦多水坑。一早丁仲良来，谈多时，借款三百两，借詹省耕回迪之用也。未几，詹亦来。

午后二时观测毕，同骑出，涉巷中之水数次，盖因山水暴涨，渠沟泛滥之所致也，颇难走。先至彼等之店，后同丁访新知事张仲威，见，谈片刻，知省中汇拨来之款，由涂芝荪发出。又去访涂于高小，芝荪大病之后，面黄瘦不堪。谈及款事，彼云款已备妥，随时可以来领云云。辞出，又访朱菊人于其家，谈至六时后，以黑后路难走故，急归。

韩普尔来信

1928.9.21　　廿一日

用新匣子照了几片相。今天是八杂，接韩普尔谈山上气象台事函，余乃决意于日内赴山中一行。洗相片，成绩颇好。

下午二时后，步出访丁、詹，以詹车已备，明日将动身赴迪化也。谈多时，同丁去八杂，买了些东西，又去丁、詹之店，吃饭后，同丁骑马归台，丁住焉。

夜洗相片，六坏其一。院中人之亲友，来自山中者颇多，到我房来，洋戏助乐，热闹到十点钟，方得寝。

接丁道衡来气象站住

1928.9.22　　廿二日

上午七时事毕，去送詹，至则车尚未装，于是促丁搬家。收拾小驴，预备箱子，我照了几片相（图10-12）。十二时，驴队自店出发，横行无忌，铃声叮当，穿大街，行小巷，涉水行泥，不久到了我的住所。天颇晴，热。下午洗相片后，同丁又去送老詹，至则知其今日不克动身，彼之四套轿车虽已装好待发，然以同行之一车未妥故，必延至明日方能成行。未几，丁去县署取款，我到邮局访朱。六时后，同朱来，谈至深夜方散。闻电局人云，近来通迪化之电报又不通，阿克苏之不通已多日矣。

图 10-12　接丁道衡来气象站住

张县长说民俗

1928.9.23　廿三日

天气晴明。上午完成月表之一部。下午三时，张仲威县长来访，并参观气象台。据彼云，我们来到以前，一班人士皆不知气象台为何物，或云台高数十丈，上支机关枪，其危害于新疆者非小等妄语。谈及缠俗颇多。据彼云：缠民同乳者不婚。男子纳妻后，即与其父母分居，家产，男得一股，女得半股。女死，女之子（甥）常来外家代母析产。缠民呼姊妹曰"阿姐"，父母之姊妹亦曰"阿姐"。夫妻常因片言不合，即离异，离异百日内，夫尚有统辖妻之权，过期则妻可自由行动。俗语呼离异曰"零干"，缠民朝汗去之前，即零干其妻，析产于其子女，归后尚可合绒，父总其成。半百夫妻，亦常离异焉。

余告以不日将作山中之行，彼以星期二请吃饭故，因留一日，并云此地气候尚有一二月之热期，去时可派乡约引导，并派马匹备用等情。夕方去。

后同丁饮酒，至半酣。黄先生之用人来已二日，今日预备走。同丁写一书捎之云。晚洗相片。又曾闻张仲威君云：此地案件十倍于沙雅，然缠民多畏官甚，故片言可以折狱。又良家妇女，多足不出户，除对其本夫外，对谁亦系蒙着面云。

丁道衡到北山探石油矿

1928.9.24　廿四日

一早就换自记表的纸，及换大气压自记表的机件，费时二小时方换上了一个机件，终究走得还是不好。晨饭后，丁仲良一行到北山中看石油矿去了，他把我的照相匣子拿走了，徇其请也。

下午，天颇热，浴于室，后洗相片。四时骑马出，入城过县署，又折回访房主伯拉木乡约于其私邸。谈余上山事，托其代寻马匹。夕归，途经河中，尚有水流，不甚好走。

看报刊了解时事

1928.9.25　廿五日

天有白云，不甚晴明，日光不烈，时现晖。房北之路，已正在修葺中，殆张县长之命令焉。下午赴邮局，得阅邮给喀什英副领事之报纸、杂志，多来自印度，少中国新闻。菊人以赴张仲威宴故，匆匆去。余翻阅报纸，至五时后方归。下午曾遣五迈去问房主马事，归云房主不在，闻其夫人云，马不易寻，有小驴数，不知适用否等语。明日恐又难成行，心颇焦急。天黑云甚多，风亦颇烈。

五　创建喀拉古尔气象台

为入山觅驴

1928.9.26　廿六日

一早遣仆去询房东之妻，驴子是否现在（有）。半午归云，房主之妻尚未起床。未几，又遣之去，并买办东西。午归云："驴子没有了。"余甚焦急，乃骤马访朱菊人，托其代寻驴子。

下午将来山中之苦力塔塔里克带一驴户来，询讯之下，知该人之驴，尚不在此间，明日不克成行，并请八杂过后再说等语。余以入山心急故，促其明日总要动身，而该驴户始终不肯，乃遣之去。着人送信菊人，托其为觅。未几，驴子副乡约及前邮局通事又偕一驴户来，此驴夫有驴八，并谙路程等情。先云明日可能动身，乃议价，评定来回约八日，共价三十两。继而该驴户又云，明日不能成行，并请俟八杂过后等语。我不可，又遣之云。

黄昏一缠民持涂芝荪名片来，上书闻明日作山中之游，兹代雇引路者一人，此人并有马匹等语。余以驴子事尚未妥，乃又托其代为雇驴，务于明日动身。

夜，菊人又来访，以后日为中秋节故，请余过节后再走。余以万不能动身时，即俟过节后再说。并云此地每匹值廿两之驴子，即可用。如八杂时尚不走，可自购驴子，所费亦无几也。后谈其个人历史甚详，十一时方去。夜静，月光如水，天亦不甚寒。

雇好了驴子

1928.9.27　　廿七日

天上白云不甚多。以不得驴故，心倍甚焦急。下午于无聊中看了一气滑尺用法。四时，写条招朱菊人。未几，彼来，驴子乡约及驴户、找驴子的通事都来了。闻系近来官府抓差甚急，被抓者下尽苦力，而所得不足以糊口，故皆视为畏途。此次余雇驴子，而众人尚不了解，恐即被抓差，故皆不肯来。此通事奔走了一日，后又经菊人亲往解释，方得成。定明日动身，余当时交予全价三十二两于驴夫及驴子乡约，又给了引路人二两，循其请也。夜无风无云，然多轻尘。洁白之月光致现浑浊色，冷亦不。又谈至十时过后，近来树上黄枯之叶渐多，已似去年初到爱金沟之景，殆时节已至矣。

中秋出发到两噶庄

1928.9.28　　廿八日

八杂期，又届中秋节，秋景满目，客中寂寞，又加以入山心急，行期促迫，故对此佳节良辰，并未发生若何情感。收拾东西，预备出发，而候驴至十二时尚未到，烦闷殊深，去寻之人，亦不见归。直至二时后，方有一人率四驴至。黄先生之引路人来，带一函，系致张者，盖彼以为丁、我皆已出发也。系着人向李三讨物件事，并闻黄之小驴死一，县署将驴户押起，着其赔偿。予乃致函黄仲良先生，述此地及予个人情形，并请其不必追究驴户，向县署款说等情。三时尚不见他驴来，怒愤填胸，趋至邮局，差人去找驴子乡约，而乡约亦不在。时值朱宴周，邀入席，余以愤故，几不能下箸，劝者再三，始勉食一二味。将近四时归，驴已全至，乃急收拾东西，预备走（图10-13）。

图 10-13　准备出发

　　下午五时动身，顺河滩行，八杂人多，颇感不便。到大桥北，仍顺河行，马时惊跑。四十分出河滩，东岸行树木人居处。至六时后，一驴夫请住，余不之许。向东北行，七点到戈壁上。砂石塞道，皓月当空，戈壁瀚海，尤证名实相符。请住之驴夫，亦非其驴，而又不能赚钱，故欲归。引路者骂之威迫之，余告以不可，乃劝其前进，并允赏银。彼意虽决，然慑于引路者之威下，不得不进。七时二十分后，向北北东，下马步。八时过水东岸，未几，又折至西岸，颇倦怠，仍牵马前进。渐见前面有黑影，疑为树林，望村落之速至，继又疑为崖影，疑预不定之际，又已近河水、土山之麓。十点，见河西岸有废垒，地基颇大，临河扼口，颇占形势。知前疑为树之物，实系崖之黑暗不见月光处。离驴已远，虽不辨驴队之何在，然叮当之铃声，却不绝于耳。同引路者上马前行，以路多顽石也。十点四十分，进山口而至两噶庄，住小店中，房颇好，树林、田园颇不坏，住户十五，地临河，水声涛涛，十二时后方睡。

　　本日自库车至此共约 24km。

到堪村见丁道衡在此探矿

1928.9.29　廿九日

六时多醒起，七点三十分煮水气压表，数为六百六十点七（660.7mm）。晨饭毕，写日记，在房顶照相二片（图10-14），收拾东西，付店银二两。十点，自两噶店动身，顺河西往北北东行，过小戈壁。十点五十分，路多危石，既险且狭，一失足即有大危险。进山峡，顺峡沿河而西，路更险于前。山多沙土岩石，又曲向北，路仍险。十一点三十五分，山距稍远，路亦较为平宽，如释重负。见山色有赤红者，然不如前之岭高，望见北及北北西处，树木荫翳，从人曰堪庄也。一点到堪，驴夫及引道者以前路尚远，中无居人故，请住，余亦稍倦，于是一点十分至阿木头乡约家住。自两噶至此，约共11km。

堪村颇大，人居亦颇多，四围皆山，铜厂河自西山中流出，至此已成南北方向。未几，二时煮气压表，得六百五十一点九（651.9mm）。闻丁仲良亦由山中到此，乃去访他。闻距此不远之山中，即为石油矿。矿已为人所包，工人即只掘一坑，俟油注满，

图10-14　库车
天山口小村庄

乃汲而出之，其手续之简，得之之易，可想而知。又此地近处之一山，出矾、煤、铁、硼砂等矿，为一回回所包，无穷富源，年缴包款千〇六十两云。丁在煤油矿附近，采得植物化石，甚清晰，据云以马之故，不能多带，故只收二三片。彼欲回库后，不久就动身西行。余劝其稍住几日，等余归后再说。同到余住处，谈至九时后方散去，余急就寝。余决意到喀拉古尔去看看[①]。

赶路到喀拉古尔村

1928.9.30　卅日

天气晴明。早起饭后，催驴夫前进，而彼等却迟迟其行，心颇不快。写二信，一致朱菊人，一致张广福，托人送于丁，着其带交。

十点卅分，自堪动身，付房费三两。北行，渐渐出村，夹河之土山，形状千奇百怪，有如房舍庙宇，有如人马及其他动物。十一点三十五分，行水中，流深皆宽，涉行其中者数。四十五分到东岸，茇茇、红柳、红果、小柘榴，皆茂密可观。天晴微热，小虫扑面，挥不胜挥。未几，过二三缠户之宅，知地为一大克。十二点廿分，向北北西，红柳及丛生之草，红黄白绿，紫灰橙褐，各色俱全。五十分，隔河望见西岸土山崖立，山之上部有洞一，附近有户一，地名土失克爱于（孔房也）。一点八分又过水，沿河西岸行，土山突立，时虑下坠。过废房一，又穿行于红柳、小红果树丛中。两点五分过铜厂，地名替克买克。闻引路者云，此铜厂前为房主伯拉木乡约之父所包，有铜工六百七十人云。今则

---

① 喀拉古尔：今作"喀热古勒"，维吾尔语"黑山沟"的音译。为库车市阿格乡自然村，在库车城北 90 公里天山中。

颓垣破孔，窑已皆坏，极目荒凉，寥无人烟，盖无复昔日之胜矣。前闻房主之父包此铜矿，工贵而得铜少，铜价已廉，致亏数十万金。

前行又入河滩，水有小鱼。两点三刻，巴失克奇克，河源来自二方，山势扩展，来自东沟者流大，西沟者流小。北隅有破房，亦系铜厂废址，遥望东方高山，直耸云霄，顶积雪。北行，顺无水山沟上，地名古失。"古失"，缠语鹰也，以山上前多大鹰，攫食小娃，故名。渐行渐高，山亦紧迫，沙又松，马行数步一息。沟有红柳及些微之草，危岩险石欲坠，行有戒心。三点廿分向西北，渐出高山峡谷，低岭参差，遇乞者数辈，余出二钱票给之。四点五分上替克买克达坂，余下马步行。红土之达坂虽不甚突立，然曲折甚多，前后数步即不可见。廿分，巅望附近土山峰，极叹古城废垒。下坂，北北东行，迎面高山雪峰入云，低岭则红绿紫黑，颜色鲜明。三十分向北行，望见山下干河。北稍西，沿河行，西北行，五十分，河中有微流。五点廿五分，西北行，农田牧场，结连成片，河流亦大，地多农人牛羊。望见替克买克庄，深藏小树林中，地处山沟，小河东流。驴夫请住，余不之许，仍步行前进。后新用人塔塔里克随行，N过小岭，又至戈壁中，速度颇大，路平故也。

北行至六点，路分为二，一向北为走克斯尔和坦可干者，一向北西北，为走喀拉古尔者。取稍西之路，渐黑暗，路又上下不平，然未几一轮明月又拨云而出矣。六点廿分，下坡有沟，七点山沟有水，草木亦茂，并见有牛数蠕蠕动于草中，塔塔里克以为有人，呼数声，然口无应者。顺河前行，时失路。五分向西北，离水，该地知为阿古布拉克，又向北北西，三刻见有牛马房舍，意为喀拉古尔，询一老叟，知非，此乃木鲁木，并言到喀拉古尔尚有四里，乃又北北西进，失路，迷于山中。余乃审视方向，首先爬登山顶，从人有难色，余不之顾也，又慢慢下去，地平旷，有水流田畦，以为有房舍，然终未一得。余乃循流而上，又入山中，高低险阻，皆一一走过。过狭沟，而见高平之处有树木房舍、田垄野草，心喜甚，知目的地之已至。

前行会大路，时已九时，候十数分钟，驴马亦至，众人皆惧余等失路，曾高呼，然未闻应者，而塔塔里克于过山时亦曾呼数次，亦无应者，盖相离已远，一在大路，一在山里。九点一刻，住一缠民家，夜安最低温度表。

本日行共约 46km，步行逾半，然不甚觉倦（步行约廿三四km）。

在喀拉古尔建气象台

1928.10.1　十月一日

晨七时作观测，计得干温 6.3℃、湿温 2.00℃，百四十公分之最低温为 5.3℃，气压 597.0mm。天晴，微有北风，远山有高烟雾。晨饭后，同五迈到附近山上去寻觅地址，瞭见路在东南山角平川来，而余昨夜则取正南之山中之路，致爬山逾岭，费尽气力。东望则旷野尽处，山岭重叠，西侧中为平地，愈西愈下，两边夹以小岭，北侧低山之后，即耸雪峰，山顶烟雾缭绕。山岭之前即喀拉古尔一带，一片黄野，有草有木，沟渠纵横，类蜘蛛网，农家七八，散处其中，外尚有无居人之房舍多处。山上多石，终未得一平处，备安房居。且审思之余，知既得平处，而运输木柴，汲取水料，须爬上蹲下，殊属不便。且山又不过三五十尺之高（出地面），以此而计，得不偿失，故遂决意于山下平地上，安置蒙古包以作气象台址。

归，摄影数片（图 10-15），促移戈壁之临水处，自十时后即安置房舍，以包坏而人手生疏故，至下午一时后方成。午后二时，又作观测，温度为 13.9℃ 及 5.3℃，无风，二分积雪。饭毕，近四时，又移全部于包，乃开始安置仪器。五时自记气压表开始，继又系木箱一于树上。五点五十分，开始自记温度表，置树中之箱内，高出地面为 170cm。

晚付房主三两，作此二日之酬。九时包内气压 597.6mm，外温度为 9.8℃ 与 5.3℃，北风二，无云。

据土人云，地多北风，然不甚大，雨雪较多于库车城附近，

图 10-15 喀拉古尔山村景象

冬暖于库车，而入春后（正月起始）则寒至不可耐，而在库车则已温和。附近住户八，皆缠，隶库车县，本村无乡约，归堪阿木头乡约统辖。自此迤西（七里八杂一带），则为拜城县辖境矣。地东去克斯尔和坦约一日可来回，玉尔都斯（蒙古汗王府）骏马一日可达，常马则二日。西至七里八杂，有路通拜城。附近乏木料，所用之松木，皆来自数十里之山中。余决明日留此，着驴子入山驮木去，一日可来回一次。全村只杏树二三株，果树一，尚幼，其余杂树数株。以地寒故，瓜不能长，蔬菜亦感缺乏，所用者多来自库车及七里八杂。附近之山岭皆呈黑色，河水自北山中流来。喀拉古尔，缠语云黑山口也，以地当黑山之口，故命名如是。

教五迈作观测

1928.10.2　二日

天气晴明，北风常吹，一早驴夫等就入山采木去了。作观测三次，下午照了两片相，教五迈作观测（图10-16）。下午二时，见自记温度表不甚准，校正之。附近居民且耕且牧，故牛羊等畜，不绝入目。黄昏采木者来，计驮来十驴之多。据云自此北行，近山口，溯河流而上，再西北行，可五六十里，即至松林之境，地为雪山之麓，雪亦多，附近无居人云。晚又教五迈，近十一时方睡。

从喀拉古尔返回库车

1928.10.3　三日

上午九时半，自喀拉古尔动身，东南又南南东行，驴空行快，未几绕过山头，入戈壁中。十点十五分，过木鲁木，穿无水砂河，

图 10-16　喀拉古尔的气象站

四十分，过有水之河。十一点半合可干来之路，十二点过替克买克村，十二点卅五分到达坂上，一路照了不少的相。两点出古失沟，到巴失克奇克，廿五分查克马克奇。三点十五分过水，顺东岸行，廿分土失克爱于。四点廿分，一大克，三十分又过水。五点廿五分堪，四十分住爱利老乡约家，招待颇殷。本日行约45km。

1928.10.4　四日

八点廿分发堪，九点七分入山峡，行险路，河水涛涛，照了几片相（图10-17）。十点到平路上，廿分两噶，村中有税局。

图 10-17
天山峡谷间

十一点到南之破城，见河之两岸，土山斜坡，皆有城垣废垒，东岸高处，并有马杂，照相数片，骤马行。十二点廿分过河，已无水，十二点三十分马蹶倒，我也下来了，然未伤。五十五分出戈壁西南或南西南行，一点五十分河滩，两点廿五分到住所。丁来已四日。晚洗相片。结九月账，计用去二百五十一两五钱六分，本日行约35km。

接徐先生电告延长考察半年

1928.10.5　　五日

一早朱菊人来，带来徐先生函一，内云赫定、安卜尔已到塔城。安病急，恐生危险，大夫已于廿一日乘汽车赴塔去医治，大致已决定着我同安卜尔走。又廿六日，徐先生接到半农先生电，云款五千，已交德华电汇，余续等等语，延期之论已决，徐先生又劝大家安心工作半年云。

去邮局拿来了达三、华志、韩普尔、王（听差）信各一。达三述及哈士纶已回迪，贝亦要回去，郝德将于气球放完时他去，彼接皋九自北平来函，云以包头台经费难筹，自本年六月已与本团先告一段落了。韩信云狄已到迪化，现在候护照，赫定于五日已到塔城，吾甚望其速来等语。华云廿一天的功夫到了喀什，走得真快。彼常一人骑马，并云于阿克苏并未见县长，以后常有一兵随行。将来取道印度或俄国尚未定，以英国之护照须候一月之久，而俄国的则尚未可知。而彼所带之钱，已感不足，曾函德请款云。王函云华一人行常失路，某日平安到喀什等语。文理不同，多白字，有数处令人难解。

归后写账、写记录，忙个不休。有时简直不知从何处下手好！天气晴明，八杂虽热闹，我却没有工夫去。不知何故，时患喉痛，类有疙瘩然。借得丁的两个小驴子作明日张入山之用，并留此二驴于喀拉古尔以驮柴。九时后即寝，以乏故也。曾见前新教育厅长、新衔为新疆宣慰员刘铭三（名文龙）的宣言。

派张广福去喀拉古尔做观测

1928.10.6　六日

天晴和，上午八时后，打发张走了。引路者仍为前同余行之哈德，以驾轻就熟也。后忙于月表及账目。下午三时，印有十几张相片，费时近一点钟。后朱来，近黄昏方去。

寄月表给韩普尔

1928.10.7　七日

天气晴和，忙于月表，作完一，而又剩一个。寄韩普尔月表账，下午并写给他的信，附去相片数张。请其寄纸、胶片给我。夕，朱菊人之请客单到，定明日也。

朱菊人请客，黄、龚从沙雅赶来

1928.10.8　八日

天晴无云，忙写日记。

下午二时后，赴朱菊人宴，客颇多。未几，闻黄、龚来自沙雅，菊人亦邀其入席。四时宴始，分二席，外为涂芝荪、王统领、黄仲良等君，内为丁、龚、余、文前守备、周科长、喀什英领署之中国人朱某等，颇极一时之盛。

六时半，席散。归途，知余之马惊遁归，鞍替已脱。归，知缆已破碎。谈至十时后方就寝，夜颇冷。

英领署中国秘书告特林克莱被扣事

1928.10.9　九日

天微有云，风亦不大。上午英领署中国秘书朱某来访（图10-18），谈知特林克莱在喀被扣留事。金主席曾命喀什道尹严办。公文内并引有特对人云彼不信中国官厅能扣留其采集品云云，并带来上海之英文报纸一束，系八月里的。后涂芝荪又来访，至二时后方散。涂邀定明日吃便饭于其住所。教朱菊人英文一课。张之引路者来，带来张之信一，云七日到喀拉古尔，温度自记表走不到一星期等情。

在库车过双十节

1928.10.10　十日

起时已逾七时，急作观测毕，又唤起丁、黄二人。以本日为

图10-18　英领署中国秘书朱某

图 10-19
库车双十节会场

双十节也，以靛色画一国旗，又打发人去买东西，又布置会场于亭中，悬旗于正中（图 10-19）。朱菊人来，彼以来宾资格参加，冯委员一早曾派人邀赴彼家，辞未去。

十二时，布置完毕，照相数片，于是开会。公举丁为主席，述开会大意后，即向国旗三鞠躬，静默三分钟，继而自由演说。黄先生演说，继为余，朱亦演说。以后，主席又说了几句话，散会，时已一时矣。茶点，后稍进餐。

三时，同黄、丁赴涂宴，龚以照相故早至，无他客。五时宴终，拿回汇来张之薪俸饭费二百卅两，归时已黑暗。

第十一卷

在库车·中

（1928.10.11—1929.3.31）

一　库车观测例事

冯委员在农业试验场招待

1928.10.11　十一日

上午事毕，十时赴冯德纯委员之约，过桥北新店，知为以英人自居之朱某的寓所。入稍坐，又赴试验场访冯，彼招待颇殷。场中树木参天，房榭高台（图 11-1），建于民八陈绮闿知事任中，中多其记功语，盖时值一度变乱之后也。四围绕一高垣，雉堞类城垒，四角有瞭望所，可住兵数辈。据闻此场之建设，树木花草、房舍垣台，皆出自民间，不费官家一文，而执事者将某缠媚妇之罚款，报销其间，良可喜也！近一时，余以二时观测故，别丁、黄先归，冯坚留午饭，余乃答以再往。二时毕，又返场中。午饭同坐者，除丁、黄、主人而外，尚有学校之二教员。四时毕，急归。夜书信二，一致徐先生，一致李达三。

1928.10.12　十二日

上午写致华志之信，同昨之二信发出。午，冯德纯来访，谈多时去。本日为八杂，夕无聊甚，乃一人步出，过桥北店，访朱某，值其与涂、王等人竹战，稍坐即去。游八杂一周，由城南河西缓归，途遇二妇，归自八杂，问余之何往，与来此几日等语，余漫应之。归已黑暗。

图 11-1
库车农业试验站

抄录斯坦因地图之库车部

1928.10.13　十三日

　　上午抄丁之斯坦因地图之库车部，朱菊人夫妇来，午饭后方去。天晴明，继抄图，至夕方毕（图 11-2）。今晨颇冷，外间最低 -1.7℃，致见霜。下午曾印相片二张，乃九日丁所摄也。丁本定今日行，以未得引路人故，并闻山中雪大，已定明日顺大路趋拜城，到拜城后再说。

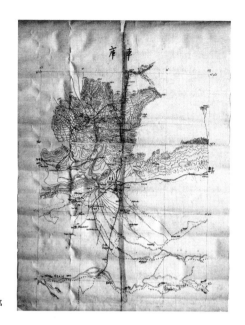

图 11-2
抄录斯坦因地图之库车部

送丁道衡赴喀什

1928.10.14　十四日

天尚晴明，白云不算很多。丁忙于动身，收拾驴子，装载箱件，余照相二（图 11-3）。十一时对阳光时间，半丁动身，叮当之铃声，又震动耳鼓。同黄步行送丁至河滩中，摄二影，始作别，丁上马去。归，黄为其驴死伤，要放驴人赔偿事忙了一天。余作月表之一部，后读英文报至九时。内地忙于建设，广西系又将为大众所不满，蔡先生要辞职，日本对华，尚取延衍观望态度。

黄文弼拟去和田

1928.10.15　十五日

星期一，天晴。更换日记表之纸。黄本定今日走，以龚将去

图 11-3
送丁道衡赴喀什

乌什探亲，彼之影片器具须交出故，他们开了次谈判，而黄尚无厨夫，故未成行。下午，印相片四，晚洗黄之底片。彼送给我的玻璃片，皆坏得没有用了。

1928.10.16　十六日

天云先不多，后多。黄今日十二时自此出发赴波斯敦八杂一带去考古，送他，出门南行不及一里，归。天多白灰云，日光不明。下午理发，与龚谈照相事。

赫定回到迪化

1928.10.17　十七日

天不甚晴，下午接到赫定、徐先生二人署名之电报，系要话匣子，是赫定已到迪化。我抄完了喀拉古尔的图，就去访朱。适其外出，候多时，归。结果请文前守备带去，乃走访文于城内，谈未几，又去回拜王统领世奎，以其十五日曾来气象台也。稍谈，即骤马归，时已黑暗。接到丁自克丝宜尔来函，云将作南山之考查。

请文守备带话匣子回迪化

1928.10.18　十八日

天晴明，一早朱来，帮我收拾话匣子、片子，装箱子。雇了个车子，九点半同去访于其私邸，彼正忙于起程，买了盒子饼干送他。乃去邮局，草电一，致赫定与徐先生，述文带话匣子事。当时交电局人带去。未几，闻军乐齐张，人声噪杂，知文已过此，乃与朱乘车去追送，约半里许，文下马，一一作别。彼上马，我上马，各分去，送的人颇多。

下午致丁函，并还彼之地图。又值张自山中来函到了，说些驴乏、费多一流的话，又要床，以地上睡于人不好为理由，并要食品。晚饭后，房主之母归自外间，突在厨房中向司马宜大声诉说。未几，司马宜来，云系为晨间有几个"甲拉布"或者说是"小五几"（皆缠语）来找龚，致引起她之怒，将那几个"甲拉布"骂了一顿，并声言此地所住之人，并无"胡理马唐"者，因此请司马宜告知龚，千万不要教"甲拉布"到这里来云云。余戒告小龚之外，并以团体及个人关系，向其解释，并担保以后如再有此类事件，余即下逐客令等语。老妪之怒方息。

写信贺朱菊人生日

1928.10.19　十九日

天颇温和，云亦不多，照了几片相（图11-4），用的是黄仲良送给我的玻璃板。以后龚去给朱菊人照相去，我随便写了几句话送朱，以今日为其旧历生日也。下午二时后，骑马访朱，不遇。穿行于街市中，以八杂故，人颇多，马行不易，曲折自城内出，归已近四时。

图 11-4 龚元忠用黄文弼给我的玻璃板照了相

打发人买了些东西，预备送到喀拉古尔去。晚洗玻片，尚不
极坏。写致张函，备明日带去也。夕阳下时，曾一人步行河西，
穿哈园而西南，得大路，向西南，两旁居民颇多，树株荫天，沟
渠淙淙。西南行多时，惧黑后失路，乃折向东南，又行多时，过
独木槽之桥一，始入河滩中，缓步归。途中人之归自八杂者颇多，
或骑或步或乘车，熙熙攘攘，络绎不绝。

黄文弼处理死伤驴子事欠妥

1928.10.20　廿日

一早打发以前给我引路的人哈德往喀拉古尔去了，给张等去
送东西。傍午印相片三，照一。下午二时后赴朱菊人宴（图11-
5），以其已一再来催。同席有周氏弟兄及项等，龚亦在座。四时
完，皆散去。闻朱云，张、涂对黄之驴子事皆不满，言甚激烈。

图 11-5　朱菊人一家

黄措置失当，而自却以为高明，取侮良有以也。不过，同属团体
之中，而闻彼生此事，心甚郁郁。五时归。

洗相片

1928.10.21　　廿一日

天气晴明，一早颇冷，霜颇大。下午印三片，坏其一。朱来，
带来丁函，并其相片一卷，晚间又给丁洗片。午曾对表。

送龚元忠去乌什

1928.10.22　　廿二日

天气如昨，稍多白云。七时后，即更换自记表纸。饭后，龚
之车来，乃看着他收拾好了东西，上车去了，此车系雇到阿克苏
的，将来或者再送他到乌什也未可知。早曾有一缠头来，询系我

们来时住的店的南邻洋房房主，赖苦柯曾寓其家[1]。彼归自阿克苏，持来袁小彤之名片数张，请安者也，未几去了。

午后二时，煮气压表即不顺利（酒少忽灭也），而作温度表之观测时，忽然不见了湿表上的风扇，烦恼不堪。询诸院中人，皆云未见，乃悬赏五两以寻之，当日无结果。幸而山上气象口未安置此器，而尚有一个旧的存着，不然，那岂不是不能作下去了吗？朱送梨一箱。

马益占在爱金沟的相片

1928.10.23　廿三日

天气晴明，午印相片，内多马益占在爱金沟的影（图11-6），又为朱印了几片。午，哈德归自山中，带来张广福之信一，内云温度表（最低）破坏其一，又云尚有一事不便书，询之来人，亦不知，心极烦恼。跟黄先生之沙一木亦来，带来黄信一。

三时后访朱，送其相片，并代张发其家书。前涂芝荪曾遣人来，送还我的小字典，并谈及桌子的事，复了他一封信。在朱处稍坐，即又访张仲威县长，寒暄毕，即告以失物事，托其派人代寻。彼又谈及黄之驴子事，并云黄先生今日又有信来，托其代寻引路人。

黄昏归，接到华志自喀什来函，云行期已不远，俄国已允通过，英人允否之答复，一二日内即可来到等语。张君曾告我以徐先生之一信件为当局扣留事。

---

① 赖苦柯：Albert Von Lecoq（1860—1930），又译勒柯克、赖考克、赖扣克，德国东方学家、探险家。1904—1906年间，参与德国吐鲁番考察队第二、三次探险活动，在吐鲁番、库车等地从事过考察活动。

图 11-6 印相片，多马益占在爱金沟的影

天寒叶落

1928.10.24　廿四日

天晴，下午多云。照了两三片相，系常来这园子的些小孩子的（图 11-7）。写致黄先生之信，着沙一木带去。县署之差役及一乡约，曾来一度视察气象台及风扇，允为查询。闷极无聊，与小孩踢毽为戏。晚洗出所照相。以云多故，夜不堪冷，近来天气稍寒，落叶满园。

孤灯悲秋

1928.10.25　廿五日

气压近日低落甚多。上午天尚晴，下午云渐多，而风吹亦渐紧。余作月表及抄写之夕后，风尤厉害，无力之叶多被吹落，园为之满，树成秃者甚多。飞沙满空，天地昏暗，树之枝干摇动，

图 11-7　给常来这园子的些小孩子照相

房顶及窗墙亦皆呼呼唔唔作声。黄昏乌鸦数，飞集于一杨上，举翅难飞，似已无力。夜，一人对孤灯，听风声，无限戚凉。忆这次长途旅行，迄今已近年半，此等秋味，已尝二度。去年此时，正在毛目、爱金沟途中，而今年却一人来此，相去已数千里。明年此时，却又不知将在何处矣！

邂逅安特诺夫

1928.10.26　廿六日

怒号之风，二夜未息，直至七时（一早）后，方稍减其力。天气晴明，可以远望，满园落叶，不见地皮。

本日为此地八杂之期，午后二时，同朱去邮局，见其新自洛浦寄来之毡，花样颜色倒也不俗。晚，同到八杂去看皮帽子，未买成，买牙粉两盒，买煤油数斤，油出于堪附近之铜厂河中。油买自工人之手，系每斤二钱五，而此地只能卖给守备大人，商民再向守备购买，每斤价五钱而秤尚小。而吾与朱之所买，乃系由包油人堪之某毛拉手中直接买来，价为三钱云。另买蜡几包，并函一，着卖油人带到喀拉古尔交张，一则责其失当，一则劝其留心。

于大街上邂逅安特诺夫，彼解英语，谈知彼来自迪化，明后日将取道喀什，在库尔勒彼曾见贝葛满、哈士纶、那林等。彼寓于俄人莫斯科洛夫家，彼已知赫定之到迪化。谈未几，分别。归途，明月当空，寒颇剧，气压升得很多。

走访安特诺夫了解考查团事

1928.10.27　廿七日

一早极冷，不可耐，乃弄火于房中，温度表之水已结为冰。七时观测，费时颇长，以水结为冰，贴于纱布上者多，不易蒸发故也。霜颇大，地皮为之白，类小雪，天昏暗，日无光，烟雾笼罩，视度不过数里。十时后，到邮局访朱，后一人到街上买了个皮帽子。走访安特诺夫，谈知彼于本月十三日乘马离迪，时赫定已到迪化，有二汽车匠同来，带有二小汽车。安卜尔病尚滞留塔城，袁先生已往阿尔泰去了，情形都好等语。十二时归。安已脱离顺发洋行，彼于十三日内自迪至此，将作印度之游，故电华志请候彼同行云。下午五时，安、莫来访，未几，去。夜更冷于昨夜矣。

眼疾不爽

1928.10.28　廿八日

天气同昨，无风云，烟雾迷漫，满地白霜，苦眼之不爽，不能工作。午睡片刻，午后二时，作水温气压表之观测，眼之不爽，痛苦万分，加以门庭冷落，虚房凄凉，寂寞倍增。夕闻金已派兵塔城实行挡刘文龙及党员之驾。

丁道衡拜城来函

1928.10.29　廿九日

仍然是满天的烟雾，日月无光，天地昏暗，闷极。换毕自记表纸，即作月表及读赫定之书一节。收到丁仲良自拜城来函，云将取山道趋乌什。山路如不为雪所封，则决不改变计划也。彼遇龚于该处。

进城付房租

1928.10.30　卅日

烟雾照旧，午印片四，颇可观。下午三时，稍见卷云。后步出，访房主买拉木户家于其私邸，适其外出，候多时方归。付以九月、十月两月之房租八十两，乘车归，时已五时矣。夜七时后，坐布椅上，昏昏睡去，近九时方醒，观测毕，即又入寝。

1928.10.31　卅一日

天尚晴明，闷极无聊，照例工作之外，读了一节赫定之书。下午出去玩了一趟，回来已经是黑暗了。

月初最忙

1928.11.1　十一月一日

十月已成过去，十一月刚才来到，在这新陈代谢之期中，就是我最忙的时期。上午结算账目，十月支出四百廿九两二钱七分。以后就完成月表，一直忙到下午四点钟，方才完事。天气烟雾稍减，而白云渐多。夕有人送古物给黄先生者来，送来泥片、半身像、破经纸、古钱、破铜等物，以黄之不在，余暂给之三两留下。时天云满，颇昏暗，此等物品皆出于通古斯巴失一带之破城中。

1928.11.2　二日

天微有极高之白云，极轻之烟雾。八杂期，抄账、补充月表，继又写二信，一致韩普尔，一致徐先生，写毕已至下午三时。乃步出，至邮局送了那两封信，到八杂上买了十三当子花布作门帘子，归已是五时后矣。

洗衣妇家被盗

1928.11.3　三日

天微有白云，晴，温和。一早洗衣之妇阿一马汗及其夫阿务特来，哭诉其昨晚被盗，失去金耳环、衣服等物，状甚可怜，乞余出片，到衙门去报案，余立允之。出刺，上书数语致张仲威，大意谓日前气象台所丢物品，迄今既无下落，而昨日邻人阿务特又被盗，长此以往，后患无穷，请其饬班头人等严行侦查防范，以杜后患等语。阿氏再谢去。下午阿归自县署，带回仲威名片一，示收到余之片也。晚即有差役到其家巡查，于某麻烟馆内捕去一人。

夕到大街去看洋炉，遇沙一木来自黄仲良处，带来信一，彼致徐先生之信、电各一，采集品二箱，吩咐其将采集品置我院中即可。余仍到大街看洋炉，买妥，一炉带筒五节，需十五两，外加每筒价一两五。代黄发信、电，闻电报现已每字加五分，百字之电为十一两云。夕步归，夜写致黄仲良之信。

安装了洋炉取暖

1928.11.4　四日

天有白云，稍凉于昨。上午修理钟表，费了四个钟头，却没有弄好，归结还是着人送到修理钟表的匠人那里去了。煮气压表，近日气压变化颇大。傍晚，匠人送了洋炉来，费了两个钟头，在墙上掏了个窟窿，用了十二节筒子连结于内外两室，完了就点上火，果然暖和！

连日烟雾消散

1928.11.5　五日

天轻白之云，有而不多，较昨又稍晴明。上午，更换自记表之纸，费时不少。午后一时，于模糊中可望见西北山岭，虽不甚清晰，然亦为近数日所罕到，心为之爽。□□近数日来，每日烟雾迷漫，宇宙浑浊，人处其中，感到无限的沉闷，无限的烦恼，而今实类一线曙光之发现也。读《探险生活》二节。近来钟表似乎都走得快了。

重读《新疆游记》

1928.11.6　六日

天气亦如前，无聊时重读《新疆游记》。下午步出，昏后又步归，糊里糊涂地过了一天。一早颇冷，外间最低零下八度。

学习维文

1928.11.7　七日

天颇晴明。午后二时煮气压表，作小"阿斯曼"温度之观测。夕习回文，字母三十有二（图11-8），此地缠民所读之音与土耳其人略有差别。夜续焉。本日气压甚高。

访安集延商人

1928.11.8　八日

天气晴明。一早甚冷，外间最低为八度三（零下）！例事之余，续习回文。下午朱菊人来，邀散步近郊，出，时已三时。过沙河滩，经哈园（内有麻烟馆）而北，过沟西行，经田野间里许，

图11-8　学习维文

又折南会路，顺路东北行，识为上月十九日所行之途，未几，又过哈园。归途迫于朱邀，赴邮局，中途过入籍安集延缠商某之门，被邀入，房舍布置，皆类西式，清洁亦复函雅。颇款待，然彼既不善中语，而余又不甚解缠语、俄语，故默然之时多。该缠曾遍游土耳其、波斯、阿富汗、印度等处，并曾一度到柏林，是回人之开通者也。坐约半小时余，辞出。菊人约赴邮局，以天晚未去。急归，夜仍习回文。

黄文弼苏巴什考古归来

1928.11.9　　九日

天气晴明，后多白云。例事之外，仍习回文。下午二时事毕，赴八杂。人颇多，然余所欲买之东西，无所有。经行回城，帽靴八杂、而虎洞八杂。出回城东门。未几，一乞儿追随左右讨钱，余告以没有，而彼不信，仍事追随，近里许，心渐不忍，乃意前行易钞付之，而彼以为已无希望，予回顾际，彼已他去。吝一两钞而未付，致其空随多时，事后思之赧然。

过邮局，闻黄先生已自苏巴什归来，余之用人撒务曾来寻余，乃急归。见黄，夜谈其工作情形甚详，在波斯屯一带无甚效果，而在苏巴什于山岭层迭处，掘出佛洞，致得采集品数箱，而掘得之洞尚多。以时间仓促故，不能多做，急来。

1928.11.10　　十日

天气有烟雾，有白云，视度不远。下午二时，查气压表。黄昏，又习了点回文。其余的工夫，多是同黄仲良闲谈。

1928.11.11　十一日

上午十时，安集延缠某来，闲谈片时。近十一点，骑马赴其家照相，招待倍殷。以余一知半解之缠语与之相谈，知其在土耳其行伍中六年，时土与希腊战，彼极不满意英人，以其在各处实行其帝国主义之侵略也，故入中国籍。照相毕，余以事多，急归，时已十二时。对表，比较温度表。下午，朱、周等四人来参观黄先生之采集品。夜与黄闲谈。九时后洗相片，十一时方寝。

英驻印武官商伯尔克"游历"到此

1928.11.12　十二日

天有烟雾白云。一早菊人来，送来余之家书一，内云家乡平安，并问我何时可归，归时带些土产、药材等语，是汉兄手书。闻英驻印武官商伯尔克已到此间，彼曾游阿尔泰及各处，其行程皆不沿大路，此来由吐鲁番直接到库尔勒，由库尔勒又直接来此。彼藉口游历，而真正任务，尚不得而知。前俄领之游，处处碰钉，阻难特多，而此大英武官来往于要隘险途之中，如入无人之境，盖已怪矣。

午印片二，午后二时观测毕，赴朱家吃锅贴，黄已先在。黄昏出，同黄赴修理钟表之匠人家，看其修理黄之相匣，并邀其明日来给气象台配钥匙。六时乘轿车归，途出河坝中，时已黑暗，烟雾缭绕，树影恍惚。车行沙水中，咤然作声，颇作长途旅行之想。九时事毕，即寝。

二 冬季观测

园中人埋柘榴树过冬

1928.11.13　十三日

早三时二十分醒，以后再也不能入梦，直至天明起，故本日精神特别的不好。午前十时后，睡了约近一小时，方稍好。园中人忙着埋柘榴树，因冬来惧柘榴树之冻死。乃束而曲之，使其尖端触于地，成了形，以玉米之茎及他种草围之一周，外覆以土，成大坟为止。

上午有风，白云少，下午反之，天稍寒，而一早及夜间尚不如前之寒日之甚。枯叶仍不住由空中下落，飘零旋转，其声至戚！

闻柘榴埋至明春二三月中即行掘出，任其生长。

韩普尔与龚元忠来信

1928.11.14　十四日

天浮云多，后渐有微风，故温度不高。午睡片刻，夕与黄照相，他我各一。黄昏朱来，带来余之信二，一系韩普尔的，一系龚。龚已到乌什，询此地与省上情形。韩云已接到九月月表账、信、相片，内谈照相事颇详；又云彼将于月底回德，与其夫人约会于圣诞节前也，并要五、六、七、八月华志之账，以结束之。

信内附来相片二张，系为此较浓淡之用者。未几朱去，七时始为黄洗相片，费约一小时余，此一打中，废物颇多。

抄写华志账目寄韩普尔

1928.11.15　十五日

天几满浮云，视度较远，昨夜既温和，而今晨亦不很冷。上午忙着抄了一份账，是五、六、七、八几个月的，直至下午二时方完。写致韩普尔函与华志所写之账，封起寄迪，余所抄之一份，留此作参考，事颇麻烦。又写致韩之电报，催其送温度自记表来。毕出，过前来照相之缠家，给之片二张。到邮局送了那封信，又同朱去电局发电报。归途访前电局长周于湖南公所，谈未几，归。时甚黑暗。

与黄文弼赴八杂

1928.11.16　十七年（一九二八）十一月十六日

云甚多，日时为蔽。事毕，十点半同黄赴八杂，买毡鞋一双，以不合适故，又退回之。绕行一周，归途过邮局，访知无我之信，归。下午读赫定书一节，习回文近一小时，夜与黄闲谈。

1928.11.17　十七日

天极晴明，蔚蓝之天空，清晰之景物，点缀得很好。一早颇冷，残余之枯叶，仍不住地由上落下。同黄仲良交换了些东西，以后又照了几片相。一早修理钟表的那个人曾来看气象台之锁，以配钥匙。夜为黄洗胶片一打。

张广福山中来函

1928.11.18　十八日

天极晴明，无云。早上配了气象台的钥匙来了。以后黄到盐水沟佛洞去考古，离库车十几里路。接到张广福自山中来函，报告仪器破坏情形等，并带来十月份账目。要蔬菜等物，乃嘱厨夫一一买来。下午骑访朱，为张广福买一老羊皮皮袄，费十三两。借观邮政地图，黄昏后方归。黄之二驴，今日逸去，疑为人所偷，入夜又寻了来。晚七点为黄君洗相片二打。

送黄文弼赴拜城考古

1928.11.19　十九日

天甚晴明，微有白云，换自记表之纸，黄料理东西，预备启行。午后二时，煮气压及作小温度表。观测事毕，乃与黄摄影于园者四片（图11-9）。时彼之箱件已预备好，库车附近之十一箱采集品留此。三时，彼行，将取道堪、喀拉古尔以至明布拉克访古，再由该处沿克斯尔河折回，至克斯尔千佛洞①。俟千佛洞之工作毕，即西行。彼并决意与龚分队，故龚之照相品等，亦皆留此。余骑马送之。过大桥，经试验场，顺河滩，在斯拉木之羊毛厂附近折东北，同余前所取之道。路旁房舍、树株，比比皆是。四时半，至一西克莱尔路口，离戈壁已不远，该处有土墩一，圆顶大树一。时日将落，乃下马，与黄握手话别。归途与原路歧，南行，至一大渠，又沿渠行，以至于大街。过邮局，遇朱于途，被邀

---

① 克斯尔：又作"河色尔""克西尔"，今作"克孜尔"，维吾尔语"红色"的音译。有佛教石窟寺群，修凿在拜城县克孜尔镇东南 7 公里处红色悬崖上，故称。其南临木扎尔特河，克孜尔河由北来汇入。

图 11-9　与黄文弼摄影于园中

入，时已五时十分，稍谈即出，弧月当头，颇明亮。夜又洗相片，倦甚。

访潘季鲁知悉团中情形

1928.11.20　廿日

天晴明，下午二时事毕，印片数，以底片不洁故，坏纸数张，殊可惜也。晚饭后五时十分，一缠持潘季鲁君之名片来，上书季鲁今日抵此间，住美胜店，请我去谈，余乃骑出，时半明之月光皎洁可爱。未几到店中，见面后即谈，彼知团中情形颇详。夜七时三刻归，十时睡。

1928.11.21　廿一日

天气晴明，一早很冷。八时后潘季鲁来访，同吃早饭。谈至十时后，摄影二片，彼去。晚五点半乘车赴潘约，三刻到，时潘尚在县署，候十数分钟方归，闲谈将至八时方归。

崔鹤峰北京来信

1928.11.22　廿二日

天晴明无云，风亦微，午后二时煮气压表，并阅小说数回，观察风扇之旋转。后接到皋九七月自京来函，字多不清楚，述其脱离考查团及其垫款未清事。夜洗相片一打多。

读小说《粉妆楼》消遣

1928.11.23　廿三日

天仍极晴明，一早甚冷，外间最低为零下十二度六。

本日为八杂期，然以无事，并未出门。无聊际，阅《粉妆楼》以消磨时间 ①。黄昏后朱来谈天，至夜方去。

徐先生汇来薪杂费

1928.11.24　廿四日

天晴明，微有卷云，乃阅《粉妆楼》。下午二时观测毕，理发，接到徐先生自迪化来电，云由张仲威县长汇来黄、龚、我三人薪杂费共三千六百七十二两，内二千三百零四两归黄，七百廿两交龚，六百四十八两属我，转知龚速返库车待后令，彼借台路

---

① 《粉妆楼》：明清时期八十回本英雄传奇小说，《说唐后传》续书之一，托名罗贯中著。有嘉庆二年（1797）宝华楼刊本。

费自还，相匣留属本团等语。夜将圆之月，光辉异常。以天冷故，欲赏而不能，良可惜也。写致龚一函。

当局曾阻止龚往乌什

1928.11.25　廿五日

上午闻云当局曾电阿克苏道尹阻止龚到乌什，如是徐先生命其速返库车，良有以也。午对表，午后二时作小干湿温度表，及煮气压表，后印片数。夕散步河干，后又同布了铺斯玩耍。夜六时后，坐椅上，昏昏入梦，约半时而觉。习回文一点。

1928.11.26　廿六日

天多云，视度尚远，一早一晚，皆不甚冷。更换自记表纸，以本日为星期一也。下午二时后访朱，为丁转其所印名片。五时缓归。

读《大唐西域记》

1928.11.27　廿七日

上午云多，下午少，风亦极微。例事之外，阅《西域记》数卷①，中多荒诞之词。夜皎洁之月，不为云遮。小儿数辈，戏于庭，有如吾乡之"黄抽拉鸡"、"打瞎驴"。另有群儿牵手成圈，二追逐于圈之内外。又一种系群儿牵手为圈，一做饭其中，或问之"肉吃不吃"，如此问者数，每问此种东西吃不吃之后，牵手之群儿，皆"咯咯吱吱""唔唔"作声，手并摇动，末乃牵手者之一，入内

---

① 《西域记》：即玄奘述、辩机撰《大唐西域记》十二卷，关于西域、中亚和南亚的历史地理著作，成书于贞观二十年（646）。

吃做饭者所做之东西，吃多时（饭以土草表示），并携少许遁，群皆遁，做饭者乃逐而捉焉，捉一则问其名而罢，被捉者即不再逃，如是一一捉尽方休。七时后方完。余归练习了点回文。

报载日军占领济南事

1928.11.28　　廿八日

天上午阴，下午晴。十一点赴朱约。窃观十月六日《字林星期周刊》，得知奉军与国方已有相当谅解，山海关内外，双方曾协力剿灭直鲁联军。济南仍为日人所盘踞，日军在胶济路线曾攻杀民人之保卫团数千人，惨无人道若此。山东省政府现仍在泰安，烟台之军人与省政府尚未妥协一致云。下午一时归，续阅报，甘、刘在西安与冯曾一度会晤，商议要公，十月二日已各回原防，夜仍然看报。

读《绿牡丹》

1928.11.29　　廿九日

天云不多，而亦不甚清晰，风亦不大。气压低降极多，晚后气压渐渐高起。作月表之一部分，无聊际，阅《绿牡丹》[①]。

写信给龚元忠、黄文弼

1928.11.30　　卅日

天空多尘，视度甚近。阅完《绿牡丹》，中错字累累，指不胜指，而虚字又特多，无可取。

———————

　　① 《绿牡丹》：又名《四望亭全传》《龙潭鲍骆奇书》等，清代六十四回本侠义小说，有嘉庆五年（1800）三槐堂刊本。

下午二时后，一人赴八杂，绕行城内一周而出。过邮局，闻黄已到克斯尔附近，然无信来。

晚六时到寓所，收到徐先生俭电，问款收到否？催龚迅速雇马回省。夜写二信，一致龚，请其回省，一致黄，请其来取款，气压高得很多。

月初忙于月表结账

1928.12.1　十二月一日

尘土满天，视度甚近，天气很冷，白昼的最高温度才仅有零下五度一。上午颇忙，曾作月表之一部分，下午二时后骑马访张仲威，谈知迪化所拨之款，系由某商来电，请其拨款，彼以此地无该商之款故，已复电不能照办。又稍闲谈，乃归，致电徐先生述款未收到，及函龚催其返省事。结束账目，十一月用去二百七十五两二钱三分。夜甚夜，天空如故，为黄洗相片，完了。

天已经甚冷

1928.12.2　二日

天仍是浑浊，日无光，甚冷，一早外间最低已是零下十七度一，白昼之最高仅零下四度九。池水所结之冰，已可以勉支人行。余完成月表，又抄了一本十一月的三次记录。午于暗淡之日光下对表，所差无几。夜写二信，一致徐先生，一致黄仲良先生，述未收到款事。

读黄先生《二程哲学方法论》

1928.12.3　三日

天仍然是混浊，然较之前日，已稍好。冷如昨，一早更换自记表之纸，后阅黄仲良先生的《二程哲学方法论》①。余无事可纪。

两日病痢

1928.12.4　　四日

天气昏暗，例事而外无可述，下午步行访朱，颇冷。收到黄仲良自千佛洞来片，云不日动身回来，此时不知彼已收到余之第二封信了没有？掀阅《东方杂志》（今年一月份的），五时后归。今昨两日病痢，一日如厕者数焉，颇苦之。晚饭又不合适，致胃痛甚，步院中三千余步，方觉稍好。

黄先生自千佛洞归

1928.12.5　　五日

天暗淡而有云，冷，阅《东方杂志》。下午一时，黄仲良乘一骑带一人来了。闻知款未到，颇扫兴。饭后彼去访张仲威。夕朱来，夜三人闲谈至深夜。接龚电，知丁已到阿克苏，龚不日即回来。

赴朱菊人宴

1928.12.6　　六日

天较晴明，午亦稍热，十一时同黄赴朱菊人邀，一时余以观测故独归，二时后又去，饭于其家，同座尚有瑞典女医某。散后近五时归。

---

① 《二程哲学方法论》：即黄文弼所著《二程子哲学方法论》，系作者1922年北京大学哲学系毕业论文，北京大学出版部1924年版。

黄先生再赴克斯尔千佛洞

1928.12.7　七日

天仍不很晴明，九时后，黄自此动身，还克斯尔千佛洞，彼拟到后二日即西去。一早冷得很，所以他走我也没有送他。下午二时煮气压表及小干湿温度表，未到八杂去。夜抄十月份三次记录簿及阅壬寅《新民丛报汇编》。

丁仲良从阿克苏来函

1928.12.8　八日

天稍晴明，冷热如前。近来每早七时湿温度表之数皆不甚合理，因其高于干者是也。下午接丁仲良五日自阿克苏（温宿）来函，云彼乌什之行曾引起当道之误会，现以雪大故，去否尚未定。

半年前的济南惨案

1928.12.9　九日

天气如前，一早很冷，阅《新民汇编》。午后朱来，拿来五月份《东方杂志》，内载五月初旬日人在济南演出之空前惨杀，战委会住济之外交处长蔡公时，竟为日人所惨杀，其余之交通人员、伤兵为日人所枪毙者甚夥，触目伤心，惨不忍闻。在昔繁华热闹之商埠，今已变为森严四布日兵根据地，巍然雄壮之城郭，已为颓废圮毁之日弹牺牲物，其戮杀之惨凄，甚于虎狼，其手段之鄙劣，有过鬼蜮。迟迟至今，已逾半载，仍系悬案，发指心痛，莫此为甚！

读《新民汇编》

1928.12.10　十日

一早换日记表纸，后即续阅《新民》，一日之光阴，尽为它消磨去了。天气尚好，荒凉更甚，晨成群之寒鸦乱飞，鸣声"吱呀"然，类有所悲者。

1928.12.11　十一日

天气晴明，暖和，例事之余，看点《新民》与《东方》。下午二时后步至大街，买袜子一双，内地不过价四角，而在此费了三两七钱五分，可谓昂矣。邂逅遇朱，邀赴其家，吃炸酱面，夜七时后方归，仍不甚冷。

1928.12.12　十二日

天气不很晴明，有些白云。例事之外，无所谓工作。下午接到黄仲良自克斯尔来函，云彼将留该处工作一星期，夜写致徐先生之函。

1928.12.13　十三日

天多白云，后渐少，冷热平常。上午作本月之月表一部。下午二时，作小温度表及煮的气压表的观测。晚习缠文，夜浴于室。因昨夜未睡好故，今天精神不好。

徐先生来信说办理考察延长事

1928.12.14　十四日

天多云，不很冷，接到徐先生及李达三之函各一。徐先生云彼将于十五日前后到北平及南京办延长交涉，并云据政府消息，不问外人愿继续与否，自已决定继续，并云彼去后，一切事务由袁先生代拆代行。韩已去，郝德已到迪，账由安卜尔管。我与达三、益占之薪自明年五月起，改为月八十元，杂费取消。彼去后，为我与达三办赴德留学事可望成功。明年大约来一班新团员云云。达三述彼屈莽山之行及山景之奇妙，气候之寒，未几又归婼羌，郝德晋省，等事。

徐先生之去，对于我们几个人颇有关系，故急致函黄、丁二位，述此情形，及征求意见。下午二时后，赴八杂，买洋烛四包，备捎至山中，买布十三当子，费六两五，备做衬衣。遇朱，同赴邮局，送了两封信，晚饭后方归。夜修理了一个锁。

给李宪之和徐先生写回信

1928.12.15　十五日

天稍晴明，浮云仍有，上午写二函，一致李达三，内附马益占的相片三片。一致徐先生，劝其勿去，要去我也去。写此二函，费时颇久。下午二时观测毕，骑马去送信，送了信就回来了，驰马河滩中，多冰水，颇碍马行。南折西，又南，遇冰者数。约行十里，河岸树株渐少，而日已半落，乃归。近来余不常骑，致此马饱食终日，其肥如牛，性变大，未及拥辔，辄狂奔怒驰，而今余策之疾驰，不过一时许，即满身淋漓，如出水者，然归途已无狂暴之性矣。

郝德来信谈及我与李宪之留德等事

1928.12.16　十六日

上午云尚少，下午满天是云，日光不现。写信一封，内有账目、月表，备寄安卜尔。午后近一时，朱来。送来郝德函一，德文的，内云袁在迪化，哈士纶亦回了迪化，安尚在病中。彼并谈及我与达三留德事，又问余照相器大小，好寄纸及胶片来，将送一铁柱、一空盒气压表、一风扇等物来，并问此地气象台及山中情形，并问及款项问题，等等。

见上海出之《生活周刊》内有十月中消息，双十节内地有极热烈之庆祝，国民政府任命十六委员，内为蒋介石、谭组庵、胡汉民、蔡孑民、孙科、戴传贤、陈果夫、冯焕章、阎百川、李宗仁、李济琛、杨树庄、林森、何应钦、王宠惠、张学良等。是东三省已不成问题。蒋作宾任驻德全权公使，高曙青任驻法全权公使，陈公博、于右任将放洋考查。吴稚晖、李石曾、张静江在党部中任事。

夜写致郝德函。谭兼行政院院长，胡汉民立法院院长，王宠惠司法院院长，蔡兼监察院院长，戴传贤考试院院长。

给郝德写长信

1928.12.17　十七日

天尚算晴明，一早云颇多，后渐少，夕又变多，夜无。写完给郝德的那封信，一早曾换自记表纸，描了三张作底本，把那三张寄给郝德，并月表、账目统统都寄给他，请他转交管账的。信颇长，费时甚久，夜方终。

1928.12.18　十八日

天气晴明，云少。午后印旧相片几张，备寄家也。画日规图四张。夜写一函，致袁希渊先生。

写家信并附寄相片

1928.12.19　十九日

一早云多，后渐少，写家信一封，内附相片八张。午接潘季鲁自喀什来函，云闻丁君不能到喀什的语。本星期，温度自记表数次断续，致每日之间，都有一时期无画。两点观测毕，驰马河滩，约半小时，乃北，过冰，到大街，赴邮局送信。闻潘季鲁已被任疏勒县长，电报已过。见张广福自山中来函。

1928.12.20　廿日

天多云，日时为遮，然温度颇高。抄八月三次记录表，一表费数小时之工夫。下午看赫定之书一节，习缠文一二小时。夜看了点《新民丛报》中之笑话，颇有意思。

龚元忠从阿克苏归

1928.12.21　廿一日

天多云，八杂期。午朱来谈，云闻龚已离阿克苏，不日可到。午后二时观测际，龚翩翩而来，未几朱去。与龚谈竟夕，知送华之王及缠人一根白特亦到。龚出丁、黄信各一，读毕丁信，及听龚谈途中历史，得到了些"人类学"中不可多得的东西与材料。

阅五月份中日交涉事宜

1928.12.22　廿二日

天稍有云，渐少渐少，夜无。天气颇温度，白昼最高达零上两度半云云。

阅《东方杂志》（七月份），内载五月十六日，国民政府准战委会之请，任命孙良诚、丁惟汾、蒋作宾、宋哲元、石敬亭、冷遹、陈雪南、魏宗晋、于恩波、阎容德、孔繁霨、何思源等为山东省政府委员，孙良诚为主席。同日济南有治安维持会出现，何宗莲、于耀西、孟荫轩、刘兰阁等任正副会长，张宗昌之宪兵司令田友望任警察总办，中日警宪联合办公。十七日消息，教会调查中国兵民在济南为日兵所杀者在二千人以外，伤者亦有二千余人，日军事当局开支出兵费达四千万元。十八日，日本驻华使领奉东京政府训令，以重要觉书分致张作霖、黄郛、王正廷声明"战乱如进展至京津，其祸乱或及于满洲之时……或将不得已而采取适当而且有效之措置，惟对交战各方自当力持严正中立之态度"。廿五日，北京政府答复日本觉书，谓断难承认日本觉书所称之"适当有效措置"，且声明东三省及京津为中国领土，主权所在，不容漠视，并谓自负保护外侨之责，盼日本鉴于济案，勿再有不合国际惯例之措置；更发表宣言，指日本此举违背华盛顿会议原则。国民政府答复日本觉书之节略由上海交涉员交付日总领事，谓以妥善方法处置东三省治安问题，保护中外人士之安全，为国民政府自有之责任，对日方觉书所称"采取适当而有效之措置"，声明万难承认，等等消息。

作月表之一部分，夕，骤马河滩中，又东行，绕一圈归。夜静，明月之光，有如积水。置身房顶，极目四望，则惨淡之景物，皆若隐若现地出于眼帘中。

不良妇女被驱逐事

1928.12.23　　廿三日

云不少，然尚温和。晨饭不慎，几生危险，吐又不能，苦不堪，午饭不敢吃。

午朱来云，近来以央哥子房中发生命案故，除有原犯拷打收监外，将各店中之央哥子（甲拉布）尽行驱逐。据识者云，此类事件，屡见不罕。在库车被逐后，则之拜城、沙雅等地，不数日，归操业如故；拜城有难，则来避于此，驱逐所得效果全无。缘此辈游民，既无恒产，而又不事工作，故女人除操此业而外，别无良法。南疆一带，到处皆然。据龚君云温宿某店，除"上房"而外，悉为此辈人之所居。吾有望于将来之执事者，欲救济此辈，而安百姓，勿舍本而逐末也。

下午二时后，赴龚店，饭后五时归。

1928.12.24　廿四日

天半部有云，午温和。龚之服役人来给我的马剪鬃，剪得颇不坏，龚并着那人送来板鸭一条，葡萄酒一瓶。

午后二时观测毕，赴朱邀，龚已先在，食猪肉。又稍坐，以九时观测故，急归。近日县差虽迫逐甲拉布出店，结果有的暂避他处，有的却仍居店中，昼出夜归，操业如故。

差人王带来华志和丁道衡来信

1928.12.25　廿五日

天上的云不少，较冷于昨，下午云渐少。午王到了，述一路情形颇详。带有华志之信一，系发于莎车者；丁仲良信一，因王于阿克苏曾见彼也。

华函述其行途情形，及关于听差之账目等事。丁云曾接徐、赫两团长电，云已得省政府允许，丁到喀什，丁以黄未到，并闻其有回迪之说，尚忧虑未行，问我情形，乃立书一明信片寄彼。

与朱菊人、龚元忠聚谈

1928.12.26 廿六日

天云先少后多，日光不强，风吹亦稍紧，白昼温度颇低。午后赴朱、龚之约，至则闻系来余处之误，乃既来之则安之，不及五时，饭毕，同赴龚寓。余至七时后方归。

1928.12.27 廿七日

天阴云，风亦大，颇冷，特具便饭，请朱氏夫妇及龚来吃。近下午一时皆先后来到。饭际龚以牙痛故，归去。余胸部、胃口痛仍剧，饮食大形不便，苦之。饭后近三时，朱氏夫妇去。

徐先生来函云赴南京办理延长事

1928.12.28 廿八日

天云多，有风，甚凉。本日为八杂，去找缝衣匠，责其失信，以余着其作衬衣一身，允于三日作成，迟迟至今，已届两周，几无消息，催之再三，而其迟迟如故。访龚于怡泰店，彼尚未起，促之起，游八杂一周，归。胃口痛甚，饮食不能下咽。苦哉苦哉！

阅徐先生十六日致黄仲良函，云彼与赫定、医生、省耕等明日（十七日）回南京办延长交涉。贝葛满以回国结婚故，亦同行。数日前省政府又来函云考察期限仍以明年五月为止。如政府允许，此地当局当不致坚持云云。彼等去后，事由袁希渊、安卜尔二人代拆代行。黄、丁二人自明年五月起，月薪改为百六十元云云。此信系托余转者，而对吾人薪水事未提。乃转阿克苏交黄。

教差人王看温度表

1928.12.29　　廿九日

天阴云而风，甚冷。暇时授王看温度表。龚来，午后一时许去。夜乍晴，九时又渐渐阴煞。

代理团长袁复礼来电

1928.12.30　　卅日

天晴而不甚清晰，冷，气压渐高。上午抄汉缠杂字（图11-10）。

图11-10　刘衍淮抄汉回杂字首页

下午接到袁希渊俭电：由沙的哈吉汇千两，二百五十两作龚回省路费，伊须交兄及黄仲良欠账清单，令兄等（余、黄）代还，则款可不交伊，免再浪费等语。乃召龚至，商酌一切，电中未述明此款全系属龚，抑尚有我的钱在内？所云不交龚者，二百五十两之数欤？抑交彼二百五，余七百五十不交彼欤？

哈德自山中归，带来山中张之记录，及自记表之已画者一包。

为袁复礼拨款事往返奔波

1928.12.31　卅一日

十七年的末日又到了，倏忽中在新疆过了一年。前年此日在北京，去年此日在庙儿沟，今年此日却在库车，相去各数千里。明年此日又不知将在何处，与相去若干里矣！

此地有二缠头，皆名沙的哈吉，一系房主买拉木之妹丈，布了铺斯、底萨看伯等之父，保包办库车统税，另一系业钱商之哈密缠头，即前给华志换喀什票子者。因此上午余骑马进城到电局讯问给我们拨款的是哪一个，遇电生某君，谈悉拨款者乃系业钱商之者。

乃归，同龚访拨款者于其私邸，至则彼谓迪化之缠某现在在那里替他买货，钱都在他那里，而尚未知彼所买何货，现下钱不方便，请电迪莫拨为是。此次所拨之款又落了个空！乃归，发电致袁希渊，述款未拨事，请其另设法，并询该款是否全属龚。

本日天阴云，日晕多时。上午曾换自记表纸。

三　新年伊始

收到袁复礼来信和包裹

1929.1.1　民国十八年一月一日

作月表，结账目，今天要算是一月中最忙的一日。于这百忙之中，还约了朱氏夫妻及龚来吃午饭。十二时左右，朱君及其夫人来，带来了袁先生给我的信和包裹，包裹里是赫定先生送我的礼和贺圣诞节及新年的片子。礼物是毛巾一条、小刀一把、鱼一盒、糖数包而已。在我这过新年的当儿，不迟不早地收到了这些东西，真正添了不少的趣味。袁函写得颇长，内述徐、赫两团长于十七日午后三时启行，廿日当可到塔城。又述及南京气象台来函要我们的气象报告，并且还要我们每天打两个电报，以备预测天气之用，并着把十一、十二两月的记录，抄两份寄南京，教他们看看，或者有所增减，以取一致等语。月表直寄南京北极阁气象台云。

二时，观测毕，吃饭。饭后同赴朱寓，阅《教育杂志》，见有公布之中央研究院之组织法，中所研究者仅限于科学。九月之《生活周刊》，载有北平政分会主席李石曾辞职，及政府任张继继任之明令。晚饭后，七时过方归。

余所用之听差萨务，三月以来颇勤谨聪明，为王来了之故，不能不辞他去。他恋恋不舍，心甚戚戚，余亦为之黯然。

夜结账，去年十二月用去四百三十五两九钱三分。

抄写账目寄安卜尔

1929.1.2　二日

例事之外，忙着结束了月表，又抄写了一份，有时还看一点气象学。夕抄了份账，附信中，寄安卜尔。天气尚晴，下午二时发现那黄色的风袋，不知怎的坏了落在地上，我于是乎把它拿到房子里来，着下人掘出那杆子来，好修理安上。可惜地冻得太硬了，两个人弄了半天，却只扒了一条小沟。

写信给袁复礼说气象问题

1929.1.3　三日

天一早云少，上午云多，下午又渐少，常见日晕，颇温和。写致袁希渊信一，颇长，费时甚久，末复与之谈气象问题。午后又写给黄仲良几句话，向他讨债，毕已是下午二时半。步行至邮局送信，同朱吃晚饭。后又一人访龚于怡泰店，胡扯颇久。

修理风袋杆

1929.1.4　四日

天云少，尚温和。一早事毕，即写致郝德函，到吃午饭方完。风袋之杆掘倒了，二时观测毕，我把它修理上，又重新竖起。发致郝德函，又附有十二月表一张、山中自记之图线两张。

夕同龚绕行"八杂"一周，访朱不遇。归店坐多时，又去访朱，又未遇，坐候一小时余亦未归，乃与龚分手各归。途中不快之感，随步增多，大有懊丧不堪之势！噫嘻！胡为乎哉？！

推算喀拉古尔气象台高度

1929.1.5 五日

天半为云遮，云者，极低之卷云是也，唯云向稍异于前，自北而变为西北，而西西北。例事之外，抄十二月份月表一张，改正了些所印、所译之错误处。按式推求山中高度，则约为1277.12公尺高于库车。不知可靠否？

从邮局追回有误的月表

1929.1.6 六日

天云少，温和。我又抄了张月表，备寄南京，发见十二月份最低温度负十五度下之度数，订正错了。夕又差人到邮局讨回给郝德的信，改正了这几张月表。

下午二时观测后，骑马南行，上岸，至一余未曾经行之所，过房居数，仍南行，渐至荒郊，无人家，而路亦完。乃顺田陇东行，未几至东方之村中，顺街而北。又多时方至曾经行之路，又绕至北街而归，时已三时四十分。

稍憩，龚来，闲谈片刻去。

袁复礼来函来电

1929.1.7 七日

天极晴明，无云无风，颇温和。上午作日历表一。

下午骑马出，顺大街而东过邮局，更东，顺走轮台之大路行，渐行渐至荒凉之所，约十数里，三时到近戈壁之地，枯树破屋，冢茔废邸，皆断续道旁，马不前，乃返。

到邮局，得袁希渊上月廿七日函，系述沙的哈吉之款者。未几龚亦至，交余袁君六日之电。云由吾拉音阿吉拨千两，交龚二百五十两等语，略同前电。饭后各归。

给南京气象台寄气象报告

1929.1.8　八日

天一早云多，后渐少。午朱氏夫妇及龚来，同吃午饭。二时后又同去邮局，发今日书成之致南京气象台书，内附有月表二份。稍坐，同去找吾拉音拨款，两次皆未遇，在龚店晚饭后骑归。

今日闻底萨之姊布了铺斯现已许配而力木阿吉，而年已逾"花甲"，现已有妻妾三四人，子孙已成群矣。现其父母正为其购办妆奁，婚期已不远。渠虽不甚美，然正系十四五岁之幼女，是尚未成人，且其父为库车著名之巴依，而竟使其命运堕落如此，真可令人为之浩叹矣。缠人固守陋习，不知进步，然官府视若无睹，执事认为司空见惯，而不为之禁止。如是衮衮诸公，果何为者乎？此事固难，非有强大之后盾，不克奏效。然稍事开导，痛诋此类事为陋卑可耻，小民或有所感触，未必不为之稍戒。

郝德来信

1929.1.9　九日

上午白云多，下午渐少。

二时观测毕，骑马去访龚，知吾拉音尚未归来，不能取款。

未几，萨务持郝德致余之函至，读悉彼久不得余之函件，闷极故又作此书。并云一气压表于次日发来，要气压订正的数目及原有的数目。并云赫定、徐先生、大夫于十七日离去，安卜尔尚须久息，即时不能工作，彼将到七格腾木作观测，而使余之观测及天山南部之观测增大其价值云云。

同龚骑行，遇粮食八杂，出城门绕行一周，又进汉城北门而归。时已五时。

抄气压原数及订正数寄给郝德。

袁复礼拨款事又未果

1929.1.10　　十日

天阴云，日晕多时，气压变低。上午写致郝德信。

午龚来云吾拉音亦不拨款，费时误事，结果毫无，颇愤。乃草致袁希渊电，又写成一明信片给他（皆未发）。

二时观测毕，骑出，访龚不遇，闻其已去县衙，盖省政府又有公文来促其就道也。到邮局去送信，朱亦不在。龚来云有缠商某进省，可于此地拨款一千于龚，俟彼到省后交还，惟须有回扣廿两方可。余初劝其不如是，彼意似坚欲如此办理。余本局外人，乃不持异议。

在邮局遇由省来之闹噶衣少年一，即前为李达三一行厨夫，至茇茇槽而被追回者。彼离省已月余，时韩普尔尚未动身云。又云苏维新将到此间久住，现苏为哈萨克连长云。去岁七月迪垣之变，苏之手曾受伤，经何马之医治，现已痊愈云。

晚五时，余归焉。

郝德寄来了新的气压表

1929.1.11　　十一日

天多云，气压甚低。午龚来，其事已妥，不日动身。余乃另草致袁之电及函各一。

今日收到省中寄来之气压表，颇美观，然以其所指不对，乃校正之，费二小时方妥。另外收到丁、黄之函各一。丁函发自柯坪，现在喀什途中，与黄未见于阿克苏也。黄去喀什之可能已甚薄弱，因当局有电挡驾是也。

写致丁仲良明信片一，夜又为莎车瑞典教士抄日表订正数，循华志请也。讨回致郝德函，又添收到了气压表字样。

黄文弼归还欠款

1929.1.12　　十二日

一早云尚少，后全为遮蔽，日无光。余撤去窗上之温度表，同时读二气压表。新者所走，似不甚正确。

接到黄仲良八日来函，云由宝胜号汇二百喀票来，除还本台二百六十两外，余则以之买黑皮子云。

邀朱来闲谈，闻内地各处包裹、信件、汇兑都已开行，是亦好现象也。

二时观测毕，出，访龚。又同去朱寓，寻宝胜号主人，未得，傍晚骑归。

津商王丹儒拨款

1929.1.13　　十三日

一早下了些雪，可是太小了，地皮也盖不煞，起于何时，止于何时都不知道。气压已渐渐地高起，以后就又保持平衡。天也晴了，云渐少了。百数里外的山峰，都望得清晰可爱。

上午写缠文。后萨务送来《东方杂志》去年八月出版的，内有六月时事新闻关于张作霖被炸事，吴俊升、潘复、赵欣伯等当时被炸毙。六月三日黎元洪病故，十五日任张继、白云梯、刘朴忱、罗桑囊嘉、格桑泽仁、陈继淹、李凤岗为蒙藏委员会委员等消息。

下午二时后龚来，云省款又汇来，对方商人为王某，天津人，能拨款云。乃同龚出，到店后，又至电局取余之电报，悉该商为王丹儒云。又至店寻该商，当即付七百四十两，余数期之明日云。黄仲良拨款之商人亦曾来余寓，商此款事，亦允于日内拨付云。

五时骑归，张仲威定明日请客，余亦在被邀之列。

张县长请客

1929.1.14　十四日

天阴云，十点更换完了自记表的纸。气压稍高，抄完了那本子汉缠杂字（图 11-11）。午后惧气压表之不准，又作 Hypsometer［测高计］，以此较之。

二时过后，到龚店，王丹儒又拨了余数二百六十两。乃复袁电，请其照拨新票。

三时过后，请客主人派人催请，乃同龚骑马去县署。在座除

图 11-11　刘衍淮
抄汉回杂字末页

一二人外，多不相识。饭毕已六时过后，乃归。

1929.1.15　十五日

天阴森昏暗，气压高起，温度亦不甚低。

下午二时后，骑马去访龚，彼明日能否就道，尚成问题。同去访朱，闲谈多时，五时后归。

上午曾买一马，类余旧有之马，颇肥，费百四十四两云。收到达三自婼羌来函。

龚元忠今晚回迪化

1929.1.16　十六日

天晴云少。午龚来，要了去了点药。闲谈多时，大概他今晚可以动身。

饭后龚去。日前于邮局见之闹盖衣来，又闲谈多时，据云苏明日可到。末后彼说出来意，借银十两，三日后归还，余不好拂人，乃出而予之。明知不可靠，偏要这样做。

今日曾稍习缠文，并译德文《气象学进阶》中之降水之一两节。

收到了量水温度表

1929.1.17　十七日

天气晴明。

上午收到迪化寄来的量水温度表。菊人并着人送来十一月份《新天津报》十数份，得知消息不少。刘复当了安徽民政厅长了。胡春霖建设厅长。中日悬案尚未解决。蒋介石以陆海空总司令资格出巡。冯玉祥任军政部长。张宗昌遁居大连，尚事活动，尤冀死灰复燃。山东省政府主席尚为孙良诚。济南维持会黑幕重重。各地军队正在缩编中，等等消息。

下午骑马出，西南又西行，出村舍之境，至沙窝中，马数步一喘，不前，而归。晚习缠文一些。

1929.1.18　　十八日

天晴，云甚少。

下午事毕，同二小孩去八杂，至大街分路，余东而彼西。访朱不遇，稍坐即出，又绕行八杂城市中一周，缓步而归，时夕阳将下。

晚接到黄仲良自温宿来电，询余收到款否。夜书一明信片致彼。并决意明日派王入山接张，故又书一函致张。

派差役王到山中接替张广福

1929.1.19　　十九日

天气晴明。晨饭后，派王入山接张去了。读赫定之《探险生活》数节。

下午收到退回的我给叔龙的信，不能投递之情节有云此人出平云。数月来之无信息，良有以也！不禁怅然者久之。

晚接到丁仲良自喀什来函，云十日即抵喀，将在附近考查云云。夜写复丁仲良函。

又下雪了

1929.1.20　　廿日

晨起不早，起来往外一看，地面上积了些雪，原来又不知何时这雪开始了。满天灰色的云，那一片一片的白花，仍不停地往下落，然而数量太少了。究竟下了不少的时间，地面上约白积层，却仍是不厚。于缠绵悲怆之情绪中，把所有的两封信供献给了祝融氏，那还都是在包头及其附近收到的。雪渐下渐小，而云飞亦渐速，十一点后雪止，地皮仍未盖好。云稍开，则阳光现，所有雪不一刻就化完了。在河坝照相二，在园照一。

午饭际，林姓商人及宝胜号之主人来，送来喀票二百，系黄仲良所拨来者。二时后去。余乃致电黄，云款已收到。黄昏，电报刚才发出，而该商又来，出示阿克苏来电，云黄已将款退去，故余亦须将款退还。数小时内，生了这个波折。夜写致黄仲良明信片一，述此事。

黄昏碎小之雪花，不时发觉。夜八时后又下起来了，风吹亦稍紧。

1929.1.21　廿一日

一早就醒了，多时未曾睡着，直到六点多后方又朦朦胧胧地合了一合眼。白片的雪花，一夜未停地往下落。地面上积了有两个生的（cm）厚。这现在已是空前了。而它仍是不住地下。

下午顺河行，欲照相，因未寻得美景作罢。今天风大得很，气压亦较低，雪融水 0.9mm。

骑马出游赏雪

1929.1.22　廿二日

雪虽然是停顿了一会，天可是还是满布着云，地上又积了一点半生的（cm）的新雪。七点一刻，雪又开始了，风不大，气压已高。上午照相二，一在园中，一在气象台附近（图 11-12）。九点到四十分的中间，雪下得很起劲，后就慢慢地小了。十二点以后就停了，云也是渐渐地变得薄弱了。

下午三时骑马去邮局送药，朱不在，乃骑绕八杂，穿长街，回城至北关，积雪满地，远山皆白，树株房舍，莫不是半白，煞有可观。进北门，直出南门，绕至大街又折南，由小巷又至回回街归。夜洗二片，及抄月表。

今日雪共 2.8cm，溶水 1.3 公厘。

图 11-12
在园中和气象台附近照相

张与王从山中回来

1929.1.23　廿三日

上午碎小之雪花仍不断地落下，然云已甚薄，分数亦少。十二时后小雪晶绝迹。昨夜、今晨之雪厚为二公分（2cm），融水量为 1.2mm 云。

阅去年八月间之《东方杂志》，下午方毕。晚月晕。

八时后张与王来到了，悉驴乏甚，故行极慢云。据云山中之雪，与此地相类，亦不大。

1929.1.24　廿四日

天多薄云。朱来询余行期，余以明日告之，着下人去买备东西。下午二时观测毕，赴朱寓，话至夜十时方归。

巴拉特节

1929.1.25　廿五日

天晴明，冷。上午清理账目，整装待发。候驴久不至，心颇焦急。

下午五时驴方至，乃出发。此役率王及萨务二人，驮东西者二驴，暂由萨驱着，王先到大街去买东西。至大街，萨所乘之驴遗去，绕街三匝，寻而未得。乃宿于邮局，派人四出，入夜尚未得。

本日为缠人过节之期，此节缠名为巴拉特（بارات）[①]。缠民齐集于马杂尔，燃葫芦灯（内贮清油），作乃马子，引吭高呼："巴拉特！巴拉特！"外间街上间亦燃此葫芦灯。夜不睡，请客数辈，吃抓饭。后此十五日（即阴历月底）则届封斋之期矣。

――――――――――

① 巴拉特：维吾尔族传统节日，俗称"油葫芦节"。多在伊斯兰教历八月中旬、封斋前约半月举行。

四 再赴山中气象台

赴山中气象台夜宿堪村

1929.1.26　廿六日

晨七时后起，九时半饭，驴仍未寻得，乃分配东西于一驴上。载装完，十一点三十五分动身，由河滩北行，折东，初行尚快，约二小时，至戈壁上。天雾云弥漫，远近皆白，然积雪不厚，故不碍行。近破城处，驮东西之驴乏了，行渐慢，上下于破城基之土坡，余在前行。

三点五十分过两噶，天仍昏暗，未出尽山谷而已黄昏，历险越奇，寒风刺骨。出山后，由河滩上坡，冷益不堪，乃下马步行。六点十分到堪爱利老乡约宅前，系马庭内。适爱作乃马子未归，稍候来，相见甚欢，派人守望王、萨之来。入其室，茶点毕，乃又出望驴马之来，未得，前行出村，尤未见其来，呼亦无应者，乃绕街而归。村人于马杂、公巴子处^①，束油葫芦灯于高杆上，多人欢呼，观者亦多，此尤"巴拉特"之余声也。

近九点，闻王等过此，乃追之归。夜宿爱利家，九点四十分看气压表，数为 655.6mm 云。十时睡下。本日行约三十五公里。

---

① 公巴子：又作"拱拜孜"，维吾尔语墓室的意思。

寒风中赶到喀拉古尔

1929.1.27　　廿七日

晨七时后起，十时动身，北顺河西行。以河水结冰不利穿行故，始终顺河西行，有时上下山坡，路仄且险，一不慎则落河冰中。十一点廿五分，过一大克。经土失克爱于、卡克马克其，一点廿五分，至巴失克其克，驴行慢故，已不可见。三点，到替克买克达坂顶，人马喘汗不堪。

四点十分，过替克买克，误取东行之途，至一谷中方觉，乃折回，几迷路。遇一人，询知此为阿鄂布拉克路。回至替克买克之小岭已五时，马乏，策亦无益，至有水处近木鲁木之地，而甚黑暗，白日天虽晴明，然夜月出晚，其时正值日落月未出之际也。惧再至木鲁木，辄东行，上下坡无数，然终未得路，心颇焦急，加以寒风朔朔，倍于昨晚，冷至不堪，须上冰珠，拭而复结，面部亦不堪。又约误半时许，方得正路。心急似箭，而无如马乏路远！月仍未出，一人一骑，又无武器自卫，狼来则此命付之流水。思之不禁慄然。

近八时，方绕过山头，于黑暗模糊中辨看为喀拉古尔之至矣。山水泛滥，处处成冰，马蹄时滑。八时至住所，与二下人相见欢然。盖彼等已闻余之将至矣。九时后，王等到来，悉于途中遇来此之驴，雇一，故能于此时到此，不然，则非次早不办矣。

本日行四十五公里，除冷外无他不适处。夜宿包内。

村人多来问讯

1929.1.28　　廿八日

晨七时前起，按时作观测。饭毕，收拾房子。附近树木尽枯，满地白雪。高山峨峨，流水泱泱，地高云低，烟雾缭绕，加以寒风朔朔，外间不能久立，殆已与前不同矣！村人多来问讯。余访及缠俗，闻巴拉特日呼声，曰"今天晚上直到明天早上不要睡觉"一语。城上于旧历十五日作巴拉特，乡间多于十六日举行之。

1929.1.29　廿九日

天云少，风亦不大，按时作观测，间授王与五迈，此地早晚及午后之温度，相差不过数度。上午照相二片（图11-13，11-14），下午于无所事事中过去了，晚颇冷。

徒步北游

1929.1.30　卅日

按时作观测，上午多层云，一早至午冰针不断，时疑为雪，然层云不在正上时亦有碎小之冰屑于日光闪烁中反转下降，故辨其为冰针也。抄缠曲六七，并译出之。

下午二时半，顺山谷河流，徒步北游。在雪地上平滑之中，绕山头，越溪水，行颇疾，二下人几不能余随。三时过处，河东山下，有住户一家。地名爱欧尔底，更北，越溪水失足堕其中，然水甚浅，除靴稍湿外，无他虞。三点二十五分过处河西为有住户三家之处，余空房尚有三四所，地名阿铺洛克。两旁之山距离渐近，山峰高耸云霄，于隐约中辨悉有无数松柏生其顶。北山中部为云深锁，上部几全为冰雪。三点三十分，到一小山麓，极目而望，亦无非高山低流，白雪黄草，与附近之住户之舍第而已。惧归晚冷不堪，乃折回。行至此费时虽仅一时，然已约有七公里之遥矣。归途疾于前，日已为西山所遮，微风扑面，寒已非常。

图 11-13　喀拉古尔山村

图 11-14　冬天的喀拉古尔气象站

四时过爱欧尔底。四点二十分至住所。

闻库车与拜城，辖境分界于此山谷之河流，东属库车，西属拜城。夜七时又阴云，微雪纷霏下降。

1929.1.31　卅一日

昨夜微雪，今天早七点十分又下到七点四十分。天云虽不少，然薄甚。日晕不断地发现，有时不能辨别降的是冰针抑为雪。晚云渐少。抄缠曲七八，所译多不合适处。

踏雪西南游

1929.2.1　二月一日

上午云多，碎小之冰针，不断降落，有时成纷霏之雪。九点后同萨踏雪南西南行，到山麓，徐徐而上，时雪已止。九点廿分到山顶，不高峻，顶甚平，纵目四望，则远近山川、村舍田野，无不在望。余遂有意移气象台于此山顶，以得较好之结果。稍停，归，又廿分到原所。

夕询取开宜八杂、克斯尔路，此地之识路者一人来，然彼穷甚，无驴无马，不能导余也。下午冰针虽不断，然云已极少。近日之北方高山，时为层云所遮蔽，烟雾四绕，颇形混沌，加以积雪未消，白光刺目，骤出房外，则令人头晕目眩，多时无所见。

拟请导游从拜城回库车

1929.2.2　二日

天晴云罕，少有雾，然温度不高。按时作观测。下午欲雇引路人将由克斯尔回库，然缠民多畏缩要挟，婉言开导，亦复无效，乃决将出以强迫手段，是以不得已也。

1929.2.3　三日

以天云不少，下午有时稍少。按时作观测。夕差人去找引路的人，那人闻信逃去，致与其家人吵嚷了一顿。夜买狐皮二张，费银五十八两，亦云贵矣。

西行雪地中到喀咱其

1929.2.4　四日

晨八时饭后即收拾东西，十点十分动身。五迈乘于斯巴失马送至开银八杂，留王与塔塔里克暂住，俟五迈归，王以驴驮余行装由东途归库，计与余绕道之日期，同时到库车。于妻以乘其马故，颇不放心，哭随者多时。何昨日之强硬，而今日之乞怜耶？

西行山前雪地，冰多蹄滑，幸三人三骑，无多带品，故不致有误行程。十点半过于斯巴失宅，于妻去。散居之缠户，不绝于道旁。十点四十五分西南西行，十一点十分行戈壁上，村舍已无，下小坂数，地积薄雪，北则高山巍峨，南则低岭参差，呈伟大之观。十一点廿五分西南行，于隐约中辨对面远处有无数树株，悉为开银八杂之所在。行不慢，十二点廿五分过宽大之干河一，名哈兰沟。再西南一点廿五分，渐入村舍之境，居民星散，地袤千百万里。一点四十五分临大河行片时，沿途访乡约之所在，知其不在家中。过河数，行水中，水底皆为大块顽石，颇碍行。终于两点五十分到八杂上，住一饭馆中。

稍息，出外摄影四。其一系为亡故日大阿浑之母作乃妈子者，闻本地极大之阿浑之母于昨日亡故，远近之人，皆来吊祭。其家人散其积蓄二百两红钱、一百两省票于众人。大阿浑名萨务特阿来母阿吉云。

归，四时后，村人寻阿失木稽查来，余告以明日克斯尔之行，彼当即指定来人之一作引路者。该人以无保长之命，不愿往，触稽查怒，痛劈其额者数。该人力辩不屈，众人拥之去，晚闻孝敬稽查十两，稽查尚不肯干休焉。奴汝斯、一不拉音二保长来，皆应于明日派人引路。又闻乱后此地，地广人稀，新来之人，多发横财，致富易易，故名为开银八杂，开银发横财之意也。河东名玉尔混木，向西，即住地名喀咱其。

夜乌少尔阿浑来访。六时煮气压表，得数为633.4mm云。附近之密司不拉克、明不拉克、喀拉古尔（一部分）等处，皆归此地之二保长辖统，户共约千户左右。地在高山之阳，河流数支会克斯尔河而流至克斯尔。地广人稀，执事若能善事提倡，不难成为一县云。地寒于库车，热于喀拉古尔。秋多风，春正月中有巨大之北风焉，夏多雨，今年雪小于他年，而库车反是，亦特殊现象也。北山之麓，有路通拜城、喀什。山中尚有路，北行骑六七日可到伊犁。由木斯他尔顺河可至库车附近之达坂（盐水沟附近）以通库车，自此至库仅百六十里，骑一日可达。他途由明不拉克行戈壁以至克斯尔、包斯七里，石壁上刻汉字数，意即古乌垒关迹。附近尚有煤矿，住地附近有破城，俗呼为黑挞宜沙尔"汉人城"，其一于二三十年前，其迹尚宛然可辨，近已为水冲刷殆尽，只土冈之起伏而已。城外一泉，据传说云，乱际城中人闭关自守，掘地通是泉以汲水。附近尚有一破城，临干河，迹尚可辨，惟二城皆不大，黄仲良曾住此地一夜，并派其人视察破城一过云。

本日行约二十六公里。

自开银八杂到克斯尔村住宿

1929.2.5　五日

一早保长派的引路人就来了。早饭毕，出门东行，约半里至一破城，即俗呼所谓黑挞宜沙尔是也。城垣土堞尚可辨，然地面积雪，余不可见。更东约一箭之地，又一废垒，垣高峻，多砂石。询悉非古城，实昔日某"货家"（阔少之意）之住宅，昨日所闻之二破城，即此也。

归，收拾东西，十点三刻自开银八杂动身，本日为此地八杂之期，然街小人少，买卖无多。出八杂南行，村人之来八杂者，络绎于途，穿行田野之中，树株、房舍不断入目。行颇快，十一点廿分南南东行，十一点过明不拉克。涉河南，四十分入山中，山不高峻，土成之丘陵而已。上小达坂，路尚宽平，五十分山顶，西南行下，此土山名趣太尔。十二点南南西行，十分后土岭渐少，廿分过干河，三刻下坡顺山谷行，稍东又向南行，地名赛来克崖塔尔替崖肯。一点一刻南南西，策马前驱，路旁渐多红柳。一点四十分过处有树一，破房一，红柳，然杳无居人，地名绍武布拉克。南行五十分入山沟中。两点过处，两旁土山，有如房舍寺院，人物花草，尤极类喇嘛召。南南西行仍快，十分出山沟，廿分过一大干沟，名土斯尔克爱肯。

两点半西南行，望见树株，心喜，抖擞精神，策马疾前。三点一刻入村中，住户不少，村名太底尔。北之土山上，有破房一，类炮台。二十五分顺河行，河即克斯尔河也。三点卅五分过大干沟，山水泛滥之迹也。田树稍断，未几又入克斯尔村中。四点十分过河，河歧为数流，时行小桥上，时涉水中，水中多顽石，颇碍马蹄。见电杆，惊为异物，盖已不见多日矣。南南东行，渐入大街中。四点廿分，到一店前下马。差人寻十户长及保长来，请余住就近之一缠店中。

附近住户共约五百左右，除有六户"通刚"（回回）外，皆缠。有一保长统辖之。街有大店三，小店九，官店一，小摊商多来自赛拉木，此地保长亦归赛拉木之乡约节制。遇邮局马差阿不拉，彼即代为招呼马匹、店家，并闻驴及萨之衣被已寻得。又闻昨日有裘大人过此，店家招待不周，几被送县，议罚十两，交缠寺毛拉方休。

夜查气压表数为666.9mm，致函菊人。克斯尔地较冷于库车，雨雪不多，多北风。本日行约四十二公里，颇倦乏。

游克斯尔千佛洞并过闹汝斯节

1929.2.6　六日

店家之娃夜哭数次，致余不能安眠。七时后起，未几本村毛拉来，云本日缠俗过节，请去看媵郎等语。

早饭毕，十点四十五分同萨务、阿不拉作千佛洞之游。出村而东南行，有时向南南东，有时向东南东，寒风侵人，薄雾濛濛，南山若有若无。策马疾奔，十一点廿分，下土崖之坂，坂颇突峻，坂南数十里外，高峰绵亘，木杂尔特河自西东流，全结成冰。土崖如削，高者有约四五十公尺者。坂东树木成林，中有房舍，村后有土崖上凿孔无数，是即所谓千佛洞是也。至一住户前下马，入稍息。二缠童代为遛马，十一点四十分到此。自克斯尔于坦至此约在十公里上，费时尚不及一小时，马遍身流汗，尽结成冰。

未几出，东南行，参观佛洞。壁画尽被剥去，所余不过一二洞内之片段鳞爪而已。东南行约半里，见洞完，乃归。遇自克斯尔于坦来之一缠，通汉语，云东南之土山谷内尚有路上升，土崖之顶部尚有佛洞。乃又前进，顺山谷行，谷有流水，上结坚冰。行多时，未得路，乃出谷，于另一住户中寻得一童，引路上崖，突峻不堪，攀援而上，弯曲旋转，路不能容足。及顶，望见十数佛洞，其中之一二尚有些微之壁画，摄影二，无兴近视，乃下。于崖途上又摄二影。下如飞，瞬息及地。归途又摄影二（图11-

15）。进前稍息之缠宅，闻此地冬季住户只二家，夏日之来收获者、种地者共约十数家。茶不能入咽。

上马归时二点也。上达坂，马喘汗不堪。及顶平地，仍策马疾奔。两点五十分到店，毛拉、保长等已派人来接余。乃去，东行于一平旷之地上，红男绿女，多集于此。于高台之顶，数人击

图 11-15
克斯尔千佛洞

鼓，男女作秋千戏。周围尚有十数摊商。摄影三。稍坐即周游。夕，缠男有数十骑，保长送宰一羊，众骑狂奔夺羊，有跑至数十里外，他人不能及者。

　　黄昏归店稍息，至七时后，保长等来请余出去看媵郎。至一房内，燃三四青油灯，女之到者约卅余，男倍之，三四老汉击鼓弹"东不拉"，且呕呀作歌。二男舞，男舞未几，易女，二人一班，姗姗嫋嫋，风流无尽。每舞有人持碗向众人敛钱，有人给以红钱数枚，则以布蒙碗且摇且唱，曰"某人的红钱几十两，牙儿钱几十两"等语。余亦每次付以红钱十数枚不等。敛毕，舞者于唱名际即向付钱者拜，付者答如仪。有一妇单舞，曾向余舞多时，此礼也，余起谢，付钱而毕，该妇揖谢。间作戏，一人一手持二杯茶，任交一人，受者以一手受之，授受多时乃交还原授人，余曾交错，众议罚余（取笑也），乃示交原人作毕。又有人持三杯至，一储茶，请猜哪一个有茶，余一猜而中。十二时后又茶点，先余自千佛洞归来，保长等已请余食包子一顿矣。歌舞稍停，又继焉，至七日早一时半，余不堪，本日缠名"闹汝斯"（Norus）①。

经盐水沟返回库车

1929.2.7　七日

早一时半，余倦甚，且明日回库，程途且遥，乃别众人而归，共费约三两省票之红钱。睡已二时矣。

六时半为店中人乱醒，乃起，收拾行装，饭后，付店家五两。十点卅分动身，东北东行，不数武而入戈壁中。天气晴明，微风拂人。十一点四十五分向东北，十二点十分向东北东，十二点半过干蛮腰店子，停约十分钟。干蛮，缠语地窖之谓，因来此开店之人，曾寓诸地窖中，致富后方成此房也。一点十分过巫宜查干腰店子，地势渐高。三十五分过夏玛尔店（风店）也。五十分东稍南东行，两点到达坂上。自克斯尔至此多系向上进行，自克斯

---

① 闹汝斯：今多译作"诺鲁孜"，维吾尔语的波斯语借词，意为"春雨日"，伊朗和中亚、中国新疆地区少数民族迎接春天来临的节日。一般多在每年3月20至22日前后。

尔至此约三十二公里，地有一人，开店二，有税卡一，归拜城县管，库、拜分界于此达坂。

入店稍进茶，两点三十五分又自达坂动身下行，坂宽坦，不甚突峻，满铺砂石，东南行多土冈，曲折绕行其中，三点二十分盐水沟店，缠名"托和拉旦"。只官店一家，本地之水或碱或苦，不能下咽，夏日之行者苦之。三点四十五分后，渐行高大之狭土谷中，水流成冰，寒风刺人，多曲折。四点二十分过一税卡，归库车。四十分。峪前之土山渐小，渐行渐至土崖如都会街道之境，人乏马倦，渐行渐缓。五点廿五分，过处旁有一炮台。五十分，过"别华所"。六时，渐入树林街道中。

六点三刻，到邮局，住。自达坂至此，约有三十八公里。自克斯尔至此共约七十公里。夜沐浴更衣，精神稍振，然夜睡甚晚，不得饱享黑甜乡幸福，亦已苦矣。见袁希渊及黄仲良之函，盖已至多日矣。黄不日到库。

五　春节前后

乌什县长裘子亨来叙

1929.2.8　八日

六时后起，近九时来寓。差人送片于乌什裘子亨君①，告以昨夜之归，询其可否来叙。未几裘来，彼并带有空盒气压表一，将在库小住十数日。谈多时，彼以去庆张仲威寿故去。

午后二时煮气压表。（三十八）号空盒之表不好，裘之表亦不好，皆一一订正之，以观后事。

夕稍睡，又因理发故为唤醒。夜同朱访裘，谈至十点半方散。以晚故，又宿邮局。

除夕病倒邮局

1929.2.9　九日

晨归来，即不舒服，卧多时，不时或能入梦。然不久又觉通身冰冷，寒战而醒，颇苦之，起。本日为旧历十七年末日。忆朱托，为彼画青天白日满地红旗帜四，以补其万国旗之缺。头晕目眩，几不能握管，而催者又来，不得已勉成之，并书告朱余病，今日不能赴约矣。入寝，时梦时醒，身热如火，昏昏沉沉。加以

_____

① 裘子亨：裘大亨（1892—1934），字子亨，浙江绍兴人。民国年间新疆省政府职员，曾任乌什、吐鲁番、迪化县长。

口渴头昏，耳鸣如鼓，不堪倍甚，时呻吟之声，亦惟有缕缕，然于静籁中发出。

下午三时，朱菊人来，见余病状，有怆然之势，强余乘其车至邮局。招待甚佳，余安之。瑞典女人、莫斯科洛夫来，裘子亨后至。余稍服药，出微汗，稍愈。起坐，饭。余以病故，不能下咽，惟坐而已。宴际，有唱戏闹年节者至。无可观。饭毕，散。未几，同朱氏夫妻及其亲属及莫等赴裘约。宴中，裘、莫二夫人亦在座，中餐西式，颇辉煌。有耍龙灯者至，耍者多缠民，亦善奉迎者矣，未几又入坐。

余病又来，衣裘披氅，犹寒冷不堪，乃辞归，仍住邮局。通身发烧，头目昏花，不知不觉，渐朦胧入梦。十一时后，闻耳边有人呼唤，审视之，则朱氏之归来矣。余几无力回答，病益甚，起，去大衣就寝。

春节仍在病中

1929.2.10　十日

卧病邮局，惟有昏昏沉沉、昏迷不醒而已，稍立则觉首重足轻，不能支持，小便亦不能出门。幸朱君及夫人扶侍倍甚。时口不能言，仅心感而已。除吃茶外，饭食仍不能下咽，惟亦不稍觉饿。元旦佳节，拜年者纷至，余以病故，终不能稍起坐回避，时作自恨之想。

下午朱出，余一人呻吟于床褥。夕，服药一片，未几睡去，通身流汗，衣被皆为之湿，心喜焉。先头昏眼花之中，项部喉内又生数疙瘩，虽将滴水入咽，亦必作奇痛。经此汗一出，喉痛亦稍愈，然疙瘩尤宛然在也。汗出一时许，烧稍退，更衣再卧下，一天又完了。

夜醒了几多次，口仍苦渴。本日收到郝德自七格腾木来函，安卜尔自迪化来函。

黄文弼由托克苏归

1929.2.11　　十一日

天气晴明，病渐愈。以百端待理，疾思归，傍午乘车归来。室内火焚，以御寒气之袭。勉写累日之账。头仍不时作痛，然较之昨日，已不啻天上人间矣。

晚黄仲良到此，闻彼离阿克苏后即取小道由戈壁来此，年过于托克苏。付以袁、丁之来函及袁之二电。夜谈阿克苏事，光怪离奇，有足令人不相信者！

新病之余进城拜节

1929.2.12　　十二日

天气晴明，新病之余，稍显弱，然百端待举，亦不能以弱字应付也。未几，裘子亨来谈多时，留彼午饭，并约其夫人及朱氏夫妇来，事颇烦。

三时饭毕，各去，余乃同黄骑往城中去应酬，先至张仲威县长处，后至王游击处，再至电局，更访冯德纯，冯谈彼戒烟事颇详。归途访裘子亨，同晚饭，八时方归。

今日收到袁希渊电，由税局汇来千八百廿两，内四百廿两为张生膳薪费。

去税局取袁复礼汇款

1929.2.13　　十三日

天晴热，去访朱，谈一会。又去统税局取款，人不在，乃同黄、朱去电局。遇陈统税局长某，谈及款事，乃同彼乘车去税局拿钱。候多时，其子方归，将银元、喀票、省票合共凑了千八百廿两，乘车归。

今日县署唱戏，故被请者颇多。陈约明日早饭，余未之答。归后拣破票，数数，少一两，廿一两过坏。晚洗相片。

乘马访裘

1929.2.14　　十四日

天晴暖。忙于抄写连日记录。午冯德纯来访，坐约一小时许去。午后乘马访裘，夕作竹战以消磨时间，不赌输赢。朱亦来，四人同饭毕，又竹战，未二周而散。时已七时过后，各归。

1929.2.15　　十五日

天亦晴，抄记录之余，印相片五，二我，二山中蒙古包，一为克斯尔千佛洞迹。下午二时后裘来，闲谈至夜，饭后裘去。

带病工作

1929.2.16　　十六日

天晴，完成一月月表，期日而成。

近日鼻腔痛甚，痰与鼻涕每多血条。然累日积月之工作，皆凶凶迫来，小病亦不能妨其进行也。晚朱来闲谈，至八时后方去。

遣张、王入山观测

1929.2.17　　十七日

天晴，按时作观测。上午遣张、王入山去了。抄月表一份，月表抄毕，即修致郝德书。午后二时，张仲威来访，并参观气象台。后询黄行止意见，三时去。补成致郝德书，附以照片一张，告以气压表事。夕发去此函。

借阅《东方杂志》及《小说月报》

1929.2.18　十八日

天晴，白云亦时多。上午写致安卜尔一函，又写致袁希渊一函，给袁的信颇长。下午三时骑马出，访裴子亨于其客邸，看其所印相片，并谈照相事多时。借阅《东方杂志》及《小说月报》。同晚饭，七时半归。近日天气骤暖，病者颇多。

1929.2.19　十九日

天多云，上午抄记录于大本者数小时，后阅《东方》及《小说月报》，整日工夫，就此混过。

补写洋文日记

1929.2.20　廿日

补志洋文日记多篇，天云，不甚多，颇暖。午饭际，收到达三自婼羌来函，并附有马山给我的信。下午二时观测毕，乃复达三函。三时后骑马去送信，朱不在，稍坐归。夜与黄闲谈，近来气压渐低下。

1929.2.21　廿一日

天先阴后晴，后又阴。补洋文日记多篇。朱菊人、裴子亨二君于午前先后来访，谈颇久。午饭毕，朱先去，余同裴乘车去其寓，为其女宾数辈摄一影，并立时洗出之。摄时日已夕，故不甚佳。沐浴更衣。晚饭于该处。黄仲良曾一来，未几即去。朱菊人来颇晚，同饭后，七时半各归，余亦回寓。五迈今日自山中来了。

1929.2.22　廿二日

天阴暗，本日为八杂之期，补志数日之日记。下午同黄到八杂漫游，遇朱。买桌布一方，同到邮局，七时归。

天气渐暖

1929.2.23　廿三日

天满为尘土所遮蔽，令人昏闷不堪。然日渐暖，白昼今无零下之数。作二月份月表之一部分，又写了两天的洋文日记。下午骑马出，经大街，入回城，出西南之门，又沿城垣折回。见无数之回民聚于一"马杂"旁之地上，携犬者亦不少，莫解其所以。又经回回街而大街，由河滩而归。夜与黄作月旦评。

元宵节，省政府电令黄文弼返回

1929.2.24　廿四日

天际昏尘之多，不减于昨。作月表之一部。十时裴来访，谈未几去。张仲威今日致黄一函，云接省政府电令，请其（黄）回省，和阗之行，可以不必。

本日为"元宵节"，较之去年此日，逊多矣。夜尘雾如故，圆圆之月，以而不能现其皎洁之光，良可惜也！

1929.2.25　廿五日

天仍如前，尘雾弥漫，令人烦闷不堪。九时半，更换自记表纸，补数日之日记。下午二时后赴裴约，为其夫人摄影，并洗出之。七时半归。黄今日收到袁电，请其晋省。

1929.2.26　廿六日

天如前，于尘土中稍见有云。上午十时，印相片十数张，颇不坏。下午二时观测毕，裴及其夫人来，谈近一时去。晚作气压数之订正。收到袁自迪来函，述黄及我之薪水事。并托购缠服。下午覆之。

下雨了

1929.2.27　廿七日

天昏尘多云。上午例事之外，作气压订正表及补少许之记录。下午骑马访裴。夜归。晚八点有极少之雨点，间时下降，至八点五十分乃成霏霏之雨。九时稍大一阵，深夜未息，直至次日方止。

雨雪交加

1929.2.28　廿八日

早三四时雨稍大，约于六时前后，又改下雪。天浓云四布，地雪水化合，泥泞不堪。雪颇大，然真正空气温度，尚未及零度也。八点四十分，雪渐小，十时止。空气温度渐高，树枝、房顶之雪渐消，水坠地作声。雨量为四厘米，雪水量为六厘米，可谓大矣。又未几，日渐出，云渐少，而望度亦渐远，遥见远近群山及原野、戈壁，莫不蒙以白色之幕，洵佳景也。房雪尽消，致有水流下降，其声颇大。地面之雪及午后亦莫不消融罄尽矣。夕天又阴云四合，顿成昏暗世界。

曾填月表之一部。夕阅《精忠说岳》数回①，盖亦无聊之甚矣！

---

　①《精忠说岳》：清人钱彩编次、金丰增订的八十回本以岳飞及其后人精忠报国故事为核心的英雄传奇小说。全称《精忠演义说本岳王全传》，又称《说岳全传》。有清代金氏余庆堂初印本。

黄先生沿于阗河考察仍在磋商中

1929.3.1　　三月一日

天一早全阴，午稍晴，后又阴煞。上午收到袁先生二月十九日函，述龚已到迪。以不通俄语，东归不欲自行。附有致黄仲良函，云为彼事四次上呈，皆被批驳。于文章之中，可见其满腹牢骚。

裴差人来约，去，为朱、裴之夫人共摄三影，并洗出其一。莫斯科洛夫用电光照二，亦试验也。晚吃抓饭。

八时归来，天极黑暗。黄接袁电，云如黄顺于阗河去考查，须健驼。回省请在库尔勒一带多采石器。

看清代野史

1929.3.2　　二日

天仍昏暗，午后稍晴，入夜又阴。例事之外，完成二月份月表。闲际阅毕《顺治出家》《雍正夺嫡》《乾隆休妻》《同治嫖院》四册①，文章欠佳，而作者又发多少臭议论，野史中之下下乘也！气压甚高，温度稍低。

微雪，读《说岳全传》

1929.3.3　　三日

一早降微雪，天满布灰云。七时后，雪片尤冉冉下落，至八时方休。近午云稍退，日光出射，然西北方黑浓云，甚形可怕，渐渐而至，二时（下午）于日照中降了些大雨点，继而下霰子，

---

① 《顺治出家》等：民国年间陈莲痕所编《清宫四大奇案》，又称《清宫四大丑闻》，有上海东亚书局1922年单行本。

然不久又不下了。两点十分又下，后又不下。如是断断续续，霰子直到两点三刻后方告结束。总计所落无几，随落随消，无一存者。完成二月月表，并抄账目。闲际尚阅《说岳》数十回。

赴莫斯科洛夫家宴

1929.3.4　四日

一早云多，十时后少，午后又多。黑暗如欲雨者。

写致安卜尔书。下午二时观测毕，同黄骑至邮局送信。后又至裘寓。晚赴莫斯科洛夫约，宴于其家。同席朱氏夫妻，裘氏夫妻，张仲威之夫人、公子及瑞典女医，颇称欢宴。八时廿分，余以九时观测故，辞先归。

夜晴。

最低温度表碰坏了

1929.3.5　五日

天晴明。补数日之日记，并阅《说岳》。写致丁仲良函，毕即发出之。下午云亦不极多，晚多。四时后，裘来闲谈，至夜八时后方去。九时观测，烛忽暗淡将灭，将最低温度表碰坏了，真倒霉！夜十时方睡。

马益占自爱金沟来函

1929.3.6　六日

天气先晴后阴，夕又稍晴。风较大于寻常，树木呼呼作声。补数日之洋文日记。阅《东方杂志》一册。午后赴裘约，同莫斯科洛夫照相一。一见光，一亦不佳。后竹战，同座尚有冯德纯夫人。夕黄仲良来，七时半饭。八时二十分归来。

今日收到马益占自爱金沟来函，空洞无事。并收到袁先生自迪化寄来的吸管。

看望朱夫人、裴子亨

1929.3.7　民国十八年（一九二九）三月七日

天阴暗，气压高，温度调和。上午事毕，探朱夫人去，并馈之以药品。十二时归。

下午二时半赴裴寓，有新任某县县长金某亦在座。后代黄洗相片二打。后又代冯竹战周许，夜饭后归。八时前即雨，纷霏而不甚大，至寓，则衣帽稍湿而已。中夜又雨。

大风吹落风袋

1929.3.8　八日

一早云多，后渐少，天晴日出，视度颇远。上午十一时，同黄去八杂，各购马鞭一。又至一书肆借阅《平山冷燕》一书①，经行回汉两城而出。归途访裴，稍进午膳，莫斯科洛夫为摄二影。

同裴步行归，观测毕，摄一影。未几而其夫人来。又速摄影一打。后竹战四周，晚饭后裴氏方去。

入夜大风忽作，风袋为之吹落，派往山中取温度表之人来了，带来一最低温度表及张广福函。本日致函袁先生，请寄仪器。晨雨量二公粍。

---

① 《平山冷燕》：又名《四才子书》，清初荻岸山人编次的二十回本才子佳人小说。有顺治十五年（1658）天花藏主人序《新刻批评平山冷燕》本。

阅《平山冷燕》

1929.3.9　　九日

上午阴云，下午云甚少，气压甚高。例事之外，阅《平山冷燕》一书，觉天气不甚暖和，盖微感冒之故也。下午四时，去裴处洗相片，成绩不佳。晚八时后方归来，夜中又渐阴，雪不知从何时下起。

雨大屋漏

1929.3.10　　十日

六时醒来，知天又雪，以后不能再寐，直至七时，碎小之雪，尤纷霏然下落，地面积一白层，融化者多，故所存无几。雪水为一点一粞焉。黑云满空，日光不能稍现。自十二点起，细小之雨点、冰球不时下落。十二点一刻至十二点半，骤然下了一阵稍大的，后又渐渐稀微。一点十五分至半点雨，一点半至两点颇大，两点以后，钱大之雪片，半已融解，排空下降，至地即化为水，有时稍小而不久又极大，直至五点四十分方止。院园积水，房舍多漏。缠人不精于造屋，于此可见。檐溜水下，击地"吟吟"作声，地途泥泞，颇感不便。七时候稍晴，九时降水量为九粞，可谓不少矣。夜又雪。

本日例事之外，誊改前所录哈萨克民歌数曲。

1929.3.11　　十一日

天阴云，一早降微雪，七时尚有些微之雪花下降。九点半至十点半，雪稍大，后则时见一二片下落耳。十二点后不复降雪，天又渐晴，日亦出。二时后曝相片三。三时后访裴，夜八时归。

阅《大慈恩寺三藏法师传》《流沙访古记》

1929.3.12　　十二日

天晴而微有尘雾，故不甚蔚蓝。上午事毕，阅《大慈恩寺三藏法师传》[①]。又晒相片三。下午三时后，沐于室。夜竟《流沙访古记》一册 [②]。接到张广福自山中来函，并二月份账目。

裘子亨寓所照相

1929.3.13　　十三日

上午云多，下午少。例事之外，写致张广福函一。未几裘来，稍坐，邀去其寓照相，以底片坏故，所摄多不佳。午归，下午又差人来约，乃同黄去，其新成之车，颇不坏。竹战数周，八时归来。

本日曾有钩月发现，缠回封斋（رمضان）之期已满，明日即过新年，于是四郊欢歌之声顿多。

开斋节

1929.3.14　　十四日

上午例事过后，访裘同骑周游街市，以睹新年之盛 [③]，黄、朱亦同行。于南门外缠王台吉宅上，见有四五人击鼓，二人吹长号，

---

①　《大慈恩寺三藏法师传》：唐代赴印度求法僧人玄奘的传记。凡十卷，由其弟子慧立撰、彦悰笺。

②　《流沙访古记》：罗振玉编辑斯坦因、伯希和、德国吐鲁番探险队第二次考察及白鸟库吉游历满洲、刺古斯德游历蒙古的演说等中文译稿成书，宣统元年（1909）附刊于所辑《敦煌石室遗书》后。

③　新年：伊斯兰教的开斋节，亦称"肉孜节"。时间在伊斯兰教历 10 月 1 日。

观者颇多，因摄影二。又出汉城北门，西行绕城，又南至西南城角，又西南行出郊外，于沙冈之上，见竖一高杆，上有一车轮，系绳于其周，乃游戏具也。虽该处有儿童数辈，无知戏者，稍停，又摄二影。

归于裴寓坐谈，未几张仲威来，请黄电袁请省政府电库车县长放行。为此颇费周折。下午一时归来，煮气压表。收到郝德来函，为山中安温度表及他种仪器事，又请余作五百分之一的气象台图，及二万五千分之一的库车图；又云赫定已到北京，受光荣之欢迎，不久同许多中国团员来延长考查期限。

又去裴处，坐新车至河滩照相。先曾将四片洗出，极好。竹战四周，八时半归来。

1929.3.15　　十五日

天晴。上午印片数张，午归，下午三时又洗晒几张。四时许，同赴朱约，饯裴君夫妻也。冯德纯之夫人亦在座，前后竹战数周。八时半归。

送别裴子亨

1929.3.16　　十六日

天气晴和，上午十时后，赴裴所，遇其听差于河滩。系为吾送东西者也。彼定于今日离库，故颇忙碌。未几，朱之夫人亦来。又未几，同裴君夫妻赴莫斯科洛夫约，吃了点心，我就告辞先回，又遇黄仲良来，乃又稍坐，同黄归。裴君之长子缉镛，年三岁，拜余为师，留相片一张以作纪念（图11-16）。下午四时裴乘新车来，彼之大车已先行矣，预住廿里栏杆。稍进饭而去，时已五时矣。夜为黄仲良洗相片一打。

图 11-16　裘缉镛拜师照

观新年"大瓦斯"

1929.3.17　十七日

天微有云，颇热，白昼之最高至廿度点二云，飞虫如蚊蚋、苍蝇等多已出现，爬虫如蜘蛛等亦正活动。而最令人感动者，无为鸟类之鸣，终日地听见雀噪、鸽啼、雁鸣、燕语。园中之柳黄嫩可爱，而小桃之枝，已变紫红，树株多已含蒂。

上午十一时朱氏来，二时后同赴沙滩去看耍"大瓦斯"的去①，即十四日所见之有车轮者也。途中车马如织，飞尘冲天，日

---

① 大瓦斯：今译作"达瓦孜"，维吾尔语中的波斯语借词，指维吾尔族传统中的高空走索等杂技项目。

为之晕。二时三刻到，四围有栏干，南面有看棚，为"高等华人"而设也，乃到棚中。四周观者如堵，或男或女，或立地上，或坐车上，或骑马上，不下数（三五）千人云。耍者三四人一次，各人登一绳上，动而使轮旋转，有如走马灯然。西尚有媖孃者。因摄三影，黄所摄多于余（图11-17）。四时后归。夜洗相片。

图11-17　新年大瓦斯

六　新春气象

院子里的春意

1929.3.18　十八日

天晴，微有白云，视度甚远，院中人发掘去冬所掩埋之柘榴树，盖冬已去、春已来矣！并有人整理渠道。院中小花畦内，已有一株绿草生出，或园中枯草之丛已生指长之绿叶，种种色色，莫不是新春之象。午水即自渠中流入池中，未几已满，渐渐园中各畦亦莫不有水。此盖今年第一次也。池边之柳叶桃亦于今日自房中移出，栽之于水畔，月季花亦被栽培。天气颇热，甚于昨，午印相片数张，颇不坏。夜闻蛙声，杨花渐开。

今日阅十一月廿八至十二月一日《新晨报》，国校合并，统名北平大学，李石曾、李润章分任正、副校长，北大一部分学生反对。

遵郝德嘱为画气象台图做丈量

1929.3.19　十九日

天气晴和，杨花开落。上午事毕，修理风袋，费时数小时。下午的工夫多耽误在闲谈和耍里头了。夕自大门外量宅基之南北长度，得百九十五尺，此绘图之先声也。院中小儿多折柳抽皮，以作柳哨，吹声"吱吱唔唔"然。

1929.3.20　廿日

天晴云少，微有尘，上午作住所图一小部分，费二小时。后接到李达三自婼羌来函，无要事。下午理发。夕为张仲威母丧送礼事，至大街买花丝葛十六尺，及白市布，作帐子，靡费颇不少。又为照相匣子买黑布一块。

县署吊张县长母丧

1929.3.21　廿一日

天晴，微有尘雾。上午画住所图之一部分，午曝衣庭中。午后二时观测毕，同黄乘马入城，去县署吊丧，王、冯、钱、李、周、朱等先在，县署搭白棚，鼓乐喧天。吊众多行叩首礼，唯余与黄行三鞠躬。入席，同坐统税局陈某说趣话甚多，闻者几为之喷饭。五时后归。夜看黄仲良买驼。

黄先生南行购驼事成

1929.3.22　廿二日

天气阴云，惟不甚厚，皆白云，有尘雾。

上午黄仲良买驼事成了，七驼价五百廿两现银。作房迹图之一部分。其余之工夫，多在耍笑中混过。本日见杏之花苞，已吐出如豆，红艳可爱，不久当为花期，老柳嫩枝，亦多生出绿叶。蚁出穴觅食，千百成群，亦今岁第一次之见也，飞虫、蜂蚊、蚋蝇等更多。

下午二时后同黄至八杂，邮局有二函，皆袁者，一致黄，一半致余、半致黄，述黄南行交涉事，请其速行，并云彼（袁）将不久作阿尔泰之行，省中事有哈士纶常住该处云，赫、徐二先生在北平协定顺利。在八杂买布两当子归来。

夜与朱、黄坐话，至十二时方得寝。

读赫定书"穿沙漠至和阗河"

1929.3.23　廿三日

天阴多尘，七点三十分降雨数滴。上午贴裱地图三幅，正午寝一时许，午后读赫定书"穿沙漠至和阗河"之一节。夕五点后又落数滴之雨。风吹终日，树枝呜呜，杨花多被吹落，身亦觉微寒。黄昏后写信二，一致崔皋九，一致丁仲良。

阅去岁《新报》

1929.3.24　廿四日

天仍阴，尘未消。上午作气压之订正一部分，后阅去岁十二月份全份《新报》。其名为新，或与新有关？东三省于十二月底已易青天白日旗帜，所属各省分皆采行新制。鲁省政府仍在泰安，日兵尚未撤去。河南省政府主席冯辞职，韩复榘继任。陕主席为宋哲元。中外条约除日本强顽外，多已签字订好。外王为订约事颇受人攻击。蒋、冯、阎、李（仁）、李（琛）在京开编遣会议。川战行将结束。至夕方阅毕。

一点五十分后落了些雨点。夜八点五十五分又降雨滴。九点廿分连绵或淫雨，二十五分后稍大了一阵，深夜亦时时落雨。

与黄先生杯酒话别

1929.3.25　廿五日

早一点多，尚有雨滴，不过少耳。天仍阴云四合，时降雨滴，八点后稍大了一阵，九点廿分后再没有了。云渐薄，而日光亦渐能射出。上午作月表中气压之一部。后与黄交换箱子，以借彼驼之用。盖正决定明日首途也。午后四时后赴朱寓，八时归来。夜与黄杯酒话别。

1929.3.26　　廿六日

天阴,十一点及十一点廿五分皆落了几滴雨。十一点半黄仲良自此动身,以骆驼队先向沙雅进行。午后又落数滴之雨。作月表之一部分后,即无事可做。四点半及五点后亦曾落数滴之雨。夜仍是阴云。今天黄走前照了一片相。登房一望,附近之树株非绿即红,煞有可观。

瑞典女医谈反常天气

1929.3.27　　廿七日

天阴,晨六点五十八分雨至七点十分,以后稍晴,时现日晕。今日身体倦甚,精神不爽,除绵绵思睡外,不易有所作为。勉阅赫定书数章,窥其大概而已。夜八时五十五分又雨,九时后稍大,不久又小,霏霏之雨连绵至夜。

下午访朱不遇。与瑞典女医谈多时,悉今岁天气与往年不同。据女医云:彼曾居此十三年之久,向未有如是多雨雪及骤寒骤热之天气云。

雨后花开

1929.3.28　　廿八日

一早雨,起于何时,不得而知也。天仍浓阴,黑暗亦复惨淡。淫淫之雨既细且微。作月表之一部及抄副本,并测量房基,作图,错误颇多。午闻雷声,并落数滴之雨。十二点三刻雨至一点半,不甚大。后渐晴。收拾房子。

夜朱来闲谈,至廿九日早一时后,方得寝。杏花已有开者。

渠中红浊水流，盖山水已发，杨花早已落尽。

商家禁卖哈德门烟

1929.3.29　　**廿九日**

天先浓阴，七点后落数滴雨雹。八时后又落了几滴，后渐晴。
九时后，睡一时许。午后沐浴更衣。二时观测毕，骑马访朱，同
到八杂。买毛绒三当子多作毡子，每当子价八两云。并买花布
十五当子做被里，费九两。又去寻缝衣匠做汗衫。归途买飞艇烟
一盒。闻商人云：前曾有通行公文，禁止商家出卖哈德门烟，以
其有毒也。行之内地，固属抵制大英公司之良法，而畅南洋之销
路。唯在此间，不尽然。徒使津商减少一部分买卖，而为俄货辟
一新径。如是，不能不叹有国家思想者几人耳！

折花作案头清供

1929.3.30　　**卅日**

天阴云，昏暗，日光不强。上午事余，做红灯及玻片夹子，
费时颇久。

下午折花数枝，插之房中，聊作案头之供。杏花盛开，梨才出
叶，榆木瓜等亦才生叶。有小树数株，不悉名何，艳红之花苞与嫩
叶齐生，叶似玫瑰。渠边大柘榴树，今日方完全掘出，前虽从事而
工中辍也。杏花有白红二种，白者之花期似较早。夜书致李达三函。

1929.3.31　　**卅一日**

天忽阴忽晴，变化数次，晨两次落雨，皆数滴而已。午隐隐闻
一雷声，黑云上，未几复去，天朗日清，风微微拂面。朱氏来赏杏
花，并摄数影，下午洗之于书房，因药旧、房透光，故皆不佳。

第十二卷

在库车·下

（1929.4.1—1929.8.26）

一　沙雅考察

游农业试验场

1929.4.1　　四月一日

一早多白云，后渐少，午又多，后又渐少。作月表一部分，结算三月份账目。午并印相四张。下午三时半，骑马出，经南关、东关，渐及北关，杏花满道，有已落华缤纷，多则粉黛一色，而绿柳冉冉，青草吐瑞，加以城垣房舍，远山近水，天然之妙画也。顺途访李守备，谈过半小时而辞出。绕城东北，过河游农业试验场。亭榭树株，亦复有可观。于是有迁来之意。归途至邮局，发致袁先生一明信片，以今日曾接其卅日之电也，电为黄款事。

始见蝴蝶

1929.4.2　　二日

上午半阴，下午全阴。完成月表，抄写账目，整的忙了不少的时候。昨日一驴失踪，故派人寻找，并请县署亦派人代找，下午方寻得。午后五时前后，李守备福庭来访，不久而去。写致郝德函，告以前函及关于气象台之一切事事，入夜未终。今日始见蝴蝶。

袁复礼云考查团事

1929.4.3　三日

一早，收到袁希渊上月廿一日自迪化来函，并彼寄余之日历，云赫定在平甚受欢迎，延长事由，已得中央许可及赞助之举，惟旭生先生尚未有详函来。郝德已回省，计作肃州之行。安卜尔将到吐鲁番，希渊先生将往前采化石之处去工作。迪化有哈士纶管账，内并有致黄仲良之一函。

天气先阴云，八点二十五分落数滴之雨，后渐晴。续写致郝德之函，毕并书希渊、仲良二先生各一函，午送发之。午后睡时许，先曾读赫定书一节。晚补数日之日记。

骑马郊行

1929.4.4　四日

天半阴。上午作蒸馏水多半瓶。

下午二时二十五分，骑马出，顺河而南，河又向西，余乃向南，上土坡，沿一小街而行。房舍不甚多，杏红柳绿，煞有可观，极南而至河，路亦由此下至河滩中，时两点五十分事也。顺河而南，河中微有水流，而两岸荒凉，稍有树株。临河之家，一二可数。南上小坡至西岸，时三时矣。复南行，渐荒凉，而南方遥见有树木参天，盖亦系村舍之所在。折西会一大街，北行，街西之数十武即为沙丘起伏之所在。而此则树株、花草莫不繁茂，而彼则荒凉沙海。天之造物盖亦奇矣。询路人，地名七闹瓦（？）。三点三刻，乃至曾行经之路。未几，又沿一小街东北东行，路旁小渠，垂柳翳人，不见天日。未几，又至熟路，东北行，经哈园之西，北又西至河滩。

到八杂，询裁缝，知余之衬衫尚未作出。到邮局，以主人未在故，又东行。经桥畔而南，又折西，有一南北街相通此路，余曾未经行者也，乃顺之南行，渐行渐向东南，歧路虽多，然无西通者。未几，过大渠之东南行，经一大马杂，柳仍多。西行过一桥，至一巷，欲西行至西大街，而未几路之尽处已到，不得不回步矣。又过桥而南，终得一路，西行回曲弯转，数十分钟始至西之大街。南行多时，又折西，在田亩中之小路行至河滩，此路曾经行一两次，故尚悉之。再北，至寓所，时已五时半矣。夕颇头痛。

清明节

1929.4.5　　五日

本日为清明节，天阴云，后渐晴。昨日骑行稍久，致大腿之皮肉微伤。空气的透明度今天很大，远山之石鳞纹斑，皆可历历入目。

上午做蒸馏水，满瓶而罢。沙雅之一缠，送来许多在破城中所采得之物，乃磋商而购之，费七两，内以钱为较夥，而五铢、开元于此钱中又占多数。外尚有破碎之铜器、钱，及少许之图章、戒指、石器等。至午后四时许方整理毕。

步至八杂，又顺街北而去访朱，后又同去访由喀什新来之二俄人，因其有照相纸出售也。知华志曾住彼之寓所多日，并出华志等照片示余。特林克莱已去，所留之瑞士人亦已去，而采集品留此云。

八时后方归到寓所，夜睡四时许，苦不堪。

俄人来访气象台

1929.4.6　　六日

晨云少而视度远，后云渐多，而土亦起，致天气既不晴又不明。

上午九时，二俄人同朱太太来，坐谈多时，又到园中看气象台。未几，告辞去，才出门而朱菊人又来了，因又归稍坐，十一时后方去（图 12-1）。十二时，余又寝至一点，二时后瞌眼，并沐浴更衣，神稍爽矣。桃花含苞，其叶已生，梨之花苞亦已生出，杏花则落花纷纭，有如雪降，园中草地上为之一白。地上多穴，而蝼蛄之所穿居多，土蜂多在荫处穿穴焉。

图 12-1　朱菊人夫妇来赏花

阅《地学杂志》多册

1929.4.7　七日

天多云，日时为所蔽。阅《地学杂志》多册，直至下午。风颇大，房树有声。夜朱来云省府电喀，着探听外人间对于桂系反动国府、国府明令声讨之消息。不幸而言中，内地又多一纠纷矣。

1929.4.8　八日

上午云多，下午云少。梨花已有开放者，杏花将落完，绿叶生出。苹果之树，叶及红花之球亦已生出。抄三月份三次记录，及阅《地学杂志》。闻喀拉古尔来人带来信件，因税事，信件被累留两噶，出马税局去询问，与事实稍出入。去看所修之衫子，太狭瘦，且尚未出焉。归，折梨花数枝插于室中之瓶。

观跳"皮来"治病

1929.4.9　九日

天气晴明，云极少，视度亦远。天气亦较热，乃衣纯粹单衣。

上午闻萨图克之妇因病邀缠人数辈捉鬼于其室，缠人名之"皮来"①。余整理张自山中抄来之气象记录及账目。午跳"皮来"者开始，于一室中燃油捻数火，室门闭，盖生人不能入观也，熟者则可随意。病者立室中，手扶一绳，绳系室顶，三缠以手疾力拍鼓，有如嬝娘者然。其鼓稍大，二缠乱跳，各持一刀，随跳随呼，有如鬼号，加以"啪啪"之皮鼓声，聒耳不堪，跳者并舞，忽高立，忽蹲下，左旋转，右旋转，绕病者跳号，其号呼之音多

---

① 皮来：下文又作"皮尔"。维吾尔族萨满巫师以巫术祛病消灾的迷信方式，男性巫师被称为"皮尔洪"，即"跳神者"。

不可解，占最多数者为"爱尔老"一语。持刀者上舞下舞，时向病者虚刺，盖驱病者之鬼魔也。后跳舞者如醉如痴，绕病者而急转，自转而复公转，有如行星之绕日然。跳者忽而倒，忽而起，时以刀上下刺去，鬼号狼呼之声，刻不绝耳。有时众人所呼之声有如街市乞丐缠名"喀兰带尔"之所歌。有时跳者之绝类火烧连营寨中受难之刘备，或"铁公鸡"中被烧之向荣。后又插刀于地，跳者又时以纸引火绕病者而烧，室中油火数点，黑烟四冒，惨淡阴森之色，已足惊人，加以号呼声、皮鼓声，声彻云霄，房几为之裂。其适宜于病人否，不问而知矣。

人们多愚陋株守，病者则不思向医药上做工夫，而托之以鬼以魔，非仅不合教义，盖已可为之悲矣。跳者自十一点半起，至午后一时稍息。后又继矣，二时半方毕。毕前导病者至房外院中，为之绕身焚一纸而毕，此剧告终。闻此跳者系专以此为生者，每跳之后，报酬之多寡，随病者家属之贫富，不拘多少者也。先余未得摄影，及后，于院中摄之，不慎走光。后商之跳者，以一两作酬，请彼等照原式跳舞，余摄影。后诸人不肯跳，于是作罢。后于园中为女娃摄二影。

晚取来汗衫，费三两。归来读《三藏法师传》。桃花开者已有之，梨花极盛。外间蒲公英之黄花亦盛开。

袁复礼来函述科考团近事

1929.4.10　　十日

天很晴明，上午抄了点三月的三次记录。后读《三藏法师传》。院中人于庭前小土台上布置花种。梨花甚盛，桃花开者亦多。

下午二时后赴朱处，后同赴入籍安集延缠某之宴，未几，瑞典女医亦来。地置小桌，宾主四人，席地而坐，宴中无非包子包肉等及最后之抓饭而已。

五时又去邮局，收到袁先生自迪化来函，先述黄款事，后述气象台事，并谓七八日后彼将出发工作。郝德不去甘肃了！留迪化，哈将回国，那林已回国，赫定曾病于北平，入协和疗治，已愈，同徐先生到南京去了。延长事俟有详函来再说。闻新来人员，将有三瑞典地质家，中国方面有陈某来考古，及地质人员六七名云。

七时自邮局归。阅《东方杂志》。五买欲去，余留之焉。

满园桃李悦目

1929.4.11　　十一日

天气晴明，微有云。苹果之花已盛，其色深红。核桃之叶，已生出者不少，并生有长穗，殆即将开之花欤？无花果亦已生芽，而小山果之小白绿花已开放。独葡萄尚埋没粪土，不能攀援而滋生于高架上，殆时期之尚未至欤！满园桃梨，粉红淡白，其色虽殊，而悦目则一也。且花香阵阵吹来，令人神为之爽。古人盛称桃花源，而此地此园又何多让焉。

上午阅《东方杂志》，午并读完《三藏法师传》第二册，后又续阅《东方》。四时后，朱及莫斯科洛夫来访，谈多时，并游园，五时后彼等辞去。

1929.4.12　　十二日

天晴明。上午抄点记录，读点书而已。早并曾书一函致哈士纶，述马五买款事。

下午步出，至八杂。访朱不遇，同其夫人买布十当子做门帘子。

晚六时归来，园花盛开，惜门庭冷落，赏者乏人，是亦未免有负于花矣！傍午风不小，花被吹落者颇多。

抄哈萨克曲子

1929.4.13　　十三日

天晴云少，温度颇高，有时风力稍大，桃梨之花，下落者渐多，地几为盖满。

上午作月表之一部分，画小图一幅，下午抄几哈萨克曲子，然所译终不敢信。后阅《三藏法师传》及赫定之书各几页。入夜，飞虫甚多，渐扑人面。

收到丁自喀什来片，云徐先生现任女师大校长。

为游沙雅访张县长

1929.4.14　　十四日

上午白云多，日晕，下午渐晴。午朱氏来，至午后二时去。为明日往游沙雅故，于下午五时骑马访张仲威，谈知阿富汗内乱，国人放其王，而更于巴达山散布流言，欲刺驻莎车之阿代表，于是其代表请求官厅保护云。张即派一人引路，以备沙雅之行。

大风中赴沙雅考察

1929.4.15　　十五日

一早风小，多卷云，后风渐大。由于县署所派之人已来，余于例事之后，乃收拾东西，预备出发。风愈吹愈紧，而尘土亦渐漫空。

十时换完自记表纸，十时半乃上马发行。顺河北又西沿河西南行，先同四日所取之路，惟方向相反耳。十一点廿五分后，即至前来曾行之境，人居渐少，而树也田也，仍不断入望。南行，东风稍小，然力尤有四，沙弥日昏，惟不能成环耳。十二点五分，过处路东为哈拿哥，路西为苦克狄干。尘极多，日无光，人惟见如盘之明团而已，视度不过四，沟水颇浊。十二点拾五分向南南东，地多碱，或为草湖。十二点廿二分，过三新（？）渠南行。半点过处，有水坑、芦苇。南南东行，三刻过两噶，小小街。绿柳下垂，冉冉若拜。红桃放华，有若笑迎。过桥南南西行，人烟颇多。一点南行，风力三，廿分南南东行，廿五分路东人家颇多，地名排宜鲁。南行，四十二分过一河，经行长木桥上。五十分，过长兴八杂前之小河，行八杂中，街颇长，有汉商四家，余皆缠。出街西南西又折南行，两点五分后夹道渐乏人家，熟田亦少，地多碱，有水渚，水鸟或鸣或飞，为数不少。十分南南西行，风向东北东，力二，沙多，日无光。廿五分过处有小河，中有一独木舟，一人荡之，顺流而下，附近有住户一家。南行路多见百灵鸟鸣声啁啁，颇饶节奏。西南西行，绕积水，飞虫甚多，颇苦行人。两点三十五分西南行又南西行，四十分又西南行，两点五十分抗拿斯，道旁有人家。五十五分于一缠家停马下，呼缠人为烹茶煮鸡蛋，于是而食焉。

三点廿分煮气压数为 673.4（mm）云。四点食毕，付银一两，乃上马西又西南西行，五分南行，渐出村树之境。西方以至东南，沙冈绵亘几行。过沙河，河颇宽大，西北以至东南之河故道，今已数十年无水矣。四点一刻，南南西行，风渐小，而尘亦稍减。绕行碱草之地，渐见人家和树株。廿五分遇界牌，库车、沙雅分界于此。牌木制，上书汉字。过牌，有马杂，故路东之地名马杂胡家木，路西人家颇多，地名两噶尔，街小而狭。四点五十四分，过处有水渚、芦苇，水鸟飞鸣游泳，出入自若。五点过处有红柳颇多，地碱亦多。南行仍是碱地红柳，不近人家。廿分南南西行，蚊虫多极，人马困甚，时过水坑。三十分南西行，四十分小渠之后，树林成行。未几，又行碱地中，有人家，地名他拉克和坦。南南西行，又是碱地，有红柳、芦苇。五十分南西行，五十五分涉一渠，水及马腹。南行，地有碱而又湿，多水坑，时东风二，飞尘稍减，日已不见，月亦不明，是已呈混沌世界。六点十五分涉三河，斯坦因地图指为木杂尔特，就处之小歧而土人呼之为哨尔爱肯（苦水沟也），末之水较清。南南西行，地有沙有碱，红柳亦多。三十五分又过水少之小河。三十五分过沙冈，渐见田树，间有房舍。七点南行，八分派山伯八杂街上，因马乏故，住阿吉家。

九点气压（676.5mm），温度19.8℃与8.6℃云。房主阿吉系于二年前朝汗归者，来往期约一年，彼费（？）的元宝十六（合八百一十六两白银），同往者七人，归者仅二人，其余之人，则或因乏银而流落他方，或因途中受苦不过，冻死道中。派山伯每七日一八杂，附近住户约百家。

自库车至此约五十公里许。

到达沙雅

1929.4.16　十六日

早五点醒，不久即起，七点气压680.1mm，温度14.0℃，7.4℃，东北风三。尘多，日光暗，视度六。

八点五分自派山伯八杂动身，南南西行。廿三分又向西南，又向南。廿五分，过处之村名杨阿瓦特。卅五分，西南又南南东行，四十分行碱地，多红柳。三刻西南行，至沙雅河岸，河现宽不及廿公尺，大时不只倍焉。三缠引渡，适后又有渡者，乃急摄二影（图12-2）。九点自河南向南南西行，一刻南行，卅分经保郎。卅五分东又折南，四十分南南东，行草湖中，地湿，有碱有

图 12-2　沙雅渡河者

草，东之村舍名塞宜巴曷，西者名保郎。四十五分南行，五十五分出草湖，入有人家之街市中。沿街南东行，入栅门，上有"古沙雁州"字样，系出于张仲威、鲁绳伯之手者。十点，沙雅街市之一店住。自派山伯八杂至此约十四五公里。

　　稍息。十一点后，访县长继君。归饭后，到街上，至财神楼，摄二影（图12-3，12-4），楼内有张、继二县长所悬之匾。四时，继来回拜。五时后睡了一会，醒来已近黄昏，乃周游街市。末至一汉商家（兼代办邮政），谈多时。闻此地有汉商约廿二家，全县人口约五万，近等于库车之半（继云）。地多草湖，饶牧畜业，有羊数十万头，故每羊所产皮张不少。库车之以皮张著，大部分实赖给沙雅也（津商谓）。此地有迪化津商，来此收

图 12-3　沙雅财神楼

图 12-4　财神楼下街景

买皮张。塔里木河中产大鱼，皆大头长鱼，土人捉鱼之法甚拙，故市上罕有活者。

下午两点温度 25.2℃，11.2℃，北风二，无云有尘，气压 679.4mm。九点 19.0℃，10.0℃，气压 679.2mm，东风一，无风尘雾，月不甚明。

塔里木河摆渡

　　十七日

晨七时温度14.3℃，8.5℃，气压679.3mm，尘雾无云，视度六。

八点动身，继子成并派一人作向导，南东又南行，又西南。五分过一大渠，地名塞宜巴曷。十分南南东，过数渠。十八分，经沙窝一小段。三十分，过流沙河，颇宽大，盖已久以夫无水矣。三十五分，南东又南南东行，地名考闸马塔，见有种甜瓜者。四十五分，过处老杨颇多，有四株并生成直线。五十五分南行，九点过处名太儿来克，渐多沙冈，然田舍、树株，仍不断入望，近道者亦有之。风渐大，沙土漫漫。九点十分，南四分之一的南东又南行，廿五分南南东又南行，三十分南南西又向南，地多红柳。四十分，塞宜俄栽克村。五十五分南西行，遍地亦是生较小之红柳。十点又南行。七分南西行。十分南渐见七满，田野树木，极目无边，北东之沙冈上多马杂。十点廿分南南西，廿八分南行。卅五分南南西行，又南西。三十八分到七满乡约房前，停下马，房主为客煮茶焉。附近住户约百五十家，盖亦大村也。沙雅至此约十九公里。

十一点卅分，自七满乡约之宅动行，乡约又派一人作向导，西南行又西南西行，四十分南南西行，五十五分南行。十二点西南风三，白云约有九分。十二点南行，所经之处，皆系有人居之所。又南行，见胡桐林，西南有沙山无数，盖正在百数十里外矣。七分过小河，水颇大，排木成桥，即多隙而又不平，殊觉危险，然来去安然，亦幸事也。过桥即红柳林，穿行其中，胡桐树亦多。西南行，十五分沿小清水沟行，向南南西，出胡桐林，皆是密生之高大红柳，时可遥见大河。廿分又过一清水沟，西南行，三十

图12-5 塔里木河摆渡

分南南西行，三十五分南行，三十八分出红柳林，四十二分到河岸，近旁亦多红柳，河西遥见胡桐林，近水处则为一沙滩，既广且平，河流自北而南，此盖一河歧之拐角处。近东岸有破房一间，河中有一木船，两边系凿大木而成，中连平板，长可六公尺，宽约二公尺。来往渡河者颇不少，盖彼岸亦有人家也。渡水，五十分于中流量得水温度为18.8℃。到西岸，在沙滩上照渡河者之相二（图12-5）。后即于地上煮气压得678.0mm，气温25.0℃。时一点廿五分也。河宽可四五十釈，水浊，流不大，亦不急。

一点三刻归渡，船上有一篙一橹一舵，其荓粗可笑，篙木曲粗，橹、舵大木削成，而不知以木板代之也。两点到岸，西风三，无云而多尘，赏二船夫一两，来往之人鲜有付资者。四分顺原路归，廿五分入胡桐林，卅分林尽，三十二分过危桥。三点三分到七满乡约宅，又下马入。自七满乡约宅至塔里木河岸约八公里。乡约备茶饭。

四点一刻发，无风。五点廿五分过太儿来克，六点有卷云约三分，六点廿分过沙河，三十分沙窝，东之村落名阿尔得尔，西为英阿瓦喝。六点三刻入街，五十分到店。稍息，后赴继子成约。饭后谈至十二时方归。本日来回塔里木河共行约五十四公里云。

游沙雅县

1929.4.18　十八日

住沙雅，天晴，微有尘。

七时起，饭后绕行八杂一周，无甚可观。十二点赴继约，闲谈。未几，被邀之三商人亦到，为之摄影，我与继亦同摄一。二时后饭，毕，同继乘车去一园子中，南东行，四五分钟即到，园颇大，有桃李等树，而无"草花"，旷地则遍生苜蓿，林中有轩一，新制者，围以木栅，人坐其中，能见四方。用继之摄影器，摄数影。余又为其公子摄一影（图12-6）。乃入轩坐谈，傍回车

图12-6　与县长继子成之子在沙雅园子里合影

过学校，入参观焉。学校原在一破蔽不堪之房中，今始移此皮毛公司，现并采集木料，广招工匠，将再建数舍，以备添招生徒。如子成者，可谓热心者矣。又到县署，稍谈至八时归店。不久就寝，盖已倦矣。

从沙雅到托克苏

1929.4.19　　十九日

天晴微云，收拾毕，七点十八分动身归。

东北出北门，又北行，二十三分与来路歧，取稍西之路，北北西沿一大渠行。又北行，四十一分过渠西北西行。又北行，杨柳参天，影荫行人，迎面而来之人，或男或女，或骑马或乘驴，少有步行者，络绎不绝，盖今日为沙雅八杂之期，乡人皆来赶八杂也。四十八分西北行，五十分北北西行，又向北行。五十五分北西行，又北北西。八点七分，路旁多红柳沙土大渠。西北行，过处名来集当，多芦苇。十七分西北西行，廿分北西行。二十五分西北西，多沙冈，行沙窝中。又北北西，路西为沙冈，高低参差，东为平野，遍生草与红柳。三十五分，经布古斯古木。三十七分，西北西行，地有碱，然水草颇旺，又多红柳，野上牛羊不少。四十七分过一该渠（渠也），北西行。五十五分西行，经开义鲁村中，有街市颇长，每"杜山伯"日有八杂，盖与托克苏同日也。

五十八分北西行，九点正北行，经一大马杂。五分西北西行，又北行，十分西行，又北西行，十五分北西行，廿二分北北西行，二十五分过考克布容（音雨略）（Kakbuyün），西行，三十四分北北西行，又向北西行。四十二分北北西行，东为奴汝斯苦木，附近多沙堆。五十分沿草湖西岸北行，湖水清，中生蒲草，湖名喀蓝克玉尔。又西行，九点五十五分路歧为二，一向西北至叶克山伯八杂，一北至托克苏，因北行之路近故，取向北行者。五十七分北北东行，又北行。十点二分北北西行，十点八分绕沙冈之西麓行，西有田亩数株，人家星散，地名吉尔爱。十分，北东过沙冈，东又北北西行，十五分经行碱地草湖。十点十分西行，二十二分北行又向北北东，廿五分向北北西行。十点半过处，东之村名阿葛来克，西临吉尔爱河。北北西行，河与七满南红柳林中之二三小河为一焉，此即其上流。三十五分涉渡，河宽可十五六尺，水深可及马膝。

北北西行，沙地生红柳。三十八分路西村名英爱买赖。北西行，四十五分过处住户前有大胡桐数株，过二并行之大渠。北北西行，路中见桑树已结葚。五十分北北东行，五十五分北稍北西又西北行，十一点北北西行，又北行荒野中，四周有人家、树株，仍为英爱买赖。十七分北北东行，又向北，又西。廿一分北行过喀拉阿齐，田树、房舍，不绝于目，路小甚。三十五分，西北行，北为洋爱来克。三十八分北北西行，四十分过鄂大克齐。十二点经波斯坦村。十分北行，路西之村名鲁集克沙尔。四十二分义山伯八杂，有街市，亦不甚短，并有汉商一二家。北北西行，四十八分经阿克外尔。五十五分宜希来克，西北行，一点北北西行，廿分北行，二十五分经木阿儿雷，三十五分西北西行，又北行，又北西行。一点四十五分，北北西。五十五分，向北西。两点北行，又北北西，又北东又北北东，五分北北东。又西行十分，到托克苏街上，住未开店之新房中。自沙雅至此约四十八公里。

未几，访陈分县长湜，谈多时，留饭。饭后在衙中摄二影。夕竹战几周，以消磨时间。晚十时归来，十点廿分，21.4℃、11.0℃，气压673.9mm。无云，微有土。

由托克苏返回库车

1929.4.20　　廿日

天晴有风，尘亦未绝。七点温度 18.7℃、11.4℃，气压 675.8mm。

日记写毕，步观街市，甚整齐，且长。共有汉商四十余家，是商务之盛，不亚于沙雅。闻诸当事人云，此地虽系分县，赚粮较库车、沙雅为少，而杂税之收入颇旺。归途遇县署差役，系请余去吃便饭者。又直去县署，饭毕告辞，陈星艇县长同余至店。陈已奉命交卸，然新任尚未到，故对于一切事务，仍服责进行。在沙雅与托克苏，屡闻历年两县百姓因争水故，各聚众千百以械斗，前之县长亦常有因此而不睦，率百姓以从事于战斗者。

九点十分，别陈分县长出街北北东行，十五分东行，又北东行，廿五分北北东，卅分又东又北西又北东。卅五分北北东行，四十分东北东，四十一分，过处有大胡桐树数株。四十五分，过渠北北东行。五十五分向北东，又向北北东，三渠并流，路东为二渠，西为一渠所夹。十点四分，北东过渠东。又向北北东行，望见东方河流，溯渠而上，三渠为一大渠所分。九分托和该克村，向北又东北行，迤北沙堆无数。十四分北北东行，十八分阿喝牙村。廿二分东北东行。廿五分沿小河北行，河宽约五尺，河名杨爱来克欧斯坦。十点半北东行，由桥上行而至河东岸，河滩水草丰饶，惟面积不大，有牛羊食草其上。卅二分北北东行，该处仍是阿喝牙。卅五分东北东行，又折向北东，卅八分向北北东，四十分向北，四十五分北北东又北行。五十分向北北东，望见北山。向北行，五十七分向北北东。

十一点东 1/4 东北行，四分河岸，北行，五分东北东，涉行约七八尺之水流，水浊。继又涉宽约卅余尺之水流，满及马腹，五人导渡。九分，到沙滩上，十二分又涉约七八尺之水，十四分又涉行约五尺之水，十五分东行沙滩中，十八分又涉约卅尺。此数流者，即所谓旧河是也。十一点廿五分，渐入苦木图拉村，树林荫翳，居户众多。过阿拉喀噶欧斯坦。北又东行，三十五分过马杂护家欧斯坦。北东行，三十八分过义山伯八杂欧斯坦。东北东行，四十分过杨鄂托宜屋尔欧斯坦，四十七分到新河，涉约三四尺而过。东行，十一点五十分东北东沿河行，又北东行，五十八分东北东行。十二点八分到排子瓦特，过渠之大者三。街两旁有腰店子数家，来往之人，多息于此，迎面而来之人颇多，盖昨日为库车八杂，而今日归者也。

十二点十二分出村迤东，即大荒野，排子瓦特之三渠，西为排子瓦特欧斯坦，中为义堪欧斯坦，东为排直鲁欧斯坦。北北东行，东方望见之村为白希土谷来克，野地有碱，生绿草，有水，野南有沙冈数，北西二方则为村树与山岭。十五分北东行，廿分东北东，野中有多数之羊吃草。廿五分东 3/4 北东行戈壁中。三十八分东 1/4 北东行沙土戈壁中，路为草滩与戈壁、山岭分界处。上坡过杭龚欧斯坦，入沙石戈壁中，四十八分下坡，望见库车附近之树株。五十五分过二废垒，土制者，一颇高大，一矮小，不识何代物，垒连村，路经村北，村名考斯图拉。行沙窝中，向东 3/4 北东，路北多小红柳，路南临渠。

一点东北东行，五分又经小红柳地，旋风乍起，土柱盘转上升，倏东倏西，忽南忽北，颇有可观。十分，东 3/4 北东行土戈壁，天热甚，人马皆倦，然路稍平而归心急，故策马运行。卅二分行小沙窝，三十八分过完，又入戈壁中。东北东行，五十七分又入沙窝。两点五分入村树之境，东 1/4 北东行，两点十分东行过考四□鲁克欧□。十五分南东行又东，廿分经南关回回街，过大马杂南，又东至河滩，南又东又南至寓所，时已下午两点半矣。自托克苏至此，前段稍慢，戈壁而后较快，共行约有三十八公里。

　　沐浴更衣，夜洗相片。去虽不数日，归来则景象已非，桃李之花，凋谢殆尽，杏子已像蚕豆般的大，柘榴、葡萄、无花果亦已生叶。至其他，则叶已长生，荫森密翳，隔林不能相见矣。梁前之燕，已孵新雏，每晚老燕飞出捕小虫以哺嗷嗷之小燕。

二　春夏之交的库车

补写各种记录

1929.4.21　廿一日

天多云，有尘。上午写日记、记录等及账目。午后印相片，朱太太来，乃罢。送来余之被子、门帘子。至四时许，乃同赴邮局，与菊人闲谈至八时方归。

余作沙雅之行不久，王即由山中来此，送来彼所代买之羊皮五十张，中乏好者。闻前山中云颇大。

1929.4.22　廿二日

天一早多云，有尘土，后渐少。午后风大作，云又变多，然视度颇远。补志记录之外，即于午际又印相片几张，阅《东方杂志》几篇。午后又志大记录本子，并整理沙雅行程中之记录。

县署访张仲威

1929.4.23　廿三日

天阴云，多尘土。

上午补志洋文日记，并写致沙雅、托克苏之函，为寄相片也。

午后骑马至县署访张仲威，谈了一会，赠以沙雅途中照片三张，后去邮局送信。六时后归来。

夜洗二片皆不佳，盖底片坏也。

1929.4.24　廿四日
天阴多尘。上午作月表一部，又阅少许之《三藏传》。王备明日归山，今日乃收拾帐房，及买办东西等事。

午后睡共近二小时，夕至夜仍是昏昏沉沉。夜写一致张广福之函。

到处草木争荣

1929.4.25　廿五日
天上午云多，下午云少，尘雾仍厚。

志二三之洋文日记。下午骑马出，至邮局，同朱去访莫斯科洛夫。五时又去邮局，夜八时归来。

到处草木争荣，杜鹃啼血，整日价日月混暗，春风呼呼，好不愁煞人也。

1929.4.26　廿六日
天仍多尘，云亦不少。

上午写几天的德文日记，后去八杂买一钮扣。下午三时朱氏来，暂住彼家之俄妇某亦来，颇热闹。四时许又吃饭，饭后近六时，游园之客方辞归。夜抄月表。

学习俄文

1929.4.27　廿七日
天阴，尘土仍有，午后日晕，风颇大。稍习俄字。

夕步门外，见马兰花已开，颇可爱。过沙河由哈园而南，见园中聚赌者多人，此地本多浪人聚赌，其中汉回缠三民皆具，缠妇亦杂其中，先在大桥北，后移桥南，每日张棚置摊，人数逾百，分数伙，或斗纸牌（点同骨牌），或投骰子，或猜宝，呼幺喝二，焉成赌市，数月一来，日日如此。近日该处绝无人迹，盖河西岸新树一官府禁赌于此之木牌也。哈园本系麻烟馆，而今者赌众被逐于河滩，而一部分不忘情者遂来此间，再作孤注之一掷。过园顺渠南行，可十数分钟，由独木凹桥折至河滩归来。

刮起大风

1929.4.28　廿八日

上午甚晴明，风弱。作气压订正数。下午卷层云与积［浓云］渐多飞来，而北偏西之风或变成西风或西南风或北风，其势较凶，树枝摇动，叶作欲碎声。尘土亦稍被吹起，山峰为之模糊。七八时时，风尤大。深夜又稍静，读赫定之书一篇。

作房屋测量图

1929.4.29　廿九日

天上午阴，下午晴，然透明度颇大，故山之远者亦可清晰入目。晨补月表之一部，后更换自记表纸，并订正湿度自记表，后又于湿温度表上换一新布。午又作房迹图之一部分。下午阅赫定书，并补德文日记，日读终《三藏法师传》。稍习俄文与缠文。

1929.4.30　卅日

一早晴，视度远，后西南风渐大，树株"呼呼"鸣鸣，尘土自下而上，渐升渐多，致大好景物，又入了混沌世界。作房图之一小部分。阅赫定书，并习俄、缠文，晚阅《空气原理》。

黄刺玫花开了

1929.5.1　五月一日

天无云而多尘，中等之风仍"呼呼"地刮。上午结账，抄账，算月表，抄月表，忙得不得了。下午又继续作成月表方息。骑马出，绕河滩而北，又由东岸东行而绕道至邮局，朱不在，晚归来。黄刺玫花开了。

柳絮飞舞，夕有蝙蝠

1929.5.2　二日

天多云，多尘沙，有时颇感黯淡。上午写致郝德信。后即以整日的工夫来阅赫定的书，看了好几篇，至夕方罢。柳絮今日已多飞舞，其落地者，被风一吹，则团团而滚，成为圆球形。夕有蝙蝠飞舞于庭，此亦今岁之第一次见此动物也。

迪化有《天山日报》出现

1929.5.3　三日

天多云，视度颇远，多北风。

上午浴后，读数页之书。又补德文日记几篇。柳絮加多，滚滚如蛋。上午收到袁先生上月廿四来函，时彼尚未离迪，仍云四五日后到三台去，并云寄来照相的纸胶卷、印相纸等物，然时尚未到也。郝德兴致不佳，气球亦不得放。又云赫定三月八日到南京，受欢迎，《导报》载陈援庵将同来，余无所闻。气象台不生问题，余将于九月后回迪，山中仪器带回、房可移等情。

下午外出，闻桂系已败，鲁涤平任武汉卫戍司令，粤陈铭枢中立，冯本谓助桂系，后加入攻桂系，又闻冯已交出兵权，鹿钟麟任河南、山东一带之指挥，刘郁芬任陕甘之指挥。迪化有《天山日报》出现[①]。去试验场访俄医某。后张仲威来。后又见英人满恩，知其途中曾遇华志，彼系往迪化探友者。

1929.5.4　四日

天晴明，上午有时云稍多。阅赫定书数十页。滚滚柳絮，仍不断地增多，杏、桃、核桃亦渐渐长大。晚整理以前程途中之记录。

1929.5.5　五日

天多尘，少云。上午差人询之邮局，则知所寄来之照相品尚未到，心颇焦急。阅赫定之《生活》十数篇。柘榴的红花苞已经长出来了。

整理路线图

1929.5.6　六日

无云而有土，早有雾和露。午阅赫定书。后整理路线图，成开银八杂至克斯尔，及库车至沙雅的。后又阅书。

1929.5.7　七日

天云少，土仍有之，风不大。上午收到家信，促余归去，并收到中央研究院气象研究所收到了月表的回片。摄影品仍无消息。阅赫定书十几页。午后又整理成自沙雅至塔里木河之路线图。

---

① 《天山日报》：金树仁执政后于1929年4月创办新疆最早的全国性报纸。在迪化印刷，每周六刊，星期一不出报。1935年12月更名为《新疆日报》。

1929.5.8　八日

天多云，微有尘土，有时日晕。上午浴毕，读赫定书。午朱偕统税局长陈来，瞎谈多时。下午二时去了，我又续阅赫定之书，直至夜。

国耻纪念日，出发两周年

1929.5.9　九日

国耻纪念日也[①]，日历之一全张大书"勿忘五月九日国耻纪念"等字。

早起后即接到南京中央研究院气象研究所的三月十五日来函，并附来电报码及记录纸数张，函中谓赫定、徐先生等早到都，曾与研究所作数度之磋商，大约月后（四月中）赫、徐两先生可以动身，该所派员来新，嗣后与来人接洽，收回自办。该函并谓拟在新招生，来都练习，尚要一月后逐日之月表等云。

今日亦为吾人离北京之纪念日。十六年此日，离北平，去年在迪化，今年在库车，明年将在何处欤？写致袁希渊先生一函，述照相品及南京来函事。午整理沙雅、托克苏一带之路线图。四时去邮局，见新省府公报。后去访满恩，留夜餐。

借来《太姆时报》[The Times，今译《泰晤士报》]，深夜阅焉。内载三月廿四日南京通信，蒋介石对国民党谓政府决意听从

---

① 国耻纪念日：1914 年第一次世界大战爆发后，日本派兵占领德国在中国山东的殖民地和铁路，于 1915 年向中国政府提出《二十一条》，要求承认日本取代德国的特权，并于 5 月 7 日以武力作最后通牒。5 月 9 日，袁世凯政府被迫签署接受条约。不久，天津教育联合会通电全国教育界以 5 月 9 日为国耻纪念日，商界则通常以 5 月 7 日为国耻。1930 年 7 月 10 日，国民政府正式定 5 月 9 日为法定国耻纪念日。

武汉，重大原因是武汉不服从南京之命令，现在之纠纷在于武汉取消南京选派之湖南省政府主席，且尚有足述而于外人有关者即扣留湖北、湖南之盐余，并拒绝南京特别命令其取消某种对洋船之特捐，并拒绝纠正不公道占有的汉口俱乐部酒事，此所谓千瓶案是也。显系南京必宣布其威权或承认武汉事实上为独立的，或被观测出无论如何南京当局继续不注意国内之其他数点，有时即或在其势力的范围内，总而言之，财政是困难的，南京总以为不便久持二物择一或将惹起叛乱，此时蒋介石总已显此事于齿间，委托政府如武汉不负责时，即有所表示，现状顿呈不安云。

冯玉祥（《大陆报》称）曾通电公谓武汉为驱逐鲁涤平，南京因依赖其武力而纠正武汉。国民党中之湖南人决意请政府向武汉进兵，武汉当局已活动，在湘鄂边界处掘战壕，正试向汉口商民抽五百万元，进行收数月之税，并捕无数苦力以输运军需。

桂系军人黄绍雄（？）已到广州，同唐（谭）师长（曙卿？）（于钱柴〈？〉唐北去时代为卫戍司令者。）发出通牒，要求释放李济琛（广东政分会主席），不然则出兵攻蒋介石，军队已集中界边。广东出兵三万，联合广西之二万人，现已移向湖南。

三月廿五日讯，萍湘附近已有战事，南京之军稍负，许多伤兵已运回南京，此说不确，但于各方窥之，亦未始不可能也。李济琛之被捕，已引起粤桂多数之怒，总动员已下，兵工厂加工工作。

四月四日周报，中国内战已开始，南京当局已出兵攻武汉之不服从国家者，桂系三首领李济琛、李宗仁与白崇禧已被开除党籍，烟台及山东东北部已被匪徒张宗昌占据。星期五日夜，国府声称其军队已击败武汉派于江西、湖北之交界处，距九江二十五英里，得俘虏兵械无算。矢田（？）与王正廷于星期四日在南京签济案之字，包括日本撤兵，去此障碍而砌成"宁案""汉案"之处理解决，并将立即开始议新约，即去年中国所宣布者。

官方消息，三月卅日武汉军退黄州，国军逐之，国军占罗田，汉口运到三百伤兵，并宣布戒严。江西军进湖南，向长沙进行，以恫吓武汉派之后部。又官方消息，广东当局令桂军立刻撤出，据云冯玉祥现在陕西，决在一佛寺养心（冯军有十万驻河南，相信其助宁、汉之任一方，该方必克致胜，彼名为中央政府之委员，而其真正之态度都颇暧昧，并闻宁、汉两方皆曾向冯乞援合作）。

"广州之变"，广州现倾向蒋介石，地面平安，地方人民似释重负，并得出于难，而重税之出以供给武汉亦在其内也。日前曾处决数百被捕之"赤党"，然其中有许多之无辜焉。

济案签字，道歉与惩凶两项未提，日本取消其要求，中国政府担任以其唯一之责任保护日侨将来之安生。日本于两月内撤兵，亦未直接提出责任问题。六项损失之草约准备，以联合会调查中日各方去年五月三日之损失，此系破裂日，十四日人被杀，中国主要之损失在后，当日方警告城中人照出后也。显然此损失甚小，中日或将对消，加之后者，则日方将被要求重大之赔偿矣！

英人满恩来访

1929.5.10　十日

天多尘，上午风小，黄昏暴风大作，加以黑云四布，雷闪交加，七时落雨数滴。

阅赫定书十几页，写家信一封。夕英人满恩来访，同晚饭后方去。入夜风仍大。

入城看戏

1929.5.11　十一日

上午云少，然风甚大，午稍小，而后又成烈风。若非此地树木太多，阻碍太多之故，此风定成暴风。沙土飞扬，云又满云。

阅赫定书几页，作画几幅。三时半去邮局取得丁仲良来函，一早先已收到李达三来函，故曾写一复信。李云平函，徐、赫两先生于一月廿二在法大讲演，并演数卷之活动电影云云。去试验场英人处稍坐。入城去看戏，班多甘人，土产亦有之，曲同甘省，衣服褴褛如乞丐，看得《杀狗》《教子》等出。余点一《下四川》，小曲也，一丑一妇所唱，后又看了半出《回荆州》，归。

夜风大沙多，途不堪其苦。点了一出戏，费了四两票子。见《天山日报》载李济琛已在南京被枪决，李宗仁、白崇禧在逃。

黄十字花科的菜花［开］了，芍药已经往外吐它的红瓣，微红的筒状草花等已都开了。黄刺玫花到现在还开着。

1929.5.12　十二日

天晴风小，温度颇低，气压甚高，夜晨有露，尤冷。除读少许之书外，则阅去岁《东方》少许，并作月表一部分。夜草致南京气象研究所函。

郊外处处花开

1929.5.13　十三日

风小，午至夕云多。

抄月表一张，后阅赫定之书。下午三时半骑马出，南由河滩折西直至七闹巴喝之大路而北，而大街而归。沙枣之小黄花早已开了，乳头般的白桑葚，有些已经成熟了。去岁在后沟一带看见的五瓣白花，其名为刺，已经开了，葡萄生出了将开花之穗，血红的芍药已是半开了。

夕满恩同瑞典女医恩瓦尔来访，坐多时方去。

骑行库车郊区

1929.5.14　　十四日

天晴，微有尘。

上午洗澡，下午同朱骑行绕库车西北、东北等向，曾去看沙图克及贾拉之园子，都颇不坏。骑二小时余，至邮局。未几，归来，阅《妇女杂志》。曾至马将布拉克，水清澈甚，小池中有无数小孔，水泡冉冉上升，有类珍珠。

1929.5.15　　十五日

天多尘，风小云少。阅去年之《东方》及《妇女》中之小说至下午，后又读赫定书几页。夜写致南京气象研究所函。

外院又有跳皮尔治病者

1929.5.16　　十六日

云少，有尘雾。芍药花盛开，红艳可爱。

外院之人家有二病人，因有二伙之跳皮尔者云，与前所见者大概相同，而此次则病者（妇女）及其家属亦杂于跳者跳其中，旋转时久，则头晕倒地，然起而跳如故，其信之之笃可想见矣。

阅杂志及赫定之书终日。下午描图几幅。气压颇低，温度颇高。

1929.5.17　　十七日

阴云，上午落了几滴雨，下午、晚上稍大，风不甚强。

收到丁仲良来片，了无可述。补几日之洋文日记，下午去八杂，绕城归至大街，访陈于统税局，闲谈多时，归来。

天雨，九时后天晴，云渐少，雨亦止焉。

北郊骑马

1929.5.18　　十八日

一早晴明，后云渐多，而尘土又起。

例事，看点书之外，计算库车高度，得千〇三十五尺许。午后三时半骑马出，顺河而北，桥南赌摊林立，视之河岸禁赌之牌而无有矣，心颇异之。至桥北，则视无赌者，而禁赌之牌则兀立河滩，盖事亦滑稽矣。顺河而北，河身宽而两岸树株不断，河滩中多为人所占领，植以柳枝，即成已有，盖已简单矣。过马将布拉克，仍北。四点半，北东，河歧为二。水自东北来而尚有自北北西来之一干河。见水鸟头白身褐而尾黑，其大如鸭，不识其何名也。人家已不似前半途旁之盛。

顺干河北北西行，遥见参差低岭之外，尚能于尘雾弥漫中见有高山。细审山口，知为盐水沟之所在，干河系泛滥之山水所冲刷沙石土，俨若戈壁，宽约数里。三刻遥见炮台一，知为库车西行大路之所在。折南南西，渐入小巷中。时见为云遮，已显暗淡之景。夹道多树，而累累桑葚，夹道尤多，半已成熟，其落地者颇多，或白或黑，其状似乳，不禁驻马采食，其味甘甚。后渐向南，渐至城北，又沿城东而南。六时到邮局，闻邮包照相品之将到，发致丁仲良函一。

夜十时方睡着，苜蓿的蓝花开了。

伊斯兰天文知识

1929.5.19　　十九日

天阴有尘，午后积浓云自西北来，闻雷声三响。读毕赫定之书，读赖扣克之书几页①。夕誊抄数曲。

夜与外院居之毛拉谈，回教经典中称阿丹为开天辟地之人，天经四部，曰《托拉特》（Turat），传毛萨，是为佛教之祖；曰《英吉尔》（Yingil），传依萨（撒，Isa），是为西人（基督教）之祖；曰《租布尔》（Zubur），传达务特（Dawut），是为犹太教之祖；曰《铺尔干》（Purgan），传默汗麦德，是为回教（Islam）之祖。此地缠民之天文智识，多得自于阿拉伯之经典，北斗星名曰海普特默罕墨丹（Hepti mehanm medan），北极曰枯图壁（Kutubi），参星曰他拉子墨咱（Tarazmezam），辰（？）（多星合织）名曰于尔该（yürgei），天河曰撒满要尔（Saman yol），晕曰枯坦（Kotan）。据云地土有七层阿斯满（Assmann）（空气），地与第一层间为月、星宿之所在，第三层、第四层之间为水，水中有船，日载其上，天河即船之影也。

四大圣迹

1929.5.20　　廿日

一早晴明，午后积浓云渐上，鸣雷三四次。

---

① 赖扣克：即 Albert von Le Coq，参见 1928 年 10 月 23 日注。著有《高昌——普鲁士王国第一次吐鲁番考察重大发现品图录》（*Chotscho: Facsimile-Wiedergaben der vichtigeren Funde der ersten koniglich preussischen Expedition nach Turfan in Ost-Turkistan*，Berin, 1913）、《新疆古希腊化遗迹考察记——德国第二、三次吐鲁番考察报告》（*Auf Hellas Spuren in Ostturkistan: Berichte und Abenteuer der II. und III. deutschen Turfan Expeditionem*，Leipzig, 1926）。此处当指后者。

夕闻前咸同间之回乱中，库车人拉失登汗为王，全疆为其属土。数十年后，安集延之亚苦布伯克突起进兵来攻，杀拉失登汗，自立为王。经十八年之后，方为汉兵剿平，亚苦布仰药死于库尔勒。约六十年中，全疆几无汉人，有则亦已改宗回教，库车之大马杂为拉失登"歪里"（Leshdeng Veri）墓，东北之宜斯克来尔之大马杂系纳杂卖丹歪里之墓，沙雅途中之马杂护家之马杂为看伯尔歪（外）里之墓，东乡之英阿哈庄子之大马杂为撒哈歪里之墓。歪里（Veri）者，缠语圣人之谓也。此为库车附近之四大圣迹，此辈人皆非土产，而系来自麦加或麦丁纳，故土缠呼之为圣人云。

红月季花已盛开了。

苦尔坂节

1929.5.21 廿一日

回教（Islam）习俗中之"苦尔坂"节也[1]。据云自开斋之节至此节为七十日云。

午后捕蝴蝶数。近四时骑马出，过帽子八杂，买蒲斯门上有击鼓吹号者，下观众颇多，成群之女娃游行街市，衣新衣，戴新帽，首或插有羽毛以眩异。男人多往亲友及权者之门去拜节，大致皆如三月十四日之所见。

出西南门，绕曲西北行，渐由小街北行，五时半会库车西行官路，乃折回入城。又经帽子八杂一带，而出回城东门，由试验场南东行，后又向北东，是曾未经行之街。又渐向东南，五点半后渐向南至一沙河中，路大，西行经大马杂，房有绿瓦。渐过桥

---

① 苦尔坂节：今多作"古尔邦节"，阿拉伯语 'Id Qurban（牺牲）的音译。又称宰牲节。时在伊斯兰教历 12 月 10 日。

至邮局，因稍停。

枣花开了。

与陈星艇互访

1929.5.22　廿二日

云多，气压颇低，午后积浓，自北西来，廿四分闻雷声。

卸托克苏县佐陈星艇来访，坐未几去。风颇多。午后四时骑马，访陈星艇于统税局。后又去访莫斯科洛夫，未几归来。

七时半后，风甚大，树干摇摇欲折，八时后之速每秒为十六尺云，西南及南雷电之声光不绝。近九时落些微之雨滴，后风渐小。

黄仲良自于阗来函

1929.5.23　廿三日

天多云，时现日晕。上午遣萨务入山接张，暇际读《气象学原理》数章。气压仍低，风不大，城中遇节之缠人击鼓声，仍不绝入耳。接到黄仲良自于阗来函，云稍休息即东归，六月底可到新平。

读赖考克书

1929.5.24　廿四日

天阴暗，风不大。上午赴八杂，见各街悬彩，有旗者插旗，询悉系欢迎新县长（俗呼"按班"）者。午归来，下午阅赖考克之书数页。

1929.5.25　廿五日

天多尘，东风亦大，日暗无光，温度颇低，气压渐高。午睡一小时许后，作气压订正，及阅书少许。

访新任库车程县长

1929.5.26　　廿六日

天多尘，风不大。作月表之一部。

下午三时骑马进城，访新任库车程县长，程，河北武清人，来新已十一年矣。张仲威及来查继子成之金某亦在座，被留吃便饭。闻杨宇霆及常荫槐曾因与张学良争权被枪决。五时后辞归。见三月卅一日及四月十一、十五、十六日之《新天津》，时宁、汉战性正酣，唐生智又出任国府第五路讨逆总指挥，驻北平；冯玉祥亦出兵武胜关讨桂系，张学良并助国军大批子弹；鲁东烟台、牟平一带为张宗昌、褚玉璞、吴光新等之杂牌军队所盘踞；鲁西东昌一带，亦时有便衣队出现；济南及青岛正在接收中，日军四月中即已撤去；何成濬任湖北省府主席，方本仁暂代。严修于三月中逝世，杨增新灵柩已抵平。

捕蝴蝶作标本

1929.5.27　　廿七日

天仍多尘。午捕蝶儿十数个，以作标本。午后睡焉，下午张自山中来。余画图二幅。

朱局长请客

1929.5.28　　廿八日

天多尘雾。写账，作月表，着人买办东西。午后三时赴朱宴，同座有程、张前后任，杨某（杨增新之孙），马某，陈星艇，陈统税局长，李守备，杨营长等数人。夜收到纪河来函。

1929.5.29　　廿九日

天多尘雾。河有浊流，盖山水发矣。上午预备走，以未得厨夫故未妥，下午留住五迈，乃定明日行。夕访莫斯科洛夫，见彼所云之仪器，无可取。又走马统税局，告以明日不能赴该约之理由。归夜装置玻片。

房东催讨房租，决定迁居

1929.5.30　　卅日（**上海惨案纪念**）①

天先晴后阴，晚暴风大作，时小时大。

上午收拾东西，预备出发，而河水较昨尚多，怒流狂奔，声闻甚远。将发，房主之妻，声讨房租，其丑态厌人，已非一日，经此一着，惹起余之愤怒。数□之余，骑马进回城访张仲威，闻已赴陈、沙之宴，余于是亦去。时宾客多已到，金某及拜城县长陈某亦在被请之列。将房事原尾告之张，张劝余迁居，并告程。席分两座，一座为军政界领袖人物等，一座为局长、师爷等，余在第二座也。

夕宴毕，同二三人去看张所说之园，该园在城西，房舍洋式，皆颇不恶，而以院树太多，觉不相宜。因归看莫斯科洛夫现所居之地，较为适宜。归来着人唤房主，以未寻得，故未来。闻彼无礼之谈，气愤更甚。

---

① 上海惨案纪念：又称"五卅惨案"。1925 年 5 月 30 日，上海工人、学生在公共租界散发传单，进行讲演，抗议日本纱厂枪杀工人顾正红的罪行，在英租界巡捕房门首遭到英国巡捕开枪射击，死伤多人，造成震惊中外的"五卅惨案"。事后引起全国各大、中城市更大规模的罢工罢课的反帝爱国运动。

到邮局阅《新报》

1929.5.31　卅一日

五月末日也。天阴云四布，北稍西之风仍是"呼呼"地吹个不已，十点半落雹数分钟，其大如豆。

至邮局阅《新报》，一月中者也，时徐先生已就二师院院长职，奉天杨、常之被枪决即在一月十一二日中，梁启超亦于一月中逝世。编遣会议经五六次之会议，举出四部主任及发宣言而已。泺口黄河铁桥亦于一月中修理竣工。《天山日报》载有郝德对于马蹴伤小学学生之更正函。

夕归来，天仍冷甚。

孙总理安葬日典礼

1929.6.1　六月一日

今日为孙总理安葬日期，政府通令各地、各机关、各界作大规模之追悼致哀，故此地亦由县署通令各机关在试验〔场〕举行典礼。十点，余闻讯而往。大门及会场高搭素棚及牌坊，中悬遗像，及题有"天下为公"及两旁之"革命尚未成功，同志仍须努力"几字，四周绕以花圈，圈外又有相同较大之联额，地铺白毡，案设供品及檀香。各界人具备，而缠人之阿浑、乡约等亦皆来此行礼。未几，礼式开会，有人喝礼，奏哀乐、行三鞠躬礼、静默三分钟、读遗嘱等事而已。又奏乐，散会。因摄影三四焉（图12-7）。

午至邮局就朱菊人宴，午后归来。

1929.6.2　二日

天空仍有尘雾。作月表之一部分。午后访朱，并去看照相者

图 12-7 孙总理安葬日典礼

所照之相。夜读去年之《东方》，知四月寄郝德函被扣。

决定移居试验场

1929.6.3　　三日

天仍有尘雾。读《东方》及《济公传》，无聊之极，可想而知。下午四时访朱。未几，又为移居事访程浴尘县长，程陆军学生，精测绘，曾作山东之全省测绘云。民七应参谋部之命，同日人来此，因留宦此省。移居事决定移试验场，明日县署又派人告俄医某移居。

连日读《济公传》

1929.6.4　　四日

天有尘雾。上午收到袁希渊五月廿四日自迪化来函，系述月表寄南京事。午后取照相人所照之大相片来，途中并访金某。夜又阅《济公传》，自莫斯科洛夫处取来相纸两包。

1929.6.5　五日
天有尘有云。印相片八张，多系送人者。阅《济公传》。午后去邮局，夜未归。

1929.6.6　六日
例事之外，晒相三四片，并阅《济公传》及英文之杂志。天有云，尘雾仍大，故视度不远。天气亦热，杏子已有熟者。

1929.6.7　七日
例事之外，阅《济公传》。文既无可取，而书之结构又欠佳，无味之至。夜完成月表。

迪化寄来照相品

1929.6.8　八日
天甚晴明。午收到迪化所寄来之照相品之邮包，途中费四十余日，良可慨也！寄致希渊一函，述此事及气象月表事。四时，骑马南行，折东由大街而沿一渠东北东北东北行，多时到前所经之路。又折东稍南，由小巷夹道，而入一园中，几至无路。北行得小路，果树荫翳，几不见天日。仍北，渐出小巷而会自东路来之大街。西行，至邮局，稍坐而归。天颇热。

1929.6.9　九日
天晴热，视度远，上午及下午用新纸印相片数十片，皆旧日之底片也。抄月表未竟。

气温升高

1929.6.10　　十日

天多白云，日晕多，温度高至三十二度八。例事之后，抄月表。下午骑马南东行，由一街东南行约一小时，至一洼处，草滩，折北渐又西北行，多时又西行，合前行之路，至斯拉木宅附近之大桥，北行绕至试验场。无甚可观，由回回街而归。深夜降雨。上午宋幼揆来访。

端阳节

1929.6.11　　十一日

天晴，旧历端阳节也。朱函邀赴其寓，十时后回访宋幼揆于万胜店。多时，乃又至邮局。

下午骑马东行，经一马杂，而渐过一废城垣，不知是否前库车之遗址。田园渐少，而渐近戈壁，遥望绵亘之天山，星列之房舍，参差之树株，荫郁之田野，伫观乐甚。更至前库车游击哈德所开之坎井，井井相连，共两列，长数里。坎井如串珠之说，甚妥。顺坎井而南东南行，渐至一泮坝。此地地低，井水已出地面上，惜水流太少，供不应求，致所开田亩，大半荒芜，而所修之房舍（其名为新八杂）十室九空，官家得不偿失矣。渐由南路归，又同大路，会合之隅有新马杂一，即哈德所预营彼之葬身处也。

归阅去岁三月之《东方》。

三　三赴山中气象台

动身进山

1929.6.12　十二日

天阴，下午风大。

上午买东西，下午朱等来，稍坐而去。

下午五时动身作山中之行。过邮局，稍误。五点四十分又自邮局动身。此行带用人三，马二，驴十四（图12-8）。北东或北北东行，七点到戈壁上，北东行，七点半后，渐向北北东。三刻过水，沙滩水浅，时分时合，其形如网，钩月已有光辉，风中而不寒，良游佳时也。八点又过水，九点廿分渐入山口，所谓苏巴什（水头）是也。九点四十五分，过废城垒（图12-9）①，砂石碛行，而不时又须过水。十点十五分到两噶（栏杆）店，住。茶点后，十二时就寝。稍阅去岁廿四号《东方》。本日行约二十二公里三。

---

① 废城垒：此处指库车苏巴什佛寺遗址。《大唐西域记》记载的龟兹国"昭怙厘大寺"，沿库车铜厂河出山口即"苏巴什"两岸台地分布，称东西两寺。刘衍淮经行者，为昭怙厘西大寺遗址。

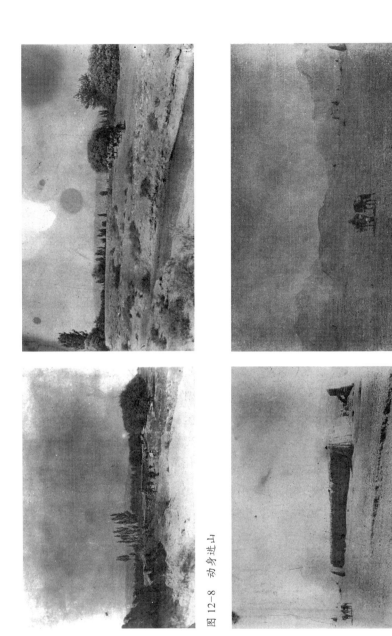

图 12-8　动身进山

图 12-9　苏巴什废城垒

从两噶到替克买克庄

1929.6.13　　十三日

天晴，七时气压 650.2mm，温度 21.4℃、9.7℃。

上午六点九分发两噶北行，天渐晴热。三刻渐入山峡之狭处，道路危曲，下临急流，行甚慢。十点西行，又未几，北行出狭峡，山岭亦较低。十一点五十分过铜厂泉，又北行，后渐行水中。天渐阴云四合，两点一刻后至五十分时落雨滴。两点四十分，坐马乍惊，将余摔下，狂奔而去，过深流而向东岸有人居草木处遁去。五迈尾随之，至三点五分方寻来，余则被接入石窝，外裤虽坏，而体幸尚未受伤。四点五十分，经巴失克其克而入古失沟。六点廿二分，登至替克买克达坂。土山上生有植物几种，山顶寒风袭人，毛骨悚然。下马步行，北行下，又曲折至河滩，向西北行，七点四十分到替克买克庄住。自两噶至此约四十三公里九。

九点气压 607.6mm，温度 15.8℃、9.2℃。阴雨。十点后又落雨。库车小麦将熟，铜厂庄的才生穗或尚未出穗，而替克买克的却尚似小草，地皮儿也盖不上，杂生穗开花的日期尚是远得很。十一时睡。

雷雨冰雹

1929.6.14　　十四日

早三时闻雨声，多时不能入梦。四时后雨止，地已泥泞，不久人多起者。时天仍阴云，北山之高者落积了些白雪，寒风刺骨，又寝。七点醒起，天尚阴，温度 10.7℃、7.4℃，地无苜蓿，又乏料，青草多为羊吃过的，而马不吃，麦皮子马亦不吃，所以苦了积劳的马了。

九点十八分发替克买克，北又北稍东，合大路。九点四分北行，落雨数滴。三刻，北北西行，又雨。十点后下一沟，十分又雨，不时又雨。三刻，西北有雷声先□，四十分落雨点及蚕豆般的冰球，至五十分，后雨渐小，衣为之半湿。西北又北北西行，过木鲁木水流，西北或北北西行，后又不时落大雨滴及冰球，衣为之湿。十一点卅三分，又闻雷声在西方，时时不绝入耳。西北行，十一点四十二分，到喀拉古尔气象台址，住帐房内。

雷雨雹不断发现，天又骤冷，今日余虽已着毛衣，而寒尤甚也！二时见电光，至四时半，雨雹电等方绝。夜东南与南方又不绝见有电光闪烁。阅毕廿五卷廿四号之《东方》。此地之小麦像才生出者，而大麦、苞谷等则方下种数日。今岁雨雪特多，而本地无智之愚民，多疑吾人之所致焉。今日行约 14km 半。

北山采植物标本

1929.6.15　　十五日

天阴，十点后雨，连绵至十一时四十分方止。

午后二时观测毕，登附近之北山，并采植物数种，以作标本之用。山乍视之并不甚高，然一上一下，费时一点时云。归见萨武来，知来必有故，阅张函及收到风扇，系张将其弄坏，而不知所措也。因修理之，即着萨武同其弟归，盖库车需此物甚急也。自今日起，量水温度，所得二时、九时之数均较空气温稍低也。抄记录，多日的。

喀拉古尔之夏

1929.6.16　　十六日

天先晴后阴，温度不甚高。上午整理此地之记录及自记纸，下午卧阅书以避寒风。此为余之第三次来此喀拉古尔，第一次在季秋，二次在严冬，此次在中夏。时节不同，景物自异，此次则所见无非山野青葱一色（雪峰除外），加以小花纷开，各色俱备，而野生植物，则多系木本之有刺的灌木，山清水秀，诚有可观。四顾尘埃蔽日、叫嚣扰乱之城郭，此则高出多矣。

北山之行

1929.6.17   十七日

天晴明。

晨七时观测毕，拟作山中之行，九点半同五迈各骑一马北稍西入山。山谷多砂石，草颇茂，水亦多，溯流而上，五十五分过处有树二三株，住户一家，十点十五分又遇前所到之处，河西有住户数家。北行稍东，渐见松林，丛生山阴。十点三十七分过托斯噶克，有破房一，渐多野青杨树，大有半围者。再北，路歧为二，一向北，一向东北，东北为采柴之路，北为水流之所自出，因北行。五十分折西又南又西再向北偏东，多刺之灌林，丛生道旁，而青杨之小林，犹不绝入目。清流淙淙，马时涉其中，山谷时狭时宽，松生山阴，而山阳绝罕，此亦怪也。十一点廿五分，过处水中游鱼可数，活跃可爱。一路林草不绝，羊牛遍野，牧者构室石罅，有原始民族之风。渐见高峰，止积雪，惟不甚多，盖近日之所降者也。有鱼处名开里克他失。

又西北西过乌拉里克，再北北西十二点到亚尔同，山罅住有开义八杂之牧者数，并其妻辈。询悉沿此谷西北行，尚有二日之程，过大达坂，则路塞。附近有路通开义八杂，此东北山谷并通玉尔都斯，惟达坂高峻，积雪又厚，不易成行。下马摄二影，半点，沿原路归。至一小林又摄一影。一点四十分到托斯噶克北之分路处，又北东沿采柴之谷行，谷仄无水，惟草木不少，渐上渐高，途有牧者为阻止牲畜之遁去所设之栏杆。两点后青杨渐多，松亦杂长其中。山上之松，仍系多生于阴面，灌木尤密，时挂行衣。渐上渐有水流，树更密。廿分后，过处积雪尚未消完，山脊沟中，尚有厚逾尺者。绕过无数山头，而树林犹未断，地高山仄，林密路绝，五迈行有难色，因下马摄一影，时二点三刻矣。归途又摄一影，采花草数种（图12-10）。四点半出东北之谷，合北来之路，过托斯噶克。五点四十二分到喀拉古尔。计此行来回共约有38km云。

晚霞妙不可言

1929.6.18　　十八日

一早天晴。今日开义八杂之期，派人赴八杂买东西后，又鉴于马掌之坏，又派一人去八杂。后云渐多，十点廿二分落雨及雹，卅分又落雨，皆不久而止。三点七分北方有雷声，五点一刻至五点半雷声不绝，十七分至廿五分时落雨滴，六点半雨五分。晚西方有雨，落日映霞，如黄金线，而积云之边，为日光映得尤为显明，碎云则现彩，红绿相间，他则或灰或黑或黄或蓝，尤巧夺天工，妙不可言，多时不绝，欲摄影而恐难得良好结果，有负盛景，故未摄。及日西没多时，彩霞方杳。

自修运动场跳远

1929.6.19　　十九日

早一点三刻至两点雨，天阴云。下午一点三十二分闻雷声，后又雨。两点一刻，又有雷声，廿三分雨至三点十二分。

图 12-10　喀拉古尔北山之行

夕攀登北上，不甚高险，顶颇平，石黑如墨。北方西方东方三面之视线，皆为高山雪峰所阻，南则村舍之后丘陵参差，虽远在数十里，亦可细辨，近则村舍散落，三五可数，沟渠蜿蜒，莹光若带，田垄畎区，有如织网。坐观多时，下山迤逦归。因百无聊赖，乃修运动场，作跃远及三级跃之戏。

连日登临遥望

1929.6.20　廿日

一早天晴，后渐阴。九时五十三分雨，两点半又雨。昨日跃远之余，腿酸身麻，行动无力，此以久乏运动故也。傍晚登南方矮岭，所见仍无非山岭、田野、村舍、河流等物而已。由岭顶西北行，直至前拟作气象台址之岭，方下归。

阴雨连绵，北山增雪

1929.6.21　民国十八年（一九二九）六月廿一日

早两点一刻雨，至五十分。五点十分又雨，天阴云。十点半后，淫雨连绵，时下时停，至下午。三点后至六时雨又连绵，然降水实无多。北山上的雪又顿增了不少。晚饭后，闲步河干，欲渡而登西山，河水宽，虽抛石河中以冀得踏石而过，然终以水深流急无效。乃至下游，跃过三数仄流，末一终未得过，乃归。本日等备明日作海子之游，数日来终未得一引路者。

行路中有乐亦有苦

1929.6.22　廿二日

上午天晴。收拾毕，带二人、二马、五驴及什食、帐房等，于十点三十五分东行，傍北山，石甚黑。十一点，过一房之北，不识有人居否。十分向东北东。十二点向北东，八分至特革斯，有居民五六家，周围环以高山、田树、水流，颇有可观。询知路尚在南方，乃折西南。三十分方望见驴来，候十数分，又东入山。渐上渐高，路极崎岖之能事。五十分到一小达坂顶，下，仍单骑先进。路旁几尽系白刺，间有苔地生之松。一点后曲折东行，廿五分过一沟，上下小达坂，坂虽不高，然突立难行。坂后沟中，满生青杨杂路，以及有刺的灌木，并有水流淙淙，惟不甚大。候多时，东登一坂，仍不见驴队之来。

两点后落雨几滴，至两点半后尚不见人来，乃归而寻焉。上下达坂，见驴印，乃迹而沿一沟南行寻之。此沟即生杨树之沟，此不过为其南部耳，名塔特里阿克阿鄂则（山口也）（？）。三点东行合大路，即克斯尔和屯来之路。北北东，由前候驴之达坂东西东行稍偏北，水流大，树林多，草亦茂，牛羊颇多，骤马疾行，惟以路多顽石，终难极快。渐见驴队，二十分渐北北东，地名乌朋尔阿鄂则（Upengr Aüzie）。三点五十分，过喀拉达失。北行，四点至喀（考）宜和屯。折东行，天浓云四布，大雨骤至，衣服尽湿，而身衣单衣，怎能不冷？暂息树下，而雨不止，不可耐，乃归寻衣，于牧者火畔易之，住此。鞍马、箱件，无一非湿。

支帐毕，移物其中，而雨犹不止，水渐入，而地又多牛羊之粪，秽污不堪。于帐中生火做饭，于是浓烟薰人，几不可耐。行路是有乐，亦有苦也！六时后雨稍小，六点半又大雨，至七点半后又稍小，以至于夜。住山沟中之拐弯处，多树株，高山夹流，水声涛涛，然草几等于零。即有之，今日马驴亦不得而食矣。自喀拉古尔至此约行有二十一公里，而绕至特革斯及折回绕远寻驴之所行，亦计于其中也。九点气压为 588.5mm，温度 10.5℃ 及 6.5℃。点滴之雨不绝。

翻达坂夜宿克里克杂特

1929.6.23　廿三日

天晴。早四时醒，呼醒用人起放驴马及整备东西。九点三十分发考宜和屯。前曾摄住地之一影（图12-11）。东偏北行，三刻向北，两旁山顶生有青松。谷中杂树仍多，时涉水中。十点五分路旁渐有松树，曲折向北北西，山名宜鄂尔安他喝。过此松树极多，而途中既系上坡，而顽石流水，更碍马行，故颇缓。十点半过处为撒格散革其克。北稍偏西行，十一点后所经路旁苍翠皆松，中无杂树。十八分过处，山阳之松多枯死，而他面自顶至麓莫非满生此树也。十一点半至阿卡尔，大流自西北西来，而该沟亦颇宽大，杂树及松柏满生于山及谷。另有小流自东北来，谷似较小，而谷口则一大草滩，过此方多松林。询之土人，知谷之大者并非北行玉尔都斯之大路，由此曲折而行，道既远而所过之达坂又甚险峻。

乃东北行。过一土屋，为牧者过夜之所。夹山及谷中仍多松树，而有刺灌木亦杂生焉。十二点五分，北又北北西，再北北东，廿五分到强厓宜拉克，山势稍展，上生松树，顶尚有雪，地则草滩一望，牧畜遍野（图12-12），牧者之舍数，散布于各处。于一木房前下马，地缠颇多，有识余者，为余系马房旁，导余入，食抓饭。草滩属库车之大马杂，此地之房即为牧马杂之牲畜者之居也。天渐生云，候驴至两点后尚不见来，乃仍单骑前进。东北行十数分而又北北东行，两点三十分过一小达坂，松树仍多。北东又东行，山及谷多松。四十分，东北上克里克杂特达坂（Krikzat）。四十分闻雷声，浓云满天，沉沉欲雨，而达坂高险异常，牵马上，五步一喘，十步一息，百曲千转，艰险几不亚福寿

图 12-11　住地之一影

图 12-12　草滩一望，牧畜遍野

山。马时不前，非用力拉之，则不进也。半中及顶尚有牧者及牛羊。五十五分，雨滴及冰珠纷霏下降，而喘汗之中，虽仅单衣蔽体，亦未觉如何其冷也。

三点五分达顶，又息数分，八分下，北东而又西北西，二十三分过破木桥，松树已多。二十五分北行，松树杂有他树。四十分过处尚有雪。沿水流行，先是三点十五分雨至三点半，衣稍湿，冷甚，心稍郁郁。五十五分出一谷，合自西来之谷东行，地多草，地名克里克杂特，西有沙多克之羊及草场。遇玉尔都斯来之驴队，询知余之驴队尚未过去。四点五分，至一牧者之房前下马，住。自考宜和屯至此约廿三公里半，费时四时半云，自喀（考）宜和屯至强厓宜拉克约有十四公里半。

候驴久不至，纵马食草。日渐沉于西山之下，而凉风亦习习吹人。天寒欤？抑衣单欤！？牧者垢甚，茶饭鲜能入咽。黄昏仍无消息。九时牧者寝，余亦卧下，心闷怎能睡下。九点半月已有光，闻犬吠，而候之之牧者亦云有人，乃出而呼而近视之，果王及塔塔里克及驴马也。闻悉彼等于三时过强厓宜拉克，上达坂，至其半中，而驮箱之驴失足滑下滚至山下，易驴驮箱子及再自山下弄上，故误时特多。驴及箱件受损至小，盖亦不幸中之幸也。及彼等下达坂，而又以黑暗之故不能辨路之所在，此亦迟至之一因也。十点稍进茶，十一时睡于帐中草地上。天颇冷，夜霜露颇大，云又渐多。

途经阿克他喝山中的海子

1929.6.24　廿四日

晨冷甚，有霜。七时气压567.9mm，温度6.3℃、3.1℃。

十点五十五分，发克里克杂特。北稍偏西行，苍翠之松，山谷遍生，中多枯死者，间有倒毙被焚者，不悉是否雷电之所致。下坡行，遇马一大群，因摄一影（图12-13）。十一点三十分后渐多杂树，两山迫立，宽不数丈，而流水涛涛，危石嵯峨，仙境也！岩石之层次，回曲弯转，其层块之整齐，有如砖砌之者。十一点四十三分，出厦尔格雷母沟，山势阔展，流合西来之屋失克伯失（Oshikbsh）河，屋河既宽大而流又湍急，夹河生杂树，而山背（即河南岸）则遍生松。东西远处之山皆有积雪。

候驴多时，积浓云渐上。十二点十分落雨滴数，一点五分驴方到。因摄二影（图12-14），然后仍单骑先进。东行途中捕蝶三，翅网状、黑花纹者也。途中仍无非杨、榆、松、柏，遍生山谷。十三分过小坂，下有自北山下来之一沟，狭甚，中生树株，蚊蝇甚多，而大虻尤多，刺马出血，驻则群集马身，行则追随马之前后，驱之不去，颇苦马。五十分，东偏南三十度行。两点十五分，东偏南十五度行。途景如故，时涉水中，水深及马腹。两点半，道南有牧者之房一，栏栅一，而杳不见人，地名取台克里克。五十五分过处，路北有二洞，亦系牧者避风雨之所。

三点五分，折东十五度北行，到一山口，两旁山上有破房各一，知靠干之已至。屋失克伯失河于此合北来之啬克里克水（Tiklik），东南流而后再西南行，以至于库车。谷口有废垣一方，今内住克里吉斯牧者一家 ①，北房为来往之驴马队之休息所。该克里吉斯通缠语，乃询之一切。东南远山之积雪者为喀沙拉克山，下即喀拉淖尔水。啬克里克水出啬克里克雪山之中，西为喀拉沙尔啬克里克，东为撒郎啬克里克，再后则为乌都尔啬克里克。过

---

① 克里吉斯：下文又作"布鲁特人（即黑黑孜）"。今译作"柯尔克孜"，新疆世居少数民族之一。国外同源民族为"吉尔吉斯"。

图 12-13　下坡行，遇马一大群

图 12-14　驴队

此则为人迹罕到之境，盖以其冰雪遍地也。西山为阿克他喝，北东亦名阿克他喝（Aktagl），山前即海子（Küe）之所在。

自三点一刻候驴至，四点十分仍不见来，乃仍前进。克里吉斯出示路之所在，此废垣及山上瞭台皆安集延乱时之遗址，为时虽不过数十年，而址已将不可辨矣。垣北有马杂一，下坡过窨克里克水，沟中满生杂树。东北东行，廿五分西折上达坂，山阴仍有松林。四十分小坂巅。坂不甚高峻，而又鲜顽石，故不艰。观望附近之群山一周，五十分下坡，底为草滩。过草滩，又上高达坂，曲折行，途中经松林，有刺植物仍多。五点十八分达顶，观测群山，至三十三分下。牵马步，向东二十度北，坂突甚，然以多曲折及经行松林之故，亦无如何之险。五十分到底。此山与北方之阿克他喝山之中即为海子之所在（图12-15）。东为草滩，西至山麓，水面生有小草，并有数水鸟游泳其中。二小流自东蜿蜒流入于是海子中，致水面之流入处，不生水草，有如水面之带。日光反照，颇具美景。南山之坡遍生松树，山麓凸凹，致海子成形亦至不整。细审山麓，可见从前之水高于近日者可一二十丈，是海子日就浅欤？余并疑东之草滩亦为古代海子之区域，今日只剩其一部分耳。又上一小麓，上多生刺植物。海子南北宽约三四里，东西长约八九里（图12-16）。

六点十五分下小坂，仍东二十度北行，东西北三面，皆见雪峰，东方树株成林，草场数十方里，牛羊等牲［畜］颇多。三十五分，见东南有蒙古包三，乃就而视之，则克里吉斯之来牧者也。以缠语接谈，彼辈愚甚，世事无所知，然待余恭甚。主人备茶点，克里吉斯男皆戴毡帽，女不用幪具（Roman（？）），惟亦红巾束之而已。自克里克杂特至此行约二十五公里，是谢彬《新疆游记》之所谓七十余里者，未尽然也。而其自海子至沙尔格

图 12-15　前往海子途中

雷木之方向，尤不足恃。

九点，随主人就寝。九点半，闻犬吠声，知后队之到，乃起而呼“王”，王应焉。悉今日途中驮箱子之驴蹴卧乌失克伯失水中，故迟至此时方至。未几，启箱而视之，则余之皮衣已湿，而他物则多幸免。伙食箱受灾颇大，而洋火尤甚，故该箱较余之箱稍破而水易浸入也。十时半就寝。

草滩漫步

1929.6.25　　**廿五日**

天阴云，七时气压 568.6mm，温度 9.4℃、7.0℃。午支帐草滩，移居焉。午后二时，气压 567.9mm，温度 16.0℃、10.2℃，阴，云甚厚。草滩生野花数种，美甚，因采数株，以作标本。

三点五十五分，徒步而东三十度北行，未几穿树林，行草滩，过干河，河多砂石，地多穴。时见有大如猫、黄如鼬有尾之兽出没于其中，土著汉人名此兽曰“獭儿”。地壁多石，而此兽尚能营甚深之穴，其嘴牙之利及爪足之干练，可想而知。四点四十二分，过牧者之房南，房为松林搭成，未见有人，之间有牧畜数，食草。其前此地又多一种如雀大之鸟，已美过之，鸣声甚洪。五十五分，到有水流处，流不大。下午天时降雨，惟不多大，现又降，因见东方之景亦无大异，无非山谷生树，山阴多松而已。浓云甚厚，天现黑暗，因摄一影而归。晨曾于克里吉斯处摄二影焉（图 12-17）。

闻玉尔都斯道颇艰险，而余库车又多事故，乃拟不再前进云。晚九时气压 569.5mm，温度为 9.7℃及 7.8℃云，附近住克里吉斯共六家云。

图 12-16　阿克他喝山中的海子　　　图 12-17　克里吉斯之牧者

归途宿于强厓宜拉克

1929.6.26　廿六日

天阴，七时，9.1℃及6.0℃，气压569.0mm。附近有泉，泉下流水甚深，游鱼长数寸。八点三刻去量水温，温为5.3℃，而时气温为15.0℃云。摄一影，归。

收拾毕，十点九分动身归途，绕海南，过小坂。十点五十分到喀拉噶义达坂巅，摄三影（图12-18）。气压（十一点十五分）553.0mm，气温为16.6℃。三十分下坂行，坂多土，不及克里克杂特达坂之险恶。五十分到另一小坂顶，向靠干摄一影。十二点廿分到靠干，摄窨克里克水一影（图12-19），又向喀拉淖尔摄一影。

驴至，重整箱件。下午一点半气压584.5mm，气温21.0℃、

图 12-18 喀拉噶义达坂留影

10.3℃。三刻，发靠干西行，途中来往于库车、玉尔都斯或伊犁之
商队颇多，而往伊犁之棉花驴队尤居多数。途中捕得有红斑蝶一。
四点，沙尔格雷木南行，上坡，穿松林及杂树中。五十分，前所
住之克里克杂特西行，五点山口，候驴至五点半方见到。三十八
分又行，六点三分过雪，仍系上坡，十分过整木上铺乱石之桥。
六点半到达坂顶，住。

　　七点，气压 532.0mm，气温 13.0℃、5.9℃。天多烟尘。驴到，
十二分下克里克杂特达坂，险峻异常，一失足则坠入万丈深渊。
石上多凿成石级，非力拉坐马，马不前也。七点半底，三刻过小
坂，八点六分到强厓宜拉克，住前食抓饭之木房中。三刻驴来了
（图 12-20）。

　　九点，气温 12.4℃、8.4℃，气压 557.9mm。天阴云，夜雨。
今日行共约三十四公里，途中虽过水十四五次，过高达坂二，小
达坂三，而皆免于意外之灾，可谓幸矣（图 12-21）！

三　三赴山中气象台　**667**

图 12-19　喾克里克涧之林木

图 12-20　住前食抓饭之木房中

图 12-21
山中跋涉与宿营

山水大发，不能动身

1929.6.27 廿七日

天阴雨，浓云满天，雾般层云，笼罩山峰。天复黑暗，地又泥泞，因不能动身。下午二时，气压558.5mm，温度8.7℃、6.7℃。后雨渐小，六点半雨止。山水发，浊流虽不大，而鸣声颇远。夜九时，气压558.4mm，气温7.6℃、5.8℃。天渐晴，星及蓝天现。强厓宜拉克草场属库车大马杂，而外尚有羊五百、牛六、马十，皆属之。此屋主人家在喀拉古尔，而在此为大马杂牧畜焉。

回到喀拉古尔气象台

1929.6.28　廿八日

天晴明，一早甚冷，五时后尚有白霜。七时，气压 557.8mm，气温 6.4℃、4.7℃。九点十五分，发强厓宜拉克。五十五分过阿卡尔，捕小蝶一。此途多见大而极美之蝶，然捕之不易，亦可惜也。单骑前进，顺原路来，途中来往之人仍属不少。十一点二十三分，过前所住之考宜和屯。十二点五十三分，由阿铺里克南南西行，一点廿分南行及稍西再南行，取道克斯尔和屯。沟中树株不甚多。一点四十分出大山口，口外低岭绵亘，东西距离较前者为宽，渐乏树株。

两点过处有人家田亩，询为克斯尔和屯之所在。再南行，水流已甚小。又过数户之房边。十三分折西过小岭，途中停约十分。又西北西行，四十六分又过一小岭。西稍南而又北北西行，行戈壁中。三点十分又向西北行，以沿路行则迂远故，直由砂石中穿行。积浓云渐上，一刻落雨数滴，廿七分又落数滴。三十五分向西北西行，五十三分合库车走喀拉古尔之路，绕一山头西北行。

四点十二分到喀拉古尔气象台。驴队于五点半方到，本日余行约共三十六公里半焉。

雷电交加

1929.6.29　廿九日

天有白云，晕。写记录。午后阴。沐浴更衣。五时后雷声隆隆。近六时又时见电光。六点一刻后电光不见了。六点半雷声亦止。七点廿分雨，卅分又落数滴。八点十分雨至卅分。夜稍晴，南偏东之方向上时见电光。本日之风亦不甚小。

1929.6.30　　卅日

天晴有云。上午整理所采得之植物。下午渐阴。六点疏雨至六时半方绝。阵阵较大之风，亦时吹来，篷帐、旗子等呼呼作声。晚询此山中之陵谷及名称。

出发去开义八杂

1929.7.1　　七月一日

天半阴，早换毕自记纸，乃于十点五十分率五迈及二驴发喀拉古尔，以明日为开义八杂之期。塔塔里克因送至开义，明日由八杂折回。

西偏南行，初颇快，后渐缓。十二点一刻后，东北及东方雷声隐现。五十分雨至一点五分。十二点半即出田野，而入戈壁中，时偏南之度数渐多，初本偏十数度，而现在已偏三十余度。地不甚平，过干沟数，路多砂石，而余马又无蹄，故马时呈跛状。一点一刻至三刻东偏南有雷声。两点五十分向西南，三点廿分入田野中，房屋树株，远近可数，戈壁告一段落。三点五十分西偏南三十度傍河行，四点半过水，河身宽，水流大。四点廿分后西方西北方雷声不绝。三十八分急雨至五十分，衣稍湿。后小，雨滴纷霏多时。五点三分东方虹现，内外成二虹，内虹外红内紫，外虹反是。至廿五分，内虹方消失，外虹则于十三分就没有了。五点半南方有雷声，过河。三十七分到喀咱其，即开义八杂，住前所住之饭馆中。

喀拉古尔至此约三十三公里许。晚九时气压 626.0mm，气温

17.3℃、12.2℃。天渐晴。

夜渡木杂尔特河

1929.7.2　　二日

天半阴，候开义之保长派引路人，久不见来，心颇焦急。午后方见来，继又闻此地直走库车之路，过水太多，而今日河中之水，又特别大，故须取道绍武布拉克，再绕至夏玛尔店之路。

一点一刻南行，三十分后向南三十度西或西南行。两点廿分南行，过明不拉克，入土山中。三点五分上小土坂，南南西行。四点十五分折东又南行，山沟阔展，地多细砂。五点十分，南三十五度西，路旁多红柳。三十五分，又南南西行。五十五分，绍武布拉克，停数分，南行。六点四十，与走克斯尔之路歧，向南十度东。五十三分，南南东又三十五度东行。七点十分，东逾土坡，行一沟中，附近皆系红土山，地多碱，水冲后地上现一硬层。廿分，南。三十分，出土山口。东十度南，行戈壁中。三十八分，东行。五十分，东三十度北。五十五分，北东又东十度北。八点，向东廿度南。十分，十度南，又廿度南。十八分，卅度南行，下坡。廿五分，廿度南。廿八分，南南西，至木杂尔特（Muzart）河岸。河源于北山之诸处，于开义八杂河流而成此大河，绕克斯尔及千佛洞南山，出而为托克苏、库车界处一带之水，东南而入塔里木河。河宽可廿尺，水流甚急湍。

引路人欲停此河岸，待明日渡，余不之许，乃遣彼易马试行水中，水深逾马腹，以驴不能为用故，易之。以余之马驮二箱及行李，引路人及五迈共乘一马先过，余暂候此岸，并守望零件及二驴。及马下水，心如悬在九霄之上。天虽已黑暗，然犹能辨近距之景物。及注视马过水及岸，方额手称庆。盖一不慎，则有意外之灾，轻则马倒水中，或绳滑箱倒，各物尽湿；重则行李等随流而去，于此黑夜之中，且流急湍，何能进寻？及箱件卸毕，引路者牵余马来，余乃乘之。一手揽绳，一手牵一驴，而引路者亦如是。渡毕，时已九点半矣。三十五分，南南东，于黑暗中摸索而行。十点，向东，仍系戈壁。三十分，见电光。三十五分，合克斯尔大路，见前有火光。

四十五分，夏玛尔店（风店）住。天阴云四布，沉沉欲雨。呼"店家"多时，方有老妪出而启门，为煮水烹茶，稍进馕。十一点五十分，雨数分。十二点后睡。本日自开义至此行约四十四公里。此地无水，水汲自河中，店家炕多石不平，夜睡甚不安。

四 气象站搬新址

回到库车寓所

1929.7.3　三日

四时醒起，天降纷霏之雨。呼起五迈，饲马及驴。归又稍寝，六时半再不睡了。七点气温 15.5℃、12.7℃，天几满为高层云等所遮，气压 634.7mm。收拾毕，付引路人二两，遣其归，又付店家二两。八点五十五分发夏玛尔店，东行，稍多曲折。九点廿七分合开义直来之路。三十五分达坂上之腰店子，候驴十分钟。三刻东下达坂，东三十五度南行，十点四十度南行。廿分三十度南行，十点半南南东又南三十五度东行，又东五十七分盐水沟官店。

候驴十八分钟，至十一点十五分方又行，南南东行。十一点五十分南东行，十二点两分折北北东行，入山谷中。自达坂至此，一路土冈起伏，连绵数十里。十五分东又南行，廿五分向东三十度南，四十九分统税局之卡子，有守卡子之汉、缠各一人。一点六分又行，南又南东，又东稍南行。一点廿分过处路北崖上有废屋一。一点廿七分南东行，两点十五分南三度东，廿分南十度东，三十分东南，四十分东南过炮台。五十五分南卅度东行，三点二分南行。廿分过水店售茶处，三点半入林舍之街市中。山中麦高无穗，而此地则已多收获之者。天气之差别可想而知矣。

四点过守备衙门，又绕城外，十八分过大桥下，桥已拆去，现正在修葺中。四点三十三分到寓。天颇热，饥渴疲倦，莫可名状，而下人又未在，五迈及驴又尚未来，然亦只有忍之而已。自夏玛尔店至此行约共三十八公里许。稍睡，六点后驴方到，盖其乏已甚矣。夜洗相片，十二点后方寝。

袁函允我归去

1929.7.4　四日

天阴，曾降雨数次。收到袁希渊先生六月十四、十六、廿二日之三函，允余归去，并命余运输黄、丁二君之采集品，汇来千两，除留给张君至九月底之薪费外，作路费。并云团事寂然，赫定因病赴美养疴，大夫同行。团友中秋节前后如能齐聚迪垣，则可分两队归去，一队由西伯利亚，一队由小草地乘驼运采集品。希渊拟取此路，达三亦有归迪，丁、黄在吐鲁番所存之采集品由彼负责。达三六月二日来函有云郝德云益占病甚（危）[①]，不知误否？狮醒五日自孚远三台来函云同白在该地采化石。袁函谓据邮件检查员函谓并未扣留月表账目，着余询之邮局。郝德忧郁近似神经病。今日食桃。

访问程县长

1929.7.5　五日

天晴。八杂期。午前曝相片廿余片。下午风大，访程浴尘县长，谈知团中托财政厅拨来千两，请余领取云云。谈片时归。发致丁仲良函，述运输采集品事。如黄已到喀什，则请其转达此意。夜写致袁希渊函，颇庸长。马五迈自动辞职回省，乃清结其工资，

----

① 益占病甚（危）：马叶谦在葱都尔气象站因精神抑郁，于1929年4月29日返家途中精神失常，自杀身亡。

另外并给之十两，以作路费。

1929.7.6　六日

天晴，河多浊流。整理照片及抄写记录，并结算六月份账目。下午游试验场，见内外满扎素彩，亭前并有俑像，想其靡费倍过于六月一日之奉安典礼。盖明日为杨增新被害之周年纪念日，此为布置之会场也。

参加杨增新周年追悼会

1929.7.7　七日

天晴，一早县署即派人来请赴试验场之悼杨会。十点去，徇程浴尘之请，摄三影（图12-22）。礼毕，吃抓饭，午外方散。到邮局，取得廿七日希渊先生发来之函，述由财政厅拨款事。并云黄仲良将由和阗大道归，请余候彼同行。丁在英吉沙一带。买统一纪念票五元归来。

1929.7.8　八日

晴，印数片。下午赴县署宴。同座为徐文炳、张仲威、王世奎、李福庭、杨某、钱某、尹某及程浴尘。九时方散席归来。

县署拨款

1929.7.9　九日

晴热。上午差人持信及收据去县政府领款。浴尘惧差人之不可靠，又请余去。乃取得千两省票归。程君曾任济南演武厅内之测量学校校长三数年，前后在山东省约十年，故对山东情形甚悉。

归来写一函致袁先生，述玉成祥不能拨款及县署拨来事。暇

图 12-22
杨增新周年追悼会

并收拾东西，准备迁居。阅伦敦《泰姆士周报》，内无中国消息，内只述英国选举揭晓事及阿富汗王阿孟乌拉在孟买事。阿云将赴意大利，牺牲其王位。

连日搬迁

1929.7.10　十日

天晴。上午收拾东西，并掘出安置仪器之木房。下午雇二大车，移居一部分至试验场，夜仍宿故居。

1929.7.11　十一日

一早车来，继昨日移运东西，来试验场雇人掘土坑以埋仪器架子。下午又把张移至。天热甚，小室内如蒸汽炉。黄昏自故居来，余骑一马、牵一马，闯二驴，甚感困难。驴遁，马不前，焦甚。驴遁一店内，余几为店马所踢。后驴又遁至邮局内，乃觅人驱来。夜十二时后方睡下。

1929.7.12　十二日

晴，八杂期。又由旧居移来一批东西。天热极。下午步出，经一田园，中满异花，不识其名为何。闻近来各地多生此花，异哉！作路线图数段。

1929.7.13　十三日

天多尘雾，阴。准前作路线图。午访程，以值其有堂讯事，候数小时不获。归来付清故房三、四、五、六四个月份之房金百六十两。

采集品少了一箱

1929.7.14　十四日

天多尘雾，数里外即不辨所以。上午派人雇车运输丁、黄所存之采集品等。下午全移到，计少一箱。据袁函丁存库五箱，而今只有彼之第四号、第五号、第六号、第七号四箱，是则所遗失者为丁之欤？询之车夫及用人，则皆去取时门锁如故，且同行数人又不能遗失一箱而不觉。归而询之故宅居人，亦无结果。失之钦？抑余事前数错及袁写错之钦？心焦虑万分，不知所从，自此又多一番烦恼，余不堪矣！

夜阅《新报》，三月份的，时值桂系发难之时，冯态度暧昧，据彼答吴稚晖书观之，其对宁局之不满，已可想见一般。并闻现已与宁方决裂，是则前闻陇海、平汉车之不通，良有以也。

听志源成商人谈库车商贸

1929.7.15　十五日　晨雨 0.5mm

天一早阴雨，滴沥了好多阵，终皆为时不长。午渐晴，日亦出。

午后发致丁仲良一电，转托喀什电局探投。与电局长钱谈多时，自大街归来。途中过志源成门口，因下马买烟卷、牙粉各一盒。据商人云：在昔俄乱之际，俄货绝市，于是京津所来之布匹销数占十分之九，英、印来之货销数占十分之一，故汉商有倍蓰之利焉。今则俄货占十之八，而京津货销十之二。至于日用杂货，则多系售诸汉人，缠回用之者鲜甚。是故年来汉商之休业者在有所闻。库车每年所出之皮毛，十之七来自沙雅，故沙雅汉商多有草湖及牲畜，以补营业之不及。

黄昏雷电交加，暴雨骤至，然为时亦不甚久，地面为之湿。九时归来，本日午后雨量约共四厘六。夜东方电光不绝。

作成月表

1929.7.16　十六日

天下午晴。上午写致袁先生一函，述采集品及移居事。贴起山蝶，封之木匣中。午后事余，赴朱寓闲叙，深夜归来，作成六月份月表。

暴雨骤至

1929.7.17 十七日

天晴，午见池中莲花已生出二朵，而浮生水面、其大如盘之荷叶，已半满小池，蛙子沉浮其中，坐观颇乐。二时后西北方之积浓云渐上，三十四分闻雷声数响。三点十分雨，电光亦时见。天乍成阴暗，霎时雨渐大，而雷电亦急迫，声其烈。三十四分至四十分，暴雨骤至，有如倾盆。后杂类大豆之雹。后雨渐小，四点十分后雨方止。计数分之暴雨，得 7.3mm 之雨量，至总数则为 8.6mm 云。雨后渐霁，晚步河干，游人满途，而眺望远山近景，不觉心神怡然。抄记录多半日。

1929.7.18 十八日

天晴，不甚热。抄记录。夜月明千里，辉光烛床，久不成寐。

1929.7.19 十九日

天晴。八杂期。下午三时后，积浓云渐上，雷声隆隆，自四点一刻至五点十分，不绝于东北方。近六时云渐少，落雨数滴。入夜，一轮明月又当头。

闻内地称兵政变

1929.7.20 廿日

天晴热。补记录数小时，并阅《曾文正家书》。下午傍晚之际，一人骑马去访瑞典女医。据彼云，瑞报五月中消息，冯自陕、豫两省调其军旅向蒋介石称兵，沿途之铁路、桥梁等皆为所毁，南京方面亦正在会议备战中云。七时归来，夜阅《曾氏家书》至十二时后。

读《行政院公报》

1929.7.21　　廿一日

天晴热，气温已至三十五度许。上午阅《曾氏家书》。晚借阅《行政院公报》，五月八日内载有任命陈调元率部接收济南、青岛等处并代理山东主席，方振武代理安徽主席事，鹿钟麟赴鲁劝阻孙良诚，并闻冯方与宁几见诸兵戎，即为此事。现冯方已退让，阎劝冯同彼下野，出洋。蒋介石将赴北平饯冯而留阎，此官方消息也。果如此，小民又转危为安矣！

新气象站

1929.7.22　　廿二日

天晴热。阅《曾氏家书》，及志洋文日记数页，并拟作七月份之月表，先填其格式之不足者。池中莲花又生出数朵，现已共有六七矣。在园中及门口摄三影（图12-23），不知裘之玻片适用否也？

志德文日记

1929.7.23　　廿三日

天晴，午热至卅六度许。程县长请客，余以忙故，婉言谢绝。午朱来闲叙，多时方去。除志数日之德文日记而外，仍继阅《曾氏家书》，对该时洪、杨之乱史及曾氏部下之概略，可以见出一斑。

1929.7.24　　廿四日

天晴热。志德文日记数日的，后阅《曾氏家书》。及午，程

图 12-23　和张广福在新
气象站的照片

浴尘来访，谈至二时后方去。托余代抄余之库车地图一份。政府曾命将各县划区，关系施行自治警政诸端，皆须有地图以资明了，方冀有所根据也。

观建新房

1929.7.25　廿五日

天晴，有白云，热如恒。补日记外阅《曾氏家书》。朱菊人明日请客，余亦在被邀之列。下午朱来，夕至邮局稍坐，归来。本日并曾缩山中路线为五十万分之一的于斯坦因的［地图］上。门外有新房正在建筑中。缠人先用大圆木支本于四围上下。墙以较小之木制成小格，绝类大鸟笼。小格之内再编以剖开之柳枝，如篱笆然。俟各壁皆编成，乃内外糊之以泥，而屋成矣。

生日

1929.7.26　廿六日

天阴云，旧历余之生日也，又值八杂之期。厨夫及听差的各赏二两，并制备较丰之食品以点缀之。午朱太太同饭后，去赴朱约。同席有将来之拜城县县长刘宗海及其随员郑某，张仲威等数人。

1929.7.27　廿七日

天有尘，多白云。上午去朱处择皮袄，归后作月表及志德文日记，忙了几点钟。夜洗相片。夕落雨数滴。

作库车县治图

1929.7.28　廿八日

天阴云。志数日之日记。为程浴尘作库车县治图。下午又抄月表之一部。晚见池水之将涸，惧莲之将死，乃命仆寻水渠至源渠，掘开塞物，使水流入。及夜而池满，心神为之怡然。

读《三国演义》

1929.7.29　廿九日

天阴，有尘，热平常。志日记，抄记录及阅《曾文正大事记》，终卷而辍。后又阅《三国演义》之序文。

1929.7.30　卅日

志记录之余，阅《三国演义》。天阴，夕落雨几滴。朱氏来，未几皆去。

1929.7.31　卅一日

天晴，看《三国》两册，晚骑马出，绕游一周而归。作月表及抄记录。

五 准备返程

袁函安排返程

1929.8.1　八月一日

上午作点月表，及开支听差之工资。收到袁希渊七月廿三自迪来函，云达三八月一日后方动身回迪，廿日前后可到。如黄仲良到此太迟，则不必候之，于八月初十前到即妥。外人那林将在此长期工作，余多去前内蒙所经行之路上去详细研究云。后看《三国演义》，莲花次第开。

《新报》载内地军阀混战事

1929.8.2　二日

天晴。八杂期。作月表一部，下午访程浴尘并送彼所托作库车县诸图。未几辞归。阅四月几日及五月中之一张《新报》。时值桂系方将倒台，而国、冯两方之裂痕已可见。胶东之刘珍年又胜了，由牟平攻出，并取得烟台等处。张宗昌遁，褚玉璞失踪（或在龙口），吴宗新逃往日本，唐生智军向平汉路移动。午有雷声。

1929.8.3　三日

天半阴，作月表，及阅《三国演义》。午后因游园人故，未工作及阅书。

1929.8.4　　四日

天晴热，作成月表及阅毕《三国演义》。下午无事，晚同去邮局，坐片时而归。

遣张入山收束气象台

1929.8.5　　五日

上午遣张入山，以收束该气象台。十一时彼方成行。天阴云。月表完了，抄写了些记录。夕重阅《呐喊》。

1929.8.6　　六日

天阴，多尘。例事之余，作小图二份。午后访朱。晚至夜，时落雨滴。

1929.8.7　　七日

天多尘，夕晴，土亦渐少。曝衣，午杨子元、郑衡如及拜城邹某来，悉彼等游宴于此。二时后朱、李等又先后来，竹战于两桌。夕食抓饭毕，渐皆散去。夜晴冷，早睡下。

1929.8.8　　八日

天晴明。午后稍有尘土和白云。例事之外，成小图一。后陈善卿来，胡扯多时，无聊之至！夕骑马行经回城西大街，而经邮局，值一汉妇拦门吵嚷，折来闻系类有疯病之悍妇，而菊人又不在，余人皆不与之较，入夜方去。夜露水颇大。

俄人民大林云考查团消息

1929.8.9　　九日

天晴，白云少，微有尘土。八杂期。十时绕行八杂一周，而至邮局，闻昨日事已解决。午后同去俄医生家。同坐有由迪来道胜银行之俄人民大林[①]，彼云迪化团中人皆平安，那林同三瑞典人日内到迪，袁先生月后由草地归平。狄德满现在南美。彼将取道喀什、印度而赴南美云。午后四点张等自山中归来。傍晚民大林等来访，黄昏方去。闻山中小麦方有熟者，有尚须十数日方能成熟者。

在朱菊人家宴饮

1929.8.10　　十日

天晴。午前例事之余，为志源成陈某摄影，以情不可却也。午后三点赴朱约，饮于其家，同席俄人民大林、医生及周在兹等。饭后已四时，摄二影（图12-24）。归来未几，又去送民大林，循其请，赠彼胶卷一。折至邮局，深夜未归。

1929.8.11　　十一日

天晴。上午睡而不着。王在山中捕数蝶，余贴起之，又结山中之账。下午睡片时，起来热甚。夜洗相片几片，可取者一二而已！

1929.8.12　　十二日

天阴云，风甚大。稍写记录。午后风仍大，房屋呼鸣作声，树株摇摇欲折。午落雨几滴。步出，欲买布，因风大故，商店皆闭门，不果而归。

---

① 民大林："林"字，又写作"临""门"，今统一为"林"。

图 12-24　在朱菊人家宴饮（左 4 刘衍淮，右 2 朱菊人）

朱菊人为我饯行

1929.8.13　十三日

天上午云多，风亦不小。朱菊人饯余于城西俄籍民之园中。瑞典女医而外无他人。上午近十时即去，饭后摄几影（图 12-25）。吃西瓜，今岁第一次也。午后同探尼、尼拉骑马出园，绕沙窝一周而归园。时云已极少，风尚大。吃抓饭后，夕阳将落，归来。夜静月明。瑞典文报赫定病痊回国一次即复来新。苏俄出兵满洲，冯玉祥已出洋。

丁、黄喀什来电

1929.8.14　十四日

天晴有云。上午印相片数张。午后访程县长不遇。至邮局

图 12-25　朱菊人为我饯行（左2朱菊人，左3刘衍淮）

与菊人算皮袄等账，所做黑羔皮袄仅合百十七两，白皮袄仅合四十六两一件。

夜收到丁、黄自喀什来电，云不久起程回省，九月中可到。丁存库四箱采集品雇驼运去。驴仍留库车，余详函。是以余之行期又将迟几日矣。中夜致函丁、黄。

《天山日报》载有中俄因哈尔滨交涉，中国境之中东路已停开火车。俄人之出兵满洲，盖将以恫吓我国人也。至此苏俄之联合弱小民族以抵抗帝国主义之理论似已变为急极的红色侵略的事实。《泰姆士周报》载有南京安葬时之摄影，极壮观瞻，送枢卫护之人，络绎两英里许。

1929.8.15　十五日

天无云而多尘土。午后阅《今古奇观》一卷。后写致袁先生函。刚开始而朱菊人之夫人等来，黄昏方去。夜写成该函。

陈宗器要来新考察

1929.8.16　十六日

天晴，八杂期。写数日之记录，阅《今古奇观》一册。午后访朱，值有客竹战，于是余亦被邀参加。闻程浴尘奉到省政府公文，云南京又派陈宗器来此（新省）考查[①]。《天山日报》载东省曾搜查哈尔滨俄使馆。盖中俄交涉之险恶，即以此而起也。

丁仲良来函说采集品运送事

1929.8.17　十七日

晴，有云和尘土。抄五月之三次记录。午后收到丁仲良九日由英吉沙来函，云黄仲良已到该地，不日去喀什。库车迤东之采集品由余运、迤西者由黄运省，余系抑郁冗杂词，悃忱可见！

1929.8.18　十八日

阴云，多尘土。抄五月三次记录之余，阅《今古奇观》两册，闷坐郁郁，心绪如麻，欲行不得，欲住不能，有如船搁浅滩，诚不能不令人有遗憾也！

1929.8.19　十九日

天阴多尘土，照例稍记俄字之外，终《今古奇观》一册，发致丁仲良胶卷一大盒，计九卷，转喀什。午周科长及一喀什电局长甘某来，坐谈多时而去。午后骑马访朱，看所剪洗之皮袄。入

---

①　陈宗器（1898—1960）：字步青。浙江新昌人。1929—1933年以中央研究院物理研究所助理员参加西北科学考查团，从事罗布泊一带测量工作。1933—1935年又参加铁道部绥新公路查勘队，再次前往新疆考察。

夜方归。

筹划归程

1929.8.20　廿日

天阴云多尘。写数日之记录。阅来库车时途中之日记，以计划此次归去之日期。预计得余同一仆骑行八日可至焉耆，再九日可至迪化。加以途中休息之日期，当不出廿日可抵迪化。下午将夕，朱菊人来，黄昏去。月虽既望，而以空中多布尘土之故，不极光辉。

报载学界反对特林克莱采集品外流事

1929.8.21　廿一日

天阴，多尘土，北风大作，力时逾五，致树枝呜呜招展。朱派人送来毡子一条，报桃之李也。午后三时许，风渐小渐小，而天空亦骤晴亮，远山清晰入目。绕道至邮局，得阅四月末旬之三份《新报》，内无重要事件之记述。新省《政府公报》二期中载有马叔平（大学院古物保管会北平分会主任委员）致此间之电，系为特林克莱采集品事。外部曾命新当局斟酌发还，以敦邦交，故引起该会之反响，并有保管会张继委员长致行政院之代电反对外部此举。夕至八杂买呢布四当子，费十二两。

1929.8.22　廿二日

天有尘土，大致不甚明晰。上午赴朱处寻裁缝作外套。午后归来。倦甚，坐椅上呼呼入梦。不久醒来，写记录三四日的。夕朱菊人夫人来，谈片时而去。

请程县长代雇返程大车

1929.8.23　　廿三日

天晴多尘土。八杂期。去为外套买大布一匹，九当子，费一两八钱。遇朱菊人等，同去买红花二两，费十九两二钱。买巴达杏仁半斤，费一两七钱五分。午同周在兹来，闲谈至二时后，又同骑马进城访程浴尘。值彼与缠人数辈筹划创设学校，以造就人才。坐谈颇久，出示阿克苏行政长转来之省政府公文，云据行政院急电，考查团团员陈宗器及瑞典人步林取道中东路来新考查[①]，着即通令各属妥为保护等因。

请程君代雇大车一辆，以备启程。彼当即传班役去觅车户乡约找车。后又同周骑至邮局，遇瑞典女医恩瓦尔，谈悉中俄交涉更形严重，俄人出兵甚多。美国拟居间调停，中方声称吾人即已签订开洛和平公约，当然极力遵守之，而俄方则谓彼非是，不受任何约束。

1929.8.24　　廿四日（星期六）

天晴而多尘。上午缝衣匠裁狐皮作领。车户乡约来，云已有车，官价二百七十两，明日装起，后日成行。未行思行，将行而心又怦怦作跳，此殆余之常态也。午收拾箱件，夜又收拾东西至十一点。

---

① 步林：即 Birgerb Bohlin（1898—1990），又译布林、柏利、鲍林等。瑞典古生物学家。1929—1933 年作为第二批团员参加西北科学考查团，在内蒙古和甘肃境内从事古生物考察。

与黄仲良往返电报

1929.8.25　廿五日

天多尘土，上午收拾东西。收到黄仲良自喀什来电，中多错字不甚清晰，大意彼即日来库。驴售而品雇驼运省。余即草电覆之。因库、阿电不通，因又草长函致彼。下午至邮局晚饭。

1929.8.26　廿六日

天阴尘。上午封皮袄及装箱子装车。下午又收拾箱子多时，去邮局闲叙。

第十三卷

从库车回迪化

（1929.8.27—1929.9.22）

一　从库车到焉耆

告别库车

1929.8.27　廿七日

上午画二三对表之纸，后又收拾东西，将车装完（图13-1）。及午，遣王乘车先行，后又诸事屏挡妥了，方上马与张及试验场气象台作别。至邮局稍息，又至城内外辞行，与程浴尘谈稍久，

图13-1　库车装车

又至电局，后至李守备处及统税局，皆未遇，留片而已。

饭后四时，乃又与库车作别，上马行，朱菊人夫妻也备车马远送，而瑞典女医恩瓦尔亦骑马来送，并赠咖啡作途中之用。四点三刻，至坎井、新八杂，渐近戈壁。朱夫人之妹及尼那作别归。恩瓦尔女士送至五点半后，方以余等之劝而作别归。六十余岁之老人相送如是之远，亦可感也。五点五十三分，至赛恩丝雨该特，有破房、流水及树株。天渐黑暗，而车铃丁东，引人入胜。马蹄击石，常见火星，而车夫役人又呕呀作歌，与菊人、探尼谈话，亦复不倦。时则骤马急奔，途中多经戈壁。向东北东，八时后，路旁渐有人居，而途中尘土充塞，马过处飞尘朵起，有如腾云。

近九时，至托和鼐，住官店。行约三十五公里。晨自库车来之马差已将店房打扫干净，故心尚安。晚饭后已中夜矣。余骑行带厨夫巴务特。

泣别朱菊人夫妇

1929.8.28　廿八日

晨廿分气压 669.4mm，是已低于库车矣。寝，朱少公子因途中受寒，夜咳甚，故多不能安寝。六点半醒，七时后起，倦甚，饮食无味。午同到八杂附近散步。天阴云，热度平常。归来已午，吃抓饭。

饭后欲睡而不能，后库车缠文邮件检查员尧尔巴失邀游其岳父凉州人某之园，凉州人商于此，现已成巨富，有园地数所。缠妻所生之子，现已卒业于库车高小。该园虽不甚大，而果树荫翳，结实累累，而桃及酸梅、葡萄等皆特大，而扁桃则又为库车所无。在该园房顶摄二影，下稍坐，食果品，三时后归店。不久而收拾东西，后与菊人、探尼依依不舍，相顾而泣，多时无语。别离之伤感，初见于北平，次见于此，此二次殆皆几不堪者。

五时遣车先行，而并坐之三人，则仍不时啜泣。回库车之轿车亦遣之先去。后勉拭涕泗，与菊人互相劝解，探尼则默然无语，泪珠盈盈而已。近六时稍进食品，六点十分各上马，同出店门，握手作别，一东二西，分道驰去。时心已碎，回顾则已无所见。然情虽如此，不得不强颜为欢，心痛时则骤马极奔，聊以驱去伤感。

不久入戈壁中。七时逾车先行。黑暗后马行渐缓。八时经土冈中，两旁有类废垒之景物，不久又至戈壁中。昨日此时是何情景，今日此时是何情景，每一念及，不禁怆然怅然。命运若幻，时光如逝，此时之马蹄尘土，徒觉其增人伤感。九点半渐见树株，仍向东，入土冈中，多生红柳。九点五十分过小桥，桥下溪流，通至大泮坝。十点，大泮坝店住。自托和鼐至此约有廿五公里。廿五分气压 677.0mm，其附带温度为 26.0℃。稍进凉茶，蒙衣睡下，不久枕为之湿，然又不久已忽忽入梦矣。

自大泮坝至二坝台

1929.8.29　　廿九日

早半点车到，却装而睡，念及往事，枕又为之一湿，多时方入梦。

晨六时半醒，七时后起，饭后勉到门外散步，村小而附近又多砂土及戈壁，北山颇远，顶积雪，满目荒凉，情不可禁，又急归。十时又寝，至十二时方醒起。下午一刻气压 678.1mm，附带之温度为 30.0℃。三点三十五分气压 675.9mm，附带温度为廿六度。天阴云，然日不全被遮，而又无风，故较热。

三点五十分发大泮坝。东行经沙窝而又大戈壁中，渐上坡，四点五十五分路南有一破炮台。五点半下坡，向东十度北行，时已望见二坝台。七点后入村中，街颇长，廿五分到店。住。自大浑坝至二坝台约有廿五公里。茶后九时许，蒙衣睡下，心神仍不时怅然。

夜宿轮台

1929.8.30　　卅日

九点卅分，二坝台（阿瓦特）气压 678.0mm，附带温度为 25.4℃。

晨三刻车到，整铺再睡，八时醒起。时天阴雨，而风力亦有四。细雨滴沥，至午方过。

饭后而下午廿五分动身，东十度北由近路沿电杆行，盖车路较远一廿里也。日照，云渐少，而天渐晴。过土冈中，地多生红柳。一点十三分向东，四十五分回顾，失仆人之所在，疑其遁，归而寻之。两点半，见其迤逦行沙中，知其马遁，乃寻而捉得之。又折来前行。三点五分过折回处，行颇快。十分过小胡桐林，廿分过一小浊流名丝雨兹克爱肯。北方山口，有林木一片。十五分北方有土堆，地为拉一苏。土堆为库车、轮台之界牌。

仍东，四点经拉一苏，地有三数小浊流，中生红柳，南有炮台以志分界处。盖拉一苏系由西北绕弯至此者。十分见熟地，有土屋、麦场。东廿度北行，五点，沿村东三十五度北行。十分，过渠入村中。东十五度北行，夹道多老柳，居民之土房环绕两旁。廿分，合由稍北来之大车路。东十度北行，经穷巴克村中。廿五分东北东，卅五分经草湖中，多红柳、野草。四十分东行。六点向东北过的那（dina）水。中流较宽大，深及马腹。东行。十三分向东南东。卅分东行，三十五分由草湖向南南东行。四十分东南东又南十度东行。五十五分南东行。七点十分南十度东。时天渐黑暗，而蚊虫又苦人马甚。余鼻忽又出血，急以纸塞之再行。四十分入街门南行折东，经轮台城中。

出城住东关店中，时七点三刻也。九点气压677.1mm，附带温度为23.3℃。茶饭后十时睡下。夜冷甚，房中蝇子满壁，每动则哄哄而起，颇惹人厌。到店后鼻又出血。前在二坝台及途中皆曾出焉。自二坝台至轮台直路约计有四十公里。

在轮台休整一日

1929.8.31　卅一日

天晴，微有云。四时许车到。时天已明，又睡至七时起。店中蝇之多已是畏人，因尽驱之而以帘布蒙门窗，然余居室中者尚不少，然其为患已不大矣。

图13-2　轮台的街道

上午写一函致袁，一函致朱菊人，一致张广福，报告行止。并寄朱指南针、鞋油、三角板等件。送之邮局，又去县署访陈县长某，稍谈而归。收到丁、黄十九日自喀什来之片函各一件。因至店，又作覆之之函各一。

早八时气压 677.5mm，附带温度为 21.7℃。下午两点半为 675.4mm 及 23.7℃云。夕至外间散步，倦惫甚，绕道归来（图 13-2）。九时 24.0℃ 及 676.5mm。睡下，车夫要求住此一日，余亦未之不许，故今日未克成行。程途迢遥，而行旅又缓缓，真烦人事也。

到洋霞镇

1929.9.1　九月一日

天多云而日照。晨七时气压 678.0mm 及 23.6℃。饭后收拾东西。九点半，轮台县长陈本枸来访，陈湖北人，来新已廿余年矣。据闻洋霞有通山中之小路，合库车通伊犁之路，通伊犁。

十一点三刻发轮台，近日两马均带微伤，故行较缓，途中又敷药数次。向东北行草湖村舍之中。下午十七分过河寿桥，系成于王汝翼任中，字为阎毓善题，一面为"汉苇桥故迹"语（图 13-3）。廿分出村，行平滩中，渐入碱地。三十四分过小流，水清，来自西北方。四十五分东三十度北行。一点五分向东，廿分东十五度北，三十五分东三十五度北，四十分向北东，策马行略快。两点廿分北卅五度东行，碱地潮湿。廿五分东北东，卅分过小河。三刻东卅五度北，五十五分过小流。

三点三十分入红柳林。日时为云遮，不甚热，而以乏风故，蝇虫绕人马乱啮，颇苦之。野兔、百灵，时见于红柳中及路旁。四点十分向东北东，三十分向北东，五十分入村落之境，地名巴

尔哥。红柳仍多。五十五分向北三十度东，五点十三分东三十五
度北行。十五分四十度北行。五点半东又东四分之一的南东又东
东北东，过大桥入洋霞镇街市中。本日适为此地八杂之期，日虽
已夕，人尚未尽散。四十三分到店中，仍住前来库车时所住之店。

七点气压 673.6mm 及 26.6℃云。饭后睡下。自轮台至洋霞镇
约计有三十六公里。

住野云沟张什长家

1929.9.2　二日

早半点有来店之车，将余从梦中乱醒，细听之，非吾之车。
及五时天明，车方到，又睡下。七时起，气压为 674.2mm，附带
温度为 22.0℃。沐浴毕，早饭，饭后为马敷少许之药物。天际仍
多白云，而日照不强。

十一点一刻发洋霞镇，东四十度北行。廿分南东又东十度南
行。廿六分东北东过砂河。廿八分东行，四十分经行红柳野中，

向东十度北行。下午六分过桥。一刻入村东行，廿分出村，由红柳野向东十度北行。一点向东十五度北，一刻入胡桐林，地多生芦苇。廿五分过干河，向东行。林中复多红柳。两点半东北东行。四十分出林，经行生红柳之沃野中。五十分向东十五度北。三点东南东，五分过沙河南东入村中。十分东行。廿五分过小河。三点半策底街市。下马买食一瓜，三刻又动身东北东行。五十分过小河，五十五分又过小河，东行。

四点十分北东过砂河，一刻东三十度北行。路旁多生红柳。四点半入沙窝中，马蹄为陷。东行出沙窝，行红柳林中，地上芦苇亦多，渐多胡桐。四十分入胡桐林，向东北东。五十分东行，五十五分东十度北行。五点一刻过干河，廿二分过小干沟，东行。廿五分东三十度北行。卅分出胡桐林，沿其北向东行。卅五分林绝，地生小刺科及间有红柳。四十三分又入胡桐林中。五十分胡桐林尽，有田舍，北则红柳茂密。六点入村中，仍多胡桐及红柳。十五分过沙河。地多沙土，飞尘满空。廿分到野云沟街上。

寄马店中，访邮局差目张什长长鑫，张兼办轮台统税，住此已廿余年。并开田园，现已有可观。循其请，住其家。房新建，亦颇宽敞，较店中好得多，彼亦甚优待。夜九时气压675.0mm，附带温度为28.0℃。自洋霞至此约共有四十五公里。自策底至此约有十七公里许。

遇英人满恩

1929.9.3 三日

天阴云，而日照，无风。写致朱之函一。午欲行，张坚留午饭，乃至下午二时方饭罢。

闻有外国人过，逐而之村边，则满恩是也，呼而就与之语，知其住迪两月，今回喀什，彼离省已十数日，惟尚未闻有中俄战讯，西伯利亚之铁路尚不通。俄国除迪化、塔城及尚有一处之领事外，他之在中国者皆撤退。考察团中人平常，袁在博古达山，一瑞典人病几没，现已稍愈归国。喀什英领之秘书朱孝堂拟取俄道回平，以不通故，现尚未克成行，稍谈时已三时许。余以动身故，急别满恩，归至张家。

稍茶。三点廿五分气压674.0mm，附带温度28.0℃。三点半发野云沟。是村缠名爱失米，有户八十余家。东行，四十分出村，北为戈壁，数里外即天山，南则红柳、胡桐，在在皆是。四点廿分东行，地亦生芦苇。五点下马食瓜，至五点廿分，方又东十五度南行。廿七分入胡桐林，过小干河。五点半出林行芦地中，东十度南行。五十分，过处路旁有破房一，杳无居人。移马肚带，致误五分钟。东南行过干河。此地已又是在胡桐林中矣。

六点，东南东行，五分东行，红柳亦多，此带蚊子极多，人马为之极不安。三刻忆起拂尘，视之而杳，丢之途中矣。此时本行甚快，乃不得已缓行，而用人巴务特归而寻之，半点折来，无所得。天已黑暗，乃前行，七点十分向出胡桐林向东十五度南行，三十分东又东十五度南行，三刻入胡桐林东行，八点出林东南东行，十分经沙窝，红柳亦多。三十分东行，又入沙窝。后渐入村中。四十分察尔起官店住。

察尔起，官书作库尔楚云。自野云沟至察尔起共约有三十三公里。九时26.3℃及677.6mm。茶点后睡下。

由察尔起到大墩子

1929.9.4　　四日

天晴热，有白云，尚微有尘土。七时气压677.0mm及25.5℃，下午半点气压 677.8mm 及 27.1℃。

发察尔起。东十五度南行，四十分北为戈壁连山，南则多红柳、胡桐。一点十五分东行，四十分东南东行，经行红柳及胡桐林丛中。两点出林，路旁多土冈及红柳，东十度南行，两点廿三分腰店子洋达克，有住户一家。过此行较慢，东又东十五度南行，地多生芦苇及红柳。卅五分经胡桐、红柳之林。路旁土冈仍多，三刻林木已尽，途出土窝中。东十度南行。

三点微风时起，飞尘满空，附近之景物亦渐入于虚无缥缈中。五分东十五度南行土坡上，平滩一望，野科了了，除东倒西歪之电杆一行之外，近路无所见也。三点半行土戈壁中。四十分石戈壁，沙土渐少，时已是下坡路。四点十五分东南东行。三十分过破房，下马休息十分钟，又东十度南行。五点五分东廿五度南行，卅分东十度南行，五十分东行渐快。时渐已望见大墩子之树株。六点半行沙土中。五十五分入村中，过土墩一，七点到店住。

大墩子缠名替木，自察尔起至此约共有三十八公里许，察尔起至阳达克仅有十二公里许，而车夫则共呼之为百廿里云。夜八点廿分气压 680.4mm，附带温度为 28.1℃。今日以余束马肚带过紧之故，马腹出疙瘩数。

经铁门关到哈曼沟

1929.9.5　五日

天阴云，晨五时车到。天降雨滴数次，后渐晴。

十一点半发大墩子，沿渠树之北向东行，途南村树、田亩不断。下午五分东南东行，三十五分东行，一点五分过处，路北有一土墩子。一点一刻上户地，路北有腰店子、铁匠铺。距北山近甚。两点十分，东十五度南行。廿五分东南东，时距北山不过半里许。四十分东三十五度南，四十八分南南东，五十五分南东行，三点一刻东南东，廿分东行，南之林木极茂密。上坡上，北山已矮甚，稍远。廿二分有歧路，南行通库尔勒。自大墩子至库尔勒、树株田亩不断。卅分东北东行，三刻北四十度东，五十分上小岭上行，东北行。五十七分，北北东行乱山上。四点廿分下山坡，路多碎石。四点半合大车之路。三十五分，下坡至水边。在山坡上行时，已望见东方之水流、草木、房舍。溯流之南岸西行，夹岸树木茂密，亦生野草，流宽约廿五公尺。三十七分铁门关税卡，关门已被拆去。

下午于夕阳将落际摄一影。四十八分，北三十度西行。五十二分北行，水东岸有树株、房舍。水黑而浪花白，涛大声巨，声闻数里。五点北西行，又向北东行，四分东北东，又北东行，又北北东行。五点十五分东行，路下有二芦室，为住户之家。又东南行，未几又南。山势稍展，此岸有田亩。廿分南东行，又东南东行，二十五分东南东又东行。五点半东十五度北而东北东而又北行，三十五分北北东，五点四十分过官店。附近多树株、田亩及野草。三刻东二十五度北行。五十分东三十度北行，树木渐少。五十七分到一店。因无草料，又折回至官店住。官店除店家之住宅外，余皆倒废，不堪居人。无奈住店家室，既热且乱，夜睡不安。

七点一刻，气压 673.5mm，附带温度为 28.8℃。地名哈曼沟，缠人俗呼为巴杀革。自大墩子至此共约有三十四公里半。夜阴，曾见西方有电光一明。店距水近，涛声不绝入耳。水源自焉耆附近巴格拉失库尔（即南海子），经此流过库尔勒，再合塔里木而归罗布淖尔。附近住户只三家云。

夜宿四十里城子来时店家

天晴热，微有云及飞尘。晨七时 23.6℃、674.5mm。八时后车方到，盖车户惧山谷之路，夜中不行，故在库尔勒之北饲马至天明，方又动身来此云。午摄一影。后至河畔沐浴，天气虽热，然身湿水后凉风一吹，毛骨为之悚然。河畔多柳树，及有刺之植物及野草，故蚊虻之虫亦多。归后饭。两点三刻，27.6℃及 671.2mm。

三点发哈曼沟，东北东，一刻过私店。廿五分东十度北，路多黑土。闻附近有煤矿，半月前掘落石块，曾将二工人压毙。沿河行，水流颇缓。河那岸有胡桐散生附近，树外为土岭。再过土岭，即为较高之枯鲁克他喝山脉，这岸多红柳。三点半东行，土黑，附近有小路通蒙古人之居处。五十分，河这岸也有胡桐树，南之山向东南，近路之山已远。

四点五分，行戈壁中，时离水已远。四点一刻向东北东，路旁有土岭。四点廿分北东又东北东行。廿八分北三十五度东行。四十分北十五度东行戈壁中。四十八分北三十度东行，东方草滩无际。五点下坡，多砂土。极东为巴格拉失海子之所在。五点五分东卅五度北行。廿五分过紫泥泉，缠名绍尔楚克。附近多红柳、芦苇，北北东，行碱地之野中。自此至四十里城子，一路皆此。紫泥泉住户两家，有腰店子以憩行人。自哈曼沟至此约有十六公里。

五点半，过处之北北西方为千佛洞之所在，北东行，三刻东北东行，五十分北东行。六点五分，路旁多沙土冈，上生红柳，东三十五度北行，小蚊虫极多，十分东北东行。六点半北东行，见秋雁数只，飞列成列，"啊啊"鸣过。未几，过处电杆上落一鸟，见人来，哇然一鸣，如犬吠然，飞去。四十分路旁多黄草，殆为苃苃，时已近黑暗。六点五十五分，入街门。七点，四十里城子，去库车时住之店住。

自紫泥泉至此约有十一公里。如此自哈曼沟至四十里城子共有二十七公里，而车户则谓为七十里。夜九时，25.3℃及671.0mm。四十里城子缠名当兹。

渡开都河到焉耆

天晴。早三时许车到，起而再睡。七时起。气压671.5mm及22.0℃。

八点五十五分，起身离四十里城子北东行，九点五分北三十度东行，沿途苃苃草茂甚，红柳等植物亦多。附近常见有树株、人家及田亩。九点半整鞍，误十余分钟。三刻过一小村之东，途中仍常有田亩、人家。北北东行，十点一刻北东行。廿五分北北东行，四十分沿村北东行，四十七分入村，五十分东三十度北行。五十五分抚惠西街北东行。十一点五分出西街，又东入抚惠东街。抚惠庄住回户四百余家，缠人则为回回之雇工。十五分过蒙古包数，沿河行，地临开都河及巴格拉失海子，水草茂盛，故蒙人之游牧于此带者颇多。

廿五分东三十五度南行，望见河中沙滩上落白鸥甚多，水清流缓，以近来水势低落之故，渡船已移至下流。程途较去年去时远二三里云。十一点三十五分到渡口，河内有来往之船只三数，撑之者仍为蒙人。南岸有卖茶饭及果品之小摊两三家，结庐相连，来往之人马车辆亦不少。因摄二影。河岸有抚惠之回绅民数辈，询系因日前河水大涨，民田被淹。今日县中人来验，故彼等恭候于此云。十二点，气压 670.0mm，附带温度 32.3℃。

下午八分渡河，时车尚未到。隔河尘土漫起，数骑飞至。据云县长之代表至矣。一刻到北岸，北东又西北西行，四十分西十度北。三刻进南关延福门，又五分到店，店前为焉耆道署，现行政长公署已移城中。店房较为清净，故取之也。三点后车到。夕买车进城访汪行政长，坐谈颇久，并遇新任县长韩君。后访韩，值彼尚未归，走访马参将不获。归途至邮局，又值陶局长外出。取得朱菊人之二函及寄来之藏枣皮子。函中附有恩瓦尔女医之函，颇冗长，夜作一函答之。本日自四十里城子至焉耆行约共十九公里许。附近辖境蒙民甚多，故此市此种人之足迹不绝。午后二时气压 668.0mm、温度 28.0℃。晚九时 25.0℃、668.1mm。今日天微有云和尘土。九时后睡。

逗留焉耆

1929.9.8　八日

天阴，风，晨七时。上午誊写账目。午焉耆县长韩痴僧埫来回拜，坐谈多时去。午后写致朱菊人一函。夕天更暗而风愈大，树枝"呼呼"作响，尘土翻飞。五时后出步，街市萧条。至邮局，值陶又外出，收到丁仲良廿五日（八月）自喀什发来之函，心情抑郁，袁劝其继续工作，彼决意归去，电省半月余无复。归来闷坐。心灰意懒，九时后匆匆睡下。下午二点半 24.3℃、666.9mm。夜九时 22.8℃、670.0mm。夜落雨数滴。

雇车运送采集品

1929.9.9　九日

天晴，微有积雪，北山峰白，盖昨夜已落雪矣。晨七时

21.0℃、670.0mm。饭后覆丁仲良一书。近十时，访汪季华，坐谈运黄、丁采集品事。后同乘其车至店中看丁所存之采集品等物。又至财神庙看黄仲良所存之廿二箱采集品。庙内设有女子学校。后同到余店，决议添雇两车装运此次箱件。闻此时骆驼尚未出场，不易雇得。故于此谋车。然此地车辆，亦甚感缺乏云。未几汪去。

闻此间□有路通伊犁，六日马行可至玉尔都斯，再六日可至伊犁。北山并有路通迪化，马行亦非六日不能达。阿呼布拉克后之苏巴什有路通一拉湖，仅四十余里再二百里许至田光地，田光地过山后即为芨芨槽附近之海子。自田光地至迪化亦有二百里许。

适有由省来之二车，运货至库尔勒。道署中人即强之邮货于此，以应余需。下午车户同此地之车户乡约（此地呼为"阑头"）来，同余议定车价每辆百七十五两，较平常之价稍昂，亦不得已之事也。夜觉喉疼，而口中亦稍烂，心甚忧郁。汪行政长定明日宴新任阿瓦特县佐杨某及余。下午曾骑马南行，沿河而西，山清水秀，风景颇佳。岸有小堤。归途经芨芨草中，蚊祸甚剧。

在焉耆装箱

1929.9.10　十日

晨喉疼仍不觉愈，惟亦不剧。天晴，微有风云。

饭后写致黄仲良一书，又附写致朱菊人几语。黄函加之朱函内，乃步至邮局付邮此函。与陶稍谈归来。十一时后，又看新车至财神庙装箱子，黄品计廿有二箱（图13-4）。及午，以催客者至之故，乃归店，乘马去行政长公署。时客到已将齐，被邀竹战，

图 13-4 在焉耆装箱

辞不获，致负百余两，实属无味。夕入坐，同席为杨某及韩县长、焉耆监收余某、韩之兄及二三师爷。矩亭行政长以老病未瘥之故，不能出而陪客，其四公子季华代为招待。入夜方宴毕，归来已近八时矣。晚八点一刻 22.6℃ 及 670.9mm 之气压。

二 由焉耆到迪化

由焉耆出发到清水河子

1929.9.11 十一日

天晴，微有云。晨饭后收拾东西，而韩痴僧又招饮，催客者频频而来。及东西收拾得稍有头绪，而诸事又安置妥当，方乘马去县署。途中又代黄赏财神庙看守采集品之人廿两。车辆则于装毕即由店先行，余则俟宴毕自县署直发。晨七时19.6℃、672.0mm。约十点左右至。时主客已多在座，又竹战，仍败北。午后二时许入座。三时三刻方毕，乃急辞主人动身出署。先曾接到袁之一函，因遗之县署，乃又遣仆寻之。

出东门（日升），时已四点矣。北北东行，一刻东北东。树株、田野不绝，而红柳、芨芨之荒地亦不少。五点十八分北行。路旁多红柳、芨芨草等植物。五点三刻到六十户，有客店，车以早发故，饲马于此。并询余住此否，余答以否。附近之芨芨草高有丈余，粗者如小指，坚可作箸，清季尚以此地是物为贡品。六点气压669.3mm及温度25.0℃。

十分，发六十户，廿分出村树境，开始行红柳草野中。卅分过小沙窝一段，天渐入夜，而少半圆之月已显露其光辉。四十分北三十度东行，五十五分平滩中行。临水，水鸟鸣声，时时入耳。七点北四十度西行绕水，又北北西又北行。七点五分过水东行，水深及马腹，如绕水或较易行，然夜中不易辨路，故不轻易舍近而谋远也。廿分过宽水，行平地上，然离水不远，故鸟声、水光仍可入耳目。月时为薄云所遮，因而稍暗。指南针已不可辨，所凭者惟极星而已。廿五分东北东又东，七点半又见水，乃折北北东绕过之东行，三十五分东北东行。八点五分，地稍有草，东行。廿分多茇茇，三十分东北东。九点十分，东北东，有一小桥。廿五分，北东又东北东，仍多茇茇草。

九点三刻，到清水河街上，住去年所住之店。茶点，十时21.5℃、668.6mm。本夜之行，余衣外套，尤觉寒气迫人。秋意真深矣。自焉耆至六十户约有十三公里，六十户至清水河有二十二公里，是行共有三十五公里云。清水河子缠名太必尔阿。

从清水河到乌什塔拉

1929.9.12　　十二日

早三时车到，多时不能入梦，黎明方又睡着。七时醒，18.0℃、670.0mm之气压。起。清水河地临北山，山高，今已有微雪积其上，附近一望平野，茇茇、红柳遍地皆是。十时后，摄街市之一影。后午睡，十二时醒来，乃收拾东西，预备启程。一时后稍进西瓜及馕。

两点气压21.2℃、668.1mm。发清水河，东行过小河，水中小鱼颇多。过二老杨，即入茇茇草丛中。地多沙土，马行较缓。渐行，路旁渐多胡桐树。三刻出林，五十五分又入林。三点东北东出林，树株散生附近，多茇茇草，后路旁多榆树。三点一刻，榆林中有住户，多种瓜者。遇修理电杆者。廿五分塔哈齐有小街，道旁有数户人家。清水河至此有七公里许。三点四十分，榆林如前。三点五十至五十七分东十度北行，北面草少，四点出树林，行戈壁上，上生少许之红柳及刺植物，及少许之树。廿分东行，四十二分入榆林，五十分出林，入戈壁。

五点五分，行曲惠村中。三十分路北有废垒。过此又有一街，街有小腰店子一两家。自塔哈齐至此约有十三公里。四十二分出田亩之境，东十五度南行，戈壁上微生草木。五十分东十度南。六点五分入石戈壁中。三十五分东十度南。七点十分过二土堆。廿分东南东，四十分东行过砂河，东南东又东十五度南行。路旁有树草。八点过废垒。渐入街中东行，十分到官店住。

自曲惠至乌什塔拉约有十六公里。自清水河至乌什塔［拉］共约有三十六公里云。九点 21.0℃、662.7mm。茶后睡下。今日天微有云，尘土漫空，故颇不清明。

夜宿新井子腰店

1929.9.13　　十三日

天多云而有风，树叶萧萧作声。以前途乏草料故，多须在此购带。此地之桃亦颇佳。七点半气压 663.8mm，附带温度为 19.0℃。摄街市之影一，归又睡。

午后一点三刻 21.1℃、664.2mm。五十分发乌什塔拉。东行，五十五分入戈壁中。一路渐行渐高，南方树株相连成一线。天暗阴，东风迫人亦紧。十分路北一小屋。北山濯濯，距路有三四里。三点一刻风更大，落雨滴片时，微寒侵入，然差能耐，故不介意。三点三十三分过一小黑丘之北麓，过此南北两方皆有山矣。南山矮小，距路可三里。北山高大，距可二里。两山之下，皆有树株几棵，东十五度北行，三刻东十度北行。四点东行，过此稍下坡。25.0℃、650.5mm。一刻后南北之山皆渐离路远。南之一山红色，下有树几株。

五点四十分到新井子，腰店一家，其荒凉与去年来时无异。住。时天已黑暗，风又大作。北东有树株一行。自乌什塔拉至此约有二十五公里。夜中过此之车十余辆，皆未住此。闻内有新任喀什邮局局长黎某之车二云。夜睡甚坏。七点四十分21.7℃、653.1mm。

大风中行至库密什

1929.9.14　十四日

一早醒数次，一时后落雨滴数次。而风声萧条，尤能令人入梦。四时车到二，闻他二因未买得料故，今日方能发乌什塔镇。晨七时醒起，风云如故。19.8℃、655.3mm。

九点五十分发，东行，时北风既大，而天仍阴甚。余虽衣氅，尤觉寒气袭人。十点四十分过破房。北山近高，南者远小，下生树几株。十一点又过破房。廿五分，北山约一里，南山可三里，三十五分东十度北，北山下多树，南山愈远。下午一刻东五度南行，北山前有红土丘。过此为下坡路。半点东行。北临红丘，又东十五度北，三十五分路北渐有树几株，南仅二。三刻行土丘中，误十分，又一点一刻行山谷中，下坡，路多细砂、野草、榆树，不绝于途。一点三十七分榆树沟官店，27.2℃、646.1mm。自新井子至此，约有二十四公里许。东行，五十分多树，北东又东，多曲折。山较前者大，而石纪亦较老。两点东有沟，北行三分北西行，三十五分东北又东廿度北，四十分出山口。傍南山东行，戈壁一望，远山峰为云锁，而有新降之雪。五十五分东五度南行，时北风已变为西风，三点半破房基之北有无屋顶之小屋一，即去年与华寻水处。黑戈壁尽于此。黑红石而多黄土之戈壁始。东行，四点东十度南。十分东行，尘土为大风吹起，笼罩一切景物，后愈甚，廿步后不辨所以。幸顺风行，不然则艰甚矣。十分过干河，三十五分土堆上生红柳，东十度南四十分后风较小，而土亦多远去。三刻东行，土堆上生红柳，然皆在路南。

六点，库密什店住。此地二车店，其一无人。虽有住户几家，而此地却草桂料珠，价之昂为闻所未闻。七点三十五分21.0℃、686.5mm。天寒，早睡下。自榆树沟至此约有三十一公里。新井子至库密什共有五十五公里云。天阴终日，时觉有雨滴降下。高山已皆雪降下矣。榆树沟缠名喀拉克斯尔。

在库密什逗留一日

1929.9.15　　十五日

天晴，夜曾雨。晨八点后起，候车久不至。九点17.2℃、687.2mm。又多时，方见车到，询悉车夫曾在榆树沟饲马，故到此

图 13-5　库密什晴日积云

甚迟。车夫以马乏为词，要求住此一日以小息之。以不可强，故
许之，惟约其明日早行而已。余亦以候车之故，时已迟，不欲夜
中到次站，亦留此。

午摄影一（图13-5），后一人由泉下发北土山，石多含云母，
反射日光，映人目。小庙一椽，内供关帝纸位。归。下午二时
18.9℃、685.0mm。后入浴，微寒侵人。后又绕市步行一周，南有
瓜田。买食西瓜、甜瓜各一，不甚美。时光匆匆过去，天渐黑暗。
夜七时19.6℃、686.0mm。早睡下。

住到阿呼布拉克

1929.9.16　　十六日

早六时半起，收拾东西。七点廿分，气压687.9mm、温度
16.7℃。

八点五十分发库密什。东行，五十五分东十度北，九点距南
山可二里，北山倍之。向东北东。九点廿五分东十五度北。四十
分东北东。十点过一沟，十点四十三分又过一，皆为山水涨发时
冲刷之所致，时距北山有数里，南山甚远矣。十一点五分乱山渐
近，下土丘，过砂河。上岸东四十度北行，一刻北东行乱山中，
廿五分北三十度东行。三十分北东，十二点北十度东行山谷中。
五分北北东行，又北东又东又北东又北北东绕行。一刻东十度
北，上坡，乱山参差，濯濯鲜草木。廿分曲折向北东行。取小路
过数小岭，四十分北北东，合大路，又五分北东行。五十分有废
腰店子一，知为桑树园废驿（yüzmi站）。自此北行，五十五分东
北东，一点北北东又北行。两分又过废店之基，店前有水井，水
碱，附近山中尚有甘泉。此地附近有路通婼羌，十分东三十五度
北行，一刻北又北三十五度东行，乱山已小。廿五分东卅五度北

三十五分北北东曲折行。三刻东北东，五十五分北三十度东，两点东三十度北，五分北三十五度东。

七分至十五分，一小岭之顶。自库密什至此皆为上坡，此而后皆为下坡。26.3℃、621.5mm。天气晴明，不甚热。十五分下坡东行，二十分北三十度东，又东行，廿五分北又北三十度东。三十五分入大谷中，北十度东行，四十三分北十度西。五十五分北十五度东。三点半北东行。四十分北北西又北西，四十五分北行，山回路转，时疑不通。五十分北西，五十五分北北西。四点西行，五分北有破店，南一废屋。北又北东行，十分北行，又向西北，十五分北又北东。四点十六分到阿呼布拉克，住小店中。大小店三，龙神祠一。山谷风光，一如去年。自库密什至桑树园约有廿九公里，再有七公里，到小岭顶，下坡路至阿呼布拉克尚有十五公里。是今日共行五十一公里之遥云。晚七时19.0℃、655.9mm。

托克逊中秋赏月

1929.9.17　十七日

天晴，微有白云。晨饭后摄一影（图13-6）。后又登小岭，循电杆而下。崖石突峻，颇不易行。合大路，由山口经泉畔折归店。

七点16.2℃、654.7mm。十一点廿分发，顺山谷北行。一路下坡，危石重叠，行人有戒心。廿五分北十度西，三十七分过一店，店旁泉出自石崖中，滴沥而下，附近尚有一废店之址。五十分北北东行，五十五分西，十二点北行，下午七分西北西行，十四分北十五度东。廿分北北西，廿五分北行，卅分东行，卅五分东三十度北，山势稍展。四十分北十度东。三刻北行。两旁山稍小，距路亦稍远。一点五分北北西，廿分南山有土沙，北北东行，山

图 13-6　阿呼布拉克山谷风光，一如去年

高大，迫路又紧。一刻北行，山背不断有土沙。廿分东行，廿五分北西又北北西，山高大近路，其势险阻，令人曲折行其中，心闷闷。又北东行。卅分北行。四十五分北东，五十分车马休息处，有泉水，自下而来之车马多憩于此。北十度西行，左旁山背沙土泉水溢流，满路皆水。五十五分，背山之沙土上有胡桐生焉。此后水顺车辙流，成天然并行之二河道，直至苏巴什附近方消没于砂中。

两点，北三十度东，五分东，十分北三十五度东，十五分小山之顶有破房。北行，廿分又过破房东十五度北行。山多土。廿五分北三十度东。蚊蝇厌人甚。卅分北北东经破房，地有微草及少许之红柳。三刻北行，山小多土，五十五分土崖中行，泉流至此绝。三点北十度西，五分苏巴什店。附近产大蝎虎，有粗如拳、长尺许者。余闻之已多次，今日役人巴务特又亲见一大者。气压729.7mm，附带温度32.0℃。阿呼布拉克至憩马之泉可十六公里，再八公里至苏巴什。无树株，只此荒店一家，中又多题有鬼之句。去年华志病此甚。北十度西行十分上坡顶稍停，北行戈壁中，傍东山，稍觉热，阔别经年之博古达三峰，又入望中矣。北之山野、村落、道路、电杆，无不在一览中。天山高峰皆有积雪。三点廿分北北东行。五点合车路，坎井一列，五点半过坎井之积水潭。有户家二三，去岁与华曾休息于此。过此多沙土，地生刺土，多小蝎虎出没于其中。六点十分到村舍之境中，北东又北行又北东。六点廿分到店。

自苏巴什至此托克逊约有廿二公里之遥。自阿呼布拉克至此共约有四十六公里。本日为中秋节，未几一轮明月当头，汉商家多燃鞭炮以庆祝之。饭后坐庭中赏月多时，怅然忘情。后觉微寒，归就寝。八点廿分25.7℃、760.7mm之气压，已微低于海平面矣。十四年此节在北平与友人共饮，十五年此节侍老父之侧，十六年在内蒙沙漠途中，十七年在库车初作喀拉古尔之行，今年又在托克逊客店中。明年何处，又不得而知矣！

1929.9.18　十八日

天晴明，近八时车到。七点19.6℃、761.9mm。今日缓此一日，盖在预计中也。写致袁希渊先生一函，当时发出。午后近三时出步，绕城一周，入城中。城中除分县二署及守备衙门而外，余为田园、树株，衙署皆杳类无人。城只一两门，出城归来。此地户家虽多，而柴谷、蔬菜，价值皆昂贵甚，有贵于库车二三倍者。夜坐庭中赏月，天仍微有尘云。近九时觉微寒，归就寝。

逆风又到小草湖

1929.9.19   十九日

天多白云，而热仍不减。晨七时 20.0℃、759.1mm。

九点四十五分发托克逊，出街过桥。桥下有河流西北行，十点五分又西北西行。十分又北西行，一路多坎井。盖附近户家多养给于此。村树连绵不断，十一点十分出村舍之境，入不毛之石戈壁中。廿分向北，附近有歧路向北西通山中之村，皆能通车，北方可望见山口，且路稍大，故不致误出也。下午廿五分北北西行，一点四十五分北十度西。

两点十分腰店子，地名大坎子，缠名托克苏的克。自托克逊至此行约有二十八公里。下马入店，缠妇为煮开水一壶，店前有大坎井一，后有风神庙一，外则戈壁一片而已。水来自四五十里之河中，行旅无宿此者。三点五分又发大坎子，今日以黑马背坏故，役人同车行，余单骑先发也（图 13-7）。北风渐起，两点十分 725.5mm 及 32.0℃。三点五分仍北十度西行。五十分北，自托克逊至此一路上坡。四点五分下坡，风力有六，逆风行颇艰，故

图 13-7 从库车焉耆押运前来的四辆大车

缓甚。四点廿五分，循山坡北三十度西行。四十分仍离坡北十度西行少砂之戈壁中，此带类有石器。五点五分北北西行，三十五分北，四十七分到小草湖店。住。

长途骑行之后，又须自行收拾东西及饲马，亦可谓苦！夜八点 25.8℃、705.8mm，风力加大而仍不息。九点后闻叩门声，醒知为役人巴务特来，悉在托借得平户之鞍，故又骑马至此也。一夜风声不绝，天亦多云。自大坎子至此约有十四公里，托克逊到此共约有四十二公里云。小草湖缠名爬齐萨阿尔。

夜抵达坂城

1929.9.20　　廿日

早四时后车到，风声仍厉。至日出不能寐。七时左右方又入梦片时，醒起。早八时 23.0℃、707.6mm。饭后云满天，仍未息风。十一点五十分发小草湖，西北西又北北东，十二点北行，风甚猛。下午廿分北十五度西。三十分北西，五十四分下坡，一点三分北十度西。一点半行水中，溯流而上，河中多水草、柳树。四十分北北西，（两点）十五分上岸，乃由小路沿河行，两点廿分北西。三十分北卅度西。五十分西三十度北。五十五分北行，三点西三十度北，三点五十分河中有户家一，田树风光颇有可观。气压 686.6mm（岸上）。北西行，四点十五分合车路，廿五分过后沟店。小草湖至此约有廿四公里。

四点三十分北行，四十分北西，三刻北北东上坡，五十分北东，五十七分北行，五点北东又北北东。五点卅分到一达坂之顶上。28.0℃、657.1mm。北北西下坂，四十七分到底破腰店子，26.0℃、667.2mm。上险阻之坂，六点三分到顶，不及前者之高。26.0℃、660.0mm。西三十五度北下，六点二十分北西行。四十分西行，至河岸，失路之所在。知大路在隔河之岸，又涉水中，而地势不平，又多沟溪，马惧不前，草又茂密，不辨路景，天又阴暗，心急甚。直至七点廿分方涉水至隔河之大路上。过税卡，北北西又北十度西行，七点四十五分落雨数滴，午及午后亦曾落数滴，天气颇冷。五十五分西北西，八点十分到达坂城街上。叩一店之门，久不见应，舍而之他。九点十五分21.4℃、671.7mm。天已渐晴，月明又出现了！和衣睡下，夜颇冷。自后沟至此约有十八公里。小草湖至此共约有四十二公里焉。

从达坂城赶路到柴俄堡

1929.9.21　　廿一日

天晴有白云。七点15.6℃、670.6mm。惧冷，又睡，八点后方醒，起。候车久不见来，乃作不候之想。

饭罢，十一点五十分发达坂城。十一点四十五分17.0℃、669.4mm。北折西行，村树、田舍不断。下午十分出村至戈壁上，西廿度北行。三十五分西十五度南，路南至山麓，草原一片。三刻路南有渚水。五十五分西十度北。一点五分西卅度北，南山下渚水一片，长廿余里。三十分西三十五度北三刻后上坡，行草滩中。两点破城子，有住户两家，北则土丘绵亘，自达坂城至此不绝。

休息十分，又行。两点五十七分腰店子。达坂城至破城子，约有十四公里，再四公里半至此腰店子。三点五分西四十度北行，三点三十分北西行草中。南方又有水一片。四点五分西四十度北，三十分西廿五度北，五十分西四十度北。五点八分北四十度西，五点十五分北二十五度西，行草中。路南有住户一家，临大海子，路北有树一，过破房，四十六分到柴俄堡店，住。

腰店子至此可十八公里。达坂城至此共有三十六公里半云。

黄昏风起。七点五十五分 20.0℃、665.4mm。

回到迪化道胜银行旧址寓所

1929.9.22　　廿二日

天阴而风。晨七时 16.0℃、665.4mm。

九点发柴俄堡，西北南行，草地之中多生刺科。二十分过处之南、湖水之北有树林一小片。三十分西十度南行戈壁中，南方仍为草原。四十分西，五十分西十五度北，五十五分西北西，十点十五分西卅五度北。十一点破房西三十度北，十一点五十分南方有水。五十五分西四十度北上坡，下午五分北卅五度西。廿五分北北西。三十分西三十五度北，四十六分芨芨槽，山冈之夹，芨芨一片，名真符实。一点五分 20.0℃、666.4mm。披氅西行，十八分北又北西。廿五分西又西北西行山谷中，路多曲折，羊肠沟殆即此。

芨芨槽后路歧为二，以通迪化，一系此路，为汽车路，一为大车路。大车路绕山较远，汽车路为雨水冲刷，多处已坏，且未经妥为修理，如此通车甚难。卅五分北三十度西，五十分北西行山冈上。两点向北，十分北北东下坡。十五分北十五度西，路旁有泉。廿分破房，再前路东山谷有渚水。四十分上坡又下坡，望见无线电及树株，北十度西，五十分北北西过桥又北东行，三点向北。三十五分北十五度西，廿分街市北东又北行，三点半到道胜银行旧址寓所。

进内见郝德，时马古洛及一蒙古郡主在坐。蒙郡主曾住北平及留学法国多年，故外国语数种皆通畅。袁、安、那皆在芨芨槽南山下海子旁工作，未之见之。后见达三。赫定近日亦有信要来。柴俄堡到芨芨槽约廿七公里。芨芨槽到省约十七公里。共可四十四公里云。

第十四卷

在迪化

（1929.9.23—1930.3.2）

一 逗留迪化

等候行李车辆

1929.9.23　廿三日

夜睡不足，倦甚。张广福之函，久已到此。附有探函，大意可悉。候车久不至，又不能出外。天晴而云。

公安局查箱件

1929.9.24　廿四日

天晴有云。上午十一点后车到，收拾东西，公安局之人员来询问件数等事，后打发车夫去。下午三时后进城，理发后访裘君于满城鼓楼前，稍谈别归，盖六时城门即闭，稍迟则不得出矣。步行颇疾，然失向，致不能寻得近路。数询方至南门，时已半掩，险哉！五点半落雨几滴。

1929.9.25　廿五日

一早阴雨，未出门。公安局又派人来询问箱件。下午晴，云渐少。夕宴中外人士数辈，茶后跳舞。饭后九时即纷纷散去，马古洛因城闭宿此。马有醉意，述其春间黑夜被殴事，态度甚可恶。大英帝国之气，充溢其眉宇、口吻。

进城去省政府挂号

1929.9.26　廿六日

天晴，交代库车仪器，十时进城，至省政府挂号，以候谒人多故，刺不能入，挂号而已。后至外交署访陈源清署长，亦因病未见。绕道至博达书馆购英文、俄文各三册，费六两八。归来。午后访六区公安局丁署长亦未获。夜写致张广福、朱菊人、恩瓦尔、探尼之函。后又书龚几句，盖明日有人去也。袁又派人来。送信及买办东西。

访问外交署陈署长

1929.9.27　廿七日

天晴。写致丁、黄、朱各一函，下午托车夫玉素木带仪器给张，后同李去访陈诸岩，遇天津来之俄人及小米子根。六时后归来。夜阅赫定新著之 *Auf Grosser Fahrt*［《长征记》］（图14-1）。天至十二点后方成寐。

省政府公函

1929.9.28　廿八日

天晴，昨日稍事游戏，致今日腿痛足酸，不能出门。写致张广福一函，同昨之函同时发去。午后印相片十数片，大致可取。今日团中收到省府公函，增加新生薪俸事，省政府不出此笔经费。和阗、吐鲁番台事亦尚未定。

1929.9.29　廿九日

天晴，一早子亨来叙，约明日赴其寓。六区丁奋武署长（现

图 14-1　斯文·赫定描写此次由内蒙古到新疆的《长征记》

已改公安分局长）来访，谈至午饭时辞去。下午阅函，生字多，费时颇久。夜与靳闲谈。

赴裴子亨家宴

1929.9.30　卅日

阴雨。午十一时裴遣车来迎，赴其寓，饭后为其眷属摄数影。三时后乘马自城外归来。夜与郝德赴俄医毕达深科家。盖请其为余医眼也。九时归来。上午雨甚微，下午几无，故雨量仅一厘六七。

赴陈诸岩家餐叙

1929.10.1　十月一日

天阴雨。雨量约同昨日。上午十时，赴俄医家去疗眼。归途买袖钮、梳子，费五两七。夕陈诸岩约赴其寓（图 14-2），饭后竹战

图 14-2　赴陈诸岩家餐叙
（左 2 李宪之，右 3 刘衍淮）

至次晨。夜又雨。夕前曾洗相片数片，皆不佳。盖胶片已坏矣。

1929.10.2　二日

晨阴雨，七时归，睡至十时，去医眼，稍饭又睡。下午两点起，通身为汗湿。夕晴。

1929.10.3　三日

天晴，例于早十时去医眼，再稍习俄文。买布及钮子费十八两，寻缝衣匠做裤及汗衫。夕印几片相。

1929.10.4　四日

阴云，后渐晴。十时后赴裘寓，为其眷属摄影。后一时半方归。秋意甚深，早晚甚觉寒。

写成八月份记录交郝德

1929.10.5　五日

天晴明，见袁先生来函，上午写成八月份记录，统交郝德，盖其不久归去也。开袁室，得阅内外文件颇多。三时后赴陈诸岩处，打网球与骑脚踏车，此二事皆两年余未一试之运动也。七时归来。

白杨沟山中访袁复礼

1929.10.6　六日

星期日，微阴云。午前至埃且斯家询送刘筱黎母寿之寿幛事[①]。归后预备同丁、王二听差去访袁。

午后三时十分始发，南行顺茇茇槽路。五点三十五分离大路东行，时距茇茇槽已不远。顺山坡小路下行茇茇草中，地住牧哈一家。东行到七点半后，又向南走了多时，时又东南行或又东行，由戈壁上又渐入山岭中。钩月渐没，星烂云稀。逆风颇大，寒刺人骨。昨夜睡又少，故此时骑行，倦冷不堪。时高时低，或山或谷，此时路渐已不可辨，唯知向东行耳。十时后过有水草处，据闻尚有十里。仍行，倦冷之外，又加以饿，更苦头痛，然余皆坚忍之。十一时，失路行至山坡上。坡险峻，不可过，又折回向西再南行。南方隐隐有白光一片，知为柴俄堡之湖。东微北亦有微光，盖为山雪。十二点后行河水中，东北行树林中，地尚多芦苇

---

① 刘筱黎（1883—1951）：即刘效黎，新疆镇西（今巴里坤）人。曾任和田县知事、和田行政长，后调任省政府秘书长、教育厅厅长、高等法院院长等职。

草。知目的地之已到。穿林，以黑暗故，树枝挂人面者数。又过水，寻呼多时，方至袁住所。时已是七日早一时许矣。

与袁复礼阔别后畅叙终日

1929.10.7　　七日　　晴

早一时许到袁住所，困苦程途，告一段落。自迪寓至此，加一多绕之路，当逾五十五公里。与袁君阔别十八月许，虽困极亦不能睡也。稍进茶点，闲话至四时后方睡着，时已东方亮。

早七时后醒起，地居北山之口，两旁山岭参差，河水来自北方雪山之下。胡桐、苇草遍谷皆是，现叶已枯黄，秋景概然。北山中住回户二家，收获田禾时来此，盖有田亩也。北山上有白雪，南可见紫俄堡前（南）之湖及南山（图14-3）。日前袁君与安、那曾荡舟于是湖中，闻湖周约廿五公里。此地名白杨沟，袁君于

图14-3　柴俄堡湖北看博古达峰

此发现蚌壳、珊瑚等种化石数处于石灰石层中。叙至下午八时后，睡至十一时。后又谈数小时。

翻越达坂返回迪化

1929.10.8　　八日

晴，因余今日归迪，袁作书郝德。

午后一时发北行。袁君出工作，故同行。白马遁，至一点三刻后方获。北约一公里许，见西行之路，至山坡上，摄数影（图14-4）。先已摄一影。二点五十分方又别袁西行。时向西北，此非来时之路。逾山岭者数次焉。四点五十分，芨芨草中有破房，五点十八分大沟中行。有田亩，东北方尚有树。五点三十五分北又北北东行，路右有牧马。逾一小达坂，水草渐有。六点三十五

图14-4　袁复礼（左）与刘衍淮（右）在白杨沟山中留影

分井子沟（gingin tze goo），住回户一家。沿沟曲折西行，过一出地约百米之达坂，又入沟中。八点沟有水，过哈萨包数。又逾小坂，出误途，逾更高之达坂，马喘汗无以复加。下坂行山谷中，渐得小路。又逾一达坂，过一哈包。九点半出山，行戈壁中，望见灯火。十点半至药王庙街附近。关门外岗兵询讯，南行。十一点到住所。井子沟前皆系策马疾奔，后行稍缓。此途自白杨沟至此约五十八公里云。十一点半睡下。

刘效藜请客

1929.10.9　　九日

天晴，微有云。因袁函及团事，又差王赴袁先生处送信。十时至毕达深科家医眼。午饭际，俄领差人送信云，赫定有来电。郝德饭后去，归云赫于九月廿九日能身赴北平。着袁或郝送其行李中之一物去云。

午后二时半，骑马赴省府秘书长刘效藜宴，设教育厅，座中宾客颇多，并有戏剧助兴。饭后同座共点《三上吊》一出，加官及赏戏每人费三两。子亨代为招待。五时归，途次访陈诸岩，值其已同马古洛去乌拉泊游猎，与其夫人谈片时，归。夜同郝德至毕医家，十时方归。

为郝德饯行

1929.10.10　　十日

晨醒后望窗外，白光满目，知已降雪。盖雪已下了一夜了。本日为双十节。晨饭后预备宴郝德，天满云，景物皆白，雪仍纷霏下降。及午后渐晴，雪已止。路途泥泞，檐溜有声。二时后入宴，四新生亦在座。中国酒席，及夕方毕。夜同李、刁、赵竹战。最低 -0.8℃。

黄文弼库车来电

1929.10.11　　十一日

晨天气颇冷，路泥水结微冰。黄自库车来电，请袁拨款。王亦自袁处来，不拨黄款，并有致黄、徐之电。午后印几相片。夜早睡。

丁道衡喀什来电

1929.10.12　　十二日

天晴。今日有丁自喀什来电云灰日赴阿。午前赴外署，值陈源清外出，与李科长稍谈郝德护照及吾人取道西伯利亚事。

1929.10.13　　十三日

天阴云，赴裴约，摄影于其家。午吃抓饭。下午四时归来。

袁复礼又发现化石

1929.10.14　　十四日

天晴。取来衬衣，连裤手工费十一两。袁派人及驼来。函云现又发现化石，日内不能来迪。此廿驼将驱之阜康附近去放。写致希渊先生一函。及午龚、白自阜康来，云山中天寒地冻，已难工作。夕又买布三当子，里子六当子，共费廿八两。钮子费一两。

1929.10.15　　十五日

天晴明，上午寻缝衣匠做洋服。午后洗相片。夜作无聊竹戏。

1929.10.16　　十六日

天晴明，午印相片数片。夜又被邀弄竹，无聊之极。

外交署来查郝德行李

1929.10.17　　十七日

天晴。十点半，省府外交股主任马晋耀华及外署科员李某来检验郝德行李[1]，先进早餐，子亨亦来访。及午后方去。郝德作之媀羌图及一件小佛、又吐鲁番购之铜镜被扣留。下午收到袁函。

李宪之访陈源清询返程事

1929.10.18　　十八日

晴。上午达三访陈源清，询取道西伯利亚事，并带去袁草之函（图14-5，14-6）。有新自关内步行来之一员德人。彼曾留星星峡月余。下午稍抄图。夕步街后。

外交署答复俄道可通

1929.10.19　　十九日

天晴明。午前郝德、达三又去外署辞行，陈源清谓俄道可通，午后外署派人送来郝德护照及覆袁之一公函，谓丁仲良可莎车一带工作，乌什有特殊情形，不能去云。现丁已离喀什将到阿克苏，而得此种答复。则彼来省之期，想亦不远。去后方得允准，事多类此，其术可畏。夕进城为探买手表一，同朱之表钮、梳子封起。

1929.10.20　　廿日

天晴明。星期日。例稍习俄字。下午同白散步后街。野景可

---

① 李某，李如桐（1907—1971），字峄山，下文作"李汝同"。乌鲁木齐人。1928年新疆俄文法政专门学校第一届毕业生。时任新疆外交署科员，后曾任中国驻塔什干副总领事。

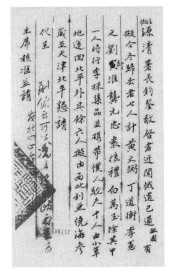

图 14-5　袁复礼致外交署
　　　　陈源清函

图 14-6　李宪之报科考团拟由西伯利亚
　　　　返回北平人员名单

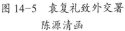

爱。外衣做成。午后写致丁、黄、朱菊人函各一。

为郝德送行而未果

1929.10.21　廿一日

天晴明。午郝德作塔城之行，彼先去顺发洋行。及午后一时，同众人或乘或骑去公园，预备饯郝德，知彼尚未过。到公园后，即去参观阜氏纺织公司。现已开工，日用棉花三四包。机器分二部，一部纺线，一部织布。所出布仅洋布及斜纹布二种。后荡舟鉴湖中（图 14-7）。候郝德久不至。使人候之询之，亦无所得。及夕，方闻彼已去了。乃兴阑作归。公园北西皆绕以丘岭，北岭上有塔寺（图 14-8），加以远近及其他景物，颇可观。西为砂河，北门外即为巩宁桥，俗呼为西大桥。夜大风作力，可七或八。

图 14-7　迪化鉴湖公园

1929.10.22　廿二日

大风一早尚未息，木叶几尽为之脱。尘埃扑人，颇感不安。五时早睡，十时起。子亨来叙，及午方去。下午阴，黄昏落雨滴，入夜即变为雪，纷纷至次日。

1929.10.23　廿三日

阴，雪。下午雪方止，积数寸。弄竹日以继夜，夜继至次晨。

图 14-8　鉴湖公园北红山塔寺

南京气象研究所来信

1929.10.24　民国十八年十月廿四日

天晴，七时后睡，十一时半起。雪消吸热，故甚感寒。下午收到气象研究所来函，系仍请余寄彼二三四五六月份之记录者。上午、下午皆昏昏睡过。

至裘家看小电影

1929.10.25　廿五日

天晴而冷，雪稍消。及午同达三、白万玉赴裘约。泥泞之途，甚碍行旅。至，稍谈后，即竹战几周，即夕方饭。夜观其小电影，片不长，一片不过数分钟即演毕。十一时睡。

生火炉取暖

1929.10.26　廿六日

天晴明。早起稍进茶点后，即急归寓。午后冷不可耐，因生火炉中以取暖。夕覆南京气象研究所一函，未终。收到张广福函。

1929.10.27　廿七日

天晴而冷。午前写一函复气象研究所，一函复张广福。

玉成祥来催款

1929.10.28　廿八日

天晴。写一函至袁希渊，意促其归，并决定明日遣人寻袁。玉成祥拨款之张伯龙日日来促，烦不可耐。午后有赫定自北平致安、那及郝德函。

1929.10.29　廿九日

天晴，稍温明。例事之外，无所用心。残雪消融殆尽，街市泥泞不堪。夜同陈诸岩等竹战四周。

整理路线图

1929.10.30　卅日

天晴而温和。上午整理路线图，费数小时，并例记几生字。午后同达三散步东郊。残雪殆尽，泥泞甚，绕至大街又北而西，沿河水而南，又不通处方折回。夜竹战至次晨，负十。

1929.10.31　卅一日

天晴暖。六点后睡，时醒，九时半起。十时去医眼，归又睡至一时半。午后三时半赴陈诸岩约，打乒乓球。夜竹战，负十七。

同李宪之闲叙

1929.11.1　十一月一日

天晴。早一点半归自陈寓，睡至十时起。午后又睡一小时许。夜同达三闲叙。夜梦布拉。

1929.11.2　二日

天晴，六时半醒，后又矇眬睡去。八时半起。因寒暖变化太剧之故，余脚近裂，因以冷水浴之。夜赴华美洋行伊林斯克之约，饭后竹，负廿二两。

赴裘家晚宴

1929.11.3　三日

星期日。天晴明。例事之后无所从。子亨约晚饭于其家。下午三时半，同达三及王仆去满城鼓楼前裘寓。颜厅长次子及赵仲卿先已到。赵奏胡琴，颜及狮醒各唱京曲几段。晚饭后竹战四周。夜阅《留东新史》一册[①]。

1929.11.4　四日

天晴明。午前十一时后归南关本寓。夕赵归自袁先［生］之处，带来函件，内述款及归事。

---

① 《留东新史》：民国小说家平江不肖生（向恺然，1890—1957）以留学生生活为背景的长篇小说，是其《留东外史》的续集，有上海世界书局1927年初版本。

学习打字

1929.11.5　五日

天晴明。例事外，午习打字，因打致丁仲良一函。夜竹战
八周。接到张广福之函，因复之。

1929.11.6　六日

天晴。午前例习俄字，午后又打数字。午戏乒乓球。发致丁
仲良、张广福之二函。夜闲叙。

黄文弼自南疆归

1929.11.7　七日

晴。俄领馆悬旗，不知其为过节欤？抑请客欤？近来屡闻中
俄曾经几度开火，不知是否属实。驼夫失银，将原告及嫌疑者遣
送六区。夜，黄仲良来自南疆，谈至次早一点半方睡。

1929.11.8　八日

晨降雪及午，后晴，厚三公分半，融水约一公厘八。例事。
下午又打字。夜闲叙及稍弄竹。

省政府公函接管四气象台

1929.11.9　九日

天晴。例事。下午收到省政府公函，系述据南京中央研究院
公函及蔡先生手书，此地之气象台四座，即由省政府接收管辖续
办。夜同黄等竹战，并筹答复省之问题。省府指定民政厅长李
荣来接洽。今日驼夫韩为失银事吞鸦片，经解救知其不确，故欺

人之技也。

1929.11.10　　十日（星期日）

晴。裘子亨来叙，打乒乓球及竹战。下午乏甚，夜早睡。接袁函，彼明日可到此。

袁复礼自柴俄堡归来

1929.11.11　　十一日

阴云。十二点后，民政厅长李棨及科长王学道来谈接收气象台事，并参观及询明所有工作人员，一时半方去。据彼之口气，省局拟留团中人员帮助办理。夜袁来自柴俄堡。夜降雪。

二　连日商量归计

连日必议归事

1929.11.12　十二日

稍有云，积雪甚厚，景物皆白，后渐晴。例事外，下午打致丁仲良一函，未发。夜闲叙，及议归事。

1929.11.13　十三日

晴，雪消吸热，故觉冷。午后摄数影（图14-9）。归事仍无头绪。稍读物理。

1929.11.14　十四日

天晴，下午稍阴。午诸新生备酒饭、茶点。此盖双十节后之第二次大聚餐也。夕竹战至夜，以消磨时光。

闻将有法人来此游历

1929.11.15　十五日

晴。每饭后必议归事，终未解决。闻将有法人来此游历[①]。

---

①　法人来此游历：即"中法学术考察团"，1931年由中法双方组成的学术考察团体，由中方褚民谊（1884—1946）、法方卜安（Briand）率队前来新疆考察。因法方人员刁难歧视中方，当年7月到达迪化后，被南京国民政府勒令停止考察活动，外籍人员离境回国。

图 14-9 寓所拍摄雪景

1929.11.16　　十六日

晴。医眼后同达三步进城，买俄文三册、《东方杂志》本年十二号一册，费十一两。买车而归，路途仍泥泞甚。晚同邮局陈、任竹战至次晨。

归途决作西伯利亚之行

1929.11.17　　十七日

星期日。晴。六时睡，午后一时起。收到那林来函，归事余甚决作西伯利亚之试验。夜在赵家习"塘沽"舞，后又捉迷藏。月明千里，院中如积水然。

1929.11.18　　十八日

晴。黄仲良因归事郁郁，而又无可如何，真不快事。夜因与之竹战几周以消愁！

1929.11.19　　十九日

晴。例事。每日读俄文之时间稍多。每饭前后则与友众闲谈。印相片几片。

1929.11.20　　廿日

早晴。例事。夜在赵家竹战。夜多云。

观俄人设计的博物院图纸

1929.11.21　　廿一日

天阴云。见俄人为吾团设计之博物院图，楼三层，上可观测气象及有房顶花园。总计全工约费三万余元，近四万元之谱。图二，他一嫌其仄小，不适用。将来筹款之法，则三分之一由外人捐款任之，省政府任三分之一，而理事会再能捐募三分之一，则事谐矣。工约费十八月之久。

1929.11.22　廿二日

天阴云。下午打仪器表字，预备交代省政府。夜竹战至次晨。下午陈源清来回拜。

1929.11.23　廿三日

晨五时后睡，十时半起。医眼毕，即继打昨日未完之字。下午稍读俄文，夕赴陈诸岩约。未几众竹战，余以故未参加。八时归寓，十时后睡下。

1929.11.24　廿四日

阴云。九时许起。十一时雪未下多。子亨来访，谈未几而去。夜在赵家竹战及跳舞，星期日也。

1929.11.25　廿五日

早三点半睡，十时起，多读俄文。实让狮醒一眼镜，价廿两，达三皮衣二件，照原价百三十六两让去。夜在赵家捉迷藏及闲叙。九点半睡下，下午阴云。

又降大雪

1929.11.26　廿六日

晨视窗外白光耀目，知又降雪，远在一二里外之景，已尽为云雾雪花所掩遮，雾霏不止。十一点去医生家，风雪苦人甚。夜雪止，收到探尼来函。

1929.11.27　廿七日

天有云，积雪不消，寒甚。夜印相片数张，覆探一函，未终。

1929.11.28　廿八日

最低温度夜为 –22.7℃，其冷可知。微有雪，时降冰针。午印相片二三。夜与诸友闲谈。

1929.11.29　廿九日

阴云。着毛裤。时降冰针。

宴请丁奋武

1929.11.30　卅日

天晴。起甚晚。晚上团中请客，宾主共十二人。此筵为饯六区署长丁奋武而设，以其新任霍尔果斯县长也。夜十时方散。

1929.12.1　十二月一日

星期日。无特别事。夜在赵家跳舞和竹战。

专员孙国华来访

1929.12.2　二日

星期一。省府派管理气象台专员孙国华来接洽，磋商将来之气象工作、经费及派遣留学生诸问题。最低温度已是 –27℃许。

1929.12.3　三日

晴。星期二。例事之外，无所下手。夜在赵家讲书一课，竹战几周。

1929.12.4　四日

晴。例事。

抄写库车账目

1929.12.5　五日

晴。例事外，下午抄库车账，以备交代。

俄道之行成泡影

1929.12.6　六日

晴，外署科员杨正英来，谓中俄以有战事发生。西伯利亚之路，俄领不能保证通行，于是俄道之行，遂成泡影。阅《华北明星》《天津时报》及 *North China Heraled*［《北华捷报》］等十月份中之几副报纸。中俄事件，仍难解决，而俄国逮捕及虐待华侨之事，层出不迭。绥芬河及满洲里两域为军事重要地点，而俄人之大本营在海参崴。汪精卫已由法启程回国。午后陈安林及裘子亨相继来访。裘约于星期日招饮。夜竹战。

1929.12.7　七日

晴。近日来例事外，抄写库车账目。许多光阴又消磨于闲谈、竹战之中。

连赴裘家和赵家宴会

1929.12.8　八日

星期日。十二时赴裘约，宴于其家。同席除本团人员外，有陈诸岩夫妻、马古洛、埃且斯及俄商某及其妻及其妻之二妹。三时后饭罢，马、袁及俄人等跳舞。三时半即急作归。绕道无线电台，黄昏抵寓。

赵家安尼亚本日是其生辰，亦请客。七时左右客多到，共男女廿余人。饭后跳舞及游戏"客斯"等娱乐。十二时半方散。一时后就寝。夜降微雪。

赴吴云龙家吃涮羊肉

1929.12.9　　九日

星期一。晨浴毕，例事。及午后一时，赴吴云龙约吃涮羊肉于其家。一主及袁、黄、李、余外无他客。毕，安辅悦（直兴公司）来叙。黄昏步归。夜又微雪。

雪中"扒犁子"

1929.12.10　　十日

星期二。晴。晨降冰针，此盖近来所不鲜者。近来，街泥结冰，上铺以雪，路平滑洁白，天然之良马路。来往之人多乘以"扒犁子"，以曲铁代轮，上置坐处，以马曳之，在冰雪路上飞奔。

前白俄领事迪雅可夫来访古物

1929.12.11　　十一日

星期三。前白俄领事迪雅可夫来访，现任省政府顾问。其为人也好考古，家藏古物颇多。黄及余示彼余等所收藏之古物。下午整理库车所购者。

三　决定赴德留学

赴外交署询取道赴德事

1929.12.12　　十二日

阴云，上午骑进城，访迪雅可夫，并观其古物，钱颇多。坐谈数小时，借其研究畏吾儿字之书一册。二时后，又至外署访陈源清，询悉吾人取道赴德事，苏领尚须电询莫斯科后方能定规。二时归宿。天雪，夜竹战于赵家。

习畏吾儿字

1929.12.13　　十三日

阴，雪。习畏吾儿字，夜早睡。

赴苏联领事馆询假道赴欧事

1929.12.14　　十四日

晴，时降冰针。午十二时，去苏联领事馆询吾人可否假道赴欧事，由秘书某代见云可，但是否有电询莫斯科之必要，尚须待领事决定云。未几辞出，领事馆规模颇大，南部房舍为银行，北尚有教室。

归片时，又去访新任六区署长李某。适前任丁奋武亦在。丁现升任崆咕斯他留县长。崆为新辟之一县也。夕赴陈诸岩寓竹战，负十余两，一夜未睡。本日颇冷，最低 –27.3℃。

1929.12.15　　十五日

晴，冷甚。十时归自陈寓，天降冰针，满树白花，地上各物
亦莫非白，真美甚。归后寝至下午四时，晨最低 –35.1℃（外间）。

1929.12.16　　十六日

晴，最低温度 –38.1℃，木房中 –37.0℃。稍读俄、畏文。夜
又竹戏。午访苏联领馆秘书（图 14–10）。

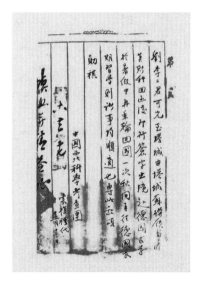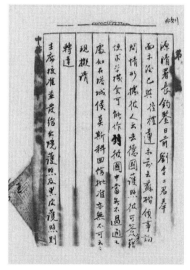

图 14–10　袁复礼致外交署长陈源清函，为请示金树仁批准刘衍淮、李宪之
经由俄罗斯赴德留学事，系当日刘衍淮访问苏联领馆后所拟

张广福寄来库车十一月份气象记录

1929.12.17　十七日

晴。最低 –31.0℃。例事。起的颇迟，夜早睡。写致丁仲良一片。收到张广福十一月份记录。

袁、黄访问金树仁

1929.12.18　十八日

晴。最低 –30.1℃。午前雇哈萨女人打扫房子，下午稍读俄、畏文。袁、黄访金。黄至吐鲁番南部工作事，已得其面允。靳押运采集品归去之出境护照亦于今晚收到。

金树仁生日，街市悬旗庆祝

1929.12.19　十九日

星期四。阴，最低 –30.3℃。本日为俄节，又为金德庵生辰，街市商民多悬旗庆祝，政界机关亦放假一天。

为李宪之洗相片

1929.12.20　廿日

星期五。晴。为达三曝相片。例事。

1929.12.21　廿一日

早起。为达三曝相。夜在赵家戏。

冬至在裘寓

1929.12.22　廿二日

晴。星期日，又为冬至节。上午赴裘寓，饭后竹战。夜并戏电影。

1929.12.23　廿三日

晴。夜睡不好，颇倦。竹战。夕浴于挹清池，不甚清洁。赵仲卿亦到，并遇刘子沛。夜因在裘家闲戏。

1929.12.24　廿四日

晴，有云。早饭后又同至洪升园吃午饭。

1929.12.25　廿五日

阴云。下午赴赵及陈家，以今日为耶稣之圣诞节也。夜先与陈等戏"扑克"，后竹战至次晨。

1929.12.26　廿六日

晨八点半归宿，睡至十二时起。访毕达深科不遇。归后又睡，四时起。夜八时又睡下。连日省局拟缩减气象台经费，而气象生多有不安之象，而新招之生，亦不愿来。

1929.12.27　廿七日

晨雪，近来天气不甚冷。早起，例事。

1929.12.28　廿八日

阴云，赵家约食火锅。同座无非团内诸人及新省气象学生。竹战至夜深。

黄文弼在裘家请客

1929.12.29　廿九日

星期日。晴。黄仲良宴余等裘家。十一时后即去。途中收到丁仲良及恩瓦尔之函。同筵分两座，杨、刘、黄、龚、陈诸岩等一座，陈妻、裘妻、裘、李、余、白等为一座。龚醉夜出，余等寻之，走至挹清池方将彼寻归。夜风雪。

1929.12.30　　卅日

阴，微雪。乘裘车赴医家及团中。天降雪。午后同袁乘车访陈诸岩不遇。绕道西关去裘寓，竹战至夜。

团中公筵贺新年

1929.12.31　　卅一日

十八年末日也，星期二。午饭后归自裘寓。夜团中公筵，本团内外人员，外有新气象生及赵家全家，子亨及吴云龙亦在座。马古洛、陈夫妻及袁因顺发洋行尚有约，因早退。□演裘之电影。夜十时后方散。黄、白、吴等皆大醉。十二时后方睡。

赫定来函云拨款事

1930.1.1　　十九年一月一日

天晴，晨早起。饭后至白俄商鲍塔斯克家，借"爬犁子"，俄名"Санки"。十一时后同诸人去陈诸岩家拜年，并摄数影。后去马古洛、天主堂及顺发洋行等处。黄昏又至格米尔肯家及赵家（图14-11）。连日应酬，例事俱废！过此新年，马齿与新愁徒增外，复何所有？俄人家之小女见面握手外，并右腿稍曲，以示敬尊客人，盖犹中国人之跪拜、打千也。赫定上月廿三日自北平发致袁之无线电，今日方收到。内述邮局拨一万一千元，及询已否收到津商拨来之一万元，并述将贝葛满之行李运至北平，郝德之三箱运至凉州。

图 14-11　迪化格米尔肯洋宅

1930.1.2　一月二日

晴，晨最低温度外间 –28.0℃，内为 –27.5℃。早饭后赴毕医家，后志日记。午赴陈诸岩家之约，同席中外共廿余人。饭后又照数影。后又跳舞。子亨夫妻及其岳母早归。夜八时后方归。

外交署来检验采集品

1930.1.3　三日

省政府派外交股主任马耀华及前皮山县长杜昭融会同外署科员李汝同来检验此次待发之采集品。手续烦复，竟日未能看完。夜睡颇晚，买衬衣二件，费十三两，梳子、纸烟二两。

1930.1.4　四日

晴，微风。检查箱件之人员今日又来继续工作，余亦将余之毯、皮衣及几件他种衣服装成一箱交检查，后拟即托靳带至北平（图 14-12）。午后，子亨夫妇来参观化石。饭后近四时方去。夜竹负逾百。

1930.1.5　五日

晴。星期日也。十时起，归自医家后又睡，午后四时起，于是一日又空空度过。

1930.1.6　六日

星期一。晴。例事。夜又竹，稍胜。

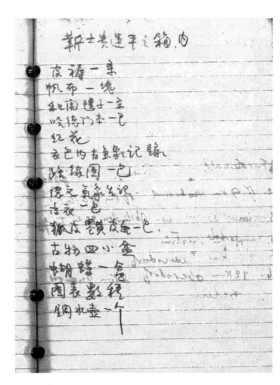

图 14-12　保留在刘衍淮德国留学日记本中的靳士贵运回北平箱内物品清单

靳士贵押运采集品驼队出发

1930.1.7　七日

星期二，帝俄之圣诞节也。今日又为旧历腊八节，为刀唤醒。晨十一时起，赴赵家吃甜饭。后同三到街上买东西，遇子亨。归后同去格米尔肯家去贺节，遇刘杰三、阿道德、熊某等，及午刘同来。饭后又谈至三时半方去。后去尼可来、鲍塔斯克、毕达深科及米子根家贺节。连日应酬，殊觉烦人。七时半归。

今日运采集品之骆驼队自此出发，靳等以事未毕，尚未成行（图14-13，插图10）。采集品及行李共约百箱，靳押运之，驼户以行期迟迟，曾麻烦数次，今始成行，亦不快中之快事也。夜月

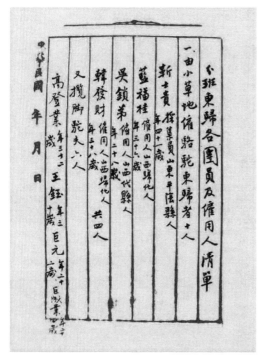

图14-13　靳士贵押运采集品东归驼队人员名单

光耀，白街晚景，甚有可观。袁希渊骑马迎面来，知其闷极无聊，藉此消遣，因约之同归。

1930.1.8 　　八日
星期三，晴。最低内仅［负］廿八度许。

刘杰三统领会星园宴请

1930.1.9 　　九日
阴，午前例事外，至赵家倩主妇代缝衣纽。午后骑马进城，赴刘杰三统领之约于会星园。刘，河南人，在新军界中已廿余年，屡著战功。现为迪化奇台汽车路三段统领。时昌吉王统领某亦在座。熊团长后至。王、熊皆为汽车路委员。后袁、白、龚、黄、裘等相继至。黄早出城，余皆饮至夕方散。七时同裘去其寓，夜竹战几周，负十两。

1930.1.10 　　十日
早食烧梅后[①]，即欲急归，子亨坚留至午饭后方出。沿新南门大街（图14-14），又四人同去，二时半兴扫归寓，昏昏睡至近晚。夜又与同人闲叙至夜半。最低约 -26.5℃。

1930.1.11 　　十一日
最低仅 -24.1℃许。阴。十一时后，降大片雪花，及晚而止，积雪又增。邮家杏仁等一包。

---

① 烧梅：又作烧麦、烧卖等，一种以烫面为皮裹馅上笼蒸熟的小吃。

图14-14 迪化新南门

1930.1.12 十二日

阴云。降雪花、冰针。星期日。哈萨妇三打扫房舍。

1930.1.13 十三日

星期一。晴暖。例事。夜十时后即睡。

政府来人验查安卜尔气象器材

1930.1.14 十四日

星期二。旧俄元旦节也。上午省府派马晋、外署派巴某及李汝同来验查塔城来之四箱，内系安卜尔等用之经纬仪及照相品。午后访毕达深科及米子根，黄昏归宿。夜米子根三子一女及易灵士等化装游行，来团跳舞片刻即去。

迪化公园为杨增新安葬昌平举行典礼

1930.1.15　十五日

晴。杨增新于枢今日安葬于昌平县境之骆驼坡，此地人士举行典礼于公园（图14-15）。午袁宴福音堂三女教士及马古洛。饭后子亨来谈片刻，闻彼将出省。夜在赵家跳舞。

赴苏联领事馆请往德国护照

1930.1.16　十六日

阴而不寒。例事。夕陈诸岩家戏。袁、黄、李、易灵士、阔士特、疏勒等亦在。九时归。月光辉煌。惧遇查夜者之麻烦，绕后街而归。

上午赴领馆询护照事，余等请往德之护照，而陈署长则代询俄方可否往北平也。

图14-15　迪化公园为杨增新安葬昌平举行典礼

绥定教堂有气压自记表

1930.1.17　十七日

晴。例事。迪雅可夫来访，坐多时去。午后教堂神父德人次力肯特及绥定神父波兰人可伦布来访。可云绥定教堂有一气压自记表，前曾日以气压变象电上海徐家汇气象台云。又谓塔城附近有老风口，其风怪大，咸谓风出自山穴，官府曾以牛皮十四张填其口云。此亦趣闻也。夜竹战。

1930.1.18　十八日

淡阴。早三时睡，十时起。访毕医不遇。下午三时骑赴裴约，夜留于其家。夜雪纷霏下，至次晨日出方渐息。

刘半农来电，理事会允准大家东归

1930.1.19　十九日

阴，微雪。竹战终日，了无大胜负。闻政府新委有党委将来新省。团中则收到有刘半农来电，理事会准大家东归，来春另派他人来新考查，路费、整理费则照袁意办理。

1930.1.20　廿日

微阴，降冰针，颇寒。晨九时半步归。见昨日刘半农电，夜早睡。

袁复礼宴请外人

1930.1.21　廿一日

晨去医家，适彼外出，归而读书。晚袁宴天主堂神父及顺发洋行经理什满尔夫妇及安特诺夫之妻，夜降微雪。

图14-16　午后在街市摄数影

1930.1.22　廿二日

晴。星期三。例事，读俄文外，又习畏兀儿及古突厥字。夜竹战。天降冰针。

1930.1.23　廿三日

微风，稍有云，降雪针，满树白花，煞有可观。午后在街市摄数影，中多损坏。最低 –30℃。

1930.1.24　廿四日

晴，最低 –22℃，视度亦远。星期五，夜闲叙。

丁道衡采集品押运到省

1930.1.25　廿五日

晴，降微雪。午后，继子成及奇台县长同某来访。丁仲良之采集品已由缠人乌疏押运到省。外署已向苏领声明，前此为吾人所请之护照系往柏林而非北平者。

四　迪化过春节

迪化街市已见旧年景象

1930.1.26　廿六日（旧历腊月廿七日也）

星期日。晨起甚晚。午赴孙国华（治卿）约宴于其寓。天阴云，同坐为本团人外，尚有三数政界中人。午后四时许归，街市之汉商民，多已贴满春联。旧年景象已有一点。晚陈诸岩夫妇来访。

1930.1.27　廿七日

星期一。例事。夜在赵家竹战至次晨七时。

1930.1.28　廿八日

七时睡，十时半起。赴医家。午又稍睡。一时子亨来访，谈一时许去。同至顺发洋行，买画三，小瓷人一，共费七两二。夜早睡。

除夕团中宴请中外人士

1930.1.29　廿九日

早起，以今日为旧历除夕故。午前去城中买东西，天颇温和，午冰雪稍消，商民多挂旗结彩，并安装灯笼。行人如鲫，途为之塞。买红蜡、灶神、牙膏、发油、手绢、袜子毕，归。途中又至米子根家稍坐，得其照片五张。

今晚准备宴中外人士卅余人，房中稍加整饰，晚客陆续来，济济一堂。客厅改为跳舞场，地铺大毯，账房改为食堂。未几客齐，或跳舞，或闲叙，另房又有竹战者，热闹至十时方吃饭。人多座少，设流水席。十一时李署长、吴云龙等辞归，而跳舞者直至三时方渐散。而后尚有数人留捉迷藏、跳舞。

处处拜年赴约

1930.1.30　卅日

星期四，旧历元旦日也。四时又饭，饭后又戏，至六时方散，而又与数人竹战至七时许。睡三时许起，乘陈车赴杨、裴家拜年。途次先至陈家，裴留饭。午后三时归至宿，睡至五时，起赴赵家约。晚九时又睡下。天阴霾，日无光，最低 -23.0℃。

建设厅阎厅长次子婚礼

1930.1.31　卅一日

晴，温和。早起，阎毓善厅长次子纳室，午同孙国华等至建设厅去贺喜，其戚为公安局局长谈凤翼。门前车水马龙，军队拥挤，颇极一时之盛。内并演戏，分梆子、二簧、小曲子间演，余等至后即入座。后入内观礼，时新郎、新娘方相交拜，徐益珊厅长、李行政长相继读祝词。后又至新房参观，再至院中观戏，无甚可取。三时骑归，至赵家闲叙。夜又与米子根之诸子女跳舞。十时彼等去，因送之出门，遇查夜者。时余已在门前，未被盘讯，可谓之幸。归后即寝。最低负十八度。

1930.2.1　十九年二月一日

晴，最低-15.0℃许。六区李署长来拜节，及余归自毕医家后，又去回拜他。遇新任公安局长杜昭融，以其曾来检验发北平采集品，故识之也。午后与诸友闲叙。夜竹战于赵家。

1930.2.2　二日

晴。一早子亨来，午同赴城中。先去裘家，后去建设厅赴阎庆阶之约，时已三时。饭后小曲子戏无可取，因同达三出城，至米子根家，跳舞、游戏，耍至次早三时方归。

封斋

1930.2.3　三日

晴，早微雪。三时归自米子根家，幸未遇查夜者，闻鼓声"咚咚"，盖缠回已在封斋期中，白昼不食，入夜方哓，鼓声即缠回警钟也。到寓即睡下，十时半起。例事。夜又在赵家竹战。

1930.2.4　四日

星期二，晴。例事。晚饭后到陈诸岩家耍时许而归。夜微雪，最低［负］廿四度。

赵玉春赴和阗建气象台

1930.2.5　五日

最低［负］廿六度。访医不遇，赵玉春上午启程赴和阗安置气象台，是新省四座台皆已次第实现。盖翟绍武已在吐鲁番工作矣。夜陈氏来，先跳舞，后竹战至次晨。下午曾至南梁散步。

1930.2.6　六日

晴。五点半睡，下午一时起。是日昏昏过去，八点又睡下，最低 -22.3℃。

拟再去山中一行

1930.2.7　七日

九时起。十时赴医家，归后读书。夜闲叙，拟于行前作山中一行。最低 -20.7℃。

1930.2.8　八日

晴，最低外 -17.6℃，内 -16.8℃。例事。星期六日。例事毕，夕同龚、白进城。先稍理发，后去德兴合京货庄买白付绸十六尺以备做汗衫之用，费十二两。七时半许出，去子亨家投宿，竹战四周。

印名片、治装

1930.2.9　九日

阴寒，曾降微雪。午前去天山日报社印名片一盒，又去电灯公司住之锡伯裁缝处，托其代做衬衣及外套。后又同众友去德兴合买布做外套，呢每尺价七两，德国缎每尺价一两，绒布则每尺八钱，共价六十一两六。出遇黄、李，盖彼二人亦为子亨约来，至则适余等外出，故亦至街市购置东西。同归，食黄鱼。后竹战至夜。星期日。

1930.2.10　十日

半阴，寒。午前又同去缝衣匠处量衣码，既而归团中。午后阎庆阶厅长来访，坐片刻去。袁、黄以继孚宴客故宿城中。天阴暗。

阿尔泰哈萨贝子偕子来访

1930.2.11   十一日

晨访医不遇。例事。晚阿尔泰哈萨贝子韩统领偕其子埃德来访（图14-17）。埃德现肄业于蒙哈学校，已稍解汉语。并参观化石。现阿尔泰已修一学校，此次韩被召来，即系为学校事也。晚饭后九时方去。后以刘子沛、阔士特、龚、白之约，赴姚家，坐一会儿归。十二时睡下。

1930.2.12   十二日

星期三。例事。午后同袁、龚骑马进城，先去米子根家取电灯，后遇袁、龚于天山日报社，同访熊统领不遇。后又至子亨处稍坐。出而又访刘子沛，又稍坐。约五点前后骤马出新南门，绕街外而归，最低 –18.0℃。

图14-17　阿尔泰哈萨贝子韩统领（中）偕其子埃德来访（左1：袁复礼）

元宵节

1930.2.13　　十三日

最低外 –15.2℃。星期四，旧历元宵节也。前年哈密，去岁库车，今在迪化，节虽同而人事又不知已有几许变迁矣。晴。例事。晚到赵家吃元宵，后竹战八周。

赴俄东正教堂观祈祷事

1930.2.14　　十四日

星期五日。例事。夜大雾，稍雪。晚袁、黄、李皆去陈家，余一人在家。后为阔士特约，赴俄人之礼拜寺观祈祷事。堂中陈列与天主堂、耶稣堂皆稍异，主要偶像仍为圣母及耶稣。堂中烛光辉煌，唱赞美诗及礼拜，老妇多跪叩首、画十字，状甚虔诚。歌声甚哀，感之泪几下，殆亡国之音欤！八点半祈祷毕，出。明日为俄节，故有此次之祈祷也。十一时睡下，最低 –13℃多。

1930.2.15　　十五日

星期六，例事。下午进城还德兴合旧账六十两二钱，新买花缎三尺八作领带，七两一尺。出城至米子根家，时其门闭，因至西河滩中一游，远山近水，皆有可观。后又去米子根家，耍至十二时方归。昨夜大雾，今晨满树白花，煞有可观！

鹅毛大雪

1930.2.16　　十六日

星期日。晨微雨，后变为雹，又变为雪，俄而鹅毛大片，纷霏降下，至晚方止。夕陈诸岩约赴其寓，以欲进城故，辞未往，余人皆去。黄昏阔士特来耍，至街上买糖果，费九两。夜在赵家跳舞，近十时方散。归，与白闲叙，翌晨二时方寝。黄仲良本拟今日作吐鲁番之行，因雪未果。

黄文弼赴吐鲁番考察

1930.2.17　十七日

晴，暖，最低 –12℃多。骑赴医处，又往城中裁缝处试衣服，由此即归。新雪盈尺，白光耀目。

午饭后，黄之驼队装载毕，因摄一影。近三时，黄乘轿车行，余与达三、万玉骑马送行，途次又摄一影。至十七户，有住户几家，距寓所约有七八里，下马摄二影（图14-18）。黄握手作别。时余马遁归，追之莫及，因乘听差之马归，颇倦。夜竹战四周，十二时睡下。

1930.2.18　十八日

午前阴，雪。十时起。例事。午后阴，夜晴。夜早睡。

1930.2.19　十九日

不甚晴，颇冷。上午曾去电灯公司裁缝处取来外套。例事。夜闲叙致逾半夜。最低 –20℃许。

抄博古达附近之图

1930.2.20　廿日

星期四。晴，暖。午前例事之余，抄博古达附近之图，午后继之。邮局马古洛、朱会计长及陈诸岩因送三英女教士还肃州毕，来寓稍坐，昨日彼等曾来，闻知教士未成行方去，而今日又来。

图 14-18　送黄文弼赴吐鲁番

（下图左起：刘衍淮、李宪之、黄文弼、白万玉）

盖朱、陈皆教友也。夜同阔士特去赵家跳舞、耍。赵次彭夫人卧病已数日，天气变化骤烈，有以致之也。晨最低 -9.0℃。

苏联领事馆签证已就

1930.2.21　廿一日

星期五日。晴，最低 -10℃许。例事。午，外交署陈继善署长及陈善科长同时来函。前者云省府允赴博古达山，后者云我、达三二人之护照已由苏联领事签事，当由个人亲往领馆接洽。迟至今日，行之可能方有十分把握。其为期已近，亦不快中之快事也。山中之行，余决作废。阅德人记载之自柏林至莫斯科及至北京行路纪要，颇关紧要。夜竹战几周，二时方睡。于顺发洋行买小镜一个。

行期匆匆，例事渐废

1930.2.22　廿二日

较寒，不甚晴。十一时，同袁、李赴领事馆询护照事。秘书因病未晤，与翻译约定下星期二来取护照。后至领事馆中之银行，询汇钱情形。此行每一"卢布"合三两七钱八分五，且不能直接汇至柏林，而须至莫斯科再转。归，因行期之匆匆，例事渐废。

子亨来，下午约赴其寓。至城中取所做之二衫及四领带、手工扣子，及前所做外套之工钱，共三十七两。去德兴合买花手巾一方，于他商处买牙刷一把，同三两。夜竹战几周。

1930.2.23　廿三日

晨，风，后大雾，日浑暗，降微雪花，冷甚。早达三来，拟游水磨沟不果，在室中摄三影。后于汽车路上骑脚踏车，泥汁溅

图 14-19　迪化新东门

身。午后又竹战四周。归，出新东门（图14-19），才出，即已毕。夜以阔士特之约赴瓦利处，祝其生辰。跳舞及耍至一时半方归。小手绢为唐尼取去。

夜访俄人达非多夫

1930.2.24　廿四日

星期一。阴，雪。午饭后同袁、李、埃且斯访格米尔肯不遇。夜访俄人达非多夫，询俄路情形。盖彼去冬方归自莫斯科者也。伊子方十五六岁，工油画，貌亦秀雅，真少年美术家也。

领事馆取回护照，丁道衡喀什归来

1930.2.25　廿五日

阴，下午雪，星期二日。午前赴俄领馆取回护照（插图12），领事并未签字，其秘书谓在塔城领馆签字。后去馆内之远东银行，托其汇两千元于莫斯科，再转柏林。议成，合美金七百八十六元。午，赵次彭夫人及孙、张三位太太来，留饭。赵太太并送来俄纸烟廿盒，以作送别之礼。未几皆去。

下午三时，丁仲良到来。阔别经年，一旦重见，心欣欣然。夜竹战几周，后并闲叙。丁自喀什至此，行两月余，途中病滞两日余。

裘子亨为饯行

1930.2.26　廿六日

阴，午后雪。午前赴领馆交款及询途中情形，颇得要领。午后二时，赴杨昌禄管□及伊婿裘子亨之约，盖送别之席也。同座除牙医布拉护尔及冯子良、刘子沛、陈安林及裘外，即团中诸人。五时毕席而归。雪纷霏至夜。

黄昏，陈氏夫妇来访，谈多时去。本日四轮台车已雇妥，至塔城，共价二百四十两，套三马。

各处辞行

1930.2.27　廿七日

阴雪。午前收拾东西，午后一时乘轿车进城辞行。先至省政府，约三时见，乃去教育厅、邮局、孙国华家及建设厅。阎庆阶厅长坚约明午赴彼饯。后又去公安局，出已四时，去省政府。主席因病，派民政厅李棠厅长代见。及出，已逾五时，乃赴袁、龚、白、刘子沛、梅霖等之公饯。夜归彼竹战几周。

辞行并赴阁厅长宴

1930.2.28　廿八日

阴雪，午前骑去财政厅、外交署去辞行，陈源清署长病尚未痊，归饭于裘寓。一时许，又赴阁厅长之约。四时饭毕，急归。夜又去毕达深科医生家，因约之在先也。中夜后方归寓睡下。

辞行并赴陈诸岩宴

1930.3.1　三月一日

午前稍晴，午后曾降雪。午前收拾东西，午后摄两影（图14-20）。四时骑至李署长、格米尔肯、顺发洋行、天主堂及米子根家去辞行。七时自米家赴陈诸岩之约于其家。天主堂希神父曾约明日赴其钱，归后草书谢绝之。什满尔托至但此西附近之粗巴特去探其母。回教斋期至今晚已满。街上贫人接踵赴巴依家去讨钱。

开斋节

1930.3.2　三月二日

回教封斋期满，今日开斋过年。日来以将行故，收到友人所送之食品等颇多。晨子亨来，迪雅可夫来索回其畏兀儿书。后收拾东西，及午同子亨赴吴云龙、华美洋行、马晋及米子根家去辞行，并托米代修眼镜之丝。米约夜饭。午后二时归。饭后子亨去，乃收拾东西，备夕装车。同阔士特去罗素夫、毕达深科家、艾且斯家去辞行。后至米家夜饭，无他客。十时归寝。

图 14-20　午后降雪

（左起站立者：白万玉、丁道衡、刘衍淮、李宪之，右1：袁复礼）

第十五卷

从迪化去柏林

（1930.3.3—1930.4.19）

一 从迪化到塔城

告别迪化，夜宿昌吉

1930.3.3 　三月三日

晨早起，车装毕，十时启行。团内诸友、吴云龙及赵家三女士皆送至西大桥西，摄四影方散归（图15-1，插图11）。余与达三乃上车西北行。满途积雪，白光耀目，丁仲良及赵太太之弟先已去小地俄堡相候。经大石头、大地俄堡，行四十五里，至小地俄堡。台车行甚快，下午一点四十五分，小地俄堡。

二时，别仲良等，更西北行。途多树林，天晴，微风颇冷。四点过头屯河，渐见人家。四点半昌吉县街上，住店中。小地俄堡至此亦四十五里，今日行共九十里云。店在南关，缠头昨日过年，回回则今日过年。夕访徵县长，徵，锡伯人，曾任焉耆县及省府蒙哈股主任。谈未几而归。夜甚冷。

呼图壁关外住

1930.3.4 　四日

晴，冷。

九点四十分动身，西北行。经圆城子、芦草沟，一点五十分五十里至榆树沟腰店子。吃面一碗，更前行。雪稍消，车行较昨为缓。又行四十里，至呼图壁关外住，时三点半也。晨昌吉摄一

图 15-1　团内诸友等皆送至西大桥西

影，至此又摄一影。后到饭馆吃饭。夜早睡。呼图壁有道通阿山，马程约十日，雪未消时可行。

绥来县民情

1930.3.5　　五日

星期三日，晴，微风，冷。

晨七点发呼图壁，北西行廿五里五公台，十五里乱山子，又三十里土葫芦，有破城。庙中居民颇多。又三十里骆驼依，尖，地近山。后仍北西行，路平行快，一点廿分下午至三点行树林中，经头公、二公、三公，四点半到绥来县，住东关店中。街口有靖远楼，摄街市之风景一。

后进城访侯席珍（名联珠）县长。侯，热河人，清爵为镇国公，在此已连任二年余矣。在县署并遇绥来、乌苏、沙湾土药罚款局局长王聘贤，津人，在乌苏落户，谈四棵树蒙郡主谢儿曹（藏语东瀛也，以其生于日本，故名）事颇详。侯托购置西门土机器及小长途汽车。留晚饭。

绥来汉户口十分之七，回、缠合占十分之三。附近三十里山中有银矿，现已由郭某商人承办。春冻消后□即可动工矣。绥来三城，曰南、北、中。县中当以施培元家为巨富。城东五里有天主堂，住神父兹力肯。

九点半侯遣车送归，未几又来访，十时半方去。山中有煤窑，来回须四日，而自迪化来亦四日。本地车少，故迪来之煤仍多。零售每斤一钱，在迪化每百斤只三两许。绥来北为草湖，绵亘至阿尔泰，蒙哈游牧其中，有路通阿山。北并有沙湾县，通阿电线亦于绥来分路。

过马纳斯河、十河子到乌兰乌苏

1930.3.6　六日

晴。晨九点半发绥来，西稍北行。十点三刻过马纳斯河，水结冰雪与路平。沿电杆行，南山多雪，他方为平野，厚雪，多芦苇。一点十五分经十河子，住户不少。再西偏北行，更多芦苇。下午两点五十分到乌兰乌苏街上住。绥来至此为九十里，冬行草湖中为直路，冰雪消后须绕道，则远矣。照一影。天暖，车夫易人。

沿天山北麓到安集海

1930.3.7　七日

晴，较昨寒。

晨八时发乌拉乌苏，西行不甚快，雪薄。十一点过三道河子，居民十数家，稍停下车矣。后仍西，渐近山麓，榆树绵亘，可数十里。后离山麓，下午三时抵安集海街上住。乌兰乌苏、三道河子为四十里，三道河子、安集海为五十里，地俗名盐池海，有邮政代办及盐局。乌拉乌苏至此皆属沙湾县。

听塔城周县长说边境事

1930.3.8　八日

晴。此路雪薄。

早七点发安集海，西偏北行，十里许出林。十点一刻，过破房一所，无居人。下午一刻到愧同，有居民、商店几家，尖。至此为九十里，实不过七十里。西行大戈壁上，路雪多消。车行缓。五点廿分，又七十里（实不过六十里）至乌苏县关外街上住。店中遇新任塔城县长周家瑞。

乌苏南界山，东辖至愧同，北辖至汗三台。塔、伊分道于此。西行一站至四棵树，为蒙王牧地，水草丰满，如开垦之，可安千户。乌苏虽冲要，而户仅七百余。

黄昏访贾县长（南皮人），未几归。夜与周叙。周民四曾应杨督命，阳为调查布鲁特草场，而实带测绘员密查乌什至喀什后山中中俄边界，历时三四月。中俄界牌廿五块，山中之布鲁特人（即黑黑孜）于山峰安界牌处志石，而将一面中文、一面俄文之界牌取下，包以毡而锁之于箱，盖惧俄黑黑孜来夺牧场，保护木界牌以作将来交涉根据。彼有日记、地图，民五，杨曾印发各县。九点半，周辞去。乌苏俗名西湖，夜写袁一函。

经老西湖到头台官店

1930.3.9　　九日

晴，有白云。

周馈点心一盒。八点半至房顶摄新回寺楼一影，五十五分发乌苏。北后微西行，途泥泞甚，车行缓前一倍。十二点经老西湖，遥见破署及旗杆，路旁住户二三家，余则稻田一望耳。附近皆碱湿地，冰雪全消，则泥泞甚，此地尚不极甚，路旁渐见红柳。车行仍缓。下午五点到头台官店住。乌苏、老西湖卅里，后段为六十里，地只一官店，有树及红柳。数里外方有户家及他店，房黑天冷，饮食皆须自备。卡兵开店。

冰雪路上到车排子

1930.3.10　　十日

星期一。一早大雾，房、树、草、电杆及其他东西皆结白霜花，日出则白光闪灼，煞美观，近午方消完。午前八点卅分发头台，北微西行，路如昨后半段，仍不快。九点过一户家旁，沿途多树株、红柳及芨芨。十点过另一户，十一点又过一户。路有处冰雪平坦好走。午后两点廿分，七十里，至车排子住，有三店，汉回商几家，缠回汉户可三十家。前住守备，今已撤废，住连长一。街上有新修礼拜寺，街南愧同河西流，同达三各摄一影。

宿小草湖

1930.3.11　　十一日

一早大雾，白霜如昨。周缓此一日。八点半发车排子，北微东行，后又微西，路间好间坏，速度如昨。沿途多树株、黄草，途经户家二三，渐见北方乱山。午后两点廿分，到小草湖，住。今日行只六七十里，缠名库尔，盖附近有芦草也。地只一荒店，有卡兵，饮食须自炊。院有井，深可三丈，水碱，然除此外无他水也。井上有小龙王庙。半夜来车多，扰嚷至天明。

乱山之中宿汗三台

1930.3.12　　十二日

星期三，总理逝世五周纪念也。四点半起，六点五十分早发小草湖。北偏西行，下坡，路旁有植物。天晴，有层积云。九点上坡，此后无植物。十二点路旁渐有土丘，后渐入乱岭中。车行时快时慢，路亦不平，冰雪消，泥泞。下午一点廿分到汗（或旱）三台住。至此名为九十里，实不过八十里。汗三台他名鄂即（或乌苏）布拉克。店二，住者为卡兵所开。一泉，碱浊，因化雪为茶。南有马王庙，后一为老君庙，中近泉之一为泉神（龙王）庙。饭食仍须自炊。地处乱山中，夜阴。

庙儿沟观日晕

1930.3.13　十三日

阴，一早多高积云及高层云。高积云碎整成行如锦波。三点起，六点动身，余先步行二小时，北偏西有时北西，上下小坡，路不平，雪甚少。此后山中渐见水草，有哈萨住牧其中。十一点三刻过什拉杂，有河南裔卡兵一，娶哈萨寡妇，育数子女，现彼宗回教，稍茶点。附近哈萨冬窝于此者颇多，摄二影。汗三台至此为八十里，哈萨名此地为萨尔卡。

午后廿五分又北北西行，附近雪极少，路干平，乱山仍多，草较佳。于此哈萨冬窝于附近者颇多。四点一刻下坡，至庙儿沟住。地处乱山中，小庙临溪，故名。哈萨呼此地曰五特（Wutei），有卡子，住排长及兵士七名，现在开店。有电报房，设于民七，前在愧同岭，后移此。附近哈萨之居于土屋或居于穹庐者颇多。周围蒙古亦有之。下车摄四影。什拉杂至此为五十里，此两地无柴，以粪作燃料。此额敏县境也。电报房内有长途电话（即假电报线以安置者），通额敏、塔城。下午三时后日晕，四点三十至日

落，晕圈美甚。

途中翻车，夜宿野马图

1930.3.14　十四日

晴。晨六点半发庙儿沟，先步行，访小庙，内供马王、山神、龙王、福德财神、雨风雷等神，门额悬清塔城参赞富某之匾。西北西行。七点四十分上车行，以后上下山坡，颇慢。后北西及北偏西行。十一点三十分过愧同岭，有卡兵小店一，此行上大坡颇

图 15-2　过愧同岭，车覆一次，两轮向天

吃力，盖坡既长而又积冰雪，及午一消，致不好走也。以后又过数达坂，雪冰渐多。下午半点，车覆一次，两轮向天（图 15-2），觉之早，乃扳过之，人物无伤损。两点后，下坡行高山峡谷中，冰雪塞途，行仍慢，多曲折。四点廿分到野马图（Jamatu），住。自庙儿沟到愧同岭为七十里，愧同岭到野马图为六十里。附近多哈萨，山中间有松林。地驻三卡兵，巡电杆者一，开店只一房，喂马以湖草，有小刺木条柴。北之泉水成流，清甘。现住此地，雪消后绿草已生芽。摄一影。东山名贾义儿山，西名马义儿山。

1930.3.15　十五日
晴，微有白云。

晨七点五十分发野马图，过小溪，北偏东，上达坂，步至八

图 15-3 托里俨然一街

时上车，向北北东，上下数坂，路虽广大，然上下吃力甚，时须下步。雪少，九点下大坡，山势阔展，白雪一望，远近诸岭莫不参白。雪厚皮消，颇不好走。北微东，十二点到托里住（图 15-3）。俨然一街，商店、居民各数家，农几十户。有卡，住连长。野马图至此为七十里，附近山势阔展，地皆雪，乏木柴，以秃儿条作薪。

住老风口，官书作平安驿

1930.3.16　十六日

早一点后起，两点五十分发托里，北行雪窝中，轮时陷。八点一刻，过廿里腰站子，哈萨名为加满塔木，再北，山势仍展。十点出山口，十点廿分到老风口住。此地官书作平安驿，缠名夏玛尔窝坦（风驿），哈萨名萨里胡孙。自托里至此为九十里，实不过七十里，雪厚故行缓也。

地多东南及西北风，故名。夏风较少，大时豆大砂石吹得飞舞。冬则吹起白雪，对面不可见。荒店三，皆深院冰水雪，屋多破，有树几棵，有溪，南有马王庙，北为关帝庙，近马王庙北之大庙为风神庙，内供阖境风神、本境山神及土地尊神。正额"福佑岩疆"，印"光绪御笔之宝"，殿额"煦育群生"，为民十五额敏县长王家荣所献。左窗大匾书"永护风静"，为参赞伊犁军事分镇康安使者安成于光绪卅一年献。右大匾题"高山仰止"，塔城参赞伊犁副都统法福灵阿巴图鲁额尔庆额献于光绪挺善执徐年屠维作江月。卡兵开官店。西北风多接以雪雨，东南风后主晴。住汉、回、缠各一家。哈萨附近几家。北望平野至远山麓，有地无雪，以木条及湖草作燃料。未几，风起东南，力五。风中摄一影。

额敏县住宿

1930.3.17　　十七日

星期一日。四点半，风中发老风口，北行过雪水后，入平坦无冰雪大路上。沿途隔一二里即一小房，系杨绍武为行人避风雪而修者。车行快，天明一狼随车行，驱之始去。七点一刻，入茇茇湖中，有雪水及冰。行渐慢，沿途哈萨居于土屋者几家。九点一刻行九十里，过二道桥子河上桥，摄一影（图15-4）。入街市中，民居、商店可廿家，地六七斛。

遇驻防之白连长，坚邀茶饭于其营内。盖彼与余之听差王海澄前同在杨之护卫军吃粮也。十一点十三分发二道桥子，北卅度东行，途多冰雪泥水，轮不易转。迪塔电线于二道桥子缠名苦儿特（kurte）直达塔城。去岁又于此修支线通额敏。一路常见土屋、

图15-4 二道桥子河上桥

树株散落茇茇雪地中。常见哈萨以牛曳扒犁子载刺柴、茇茇往卖于市。两点一刻过二翅子河二支流，一上有冰桥，岸哈萨土屋几家。天暖雪消，更难行，马喘汗不堪，几步一息。

三点五十分，过额敏河上之大桥，桥修已三年。入街市，托里以后缠、哈及回、汉人家多以玻璃为窗，近洋式，而额敏尤甚。地多哈萨、缠及闹噶衣。东北行，四点住回店，狭街多洋房。额敏蒙名度尔半京，地处山中，东西长、南北狭，北山为塔尔巴哈台山。东山名鄂老克沙尔山。老风口前西为巴尔拉克山（即红盐池山），东北东或北东百里外乌什水卡，夏季车马可由此通俄国。卡驻兵一营，四五十里外东山沟中生白杨，余山则仅有草刺。

东南二百里许有铁矿沟，昔有金场，今废。内产煤，为前塔城协台马所开，迄今已八九年矣，岁出数十万斤，运作自用及让售衙署及商民。二翅子河产白鱼，长尺许。二道桥子河、二翅子河等下流，皆合于额敏河入俄境之阿拉库尔中。夕摄街影三（图15-5），访县长师作范（师又名马洪九）不遇，值其继父马统领

图 15-5　额敏街景

寿，现在塔城也。电局亦有电话，塔城有接官于此者，新省缠民有"接官不送官"之谚。午前到芨芨湖以后即已无风。夜阴，半夜雨，夜闻人云二翅子河冰桥已陷。

雇扒犁子北行

1930.3.18　三月十八日

晨阴雨，后细绵绵至午如雾，后晴。车夫惧至塔城途中难行，转雇扒犁子三，载东西及人。下午三点四十分发额敏，同行四扒犁子分载人物北行，雪中摄三影。雪厚行不快，未几西北西行。满目皆雪。入夜后稍合眼，因自扒犁子落地一次，然无碍。九点四十分到官店，稍茶点并饲马。十一点后稍睡，地有店二家，卡子一。闻近来俄境民变，数百人遁入中国卡伦周围。额敏至此为七十里。夜西北风。

住到塔城恒泰昌栈

1930.3.19　三月十九日

星期三，一早风，晴。两点四十分发官店，西北西有时北西行，雪厚行慢。途中遇塔城兵士护解去额敏之俄国乱民九人，皆乘扒犁子，兵骑马。天明后渐见路旁树村散落，西山之巴克图山亦可见。塔城即在其前，亦可见树株，渐见后却不见塔城，盖塔城在洼处，而路中尚高低不平也。路不好走，有处无雪，须下步。十点卅五分过砂河，渐入树林中。十一点十三分雨降，途泥泞难行，绕新城而至旧城关外，街市泥泞，有逾迪化。

十二点，到恒泰昌栈住，王先至，送马古洛致邮局李锡田（奉天沈阳人）书，故李派信差照顾，未几李又来。扒犁子价十五两，因御者哈萨尚好，加给酒资三两，价不贵，因系回头商也。非此，无论台车、大车，皆不能于今日抵此矣。途中曾见大车被舍于途者几辆。栈房清雅，包伙食。饭后访李局长于邮局，谈颇久。夜早睡。此行吉顺，真幸运之旅行也。塔城新城住行政长，老城驻县长，有中国街及洋八杂（即旧俄租界）。

访问塔城地方当局及俄领事馆

1930.3.20　廿日

阴雨。晨洗澡、理发。近午乘马车访黎海如行政长（广东人），谈护照及款事。后又访交涉局长黄定昆（宗岳，锡伯）。后又去县署访赵乐善县长，公安局未见。

饭后黎、黄、赵相继来谢步，后同黄访俄领波罗务俄义，后日可得到护照之签字，因俄领馆明日星期五不办公也。波领并询款事，三时后归。

1930.3.21　廿一日

晴。早饭后同达三游洋八杂，在顺发洋行购小帽一（五两）、手套一付（八两）。午后访黎海如询款、照等事。晚访李锡田，致袁先生一电。

1930.3.22　　廿二日

阴云。晨写致袁一函付邮，述途中情形。午后李锡田邀饮。晚竹战，负卅。

俄领签发护照

1930.3.23　　廿三日

晴。晨达三访黄定昆，询护照事。黄云照已取来（插图12），惟只限于廿九日前进俄境，不然则须重行签字。连日托人雇车，皆无结果，心焦甚。近午游洋八杂，并访山东商人潘子玉于其私邸，谈俄路及莫斯科情形。归后收到希渊三月七日函。郁郁过去。夜写致袁一函。

雇定"六根棍"赴俄境

1930.3.24　　廿四日

晴。早饭后余一人步至领事馆，与波罗务俄义谈一会，盖询其途中情形也。后又访远东银行经理士木克赖尔，询卢布价格，云三两二钱五分省票合卢布一元。士曾在喀什道胜银行分行中任经理多年，于一九〇一年曾见赫定自西藏归来也。归寓后又出游街市一次。

下午车雇妥，定廿七日启身。车四轮，套两马，较小于来往迪化之台车，俗谓此种为六根棍，盖其车床为六棍平列而成者也。自塔城至俄境之塞焦堡尔（又名为阿宜古斯）虽为十二站路，平时路好则于四五日即可到，其价仅每车约为百五六十两，每车只容一人及少许之铺盖行李。现以路未完好，人多裹足，故每车致费二百五十两之多。

街市常见俄妇着半汉之服，通汉语者，殆为乱后之嫁或姘汉人者也。本日写致希渊一函，夜又写致旭生先生一函。

兑换卢布

1930.3.25　廿五日

晴。闻周辑五县长已到此，明日接印，以故满街悬国旗以示欢迎。午赴领馆远东银行兑七百卢布于巴克图，共费二千二百七十五两。晨写致子亨一函，同昨二发出。门前街泥满，一人以马曳木板推之，费力多而成效少。午后睡一时。

1930.3.26　廿六日

午前去贺周，彼约午饭。访黎，送款及辞行。夕装车。

二 从俄境赴柏林

由巴克图卡入俄境

1930.3.27　廿七日

十点动身，过俄领馆，又至其银行汇巴克图四十六 R。十点半又行西微南，午过中国巴克图卡。见张子文，卡子又验东西，误多时。卡有小房二三所，相夹成狭道，仅容一车。兵士数人，皆不整齐。过此俄卡，相距不过数百步，洋房一所，兵士皆服黄呢衣，带手枪及大枪。见余等之车来，乃驱至问护照，出示之乃放行。

自塔城后，电杆皆高大杆，下部以两石相夹，深埋土中，比以前所见者好得多。此盖为俄国所修，乱后中国收回者也。时已望见洋街、树株。又三四里至街上，警察亦验护照。先至关卡，验护照及检查行李。为款事，塔区送行之报生与关税人员甚费口舌。后俄方知吾为考查团人，乃改态度。验毕住店中。塔城至俄之巴克图为十八俄里（vere），哈语 hahlem。

逗留巴克图等候取款

1930.3.28　廿八日

住巴克图，以本日为星期五，此一带为哈萨斯坦，俄人亦多随回教，以"居马日"为星期也。除关卡外，各机关皆不办公，银行亦然，因不能取款，故仍住留。

巴克图住户约有二三百家，哈萨不愿受共产者，多乘机遁去中国境内。日前俄人之反抗政府者，亦有之，后为击散。战时巴克图俄兵曾有二人毙命，闻附近尚有困在山中之反民。哈、塔、缠之民，皆有不堪新政之感，俄人亦有之。此地入夜（六七时后）即静街戒严。

出境卡送回塔城更换

1930.3.29　　廿九日

午前去关卡取护照，闻卡长云护照上所签之出境卡不能走，须更换，已送回塔城，请领事更签，下午可回。闻讯之下，心甚灼焦，今日行又不能矣。至银行取出款七百四十六卢布。

住阿色勒鄂

1930.3.30　　卅日

午十时取得护照，盖照上原为出境俄卡尼古来里亚经波兰之途，后改为屑别日，乃经拉脱维亚、立陶宛之路（图15-6）。向银行要一收据，归店收拾东西。

午后十五分发巴克图。天晴暖，路亦干，西稍北行大路上。两点五十分布孤巴衣，有一河，哈萨住户可十数家。四点半，阿特该衣，七点廿分，至阿色勒鄂住，行约四十七八俄里。地住哈民房、包共约十家，睡车上。一哈民新自绥来移此仅十五日，牲畜殆皆为俄官收没，感叹绥来日月已去。

住纳瓦勒哈萨人家

1930.3.31　　卅一日

晨七点三十五分出发，十点四十分至马干其，附近稍泥泞，

图 15-6　出入巴克图口岸俄方重新改签的出境卡（下图右下角为刘衍淮后来在德国的一年居留证）

街市建筑皆欧式。茶憩于一土俄家。至午后一点半又发西行。三点皆宜土巴（白）小山，以后路不好走，泥泞。六点一刻过巴拉克巴衣哈萨，土屋廿余家，此后路甚难走，轮曾陷于雪中一次，费过半小时。九点半至纳瓦勒，住哈萨家。附近哈户可六百余。纳瓦勒（Navalo）河源出北之塔尔巴哈台山，流入阿拉海中。附近一桥颇大。今日行约四十五俄里。

经武捷县住小武捷

1930.4.1　四月一日

十点廿分发纳瓦勒，西稍北行，途多雪。车行慢，一点半过武捷县。街颇长，地处山中，有河流，地势参差，建筑亦皆因地而异，甚有可观。高大之礼拜寺皆已为官家所收没，树株亦不少。更前行，三点四十五分小武捷哈萨冬窝庄，住。本日行约廿三俄里。地有一哈萨，曾在中国境内多年，现娶一妻，今夜宴客，约余等亦去，男女数十人，其小房内甚为拥挤。吃肉后乃二男二女对坐相唱，盖其俗如是也。中夜归寝，地住哈萨十七八家。

泥泞中赶往布尔干哈萨庄

1930.4.2　二日

一早阴雨。八点三刻，发向西南及西南西，路泥泞。午后廿五分爱肯（根）苏庄，除俄人一家外，哈萨十余家。一点廿五分，布尔干哈萨庄住。小武捷至此约有廿俄里。夜睡车上，雨。

大风天住喀拉库尔附近

1930.4.3　三日

七点十分，发布尔干，西稍南行，阴雨，约十俄里后无雪，路平坦好走。午后三十分过泰斯巴干（Tesbagan)。附近多水，泛滥满地，草丰。附近哈房甚多。一点四十分，哈房茶点。三点五十分，西稍北行，路平坦。六点五十分，喀拉库尔街，过大桥，行汽车路上。七点十分，住哈萨房内，风大作，颇寒。地住俄兵三十名，房主之子新丧月余，亲友多来相吊，见则与男女相抱大哭。此地离喀拉库尔街上有二俄里，自布尔干至此约有五十四俄里。

住阿义庄哈萨小学校

1930.4.4　　四日

星期五。七点五十分发喀拉库尔。晴，风冷。西偏北或西北行上坡路，路平行慢。十一点三十五分过甲尔他斯，茶点。两点十分北西行，上坡，渐有雪。五点后下坡，北微西行，途多雪，车行较缓，自甲尔他斯起，已入乱山中，此地仍然。六点五十分，到阿义（Ayi）庄住。地处乱山之洼，住哈户四十九家，有小河自东蜿蜒而西，河上一桥，树几株。住哈萨小学校中。天晴，风，冷甚。近来苏俄之塔塔尔（闹噶衣）、哈萨克人皆废阿拉伯文字，而代以拉丁字母。报章、教科书皆以此新文为主。今日行五十一俄里。

乱山之中到新户儿家

1930.4.5　　五日

晴有白云。八点一刻发阿义，北行，后微西，沿途仍多雪，行不甚快。十点三十五分过哈房数家之处，上下小坡几次，乱山环绕。午后两点四十六分，到新户儿家，住。武捷以后沿途不见电线，至此方又见之，盖线山路中直至此，现山中雪大，该路尚不能通行。一车陷雪水中，误多时方出，余御余车绕道渡河至村内。新户儿家（或新户儿江）东临较高之山，有小河夹流，名那林河，故此村亦名那林云。途遇 Kamk，曳车之汽车九辆。

阿宜古斯坐火车去斜米

1930.4.6　　六日

白云。八点五分发西偏北行，有时向北西，途时好时坏，午已望见阿宜古斯，街市与车站遥遥相对。两点十分，过铁路阿宜古斯河畔，水深不可，乃折回西向沿河行，有时车为雪所陷，铁路支路甚多，一切工程，正在继续进行中，至本年五月底，此中央亚细亚铁路即可将完全竣工，由此而南至阿拉马头（七河省）、安集延、塔什干一带，即可一气贯通。新疆省边外即是铁路，苏俄野心，正不可侮。

三点四十分，渡水至阿宜古斯街上。自新户儿家至此为三十七俄里。塔城至此，在昔为十一站。近来苏俄经营此路，不遗余力，自巴克图至阿宜古斯，路皆平坦宽大，而沿途桥梁，亦建筑甚工。平时台车五日可至，快者三日半亦可至，而汽车亦已通行。闻俄人尚拟以飞机通巴克图。及至中国，内地则战争纷嚷，何暇顾及边陲；而边境官吏，又皆固于旧习，只知坐官要钱，而交通实事，皆所未闻，即稍作之，亦不过骗人装门面而已。

四点，询俄人政务局，云今日再两点后车即开斜米，不然，须俟后日后方能有车。乃归店收拾东西，多所抛弃，急买他车行七八里至车站，买二等票，每票十二卢布六（至斜米）。行李至斜米百三十三公斤费九卢布，车站为莫斯科时刻，比我们路上用的慢三点四十分，乃易之，后以此为准。则夜七点半（即十一点十分）开车。

上车时甚拥挤，争占位置之喧嚷，令人不堪，行后渐好。二等每车分三层，每层每间三人并卧，门窗皆闭，而众人又多赤脚，致车中空气甚难闻。自阿宜古斯至车站所雇之车，费八卢布。车站见汉人四，三等车则为无窗之闷车（即平时货车）。每站停甚久，而行又特慢。车站皆松木房。路程表：塔城-18 俄里 Bachte-27v.Atgeiyi-32Maganchi-26v.Banakbai [-]23(v.)Uadschar-8v. 小 Udhar-14egensu-33Tesbagan-26Karagul-28Ayi-30Schinyurgial(Norin)-37Aigan。

到斜米访中国领事馆

1930.4.7　七日

早阴雨，路景无荒山大野，时见小村。午后莫斯科表七点到斜米，下车后雇车（费五卢布）至欧洲客栈，无房间。斜米时间时已十点余，不得已扣领馆门。门警告以明日，乃语以原委并授以名刺。未几，馆员黄、刘二君迎来，后秘书（现称副领事）曲明溪（漪涟）亦起出，相见，多系同乡。茶后睡，时已夜半后矣。

购买赴新西比利斯克火车票

1930.4.8　八日

晨见牟晋川总领事。饭后同黄去路局买定软铺车票，每票至新西比利斯克为十九卢布六，行李票费廿一卢布八五，其重为百廿七公斤。归途见一牛角店之小商贩一，雇车费三 R。归后收拾东西。晚牟作书给新西比利斯克德领及莫斯科勾捷三。夜半睡。

乘坐新西比利斯克火车

1930.4.9　九日

早起，时莫斯科时间为三点，预雇之车已候门外。稍茶点即行，二车费六元二。黄伯华（馥亭）送至站，诸事具备，方归去。四点车开。沿途多见松林，雪仍多未消，村落亦较前稠密。每站皆有开水，大站并为饭馆及可购食品，面包皆黑者。

于汝布曹屋喀后同车有一韩人共产党员杨世鸣，笔谈谓新西比有中国俱乐部及中国农业组合，并出示《共产》第一期及莫斯科劳动大学对广州暴动失败二周年纪念宣言，皆中国人用中文所作。除其亲爱之苏维埃政府及第三国际外，而中国，而欧、美、亚其余之国家，于关于中东路事之一文内皆在被骂之列。而脱落斯基派主张将铁路无条件交还中国，尤为作者骂得痛快，指脱派为中国走狗（或揭其是否中国人，为什么为中国人尽忠）。但作者何人，即不得而知矣！

在新西比利斯克德领馆办理签证

1930.4.10　十日

早三点（本地时刻为七点）到新西比利斯克，赏车上人二 R，雇车德领馆，费三 R，见领事 Groaokopb。后寻客栈不得，乃拟护照办妥，即日西进。及夕于 Yeнmipal 客栈寻得一室，二日价十五卢布，不在食堂吃饭，先买票后吃饭，而一切商店莫非先买票而后拿东西也。晚作致袁之书，闻其夫人及那林仪器将来此赴新疆，德领拟派人护送至巴克图。天阴，微雪，冷甚，街上尚行扒犁子。

德领馆办理车票及优待证

1930.4.11　十一日

早阴，午后晴，早饭及茶费 40R.（一人）。十时后访德领馆，多时觅不得，及至，已午，办预定车票及优待证事。晨曾写致朱菊人一明信片。夜赴德领之邀，饭于其领馆。费二小时方归。

坐火车经奥木斯克赴莫斯科

1930.4.12　十二日

早三点三十分，德领馆之俄人来，帮忙收拾东西。四时后到车站，买预定之票，非如是则难矣，并转行李。二等特别快票价至莫斯科每人五十二卢布，行李又费六十四点三八卢布。五点五分车到，停十五分即开去，赏送之人五 R，脚夫八十钱，车费三 R，火车上铺费（二人）六十七卢布。有饭车，早茶点费三元，午饭费四元四，面包黑如前。路多雪，夕后路上渐少。五点四十六分，奥木斯克，停约廿五分。晴，夜月明星稀。奥木斯克后为单轨铁路。浴后睡。

单轨铁路和沿途松林

1930.4.13　十三日

多白云，途中渐不见雪。早五点三刻，过亚汝套老夫斯克。七点半，过替油门大站，停三十分许。午后曾见山，沿途仍皆松林。三点十分，过斯屋也尔带老夫斯克。铁路支路如网，站有卖滑石器物者四家，多系小盒烟灰器、墨水器等。石分黄、白、灰、绿等色，白者（即大理石）价较昂，黄一盒一个只价一 R 许，以车开未买成。地不平，松林美，左有水，林中野草焚。刻之石器产于乌拉尔，斯屋也尔带老夫斯克多工厂。夜雨。

1930.4.14　十四日

晴，早七点廿分过巴列子挠站。此后又稍有雪，罕大站，松林仍美甚。午后卅五分过非牙特喀，多木刻之器，因购一烟斗，价一点三五卢布。下午两点四十分过河上之大铁桥，六点三十五分过沙李牙。

莫斯科客栈全满

1930.4.15　十五日

多云。六点三十五分过阿力三多夫，停半点多，景如前。九点到莫斯科，雇马车寻客栈不得，因至德使馆询勾捷三住处。时已午，天阴云，至噶噶林斯客十一号，寻客栈皆无房，因暂住勾君处。莫斯科全市客栈皆满，其因盖以官家客栈既不多设，而私人又不能设，且现距五月一日之劳动节不远，外省外城之代表纷纷连袂至此赴会，故患人满也。至夜仍未能询得客栈。

办理假道签字，游览莫斯科

1930.4.16　十六日

多云。晨起即雇汽车去拉脱维亚与立陶宛两国使馆办理假道签字。立陶宛使馆未收费，而拉脱维亚则每照收廿卢布之费，可谓昂极。转汇款事办竣，即乘电车去询至柏林之通票事。因买二通票至柏林，及自此至西比日之铺票，费百二十四点三卢布。

夕同捷三、达三出拟买衣，时已晚，未买成，经由大戏园、皇城、皇宫、列宁墓，后又沿莫斯科河行，上有石桥。过真斯拉夫教堂，基甚高，寺亦甚高，全为大理石及其他花光石做成，大理石来自意大利，建筑工程费四十年之久。因入观，值教士率信徒作礼拜，唱诗祈祷。教士披金袈裟，一戴帽，一无。信徒有跪拜者，有立多画十字者。满壁油画，皆耶苏像及圣经上故事，画工甚，皆出自名家之手。楼数层，礼拜日可登。闻教士、信徒尽为此国所贱，课以重税，诟以重辱，然自苏联政府成立至今已十数年，而其首都犹有如是之信徒，至于他处回教民众，亦皆尚未打破信仰，宗教感人之深，亦不可谓不甚矣。

礼拜寺前绿楼顶尖长为蒙古使馆，出堂右行，有树小园一，过此即为劳动大学之所在。曾于其门前遇华人数辈，类皆该校学生。买苹果二十个，费五元；柠檬四，价二元。盖苏政府严禁街市上小摊商及私买商，故买水果者几无，近以故稍解严，而有此小商，价虽昂，尤有买处也。

归寓，遣人去打行李票，不能直至柏林，因仅打至德边爱特孔德。十时赴站，勾君送至站。十一点车开，余亦呼呼睡去。此行车非特别快，亦无饭车，仅同斜米至新西比利斯克之车。

由屑别日俄卡出境到拉脱维亚

1930.4.17　十七日

阴雨。经行林野田苗之中，罕大站，满野草葱。午后半点，过外里克义汝苦，停半小时，买食品。三点廿三分，铺斯托士喀。五点十分，到屑别日，是俄边卡，检验行李，与关税银行交涉，乃将百七十六卢布换为百马克及三百四十拉替。七点十分，换车西行。八点半到其汝培（图15-7），已入拉脱维亚境内。拉国虽小，然军警整齐，稍验行李，人皆甚有礼貌。下车买洋火及吃咖啡、茶各一杯，费 0.55 拉。此国人多解德、俄语，而其本国之语言则又系单另。

经由立陶宛进入德国

1930.4.18　十八日

早七点十分到里噶，急下，午趋他往德之特别快车。天阴雨，廿分车行，过大河上之铁桥。长街大楼之城市渐离远，而入绿田大野中行。早饭费 4.20 拉替。同房有立陶宛边卡张尼其斯站关税总员，相谈甚欢，邀饭于饭车。其名为 Gonoai Buiko，立语

图 15-7 拉脱维亚、立陶宛边境章 　　　图 15-8 立陶宛签证页

Muitine，税关也。九点五十五分，到张尼其斯站，验照（图 15-8），行李未验。停半小时又行。十点五十五分，过 Mekiai 小村。十一点四十八分，Siauliai，午后廿三分，过 Aadviliskis，三点五十分，过 Kaunas。三点廿分时，曾过一长地洞，费时可三四分钟。抗拿斯大城，工厂林立，有河流。此地时间较莫斯科迟一小时，六点（即此地五点）过 Virbalio。立陶宛与德于此地附近以小河为界。又十分钟，即到德卡站 Etkunden，验照、打行李票、换钱。行李又费三四点七五马克。车停约半小时即开。

到达柏林

1930.4.19　十九日

早七时前已进柏林市中，八分过福里得里西街车站，又过兽园车站，于动物园车站下车，雇汽车至使馆。以太早，故无人，投住基督教旅舍中，日费十二马克，茶一壶费二元二，理发每人二元。午至使馆签名，见学生监督陈柱一，浙江人。未几出，午饭于津汉饭馆，后访鲍尔汉不遇。邂逅过狄德满，闻郝德已回家。归后写致牟、黎各一函，为款事。

自迪化至柏林，总计费时四十七日，内住塔城八日、巴克图俄卡两日半，斜米一日半，新西比利斯克两日，莫斯科一日半，共途中住十五日半，净行三十一日半（图15-9）。

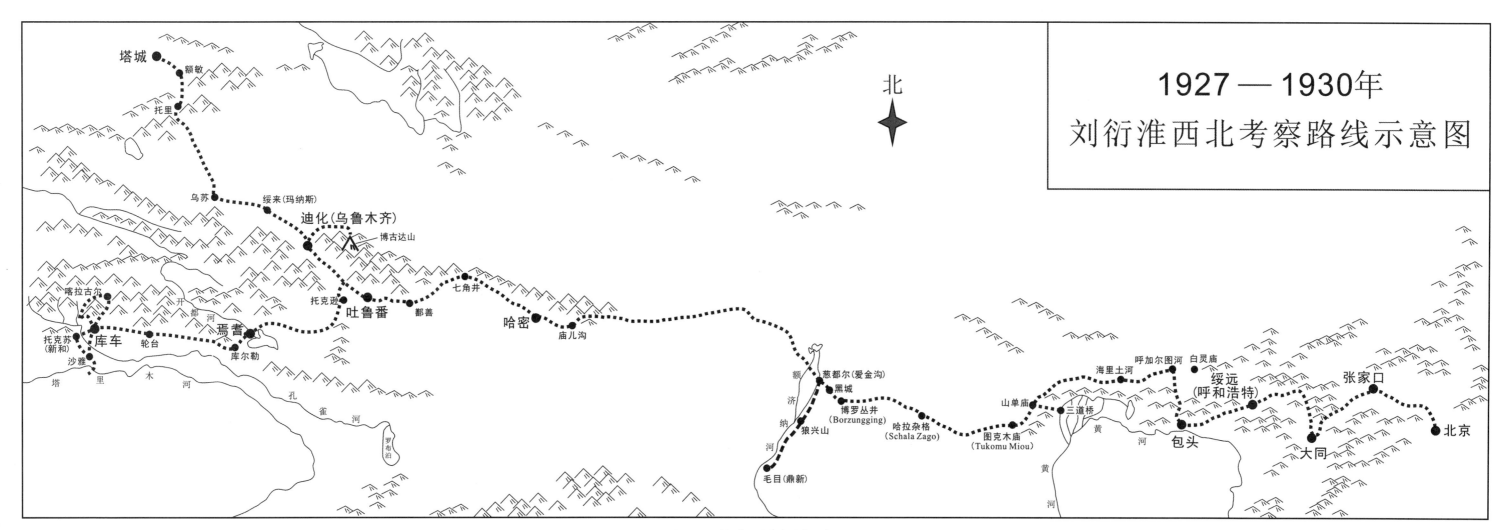

图 15-9 刘衍淮西北考察路线示意图

图片说明

插图 1 中国西北科学考察途中的刘衍淮（李伯冷摄于 1927 年 10 月）

插图 2 刘衍淮西北考察日记簿

插图 3 出发第一天的日记（1927 年 5 月 9 日）

插图 4 1927 年 5 月 9 日，中国西北科学考查团出发前在西直门火车站合影（前排右 3：刘衍淮）（《西游日记》）

插图 5 1927 年 6 月 15 日，郝德指导四位中国气象生（左起：马叶谦、郝德、刘衍淮、崔鹤峰、李宪之，李伯冷摄）

插图 6 教育部颁发给刘衍淮的西北科学考察护照

插图 7 1927 年 11 月，在额济纳河畔葱都尔气象站集体留影（左 3：刘衍淮）

插图 8 1928 年 8 月，在库车气象站合影（骑马者左起：华志、刘衍淮）

插图 9 刘衍淮考察途中的画作

A：额济纳河畔的观测站（1927 年 9 月 28 日）

B：哈密城北门（1928 年 2 月 10 日）

插图 10 1930 年 1 月，在迪化气象站合影（左起：白万玉、龚元忠、李宪之、袁复礼、黄文弼、刘衍淮）

插图 11 1930 年 3 月 3 日，刘衍淮与李宪之赴德留学告别迪化诸友

插图 12 刘衍淮自新疆赴德国留学的护照

图 1-1 出发前在北大三院合影（左 3：刘衍淮）（《八十周年》）⋯⋯⋯⋯ 4

图 1-2 包头的大本营 ⋯⋯⋯⋯⋯⋯⋯⋯⋯ 8

图 1-3 包头街景（李伯冷摄，《亚洲腹地》）⋯⋯⋯⋯⋯⋯⋯⋯⋯ 9

图 1-4 昆都仑召合影（前排右 4：刘衍淮）⋯⋯⋯⋯⋯⋯⋯⋯⋯ 14

图 1-5 护送队（袁复礼旧藏）⋯⋯⋯⋯⋯⋯⋯⋯⋯ 15

图 1-6 黑教堂（中列四人之右 1：刘衍淮）⋯⋯⋯⋯⋯⋯⋯⋯⋯ 18

图 1-7 蓝理训打死的狼 ⋯⋯⋯⋯⋯⋯⋯⋯⋯ 21

图 1-8 放轻气球（左 1：刘衍淮）⋯⋯⋯⋯⋯⋯⋯⋯⋯ 23

图 1-9　喀纳河畔记录气象 ·· 35

图 1-10　四个气象生（左起：崔鹤峰、刘衍淮、马叶谦、李宪之）········ 36

图 1-11　刘衍淮的蒙古文练习册 ··· 38

图 1-12　德国人唱歌唱诗（立者左 4：刘衍淮）························· 38

图 1-13　留守者（左起：马山、刘衍淮、齐白满）（《长征记》）········· 44

图 2-1　黄文弼在海里土河挖掘（袁复礼旧藏）······················· 56

图 2-2　山单庙全景 ··· 66

图 2-3　山单庙后的白塔（《亚洲腹地》）······························· 70

图 2-4　奇岩怪石，韩普尔、老齐都给我照了一张 ···················· 72

图 2-5　老齐和他的骆驼在翻山途中（韩普尔摄，《亚洲腹地》）······ 73

图 2-6　三道桥杨家河子渡口（《亚洲腹地》）························· 77

图 2-7　三道桥天主教堂留影（左起：刘衍淮、马叶谦、比利时神父、
　　　　齐白满、韩普尔）·· 79

图 2-8　三道桥天主教堂留影（左起：马叶谦、张军需长、刘衍淮）····· 81

图 2-9　小分队归来宿营地（左上图《亚洲腹地》）···················· 84

图 2-10　赫定在山单庙为蒙古妇女画像（李伯冷摄，《亚洲腹地》）····· 87

图 2-11　山单庙正面的宿营地（韩普尔摄，《亚洲腹地》）············· 87

图 3-1　开始走基线（驼背上的刘衍淮）······························· 91

图 3-2　途中作路线图（左 1：刘衍淮）······························· 92

图 3-3　山上刻着藏文的石碑 ··· 96

图 3-4　土房而顶以蒙古包 ··· 100

图 3-5　沙漠旁扎营 ··· 106

图 3-6　偷骆驼的苦力被捉回来了（《长征记》）······················ 107

图 3-7　林中住所 ·· 110

图 3-8　沙山落日 ·· 110

图 3-9　树林中的赫定博士 ··· 111

图 3-10　作观测的崔大 ··· 111

图 3-11　黄文弼先生的帐篷 ·· 115

图 3-12　赫定的骆驼 ·· 118

图 3-13　北望 Zag 林沙山 ·· 118

图 3-14　Zag 树林中宿营 ··· 119

图 3-15　住地之一瞥 ·· 120

图 3-16　再画住地之一瞥 ··· 123

图 3-17　砂土石的山，风景绝佳，欲画而不能 ························· 123

图 3-18　黑城旧照 ··· 127

图 3-19　黑城速写 ··· 127

图 3-20　营地篝火 ··· 129

图 3-21　爱金河畔之一幕 ··· 132

图 3-22　爱金河畔 ··· 132

图 4-1　爱金沟宿营地旧照 ·· 139

图 4-2　爱金沟风景画 ··· 139

图 4-3　处罚偷骆驼的苦力（《长征记》）································· 141

图 4-4　爱金沟风景图 ··· 143

图 4-5　制作测量船（上图《亚洲腹地》，下图《长征记》）··········· 146

图 4-6　抄录《新疆图志》哈密建置部分 ··································· 151

图 4-7　双十节庆典开幕式（左起第一戴帽者刘衍淮）··················· 154

图 4-8　双十节余兴节目（右上图《亚洲腹地》，其余《长征记》）······ 155

图 4-9　围火（《长征记》）·· 160

图 4-10　出发去毛目的第一天宿营地 ····································· 162

图 4-11　Adakchahan 宿营地 ·· 163

图 4-12　宿营地附近的河口烽墩 ·· 171

图 4-13　毛目途中之河口风景 ·· 171

图 4-14　东地湾的废垒旧照 ··· 176

图 4-15　东地湾的废垒速写 ··· 176

图 4-16　毛目县署合影（左起：马叶谦、刘衍淮、县长刘炎甲、马山）···· 180

图 4-17　毛目城旧照 ·· 185

图 4-18　毛目城速写 ·· 187

图 4-19　毛目东渠 Se Fen（三分）郭宅速写与旧照 ···················· 189

图 4-20　为崔鹤峰送行（《长征记》）···································· 206

图 5-1　葱都尔个人留影 ··· 212

图 5-2　留在爱金沟的马叶谦 ·· 213

图 5-3　莫陵沟 ·· 216

图 5-4　住地之一幕 ··· 223

图 5-5　远处的山和最近的地都铺了些白东西 ····························· 224

图 5-6　下午画了两幅小画 ·· 227

图 5-7　Schalahulus 河岸丛生的树和红柳、黄芦 ························· 239

图 5-8　赫定先生被抬着上路（《亚洲腹地》）···························· 244

图 5-9　庙儿沟南山北望中之天山雪峰 ····································· 257

图 5-10　庙儿沟南山马杂 ·· 265

图 5-11　尧乐博士（袁复礼旧藏）··· 267

图 6-1　监视的卫兵（李伯冷摄，《亚洲腹地》）·············· 281

图 6-2　赫定的驼队进哈密城（李伯冷摄，《亚洲腹地》）····· 289

图 6-3　科考团全体到哈密合影（左 1：刘衍淮）············· 289

图 6-4　在哈密过春节（龚元忠摄）······················· 292

图 6-5　架鹰者··· 295

图 6-6　哈密政要在尧乐博士家宴请科考团（袁复礼旧藏）·· 297

图 6-7　回王陵（《亚洲腹地》）···························· 304

图 6-8　回城西门··· 304

图 6-9　哈密西河坝··· 305

图 6-10　西河坝速写·· 305

图 6-11　远望中之新城··· 307

图 7-1　鄯善街上的巴扎（李伯冷摄，《亚洲腹地》）······ 322

图 7-2　黄文弼所拓"神灵感应"匾额（黄文弼旧藏）······· 323

图 7-3　土峪沟的峡谷（李伯冷摄，《亚洲腹地》）········· 327

图 7-4　土峪沟千佛洞（袁复礼旧藏）······················· 328

图 7-5　翻越大达坂（李伯冷摄，《亚洲腹地》）··········· 335

图 7-6　迪化南北大街上的泥泞道路（李伯冷摄，《亚洲腹地》）·· 339

图 7-7　道胜银行故址大门前·································· 340

图 7-8　道胜银行故址内的破房（袁复礼旧藏）············· 340

图 7-9　道胜银行北赫定等住处（李伯冷摄，《亚洲腹地》）·· 341

图 8-1　迪化财神楼··· 346

图 8-2　杨增新（李伯冷摄，《亚洲腹地》）··············· 347

图 8-3　督署厅前唐碑（袁复礼旧藏）······················· 348

图 8-4　督署花园内魏碑（袁复礼旧藏）···················· 348

图 8-5　刘衍淮和李宪之为樊、刘二厅长介绍气象台（《西游日记》）·· 349

图 8-6　迪化东门外的电线杆（袁复礼旧藏）··············· 350

图 8-7　博古达峰··· 352

图 8-8　上山途中··· 353

图 8-9　福寿山的气象观测站·································· 354

图 8-10　福寿寺（袁复礼旧藏）······························ 355

图 8-11　迪化南关（袁复礼旧藏）···························· 359

图 8-12　杨将军来访（袁复礼旧藏）························· 360

图 8-13　迪化江浙会馆（袁复礼旧藏）······················ 366

图 8-14　《西行消费一览》封面及首页······················ 369

图 8-15　云雾交加的天山雪景································· 376

图 8-16 抄哈萨克族民歌 ······························· 386

图 8-17 抄塔塔尔族（老盖衣）民歌 ················· 386

图 8-18 斯文·赫定《我的探险生涯》德文本书影 ··· 396

图 8-19 范、刘二厅长为赫定等饯行（座中右 1：刘衍淮）··· 397

图 8-20 水木（磨）沟景色（袁复礼旧藏）········· 403

图 8-21 同乐公园之"杨公祠"及纪念楼（袁复礼旧藏）··· 408

图 9-1 作者护照上的托克逊守备公署图章 ········· 420

图 9-2 轮台的八杂 ································· 444

图 10-1 涂县长的洋马车 ························· 456

图 10-2 刘衍淮在西北科考团期间的名片 ········· 468

图 10-3 买蒲斯来访 ····························· 470

图 10-4 房东一家及前之歌舞妇等人来照相 ······· 472

图 10-5 给朱菊人全家照了片相 ················· 477

图 10-6 马五迈给我照了片相 ··················· 479

图 10-7 库车的消费册 ··························· 481

图 10-8 在库车气象站合影（前排中立二人，左起华志、刘衍淮）··· 484

图 10-9 气象台园中夏秋之际景象（左图刘衍淮（左）与朱菊人，右图
        房东夫妇）······························· 491

图 10-10 与华志道别 ····························· 494

图 10-11 气象生张广福 ··························· 503

图 10-12 接丁道衡来气象站住 ··················· 505

图 10-13 准备出发 ······························· 509

图 10-14 库车天山口小村庄 ····················· 510

图 10-15 喀拉古尔山村景象 ····················· 514

图 10-16 喀拉古尔的气象站 ····················· 516

图 10-17 天山峡谷间 ····························· 517

图 10-18 英领署中国秘书朱某（袁复礼旧藏）····· 520

图 10-19 库车双十节会场 ······················· 521

图 11-1 库车农业试验站（袁复礼旧藏）········· 526

图 11-2 抄录斯坦因地图之库车部 ··············· 527

图 11-3 送丁道衡赴喀什 ······················· 528

图 11-4 龚元忠用黄文弼给我的玻璃板照了相 ····· 530

图 11-5 朱菊人一家 ····························· 531

图 11-6 印相片，多马益占在爱金沟的影 ········· 533

图 11-7 给常来这园子的些小孩子照相 ··········· 534

图 11-8　学习维文 ·· 539

图 11-9　与黄文弼摄影于园中 ····································· 545

图 11-10　刘衍淮抄汉回杂字首页 ································· 559

图 11-11　刘衍淮抄汉回杂字末页 ································· 567

图 11-12　在园中和气象台附近照相 ······························ 571

图 11-13　喀拉古尔山村 ·· 576

图 11-14　冬天的喀拉古尔气象站 ································· 576

图 11-15　克斯尔千佛洞 ·· 583

图 11-16　裘缉镛拜师照 ·· 599

图 11-17　新年大瓦斯 ·· 600

图 12-1　朱菊人夫妇来赏花 ······································ 612

图 12-2　沙雅渡河者 ··· 619

图 12-3　沙雅财神楼 ··· 620

图 12-4　财神楼下街景 ··· 620

图 12-5　塔里木河摆渡 ··· 622

图 12-6　与县长继子成之子在沙雅园子里合影 ·················· 623

图 12-7　孙总理安葬日典礼 ······································ 646

图 12-8　动身进山 ··· 650

图 12-9　苏巴什废城垒 ··· 650

图 12-10　喀拉古尔北山之行 ····································· 655

图 12-11　住地之一影 ·· 659

图 12-12　草滩一望，牧畜遍野 ··································· 659

图 12-13　下坡行，遇马一大群 ··································· 662

图 12-14　驴队 ··· 662

图 12-15　前往海子途中 ·· 664

图 12-16　阿克他喝山中的海子 ··································· 666

图 12-17　克里吉斯之牧者 ·· 666

图 12-18　喀拉噶义达坂留影 ····································· 667

图 12-19　喾克里克洞之林木 ····································· 667

图 12-20　住前食抓饭之木房中 ··································· 668

图 12-21　山中跋涉与宿营 ·· 669

图 12-22　杨增新周年追悼会 ····································· 677

图 12-23　和张广福在新气象站的照片 ···························· 682

图 12-24　在朱菊人家宴饮（左 4 刘衍淮，右 2 朱菊人）········ 688

图 12-25　朱菊人为我饯行（左 2 朱菊人，左 3 刘衍淮）········ 689

图 13-1　库车装车 ·· 697

图 13-2　轮台的街道（袁复礼旧藏） ······························· 701

图 13-3　轮台的桥 ·· 703

图 13-4　在焉耆装箱（袁复礼旧藏） ······························· 712

图 13-5　库密什晴日积云 ·· 717

图 13-6　阿呼布拉克山谷风光，一如去年 ···························· 720

图 13-7　从库车焉耆押运前来的四辆大车 ··························· 722

图 14-1　斯文·赫定描写此次由内蒙古到新疆的《长征记》 ············ 731

图 14-2　赴陈诸岩家餐叙（左 2 李宪之，右 3 刘衍淮） ·············· 732

图 14-3　柴俄堡湖北看博古达峰（袁复礼旧藏） ······················ 734

图 14-4　袁复礼（左）与刘衍淮（右）在白杨沟山中留影 ············· 735

图 14-5　袁复礼致外交署陈源清函（《档案史料》） ·················· 739

图 14-6　李宪之报科考团拟由西伯利亚返回北平人员名单
　　　　　（《档案史料》） ·· 739

图 14-7　迪化鉴湖公园（袁复礼旧藏） ······························· 740

图 14-8　鉴湖公园北红山塔寺 ·· 741

图 14-9　寓所拍摄雪景 ·· 747

图 14-10　袁复礼致外交署长陈源清函，为请示金树仁批准刘衍淮、李宪之
　　　　　经由俄罗斯赴德留学事，系当日刘衍淮访问苏联领馆后所拟
　　　　　（《档案史料》） ·· 754

图 14-11　迪化格米尔肯洋宅（袁复礼旧藏） ·························· 758

图 14-12　保留在刘衍淮德国留学日记本中的靳士贵运回北平箱内物品
　　　　　清单 ·· 759

图 14-13　靳士贵押运采集品东归驼队人员名单（《档案史料》） ········ 760

图 14-14　迪化新南门（袁复礼旧藏） ································· 762

图 14-15　迪化公园为杨增新安葬昌平举行典礼 ······················ 763

图 14-16　午后在街市摄数影 ··· 765

图 14-17　阿尔泰哈萨贝子韩统领（中）偕其子埃德来访（左 1：袁复礼）
　　　　　（袁复礼旧藏） ·· 771

图 14-18　送黄文弼赴吐鲁番（下图左起：刘衍淮、李宪之、黄文弼、
　　　　　白万玉） ·· 774

图 14-19　迪化新东门（袁复礼旧藏） ································· 776

图 14-20　午后降雪（左起站立者：白万玉、丁道衡、刘衍淮、李宪之，
　　　　　右 1：袁复礼）（袁复礼旧藏） ····························· 779

图 15-1　团内诸友等皆送至西大桥西（上图为袁复礼旧藏） ············ 784

图 15-2 过愧同岭，车覆一次，两轮向天 ·················· 790
图 15-3 托里俨然一街 ······························· 791
图 15-4 二道桥子河上桥 ··························· 793
图 15-5 额敏街景 ······························· 794
图 15-6 出入巴克图口岸俄方重新改签的出境卡（下图右下角为刘衍淮
后来在德国的一年居留证）·················· 800
图 15-7 拉脱维亚、立陶宛边境章 ······················· 809
图 15-8 立陶宛签证页 ··························· 809
图 15-9 刘衍淮西北考察路线示意图 ·················· 810—811 间

附录 1

日记所见中国西北科学考查团
成员一览表

中方成员

序号	姓名	生卒年	字号
1	徐炳昶	1888—1976	旭生
2	袁复礼	1893—1987	希渊
3	黄文弼	1893—1966	仲良
4	丁道衡	1899—1955	仲良
5	詹蕃勋	不详	省耕
6	龚元忠	1906—？	狮醒
7	崔鹤峰	不详	皋九
8	马叶谦	1903—1929	益占
9	李宪之	1904—2001	达三
10	刘衍淮	1908—1982	春舫
11	陈宗器	1898—1960	步青

外方成员

序号	原名	生卒年	译名
1	Sven Hedin	1865—1952	斯文·赫定、黑定
2	Waldemar Haude	不详	郝德、豪德

序号	原名	生卒年	译名
3	Paul Lieberenz	不详	李伯冷、李百令、利百林
4	Eduard Zimmermann	不详	齐白满、钱默满
5	Folke Bergman	1902—1946	贝葛满、贝格曼、贝葛曼
6	Frans August Larson	1870—1957	蓝理训、拉尔生、拉孙、拉散、拉松
7	Walter Heyder	不详	海岱、海德
8	F. Mülenweg	不详	米纶威、米林为何、米林威、米林维、米林维西、米拉维
9	David Hummel	1893—1984	何马、何迈、何卖尔、郝迈尔、郝买儿、郝满尔
10	F. von Massenbach	不详	马森伯、马孙巴、马孙八喝、马孙巴哈、马孙巴贺
11	Claus Hempel	不详	韩普尔、海培、韩培、韩培尔
12	Hans Dettmann	不详	狄德满
13	Henning Haslund-Christensen	1896—1948	哈士纶、哈士伦、哈四龙、何四龙、何司龙、赫司隆、郝司龙
14	Wilhelm Marschall von Bieberstein	?—1935	马山、马学尔
15	Franz Walz	不详	华志、瓦尔斯
16	Georg Söderbom	1904—?	生瑞恒、苏德邦
17	Erik Norin	1895—1982	那林、那琳、纳林、那霖
18	Nils Ambolt	1900—1969	安卜尔、安博尔、安博特
19	Birgerb Bohlin	1898—1990	步林、布林、柏利、鲍林
20	Bodo von Kaul	不详	冯考尔

附录2

我服膺气象学五十五年
（1927—1982）

刘衍淮

一、最初和气象学接触

民国十六年的春天，我正在国立北京大学读理预科二年级，学习了一些大代数、解析几何、微积分大意、大学物理、大学化学、生物学、地质学、国文及英文、德文等课程。有一天看到学校中贴出一张布告，说要招考四名学生参加中国西北科学考查团到蒙古和新疆观测气象，引起了我的好奇心，就同一些同学前往报名。经过中英文和数学物理的考试，被录取的四个人是 1. 马叶谦（物理系四年级），2. 崔鹤峰（测量系毕业），3. 刘衍淮（理预二年级），4. 李宪之（物理系一年级），五月初开始报到。准备出发前，我四人曾到北京泡子河中央观象台参观，蒙台长常福元先生赠送每人蒋丙然著《理论气象学》及王应伟著《气象器材学》各一册。中国西北科学考查团是中国学术界和瑞典及德国人员合组的，以徐炳昶教授（考古）为团长，副团长袁复礼教授（地质），考古家黄文弼，古生物学者丁道衡，测量员詹蕃勋，照相员龚元忠和我担任气象观测的四位同学。外国人以瑞典地理学家斯文·赫定博士（Dr. Sven Hedin）为团长，另有瑞典籍地质学者、考古学者、医生及事务人员五人。德国团员有十二人，郝德博士（Dr. W. Haude）是气象专家，除照电影人外，余为德国航空公司派遣之飞行人员，协助郝德观测气象管理事务。

二、担任气象观测

十六年五月九日，考查团由北平搭乘平绥路火车出发，次日抵达终点站绥远省之包头县城。许多德国及瑞典团员早已来此筹备。所住客栈甚大，院中设有百叶箱内架干湿球及最高、最低温度表，并有温度计与湿度计两个自记仪器，院中还架设雨量器及风袋高杆，由郝德博士主持观测，我四人开始练习。五月二十六日，骑骆驼到达包头北方内蒙古茂明安旗辖境白灵庙附近呼加尔图河岸之宿营地，我们四人即开始轮流担任观测。帐幕内有水银气压表及空盒气压表，百叶箱及风袋在旷野中，压温每日观测三次，即 7：00、14：00、21：00 本地时间，另架天线，每日以收报机接收格林维治时间报告，常用日晷测定当地时间，从 7：00 到 21：00 每小时观测风向、风速、天空状况、能见度、日照等项一次。到此不久，唯一之水银气压表损坏，每日在 21：00 利用沸点气压表为标准以订正空盒气压表读数。

七月二十二日，考查团大队西行，留余及德人马学尔（Marschall von Bieberstein）及钱默满（E. Zimmermann）三人完成七月份观测后，方追踪西行。

三、额济纳气象固定观测站

九月二十八日，考查团三百多匹骆驼的大队到了内蒙古额济纳旧土尔扈特旗所属额济纳河西岸的葱都尔，成立了考查团第一个固定的长期气象观测站，留马叶谦及德国人钱默满、瑞典人生瑞恒三人主持。自呼加尔图河到此，我一路都未做气象观测工作。路过阴山北面三德庙时，我曾和马叶谦及德国人韩普尔、钱默满到河套的三道桥采购补给品。到葱都尔后，又曾被派往溯额济纳河而上，画路线地图并到甘肃省的鼎新县城取发邮件、购买食粮等补给品。在葱都尔，崔鹤峰被遣回北平，等候成立包头气象观测站，终以经费无着而未成立。双十节后，考查团中外团员即分批离开额济纳西行，前往新疆南路的队伍经过连三旱、连四旱、马鬃山一带沙漠，北路的队伍则经行蒙古边境，折南进入黑戈壁荒无人烟之区。民国十七年一月八日，徐团长所率领之部分人员到达新疆省东部重镇哈密县城。最初新疆军政人员误信谣言，以考查团帐幕四十余，又有各种枪支，瑞典及德人皆佩带长短枪支，又疑施放测风气球用之氢气筒为大炮，为来抢夺取地盘之军队，故派遣军队阻止考查团人员入境，几经交涉，并由南京国民政府命令准许考查团人员进境，方获解决。十七年二月廿七日，我们到了迪化。考查团在南关旧日帝俄道胜银行的房屋作为考查团总部所在，德气象家郝德博士与李宪之早已到达，在此成立了第二处固定的气象观测站。

四、福寿山上一个月的气象观测

十七年三月三十日，余被派往迪化东北天山中博古达山（海拔 5460m）附近福寿山顶观测站（海拔 2682m）观测气象四月一个月，方拆台下山，回到迪化。在此一个月中，测温湿度系用手擎 Assmann 通风干湿球温度表，气压则用空盒气压表与沸点表，风云、日照、天气、能见度每小时观测一次，观测开始于本地时间 7：00 至 21：00。这个四月的观测和迪化同日同时天气的比较，我曾在民国二十六年七月出版之南京中国气象学会《气象杂志》13卷7期中发表，来台后重加整理，写为《迪化与天山中福寿山四月天气之比较》，在师大地研所《地理研究报告》第三期一九七七年一月出版。

观测站有一蒙古包，余与德人马学尔及一哈萨克仆人住其中。山之阴面松柏丛生，山腰有一三官庙，有道士一人主持之。山下为一大湖，岸上松柏苍翠，风景绝佳。湖岸道观名福寿寺，有道士数十人，耕种附近田地，也去迪化化缘。山上风大，野狼常到蒙古包周围寻觅食物。有一次我在冰面沿湖测量，想画一湖的地图，因四月中天气已稍暖，湖冰时时作破裂声之巨响，余惧冰裂而坠水，故半途而废。常见山上降雪之日，湖及寺处降雨，上下高度差千余公尺，温度差在10℃以上。五月三日下山时，山上积雪深1m。

五、主持库车气象台

民国十七年五月二十二日，我和德人华志（F. Walz）离开迪化，前往南疆名城库车成立气象观测站。我二人骑马，另雇有马车一辆，运载仪器、用具、行李等，由一王姓仆役押车。白昼天气在此沙漠地区炎热，只能于日落到日出时间行路。六月十九日，到了库车，次日进入一处果园名叫土尔巴克，空地上竖起百叶箱、雨量器及风袋，开始气象观测。7：00、14：00、21：00作压温测量，7：00—21：00每小时观测风云、天空状况、能见度等一次，如有降水，随时记录其起止时刻与降水量。

十七年九月二日，华志应召返德。九月十八日，迪化考查团派遣之新疆气象练习生张广福到达库车，助余观测。九月末，余去天山中喀拉古尔村（海拔2030m）设立一山地测候所，以得可与库车（海拔 1115m）相比较之气象记录。余教授王姓仆人及汉回仆人伍迈皆能作气象观测记录。此一山地站有一木箱悬挂树上，内有温湿记录仪器，气压记录仪器及空盒气压表放置所住之蒙古包中，留伍迈在此观测，每日以阿斯曼干湿表观测及气压观测三次，风云、日照、能见度则每小时一次，一如库车之所为。余回库车后，即遣张广福到喀拉古尔主持观测。民国十八年初夏，余将库车观测站移入库车农业试验场，作为永久场所。十八年二月廿六日，余又去喀拉古尔。二月四日，经开义八杂往克色尔去参观千佛洞古迹，七日回到库车。四月十五日至廿日，又作沙雅、塔里木河、托克苏及库木土拉千佛洞之游。六月十二日到七月三日，再有天山中之游。曾到考宜和屯、克里克杂特河谷及山中湖盆地住有吉利斯游牧民族之海子游览。这一带森林密布，风景绝佳。归途经强厓衣拉克，到喀拉古尔，再回到库车。

六、迪化闲居半年

八月廿七日，在撤消山中观测站后，把库车气象观测站交由张广福接收，此后这一气象台即归新疆建设（所）[厅]管辖。我离开了库车，于九月廿二日回到了迪化。迪化气象台已由新疆所派气象练习生接管，并另外成立了吐鲁番及和阗气象台，都是新疆省政府所办，我们除偶予技术指导外，一切观[测]事项全由他们办理。当时婼羌气象台也已结束，郝德和李宪之都回到了迪化，当时我国东北军阀张学良和苏俄为中东铁路发生了战争，欲由新疆经西伯利亚中长及平沈铁路返回北平，已不可能，乃与李君议定不能东归，我们往西走到德国去读书，以后一样可以回到北平。因为新疆情况特殊，未和苏联绝交，我二人从新疆外交署办好了前往德国留学的护照，又向苏联领馆申请签证，一直等了三个多月，才办好了签证。带了考查团所发足敷回到北平的路费，以及三年来累存节余的薪金，又在苏联远东银行兑换了一千陆百美金汇往柏林，另有一些新疆钞票及俄国卢布准备途中应用。

七、到德国去读书

十九年三月三日，李君和我离开了迪化，西北行经塔城出境。四月十日，在新西伯利斯克德国总领办了到德国读书的签证，四月十五日到了莫斯科，住德国保护下我国旧日的大使馆，内有随习领事勾增启君夫妇二人，另有俄人仆役、车夫数人。我们在莫斯科又办了爱沙尼亚、拉脱维亚、立陶宛及波兰等国的过境签证，十六日离开了莫斯科，继续搭火车，到十九日抵达德国首都柏林。先在我国大使馆附近旅馆中住了三日，找到考查团中主持气象观测与记录的郝德博士，他比我们早回柏林，正在准备风筝观测及辐射观测，不久就要回到绥远和额济纳河作气象考查。他带我们到柏林大学注册选课，租屋而居，并到校内介绍我二人与气象学研究所所长及重要教授见面，从此我们求学的事，已步入正轨。

八、柏林大学的成就

第一学期四月中开始，我虽在北大读过德文，在考查团几乎天天和德国人接触，用德语交谈，但是德语程度还是不够，非经专为外国人设的德语学院中级班毕业考试及格方能成为柏林大学的正式学生。所以我在1930年第一学期只是旁听生，到第二学期我才变成正式学生，在到民国二十三年暑假的四年半中，我选修了气象学及实习气候学、高空气象学、气象预报学、地球物理学、大气物理学、军事气象学、地学、地形学、地图学、军事地理学、地理考察、海洋学及海洋实习、理论海洋学、高级物理学、理论物理学、高等微积分、微分方程以及哲学概论、哲学史等课。从第三年开始，我就以《中国东南沿海天气与气候之研究》作为我的论文题目，搜集与整理资料。所幸柏林大学气象研究所有甚完全之我国及邻区气象资料可供使用，费时二年，终于完成此一论文（德文）。先经指导教授所长费凯（H. v. Ficker）及另一气候学教授柯诺克（K. Knoch）审查通过，再定 1934 年 5 月 17 日举行口试，由气象、气候、地理、海洋及哲学五位教授每位教授作一小时的口试，及格以后，学校通知余于同年 7 月 27 日为获哲学博士学位之日期，于典礼中颁发证书。于论文获得通过后，即将论文印出，送交柏林大学 30 本，每位教授及同学皆赠送一本。在求学期间，曾分别到林顿伯格高空气象台及坦派候夫飞行气象台实习，并到野外参观德国炮兵气象单位作业。

九、北平教学二年

我在德国读书费用来源，一为国立北平师范大学聘余为研究员，支给二年薪金作为学费，另一为余获中美庚款研究补助金一年美金七五〇元，最后一年又得德国洪博德奖学金一千马克，回国前选购德文各科用书一大木箱，运回北平。我的论文出版又接受了中央研究院气象研究所的奖金及德国洪博德基金会的补助，回到北平还剩了袁大头近二百元。而我应国立北平师范大学教授之聘而来，又有薪金可领，故回国之初，手头颇为宽裕。我在北师大地理系开有气象学、气候学、地形学、地图学、海洋学等课目，又在国立清华大学教授气象学及气象观测与天气预报等课，并代管清华地学系之气象台。我由德回国是先乘火车到意大利之威尼斯，再搭意大利万吨邮轮康托鲁素号到上海，再搭火车到北平的。

十、教授空军气象二十三年

民国二十五年秋，应杭州笕桥中央航空学校之邀，接洽到该校任教事宜。于十月六日到差，任简任技正三级教官，向飞行生讲解航空气象学，并兼任该校气象台台长。气象台编制有测候员二人，通信员二人，绘图员一人，机务士一人，以后又增加测候士四人。

民国二十六年，抗日战争爆发，航校迁往云南省会昆明，并改称空军军官学校。在杭州时，余曾教授第五期、第六期飞行生。到昆明后，续授飞行生第七期、第八期与第九期飞行航空气象学。五月到十月，为云南之季风雨季，一过降雨天气，即停止飞行，改上其他学科，特别是气象学。每期学生我都为上了一百多小时不在预定教育计划以内的气象学，航空天气之外，尚授诸生中国天气、日本天气等课。当时空官校通信班、侦察班、轰炸班我都为他们上了航空气象学，飞行生我一直教到十二期。

民国二十八年十二月一日，航空委员会测候训练班奉命成立，我以官校气象台台长兼训练班班长，收训停飞学生，第二期开始即向外招生，在昆明一直训练到第五期气象生毕业。三十三年，气训班奉命与通信训练班合并成立空军通信学校，气训班奉令由昆明迁移四川成都，并入空通校，以凤凰山机场旧日轰炸总队营房为班址，开始第六期及以后诸班期气象正科生、气象初级班（军士）、候补军官班、气象军官班等之训练。余除任班主任外，兼授重要气象及地理课程。直至1949年底，于气象班十期毕业后，方自成都撤退来台。测训班在三十六年改称空军气象训练班，直隶空军训练司令部。到1949年十二月撤销来台，至 1951 年又在通校恢复，继续训练各期班学生。嗣后气训班仍由余主持，一度由通校改隶空军官校。1960 年七月一日，我奉准退役，脱离军职，改任台湾师范大学史地学系教授兼主任。

十一、台湾师范大学任教

从 1960 年八月一日起，余专任台湾师范大学史地系教职，讲授气象学、气候学、地图学、地形学等课程。1960 到 1961 这一学年，曾在基隆海专兼任气象学及德文教授一年。自 1961 学年度起，余连年皆获"国科会"研究补助，故未再在外兼教。1962 年度起，师大史地系分为历史、地理两系，余只任地理系教授。1970 学年度起，师大成立地理研究所硕士班，余被调任教授兼主任，讲授高级气候学，并指导学生撰写气候学论文，并另开地球科学之研究及专题研究，仍教授大学部气候学及夜间部气象学、气候学。直至 1973 年暑假，余已届满六十五岁，不能再兼任主官，乃辞去主任兼职，专任教授至 1978 年暑假，余届满七十岁，照规定退休，改为兼任教授，只任研究所两课、夜间部一课。嗣以年事已高、行动不便，辞去夜间部所兼气象学一课，只任研究所上学期高级气候学、下学期之地球科学之研究。

十二、结语

余自民国十六年学习气象观测开始，在蒙新观测气象三年，到德国柏林研究气象科学四年多，获博士学位，回国在北师大任教二年、空军气象教育职修二十三年，最后回到大学任教迄今，日月如梭，匆匆五十五年，桃李遍天下，许多后学有了伟大成就。余个人生性忠实诚慎，乐于帮助后学。空军服务二十三年，先后颁忠勤勋章、胜利勋章、陆海空军奖章、干城奖章、空军懋绩奖章、光华奖章、抗战纪念章勋奖章七座，"中国气象学会"1968年气象节颁我学渊绩懋银牌一座，今（1982年）又颁余"交通部"气象奖章一座。

余除在大学和空军学校教育人才外，亦曾为海军及陆军教育气象干部，五十余年来著述之气象、地理、海洋诸科之课本、专论、评介等著作近九十种。

参考资料

1. 刘衍淮：《天山南路的雨水》，《女师大学术季刊》第 2 卷第 1 期，1932 年，北平。

2. Dr. Jan Huai Liu, Studien über Klima und Witterung des Südchinesischen Küstengebietes, Dr. Dissertation, Deriner Universitaet Berlin 1934.（刘衍淮《中国东南沿海气候与天气之研究》，博士论文，德国柏林大学，1934）

3. 刘衍淮：《中国天气》，中央航空学校，1937 年 6 月，杭州。

4. 刘衍淮：《日本天气与日本飞行》，空官校《笕桥月刊》创刊号，1939 年，昆明。

5. 刘衍淮：《气象学教程》，"空训部"，1955 年 11 月，冈山。

6. 刘衍淮：《空军气象教范（草案）》，"空总部"，1956 年 3 月，台北。

7. 刘衍淮：《世界气候》，"空训部"，1956 年 9 月，冈山。

8. 刘衍淮：《中国气候》，"空训部"，1959 年 6 月，冈山。

9. 刘衍淮：《台湾区域气候之研究》，《师大学报》第 8 期，台北，1963 年 6 月。

10. 刘衍淮：《台湾自由大气之研究》，气象局《气象学报》第 13 卷第 4 期，1967 年 12 月，台北。

11. 刘衍淮：《台湾大气中对流层顶之研究》，气象局《气象学报》第 17 卷第 1 期，1971 年 3 月，台北。

12. 刘衍淮：《气候学（大学用书）》第三版，台湾师范大学，1974 年 9 月，台北。

13. 刘衍淮:《气象学（大学用书）》第三版，台湾师范大学，1974 年 10 月，台北。

14. 刘衍淮:《中国西北气象考查与旅途部分观测资料》，《师大学报》第 11 期，1966 年 5 月，台北。

15. 刘衍淮:《中国西北科学考查团的经过与考查成果》，《师大学报》第 20 期，1975 年 6 月 6 日，台北。

16. 刘衍淮:《我国戈壁沙漠气候之研究》，师大地研所《地理研究报告》第 2 期，1976 年 1 月，台北。

17. 刘衍淮:《迪化与天山中福寿山四月天气之比较》，师大地研所《地理研究报告》第 3 期，1977 年 1 月，台北。

My Devotion to Meteorology in the
Past fifty-five Years (1927—1982)

Liu Yen-huai

Abstract

My first time contact with meteorological work was in 1927 when I became a member of the Scientific Expedition to the Northwestern Provinces. I took meteorological observation as my career during three years by that Expedition. Then I went to Germany to study atmospheric and earth sciences. I came back to China in 1934 and began working as teacher of Meteorology in two universities and later in CAF. Academies. After retirement from CAF., I became university professor again, and I have taught Meteorology until now.

The contents of this article are as following:

1. First contact with Meteorology in 1927.

2. Work as a meteorological observer.

3. The permanent meteorological station on EdsingoI.

4. One month observation on the top of the mountain "Fu Shou Shan".

5. In charge of the meteorological stations at Kuchar and Karagul.

6. Leisure at Tihwa (Urumchi).

7. To Germany to study.

8. Results of study in the Berlin University.

9. Two years as professor in Peiping.

10. Twenty three years as instructor in the Air Cadet School and chief of the CAF Weather School.

11. Back to university again to teach Meteorology until now.

12. Conclusion.

（本文原刊《气象预报与分析》第 92 期，台北，1982 年，第 1—6 页。其后转载于《地理学研究》第六期，第 1—8 页；《大气科学》第十期"纪念刘故教授衍淮博士特刊"，台北，1983 年，第 3—12 页）

附录 3

先父刘衍淮与西北科学考查团

刘　元[①]

先父刘衍淮，字春舫，1908 年 7 月 18 日出生在山东省平阴县，从模范小学毕业后进入济南市育英中学，于 1925 年考入北京大学，在理预科攻读两年后即考取西北科学考查团，随团赴新疆、内蒙古一带从事了三年的气象观测工作，从此也进入了漫长五十五年的气象科学生涯。

先父是第一批参加西北考查团自北京大学考选出的四个学生之一。他和李宪之同学负责协助外籍资深团员在新疆、内蒙古一带设立了几座前所未有的气象观测台，收集气候资料，为了解我国西北气候奠下基础。后因回北京之路被切断，他乃和李宪之共同决定用他们三年来节省下的团员薪金共同乘火车经俄罗斯赴德国留学。两人到达柏林后，得到在西北考查团主持气象观测的德籍教授郝德（W. Haude）博士的协助，在世界闻名的柏林大学专攻气象学，从此为中国培育出两个气象界的领袖人物。谨此将家父生平及其对国家的贡献略加叙述如下：

在德国留学期间，先父除努力攻读气象学外，又选有大气物理

———————

① 作者刘元为刘衍淮长子，参加本文写作的还有刘亨立、刘美丽、刘安妮等其他子女。

学、海洋学、军事地理学、航空气象和军用气象等课程。当时我国被日本侵略，抗日战争不可避免。先父深感气象学对国防之重要，因此对军事气象特别重视。在留德期间即曾数次投书国内，介绍气象对国防之重要。例如他写了一篇长文《欧美军用气象事业及我国应有之准备》，寄给商务印书馆的《东方杂志》，发表于该刊第三十一卷十六号，深得国内之重视。该文建议：（1）从速训练气象人才，（2）成立航空气象台，（3）组织气象部队，（4）扩充并划一普通气象事业，与军方密切合作。这些建议不久后均被政府一一采纳实施，对近代中国气象事业的发展有重大影响。先父在1934年5月得到柏林大学的博士学位。其博士论文为《中国东南沿海气候与天气之研究》，至今仍然是一本研究中国气候的重要参考资料。

在德留学时期，先父认识了一位来自西班牙在柏林大学攻读心理学的女士巴丁娜（Bardina）（家母）。两人结识后相爱，在柏林结婚，一年后生下了我。当时东方人与西方人通婚的极少，双方家长都不可能同意。因此，我父母的结婚是瞒着双方家长在柏林的中国大使馆成婚，待日后才报请家长原谅。在我一岁时先父即完成博士学位整装回国服务。家母则回西班牙执教赚路费再来接我去中国与家父团聚，把刚刚一岁的我寄托在柏林的一所天主教办的托儿所，由仍留在柏林大学继续攻读博士学位的李伯伯（李宪之）暂为监护人。一年后母亲在西班牙赚足了去中国的路费再把我从托儿所接出，一同坐火车经东欧到俄罗斯首都莫斯科，然后再换火车经西伯利亚到中国东北，再转车到北京。全程几经万里，真可谓"万里寻夫"。

先父在德国期间，学费和部分生活费用皆由北平师范大学供给。因此在回国后，立即至该校任教，且在清华大学兼授气象学并任该校气象台台长，全家生活良好。但此时日本侵华行动越加器张，抗战已迫在眉睫。国民政府成立了前所未有的中国空军，急需空军气象人员，乃由航空委员会（相当于现在的空军总司令部）委托中央研究院（相当于现在的中国科学院）气象研究所所长竺可桢博士（后任浙江大学校长）推荐一位适当人选为空军训练气象人才。经竺博士推荐及航委会同意邀请，家父觉得国难当前，匹夫有责，故毅然投笔从戎，同意航委会的聘请，且立即辞去大学教授职务，全家离开北京，到设于杭州笕桥机场的中央航空学校报到，担任简任技正教官，并兼任气象台台长，又被授予空军中校军阶，为中国空军气象创办人。

不久后，"七七"事变发生，全面抗战爆发，日军大量轰炸杭州及其他重要城市。当时我国空军飞机性能比日机落后，数量也少许多。虽然处于劣势，但我空军飞行员仍然英勇拒敌，对轰炸我国的日机构成重大的威慑，如空军英雄高志航和刘粹刚即曾分别击落敌机十多架，终于殉职。后来我家随航校迁至昆明后，我和弟弟亨立就读的空军子弟小学，就叫"粹刚小学"，为纪念烈士刘粹刚而命名。

由于气象对飞行的重要，所有飞行员在训练期间都要上气象课程。故在杭州及到昆明初期，先父除担任航校气象台台长以外，并教授飞行学生的气象学。航校从六期到十二期学生，都上过他的课。他所编著的一本《中国天气》，便是当时航校教学用的课本。航校从杭州撤退到昆明后，先父受命成立"空军测候训练班"，大量栽培气象人员，为空军服务，对抗战胜利贡献至巨。

1945年1月测候训练班奉命由昆明迁到成都凤凰山飞机场。当年8月15日日本宣布无条件投降，八年抗战终于得到了最后的胜利。空军测候训练班改称"气象训练班"，由先父担任班主任，晋升上校，并扩大编制，招收全国各地数百优秀青年入班训练，并承美军顾问供给大量的教学器材及最新探空仪器、雷达等，班务盛极一时，为中国培育了近千的气象人才。但好景不长，抗日战争胜利后不久国共和谈失败，内战爆发，通货膨胀，民不聊生。国民党军队士气低落，故累战累败，国民党决定撤退到台湾。在1949年以前，先父召集气象训练班全体官兵，宣布大家自由选择。从此台湾海峡两岸都有大量气象训练班毕业的学生在气象界为祖国服务，许多成为以后两岸气象界领导人物，如前台湾"中央"气象局局长吴宗尧，前空军气象联队长俞家忠，及世界著名的台风专家王时鼎等，都是气象班毕业生。

到台湾后，先父继续任空军气象训练班主任，且受聘为海军成立气象班，训练海军气象人员。至1960年从空军退休，脱离了服务近24年的空军气象教育军职，转至在台北的师范大学地理系任教授并兼系主任，后又创办地理系研究所任该所主任。至65岁时，辞去研究所主任职位，不再主持行政工作而专任教授。在70岁退休后，改聘为兼任教授，继续授课。晚年仍深夜读书和改考卷，课前预习，且著作不倦。

先父一生为人诚恳，正直不拘，治学严谨，对部下亲切关怀，有难必助，深为部下和学生尊敬。当他70岁生日时，空军和海军全体气象受业员生自动在台北空军新生社为他设宴祝寿。空军气象联队出版的刊物《气象预报与分析》也出版专刊（第九十二期），纪念他对国家的贡献。在台湾期间，他除了担任气象班主任和大学教授以外，并曾两度当选为在台湾的"中国气象学会"理事长，一任"中国地理学会"理事长。因其对中国气象事业的重大贡献，由当时的"交通部长"连战先生（后任"行政院长"和"副总统"），到"中国气象学会"的年会典礼上，亲自颁于先父气象界最荣誉的一等气象奖，以表彰其对中国气象事业的长期卓越贡献。在抗日战争胜利后，国民政府亦颁于先父"抗战胜利勋章"、"陆海空军勋章"等七座，为气象界受褒奖最多的一人。

先父一生觉得最自豪的有三件事：桃李满天下；两袖清风；家庭美满。其原因如下：

他在大陆和台湾培养了近三千的气象人才，不论到国内或国外，到处都有学生亲切接待，不亦乐乎？这就是"桃李满天下"。

在大陆和到台湾的初期，他虽担任气象训练班主任，但为官清廉。当时军公教人员薪水微薄，很难维持家庭生活。几天才吃一餐肉，为了保持孩子们的营养健康，我母亲每天要到菜市场去买便宜的猪血来代替猪肉。虽然生活清苦，先父丝毫没有怨言，自称"两袖清风"。

又先父深感有贤内助，不但在战争年代把所有的七个孩子都养大成人，而且教子有方。在台湾期间，母亲先被选为"全国模范母亲"，后来她到大学任教（教西班牙文和德文），又被选为"全国模范教师"。故先父常以"家庭美满"而自豪。每当孩子过生日庆贺时，除大家合唱"祝你生日快乐"以外，他总是要求全家合唱"我的家庭真可爱"。

先父一生的成就都起因于参加西北科学考查团。虽然当时他和李宪之系学生团员，对该团科学考察的贡献有限，但后来这两个一生中最好的朋友，成为台湾海峡两岸的气象领导人物，对国家贡献至巨，谨此提出给时人参考（附注：谢谢亨立弟对此文之修改，并打字成通用的简体字，以便出版）。

2009 年 8 月 1 日

（本文原刊李曾中主编《"中国西北科学考查团"八十周年大庆纪念册》，气象出版社 2011 年版，第 211—213 页）

附录 4

家人心中的刘衍淮

时光荏苒，难以置信的是爸爸辞世迄今匆匆已三十又八，春秋飞逝。

我生不逢时，残酷的抗日战争造成不断迁徙的流离失所。爸爸微薄的月入使全家人衣食难着，过着捉襟见肘艰辛的岁月。身为长子，为减轻家中经济负担，十二岁便考入空军幼年学校，少小离家，在吃公粮和军事管理暨团体生活中成长。毕业后走南闯北，茫茫人海、工海浮沉，但求饱暖，与家人聚少散多，认知爸爸不及弟妹们深久。知道的是爸爸是读书人，典型的中国书生，忠贞爱国，守法敬业，任劳任怨，不负所学，为气象科学和地理的教育与发展，或民或军，辛勤努力了五十多年。

他春风化雨，在执教的漫长生涯中深受后学门生的尊敬和爱戴。昔人已远，虽数十载，仍时有弟子不忘师恩，投稿刊物，为他出版过百岁诞辰特刊，最近更举办过他创立气象教育八十周年研讨会，其一生默默耕耘、作育英才的贡献和成功卓然可见。他为子女亦留下了良好的言传身教，影响深远。弟妹们人人大学毕业，各具高等学位，羁旅国外多载，成材杰出，各占一片天地，诚未辜负爸爸的培养和教诲。

痛心的是天不假年，他走得太早，养育大恩，回馈不能，云天永隔，只能无时或忘，追念永至。

儿元 2020 年 8 月 1 日 于美国密州图珀洛

从小到大到老，爸爸一直是我生命中非常重要的一部分。即使他已经去世快四十年了，我还是随时都想念着他，常常梦到他，多希望他仍然在我的身边。

一生难忘的是从很小有记忆开始，每天我最期待的节目之一就是晚上睡觉前听爸爸讲在新疆骑骆驼的故事。故事好听，同时我也沉醉在温暖的父爱中。读小学、中学时，每当学校有活动，他不但会来参加，还常常上台代表家长致辞，令我感到骄傲和满足，因我有这么关心我的好爸爸。

中国俗语说"严父慈母"。对我来说却不是这样。我体验到的是"慈父慈母"。我不记得爸爸有什么严厉地教训我的例子。我倒是记得爸爸常常以聊天的方式说些做人做事的大道理让我永远难忘，而且会让我不知不觉地把听到的这些真理使用于日常生活中。他最不齿的就是贪官污吏，和不脚踏实地、不学无术、只会说大话的人。爸爸处处以身作则。他过着清廉的生活，安于现实，再辛苦也没听他抱怨。到大了才知道我们小时候很穷，但这一点也没有影响我的快乐的童年，我从来没有觉得生活中有什么欠缺。当然这是爸爸和妈妈合作的成果。

爸爸对教书、写书、做学问都很认真，他会尽力做到完善的境地。他对我们子女的教育也非常重视。最记得的是小时候他常常教导我做数学作业，使得我不但不再怕数学，渐渐地反而引起了我对数学的兴趣。我们子女成绩好是他的快乐，他的学生出人头地也是他最大的安慰。

爸爸爱家庭，爱学生，爱朋友，爱看电影，爱看书报杂志，包括专业性的以及大众性的。他因而各方面的知识都很丰富。他的个性深深地影响了我，以至于造就了今天的我。像他，我也有多方面的兴趣，满足于现实，对生命乐观地向前看。爸爸给了我如此的人生观，使我终身受益，我对爸爸由衷地感激。

看爸爸的新疆日记中的很多记载，都令我非常感动，在字里行间处处都显露了他的个性。比如说，他心好，对偷骆驼的人受刑他会难过。比如说，他好学，语文是一个例子。他不但努力加深他英语及德语的程度，以便与外国团员圆满地沟通，还跟徐先生学法语，同时还跟当地人学维语、蒙古语、哈萨克语、俄语。他也跟专业的团员学各专科方面的知识。爸爸很谦虚，从来不吹嘘自己多能干。我没听他说过他有绘画的能力，却在这里看到了他把西北的景色画得栩栩如生的写生。爸爸感情丰富，在日记中他对美丽的风景有诗情画意的描述，对当时的辛苦和寂寞有衷心的感叹，对与朋友分离的痛苦也有充分的悲伤的展示。看到他感情脆弱的一面，尤其令我唏嘘。这就是我亲爱的爸爸。

爸爸走了很久了。我对他的怀念一点也没有因时间而减低。我最难过的是爸爸走得太早，否则我可以跟他学更多，听更多，有更多在一起的时间。我最遗憾的是再也没有机会去报答爸爸对我的爱，再也没有机会听他讲在新疆骑骆驼的故事了。

亲爱的爸爸，我爱你，我想念你。

女儿 美丽 2020 年 6 月 15 日 于美国加州秋溪

父亲是一个非常聪明而且勤奋不息的人，小时候，他就喜欢读书，祖父送他进了精英小学，不久就有梦想着出去看看外界的愿望。他在北京大学读书的时候，通过了考试，以学生身份被接纳为西北科学考查团团员，成为团队中最年轻的成员。他们离开包头时以骆驼为交通工具，旅程继续向西，穿过戈壁沙漠，最终到达新疆。他在中国西北部的新疆和内蒙古，做了为期近三年不断移动的考察工作。

父亲好学，对什么新知识都有兴趣去学。中国西北科学考查团曾被斯文·赫定称为"流动的大学"，他随着其他中外有专长的学者团员，学到了很多宝贵的知识。此后有机会直接从新疆留学德国，并获得博士学位。这些奠定了他一生气象事业的基础。从他的西北科学考察日记中，可以看出，就在这段时间内，他不断地努力学习，成为一个知识广泛又很有自信的人。

父亲也是一个善良的人，他总是帮助别人。在德国学习时，由于他德语好，帮助许多留学生尤其是中国学生寻找住处，报名注册，因此结交了许多终身的好朋友。父亲对部下的关怀和照顾，是和自己家人一样。记得刚到冈山的时候，他的职位是部属员。全家八口挤在乐群村空军训练司令部配给的半栋住宅内。后来气象班复班在通信学校内，继委先父为班主任后，通校配他同村一级主管的独院独户一栋，但他却让班上三家没有房子的部下迁入，等他们配到眷舍搬出后，再全家搬进去。这种自我牺牲、爱护部下的美举可敬可佩。

父亲也是一个意志坚强、事业第一的人。从德国归来后，他在北平师范大学任教两年。此后，他加入了空军，并为空军制定并指导了气象学教育计划长达二十三年。从空军退役后，他开始了平民生活，在台湾师范大学任教也是二十三年。五十多年以来，他一直致力于气象学领域的教育。他有三千多名学生，其中包括平民和军界学员。他的许多学生成就卓著，在气象学领域声名显赫。父亲将这些成就归功于他们个人的勤奋努力以及气象班教育的成功，事实上与他作为一位伟大的教育家的努力是分不开的。

父亲更是一位优秀的学者，他崇尚科技，热爱学术，一生中出版和发表了许多专业书籍和文章。他个人的生活十分简朴，在他去世后，母亲将家中的积蓄，捐赠给了以父亲的名义成立的"刘衍淮奖学金"基金，以鼓励气象后辈学习。母亲是最了解他学术志趣的知音。

在日常生活中，父亲也是一个活跃的人。他喜欢参加各种活动，跳舞、滑冰、拉二胡，都达到了出色的水平，和在学术中一样，他对自己的业余生活也提出了很高的标准。因为他，我们的生活充满了朝气。

亲爱的父亲，我以你为荣。

女儿 安妮 2020 年 7 月 31 日 于澳洲悉尼

爸爸在我的心中永远占有特别的位置。因为他，造成了今天的我。

爸爸一生严守他做人的原则：他正直，诚实，分享，有同情心。他热情地奉献他的一生，努力于教育工作，而这也正是他教导我的方式。爸爸爱大自然，音乐，跳舞，看电影，远足，旅行，这些都成了我的最爱。我很清楚地记得我小时候，他用他的手摇留声机放"爸爸爱曼波舞"唱片，我站在他的双脚上，他带着我转来转去地跳舞。他晚上给我讲戈壁沙漠的故事；星期天带我们去大岗山采龙眼；去高雄西子湾海水浴场玩水；坐他的吉普车到西瓜市场挑选最甜的黄西瓜；到树林中野餐；看几乎每部我们镇上电影院放映的外国片。这些不胜枚举的例子给了我美好的快乐童年，够我终身回忆。

爸爸爱看歌舞剧。我记得跟他去看《俄克拉荷马》《屋顶上的小提琴手》《窈窕淑女》等。爸爸心很软,他看电影,不论是快乐的还是悲伤的,常常会感动得落泪。

当我们在室外时,爸爸会抓住机会给我讲解关于天气模式,云的类型,台风的特征,不同种类的岩石,等等。他教导我随时要用自己的头脑去作批判性的思考,对一切世事的来龙去脉要有好奇心去研究,对任何理论要去做正面的怀疑探讨,且永远不可迷信。他的这些品性引导我,不但将其运用于我每天的生活中,我也把这些大道理带进我的职业,使我成为更好的电脑软件设计分析师。

爸爸在1982年去世。在他的丧礼中,我看到他的知心的朋友们和曾经受惠于他的学生们对他如此地热爱与尊敬,令我非常的感动。爸爸的一生过得非常充实。

爸爸,我感谢你是我的爸爸。我爱你。我非常地想念你。

爱你的女儿 艾林 2020年7月4日 于美国加州圣地亚哥

在我一生中,我没有见过太多像我父亲这样意志坚强而且有成就的人。

他在年轻时就克服一切的障碍,成为一位探险家,一位学者。在日本侵略中国的年代,他放弃了很有前途的大学教授的职位去参加抗战。他是一位被尊敬的老师,学生也很爱他。他出版了很多专业文章及大学教科书。他一生不惜自我牺牲,且不在乎他并没有得到应得的赏识与报偿。他就是这样的一个人。

父亲是自己白手起家的人。他小时候母亲就去世,他的父亲和继母并没有参与他的生活。他们并不支持他,鼓励他。他自己知道去努力用功,考上了北京大学。

从北京大学,他参加了西北科学考查团去到戈壁沙漠探险。

在团里他是学生，却有杰出的表现，因而赢得了团员赞助他到柏林大学（现在名为洪堡大学）去深造。他勇敢地去面对困难，学习德文，完成了博士学位，然后立刻回到中国的北师大教书。

父亲一生献身教育。他先在大学，再空军，教导了整整一代的学生。退休后，他又回到大学做他最喜欢的事——继续教导学生。

我的父母在非常困苦的环境下培养了我们七个子女。父亲教导我逢事永远不能放弃，有毅力就会成功。我希望我达致了他对我的期望。我也希望我能像他一样坚强。

刘文生 2020 年 5 月 15 日 于美国俄州辛辛那提

从七岁一直到十七岁我来美国之前的那几年，我跟祖父母住在一起。在我记忆中，祖父是一位很严肃的教授。他认真努力地工作，他抽烟，他喜欢吃热狗，他的冰箱里一直会有一包热狗。我和祖父母一起住时，我记得每当佳节假日，祖父的学生会来拜访他，送他礼物。另一件我记忆犹新的是每逢星期日，我都跟祖父去露天市场。他每次一定会买黑豆酱，回到家里我们的帮手阿英就会做出一道非常好吃的炸酱面。一直到今天，我还是爱吃炸酱面，我也喜欢炸酱面带给我的温馨的回忆。

最后一次我看到祖父、祖母是在 1981 年。我和我的前夫带他们去佛罗里达州的迪斯尼世界乐园玩。我们带他们去一个披萨餐厅吃晚餐，我告诉祖父我们要请他们，但是当我们吃完时，我吃惊地看见祖父拿着拐杖站起来，冲刺般地到出纳员那儿去付账。他就是这么一个有原则有尊严的人。当时把我吓坏了，我怕他会跌倒。

孙女 珍妮 2020 年 8 月 8 日 于美国佐州亚特兰大

附录 5

英文目录及简介*

Meteorological Observation in the Desert and Tianshan Mountains
—*Travel along the Silk Road: Liu Yanhuai's Diary of the Northwest China Expedition (1927—1930)*

Contents

I. From Peking to Hujiaertu River (9/5/1927—1/8/1927)

1. Join the Expedition Team in Baotou

2. Starting from Baotou to Hujiaertu River

3. Meteorological Observation Training

4. First Independent Observation

II. From Hujiaertu River to Shandan Temple (2/8/1927—28/8/1927)

1. Catching up with the Main Team

2. On the Way to Shandan Temple

3. Findings of the Hetao Survey

III. From Shandan Temple to Ejina (29/8/1927—28/9/1927)

1. Drawing the Road Map

2. Entering the Desert

---

* 本文由蒋小莉据本书目录、前言编译而成。——编者注

3. Camping in the Ammodendron Forest

IV. An Investigation in the Ejina Area (29/9/1927—7/11/1927)

  1. Measurements at Ejina

  2. Double Tenth Festival Activities

  3. En Route to Maomu

  4. The Last Days of Ejina

V. From Ejina to Hami (8/11/1927—8/1/1928)

  1. Setting out for Xinjiang

  2. Tired Camels and Scarce Food

  3. Hurry to the Front to Find a Car

  4. A Stay in Miaoergou

VI. Over a Month in Hami (9/1/1928—11/2/1928)

  1. The First Spring Festival in the Journey

  2. During Our Stay in Hami

VII. From Hami to Dihua (12/2/1928—8/3/1928)

  1. From Hami to Turfan

  2. From Turfan to Dihua

VIII. Dihua and Its Surroundings (9/3/1928—21/5/1928)

  1. Climbing the Tianshan Mountain the First Time

  2. During Our Stay in Dihua

  3. Climbing the Tianshan Mountain the Second Time

  4. Independent Observation in the Mountains

  5. Dihua Weather Station

IX. From Dihua to Kucha (22/5/1928—19/6/1928)

  1. On the Way from Dihua to Yanqi

  2. Crossing the Kaidu River to Kucha

X. Life and Work in Kucha I (20/6/1928—10/10/1928)

  1. Establishing Weather Station

2. My Experience in Kucha

3. Franz Walz Returning to Germany

4. Presiding over Kucha Weather Station

5. Creation of the Karakul Observatory

XI. Life and Work in Kucha II (11/10/1928—31/3/1929)

1. Observation Cases

2. Winter Meteorological Observation

3. Beginning of the New Year

4. To the Mountain Observatory Again

5. Before and After the Spring Festival

6. The Spring Weather

XII. Life and Work in Kucha III (1/4/1929—26/8/1929)

1. Expedition in Shaya

2. Kucha at the Turn of the Spring and the Summer

3. To the Mountain Observatory the Third Time

4. New Site for the Weather Station

5. Preparing to Return

XIII. Returning from Kucha to Dihua (27/8/1929—22/9/1929)

1. From Kucha to Yanqi

2. From Yanqi to Dihua

XIV. Life in Dihua (23/9/1929—2/3/1930)

1. Stay in Dihua

2. Discussing the Plan for the Return Trip

3. Deciding to Study in Germany

4. Celebrating the Spring Festival in Dihua

XV. From Dihua to Berlin (3/3/1930—19/4/1930)

1. From Dihua to Tarbagatay

2. To Berlin via Russia

Introduction

In the spring of 1927, Liu Yanhuai (1908－1982), a sophomore of science preparatory at Peking University, read a notice on the bulletin board of the Third Faculty recruiting meteorological students for the Sino-Swedish Scientific Expedition to Northwest China. Since the New Culture Movement, the influence of democracy and science has been deeply rooted in the hearts of the Chinese youth. For Liu Yanhuai personally, it happened to be his childhood dream to see the vastness of the great northwest China. He took the challenge, signed up, passed the rigorous examinations, and together with three other students: Cui Hefeng, Ma Yeqian, Li Xianzhi (1904－2001), were selected to join the team. At that time, he was 19 years old. As the youngest member of the expedition, he traveled through the western desert and Tianshan Mountains in the next three years, making his childhood dream come true. From then on, a broader world was opened to him. After finishing the meteorological observation work, he and Li Xianzhi went abroad to study in Germany, laying the foundation for his life journey to leading and shaping the Chinese meteorology and meteorology education.

Liu Yanhuai and The Scientific Expedition to Northwest China

Liu Yanhuai's meteorological work

Liu Yanhuai, also known as Chun-fang, was born in Pingyin County of Shandong Province (山东省平阴县) on the 18th of July, 1908. His family had been farming for generations. Because of his intellectual and academic achievement, after graduating from the private Yuying Middle School in Jinan, he was admitted to Peking University in 1925 and went to Beijing to study. In 1927, he joined the Northwest China Scientific Expedition, and after the expedition, he traveled to Germany via Russia in April 1930. With the recommendation of geologist Dr. Sven Hedin (1865—1952) and meteorologist Dr. Waldemar Haude, he was admitted to the University of Berlin, now called Humboldt University, where he studied Meteorology, Geography and Oceanography, and other subjects. In 1934, he finished his dissertation titled *"Studien über Klima und Witterung des Südchinesischen Küstengebietes"* ("A Study of Climate and Weather in the Southeast Coast of China"), passed the oral examinations, and was rewarded his Ph. D. degree. After his graduation, he moved back to China and was employed as a professor and research fellow at the Geography Department of Peiping Normal University, a lecturer at the Geology Department of Tsinghua University, and the director of the meteorological observatory of the department. In 1936, recommended by Dr. Zhu Kezhen, the president of the Chinese Meteorological Society, he went to Hangzhou Central Aviation School and served as an instructor of Meteorology, and also as the director of meteorological observatory, thus becoming a leader in aeronautical meteorology of the old Chinese Air Force. Later, he moved to Kunming and Chengdu with the Chinese Air Force during the Sino-Japanese War, the war against the Japanese aggression. Four years after the final victory, in December 1949, following the Kuomintang government he moved to Taiwan and served in the Air

Force Meteorological Training School in Gangshan. After retiring from the Air Force, in July 1960, he was employed as the director and professor of the Department of History and Geography (later changed into the Department of Geography) of Taiwan Normal University. There he founded the Institute of Geography, initiated its Master's degree program, and served as director and professor of the Institute. After his retirement in 1978, he stayed as an adjunct professor and served as the President of the Geographical Society of China in Taiwan. On October 5, 1982, he passed away in the Veterans General Hospital in Taipei at the age of 74.

Liu Yanhuai is not only a pioneer of scientific exploration in the northwest China, but also a pioneer of China's meteorologist career, and the founder of meteorological education as well. During his lifetime, he had taught courses in Meteorology, Climatology, Geography, Topography, Oceanography, Mathematical Geography, Cartography, Regional Geography, Earth Science, and Geophysics. His research on meteorology and geography mainly concentrated in the Northwest China and Taiwan, was related to his early exploration in the Northwest China and his teaching and research in Taiwan during his later years. From 1931, the year he published "The Rainfall of South Tianshan Road" to his later years, he wrote numerous articles on the history of the scientific expedition and meteorological studies of northwest China, including "Sven Hedin's Last Expedition in Northwest China 1933—1935" and "The Scientific Expedition to the Northwest China formed by China and Sweden (1927—1933)". The latter was published during the year of his death, reflecting his deep devotion to his lifelong studies, teaching, and research works in the field of Meteorology.

Liu Yanhuai and Li Xianzhi, both meteorological students of the Sino-Swedish Scientific Expedition to the Northwest China, taught in universities in Taiwan and mainland China respectively. They later became the grand masters of Chinese meteorology and meteorological education on both sides of the strait.

The Northwest China Scientific Expedition

"The Northwest China Scientific Expedition", also known as "The Sino-Swedish Scientific Expedition to the North-Western Provinces of China", is a cooperative research group composed of Chinese and foreign scientists. Since the 19th century, the innermost Asia, including Xinjiang, had become the last frontier, described as the blind spots of global geography, for mankind to conquer. Expedition groups from all over the world had flocked to it, yet, for various reasons, China had never participated in such expeditions. Not until 1926, when Sven Hedin, a Swedish geographer and explorer, made preparations for doing meteorological observations in the Northwest China. The goal of the mission was to study the possibility of opening an Eurasian air route for Lufthansa Airlines. When Dr. Hedin came to Beijing to handle the paperwork for the government's permit, the Chinese academic circles raised big opposition to the agreement issued by the government, claiming it ignored China's sovereignty. After intense negotiations, a scientific exploration team of both Chinese and foreign members working together on an equal footing was finally formed, and they headed off to the vast northwest on May 9, 1927.

Between 1927 and 1935, Dr. Hedin led the international Sino-Swedish Expedition, observing and recording the meteorological, topographic and prehistoric nature and human activities in Inner Mongolia and Xinjiang. The organization of such a large expedition was historic for Dr. Sven Hedin, even though he did some smaller explorations before. It involves many disciplines, including meteorology, geology, paleontology, geography, botany, anthropology, and archaeology. The first part of the expedition, from 1927 to 1932, started out from Beijing via Baotou to Mongolia, then over the Gobi Desert, through Xinjiang to Urumqi, and into the northern and eastern parts of the Tarim Basin. Dr. Hedin described it as a peripatetic university in which the participating scientists worked independently on their projects. As a result, scholars from Sweden, Germany and China were granted opportunities to be part of the group but engaged to carry out research individually in their own fields. The expedition covered a wide range of regions, including Inner Mongolia, Ningxia, Gansu, Xinjiang, Qinghai and Tibet. In the harsh natural conditions and turbulent political situation in the Northwest China, the members of the team overcame many difficulties, but they carried out their work with rigorous attitude, ending up making many remarkable achievements. The wealth of scientific results discovered by the expedition group were still being published by the end of the last century.

For China, this unprecedented scientific expedition had left academic circles with important experience of going to the world, enhancing their comprehensive and scientific knowledge of the cultural and geographical environment of the Northwest China. It contributed to the introduction of the advanced western scientific and technological knowledge and scientific thoughts, and cultivated outstanding professionals in the transitional period of China. The expedition was of far-reaching significance in the history of the development of science in modern China.

Ninety years ago, Sven Hedin captured the world's attention with a series of illustrated travel notes on his expeditions. His books *Across the Gobi Desert*(the Chinese translation is *The Long March*), *Riddles of the Gobi Desert* , *The Silk Road*, *A Wandering Lake*, *Ehol: City of Emperors* and *The Flight of Big Horse* were all compiled and published based on diaries, letters and other materials of the time, which won much attention during the eight years of investigation. The first travel notes of the expedition, the German version of *Auf Grosser Fahrt* ("Long Journey" English version *Across the Gobi Desert*), was translated and published in 1931 in China as one of the "Series of Northwest China Scientific Expedition" . Later he made a panoramic record of the eight-year expedition, the English version *History of the Expedition in Asia 1927—1935*, which was translated into Chinese (《亚洲腹地探险八年（1927—1935）》) in the 1990s, along with other works from the western exploration. These publications caused a stir in China after more than six decades during which the influence of the Northwest Scientific Expedition was dormant.

The Scientific Expedition achievements made by the foreign members were gradually published in books from 1937 to the 1990s, with 11 major categories and 56 volume Reports — *Reports From the*

Scientific Expedition to the North-Western Provinces of China under the Leadership of Dr. Sven Hedin, including the book mentioned earlier, *History of the Expedition in Asia 1927—1935*.

Chinese members participated in the Northwest Expedition included the first batch of ten people, the second batch of five people. Because of the ensuing war, most of their works were not published as books, but scattered in the form of interdisciplinary monographs or papers. Only Xu Bingchang (1888—1976), the head of the Chinese delegation, published his travel diary in 1930, two years after his return from the expedition. The three-volume *Diary of Xu Xusheng's Journey to the West* was one of the "Series of Northwest China Scientific Expedition". It recorded his journey over a total of 20 months from May 1927 to the winter of 1928.

Later, two Chinese scholars, Yuan Fuli (1893—1987) and Huang Wenbi (1893—1966), published the records of their field investigations. As the acting head of the Chinese delegation, Yuan Fuli was an outstanding geologist and the team member who had the longest record of continuous participation in the expedition in the Northwest China. He also gathered more specimens than any other member. In 1937, just after his return, he wrote three volumes of *Five Years of Travel Itinerary in Inner Mongolia and Xinjiang Province*. Sadly, the second volume of the investigation in Xinjiang was lost by the publisher, leaving only the records of the journey back and forth. During the Sino-Japanese War, the first volume, published in journal *Geological Science Collection*, was the only publically published section, covering records from Beijing to Dihua from May 1927 to March 1928. The return journey from November 1931 to May 1932, with a mimeographed copy of 1937, was not published until 2005 in *The Epitaph of the Noble: The Record of the First Chinese Scientists' Expedition in the Northwest China (1927—1935)*. In his later years, Mr. Yuan also wrote a long article called "The Sino-Swedish Scientific Expedition to the Northwest China in the 1930s" to make up for the lost records of the Xinjiang expedition.

An eminent archaeologist, Mr. Huang Wenbi, by persevering effort, before and after the war of resistance, completed five masterpieces on Xinjiang archaeology: *Lop-nor Archaeological Record* , *Tarim Basin Archaeological Record*, *Turpan Archaeological Record*, *A Collection of Research Papers on Gaochang Tomb Bricks*, and *A Collection of Research Papers on Gaochang Ancient Pottery*. The publication earned him the honor of "Xinjiang Archeological Pioneer" . His diary, written during his time in the northwest expedition, was compiled and published in 1990 by his son Mr. Huang Lie. This diary opens up a window to us, especially to the scenes of Chinese scholars' arduous experiences performing archaeological surveys in the northwest during a very difficult time.

The itinerary diaries of the above three Chinese members are of great historical value for us to understand the important scientific expedition in northwest China in the early 20th century and to study the history of the expedition academically. However, it is a great pity that the four Peking University students, who account for a large proportion of the meteorological observation team, did not publish the relevant records of the investigation.

The publication of Liu Yanhuai's Diary of the Northwest China Expedition

Meteorological observation was the core project of the Northwest Scientific Expedition, and it also had the largest group of members: The German side sent an excellent meteorologist Dr. Waldemar Haude to take charge of all kinds of meteorological measurement. Among the members of the first observation team, Lufthansa airlines sent eight excellent flight personnel to assist with the measurement, and the four meteorological students sent by Peking University were the best among nearly 100 candidates.

Li Xianzhi recalled that after they were selected, Liu Bannong (1891—1934), the executive director of the Northwest China Scientific Expedition, talked to them several times and expressed his high hopes: 'He said that we ought to keep a careful record of what we saw and where we went, even though some happenings might not seem to be of much important at the time, they might be of great significance later on.' Now, 90 years later, as the Expedition is increasingly showing its importance in the history of human civilization, these records, commissioned by Mr. Liu Bannong, remain a precious legacy for us to explore the traces of the northwest scientific expedition and to understand the inspirations of Peking University students since the New Culture Movement. We are very anxiously wanting to find and read these publications.

Cui Hefeng（崔鹤峰）, one of the four meteorological students, was sent back from the Cong Dur Weather Station in Ejin（额济纳） to Peiping to wait for the establishment of the Baotou meteorological station. However, with no funds available, he became the first member to leave the Expedition. Unfortunately, another meteorological student, Ma Xieqian, died in 1929 after 18 months at the Cong Dur Weather Station (葱都尔气象站). Only Li Xianzhi and Liu Yanhuai completed their three-year investigation work. After finishing their meteorological observation mission in Xinjiang, they studied abroad in Germany and began their career in meteorological research, eventually becoming the masters of Chinese meteorology. Their academic works left important achievements in the field of meteorology and meteorological teaching. Also, if their travel diaries of those years can be preserved, it will be sufficient to offer us a full understanding of the journey of the Northwest Scientific Expedition from the perspective of "talent cultivation".

Mr. Li Zengzhong, Li Xianzhi's son, also a meteorologist, has described the devastation and campaigns of the Cultural Revolution, and his father's records are no longer traceable, even his doctoral dissertation published in Germany have not survived. Mr. Liu Yanhuai, the last student who had kept the travel diary, was the only Chinese member of the expedition team to leave the mainland. After years of separation, Mr. Liu passed away in Taiwan . Do we still have a chance to see this precious legacy?

At the end of 2017, a summit forum of "Peking University and the Silk Road — the 90th Anniversary of the Northwest China Scientific Expedition" and an exhibition with the same title were held at Peking University. We were able to meet Ms. Annie, Mr. Liu's daughter, who came from overseas to attend the celebration. She later told us via email that Mr. Liu's children had always been willing to donate their father's academic materials to the institutions engaged in the research of the Northwest Scientific Expedition in China. On April 18, 2018, on behalf of the whole family, Mary and Annie, the daughters of Mr. Liu Yanhuai, came to Beijing to donate these precious cultural relics and documents, which have spread across the ocean, to the Huang Wenbi Institute of Xinjiang Normal University for free. Among the donations, Mr. Liu's 11 volumes of diary manuscripts, which recorded the whole course of his three years of expedition, finally appeared 90 years after they were written.

Mr. Liu Yanhuai's nearly 600-page, 350,000-word diary contains three years of non-stop travel records from Beijing on May 9,1927, to Berlin on April 19,1930. According to the contents of his diary, in addition to these neat Chinese texts, he also kept a diary written in German (records Feb 20, 1929, April 26, April 29, May 3, July 23, July 24) as a practice to learn a foreign language. Unfortunately the German diary could not be preserved. In spite of the busy travel and investigation work, writing so diligently for so long demonstrates the author's extraordinary perseverance.

Academic Value of Liu Yanhuai's Diary in Northwest China

Record of meteorological observation

Liu's diary is, first of all, a work diary, showing us all aspects of meteorological observation during the scientific expeditions to the

Northwest. Liu Arrived in Baotou on May 10, 1927 and began to read the barometer and the thermometer on May 14. He also began to study German with the German handouts from Peking University. After gathering enough camels for transport, the expedition began its long journey to the West on May 20. Camping the next day, May 21, he "helped Dr. Haude set up the instruments and measure the weather." On May 25, he began to record the weather along the way. From May 29 on, the four Chinese meteorological students were stationed in the north of Baotou by the Hugartu River. They were instructed by Professor Haude about the observing methods, reading the German meteorological books, testing record notes and so on. They also began to receive practical training in using the meteorological measurement. They took turns to be on duty and recorded the weather every hour. The recorded results were separate from Dr. Haude's notes, it's a record of his own observations. The diary recorded the routines of the various measurements he collected daily on the weather conditions of the day. Dr. Haude was happy with the students and had praised them on the work they had done. On July 22, most of the team members moved on with their journey, while Liu stayed to work independently until August 2nd.

Later, Liu Yanhuai completed more than a month of alpine meteorological observation at the Fushou Mountain observation point in Bogda, Tianshan Mountains. He was eventually sent to Kucha to set up a weather station and the Karakul Mountain observation point, where he continued his observation mission for more than a year and trained a local meteorologist, Zhang Guangfu, to succeed him. His diary records his daily meteorological routine. For example, in Kucha, 7 am, 2 pm and 9 pm were his fixed observation times. Sometimes, for whatever reason, he missed the time of observation and felt regretful about it. Once he filled out the wrong monthly form and had to go to the post office to retrieve his mail for correction. In accordance with the requirements, at the end and beginning of each month, meteorological tables should be sent to Dihua and Nanjing. In short, the daily boring and lonely observation work trained him to become a qualified meteorologist. Later, Liu Yanhuai published "The Rainfall in South Tianshan Road" and "The Comparison of Spring Weather in Dihua and Bogda Mountains", which were not only the most important achievements of his meteorological work in Bogda and Kucha, but also the earliest achievements of his meteorological research in his life.

The diaries which remained with him all his life partly made up for the loss of meteorological data in the Northwest China. After the Northwest Scientific Expedition completed the meteorological observation mission, all the meteorological data were brought back to Germany by Dr. Haude to collate. He only had time to publish part of the results of revisiting China in 1931, while the rest of data were destroyed during the World War II. Liu Yanhuai once wrote bitterly: "Dozens of people from the Northwest China Scientific Expedition journeyed thousands of miles and spent a huge amount of money to obtain complete meteorological observation data along the way after years of hard work. However, these precious achievements have suffered unprecedented havoc, and there is no hope that they will ever be published." However, he added: "Fortunately, the diary kept by the author during his participation in the Northwest Expedition is complete, and the meteorological observations made in different parts of the Northwest China can be summarized and made public." In 1965, Dr. Haude wrote that E. Norin, a member of the northwest China Scientific Expedition, was working on a geological map of Central Asia which needed a record of atmospheric pressure observations along the way, Liu compiled the meteorological data recorded in his diary and published "Meteorological Examination and Journey of Northwest China".

These diaries also served as important historical materials for him to continue his scientific research about the Northwest China in his later years. In 1960, after he started his civilian teaching job in Taiwan Normal University he resumed his research in the field of meteorology. Besides his research on meteorology in the Southeast China Sea, the history of meteorology in the Northwest China and the Northwest Scientific Expedition also added important aspects for his research projects. He wrote as many as 13 papers on the expeditions, and cited the contents of his diary very frequently. In 1982, when he wrote his final work, "My Fifty-Five-Year Career in Meteorology (1927—1982)", he divided his 55 years of working in meteorology into 11 sections, of which 6 sections were connected to the period of the Northwest Scientific Expedition, showing his nostalgia for the first three years of scientific expedition which started his career.

According to his children, Mr. Liu kept the habit of keeping a diary all his life. Just as the Northwest Scientific Expedition launched his a lifelong career, the daily record written during the expedition also worked as a baseline to continuing to record his rich life experience —

a baseline for forming the road map for his life, as Liu often mentioned in his diary.

Learning and communicating in the wandering university

The Northwest Chinese Scientific Expedition was once called "a wandering university" by Dr. Sven Hedin. From Liu Yanhuai's diary, we can also see that he studied hard during the three years of expedition, which is a wonderful example of the wandering university.

For Peking University student Liu Yanhuai, in addition to the expert guidance he received in meteorology, he also learned from other experts in the team.

Dr. Sven Hedin was a famous explorer and his rich knowledge accumulated in the exploration of Central Asia had become endless resources benefiting Liu Yanhuai's quest of knowledge. Dr. Hedin taught Liu how to chart the course of the day by calculating the camel's steps, and how to measure the temperature of the water in the well. What's more, Hedin's words and deeds, such as his insistence on recording every move on the way, his humbly asking for advice from others (such as August 28, 1927), and his continuing measuring the route even when he was on a stretcher when seriously ill, also influenced Liu Yanhuai profoundly. Dr. Hedin was professionally trained in painting and his paintings were wonderful. After he lost his camera during his trip to the Taklamakan Desert, he would use his brushes to vividly record the magnificent scenery along the way. Liu Yanhuai was very much inspired by Dr. Hedin (August 7, 1927, Sep. 21, 1927), and also did dozens of sketches of scenery and places. Now these sketches were restored and inserted to the diary of the day, thus enabling us to see the magnificent crossing of the desert at that time.

The head of the Chinese delegation was Xu Bingchang, who received his Ph. D. degree in France. On the journey from Baotou to Xinjiang, Liu was in the same team with him, so they communicated a lot. Liu Yanhuai had followed him when he was conducting sociological surveys.

Yuan Fuli, a member of the expedition team, was a geologist and archaeologist who returned from studying in the United States. He also participated in the excavation of Yangshao site in the Geological Survey of China. Along the way, Liu also followed Yuan Fuli to learn about geology and searched for fossils with him (May 27, 1927). From the winter of 1928, Yuan Fuli was the acting head of the expedition. He constantly sent guidance to Liu Yanhuai, who was working independently in Kucha. They communicated through letters carried back and forth by messengers on horseback. Later, Li Xianzhi and Liu Yanhuai were able to study in Germany, and Yuan Fuli was credited for making such suggestion.

Mr. Huang Wenbi, who graduated from the Department of Philosophy at Peking University, specialized in traditional Chinese culture, from philosophy to bibliography to archaeology. Liu Yanhuai had a lot of interaction with Mr. Huang during the expedition and learned a lot from him.

At this wandering university, Mr. Liu also made friends with many foreign team members, such as Franz Walz, his partner in Kucha weather observation, and Eduard Zimmerman, German pilot, and so on. Among them, Dr. Haude, his meteorological instructor, became his lifelong friend. When Liu visited Germany in 1969 at the invitation of the Humboldt Foundation, he paid a special visit to "a German friend of the Northwest Scientific Expedition over 40 years ago, Dr. Haude".

The author wrote that it was by chance that he and Li went to Germany to study after their expedition work. The original plan was to return to Beijing. But because of the war, the trans-Siberian railway back to China was shut down and not operational. Yuan Fuli and Huang Wenbi chose to postpone the journey home and wait for a later opportunity. Li and Liu decided to travel west to study in Germany because they wanted to continue their university studies. It helped that both Sven Hedin and Dr. Haude promised to be their references for the admission at the University of Berlin because of their excellent performance during the expedition.

Li Xianzhi once recalled: "After arriving in Germany, we entered the University of Berlin to study... We were undergraduates when we entered the university. However, as I had more than two years' practical working experience in the scientific expedition to the Northwest China, my scientific research work quickly advanced and yielded results, and I got my doctorate degree in only three years. " The knowledge and growth gained from the actual investigation was also an important factor in Liu Yanhuai's obtaining his doctorate degree at the University of Berlin. Their leap from being an undergraduate to a doctoral student at the rigorous German university was due to the practical and theoretical foundations laid by Scientific Expeditions in the Northwest.

Conclusion

At the beginning of 1929, Chinese and foreign leaders of the Scientific Expedition to Northwest China returned from Xinjiang to win support for further research activities. They performed many public speeches to publicize the results of the expedition. To this end, *Ta Kung Pao of Tianjin* published a long editorial "Achievements and Lessons of the Northwest Scientific Expedition". Three quarters of the article were devoted to compliment the students, "to our greatest satisfaction, all the Chinese students on this tour had worked hard and performed well". According to the editorial, compared with the specific achievements in the field of geology, meteorology and paleontology, the students' behavior of "attaching great importance to practice, enduring hard labor, avoiding worldly hobbies and seeking truth" held great significance in "educating the people, making them realize that in order to save the country, to make the country powerful, it is upmost important to study science". The editorial represented the intellectual community's hope for Chinese youth, believing that the young students of the expedition team were the "latest role models".

In the past, references about the young students in the expedition team were mainly from the notes of Sven Hedin and Xu Bingchang. In *The Long March,* Sven Hedin stated: "It is a pity that I have only four students with us instead of eight. " Mr. Xu Bingchang mentioned happily in the preface of his book "Liu Chunfang's tentative roadmap was greatly praised by Dr. Hedin, and later Li Dasan and Ma Yizhan also gradually learned to make roadmap".

Now the appearance of Liu Yanhuai's diary directly confirmed these positive comments. In the diary Liu also described the scenery, recorded local customs and social life experienced by him, making the diary vivid and interesting to read.

With the passage of time and the precipitation of time, *Liu Yanhuai's Diary of the Northwest China Expedition*, which reflects the expedition records of both individual and team on the Silk Road, will become more and more significant.

校 后 记

2017 年 12 月 23 日，"北京大学与丝绸之路——中国西北科学考查团九十周年"高峰论坛和同题展览在北京大学举行。展览在静园二院的人文社会科学研究院开幕当天，中国科考团成员的后人纷纷前来，刘衍淮先生的女儿安妮女士也在其中。她专程从澳大利亚赶来，代表兄弟姐妹参加这一有意义的活动。她告诉我：他们兄弟姐妹七人，早已从台湾移居海外，但是和父亲联系着的西北科考团，也是他们的精神遗产；更早的八十周年纪念活动，她也从海外飞来，参加了那年的庆典。当天的晚宴，她拉着行李箱来到餐厅，饭后便匆匆离席，赶赴机场，飞往海外参与家人的圣诞聚会。我目送她离开，期待下一个十年，我们能够再见。

但是很快，2018 年的年初，我便收到了安妮女士的海外来鸿。信中提到：作为刘衍淮的子女，他们依旧珍藏着父亲全部的西北科学考察日记和相关文献，他们只想用英文为父亲写一本不太长的传记，给他们在英语国家长大的孩子们留个纪念，然后捐赠所有的父亲遗物，给可以使用这些资料的学术机构，希望那儿能替父亲出版一本完整的中文传记。听到这个令人振奋的消息，我是如此的激动，当即代表新疆师范大学黄文弼中心致信表示愿意接受这份捐赠，并从事相关的研究。

此前的 2012 年 5 月，为了纪念西北科考团成员黄文弼先生在新疆这片热土上奉献的一生心血，黄先生的后人将其生前使用和珍藏的文物、文献，也都无偿捐赠给了新疆师范大学。以此为契机，经新疆师范大学校党委会决议，成立了"黄文弼中心"，它承担以下的功能：一是建设"黄文弼特藏馆"并筹建"中国西北科学考查团纪念馆"，开辟黄文弼与中国西北科学考查团的永久性展览，以纪念丝路研究的先驱者；二是建设"丝绸之路文献馆"，以黄文弼旧藏图书为核心，汇集并不断延续丝路专题文献资料，成就世界范围内丝路研究的资料中心，向海内外研究者开放；三是将"中国西北科学考查团"作为该校重点科研项目，进行持续的西北学术史研究。毫无疑问，"黄文弼中心"是目前国内唯一的西北科学考查团研究和展览的专门机构。我因参与联系的工作，而受聘新疆师大，与该校刘学堂教授共同担任了黄文弼中心主任一职，参与建设和研究工作。

我的建议得到了响应。2018 年 4 月 18 日，为了纪念父辈在西北科学考察中奉献的青春岁月，受全家委托，刘衍淮先生的女儿美丽、安妮姐妹分别从美国和澳大利亚飞来北京，在华侨大厦捐赠了刘衍淮先生生前的文物、文献给新疆师范大学黄文弼中心。新疆师大校党委李国良副书记与黄文弼中心主任刘学堂、文学院院长周珊等，也专程从乌鲁木齐前来，接收了这份珍贵的捐赠；刘衍淮先生一生的挚友——李宪之先生的长子李曾中夫妇成为了这次重要活动的见证人。刘衍淮先生的捐赠品中，包括了他几乎完整的近百册／篇论著，7 大册 1000 多帧包含西北科考期间照片的影集，部分的考察用品和其他文献——当然，还有这 11 册记录西北考察历程的日记。

2018 年 7 月，新疆师范大学黄文弼中心开始了秋季学期"中国西北科学考查团进疆九十周年"系列活动的策划，《刘衍淮西北考察日记》的整理工作也在那个时候启动。当系列活动的"纪念刘衍淮先生诞辰110周年暨捐赠文物特展"在金秋时节的新疆师大隆重举办的时候，由黄文弼中心徐玉娟老师主持、新疆师大文学院青年教师为主力的整理团队，也在其时完成了日记录文的初稿。

此后的一年多时间，我们对这些录文进行了仔细的校对。受到斯文·赫定《亚洲腹地探险八年》的启示，根据考察的阶段，我们还对日记做了章节的划分并拟了小标题。这一部日记在刘衍淮先生生前并没有公布于世的打算，因此11册稿本日记也没有什么名称。在和刘衍淮先生子女及出版社的商议中，我们确定了目前的书名。

我们还对刘衍淮捐赠品中大部分没有记录的照片进行了分辨，将其中与西北科考团相关的部分挑选出来，插入到日记相关文字下。我们相信，文本和图片的共生关系，一定能够增加读者对于西北科考的认识；而图文并茂，也是刘衍淮先生留下的文献最好的出版方式。这时候，袁复礼先生旧藏西北科考团期间的图片也经由其后人无偿捐赠到黄文弼中心，提供给学界从事研究、展览，我们也从中选取了与刘衍淮考察相关的部分，包括其他一些档案图片，在日记中予以体现。以上过程，商务印书馆责编陈洁女士始终参与其中并统加编辑，使得本书得以完整呈现。

值此日记出版之际，我们感怀刘衍淮先生在艰苦的考察期间始终不懈的记录，并在后来颠沛流离的一生中，始终保有这份珍贵的日记；感怀他的儿女秉承学术公器的理念，将这份史料无偿捐赠并公布世间；感怀举办西北科考团相关研究和纪念活动的学术机构、感怀商务印书馆……种种因缘，使我们得以从事这项整理工作，在获得教益的同时，也为西北科学考查团重要文献的流布尽一份义务。

大漠观风起，天山测云高。如果说，近百年前的中国西北科学考查团是漫漫丝路上一首永远也不会过时的歌谣，我们期待，《丝路风云——刘衍淮西北考察日记（1927—1930）》的实录文字，会带着大家走进这美妙的旋律，云游在大漠天山的万千气象之中。

朱玉麒

2020 年 5 月 21 日，北大朗润园